한국건축답사수첩

한국건축답사수첩
ⓒ한국건축역사학회, 2006

초판 1쇄 펴낸날 : 2006년 10월 25일
초판 10쇄 펴낸날 : 2022년 3월 10일

지은이 | 한국건축역사학회
펴낸이 | 이건복
펴낸곳 | 도서출판 동녘

등록 | 제 311-1980-01호 1980년 3월 25일
주소 | (413-120) 경기도 파주시 회동길 77-26
전화 | 영업 (031)955-3000 편집 (031)955-3005
전송 | (031)955-3009
홈페이지 | www.dongnyok.com
전자우편 | editor@dongnyok.com

ISBN 978-89-7297-559-5 (03610)

* 잘못 만들어진 책은 바꿔 드립니다.
* 이 도서의 국립중앙도서관 출판시도서목록(CIP)은 e-CIP홈페이지(http://www.nl.go.kr/ecip)에서 이용하실 수 있습니다. (CIP제어번호 : CIP2008000035)

::한국건축역사학회 편

동녘

한국건축답사수첩을 내면서

이제야 『한국건축답사수첩』을 세상에 내놓게 되었다. 4년 전 시작한 이 작업은 이상해, 김성우 두 전임 회장의 관심과, 실무를 담당한 김동욱, 전봉희 교수의 노력으로 결실을 맺게 되었다. 물론 필진들의 훌륭한 글이 없었다면 불가능한 일이다. 모든 분들께 깊이 감사드린다.

이 책은 우리 건축역사의 흐름과 성과를 건축유형별로 간추려 일목요연하게 정리하였다. 답사 길에 들고 다니며 손쉽게 참고할 수 있도록 작은 크기로 만들어 책상에 두고 사전 대용으로 활용하는 데도 손색이 없다.

건축은 인간을 둘러싼 환경을 만드는 모든 행위이다. 따라서 한 민족의 역사와 문화 그리고 생활이 총체적으로 반영된다. 건축을 온전히 이해하기 위해서는 매우 다각적이고 종합적인 접근이 필요하다. '나가면 집 구경 들어가면 그림 구경'하는 것이 여행이라지만, 아직 우리에겐 적당한 건축 길잡이가 없다. 늦은 감이 있지만 이 책이 반가운 이유는 이 때문이다.

이 책은 단지 건축 전공자들만을 위한 것은 아니다. 모든 뛰어난 예술가들이 훌륭한 역사가이듯, 우리의 문화유산을 잘 아는 일은 더 좋은 환경을 만들어내는 기본이 된다. 이 책이 미래 환경을 만들어 갈 젊은 세대들이 우리의 역사에 접근하는 첫 단계의 동반자가 되길 기대한다.

2006년 추석 즈음에 우리 건축역사학회는 또 하나의 수확을 얻었다. 회원 여러분들과 함께 기뻐하며, 4년이라는 오랜 시간 기다리고 좋은 책을 만들어 준 도서출판 동녘의 이건복 사장님과 편집부 여러분께 감사드린다.

2006년 9월
한국건축역사학회 회장 김정동

한국건축답사수첩이 나오기까지

목적

답사는 단순한 여행과 다르다. 주변 경치를 즐기고 맛난 음식을 먹으며 함께 하는 사람들과 속 깊은 대화를 나누는 여행과 달리, 답사는 뚜렷한 목적을 가지고 직접 현지에 가서 살펴보면서 글이나 사진으로만 접하던 대상을 몸으로 느끼고 깨닫는 것이다.

문화유적 답사는 하나의 유행이 되었다. 유적 답사를 통해서 우리는 잊고 있었던 과거의 역사를 기억해내고 문화의 가치를 새삼 깨닫게 된다. 문화유적의 대다수가 건축이다. 경주의 불국사나 하회마을의 양반집, 서울의 고궁은 우리의 대표적인 문화유적이다. 그런데 이들은 하나같이 복잡한 형태와 특이한 장식을 가지고 있다. 서로 닮아 보이는데 자세히 보면 다르고, 어떤 것은 본 적은 있는데 이름을 모르겠고, 어떤 것은 왜 저런 모양이 되었는지 알 수가 없다. 왜 이런 집이 그 자리에 서게 되었는지도 궁금해진다. 건축답사는 답답함과 아쉬움으로 끝나게 마련이다.

한국건축은 오랜 역사만큼이나 복잡한 변화를 겪었다. 자연히 건물의 종류도 다양하고 그 형태도 제각각이다. 궁궐은 높은 기단 위에 위엄을 갖추었고 살림집은 온돌방과 대청마루가 이어지면서 독특한 분위기를 만든다. 방마다 모양이 다른 창문들이 달려서 다양함을 더해 준다. 불교사찰은 화려한 단청으로 채색된 법당에서부터 저녁 공양을 알리는 북 치는 누각, 스님들이 공부하는 선방까지 서로 다른 모양을 이룬다. 성곽이 다르고 향교도 특징이 있다. 이런 다양한 건축을 종류별로 열거하고 그 특징이나 세부를 한 눈에 익힐 수 있는 책자를 만들어 답사를 가려는 사람들의 길잡이가 되려고 한 것이 이 책을 꾸민 목적이다. 이 책은 처음 건축답사를 떠나려는 사람들에게 첫걸음의 안내자 역할을 할 수 있도록 꾸몄지만, 이미 수차례 답사를 경험한 사람들에게도 손에서 떨어질 수 없는 동반자가 될 수 있도록 내용의 깊이를 갖추었다. 책상머리에 두고 수시로 책 구석구석을 뒤져보며 답사를 꿈꿀 수 있도록 하고, 직접 답사에 나서 한국건축의 아름다움과 감동을 체험하려는 사람들의 소중한 동반자가 될 수 있을 것이다.

구성과 내용
이 책은 모두 9개장으로 꾸몄으며 하나 같이 한국건축에 흥미를 가진 사람들이 답사를 준비하거나 실제 답사를 갔을 때 필요로 하는 내용들로 채웠다. 각 장의 제목을 보면,
제1장 한국건축 역사 개요
제2장 구조와 시공
제3장 궁궐과 관아
제4장 마을과 읍성
제5장 살림집
제6장 유교건축
제7장 불교건축
제8장 원림과 누정
제9장 자료편
이다.

제1장은 선사시대부터 근대기에 이르는 한국건축의 역사적 흐름을 개관하여 독자들에게 한국건축의 전체 흐름을 머릿속에 정리할 수 있도록 했다. 특히 한국건축의 가장 핵심이라고 할 수 있는 조선시대 건축이 지어진 사회적인 배경, 조형예술상의 특징을 파악할 수 있도록 했다.
제2장 구조와 시공은 일반인들이 제일 어렵게 느끼는 목조건물의 세부를 알기 쉽게 나열하였다. 집을 짓는 연장과 집짓는 기법, 기둥에서 천장, 난간, 창호 등 각 부분의 특징을 그림을 곁들여 설명하고 이어서 성곽이나 다리와 같은 돌로 된 구조물을 다루었다. 또한 단청과 온돌, 담장과 문을 설명하는 항목을 따로 두었다. 이 장을 충실히 읽은 독자들은 어렵게

만 느껴지던 건물의 세부 이해에 자신감이 생기고, 답사 현장에서는 자신이 익힌 지식을 직접 눈으로 확인하는 기쁨을 누릴 수 있을 것이다.
제3장에서 8장까지는 건물을 종류별로 나누어서 궁궐과 관아, 마을과 읍성, 살림집, 유교건축, 불교건축, 원림과 누정으로 짰다. 궁궐은 당대 최고의 격식과 예술성을 가미한 집이다. 이 책에서는 비교적 답사가 쉬운 조선시대의 궁궐들은 물론 삼국시대, 고려시대의 궁궐터와 유물들에 대한 정보를 담았다. 마을과 읍성에서는 마을의 발달 역사, 공간구조, 구성요소 등을 꼼꼼하게 살피고 각 마을의 유래와 답사 포인트를 알려주고 있다. 20세기 초반 급변하는 국제정세 속에서 급속히 해체된 읍성의 흔적도 함께 되짚어 보았다. 살림집은 우리 민족의 고유한 특징이 가장 뚜렷하게 드러난 건축물로 지역에 따라 어떤 차이가 있는지, 상류층인 양반의 집과 서민층의 집은 어떻게 다른지를 살폈다. 유교건축은 제사지내는 사당 건물과 유학을 가르치는 교육시설이 주를 이룬다. 나라에서 제사지내는 종묘나 사직단에서부터 향교나 서원에 이르는 유교 관련 시설이 들어 있다. 여기서 엄격한 격식과 질서의식을 찾아 볼 수 있다. 불교는 인도에서 시작되어 중국을 거쳐 우리나라에 정착되었다. 따라서 불교건축에는 외국의 건축요소와 우리나라 토착적인 요소가 잘 녹아 있는 것이 특징이다. 지금 남은 불교사찰은 모두 이름난 산에 자리 잡았다. 산 속에서 어떻게 건축과 자연이 조화를 이루고 있는지를 불교사찰을 통해서 잘 알 수 있다. 원림과 누정은 주로 조선시대 선비들에 의해 지어졌다. 여기에는 선비들의 자연을 바라보는 방법, 성리학으로 무장된 절제된 미학이 잘 녹아 있다.
각 장에서는 먼저 건물의 전체적인 특징이나 의미를 서술하고 현재 남아 있는 대표적인 건물을 대상으로 유적을 개관하고 사진과 그림을 곁들여서 세부특징을 소개하였다. 여기 실린 건물들은 각 유형을 대표하는 것들이다. 여기 소개된 건물들을 차례로 답사한다면 한국건축을 대표하는 각 유형의 건물은 거의 다 섭렵하는 것이 될 것으로 믿는다.
마지막으로 제9장 자료편에서는 앞에서 다루지 못한 내용들이 망라되었다. 문화재로 지정된 건물의 목록에서부터 한·중·일 주요 건축 연표, 연호, 고려 및 조선의 간지별 연도 대조표, 시각 방위표와 같은 기본 정보는 물론 건물을 실측하는 방법까지 건축 답사에 필요한 부수적인 내용들을 담았다.

책을 내기까지

이런 책의 필요성은 누구나 느끼고 있었지만 구체적으로 내용을 구상하고 일을 벌이자고 제안한 것은 서울대학교의 전봉희 교수였다. 한국건축은 궁궐과 사찰이 다르고 살림집과 성곽이 차이가 있기 때문에 한두 사람이 책 내용을 모두 다룰 수 없어서 글을 쓰는 것은 각 분야의 전문가가 맡기로 했다. 그러다보니 한국건축의 전문연구자들 모임인 학회의 이름으로 책을 만드는 것이 적당하다고 판단되어 일을 한국건축역사학회가 맡게 되었다. 마침 도서출판 동녘에서 학회의 뜻에 동조하여 선뜻 출판을 맡기로 했다. 도서출판 동녘은 인문사회 분야의 의식 있는 좋은 책을 내는 곳으로 2000년부터는 건축분야에도 관심을 기울여 이미 여러 권의 책을 낸 곳이어서 학회에서도 마음을 놓았다.

학회가 책을 만들기로 하고 나서 학회 안에 이 책 편집을 맡을 위원회를 짠 것이 2002년 5월이었다. 간사인 전봉희(서울대) 교수를 비롯해 김경표(충북대), 김왕직(명지대), 양윤식(한얼문화유산연구원), 우동선(한국예술종합학교), 윤인석(성균관대), 이강근(경주대), 이상구(경기대), 이호열(부산대), 정재국(관동대), 한동수(한양대), 홍승재(원광대) 교수가 위원이 되고 위원장은 김동욱(경기대) 교수가 맡았다. 후에 한삼건(울산대), 조재모(경북대), 여상진(선문대) 교수가 위원으로 보강되었다. 위원회는 수차례에 걸친 회의를 통해 책의 편집 방향과 전체 목차를 잡고 집필위원을 선정하고 책의 크기나 체제 등 책의 골격이 되는 사항들을 정했다. 목차를 구성하기까지 편집위원들은 많은 논의와 수정을 거쳤다. 그 목표는 독자들이 한국건축 답사를 떠날 때 꼭 필요한 정보를 최대한 한 권의 책에 다 담으려는 것이었다.

목차가 정해지고 원고 집필자를 선정했다. 편집위원 중 각 분야 전공자에게 각 장의 집필 책임을 맡기고 필요할 경우 젊은 연구자들을 집필에 참여하도록 했다. 당초에 원고 집필 기간은 6개월 정도로 예상했다. 그러나 이 예상은 크게 어긋났다. 집필자들 중에 해외에 장기간 파견 나가는 사람도 생기고 그 밖에 개인적인 사정이 생겨 집필이 늦어지거나 아예 집필이 어려워진 경우가 생겼다. 문제가 있을 때 마다 편집위원회를 열어 해결해 나갔는데 이 과정에서 많은 시간이 흘렀다. 도중에는 간사 일을 맡고 있던 전봉희 교수가 1년간 미국 하버드대학에 연구차 나가는 일도 생겼다. 전 교수가 해외에 나가 있는 동안 간사 일은 김왕직 교수가 맡아서 일을 추진해 나갔다. 우여곡절 끝에 만4년이 지난 2006년 초에 와서 모든 원고들이 수합되고 사진과 도면자료가 모아졌다. 원고가 모아지면서 내용을 다시 한번 조정하는 작업을 했다. 그 과정에서 전체 목차에 수정이 가해지고 내용도 보완되었다. 제일 큰 변화는 처음 목차에 넣었던 근대건축 부분이 빠진 점이다. 근대건축은 당연히 한국건축의 한 부분이며 그 중요성은 다른 시대 건축에 뒤지지 않는다. 다만, 집을 짓는 재료가 다르고 형태가 이전 시대 것과 크게 차이가 나서 이것을 한 권 안에 모두 넣는 것이 무리로 판단되었다. 근대건축까지 다루자니 책이 호주머니에 들어갈 수 있는 분량을 넘어섰다. 부득이 근대건축은 나중에 따로 책을 만들기로 하고 이 책에는 넣지 않기로 하였다.

감사의 글
여기까지 오는 동안에 편집위원 여러분들이 모두 16회에 걸쳐 회의를 거듭하고 진지한 논의를 아끼지 않았다. 집필자들도 여러 차례 원고를 고쳐 쓰는 수고를 아끼지 않았다. 귀중한 도면과 사진들도 집필자들께서 흔쾌히 제공해 주셨다. 이 점 위원장으로서 감사한 마음을 표하지 않을 수 없다.
드러나지 않게 많은 도움을 준 사람들을 빼놓을 수 없다. 우선 서울대학교 건축학과의 건축사연구실 대학원생들이 사진을 새로 찍고 도면을 정리하는 데 애를 많이 써주었다. 많은 도면자료와 사진들이 이 분들의 노력 덕분에 빛을 보게 되었다. 명지대학교 건축학부의 대학원생들도 김왕직 교수를 도와 힘이 되어주었다. 이런 젊은 연구자들의 협력이 없었다면 이 책의 완성은 어려웠을 것으로 생각된다. 진심으로 고맙다는 말을 전하고 싶다.

도서출판 동녘 편집팀의 수고는 굳이 글로 적을 필요조차 없을 것이다. 무엇보다 4년이라는 긴 기간 동안 인내를 가지고 기다려준 데 대해 고마울 따름이다. 4년 동안 편집 담당이 세 번이나 바뀌었는데 모든 분들이 헌신적으로 이 책 탄생의 산파역을 맡아주었다. 거듭 감사의 말을 남긴다.

2006년 9월
한국건축답사수첩 편집위원회 위원장 김동욱

【 차례 】

한국건축답사수첩을 내면서 · 5
한국건축답사수첩이 나오기까지 · 6

【제 1 장】 한국건축 역사 개요
1. 선사시대 및 초기국가 형성기 · 26
2. 삼국시대 · 28
3. 통일신라와 발해 · 31
4. 고려시대 · 33
　1) 고려 전기
　2) 고려 후기
5. 조선시대 · 37
　1) 조선 전기
　2) 조선 중기
　3) 조선 후기
6. 일제 강점기 · 45

【제 2 장】 구조와 시공
1. 목구조의 특징 · 52
　1) 한국의 목구조
　2) 목구조의 종류
2. 건축 장비와 연장 · 54
　1) 연장의 특징과 유형 분류
　2) 각종 치목 연장
　　(1) 터잡기 및 긋기 연장
　　(2) 자르기 연장
　　(3) 깍기 연장
　　(4) 파기 및 쪼기 연장
　3) 운반 연장
　4) 기계 및 기구
3. 시공 방법 및 기법 · 67
　1) 재료
　2) 기초 및 초석 놓기
　3) 치목 및 조립
　4) 지붕 잇기
　5) 그렝이
　6) 이음과 맞춤
　7) 귀솟음과 안쏠림
　8) 앙곡과 안허리곡
4. 목구조 · 77
　1) 기둥
　2) 가구
　3) 공포
　4) 벽
　5) 마루

6) 천장
7) 난간
8) 창호
9) 지붕
5. **석구조** · 95
    1) 성곽
    2) 석축
    3) 다리
6. **단청** · 100
    1) 단청의 역사
    2) 단청의 종류
    3) 단청무늬의 체계
    4) 단청 순서
7. **온돌** · 106
    1) 온돌의 역사
    2) 온돌의 구성
    3) 굴뚝
8. **담장** · 111
    1) 토담
    2) 돌각담(돌담)
    3) 생울
    4) 바자울

5) 사고석 담장
6) 토석 담장
7) 꽃담
9. **문** · 114
    1) 일반문
    2) 특수문

[제3장] 궁궐과 관아

1. **궁궐건축의 개요** · 124
    1) 궁궐의 어원
    2) 궁궐의 형성과 역사적 전개
    3) 궁궐건축의 특징
2. **명칭과 기초 용어** · 126
    1) 제도
    2) 궁궐과 궁실, 궁성과 궁전
    3) 명칭과 용어
3. **배치와 전각 구성** · 130
    1) 입지 선정과 배치 개념
    2) 전각의 구성
4. **궁궐건축의 실례** · 133
    1) 고구려
        (1) 국내성

(2) 안학궁과 대성산성
(3) 평양성
2) 백제
  (1) 부소산성과 왕궁터
3) 신라
  (1) 월성과 금성
  (2) 동궁
  (3) 성동동 전랑지
4) 발해
  (1) 상경 용천부 궁성
5) 고려
  (1) 정궁(본궐, 만월대)과 개성의 성곽 구성
6) 조선
  (1) 경복궁
  (2) 창덕궁
  (3) 창경궁
  (4) 경희궁
  (5) 덕수궁

5. 관아건축의 현황 · 187
6. 조선시대의 행정 편제와 관아 · 190
7. 경직관아 · 191
1) 분포

2) 배치

8. 외직관아 · 201
1) 분포
2) 감영
3) 동헌

9. 관아건축의 실례 · 213
1) 수도권
2) 충청권
3) 영남권
4) 호남권
5) 강원 및 제주

[제 4 장] 마을과 읍성

1. 마을의 유형 · 232
1) 마을의 정의
2) 마을의 여러 가지 유형
  (1) 위치와 산업에 따른 분류
  (2) 밀도와 형태에 따른 분류
  (3) 특수한 기능을 갖는 마을
3) 마을 발달의 역사
4) 조선시대의 마을
  (1) 씨족마을

(2) 각성마을
   (3) 특수마을
2. **마을의 구성원리** · 238
   1) 마을의 공간구조
   2) 마을의 성격별 영역
   3) 마을의 주요 구성요소
   4) 마을의 민속
   5) 마을 답사시 인문적 고려 대상
3. **마을 실례** · 246
   1) 서울 북촌
   2) 아산 외암마을
   3) 고성 왕곡마을
   4) 보성 강골마을
   5) 안동 하회마을
   6) 경주 양동마을
   7) 성주 한개마을
   8) 진주 남사마을
   9) 제주 성읍마을
   10) 대구 옻골마을
   11) 나주 도래마을
   12) 봉화 닭실마을
   13) 김천 원터마을
   14) 화순 월곡마을
   15) 영일 덕동마을
   16) 대전 상사마을
4. **읍성** · 270
   1) 개요
   2) 축성시기와 공간구조
      (1) 축성시기
      (2) 공간구조
   3) 주요 시설
      (1) 성벽과 성문
      (2) 객사, 동헌, 장시
   4) 읍성의 해체
5. **읍성 실례** · 280
   1) 수원 화성
   2) 경주읍성
   3) 홍주읍성
   4) 해미읍성
   5) 고창읍성
   6) 낙안읍성
   7) 언양읍성
   8) 장기읍성

[제 5 장] 살림집
1. 살림집의 구성 · 294
- 1) 안채
- 2) 사랑채
- 3) 기타 공간
- 4) 마당

2. 민가와 반가 · 305
- 1) 민가의 평면유형
  - (1) 홑집
  - (2) 겹집
  - (3) 양통집
- 2) 민가의 지역별 유형
- 3) 민가의 입면과 구조
- 4) 반가에 영향을 미친 인문환경
  - (1) 성리학적 예제
  - (2) 가사규제—주택의 규모와 장식의 제한
- 5) 반가의 배치 및 평면형태
  - (1) 동(棟) 구성형식
  - (2) 마당 구성형식
- 6) 반가의 입면과 구조

3. 살림집 실례 · 323
- 1) 아산 맹씨 행단
- 2) 월성 손동만 씨 가옥
- 3) 관가정
- 4) 향단
- 5) 안동 양진당
- 6) 충효당
- 7) 안동 의성 김씨 종택
- 8) 윤증선생 고택
- 9) 여주 김영구 가옥
- 10) 강릉 선교장
- 11) 함양 정병호 가옥
- 12) 구례 운조루
- 13) 정읍 김동수 가옥
- 14) 기타 살림집

[제 6 장] 유교건축
1. 유교건축의 개요 · 352
- 1) 유교사상의 전개
- 2) 유교건축의 특징

2. 예제건축 · 354
- 1) 예제건축의 의미
- 2) 예제건축의 유형 분류

3. 교학건축 · 356
1) 조선시대 관학과 사학
    (1) 향교의 설립과 발전
    (2) 서원의 설립과 발전
2) 향교와 서원건축
    (1) 입지
    (2) 배치형식
3) 향교의 구성요소
    (1) 제향공간
    (2) 강학공간
    (3) 기타
4) 서원의 구성요소
    (1) 제향공간
    (2) 강학공간
    (3) 기타

4. 유교건축의 실례 · 367
1) 예제건축
    (1) 사직단
    (2) 환구단
    (3) 기타 단건축
    (4) 종묘
    (5) 문묘
    (6) 기타 묘건축
2) 향교건축
    (1) 강릉향교
    (2) 나주향교
    (3) 전주향교
    (4) 장수향교
    (5) 영천향교
    (6) 밀양향교
3) 서원건축
    (1) 소수서원
    (2) 도산서원
    (3) 병산서원
    (4) 옥산서원
    (5) 무성서원
    (6) 돈암서원
    (7) 필암서원

[제 7 장] 불교건축
1. 사찰건축의 역사 · 410
1) 사찰의 기원과 유래
2) 한국 불교의 발전
3) 가람배치의 형식 변화

2. 사찰 전각의 구성과 의미 · 417
1) 불전
   (1) 대웅전 · 대웅보전
   (2) 대적광전 · 비로전
   (3) 극락전 · 무량수전
   (4) 미륵전
   (5) 약사전
   (6) 원통전 · 관음전
   (7) 영산전 · 나한전 · 응진전
   (8) 팔상전
   (9) 명부전 · 지장전
   (10) 문수전
2) 요사 · 부속시설
   (1) 요사
   (2) 강당 · 설법전
   (3) 조사당
   (4) 삼성각
   (5) 칠성각
   (6) 산신각
3) 문 · 루 · 교량
   (1) 일주문
   (2) 천왕문
   (3) 금강문
   (4) 불이문 · 해탈문
   (5) 루
   (6) 교량

3. 사찰건축의 실례 · 432
1) 선암사
2) 송광사
3) 화엄사
4) 범어사
5) 통도사
6) 해인사
7) 봉정사
8) 부석사
9) 법주사
10) 수덕사
11) 마곡사
12) 금산사

4. 탑파건축 · 452
1) 탑파의 형성
   (1) 탑파의 발생
   (2) 탑파의 전파 경로
2) 한국 탑파의 형식 변화

3) 목탑의 실례
      (1) 고구려
      (2) 백제
      (3) 신라
      (4) 고려
      (5) 조선
   4) 석탑의 실례
      (1) 삼국시대
      (2) 통일신라
      (3) 고려
      (4) 조선
   5) 전탑의 실례
5. **부도** · 472
   1) 부도의 의미
   2) 부도의 실례
      (1) 통일신라
      (2) 고려
      (3) 조선 전기
      (4) 조선 후기
6. **석굴사원** · 477
   1) 석굴사원의 유래
   2) 석굴사원의 실례
      (1) 자연석굴
      (2) 인공석굴
7. **불교미술** · 479
   1) 불상
   2) 불화
   3) 범종
   4) 불구
   5) 불단
   6) 닫집
   7) 석등
   8) 당간

[제 8 장] 원림과 누정
1. **원림의 개요** · 500
   1) 용어의 유래
   2) 한국 원림의 건축적 특징
   3) 유형 및 역사적 전개
      (1) 궁궐 원림
      (2) 사찰 및 관아의 원림
      (3) 사가 원림
   4) 한국 조경에 영향을 끼친 사상
2. **원림의 조원원리와 요소** · 505

1) 조원원리
2) 조원요소
　(1) 산책로
　(2) 화목과 배식
　(3) 건축시설
　(4) 저수시설
　(5) 석조 점경물
3. 누정의 기능과 유형 · 510
1) 용어의 유래
2) 누정의 기능
3) 누정의 유형
　(1) 관아의 누각
　(2) 성문루와 장대
　(3) 궁궐의 누각
　(4) 향촌의 정자
　(5) 농촌의 모정
　(6) 살림집의 누정
　(7) 사찰 및 서원의 문루와 강당
4) 누정의 건축기법
　(1) 배치기법
　(2) 경관기법
　(3) 건축형태

5) 편액의 실례와 의미
4. 원림과 누정의 실례 · 516
1) 궁궐 원림
　(1) 경주 계림
　(2) 경주 포석정지
　(3) 경주 안압지
　(4) 창덕궁 후원
2) 관아의 원림과 누정
　(1) 남원 광한루
　(2) 밀양 영남루
　(3) 삼척 죽석루
　(4) 진주 촉석루
3) 사가 원림
　(1) 문수원 정원
　(2) 경주 서출지 이요당
　(3) 봉화 청암정
　(4) 영양 서석지
　(5) 예천 초간정
　(6) 대전 남간정사
　(7) 곡성 함허정
　(8) 보성 열화정
4) 별서와 구곡

(1) 담양 소쇄원
(2) 보길도 윤선도 유적
(3) 서울 석파정
(4) 담양 명옥헌
(5) 괴산 화양구곡
(6) 성주 무흘구곡
(7) 단양 사인암

[제9장] 자료편
1. 문화재의 개념 · 542
1) 개념
2) 법률적 정의
3) 포괄적 정의
2. 문화재의 종류 · 543
1) 지정문화재
2) 등록문화재
3) 매장문화재
4) 유네스코 세계유산
3. 문화재 관련법 · 545
1) 문화재보호법 · 시행령 · 시행규칙
2) 문화재위원회 규정
3) 문화재청과 그 소속기관 직제

· 시행규칙
4) 한국전통문화학교 설치령
4. 건조물 문화재 · 546
5. 문화재 목록 · 547
1) 목조 건축물
2) 석조 건축물
3) 등록문화재
6. 문화재 관련 시설 · 572
1) 문화재단지
2) 박물관 및 전시관
7. 문화재 관련 정보 · 573
8. 건축 관련 옛 그림과 도면 · 574
1) 건축과 그림
2) 건축 관련 옛 그림과 도면
9. 고건축 실측법 · 581
1) 정밀도에 따른 실측의 종류
2) 실측 전 사전 준비
3) 실측 방법(약실측 기준)
   (1) 스케치 종류
   (2) 스케치 순서
   (3) 실측
   (4) 사진 촬영

(5) 인터뷰 조사

　4) 도면 정리

10. **척도** · 587

　1) 주척

　2) 당척

　3) 고려척

　4) 영조척

　5) 그 외 척도 관련 용어

11. **도량형** · 591

　1) 재래 도량형

　　(1) 길이 단위의 변화표

　　(2) 부피 단위의 변화표

　　(3) 넓이 단위의 변화표

　　(4) 무게 단위의 변화표

　2) 현행 도량형

　　(1) 넓이

　　(2) 길이

　　(3) 부피

　　(4) 무게

12. **한 · 중 · 일 주요 건축 연표** · 594

13. **역대 국왕 및 재위기간, 고려 및 조선의 왕릉 일람표** · 596

　1) 역대국왕 및 재위기간

　2) 고려시대 왕릉 일람표

　3) 조선시대 왕릉 일람표

14. **기년법, 간지, 연호** · 602

　1) 현재 사용되는 기년법

　2) 고건축 관련 기록에 쓰이는 날짜

　3) 고려 및 조선시대 연호(연대순)

　4) 간지 찾기

　5) 한 · 중 · 일 연호(가나다 순)

15. **시각 방위표** · 654

찾아보기 · 655

참고문헌 · 673

사진 및 그림자료 · 677

[제 1 장]
한국건축 역사 개요

1. **선사시대 및 초기국가 형성기** · 26
2. **삼국시대** · 28
3. **통일신라와 발해** · 31
4. **고려시대** · 33
   1) 고려 전기
   2) 고려 후기
5. **조선시대** · 37
   1) 조선 전기
   2) 조선 중기
   3) 조선 후기
6. **일제 강점기** · 45

1. 선사시대 및 초기국가 형성기

서울 암사동 강변에는 선사시대 사람들이 짓고 살았던 움집 유적이 남아 있다. 움집은 신석기시대에 정착생활을 하게 되면서 땅을 지면보다 낮게 파서 공간을 만들고 지상에는 외벽을 따라 간단한 구조의 지붕을 얹은 형태의 주거이다. 암사동 움집 유적은 기원전 4000~3000년에 해당되지만, 강원도 오산리 유적은 신석기시대 초기인 기원전 6000년까지 거슬러 올라간다.

신석기시대 중기에는 농경이 시작되어 장기 거주를 위한 더욱 견고한 구조의 집을 짓게 된다. 초기 움집과 비교해 바닥평면은 장방형의 반듯한 모습으로 바뀌고 규모도 조금씩 커지며 바닥의 깊이는 낮아지는 경향을 보인다.

기원전 1000년경이 되면 농경과 가축 사육의 규모가 커지면서 큰 취락이 만들어지게 된다. 또한 지배층이 형성되고 종교의식이나 지배층의 권위를 상징하는 데 청동이 사용되기 시작한다. 더 커진 규모에 긴 장방형 평면을 갖는 이 시기 움집에서는 화덕이 주거 안쪽으로 치우쳐 있거나, 취사용과 난방용으로 구분되어 두 개가 설치되기도 했다. 이것은 실내공간이 기능상으로 분화되는 것을 의미한다. 집의 구조도 크게 발전하여 벽체가 만들어지기 시작하고 지붕도 지상에서 분리되어 기둥과 도리가 있는 안정된 구조를 갖게 되었다.

청동기시대 움집 주거지로 금강유역의 송국리 유적이나 경남 울산 검단리 유적에서는 대규모 마을이 형성되고 목책과 같은 방호시설과 가마터, 지배층 것으로 추정되는 무덤, 공공집회시설로 추정되는 큰 규모의 집터가 발견되었다. 청동기시대의 대표적 유적 중 하나로 고인돌을 빼놓을 수 없다. 특히 한반도는 고인돌이 집중적으로 나타나는 대표적인 곳이다.

기원전 4세기경에 초기 고대국가가 성립하게 된다. 왕과 관리가 사는 곳을 중심으로 자연스럽게 도시가 형성되었으며 일정한 면적에 도시 방어시설과 통치자의 건물, 종교시설, 수공업장, 시장 등이 갖추어졌을 것으로 보인다.

이 시기의 토성 유적에서는 도끼나 자귀, 끌 등 철로 된 목재 가공 연장 등도 발견되는데, 이들 철제 연장의 사용은 부재를 세밀하게 가공할 수 있게 하여 건물 짓는 기술이 비약적으로 발전할 수 있었다. 또한 청동기 시대 움집에서 형성된 구조 개념이 발전하여 주춧돌 위에 기둥을 세우고, 보·도리·대공 등의 가공된 부재를 맞추고 이어서 본격적인 목조 가구식(木造架構式) 구조체계를 갖추게 되었다.

이에 따라 움집과는 다른 지상 가옥이 널리 일반화 되고 주거유형도 다양해졌다. 여전히 움집이 기본이라 할 수 있으나, 평면 분화가 더욱 적극적으로 이루어진 형태인 '凸'자나 '呂'자형 움집이 나타나고, 고상식 주거지(다락집)도 상당수 발굴되었다. 귀틀집도 지어졌으며, 무엇보다 구들의 원초적인 형태가 주택에 나타났다. 평남 북창군 대평리 유적이나 경기도 수원 서둔동 유적에서는 'ㄱ'자로 꺾인 구들 유구가 발견되었고, 시대는 떨어지지만 부여 부소산성 내에서 발굴된 터널형 구들은 구들의 시원적 형태를 보이는 중요한 유적으로 평가된다.

건축술의 발전과 함께 궁궐이나 대옥(大屋) 등 지배계층의 건축물은 특별한 형태로 만들어졌다. 고조선의 궁궐이나 지배층의 건물에서는 기와가 사용되었음을 유적을 통해 알 수 있는데, 이는 당시 지배층 건물이 부분적으로 중국식 건축술을 수용하고 있었음을 보여주는 사례다. 당시 중국의 한나라 목조건축은 완성된 형태를 갖추어 가고 있었다. 즉, 높은 기단 위 주춧돌에 기둥을 세우고 잘 가공된 보를 걸어 지붕 구조를 만들고 기와를 덮은 것으로, 기둥 상부에는 공포(栱包)형식의 초기 형태를 갖추었다. 이러한 건축술을 부분적으로 수용한 것이다.

2. 삼국시대

고구려, 백제, 신라가 성립되면서 한반도에서는 본격적인 건축물 조성이 전개되었다. 이때 도성은 고대 건축문화의 중심지였다. 삼국시대 도성은 주변에 산성을 두어 평상시 거주하는 도성과 전쟁에 대비한 산성이 하나의 틀을 이루도록 하였는데, 이는 당시의 정치 사정과 한반도의 지리적 여건에 따라 독특한 형태를 갖춘 것이다. 도성들은 대체로 큰 강을 옆에 끼고 경사진 지형을 이용하여 성곽을 구축하였다. 중심부 시가지에 격자형 도로를 설치하여 네모반듯한 거주구역을 만드는 것도 일부 도성에서 나타나는 고대 도시의 특징이다.

안학궁(427)은 고구려가 집안 국내성에서 평양 대성산 아래로 도성을 옮긴 초기의 궁궐로 대성산성과 쌍을 이룬다. 안학궁은 발굴조사로 건물의 윤곽이 확인되었는데, 궁성의 한 변이 622미터로 매우 장대했으며 남북 직선축에 의해 중심건물이 일직선으로 배치되고 나머지 건물들도 직선축에 맞추어 좌우대칭으로 구성되었음을 알 수 있다. 586년에는 장안성(평양성)으로 수도를 옮겼는데, 장안성은 도성과 산성을 따로 분리하지 않고 평지에 쌓은 외성과 산의 지세를 이용한 중성 및 내성을 서로 연결시키는 방식을 채용하였다. 시가지가 조성되었던 외성에는 격자형 도로를 설치하였다.

백제의 한성으로 유력한 풍납리토성은 한강변에 위치한다. 웅진과 사비 역시 큰 강을 낀 지형에 자리했으며 평양성과 유사한 방식으로 도성의 한쪽 끝에 산성을 갖춘 형태를 취하였다. 백제의 궁터로 확인된 것은 아직 없다. 다만 한성시대에는 풍납리토성 안, 웅진시대에는 공산성 안, 그리고 사비시대에는 부소산성 앞 부여문화재연구소(전 국립부여박물관) 부근, 아울러 익산 왕궁리의 왕궁터 등이 거론되고 있다.

신라는 경주가 줄곧 도성으로 이용되었다. 도성과 산성이 분리된 구성을 취하였는데, 도시 전체가 네모반듯한 형태는 아니지만 내부 거주구역에서는 중국 도성제도를 모방하여 방리제(坊里制)가 실시되었다. 궁터로는 월성이 주목되고 주변에서 많은 건물지가 발견되었다.
도성 외에도 삼국시대에는 지방에 중요한 도시들이 형성되어 있었다. 이중 일부에는 도성과 마찬가지로 격자형 가로가 조성되어 있던 것으로 추정된다. 지금 남원, 전주, 상주, 충주와 같은 도시에는 중심부에 부분적으로 격자형 가로 흔적이 남아 있다.

삼국시대의 주거를 살펴보면 온돌과 마루의 존재가 가장 주목된다. 이 시기 온돌은 실내 바닥 전체를 덮는 단계까지는 나아가지 않았지만 그 시원적 형태가 한반도 북부와 중부지역에 널리 확산되었으며, 지배층이나 서민층 모두에서 공통적으로 나타난다. 또한 마루구조는 문헌과 가형토기(家形土器), 그리고 최근의 발굴조사에서 나타나는 다락집의 존재로 확인해 볼 수 있는데, 남부지방에서는 주거용으로 일찍부터 발전된 것으로 보인다. 이들 온돌과 마루는 고려시대와 조선시대를 거쳐 결국 한국 주거의 고유한 요소로 자리 잡게 된다.
목조건축은 삼국시대에 들어 구조기술에서 비약적인 발전을 보였다. 축적된 토착기술 위에 중국의 앞선 건축술이 도입되어 본격적인 목조건축 시대를 열어갔다. 이 과정에서 불교의 수용은 결정적인 역할을 했다.

불교의 도입에 따라 불교사원이 속속 건립되었는데, 특히 왕의 권력이 강성해진 5, 6세기 사이에 매우 활발히 건립되었다. 불교는 중국을 통해 도입되었기 때문에 불교사원 역시 중국식 건축으로 지어졌고, 이 과정에서 중국의 건축은 빠르게 고구려와 백제에 전파되었으며, 신라와 일본에도 전해졌다. 발굴조사로 확인된 고구려의 사원은 평양 부근에 집중되어 있는데, 평원군 덕산면 원오리사지, 대동군 임원면 상오리사지, 평양 교외의 정릉사지와 청암리 금강사지를 들 수 있다. 이들의 중심부에는 모두 팔각형의 탑지로 보이는 건물터가 있다는 공통점이 있다. 이중 청암리 금강사지는 일탑 삼금당식으로 잘 알려져 있다.
백제 역시 부여지역에서 여러 절터가 발굴되었다. 군수리사지, 동남리사지, 금강사지, 서복사지, 정림사지를 들 수 있다. 남북의 직선축을 따라 문, 탑, 금당, 강당이 일직선상에 놓이고 강당에서 연결된 회랑이 탑과 금당을 감싸는 배치인데 흔히 일탑식 가람배치로 부른다. 고구려와 백제의 사지는 탑의 모양, 금당의 수, 회랑의 모양에서 차이를 보이는데 이는 두 나라의 불교문화 수용 경로가 서로 다른 데 따른 것으로 생각해 볼 수 있다.

신라는 불교 공인은 늦었지만, 공인 후에는 장대한 규모와 창의적인 사찰이 속속 조성되었다. 배치는 황룡사를 통해서 살펴볼 수 있는데, 창건 당시에는 백제식의 일탑식 가람배치였고, 중건 시에는 일탑 삼금당 형식을 이루었다.

5세기와 7세기 중반 삼국은 도성 내에 수많은 호국사찰을 세웠다. 불교사원의 건립은 활발한 문물교류를 통해 건축기술의 전파를 촉진하였다. 이 시기 삼국의 건축은 중국을 중심으로 하는 동아시아의 국제적인 건축세계에 진입할 수 있었다. 또, 한반도 고유의 창의성 추구에서도 새로운 경지에 도달했는데 그 단적인 예가 석탑의 건립이다.

한편, 경주 황룡사와 익산 미륵사는 고대 전제왕권이 창출해낸 거대 가람이다. 황룡사는 9층 목탑으로 목탑의 건축적 가능성을 보여준 데 대해, 미륵사는 중앙의 목탑 좌우에 석탑을 조성하여 새로운 탑의 조형세계를 창출하였다. 이들 사찰의 목탑과 금당 등은 회랑으로 둘러싸여 전체가 하나의 신성한 예배의 대상으로 존재하였다. 또, 배치에서 드러나는 질서정연한 기하학적 구성은 전체적인 계획아래 조성되었음을 나타내주는 것이다. 이렇게 건물이 갖는 상징적 의미, 전체적인 계획성, 전제왕권 주도하의 거대 규모의 특징을 갖는 두 사찰은 한국 고대건축의 모든 특성을 극명하게 보여주는 사례라고 할 수 있다.

3. 통일신라와 발해

신라에 의해 삼국이 통일된 후 경주는 도성영역이 확장되어 방리제가 확대되고 크게 발전하였다. 궁궐 조성도 활발해졌는데, 통일 후 새로 조성된 궁궐터로 추정되는 성동동 전랑지 이외에 또 다른 궁궐시설로 안압지를 들 수 있다. 760년(경덕왕 19)에는 춘양교와 월정교라는 장대한 규모의 교량도 건설되었는데, 이들은 통일을 달성한 신라 전제왕권을 바탕으로 도성 경주의 번성에 의해 가능했다. 전제왕권 아래서 주택 규모를 신분에 따라 엄격히 제한한 법령이 정비되었음을 『삼국사기』「옥사조(屋舍條)」에서 알 수 있다.

통일 후 신라는 적극적으로 당나라의 앞선 문물을 수용하였다. 통일 직후 경주 주변에는 당시 당에서 유행하던 이탑식(쌍탑식) 가람배치의 절이 연속해서 지어졌다. 대표적인 것으로 사천왕사(679)와 망덕사(684)를 들 수 있다. 이탑식 배치는 일본에서도 수용되었는데, 일탑식에 비하여 탑의 의미는 약해지고 금당의 비중이 커지는 배치방식이다. 안압지에서 발굴된 공포부재를 비롯한 기타 유물들로 보아, 건물 세부에 있어서도 당의 선진기법이 왕실 주변 건물에 빠르게 유입되어 한층 세련된 건축을 만들었음을 알 수 있다. 당의 건축을 정점에 둔 이러한 모습은 일본에서도 전개되어 7세기 후반 동아시아에서는 통일된 모습을 보여주고 있었다.

국제 수준에 걸맞은 이러한 세련된 건축은 다른 한편으로 중국이나 주변국과는 다른 신라 고유의 건축 독창성도 창출해 내었는데, 감은사(682)가 대표적이다. 감은사는 쌍탑 가람의 전형적인 배치에 석조 쌍탑을 세운 최초의 사찰이다.

7세기와 8세기 사이에 한반도는 석탑 조성이 가장 활발히 이루어지고 조형적으로 완숙된 단계에 이르렀다. 가장 세련된 모습을 나타내는 것으로 평가되는 불국사 석가탑 이외에도 독창성과 고유성이 넘치는 신라의 석탑들은 당나라의 건축술을 받아들였지만 이를 신라의 예술적 취향에 맞춰 새로운 형태로 창출해 나간 신라 예술의 진정한 가치를 보여 준다.

당으로부터 전해진 다양한 불교교리는 사찰건축에도 영향을 미쳤다. 불교사찰은 호국사찰에서 벗어나 폭넓은 계층의 신앙을 수용하며 다양한 교리를 반영하는 복합적인 구성을 취하게 되었다. 8세기 통일신라 불교가 갖는 다양한 사상과 신앙형태의 결정체로 무엇보다 불국사를 들 수 있다. 법화사상과 정토신앙, 화엄사상과 관음신앙 등이 결합하여 독립된 건축공간들의 집합체를 이루면서도 통일성있게 표현되었다. 특히 토함산의 경사진 지형을 뛰어난 조형기법으로 승화해낸 점은 이전의 사천왕사, 감은사와 같은 단순한 구성에서는 전혀 볼 수 없었던 것이다. 불국사 뒤 토함산 정상부의 석굴암 역시 신라의 독창적 건축술을 가장 극적으로 구현한 인공 석굴사원이다. 한편, 이때 전국의 이름난 산에는 제각각의 종교적 이념을 바탕으로 다양한 모습의 사찰이 지어졌는데, 이들은 이 시기 통일신라의 새로운 건축세계를 열었다. 큰 산에 절이 지어지므로 배치나 건물 구성은 지세에 따라 새로운 모습으로 나타났을 것이다. 산을 등에 지고 여러 단의 석축 위에 장쾌한 전망을 지닌 모습이었을 신라시대의 부석사는 회랑으로 둘러싸인 도시사찰과는 다른 새로운 모습이었을 것이다.

9, 10세기 사이에 불교사찰은 한반도 각 지역에 널리 확산되었다. 이탑식 가람구성은 여전히 계승되었지만 전반적으로 고대 규범에서 벗어나는 경향이 지배적이었다. 남원 실상사(828)는 이탑식의 규범을 지키고 있지만 뒤편의 금당이 전례없이 초대형이며, 울주 간월사(8세기 중반 이후)는 이탑식이지만 탑 사이가 멀어 그 분위기가 전형적인 이탑식과는 차이를 지닌다. 또 쌍탑보다는 탑을 하나만 조성하는 것이 더 널리 수용되었는데, 이 역시 탑의 위치는 형식에 구애됨 없이 다양하므로 전형적인 부여의 일탑식 가람과는 성격이 다르다. 이 시기의 사찰들은 선사상(禪思想)에 의해 독자적으로 구성되었거나 지방 호족에 의해 새롭게 지어지면서 더욱 자유스런 가람구성이 확산되었을 것으로 보인다. 9세기

이후에는 석탑 역시 규모는 작아지고 장식이 늘며 전형을 벗어나는 특이한 모습으로 변모된다. 10세기에 이르면 지방 호족세력의 지원 아래 불교사원을 중심으로 활발한 건축조영이 이어지는데, 경주에 집중되던 건축기술 인력이 각 지역으로 분산되고 지역화 되면서 지방의 건축기술은 향상되었으며 이는 각 지역의 고유한 특성으로 드러나기 시작하였다. 이렇게 대두된 지역성은 고려에 의해 후삼국이 통일된 뒤에도 한동안 지속되었다.

698년 고구려 유민에 의해 발해가 건국되어 8세기경에는 신라와 함께 남북국시대를 열어갔다. 당의 도성을 모방한 도성을 갖추고 장대한 규모의 궁전과 불교사원을 지었으며, 건물세부는 고구려 건축을 계승한 것으로 알려지고 있다. 발해 5경 중 가장 오랫동안 도성으로 사용된 상경 용천부의 발굴조사를 통해 도시 구성이나 궁전 윤곽이 어느 정도 파악되었다. 거의 당 장안을 축소해 놓은 듯한 모습이며, 궁전구역 역시 전형적인 중국식 배치 모습을 보인다. 그런데 궁궐 내 침전으로 추정되는 건물에서는 온돌이 발견되고, 평면은 고구려 유적인 집안 동대자 유적과 동일한 형태를 취하고 있어서 흥미롭다. 발해 건축은 외형적으로는 철저히 중국식 원리를 수용해 지배자의 우월성을 강조한 것으로 보이고 주택이나 무덤은 고구려를 계승한 양면성을 지닌 것으로 판단된다.

4. 고려시대

1) 고려 전기

고려가 후삼국을 통일한 뒤 919년 개경이 고려의 수도가 되었고, 11세기를 거치면서 도성의 면모도 통일왕조답게 발전하였다. 고려 개경은 통일신라 경주와 대비되는 특성을 지닌다. 개경의 입지 선정에는 풍수지리설의 영향이 컸다. 그 결과 경주와는 달리 산으로 둘러싸인 지세가 선택되었다. 지형조건이 다르므로 방어책도 달랐다. 경주처럼 주변에 산성을 두지 않고 지형을 고려해 도성 주변을 성곽으로 둘렀다. 따라서 주민의 출입도 성문을 통해서만 가능하였다. 궁궐도 한쪽으로 치우쳐 송악산 아래에 자리 잡았다. 가로형태도 경주와 같이 소통이 원활한 바둑판 모양이 아니라 지세에 따라 자연 발생한 불규칙한 도로가 기본이 되었다. 이러한 대조는 활발한 문물 집산과 교류가 영위된 고대도성과 폐쇄적인 경향의 중세도시의 차이로 지적될 수 있다.

고려의 궁궐은 건국 초 조성된 것이 1011년(현종 2) 불타고 1014년(현종 5) 다시 조성되었다. 후대에 만월대로 불린 고려 궁궐의 유적이 부분적으로 남아 있는데, 고구려 안학궁과 발해의 상경 용천부 궁성과는 다른 고려 토착적인 성격을 지니고 있다. 먼저 송악산 기슭의 경사진 곳에 자리하므로 지세를 살려 궁성 출입문과 건물 배치가 이루어졌다. 중요 건물들이 남북 일직선상에 배치된 것이 아니라 지형에 따라 약간씩 축을 달리하면서 배치되었다. 진입방식도 동남쪽에서 북쪽으로 직각으로 꺾이는 방식을 반복한다. 또 정전을 두 개 조성하고 연등회나 팔관회 등 불교행사를 치를 수 있는 공간이 마련된 점도 고려 궁궐의 특색이라 할 수 있다. 한편 정궁 이외에 많은 별궁과 이궁도 지어졌다. 이들은 왕실 가족의 휴식이나 일시적인 거처로 사용되는 것이 보통이어서 주택의 성격이 강하게 나타났을 것으로 보이고 풍수설이 작용하는 경우도 많았으므로 건축구성도 중국 건축의 요소와 함께 고려 토착적인 성격이 가미되었을 것으로 짐작된다.

11, 12세기는 불교가 왕실이나 귀족 지배층은 물론 일반 서민에게도 절대적인 신앙의 대상이었다. 특히 11세기는 왕실과 귀족 지배층의 불교 심취가 절정을 이루었다. 기존 사찰의 대대적인 증축이 이어지고 개경 시내와 교외에는 왕실의 기복을 위한 원찰(願刹)이 계속 건립되었다. 고려시대에는 불교 법회나 관련 행사가 대규모로 진행되었다. 따라서 사찰에는 이런 행사를 치를 수 있는 넓은 내, 외부 공간이 필요하였다. 현

재 11, 12세기경 개경 주변의 불교건축을 살펴볼 수 있는 유적은 아주 드물지만, 홍왕사, 불일사의 배치 모습과 문헌기록을 통해 안화사의 건물 구성 정도를 살필 수 있다. 홍왕사는 1067년(문종 21)에 창건되었는데, 창건 당시 규모가 2,800칸으로 매우 커서, 절이 완성되자 현 하나를 다른 곳으로 옮겼을 정도였다. 홍왕사의 배치는 회랑으로 둘러싸인 3개의 구역을 기본으로 하며, 중심 구역은 팔각형 쌍탑을 배치한 전형적인 이탑식 구성으로 되어 있다. 불일사 역시 중심가람과 동가람, 서가람의 세부분으로 구획되었다. 이는 예불 대상이 다양하게 분화되어 있음을 의미한다. 개경 주변만이 아니라 지방 각지에도 크고 작은 사찰이 많이 있었는데, 이 중 주목할 만한 것으로 전주 금산사를 들 수 있다. 지금은 흔적없는 원주 법천사 역시 거대한 규모였던 것으로 짐작된다. 개경 주변의 사찰이 원찰의 기능을 수행하고 있을 때 지방의 사찰은 다양한 종교의식이 치러지고 수많은 승려와 신도의 거주와 각종 물품의 생산과 소비활동이 이루어지는 지역 문화 및 경제활동의 구심점이었다. 한편, 법천사에 세워졌던 지광국사현묘탑은 당시 귀족 건축의 세련미를 잘 드러내 준다.

2) 고려 후기

12세기 말 무신난으로 문관귀족은 도태되었다. 이들의 지지를 받던 개경 주변 교종 사찰들이 쇠퇴하고 13세기에는 수선사와 백련사를 중심으로 한 신앙결사운동이 지방에서 넓은 지지를 받았다. 13세기의 불교는 도성에서 멀리 떨어진 산림에서 수행과 정진을 중시하는 성향으로 변화되어 갔다. 이들에 의해 지어지는 사찰은 도심지 대규모 사찰과는 다른 자연적인 특성이 돋보인다. 자연석 그대로 약간만 가공한 주춧돌 위에 그렝이질을 하여 기둥을 세우고 자연지형을 끌어들여 건물을 세우고 공간을 구성하였다. 산으로 둘러싸인 협소한 곳에 절이 자리하면서 마당이 중심이 되는 공간구성도 널리 일반화되었다고 보인다. 13, 14

세기는 이러한 한국건축의 커다란 특징이 구체적으로 형성되는 시기라 할 수 있다.

무신집권은 13세기 후반 원의 정치 간섭이 본격화되면서 종식되고 권문세족이 지배층으로 등장하였다. 원 간섭기에는 라마교가 소개되어 마곡사의 5층 석탑이나 경천사지 10층 석탑에 독특한 장식을 남겼다. 원나라 건축 장인이 고려에 들어와 활동하면서 중국의 새로운 건축술이 도입되기도 하였다. 이 시기에 성리학이 도입되어 점차 신진사류가 대두하게 된 것도 중요한 점이다. 신진사류의 대두와 함께 지방도시에는 향교가 확산되고 유교에 입각한 예제시설이 정비되어 갔다.

현존하는 13, 14세기 목조건물은 약 10동 정도로 극히 소수이다. 예산 수덕사 대웅전은 1308년에 창건된 건물로 이 시기에 유행한 소위 주심포(柱心包)형식을 잘 보여주는 대표적인 예이다. 주심포형식이란 공포가 기둥 위에만 짜이는 것인데, 수덕사 대웅전은 공포 부재 중 첨차가 주로 앞뒤로만 돌출하여 처마를 지지하는 구조기능에 충실한 형식이다. 유사한 방식의 고려 말기 건축으로 강릉 객사문, 영천 은해사 거조암 영산전, 황주 성불사 극락전 등을 들 수 있다. 한편, 건립 연대가 가장 앞서는 안동 봉정사 극락전은 수덕사 대웅전과는 전혀 다른 계통의 공포구조를 갖추고 있다. 첨차가 주두 위에서 '十'자 형태로 짜이며 부재 세부도 고식기법을 갖추었다. 대체로 당나라 통일신라 등 10세기 이전 동아시아에서 유행하던 목조건축의 구조특성이 계승된 것으로 평가된다. 영주 부석사 무량수전은 봉정사 극락전의 세부 요소를 갖추면서 구조 개념에 있어서는 수덕사 대웅전에 가까운 건물이다. 이들은 모두 주심포형식으로 광범위하게 분류되지만, 구조적인 개념이나 세부 수법에 있어서는 상당한 차이가 있음을 알 수 있다. 기둥의 중간을 약간 볼록하게 하는 배흘림, 모서리로 가면서 기둥 높이를 가운데보다 높게 처리하는 귀솟음, 모서리 기둥을 안쪽으로 약간 기울이는 안쏠림 등은 고려시대 주심포 건물에서 공통적으로 발견되는 기법인데, 부석사 무량수전은 이런 기법이 건물 전체에 잘 수렴된 대표적인 예이다.

공포가 기둥 위만 아니고 기둥 사이에도 여럿이 설치된 다포(多包)형식의 건물은 이전부터 조금씩 시도되다가 원과의 교류 이후에 본격적으로 지어지기 시작했다. 1374년(우왕 원년)에 지어진 것으로 추정되는 황해도 황주 심원사 보광전은 다포형식의 대표적 사례다. 이외에도 함경도 안변 석왕사 응진전과 안동 봉정사 대웅전도 다포형식의 건물이다. 다포형식은 일손이 많이 필요한 세부가공을 피하지만 전체적으로는 당당하고 화려한 외관을 나타낸다. 따라서 주로 사찰이나 궁전 내 중심전각에 주로 채택되었고, 고려 말 이후 조선 초에도 지배층의 건축형식으로 자리 잡게 되었다.

적어도 13세기에는 거주 공간의 방바닥 전체에 구들을 놓는 전면 온돌이 나타나고 14세기를 거치며 널리 확산되었다고 추정된다. 15세기 중엽 이전에 건립되어 가장 오랜 살림집으로 알려진 아산 맹씨 행단은 세부구조에서 고려 말 조선 초의 특징을 잘 보여주는 건물이다. 아산 맹씨 행단은 중앙의 대청을 중심으로 좌우에 온돌방이 대칭으로 이어져 있다. 이로 미루어 이처럼 온돌과 마루가 연접해서 한 건물을 이루는 방식은 적어도 고려 후기 이전에 조성되었다고 추정된다.

5. 조선시대

1) 조선 전기

고려 말 정계에 신진사족이 다수 진출하면서 유교를 통해 사회질서를 바로 잡고자 하였다. 유교에 입각한 예제(禮制)의 회복이 중요한 실천과제로 대두되었다. 새로운 도성인 한양은 예제에 입각하여 건설되었다. 궁을 중심으로 왼쪽에 종묘, 오른쪽에 사직이 자리 잡았다. 여러 제사시설도 적절한 위치에 조성되었다. 그런데 입지에서 알 수 있듯 한편으로는 토착적인 풍수지리설도 영향을 미쳤다. 예제와 풍수 두 개념이 서로 상충하는 속에서 지형조건에 맞춰 궁궐, 종묘, 사직 그리고 성벽과 성문이 독특한 자리매김을 하였는데, 바로 이러한 점을 한양 고유의 특성으로 지적할 수 있다. 조선은 건국 후 강력한 중앙집권적 통치체제를 구축하고자 하였는데, 이 과정에서 지방도시도 예제에 맞춰 정비되었다. 15세기 중반에 이르면 전국 360여 개 군현이 사직단, 문묘, 여단과 객사를 갖추고 예제에 입각하여 획일적으로 정비되었다. 다만, 이렇게 획일화되는 지방도시에서 이름난 도시 누정 등은 도시의 독특한 경관을 구성하는 요소가 되었다. 이러한 분위기 속에서 신분에 따라 집터의 크기는 물론 집의 규모 및 장식에 이르기까지 일정한 차등을 두는 소위 가사제한(家舍制限)도 행해졌다.

유교가 통치이념이 되면서 엄정한 질서와 합리성이 종교적 열정과 화려함을 대신하게 되었고, 단정 검약한 건축조형이 주류를 이루게 되었다. 종묘와 사직 그리고 문묘는 모두 이러한 미학을 추구하였다고 할 수 있다. 특히 종묘는 창건 당시 7칸이었으며, 헌종대에 19칸으로 늘어났으며, 간결 소박하지만 엄숙한 경관을 이룬다.

한양 천도 후 조선의 정궁으로 경복궁이 건립되었다. 이어 이궁으로 창덕궁이 세워지고 한참 뒤에 창경궁이 별궁으로 세워졌다. 경복궁은 예제에 충실한 상징적인 것으로 직선축과 대칭에 의한 규범적인 성격으로 계획되었다. 이궁인 창덕궁은 지세를 적절히 이용해 자연미를 살리고 토착적 건축구성이 가미된 궁으로 조성되었다. 창경궁은 대비의 처소로 조성되어 창덕궁 동편에 동향하여 배치되고 전각의 격식도 조금 낮추었다.

시간이 지나면서 예제에 입각한 유교적 의례는 지배층의 생활에도 정착되었다. 집안에 가묘를 모시고 제사를 지내는 것 외에도 집안에서 행해지는 유교적 의식은 많았다. 이들이 뿌리내리면서 대청마루는 이런 의식을 치루는 장소로 중요하게 부각되었다. 대조적으로 생활공간으로서 온돌은 계층에 관계없이 전체 주택에 널리 확산되었다. 이 시기에 대청마루, 온돌, 부엌이 한지붕으로 연속된 한국주택의 독특한 주거형식이 완전히 정착되어 갔다.

조선 초기 궁전, 성문 등 국가적 중요시설은 대부분 다포식으로 지어진 것으로 보인다. 서울 남대문은 조선 초 다포식 건물의 가장 대표적 사례로 꼽힌다. 안변 가학루(1486), 개성 남대문(1394), 평양 숭인전(1467), 평양 보통문(1473) 등도 조선 초기 다포형식의 사례다. 불교 사찰에서도 중심부 불전에서 다포식이 주로 채택되었는데, 세종의 원찰인 여주 신륵사 조사당(1469)을 들 수 있다. 한편, 지방의 관청이나 산간의 사찰은 고려시대에 익숙하던 주심포형식에 의존하였으며 섬세한 장식이 많이 나타나는 경향을 보인다. 창녕 관룡사 약사전, 순천 송광사 국사전과 하사당, 강진 무위사 극락전(1470), 영암 도갑사 해탈문(1473), 경기도 안성객사를 들 수 있다. 다포식과 주심포식을 적절히 조합한 소위 절충식 건물도 지어지고 있었는데, 서산 개심사 대웅전(1474)이 한 예이다.

2) 조선 중기

16세기에 들면서 가사제한을 어기고 규모와 치장이 호화로운 일부 특권층의 주택이 확산되었다. 특히 단청을 칠하는 경향까지 유행해서 16세기 말까지 이어졌다. 농촌지역에서도 재력을 늘려나간 중소 지주들이 거주지를 확장하고 주택을 본격적으로 조성하기 시작하였다. 하회마을이나 양동마을은 15세기 이전에 유력 가문이 지배세력을 형성한 빠른 예이고 15, 16세기에는 경북, 충북, 전북 지역 곳곳에서 유력 가문으로 대표되는 마을이 형성되었다. 지방 농촌의 지배계층으로 부상한 중소지주의 주택은 각종 통과의례와 접객이 중시되는 격식과 당당한 외관을 갖춘 것들이었다. 16세기에 조성된 주택으로 본래 모습을 간직한 예는 찾아보기 힘들지만 비교적 옛 모습이 잘 남아 있는 주택으로 양동마을의 몇몇 집과 안동일대의 일부 종가집 그리고 하회마을의 양진당, 충효당을 꼽을 수 있다.

한편, 선비들의 정신세계는 주택보다 학문과 휴양을 목적으로 지은 정자, 별당, 서당에서 더욱 극명하게 드러난다. 절제되고 축소된 공간은 주변 자연경관과 일체가 된다. 온돌과 마루라는 극단적 요소가 서로 만나고 개방과 폐쇄라는 대조된 공간이 하나의 전체 속에 수렴되어 뛰어난 조형예술로 승화된다. 퇴계가 설계하였다는 도산서원이 대표적이다. 16세기는 지방 곳곳에 정자가 세워진 시기이다. 경북 봉화의 청암정, 경주 외곽의 독락당과 계정, 안동의 만휴정, 담양 소쇄원 등을 그 예로 들 수 있다.

몇 차례 사화로 지방에 내려간 사람들은 서원을 세우기 시작하였다. 1543년 백운동 서원의 창설을 시작으로 16세기 말 선조가 즉위하면서 서원은 급증한다. 사림들이 중앙 정계에도 진출하기 시작하면서 서원은 조선사회를 이끄는 실질적인 거점이 되었다. 서원은 엄격한 질서와 검소하고 질박한 조형을 원칙으로 하였으나 향교와는 달리 제각기의 다양한 지형조건 속에서 주변 자연 지세를 최대한 건축적으로 활용하였다. 16세기 또는 17세기 초반에 창건된 서원 중 일부는 지금도 그 모습을 유지하고 있다. 경주 옥산서원, 서악서원, 산청의 남계서원은 서원의 정형을 잘 남기고 있으며, 안동 도산서원이나 병산서원은 주변의 자연조건을 적절히 건축에 끌어들인 점이 주목된다. 서원을 구성하는 개별 건물 중에서는 논산 돈암서원 강당이 주목되는 사례다. 일반적인 서원 강당이 6칸 대청 좌우에 방을 두는 대칭 형태인데, 이 건물은 가운데 대청 뒤편으로 툇간 일부에 온돌방을 두는 등 독특한 형식을 취하고 있다.

16세기에서 17세기 전반기를 지나며 사대부의 정치적 사회적 위상이 커졌다. 지방에서 사림들에 의해 다듬어져 온 자연 속에 동화된 고유한 건축미는 이 시기 궁궐이나 사찰에 이입되어 또 다른 면모를 보여주게 되었다. 임진왜란으로 도성 안 세 궁이 모두 불타고 창덕궁이 경복궁을 대신해 정궁으로 복구되었다. 광해군은 인경궁과 경덕궁(경희궁)을 조성하였다. 경희궁과 창덕궁에서는 의도적으로 정확한 직각이나 대칭구성을 피하고 있는 모습이 보인다. 조선시대 건축에서 보이는 유연한 동적 느낌은 바로 직각과 대칭의 딱딱한 방법을 뛰어넘는 이런 감추어진

기법에서 가능했던 것으로 보인다. 17세기 궁궐에서 나타나는 또 다른 시대적 특징은 편전에서 볼 수 있다. 편전은 본래 정전의 뒤편 혹은 측면에 자리하며 바닥에 전돌을 깔고 의자를 놓아 사용하는 건물이었다. 그런데 경희궁에서 편전으로 사용된 홍정당은 전돌 바닥의 건물이 아니라 온돌과 마루로 되었으며, 위치도 침전 앞에 자리한다. 이러한 변화는 창덕궁에도 영향을 미쳐 본래 편전이던 선정전 대신 마루와 온돌로 된 침전 앞 희정당이 편전으로 전용되었다. 이는 격식위주의 조선 초 궁궐이 생활의 편의에 따라 바뀐 결과이며 상류주택에 보편화된 온돌과 마루의 영향으로 볼 수 있다.

조선시대에는 사대부가 힘을 발휘하면서 불교가 억압받았다. 이에 따라 16세기를 지나며 대부분의 도시 사찰이 소멸되었다. 대부분의 건물이 단층으로 초가지붕이었던 지방도시에서 강한 상징물로 자리하던 도시 사찰이 사라지면서 도시의 경관은 변화되고 분위기도 침체되어 갔다. 다만 도시와는 달리 지방 산간의 사찰은 여전히 명맥을 유지하였다. 소규모의 산간 사찰이나 신도들의 출입이 잦은 일부 사찰에서는 폐쇄적인 배치 형태를 만들어 갔고, 불전은 단지 불상만을 모신 공간이 아니라 일반 신도들을 위한 예불공간으로 사용되기 시작하였다.

불교의 쇠퇴 이전에 지어져서 그나마 사찰의 면모를 유지하였던 유서 깊은 사찰은 임진왜란으로 많은 피해를 입어 많이 없어지고 말았다. 그런데 전란과 전후 복구 과정에서 승려의 위상이 다소 높아지면서 임진왜란 직후부터 30, 40년 동안 전국의 유명 대찰에서는 전쟁복구를 명분으로 건물 복구가 전개되었다. 송광사가 재건되고 부석사나 해인사, 화엄사 등의 복구가 활발히 전개되었다. 금산사 미륵전, 법주사 팔상전, 화엄사 대웅전도 복구되었다.

한편, 16세기에서 17세기 전반기를 지나는 사이에 주심포를 대신해서 시대가 요구하는 새로운 구조방식으로 익공형식이 나타났다. 조선 고유의 독창적인 기법이다. 익공형식의 전형적 초기 형태는 강릉 해운정(1530)과 오죽헌(1536)에서 볼 수 있다. 17세기에 들어와 익공형식은 널리 확산되어서 화려함을 나타내는 다포형식과 간소하고 실질적인 익공형식의 양대 형식으로 전개되어 나아가기 시작하였다.

불교건축은 17세기 후반에서 18세기를 거치는 동안 괄목할 만한 성장을 보였다. 신라 이래 유명 대찰이 다시 절의 면모를 갖추었다. 화엄사 각황전, 불국사 대웅전과 극락전 일곽 외에도 통도사, 해인사, 법주사, 직지사, 동화사, 은해사, 금산사 등을 들 수 있다. 더 많은 비중으로는 산간의 소규모 사찰이 활발히 재건되었으며 또 낙동강, 금강, 영산강 등 큰 강 하류와 바다 인접지역의 큰 절들도 다시 제 모습을 되찾았다. 경남 양산 신흥사, 고성 옥천사, 사천 다솔사, 전남 여천 흥국사, 해남 대흥사, 영광 불갑사, 전북 고창 선운사, 부안 내소사, 개암사, 충남 논산 쌍계사 등을 들 수 있다. 18세기의 산간 소규모 사찰에서는 불전 앞 중정을 중심으로 좌우에 승방을 두고 전면에 누각을 두는 소위 중정형 배치가 하나의 전형을 이루었다. 또한 사찰의 대웅전은 예불을 위해 실내공간을 확장하려는 노력이 가해지고 내부는 장식화 되어갔으며 일부는 과장된 표현을 하기도 하였다. 김천 직지사 대웅전과 논산 쌍계사 대웅전은 이러한 경향의 대표적 사례다.

한편 숙종이후 전국에 서원이 폭발적으로 증가했다. 이 시기 사대부의 서원은 점차 제사 지내는 행위에 치중하는 사당으로 변질되었고 건축형태도 경직되어 갔다. 사대부 계층의 제례 중시는 주택에도 영향을 미쳤다. 마을에서는 종가가 중심이 되어 위계질서를 이루었고, 가례서가 널리 보급되면서 17세기 후반 이후 『주자가례』에 입각해 주택 내에 가묘를 설치하는 사례가 확산되었다. 주택에서는 제례와 접객에 관련된 사랑채가 강조되고 상징적인 부분이 되었다. 왕실에서도 제례가 중요시되어 왕실 관련 사당 건립이 늘어나 도성 전체 분위기에 영향을 미치게 되었다.

3) 조선 후기

18세기 중반 이후 도성을 비롯해 전국 중요 도시들에서는 점차 인구가 증가하는 경향을 보였다. 또 상업활동이 활발해지면서 경제활동의 중심으로 변모되었다. 이에 따라 성곽을 수리하거나 새로 쌓는 작업이 대대적으로 벌어지고 관청시설과 향교의 재건이 활발히 진행되었다. 읍성의 축조는 18세기 초기인 1721년 황주읍성 개축을 시작으로 전주읍성(1734), 대구읍성(1736), 동래읍성(1737), 해주읍성(1747), 청주읍성(1786)으로 이어졌다. 전주 남문은 당시 축조된 성문의 대표적 예이다. 현재 남아있는 객사나 관아, 향교 등도 거의 이때 재건된 것들이다. 고려 때부터 이름을 떨치던 밀양 영남루, 진주 촉석루, 남원 광한루 등이 재건되었고 소규모 도시에서도 누각이 다시 제 모습을 찾았다. 삼가 기양루, 안의 광풍루, 함양 학사루 등은 지금도 도심에 남아 있다. 이러한 지방 도시의 활기찬 변화 움직임은 결국 18세기 말 수원 화성의 건설로 이어졌다. 화성은 외곽에 성곽을 축조하는 중세 성곽 도시의 기본틀을 유지하였지만, 종래 성곽도시와는 개념을 달리하는 새로운 면모를 갖추었다. 평탄하고 넓은 사통팔달의 입지에 경제 위주의 신도시를 건설한 것이다. 도시 내부의 가로는 '十'자형으로 만들어 졌고, 십자가로 주변에는 상점이 늘어서도록 하였으며, 십자가로에 이어진 성문도 동서남북 사방으로 개방해서 소통과 상업활동을 진작시켰다. 또한, 화성은 당시 실학파가 관심을 갖던 벽돌이 대대적으로 활용되었고, 임금의 지급과 자재의 수급방식, 기계의 적극적 활용 등 모든 면에서 근대 지향적 면모를 지닌다.

19세기에 이르면 지배층이 분화하여 소수의 특권층이 형성되고 일부 부유한 양반층의 주택은 세련미를 갖추고 곳곳에 세워졌다. 강릉 선교장은 차양을 달아낸 별당 열화당(1815)과 집 밖의 넓은 공지에 네모반듯한 넓은 연못을 갖추었다. 그리고 그 연못가에 세워진 활래정(1816)에는 이전 시기 정자에서는 하지 않던 창문이 사방에 설치되었다. 강릉 선교장은 이 시기 전형적인 지배층 주택의 한 예이다. 이렇게 세련미를 갖춘 주택은 궁궐에도 영향을 미쳤다. 창덕궁의 낙선재(1847), 연경당(1865) 그리고 경복궁 후원의 건청궁(1873)은 과거 엄격하고 격식에 얽매어 있던 궁궐 건물과는 다른 밝고 가벼우며 비대칭의 유연함에 화려한 세련미를 더한 일련의 흐름을 지니고 지어졌다. 이들은 당시 사대부 주택에서 영향을 받아 19세기 상류주택의 또 다른 전형을 보여준다고 할 수 있다. 19세기 전반까지 일부 특권층 주택에 한정되었던 고도의 미적 감각은 19세기 후반에서 20세기 초를 지나면서 공간의 다양성과 형태의 세련미를 보편화시키면서 전국으로 확산되었다.

1863년 고종이 왕위에 오르면서 흥선대원군은 강력한 군주정치를 꿈꾸었다. 왕실과 관련된 건축 활동이 활발해 졌으며, 경복궁 복원이 비로소 실현되었다. 복구된 경복궁의 중심부는 조선 초기 창건 때의 위치를 거의 살려 지었고 건물 명칭도 계승하였다. 이는 창건 당시의 건국정신을 회복하고자 한 의지의 발로였다. 다른 한편으로는 강력한 중앙집권 군주의 모습을 과시하는 모습도 반영되었다. 먼저 창덕궁이나 창경궁에 비해 월등히 많은 건물들이 지어졌다. 그리고 무엇보다 경복궁의 남북 중심축 전체가 왕을 위한 공간으로 구획되었다. 경복궁의 재건으로 광화문과 그 앞의 6조 거리가 비로소 제 모습을 갖는 도시경관을 갖게 되었다.

한편 고종 연간에 들어와서 서울 주변에 있는 많은 불교사찰에는 대방(大房)이라는 독특한 형태의 소위 주택풍 불당이 연이어 건립되었다. 예불을 할 수 있는 큰 방을 중심으로 한쪽에 큰 부엌을 두고 반대쪽은 승려들의 생활공간을 두는 복합적 건물로 돌출한 누마루까지 두었다. 서울 흥천사 이외에도 시내와 서울 외곽에 아직도 이런 유형의 건물이 남아 있다.

1876년 개항이 이루어지면서 부산, 인천, 원산에 서양식의 색다른 건물이 세워지기 시작하였다. 서울에도 새로운 서양의 교회당이나 공사관

건물이 나타나 도성의 경관은 바뀌게 되었다. 최초의 외국인 건물은 1877년 부산에 세워진 관리청 건물이다. 구미 각국의 공사관은 처음에는 한옥을 개수하여 사용하다가 1890년대 들어서 본격적인 서양식 건물 조성단계로 들어섰다. 러시아공사관(1895) 일부와 벨기에영사관(1905) 등이 남아 있다. 1886년 한불조약을 계기로 가톨릭교회가 비로소 선교의 자유를 얻게 되면서 본격적으로 가톨릭교회 건축도 세워지게 되었다. 한옥성당이 지어지는 한편 대도시와 개항지에는 서양식 벽돌조 성당건물이 지어졌다. 1892년에 세워진 약현성당은 이후 소형 성당 건축의 모범이 되었으며, 1897년에 완성된 명동성당은 국내 가톨릭성당의 가장 돋보이는 건축으로 자리 잡았다. 정동교회(1898) 등 개신교 교회당도 세워졌다. 민간의 상업목적 건물과 선교사에 의해 설립된 서양식 학교건물도 세워졌다. 처음에 수동적이었던 조정은 점차 적극성을 띠고 서양문물을 수용하고자 하였다. 1884년에 세워진 번사청은 근대식 무기를 만드는 관청인데 벽돌을 이용하고 새로운 구조를 도입하였다. 1897년 대한제국이 성립되고 황제에 걸맞게 환구단과 황궁우를 세우고 한성부 도시정비도 실시하였다. 경운궁도 일신되었다. 경운궁 내에는 서양의 외래건축도 과감히 수용되었다. 정관헌은 경운궁 내 가장 먼저 지어진 서양식 건물로 추정되고, 석조전은 1900년에 착공된 것으로 단연 돋보이는 장대한 건물이다. 일부 개화파 지식인들도 서양식 건축을 적극 수용하려는 시도가 있었다. 독립협회가 주관하여 조성한 독립문은 가장 상징적인 구조물이다. 한편 지방에서는 성공회 강화성당과 같이 한옥구조를 성당구조에 맞춰 변형하는 건물도 있었다.

6. 일제 강점기

1905년 을사늑약이 맺어지고 1906년 통감부가 설치되어 사실상 실권을 장악하였다. 통감부가 들어서면서 서울은 물론 대구, 전주, 진주 등 전국 주요 대도시의 성벽이 사라졌다. 성벽 철거로 도시의 틀이 바뀌게 되었다. 1910년 한일합방이 되자 총독부가 설치되었다. 총독부는 1912년부터 1920년대 후반까지 시구개정사업을 벌였다. 서울과 지방 대도시에서 가로가 정비되면서 과거의 흔적은 철저히 사라졌다. 철로 부설 또한 도시 변화를 부추겼다. 한편 도시마다 상징적으로 지니고 있던 제사시설도 철폐되고 토지는 국유화 되었다. 이들 시설이 사라지면서 중세도시의 상징성이 해체되고 전통은 상실되었다. 도성 내 궁궐은 훼손되었고 지방도시의 관아와 객사도 하나둘 사라졌다. 중세적 도시들이 붕괴된 자리에는 식민통치를 위한 시설들이 들어섰다. 1906년 설치된 탁지부건축소는 완전히 일본인에게 장악되어 있었는데 총독부 내무부로 이관되는 1910년까지 정부가 주도하는 근대건축의 대부분을 담당하였다. 대한의원 본관(1907, 서울대학교 병원 내), 공업전습소 건물(1909, 방송통신대학 내), 서울의 광통관(1909, 중구 남대문로 1가)이 지금 남아 있다. 합방 이후 건축 업무는 총독부 내 회계국 영선과나 철도국 공무과 등이 담당하게 된다. 서울과 지방에 총독부가 주관하여 지은 관청건물들은 권위적인 외관과 단조로운 형태로 일관되었다. 조선은행(1912, 현 한국은행 본점), 경성부청(1926, 현 서울시청)에 이어 식민통치를 극명하게 상징하는 총독부청사(1926)도 완공되었다. 한편 민족자본이나 기독교를 위시한 종교계통에서도 교육시설 등의 서양식 건물을 세웠다. 이들은 공통적으로 벽돌을 주재료로 하고 일부 석재를 장식재로 사용하면서 비교적 안정되고 소박한 외관을 갖추어서 총독부가 주관한 관청건물이 갖던 권위적인 외관과 대조를 이루었다.

1920년대 후반 이후 경제는 호황을 보였으며, 1935년은 그 절정기였다. 대도시에는 증가하는 상업활동을 반영하여 민간의 상업건물이나 공공시설이 늘어났다. 이들은 전과 다른 경쾌하고 참신한 디자인이 돋보였다. 민간 건축사무소를 운영하던 개인이 설계하였기 때문이기도 하고 조금씩 소개되기 시작한 서양건축운동도 영향을 주었다. 서울 부민관(1935, 현 서울시의회), 아사히빌딩(1935, 현 제일은행 별관), 일본 적십자사 조선본부(1933, 현 대한적십자사), 초오지야 백화점(1937, 구 미도파백화점) 등을 들 수 있다. 철도역사에서도 변화가 일어났다. 전주, 수원, 경주, 온양 등 역사도시의 철도역사나 금강산 전철의 내금강 역사와 같은 경승지에서 한옥의 기와지붕을 갖거나 전체가 한옥 형태인 역사가 지어졌다.
도시에서 상업건축이 활발히 지어지는 가운데 서서히 서양식 건축교육을 받은 한국인들도 나타났다. 대표적인 인물로 박길룡과 박동진을 들 수 있다. 도시 인구 증가로 도시 주택도 새로운 양상으로 전개되었다. 일본인 주택이 늘고 서양식 주택도 곳곳에 세워졌으며, 한옥의 내부개조도 활발히 진행되었다. 도시 변두리에는 대규모 한옥집단이 조성되어 새로운 주거지를 형성하였다. 박길룡 외에도 박인준, 유원준, 김세연 등이 서양식 주택 건물을 남겼는데, 기술적으로나 디자인상으로도 서양의 주택에 크게 뒤지지 않는 수준이었다고 평가된다.

이상으로 한국 건축 역사의 흐름에 대해 개략적으로 살펴보았다. 여러 이견이 있을 수 있지만 통일신라 전성기까지를 고대 건축시기로, 신라 말 고려 초기부터는 중세로, 17세기 후반에 가서는 중세 건축이 변질되어 근대로 이행하는 시기로, 1863년 고종이 즉위한 이후를 근대로 구분해 볼 수 있겠다. 고대는 건축이 극소수 지배자를 위해 봉사하는 시기이다. 삼국시대 말기에서 신라통일 초기의 전제왕권 성립기가 그 절정이며 왕권에 모든 생산력이 집중되어 철저히 계획된 거대한 건축이 만들어졌다. 중세 건축은 왕을 포함한 다수의 지배계급이 건축을 지배해 나간 시기이다. 지배계급의 신분이 관료귀족에서 권문세족, 집권사대부로 달라지면서 건축이 왕을 정점으로 한 중앙집권 관료사회 속에서 자리 잡았다. 한편, 충분한 생산인력을 확보할 수 없었던 지방의 불교사원이 승려들로 구성된 생산조직을 갖춘 점은 한국 중세 건축의 독특한 점이다. 17세기 후반에 들면 사대부 계급 내에 자체 분해가 진행되는 한편 농민층이나 상인층이 성장하여 18세기 말에서 19세기 전반 신분제의 와해로 이어졌다. 건축의 각 부분이 전체 속에 통제되지 않고 자기표현을 내세우는 현상이 무엇보다 이 과도기의 특징으로 지적될 수 있다. 고종이 즉위하고 서원이 철폐되는 것은 결국 중간의 양반세력을 몰아내고 군주가 다수 대중을 상대로 직접 정치를 하기 시작한 것으로 볼 수 있다. 이런 점에서 경복궁의 재건은 군주가 자신의 위상을 국민 대다수에게 드러내 보이려는 근대적 변혁의 상징이라 할 수 있다. 즉 한국건축에서 근대는 건축이 대중을 의식해서 지어지는 단계로 이해할 수 있다. 이 기간에 접하기 시작한 서양식 건축은 대중을 향한 새로운 건축을 창출해 낼 수 있는 큰 가능성을 던져 주었지만 일본의 식민지화에 따라 그 실현은 늦어지고 왜곡된 모습으로 뒤늦게 전개될 수밖에 없었다.

사회의 변화에 따라 대표되는 건축의 대상은 달라지게 마련이다. 사회를 움직이는 중심세력이 달라지기 때문이다. 또 같은 대상일지라도 바탕을 이루는 지원세력에 따라 다른 모습으로 나타난다. 집을 짓는 비용, 일하는 사람을 동원하고 필요한 자재를 마련하는 경제적 제반 조건 또한 영향을 미친다. 이렇게 사회 주인공이 달라지고 경제적 여건이 변화하는 데 따라서 각 시대의 건축은 그 특질을 달리하게 된다고 할 수 있다.

[제 2 장]
구조와 시공

1. **목구조의 특징** · 52
   1) 한국의 목구조
   2) 목구조의 종류
2. **건축 장비와 연장** · 54
   1) 연장의 특징과 유형 분류
   2) 각종 치목 연장
      (1) 터잡기 및 긋기 연장
      (2) 자르기 연장
      (3) 깎기 연장
      (4) 파기 및 쪼기 연장
   3) 운반 연장
   4) 기계 및 기구
3. **시공 방법 및 기법** · 67
   1) 재료
   2) 기초 및 초석 놓기
   3) 치목 및 조립
   4) 지붕 잇기
   5) 그렝이
   6) 이음과 맞춤
   7) 귀솟음과 안쏠림
   8) 앙곡과 안허리곡
4. **목구조** · 77
   1) 기둥
   2) 가구
   3) 공포
   4) 벽
   5) 마루
   6) 천장
   7) 난간
   8) 창호
   9) 지붕
5. **석구조** · 95
   1) 성곽
   2) 석축
   3) 다리
6. **단청** · 100
   1) 단청의 역사
   2) 단청의 종류
   3) 단청무늬의 체계
   4) 단청 순서
7. **온돌** · 106
   1) 온돌의 역사
   2) 온돌의 구성
   3) 굴뚝
8. **담장** · 111
   1) 토담
   2) 돌각담(돌담)
   3) 생울
   4) 바자울
   5) 사고석 담장
   6) 토석 담장
   7) 꽃담
9. **문** · 114
   1) 일반문
   2) 특수문

1. 목구조의 특징

1) 한국의 목구조

한국건축은 대부분 목구조이다. 건축 재료는 주변에서 쉽게 구할 수 있어야 하며 그 지역의 기후조건에 맞아야 한다. 우리나라는 석재와 목재 모두 쉽게 구할 수 있지만 습도와 온도 및 건축의 난이도를 고려하여 사람이 사는 건물에서는 석재보다는 목재를 선호하였다. 목재나 석재로 지은 집 이외에 흔히 볼 수 있는 흙집이나 돌집은 습하지 않고 연교차가 적은 곳에서 적합하다고 할 수 있다.

2) 목구조의 종류

① 들보식 구조
기둥을 세우고 기둥 사이에 보를 건너질러 이음과 맞춤으로 연결하는 구조 방식이다. 이음과 맞춤이 발달된 단계에서 가능한 구조법으로 수평구조부재인 보가 발달된 구조이다. 우리나라 대부분의 목구조는 들보식 구조라고 할 수 있다.

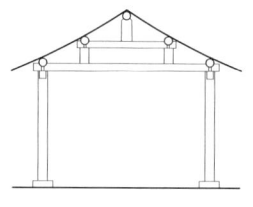

② 천두식(穿斗式) 구조
가구식 구조의 일종으로 고식(古式) 구조법이다. 보가 발달되지 않은 단계에서 기둥을 끝까지 올려 지붕을 직접 받치도록 하고 기둥에는 구멍을 뚫어 인방재(引防材)를 꿸대 삼아 연

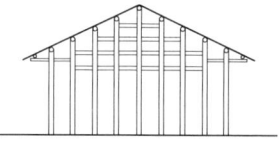

결한 구조법이다. 보가 발달하지 않았기 때문에 기둥이 촘촘한 것이 단점이자 특징이다. 한국에는 현재 천두식 구조가 거의 남아 있지 않으며 중국 용어이다. 일본의 다이부쯔요(大佛樣)가 이에 속한다.

③ 귀틀식 구조

목재를 눕혀서 우물틀을 짜듯이 쌓아올린 구조법이다. 칸의 개념 없이 평면을 자유롭게 꾸밀 수 있는 장점이 있다. 기록에 의

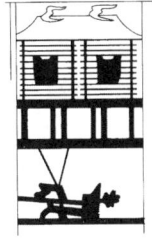

하면 고구려의 각 집마다 곡식 창고로 사용했던 부경(桴京)이라는 건물이 이러한 구조였으며, 지금도 그 영향이 일본에 교창(交倉)이라는 건물로 남아 있다. 중국에서는 이를 정간식(井幹式)이라고 부른다.

④ 엮집 구조

원시 움집과 같이 새집을 엮듯이 엮어 만든 구조를 말한다. 끌과 톱 등 건축 연장이 발달하지 않아 이음과 맞춤을 하지 못하고 칡넝쿨 같은 것으로 잡아맨 구조이다. 상부구조가 취약하기 때문에 기둥을 땅에 박아 고정시키는 굴립주(掘立柱) 건물이 대부분이다.

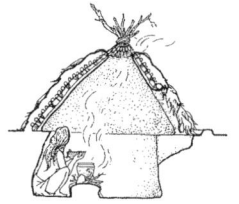

2. 건축 장비와 연장

1) 연장의 특징과 유형 분류

조선시대 건축 장인들은 대개 자기 직능에 맞는 연장을 사용하였는데, 특별한 것을 제외하고는 대부분 직접 만들어 썼다. 이 때문에 같은 기능을 지닌 연장이라도 모양과 치수가 같은 것이 없었다.

연장들은 기능별로 세분되어 수많은 종류가 사용되고 있지만 몇 가지를 제외하고는 대부분 몸통(body)과 날(blade) 두 부분으로 구성되어 있다. 즉, 몸통이나 날의 크기라든가 폭, 두께 등이 비슷해 보일지라도 같은 것은 하나도 없고 각기 서로 다른 치수를 가지고 있다. 모든 연장은 쓰는 사람이 쓰기 좋고 편리하게 손수 만들었기 때문이다.

당시 건축 공사에 사용된 연장을 대별해 보면 용도에 따라 여덟 가지로 구별해 볼 수 있다.

용도 분류	연장의 종류
터잡기 및 굿기 연장	윤도판(輪圖板), 먹통(墨筒, 墨桶), 자(尺), 그므개(罫引)
자르기 연장	톱(鋸), 작두(斫刀)
깎기 연장	대패(鉋), 훑이기(鋋), 자귀(釿), 까귀(釿), 칼(刀), 도끼(斧)
파기 및 쪼기 연장	끌(鑿), 송곳(錐), 정(錠)
치기 및 다지기 연장	메(栲栳), 달고(達固)
갈기 연장	정(錠), 줄, 환(鐶), 숫돌(礪石)
운반 연장	거중기(擧重機), 녹로(轆轤), 대차(大車), 평차(平車), 발차(發車), 동차(童車), 구판(駒板), 설마(雪馬), 유형거(遊衡車), 지게(支架) 등
기타연장	물림쇠, 모탕, 모루, 풍구, 못, 귀얄, 흙손 등

2) 각종 치목 연장

(1) 터잡기 및 긋기 연장
① 윤도판(輪圖板)

집터나 묘지터를 점지하는 사람을 지관(地官) 또는 지사(地師)라고 한다. 지관들이 필수적으로 지니고 다니는 것이 윤도판이다.

가운데 자석으로된 나침바늘이 중심축으로 돌아가도록 되어 있고 그 둘레에는 13겹의 원이 그려져 있다. 첫째 원은 동서남북으로, 다음 원은 팔괘, 곧 건(乾)·태(兌)·리(離)·진(震)·손(巽)·감(坎)·간(艮)·곤(坤)으로 나뉘어 있다. 팔괘는 팔요수, 인(寅)·묘(卯)·진(辰)·사(巳)·오(午)·신(申)·유(酉)·해(亥)로 나누고, 이것은 다시 바깥 큰 원에서 12간지로 나뉘어 각 칸은 2개씩 모두 24개의 봉침과 정침으로 나뉜다. 이렇게 나누어진 24개의 칸은 다시 그 바깥 원에서 한 조각이 4개의 눈금으로 나뉘어 96칸이 되었다가 다시 바깥에서 240개로 나뉘어 다음 칸에서는 24절기로 나누어진다. 이같이 가운데 바늘을 중심으로 여러 개의 원을 크고 작게 나누어 방위와 관련된 글자를 새겨 두는 것이다.

윤도판의 몸채는 주로 나무로 만들고 그 위의 판에 글자를 새겨 둔다. 간혹 윤도 윗판을 상아나 은으로 고급스럽게 만드는 경우가 있으며, 심지어 전체를 상아로 만든 것도 있다.

② 자(尺)

자는 주로 전나무, 삼나무, 대나무, 끈 등으로 만든다. 나무로 만든 것을 나무자(木尺) 또는 대줄자라 하며, 노끈으로 만든 것을 줄자(繩尺)라 한다. 자는 재는 장소, 재는 물건, 재는 방법, 재는 모양, 그리고 이것을 만든 시대와 나라에 따라 여러 가지 명칭으로 불린다. 토지를 재는 데는 부척

(浮尺, 副尺) 또는 답척(踏尺)이 사용되며, 피륙을 재는 것으로서는 경척(鯨尺)이 사용되기도 했다.

동양에서 고대부터 사용되어온 척도로 용도에 따라, 황종척(黃鍾尺), 영조척(營造尺), 포백척(布帛尺), 양전척(量田尺)으로 대별된다. 황종척은 음악의 음률을 고정(考定)하는 데 사용했으며, 영조척은 성 쌓는 일(築城)이나 집 짓는 일, 차만드는 일(造車) 및 배만드는 일(造船) 등에 사용되었는데 일반적으로 가장 많이 상용된 척도이다. 포백척은 재봉용으로, 양전척은 량전(量田)을 하고 이정(里程)을 계측하는 데 사용되는 척도로 주척(周尺)이 주로 사용되었다.

자의 모양과 쓰임새에 따라 곡자(曲尺), 가늠자(矩), 정자자(丁字尺, 丁尺), 연귀자(緣歸尺, 燕口尺, 角尺), 준척(準尺), 그림쇠(規), 흘럭자, 장척(長尺, 杖尺), 동척(童尺, 短尺), 줄자(繩尺), 그래자 등이 있다.

③ 먹통(墨筒, 墨桶)

치목 연장 중 가장 기본 연장이어서 목수의 상징으로 여기고 있다. 목수 외에 석수, 소목장, 배만드는 선장(船匠), 기와장도 사용한다.

먹통은 장방형의 두꺼운 나무에 두 개의 구멍을 파내 앞쪽은 먹물솜을 넣어 두고, 뒤쪽은 먹실을 감는 타래를 끼워 둔다. 먹줄 칠 때는 먹줄꽂이를 한쪽 끝에 꽂고 먹줄을 풀어 반대쪽 끝에 먹통을 단단히 맞춘 다음 먹줄을 들어 퉁기면서 놓으면 된다. 먹통 가운데에 고리를 박고 끈을 묶어서 수직을 재는 다림추 대용으로 쓰기도 한다.

먹통 재료로는 소나무, 자단나무, 광솔옹, 괴목 뿌리 등이 좋은데 단단하고 결이 고아야 한다. 간혹 왕대나무나, 도자기, 주석 등으로 만들기도 한다. 먹통에는 반드시 대나무나 싸리나무로 만든 먹칼(墨刀)이 딸려 있는데 곡선이나 글씨를 쓰고, 먹솜을 눌러 먹줄을 풀 때 먹이 잘 묻도록 하는 데 사용한다.

먹통에는 여러 가지 문양을 조각해 둔다. 새겨진 문양으로는 동물, 식물, 배(船), 기하 문양 등이며, 이 중 가장 많이 응용되는 것이 동물 문양이다. 거북을 비롯하여 해태, 용, 호랑이, 봉황, 소, 개, 다람쥐, 원숭이 등이 응용되었다.

(2) 자르기 연장

① 톱(鋸)

톱은 크게 톱냥, 톱자루, 동발, 탕개로 구분된다. 톱날을 만들 때는 톱니를 좌우로 조금씩 번갈아 날 어김을 해 둔다. 날 어김은 대체로 톱냥 두께의 1.3~1.8배 정도로 한다.

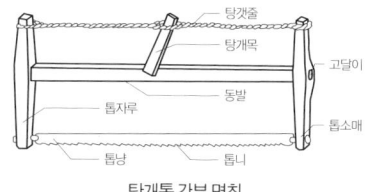

탕개톱 각부 명칭

날어김이 크면 톱질이 힘들고 톱니의 마모가 심해진다. 톱냥은 마모가 약한 강철로 만들며, 톱자루는 단단하고 휨에 강한 참나무를 주로 사용한다. 탕갯줄은 삼, 닥나무껍질, 말총 등을 꼬아서 사용한다. 탕갯줄의 탕개목을 틀어 조이면 톱냥이 당겨지면서 팽팽해져 부러지지 않고 큰 힘을 발휘하게 된다.

톱은 용도에 따라 켤톱과 자름톱으로 구분하며, 크기에 따라 대톱, 중톱, 소톱으로 구별한다. 대톱은 원목을 가공할 때, 중톱과 소톱은 간단하고 세밀한 가공할 때 주로 많이 쓰인다. 흔히 볼 수 있는 한쪽 편에 손잡이가 달린 부엌칼과 같이 생긴 톱은 일본인들이 개량해 만든 것이다. 개량하기 전에는 한반도에서 전래된 탕개톱을 주로 사용했다.

② 작두(斫刀)

짚이나 해면솜, 한약재 등을 써는 연장이다. 넙적한 널판에 칼날을 박아 고정시켜 두고 한쪽 끝에 고두쇠로 다른 날을 끼워 이것을 축으로 칼날을 들었다 내리면서 썬다. 날에는 보통 자루를 끼워 두는데, 큰 작두는 자루에 끈을 달아 끈으로 날을 들었다가 발로 밟아 썰음질하기도 한다. 큰 작두는 흙벽을 바르기 위해 반죽을 할 때 짚이나 보리수염을 썰 때나 회벽을 반죽할 때 해면솜을 써는 데 사용하였다.

(3) 깎기 연장

① 대패(鉋)

건축 장식은 기술을 발달시키는 요인이 되었다. 대패는 기술이 발전하는 과정에서 장식 효과를 나타내기 위한 연장으로 변천되었다. 건축 연장 중에서 대패가 가장 늦게 발달된 것은 이 때문이다.

고대의 대패는 둥글고 긴 자루 끝에 날을 끼워 사용하는 자루대패였다. 지금과 같이 대패틀 속에 날을 끼워 사용하는 것은 빨라도 17세기 이후에 개발된 것으로 보인다.

조선시대의 전통대패는 장방형 대패집 가운데 깎여진 대패밥이 위로 올라오도록 쇠날을 앞으로 비스듬히 끼우고 날 뒤쪽에 가로지른 손잡이 '밀대'를, 반대쪽에는 '끌손잡이'를 박아

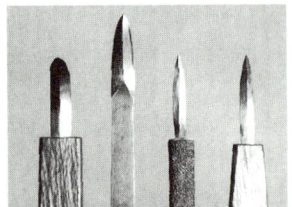

자루대패

틀대패

둔다. 사용할 때는 '밀대'를 잡고 앞으로 밀면서 깎는다. 혼자서 힘이 들 때는 앞에서 한 사람이 끌손잡이를 당겨주기도 한다.

대패는 날의 수에 따라 홑날대패와 덧날대패로 구분한다. 조선 후기의 대패는 대부분 홑날로 되어 있으며 날 뒤편에 쐐기를 밖아 사용하는 틀대패였다. 대패는 쓰임새에 따라 초벌대패와 재벌대패, 마무리대패, 장식대패 등 다양하다. 기둥 모서리나 문틀, 문살 등의 장식을 위하여 쓰는 대패는 그 종류가 헤아릴 수 없을 정도로 많다.

지금 흔히 보는 가슴쪽으로 당겨쓰는 손잡이가 없는 대패는 일본식으로 옛날 조선대패를 개량한 것인데 이것이 일제시기에 다시 우리나라에 들어온 것이다.

② 홅이기(鈘)와 깎낫

대패는 아니지만 대패와 같은 기능을 지닌 연장으로 홅이기와 깎낫이 있다.

홅이기는 주로 서까래와 같이 목재를 원형으로 깎고자할 때, 또는 목재를 원형으로 초다듬할 때 대패와 비슷한 용도로 사용되는 연장이다. 틀 양쪽 끝을 깎아서 손잡이를 만들고 날은 'ㄷ'모양으로 하여 틀에 두 개의 구멍을 내고 끼워서 쐐기로 날을 고정시킨다. 다른 말로는 홅이대패라고도 한다. 틀대패 만큼 마

름질이 깨끗하지 못하다.

깎낫은 홅이기와 같이 서까래를 깎는다든가 원목, 원기둥을 초다듬할 때 사용하는 연장이다. 낫과 비슷하게 생겼으나 낫과 달리 양쪽에 자루가 달려 있다. 낫과 비슷하여 낫대패, 홅이칼이라고도 하며, 손잡이가 달려 있어 손잡이 홅이기(臺付錠)라고도 한다.

구조와 시공 【 59 】

③ 자귀(釿)

목재를 가공하는 연장이다. 도끼와 비슷하게 생겼으나 도끼는 날이 자루에 평행하게 박혀 있는 반면 자귀는 자루와 직각 방향으로 박혀 있다. 도끼와 같이 큰 힘으로 내려치는 것이 아니라 면을 깎을 때 주로 사용하는 것이기 때문에 큰 힘보다는 정확하게 깎는 것이 더 중요하다.

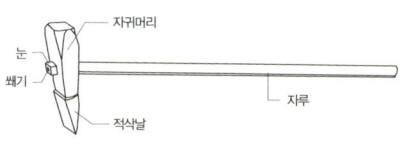

자귀는 크기에 따라 대자귀, 중자귀, 소자귀로 구분한다. 대자귀는 서서 두손으로 목재를 깎거나 바심질 하는 것인데, 주로 원목을 다듬을 때 사용한다. 중자귀는 중간 정도 크기이고 기능은 대자귀와 비슷하다. 서서 쓸 수도 있고 앉아서 쓰기도 한다. 손자귀는 크기가 작아서 한손으로 쓸 수 있도록 만든 자귀이다. 작고 세밀한 곳을 가공할 때 주로 사용한다. 다른 말로는 소자귀라고 한다.

번자귀는 모양이 도끼와 같이 생겼으며 대자귀 기능을 한다. 끌자귀(鑿釿)는 나무에 구멍을 깊이 파거나 조각 또는 화문을 새길 때 사용한다. 날을 끌과 같이 좁고 길게 하여 자루를 박아서 사용한다.

(4) 파기 및 쪼기 연장

① 끌(鑿)

나무를 잇거나 접합하기 위하여 구멍을 뚫고 촉을 만들 때 사용하는 연장이다.

좁고 긴 쇠봉에 한쪽 끝은 날을 세우고 반대쪽 머리를 망치로 때려 나무에 구멍을 파내게 되는 것이다. 다른 말로는 주리라고 한다. 이북지방에서는 논주라고 한다.

끌은 용도에 따라 여러 가지 모양이 있는데 대개 1자 정도이거나 미만으로 만든다. 전통 끌은 날부터 머리까지 통쇠로 되어 있기 때문에 웬만한 옹이를 만나도 잘 들어간다. 옛날에는 지금과 같은 쇠망치가 없고 주로 나무망치를 사용했기 때문에 끌이 무거워야 했다. 이때 사용하는 끌망치를 끌방망이라고 하는데 주로 대추나무로 만들었으며 쇠망치가 나오기 전까지만 해도 이것을 사용했다. 나무자루가 달린 끌은 일본 사람들이 개량한 것이다. 끌의 종류에는 때림끌, 박이끌, 푼끌, 쌍장부끌, 손끌, 인두끌, 가심끌 등이 있다.

3) 운반 연장

① 대차(大車)

커다란 돌이나 원목 등 아주 무거운 짐을 운반할 때 사용하는 운반 연장이다. 이 수레는 대단히 커서 소 40여 마리로 끈다고 한다. 두 개의 커다란

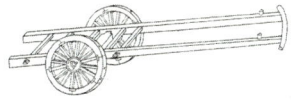

바퀴 위에 짐을 올릴 수 있는 판을 놓고 한 두마리 소로 균형을 잡은 다음 밧줄을 여러 개 묶어 40여 마리의 소로 끌 수 있도록 하였다.

② 평차(平車)

대차보다 조금 작게 만들어 중간 크기의 돌이나 누각기둥 등의 목재를 실어 나를 때 사용하는 연장이다. 짐이 많고 길이 험할 때는 소 10마리로

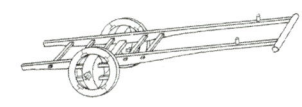

운반하지만 짐이 적고 길이 평평할 때는 소 4~5마리로도 끈다.

③ 발차(發車)

소 한마리가 끌 수 있도록 조그맣게 만든 것인데 돌이나 목재, 석회, 벽돌, 흙과 같은 건축 자재를 실어 나른다. 바퀴는 통나무로 만들었다.

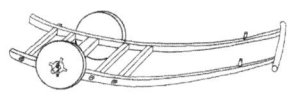

④ 동차(童車)

네모틀 각 구석에 네 개의 바퀴를 달아 사람의 힘으로 작은 돌이나 목재, 기타 간단한 건축 재료를 운반하는 연장이다. 밧줄을 묶은 다음 끌어서 운반하게 된다. 여러 사람이 끌기도 하고 소나 말을 이용하기도 한다. 바퀴는 발차와 같이 통나무로 만들었다.

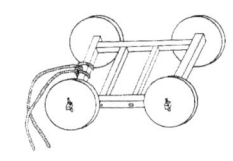

⑤ 구판(駒板)

넓은 널판지 한쪽 끝에 끈을 매어 널판지 밑에 둥근 통나무를 대면서 바퀴삼아 끌기도 하고 밀기도 하면서 짐을 운반하는 연장이다. 넓은 널판지가 없을 때는 2~3개의 판자를 엮어 사용하기도 한다. 운반할 때 바퀴 역할을 하는 밑에 깔리는 둥근 통나무를 '산륜'이라고 한다. 구판을 다른 말로는 '끌개'라고 한다.

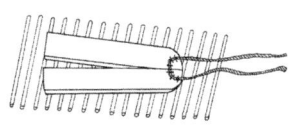

⑥ 설마(雪馬)

두 개의 판자를 반달과 같이 잘라 그 사이에 여러 개의 가로대를 끼워 두

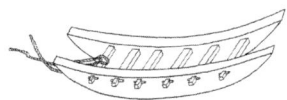

개의 판자를 고정시킨 다음 한쪽에 밧줄을 매고 짐을 끌어 운반하는 연장이다. 주로 작은 물건들을 실어 나른다. 마치 밑바닥 없는 배같이 생겼다. 다른 말로는 '설매'라고 한다.

4) 기계 및 기구

① 거중기(擧重機)

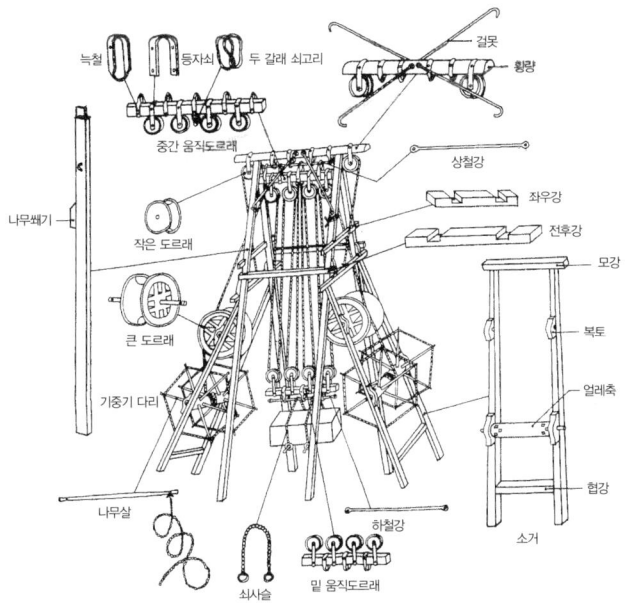

밧줄과 도르래를 이용하여 무거운 물건을 들어 올리는 데 사용하는 연장이다. 다른 말로는 '기중기'라고 한다. 도르래를 사용하면 아주 무거운 물건도 작은 힘으로 쉽게 들어 올릴 수 있는 원리를 이용, 이를 연장으로 만들어 사용했던 것이다. 조선 정조 때 화성을 건설하기 위하여 이 연장을 만들어 썼다. 사용할 때는 밑 움직도르래 틀에 세 개의 고정된 쇠고리(늑철)에 가로쇠막대(하철강)를 끼우고 쇠사슬을 쇠막대에 건다음 또 다른 두 개의 쇠막대를 이용하여 짐을 걸어 둔다. 그런 다음 여러 사람이 얼레와 그 위의 도르래를 돌리면 움직도르래에 의해 적은 힘으로 무거운 짐을 쉽게 들어 올릴 수 있다. 이때 들어 올리는 짐은 반드시 평행을 유지하도록 걸어야 하며 양쪽의 얼레도 똑같은 속도로 감아 올려야 한다. 불과 30여 명으로 일만이천근이나 되는 돌을 들어 올릴 수 있다.

② 녹로(轆轤)

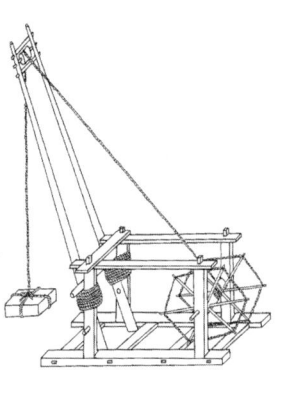

거중기와 같이 밧줄과 도르래, 얼레를 이용하여 물건을 들어 올리는 연장인데 너무 큰 것은 들 수가 없다. 거중기보다 작고 간략하게 만들었다.

사용방법은 내려뜨린 밧줄 끝에 무거운 짐을 걸고 얼레를 서서히 돌리면 짐이 위로 올라가게 된다. 어느 정도 일정한 높이에 올라갔을 때 짐 쪽에 따로 묶은 줄을 당기면서 얼레를 서서히 풀어주면 목적하는 장소에 짐을 옮겨 놓을 수 있게된다. 먼곳으로 짐을 옮기는 것은 안 되지만 큰 짐을 간단히 이동하기에 적당하다. 또한 성을 쌓을 때 무거운 돌을 들어 올리거나 건물을 세울 때 큰 기둥이나 대들보를 들어 올리는 데 매우 유용하게 쓰이는 연장이다.

③ 달고(達固, 杵)

지반을 튼튼하게 하기 위하여 흙, 자갈 등을 깔고 다지는 데 사용하는 연장이다. 흔히 '달구'라고 부른다. 돌과 나무로 만드는데, 돌로 만든 것을

원달고, 나무로 만든 것을 목달고라고
한다. 원달고는 돌을 절구통과 같이
허리를 잘록하게 다듬어 허리에 동아
줄을 몇 가닥 매어 여럿이 사용한다.
목달고는 통나무에 양쪽 사방으로 나
무 손잡이를 달아서 여러 사람이 함께
사용한다. 혼자 쓰는 조그만 달고를
손달고 또는 몽둥달고라고 한다.
지반을 다질 때는 달고 손잡이를 잡고
여럿이 동시에 힘을 주면서 높이 들었
다가 떨어뜨리면서 지반을 다지는데
이것을 달고질 또는 달고방이라고 한다.

달고질에는 탄축과 염축이라는 특별한 기법이 사용되기도 하였다. 탄축
은 짚이나 나무를 태운 재로 '잿물'을 만들어 달고할 자리에 뿌리면서 달
고질하는 방식이고, 염축은 소금을 뿌려가며 달고질하는 것이다. 간혹
숯을 섞어 넣는 경우도 있다. 이렇게 하면 나무뿌리나 해충이 침범하지
않아 건물이 오래갈 수 있다.

④ 메(椊揆)

말뚝이나 못을 박을 때, 또는 두 접합
체를 맞춤할 때와 같이 무엇을 박거나
칠 때 사용하는 연장이다. 목수를 비
롯하여 석수 등 거의 모든 장인들이
사용하는 기본 연장이다. 메는 내려치
는 머리부분과 손으로 쥐는 자루의 두
부분으로 되어 있다.

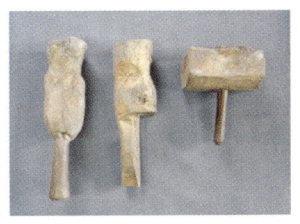

주로 쇠나 나무로 만드는데, 쇠로 만든 것을 쇠메, 나무로 만든 것을 목메
라고 한다. 목메는 떡갈나무나 느티나무, 참나무, 대추나무와 같이 단단

한 나무를 사용한다. 머리는 비교적 크며 양쪽은 평평하게 되어 있다. 크기에 따라 대형, 중형, 소형으로 나뉘고 사용하는 곳이 각각 다르다. 목수들이 사용하는 것은 주로 중형과 소형인데 못을 박거나 구멍을 팔 때, 맞춤을 할 때 사용하게 된다. 종류로는 장도리, 장도리메, 소도리, 먹쇠메 등이 있다.

⑤ 정(錠)

돌을 쪼거나 구멍을 파고 글씨를 새기고 다듬을 때 사용하는 연장으로, 석장(石匠)이 주로 사용한다.
한쪽 끝은 날을 세우고 반대쪽은 평평하게 만든다. 이때 날쪽을 '부리'라 하며 메로 치게 되는 반대쪽을 '정마리'라고 한다.
정은 작업에 따라 여러 종류가 쓰인다. 끌과 같이 생겨서 자루가 없는 것도 있고, 마치와 같이 자루를 달아 사용하는 것도 있다. 자루가 있는 것을 자루정이라고 한다. 사용할 때는 부리를 돌에 고정시키고 정마리를 메로 쳐서 사용한다. 종류로는 쐐기정, 쪼는정, 조각정, 못정, 장도리정 등이 있다.

⑥ 줄과 환(鐶)

쇠나 나무를 썰어 깎을 때는 줄과 환이 사용되었다. 좁고 긴 쇠붙이에 서로 다른 방향으로 날을 새겨서 사용하는데, 길이에 따라, 날의 거칠고 부드러움에 따라 여러 가지 용도로 구분된다. 대개 길이가 1자(30.3센티미터)를 넘지 않는다. 만드는 재료는 강철을 이용하여 날을 만들고 한쪽은 나무자루를 박아 손잡이로 하였다. 목재를 마름질할 때는 환을 주로 사용하였다. 줄과 기능이 비슷한데 줄은 쇠붙이를 주로 연마하는 것이지만 환은 목재를 연마하는 데 사용한다. 환은 나무토막에 쇠붙이를 끼워 사용하기도 하지만 일반적으로 상어 껍질을 붙여서 사용한다. 상어 껍질을 적당히 말려서 자루 달린 각재에 아교로 붙이거나, 널판지에 넓게 붙여 사용하기도 한다. 나무줄이라 하며 또 다른 말로는 어피환, 교피 또는 안기려라고도 한다.

3. 시공 방법 및 기법

1) 재료

① 목재
목조건축에서 목재로 사용하는 수종은 다양하지만 그 중에서 가장 많이 사용하는 수종은 육송이다.
목조건축을 짓기 전 먼저 하는 일이 목재를 마련하는 일이며, 더 나아가 목재의 상태를 파악하는 것은 매우 중요한 일이다. 특히 목재의 벌목 시기는 목재의 수분 함량을 결정하는 중요한 요인이 되어 건물의 변형에 영향을 미친다. 이외에 목재의 나이테와 색깔에 따라 재목이 분류되는데, 나이테는 목재의 강도와 관련 있다.

나뭇결

② 흙
멍개, 모래, 진흙, 잔흙 등이 있다. 멍개는 매우 고운 흙으로 벽체 등의 마감에 사용한다. 모래는 돌이 풍화된 것으로 모래와 흙이 섞인 모래흙과 물가에서 볼 수 있는 물모래가 있다. 모래흙은 돌의 종류에 따라, 백토와 석비레로 나뉜다. 백토는 화강암이, 석비레는 편마암이 풍화된 모래에 흙이 섞인 것이다. 삼화토는 석비레와 모래와 강회를 1:1:1의 비율로 섞은 것이다. 진흙은 황토를 말하는 것으로 붉은 기운이 짙은 흙이다. 잔흙은 장석질이 많이 섞인 것으로 찰흙과 같이 차진 흙을 말한다. 흙은 건조 과정에서 갈라지는 것을 막기 위하여 삼이나 짚, 동물성의 털을 섞어 사용한다.

③ 석회
석회는 흙과 섞어 흙의 점성 및 강도를 높이는 역할을 한다. 구운 상태의 생석회는 강회라고 부르며, 덩어리로 되어 있다. 그래서 사용할 때는 웅덩이를 파고 석회를 채운 다음 적당량의 물을 부어 흙과 잘 섞일 수 있도록 젤 상태로 만드는데, 이를 '석회를 피운다'라고 한다. 하루 정도 피운 석회는 흙과 잘 섞어 여러 용도로 사용한다.

④ 석재
일반적으로 사용하는 석재는 화강암류이며, 산지에 따라 색조나 강도에 조금씩 차이가 있다. 화강암은 초석 및 기단 등 다양한 범위에 쓰인다. 구들장 또는 돌너와 지붕재는 얇게 떠져야 하기 때문에 주로 안산암이 사용된다. 제주도에서는 화강암보다는 현무암이 주로 생산되기 때문에 현무암이 화강암 대체 재료로 사용되고 있다.

⑤ 철재
목조건축에 사용되는 철물은 무쇠, 구리, 납, 놋쇠, 은 등이 있으며, 이 중에서 무쇠가 가장 많이 사용된다. 무쇠는 석탄이나 목탄을 이용하여 주조하며, 주로 못이나 문고리 등 대부분의 쇠장식에 사용된다. 무쇠 다음으로 많이 사용하는 것이 구리인데, 구리는 아연이나 니켈 등을 합금하여 장식재로 사용했다.

2) 기초 및 초석 놓기

①기초

집 지을 땅을 견고하게 만드는 작업을 말한다. 사용 재료에 따라 적심석 기초, 입사 기초, 장대석 기초, 항토 기초 등이 있다. 기초 공사를 하기 전에는 개토식(開土式)이라는 건축 의례를 한 후 터파기를 한다.

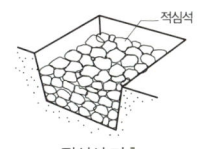

적심석 기초

터파기의 범위는 건물 규모와 기둥 배열에 따라 다르다. 초석 자리만을 파내는 경우와 건물지 전체를 파내는 경우가 있다. 터파기는 생땅이 나올 때까지 판다.

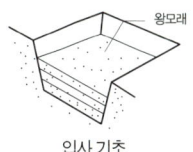

입사 기초

적심석 기초는 자갈을 층층이 다지면서 쌓아 올리는 것으로 자갈 사이에는 흙과 생석회 등을 교대로 채우기도 한다. 우리나라에서 가장 많이 이용된 기초법이다. 입사 기초는 모래를 물로 다지면서 쌓아 올리는 기초법이다. 화성을 건설할 때 장안문이나 화서문과 같은 성문

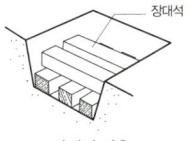

장대석 기초

들에는 웅덩이를 파고 모래를 채워 기초하는 입사 기초를 사용했다. 장대석 기초는 다듬은 긴 장대석을 초석 하단까지 우물정자(井) 형태로 쌓아 만든 기초법이다. 지반이 약하고 물이 있는 곳에 많이 사용하는 방법으로 남대문 및 동대문과 경복궁 경회루 등의 기초에서 볼 수 있다. 항토 기초는 지반이 단단하거나 민가와 같은 작은 규모의 건물을 지을 때 주로 사용한다. 단순히 땅만을 다지는 경우와 웅덩이를 파고 흙만을 층층이 다지면서 쌓아 올리는 방법이 있다.

② 초석 놓기

초석 놓는 일은 매우 중요한 일이기 때문에 먼저 정초(定礎)라는 의식을

거행한다. 초석은 화강석을 다듬어 만든 가공석 초석과 자연석을 이용한 덤벙주초가 있다. 초석을 놓는 방법은 다져 올린 기초 위에 초석을 놓고 밑에 고임돌을 받쳐 수평을 잡는다. 각각의 초석 높이를 한치의 오차도 없이 모두 똑

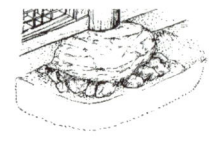

초석 놓기

같이 맞추는 것은 불가능하다. 따라서 초석은 약간의 높이 편차가 있게 마련인데 그 편차는 기둥 길이를 조절하여 잡아 준다. 따라서 초석이 놓이면 편차의 정도를 재는데, 이를 주초 나이메기기라고 한다. 편차는 2치(약 6센티미터)를 넘지 않아야 공사하기가 수월하며, 편차는 기둥의 그레발에서 소화해 준다.

3) 치목 및 조립

① 치목

치목은 사용할 목재의 상태를 파악하고 선별하는 것에서 시작하며 작업 순서는 건물 하부 기둥에서부터 시작한다. 서까래는 순서에 관계없이 별도로 작업하는 경우도 있다. 수장재는 구조재와 달리 현장에 반입하여 건조시킨 후 제일 나중에 치목한다. 치목 기간이 많이 걸리는 부재부터 치목을 하는데 이는 치목을 하

기둥 치목

는 과정에서 목재가 빠르게 건조되기 때문이다. 목재의 상태를 파악하기 위해서는 목재의 나이테와 옹이 또는 나뭇결 등을 살펴야 한다. 이를 바탕으로 목재의 용도와 사용 방법을 결정하고 본격적으로 치목을 시작한다. 과거 치목은 원목 상태부터 시작했지만 지금은 제재소에서 초벌 치목을 하기 때문에 현장에서는 마감 치목을 중심으로 한다.

일차 치목된 부재는 대패질을 한 후 용도에 따라 표면에 기준 먹선을 놓아 조립의 기준이 되도록 한다. 치목시 먹놓는 작업은 목공의 총책임자인 도편수나 부편수가 놓고 목수들이 먹선을 따라 한다.

② 조립
부재의 치목이 끝나면 조립에 들어간다. 조립은 짧은 시간 내에 이루어지는데, 들보식 구조의 특징이다. 목조건물을 보고 있으면 거대한 조립식 목공예품이라는 느낌이 든다.

포조립

조립 순서는 건물 하부 기둥에서부터 위로 올라가며, 대부분의 부재는 위에서 아래로 조립해 넣는다. 제일 꼭대기에 올라가는 구조부재가 종도리이다. 따라서 종도리를 올리면 대부분의 목공사가 완성된 것으로 이를 기념하기 위한 건축 의례를 행하게 되는데, 이를 상량식이라고 한다. 상량식은 건축 공사에서 가장 중요한 의례로, 주인이 준비하며 주변 사람들을 초청하여 집의 완성을 알리고 축하 받으며 그동안 고생한 장인들의 노고를 위로하는 의례이다. 상량식이 끝난 다음에 서까래를 걸고 기와를 올리면 많은 부분이 완성된다. 다음은 벽체를 꾸미고 마루 놓고 천장 등을 만드는 일을 하는데,

평고대 걸기

상량식

이를 '수장들인다'고 한다. 기와까지 올린 다음에 수장을 하는 이유는 무게를 실어서 모든 구조부재를 안정되게 한 다음 수장을 들여야 변형이 없기 때문이다. 수장목들은 구조부재와는 달리 옆에서 끼워 넣는다.

4) 지붕 잇기

① 지붕 가구(架構) 조립

지붕은 형태에 따라 순서 차이는 있지만 일반적으로 네 모서리의 추녀를 먼저 건다. 다음에는 처마곡의 기준이 되는 긴 평고대를 추녀 사이에 건너지른다. 그리고 이 곡에 맞추어 선자서까래와 평서까래를 건다. 선자서까래는 추녀 양쪽에 거는 부채살 모양의 서까래이고 평서까래는 그 사이에 나란히 걸리는 서까래를 말한다. 집을 화려하게 하거나 처마를 좀 더 빼기 위해서는 서까래 끝에 짧고 방형으로 생긴 부연이라는 보조서까래를 건다. 부연을 갖추고 있는 지붕을

선자연 걸기

부연 걸기

겹처마라고 한다. 서까래와 부연을 걸고 나면 그 사이가 트여 있게 마련인데 얇은 판재를 깔거나 싸리나무 등을 엮어 막는다. 전자를 개판, 후자를 산자엮기라고 한다. 개판은 고급스런 마감으로 옛날에는 서민들은 사용하기 어려웠다. 개판은 서까래 방향으로 깔며 못은 한쪽에만 박아야 개판이 갈라지지 않는다.

② 기와 잇기

기와를 얹기 전에 먼저 바탕을 만들어 준다. 한옥의 지붕곡선은 대개 적심목이라고 하는 피죽 또는 사용 후 남은 목재들을 채워 기본 골격을 잡는다. 적심목은 주로 장연 뒷뿌리 쪽

적심과 보토

에 많이 채워져 서까래가 개별적으로 놓지 않도록 잡아주는 역할도 한다. 적심목 위에는 흙을 올려 펴 까는데 이를 보토라고 한다. 보토는 지면을 골라 기와를 깔 수 있는 바탕이 되는 것이지만 뜨거운 태양열을 차단하는 단열의 효과도 있다.

암키와 얹기

보토 위에는 먼저 암키와(현장에서는 바닥기와라고도 함)를 까는데 암키와 밑에 채워지는 흙을 알매흙이라고 한다. 암키와 위에 수키와를 올리고 흙을 채워 고정하는데, 그 흙을 홍두께흙이라고 한다. 알매흙과 홍두께흙은 점성을 높이기 위해 여러 번 치대 사용하며 생석회 등을 혼합해 강성을 높여 준다.

홍두께흙과 수키와 얹기

5) 그렝이

그렝이는 두 부재가 서로 이가 잘 맞도록 모양을 만들어주는 기법을 말한다. 그렝이는 돌과 돌, 돌과 나무, 나무와 나무 등을 밀착시키는 방법이다. 널리 알려진 예는 기둥을 초석에 밀착시킬 때 사용하는 방법이다. 성곽을 쌓을 때도 돌과 돌을 밀실하게 하여 튼튼하게 할 목적으로 그렝이질을 한다.

기둥과 초석의 그렝이 과정은, 먼저

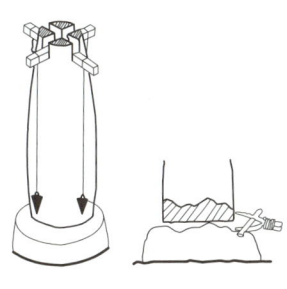
다림보기   그렝이

기둥을 초석 위에 올려 놓고 사방에서 기둥 중심 먹선과 다림추가 서로 일치하게 하여 기둥을 수직으로 세운다. 이 과정을 다림보기라고 한다. 이 상태에서는 기둥 밑둥이 초석과 밀착되지 않았기 때문에 손을 놓으면 기둥은 쓰러진다. 그래서 그렝이 작업이 필요하다. 그렝이질 할 때는 그렝이칼이 필요하다. 그렝이칼은 컴퍼스처럼 생겼으며 한쪽(기둥 쪽)은 먹을 찍어 선을 그릴 수 있도록 되어 있고 다른 쪽은 초석면을 따라 오르고 내리며 한 바퀴 돌면서 기둥 밑둥에 먹선을 그릴 수 있게 한다. 그렝이선이 그려진 후 기둥을 뉘우고 그 모양에 따라 따낸 다음 다시 세우면 초석과 밀착하게 된다. 기둥은 다림보기와 그렝이를 통해 수직으로 서게 된다. 기둥을 세울 때는 먼저 기둥을 세우고 입주식(立柱式)이라는 건축 의례를 행한다. 입주식은 조립의 시작으로 무사히 조립이 끝나기를 기원하는 의식이다.

그렝이질한 면

6) 이음과 맞춤

① 이음

주먹장이음

동바리 주먹장이음

엇걸이산지이음

두 부재를 연결하는 방법의 하나로 서로 길이 방향으로 연결하는 것을 이음이라고 한다. 이음 방법은 부재의 역학적인 문제와 성능에 따라 여러 가지 있다. 평고대와 창방 등을 이을 때는 주로 주먹장이음이 많이 이용되었으며 기둥을 이을 때는 동바리이음이나 엇걸이산지이음이 이용되었다.

② 맞춤

사개맞춤　　　　　　쌍장부맞춤　　　　　　연귀맞춤

두 부재를 연결하는 방법의 하나로 두 부재가 직교하여 만나는 경우에 사용된다. 즉, 수직부재와 수평부재가 만나는 경우에 사용된다.
기둥머리에서는 창방과 익공부재가 서로 직교하여 만나 맞춰지는 경우가 많은데 이를 사개맞춤이라고 한다.
인방재는 기둥에 대개 장부맞춤을 하는 것이 일반적이다. 그리고 문얼굴은 모서리에서 액자틀처럼 45도로 짜여지는데 이를 연귀맞춤이라고 한다. 이외에도 부위에 따라서 여러 맞춤법이 있다.

7) 귀솟음과 안쏠림

① 귀솟음
귀솟음은 가운데 기둥보다 양쪽으로 갈수록 기둥을 높여주는 기법을 말한다. 귀솟음을 하는 이유는 귀솟음이 없을 경우에 양쪽 기둥이 처져 보이기 때문이다. 따라서 귀솟음은 구조적으로도 조금은 보탬이 되겠지만 착시현

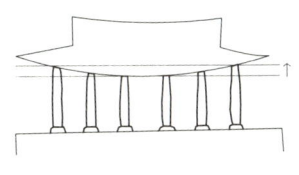

상에 의한 불안정한 모습을 상쇄시키는 한옥의 세련된 기법이라고 할 수 있다.

② 안쏠림
안쏠림은 기둥을 건물 안쪽으로 약간씩 기울여 세우는 것을 말하며 오금법이라고도 한다. 이 기법은 귀솟음과 마찬가지로 착시현상을 없애주기 위한 것이다. 오금이 없으면 위쪽 기둥 사이가 벌어져 보인다. 착시현상을 상쇄시켜 주는 역할도 하지만 구조적으로도 약간은 도움이 되는 기법이다.

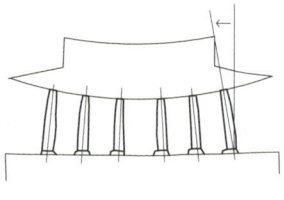

8) 앙곡과 안허리곡

① 앙곡
앙곡은 건물을 입면에서 볼 때 처마 끝이 양쪽으로 올라가도록 한 지붕선을 말한다. 이러한 지붕선은 우리나라 지붕의 조형적 특징으로 기와 때문에 무거워 보이는 지붕이 앙곡을 도입함으로써 가볍고 동적으로 느껴지도록 하는 효과가 있다. 지붕면도 직선이 아닌 곡선으로 하는데 이는 빗물을 좀 더 빨리 배수시키는 기능적인 역할을 한다. 이러한 지붕면의 곡선이 앙곡을 형성하는 데도 영향이 있다. 앙곡은 맞배지붕이나 우진각지

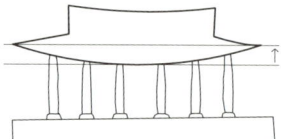

앙곡과 안허리곡, 덕수궁 중화전

붕보다는 팔작지붕에서 강하다.

② 안허리곡
안허리곡은 지붕을 위에서 내려다 볼 때 모서리 쪽이 튀어 나가면서 곡선을 이룬 것을 말한다. 한국의 처마곡선은 앙곡과 안허리곡이 합성되어 만들어진 3차원 곡선이다. 앙곡과 안허리곡은 건물의 규모, 정측면 비례, 장인들의 기문에 따라 정도의 차이가 있다.

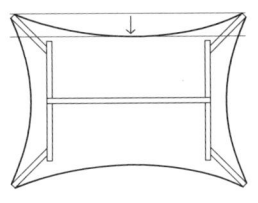

4. 목구조

1) 기둥

상부 하중을 받아 지면에 전달하는 수직 구조부재를 기둥이라고 한다. 기둥 종류는 재료 및 형태에 따라 다양하다. 재료에 따라 나무기둥(木柱)과 돌기둥(石柱)으로 나눌 수 있는데, 나무기둥이 압도적으로 많다.
단면 형태에 따라서는 원주 · 방주 · 육모주 · 팔모주가 있다. 기둥은 신석기시대 움집에서부터 사용되기 시작한 것으로 집을 구성하는 가장 기본적인 부재이다.

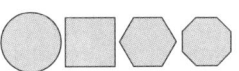

원주　방주　육모주　팔모주

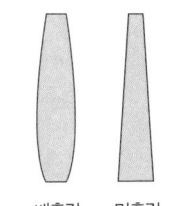

배흘림　민흘림

① 원주
단면 형태가 원형인 기둥을 말한다. 원주는 배흘림기둥을 사용하는 경우가 많다. 배흘림기둥은 기둥 밑에서부터 약 1/3정도 에서 단면이 가장 크고 위아래로 갈수록 단면을 줄인 기둥이다. 배흘림기둥은 한국에서는 삼국시대 이전부터 사용된 것으로 추정되며 일본 아스카 · 나라시대 건축 양식에 영향을 미쳤다.

② 방주
단면 형태가 방형인 기둥을 말한다. 궁궐의 부속채와 살림집 등에 주로 사용되었다. 방주는 보통 상부 지름보다 하부 지름을 크게 만드는데, 이를 민흘림이라고 한다. 기둥은 말끔

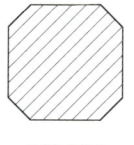
민빗모접기

외사모와 쌍사면

하게 보이도록 하기 위해 모서리를 접고 기둥면에도 세로선 등을 넣는데 이를 모접기와 면접기라고 한다. 3량가 기둥면은 외줄을 넣은 외사치기나 두 줄을 넣은 쌍사치기가 보통이며 모접기는 단순하게 모서리를 살짝 접은 평모와 외줄을 넣은 외사모, 쌍줄을 넣은 쌍사모가 있다. 육모주와 팔모주는 일반 건물보다는 정자 등 특수 건물에 많이 사용하였다. 그 이유는 정자 등은 건물 평면이 육각형이나 팔각형이 많기 때문이다.

③ 위치에 따른 종류
기둥은 쓰인 위치에 따라 명칭이 달라진다. 정중앙에 놓인 심주(心柱)와 심주 네 모서리에 놓이는 사천주(四天柱)가 있다. 또

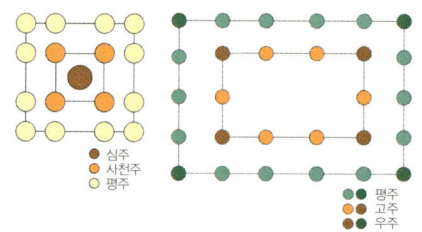

높이에 따라서 고주(高柱)와 평주(平柱)가 있으며 모서리에 놓이는 기둥을 귓기둥 또는 우주(隅柱)라고 부른다.

2) 가구

① 가구법

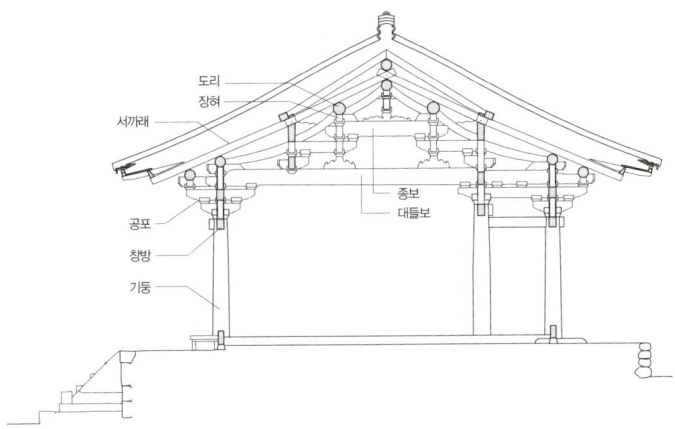

가구는 건물을 만드는 뼈대의 얽기를 말한다. 목조건축에서 가구를 구성하는 가장 중요한 부재는 기둥과 보와 도리이다. 이들의 조합 형태에 따라 가구법의 종류를 3량가, 5량가, 1고주 5량가, 7량가, 1고주 7량가, 심고주 7량가로 구분한다. 3량가는 제일 간단한 구조로 부속채 등에 사용되며, 5량가는 살림집을 비롯해 가장 많은 건물에 사용된다. 전면에 퇴를 두고 고주를 세우는 것이 1고주 5량가이다. 7량가 이상은 규모가 큰 사찰 법당이나 궁궐 건물에서 주로 사용된다.

3량가

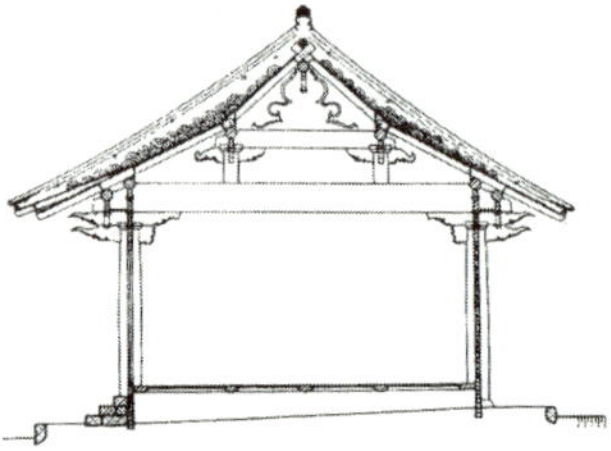

5량가

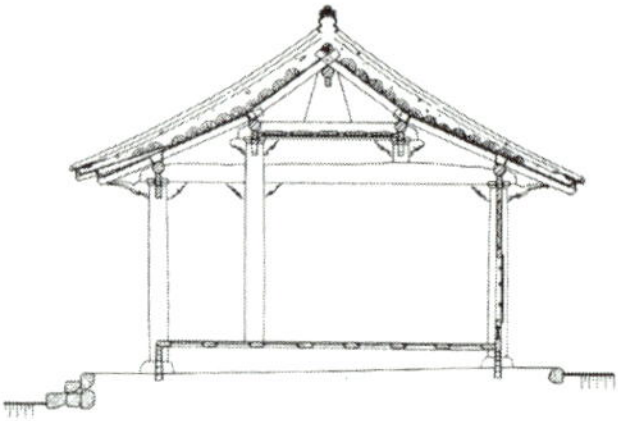

1고주 5량가

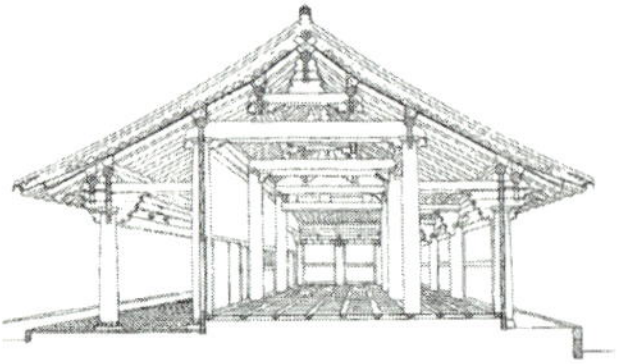

2고주 7량가

② 보

보는 건물 앞뒤를 연결하는 수평 구조부재이다. 보는 그 위치와 쓰임에 따라서 명칭이 다양하며 구조가 복잡할수록 다양한 보가 사용된다. 3량가에서는 대들보(大樑) 하나만 사용되지만 5량가에서는 대들보와 종보(宗樑)가 사용되고, 7량가에서는 대들보와 중보(中樑), 종보가 사용된다. 이외에 툇간에서 평주와 고주 사이에 걸리는 보를 툇보(退樑)라고 하며, 건물 측면에서 평주와 대들보를 잇는 것을 충량(衝樑)이라고 한다. 3평

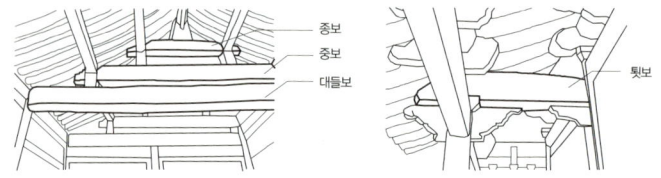

주 5량가에서는 보통 맞보(合樑)가 사용된다. 보 밑을 받치는 장식부재는 보아지라고 하며 우미량은 주심포 건물(예: 수덕사 대웅전)에서 도리와 도리를 연결하는 곡선부재를 말한다.

③ 창방 · 평방

창방(昌防)은 기둥머리를 좌우 수평으로 연결시키는 부재이다. 폭보다 춤이 높으며 보통 둥근모접기를 한다. 기둥과는 주먹장맞춤이 일반

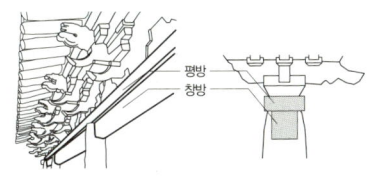

적이다. 모서리 귓기둥에서는 창방머리가 기둥 밖으로 약간 튀어나오게 하는데 이를 창방뺄목이라고 한다. 뺄목은 다양한 모양으로 조각된다. 다포에서는 간포를 받치기 위해 창방 위에 폭이 춤보다 큰 부재를 하나 더 올리는데 이를 평방(平防)이라고 한다. 평방은 창방과 하중을 분담한다.

④ 도리

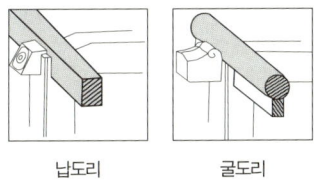

납도리 굴도리

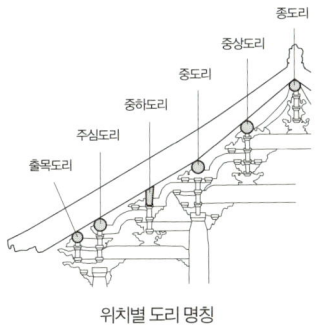

위치별 도리 명칭

도리(道里)는 가구부재 중에서 가장 위에 놓이며 서까래를 받는다. 도리는 단면 형태에 따라 납도리와 굴도리로 구분하며, 놓이는 위치에 따라 주심도리(처마도리), 중도리, 종도리 등으로 구분하고 출목이 있을 경우는 출목도리가 사용된다. 출목도리가 사용되는 경우 주심도

리를 생략하기도 한다. 궁궐이나 사찰은 굴도리가 많고 살림집에서는 납도리가 보편적이다.

⑤ 장혀

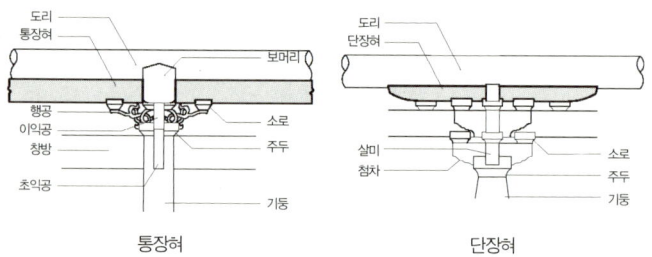

통장혀   단장혀

장혀(長舌)는 도리 밑에 도리와 같은 방향으로 놓이는 부재로 도리를 타고 내려오는 지붕의 하중을 소로를 통해 공포에 전달하는 역할을 한다. 장혀는 대개 폭보다 춤이 높으며 폭은 첨차와 같이 소로 폭으로 하는 것이 보통이다. 다포형식과 익공형식에서는 주로 통장혀가 사용되고, 주심포형식에서는 단장혀가 쓰인다. 단장혀는 양쪽 살을 걷어내 투박함을 덜어 준다. 대개 단장혀라고 부르지만 개념상 단혀가 옳을 것으로 판단된다.

3) 공포

① 공포의 종류
공포(栱包)는 기둥 위에 놓여 도리를 지지하는 부재의 조합을 말한다. 공포는 지붕 하중을 합리적으로 기둥에 전달하는 역할도 하지만 처마를 깊이 뺄 수 있게 하며 목조건축의 입면 의장에도 많은 역할을 한다.

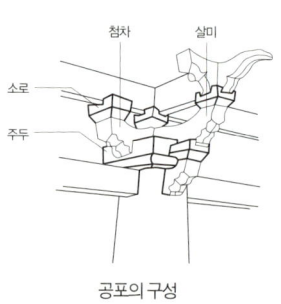

공포의 구성

중국과 일본에서는 두공(枓栱)이라고도 하는데, 이는 공포가 주두(枓)와 첨차(栱)라는 두 종류의 부재로 구성되었다는 것을 의미한다.

대개 공포는 주두, 첨차, 살미, 소로로 이루어지지만 간단한 공포는 기둥 위에 받침목 하나만 올려 도리를 받는 경우와 받침목 밑에 주두 하나를 더 받치는 경우가 있다. 이 받침목은 후에 첨차로 발전한다. 공포가 복잡해지면서 첨차가 이중삼중으로 놓이고 그 사이에 소로를 끼우고 처마를 많이 빼기 위해 출목을 두게 되고 첨차와 직각으로 짜이는 살미가 첨부되는 형식으로 발전해 갔다.

간단한 원초형 공포는 현재 남아 있지 않다. 다만 고구려 고분벽화 및 백제금동탑편, 백제건축이 넘어갔다고 판단되는 일본 아스카시대의 호류지(法隆寺)와 호키지(法起寺) 삼중탑, 호류지 다마무시즈시(玉蟲廚子) 등에서 그 실례를 볼 수 있다.

출목은 주심 열에서 벗어나 안과 밖으로 놓이는 도리 열을 말하는 것으로 1출목에서 5출목 등으로 다양하다.

공포는 포의 배치에 따라 기둥 위에만 포가 놓이는 주심포형식과 기둥 사이에도 포가 놓이는 다포형식으로 나뉜다. 1출목은 주로 고려 이전의 주심포형식과 조선시대 이익공형식에서 보인다. 다포는 주로 2~3출목이 사용되었다. 4출목 이상은 매우 드문데 무량사 극락전, 북지장사 대웅전, 쌍계사 대웅전 등에서 볼 수 있다.

② 주심포형식, 다포형식, 익공형식

주심포형식 기둥 상부에만 포를 배치하는 형식으로 1출목인 경우가 많고 고려시대 이전의 건축에서 주로 사용되었으며 조선시대 초까지 이어진다. 출목도리 하부에는 단장혀가 사용되며 주간(柱間)에는 동자형 화반이나 복화반 등이 쓰였다. 고려 중기 수덕사 대웅전부터는 살미가 장식적으로 변했고 헛첨차가 사용되었다.

다포형식 주간에도 포가 배치되는 형식으로 고려 말부터 나타나 조선시대에 주로 사용되었다. 조선 중기 이후에는 살미의 장식화 경향을 볼

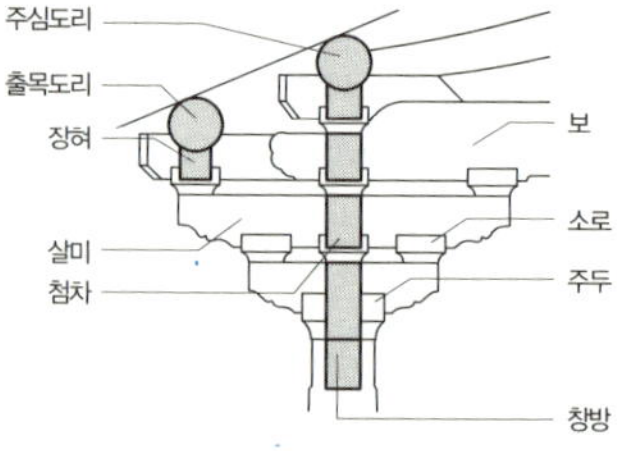

주심포형식

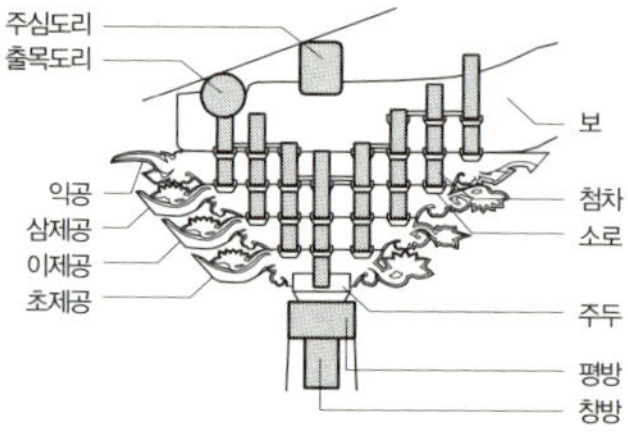

다포형식

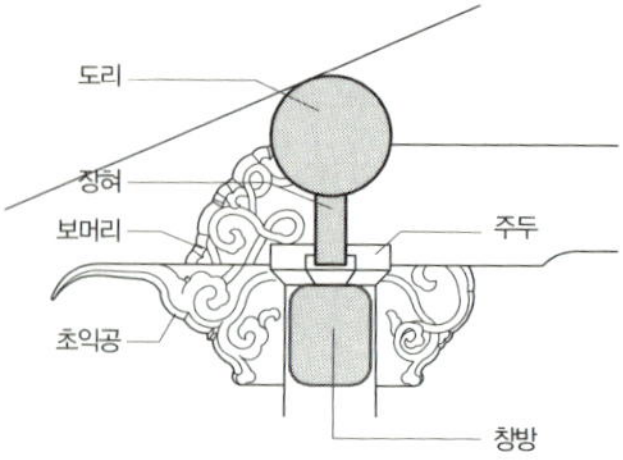

초익공형식

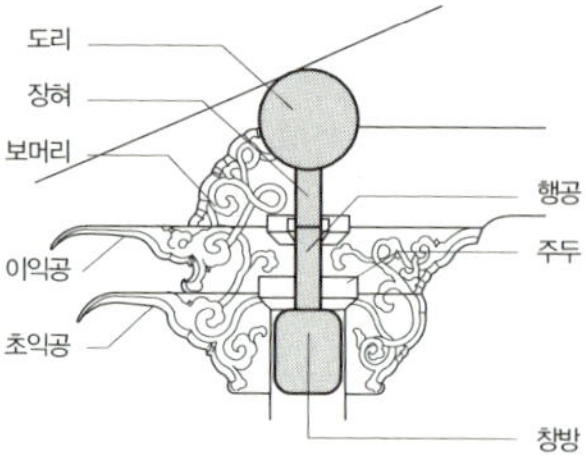

이익공형식

수 있다.

익공형식 초익공형식과 이익공형식이 있는데, 초익공은 모두 무출목 형식이지만 이익공은 출목이 있는 경우도 있다. 익공형식은 동양 삼국 중에서 한국에서만 볼 수 있는 독창적인 것으로 기둥 상부에만 포를 배치하는 주심포 계열이지만 첨차보다는 살미가 강조된 간단하면서도 튼튼한 경제적인 공포형식이다.

③ 주두 및 소로

주두 및 소로는 같은 건물에서는 동일한 모양으로 통일시켜 사용하는 것이 보통이다.

시대에 따라서 형태를 조금씩 달리

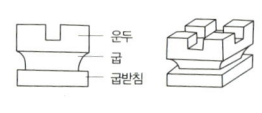

주두 및 소로

한다. 소로는 쓰임의 위치에 따라 행소로, 삼갈소로, 사갈소로(청소로), 양갈소로, 단갈소로, 대접소로 등으로 나뉜다.

④ 첨차 및 살미

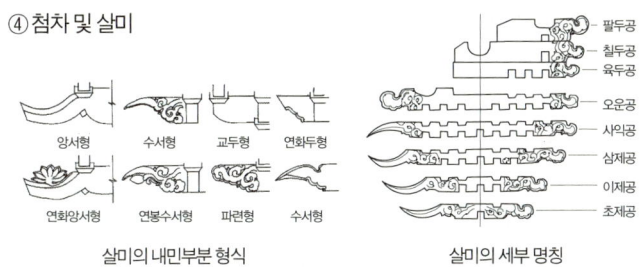

살미의 내민부분 형식

살미의 세부 명칭

첨차와 살미는 받을장과 엎을장으로 서로 맞춤되는 공포의 주요 구성부재이다. 첨차는 도리방향 부재이며 살미는 보방향 부재이다. 첨차는 시기에 따라서 모양이 조금씩 다르며 고려시대 초기까지는 첨차와 살미의 모양이 같았던 것으로 추정되나 고려 중기 이후에는 살미가 장식화하였다. 살미는 모양과 위치에 따라 제공, 익공, 운공, 두공으로 세분된다.

⑤ 화반

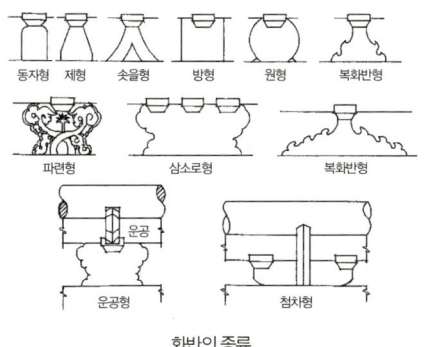

화반의 종류

화반은 주심포와 익공형식에서 간포를 대신해 창방 위에 놓여 도리를 받치고 있는 부재이다. 화반은 모양에 따라 동자형, 인(人)자형, 복화반형, 파련형, 제형, 방형, 원형, 동물형 등 다양하다. 고려시대에는 인(人)자형이 많으며, 고려시대 이전까지는 동자형이나 제형이 많고, 조선시대 익공형식에서는 화반이 장식화하여 다양해졌다.

4) 벽

벽은 토벽, 심벽, 판벽 등으로 나뉜다. 토벽은 민가의 부속채나 헛간채 등에 사용되는 경우가 많은데 흙에 잔자갈을 섞어 쌓아 올리거나 강회를 섞어 판축한다. 또 흙벽돌을 이용해 쌓는 경우도 있다. 토벽은 힘을 받는 내력벽인 경우가 많다.

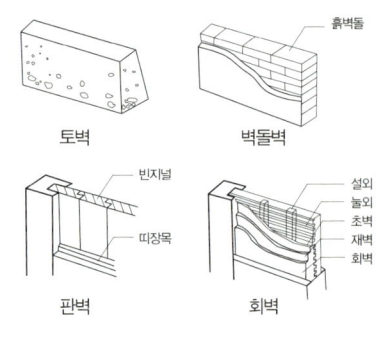

심벽은 비내력벽이 일반적이며 외부마감을 강회로 한 것이 많다. 대개 벽선과 상인방, 중인방, 하인방이 외곽틀을 이루고 인방재 사이에 세로로 설외를 대고 가로로 눌외를 새끼줄로 엮어 고정시킨 다음 이것을 뼈대 삼아 흙을 여러 번 발라 마감한 벽이다. 설외는 손가락 굵기 정도의 자연목을 이용하며, 눌외는 싸리나무나 수수깡을 사용하는데 최근에는 대나무를 사용하기도 한다. 눌외를 엮는 새끼줄은 벽체의 두께 때문에 보통 새끼보다 얇다. 따라서 일반 새끼를 사용하지 못하고 따로 만들어 쓴다. 이렇게 뼈대가 완성되면 건물 안쪽에서부터 바탕흙을 바르고 초벽과 재벽을 한 다음 마감으로 회를 바른다. 이때 흙이 마르면서 갈라지지 않도록 볏단을 여물 썰듯이 잘게 썰어 섞어 사용한다. 초벽과 재벽도

트지 않도록 모래나 왕겨 등을 섞어 바르는 경우가 많다.

일반 민가에서는 마감면을 회벽으로 하지 않고 백토 바르기로 마감하는 경우가 많은데, 이것을 재사벽이라고 부른다. 회를 바르지 않고 토벽으로 마감하는 경우에는 표면 보호를 위해 앙금을 가라앉힌 진흙에 풀을 섞어 맥질(찹쌀풀에 진흙 앙금을 섞어 외부에 발라 마감하는 작업. 민가에서는 대개 손으로 문지르기 때문에 손자국이 난다)하기도 한다.

판벽은 판재를 세로로 쪽매이음하여 대고 외곽과 중간에 띠장목을 대서 고정한 벽을 말한다. 판벽은 폭넓게 이용되었는데 온돌보다는 마루나 광, 부엌 등 난방이 없는 실이나 부속채에서 많이 사용되었다.

5) 마루

마루는 판재를 깔아 마감한 바닥을 말한다. 한자로 표기 할 때는 '청(廳)' 또는 '상(床)'이라고 한다. 마루는 구성 방식에 따라 우물마루와 장마루로 구분한다. 우물마루는 기둥과 기둥 사이에 장귀틀을 건너지르고 장귀틀 사이에 동귀틀을 보낸 다음 동귀틀 사이에 마루청판을 끼워 마감한 마루이다. 한국에서 가장 널리 사용되고 있는 마루로 계절의 변화에 따른 수축과 팽창에 적응력이 뛰어난 마루이다. 장마루는 귀틀 위에 긴 판재를 쪽매이음하여 깐 마루이다. 한국에서는 현재 보기 어려운 마루 유형이나 꾸준히 사용되어

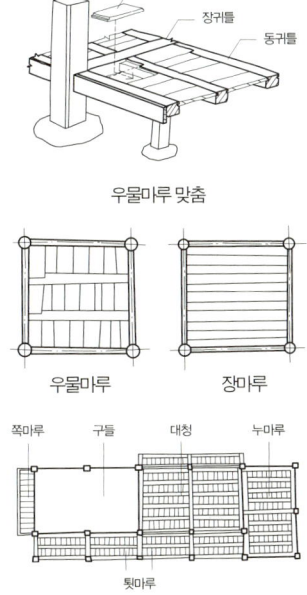

온 마루로 추정된다. 마루는 또 기능과 위치에 따라 누마루·대청마루·툇마루·쪽마루·들마루 등으로 불린다.

6) 천장

우물천장

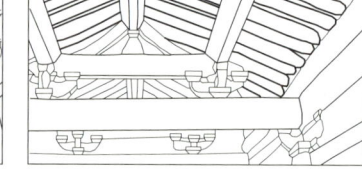
연등천장

천장은 지붕면을 가리기 위해 실내에 하는 마감으로 한국에서는 우물천장과 연등천장이 많이 이용되었다. 우물천장은 반자 인방을 사방에 돌리고 여기에 반자대란을 우물정

지반자

소경반자

(井)자로 짠 다음 그 사이에 반자청판을 끼워 마감한 천장이다. 반자청판은 쫄대목인 반자소란에 의해 고정된다. 우물천장은 조선시대 다포형식 건물에서 많이 이용되었다.

연등천장은 지붕 서까래를 그대로 노출시킨 천장을 말한다. 특별히 천장을 가설하지 않은 것이며 천장가구를 깔끔하게 마감하여 구조미를 보여주는 주심포형식 건물에서 주로 사용된다. 살림집 대청에서도 주로 이용되고 있는 천장이다.

이외에 달대에 의지하여 반자틀을 짜고 여기에 종이를 발라 마감하는 지(종이)반자와 반자틀을 짜지 않고 노출된 서까래 위에 그대로 종이를 발라 마감하는 소경반자가 있다. 지반자는 주로 온돌방 천장에서, 소경반자는 서민 살림집 천장에서 볼 수 있다.

7) 난간

① 계자난간

계자난간은 조선시대에 널리 이용된 난간으로 난간대를 계자다리라고 하는 부재가 지지하도록 만든 난간을 말한다. 계자다리는 측면에서 보면 선반 까치발처럼 생긴 장식부재로 당초나 구름 등으로 조각된다. 계자다리는 난간중방과 난간상방에 의해 고정되며 난간대와의 사이에는 연잎을 초각해 끼우는 것이 일반적인데 이를 하엽이라고 한다. 그리고 난간중방과 난간상방 사이에는 난간청판을 끼워 마감한다. 난간청판에는 중괄호 형태의 연화형 바람구멍을 뚫는데 이를 풍혈(風穴) 또는 허혈(虛穴) 이라고 한다.

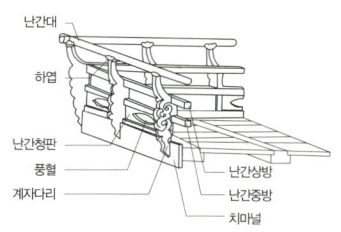

② 평난간

평난간은 난간중방과 난간상방 사이에 일정한 간격으로 난간동자를 세우고 그 사이를 계자난간의 청판 대신에 창살모양으로 살대를 만들어 마감한 난간이다. 난간상방 위에는 계자난간과 같이 하엽을 놓고 여기에 난간대를 고정한다.

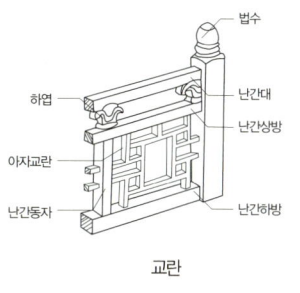

교란

평난간은 살대의 모양에 따라 아자교란, 완자교란, 빗살교란 등으로 다양하게 나뉜다. 통일신라 목조건축이나 삼국시대 탑 난간 등에는 일본 호류지에서 보는 것과 같은 '만(卍)'자를 흩어 놓은 것처럼 장식한 파만자난간도 있다.

계단이나 통로 등에 의해 난간이 끊어지는 양쪽에는 난간동자보다 굵고 난간대 위로 올라가는 보조 기둥을 세우는데, 이를 법수라고 한다.

8) 창호

① 창호의 종류

분류 기준		종류
개폐 방식		미닫이, 미서기, 여닫이, 벼락닫이, 들어열개
기능		분합, 영창, 흑창, 갑창, 광창, 장지, 불발기
살대 유무	살(창)문	세살, 정자살, 아자살, 완자살, 숫대살, 용자살, 꽃살
	판문	널판문, 우리판문

창호는 건축물의 내외벽에 설치하는 출입 및 환기와 통풍을 위한 개폐장치이다.

분합 건물 외벽에 달리는 창 또는 문으로 대개 세살(띠살)이 일반적이며, 만살(정자살)도 많이 사용되었다. 궁궐 및 화려한 살림집에서는 아자살이나 완자살 등이 주로 쓰였으며, 사찰에서는 종교적 의미로 꽃살을 쓰는 경우도 많다.

영창 분합 안쪽에 다는 미닫이로 살림집에서는 용자살이 많이 이용되었다.

흑창 영창 안쪽에 다는 미닫이로 빛이 투과되지 않도록 두꺼운 종이를 발라 마감한다.

갑창 영창이나 흑창이 열렸을 때 그것을 보호하기 위해 설치되는 두꺼비집을 말한다. 갑창은 창이라고는 하지만 실제는 고정되어 있는 창을 보호하기 위한 붙박이 시설물이다.

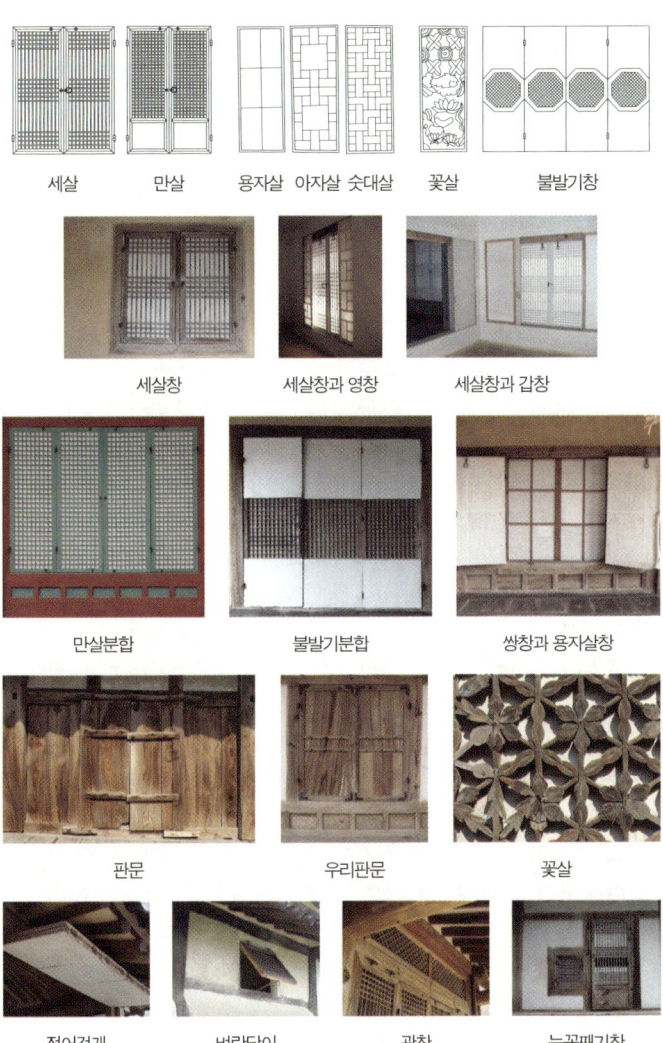

| 세살 | 만살 | 용자살 | 아자살 | 숫대살 | 꽃살 | 불발기창 |

세살창   세살창과 영창   세살창과 갑창

만살분합   불발기분합   쌍창과 용자살창

판문   우리판문   꽃살

접어걸개   벼락닫이   광창   눈꼽째기창

사창(絲窓) 여름에는 영창과 흑창 대신에 올이 성근 비단을 바른 방충창이 사용되는데 이를 비단을 발랐다는 의미로 사창이라고 한다.
장지 주로 실내 칸막이벽에 설치되는 출입문을 지칭한다. 대청과 방 사이는 대개 가운데 불발기창(烟窓)이 달린 들어열개 형식의 연창 장지로 하는 경우가 많다. 그리고 방과 방 사이는 미닫이 형식의 살문으로 하는 경우가 보통이다.
판문 두꺼운 판재를 문울거미 없이 띠장으로 고정한 일반 판문과 문울거미 안쪽에 얇은 판재를 끼워 만든 우리판문(골판문) 두 종류가 있다.

② 문울거미 및 살대의 맞춤과 다듬질
살(창)문의 경우 살대의 외곽 테두리를 문울거미라고 한다. 문울거미의 모서리 맞춤은 마치 액자틀처럼 45도로 맞춤을 한 연귀맞춤을 한다. 연귀맞춤이 반만 형성된 경우는 반연귀맞춤이라고 하는데, 이 둘이 울거미의 일반적인 맞춤이다. 또 울거미는 면에 쌍사를 치는 경우가 많으며, 모접기에는 평모, 실모, 실오리모, 둥근모, 쌍사모, 게눈모 등이 있다. 살대도 모양을 내는데 모양에 따라 등밀이, 골밀이, 배밀이, 투밀이 등으로 나뉜다.

③ 창호 장식
창호는 문짝을 고정시키거나 여닫기 위해 각종 장식물이 필요하다. 일반적으로 살문을 고정할 때는 상하에 돌쩌귀를 박아 고정시키지만 판문의 경우에는 목재로 문둔테를 만들어 고정시킨다. 또 문을 여닫는데 필요한 문고리가 있고 문을 정지시키는 원산이 있다. 잠금 장치로는 자물쇠가 있지만 간단한 비녀장도 사용되었고 판문에서는 빗장과 빗장둔테가 그 역할을 하였다. 또 문울거미 등이 변형되지 않도록 띠쇠가 사용되었다. 못 머리를 장식하기 위한 방환이나 국화정 등이 있다. 들어열개문인 경우에는 문을 걸 수 있는 걸쇠가 필요하다.

| 문둔테 |  문둔테 | 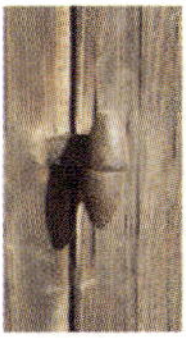 돌쩌귀 |  빗장과 빗장둔테 |

| 문고리 |  원산 |  띠쇠와 확쇠 |

| 방환 |  국화정 |  걸쇠 |

9) 지붕

서까래는 지붕을 구성하는 가장 중요한 부재이다. 사용되는 위치에 따라 처마를 구성하는 서까래는 장연, 종도리에 걸리는 것은 단연, 그 사이에 있는 서까래는 중연이라고 한다.

선자연

마족연

평연

서까래의 종류

현재 서까래는 원형 단면이 일반적이지만 고대건축에서는 방형 단면도 사용되었음을 추측할 수 있다. 서까래는 지붕 곡선에 따라 자연스럽게 굽은 나무를 사용하는 것이 가장 좋으며 처마 끝에서는 부피를 덜어내 시각적인 부담감을 줄여준다. 추녀 양쪽에 거는 서까래는 보편적으로 꼭지점이 하나에서 만나는 부채살처럼 거는

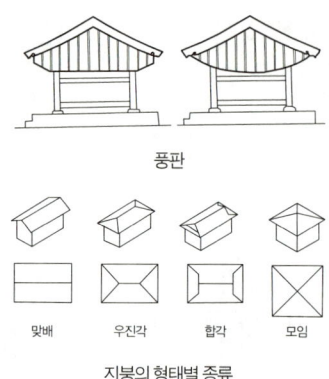

풍판

지붕의 형태별 종류

선자연과 엇비슷하게 거는 마족연, 나란히 거는 평연의 세 가지 방법이 있다. 보편적으로 선자연이 사용되지만 서민들의 살림집 등에서는 마족연 방식으로 거는 경우도 볼 수 있다. 평연법은 한국에서는 없으며 선자연 걸기법이 사라진 일본 건축에서 볼 수 있다.

겹처마인 경우에는 서까래 끝에 방형 단면의 부연이 덧달리며 맞배지붕이나 합각지붕의 박공에는 부연과 같고 길이가 좀 더 짧은 목기연이 걸린다.

서까래나 부연 위에는 추녀에서 추녀, 사래에서 사래를 연결하는 긴 횡부재가 걸리는데, 이를 평고대라고 한다. 겹처마인 경우에는 추녀 위에 것을 그냥 평고대(초매기), 부연 위에 것을 부연평고대(이매기)라고 구분하여 부른다. 평고대는 서까래 위에 걸리지만 서까래 보다 먼저 걸고 평고대 곡선에 맞춰 서까래를 걸기 때문에 지붕 곡선을 결정하는 중요한 부재이다. 평고대 위에는 기와 골에 맞게 파도 모양으로 치목한 연함이 올라가 기와를 받친다.

맞배지붕의 경우에는 측면에 박공면이 생기는데 이 박공면에는 풍판이 달린다. 그리고 합각지붕의 측면에서도 삼각형의 합각면이 생기는데 합각면에는 각종 문양 장식이 베풀어진다.

지붕의 전체적인 형태는 원시 움집의 원추형에서부터 시작하여 맞배지붕, 우진각지붕, 합각지붕, 모임지붕 등이 있다.

5. 석구조

우리나라는 우수한 재질의 석재가 많이 생산된다. 석재는 목재에 비해 압축 강도가 높고 내화성이 좋으며 가공도 비교적 쉬운 편이어서 목재와 함께 널리 사용되었다. 석재가 이용된 분야는 건물의 기단과 초석을 비롯해 석축, 성벽 등이 있고 석탑과 부도 등 각종 석조물들이 있다. 석조는 목조에 비해 오랫동안 남아 있기 때문에 문화재 연구에 귀중한 자료가 되고 있다.

1) 성곽

① 성곽의 종류
성곽은 재료에 따라 토성, 석성, 전축성으로 분류하지만 한국은 양질의 화강석이 많고 견고함 때문에 석성이 대부분을 차지한다. 성은 쌓는 방식에 따라 내부는 산비탈이나 경사로 처리하고 외부만 성벽을 쌓는 편축성(片築城)과 경사지를 이용할 수 없는 평지에서 내외부 모두에 성벽을 쌓는 협축성(挾築城)이 있다.

② 성벽
우리나라는 석성이 대부분으로 성곽은 석구조를 대표한다. 성벽에는 갖가지 구조법이 사용되어 왔다. 성벽은 큰 돌을 잘 다듬어 쌓는데 방어에 유리하도록 밑쪽은 완만한 경사로 퇴

남한산성 성벽

물림하여 쌓고 위쪽은 수직이나 오히려 바깥쪽으로 내쌓기를 하는데 이러한 모양으로 쌓는 방식을 규형(圭形)쌓기라고 한다. 퇴물림이란 밑돌보다 윗돌을 약간 들여쌓는 것인데 이것은 구조적인 안정감을 위한 방법이다. 성벽뿐만 아니라 석축이나 기단석도 퇴물림하여 쌓는 것이 우리나라의 전통이다.

③ 여장

성벽 위에는 여장이라고 하는 낮은 담장을 쌓아 방어와 공격에 이용한다. 여장과 성벽이 만나는 부분에는 눈썹처럼 돌을 약간 튀어나오게 끼는 경우가 있는데 이를 미석(眉石)이라고 한다. 여장이 담장과 다른 점은 일정한 구간마다 트여있다는 것이다. 이렇게 세로로 길게 트인 구멍을 타구(垜口)라고 하며 타구와 타구 사이의 여장을 타(垜) 또는 첩(堞)이라고 한다. 그리고 타에는 방형으로 작은 구멍을 뚫어 총 쏠 때 사용하는데 이를 총안(銃眼)이

남한산성 여장

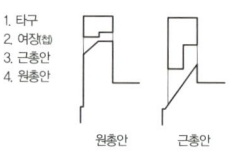

1. 타구
2. 여장첩
3. 근총안
4. 원총안

원총안   근총안

라고 한다. 총안은 수평으로 뚫린 것을 원총안, 경사지게 뚫린 것을 근총안이라고 하며 타에는 원총안과 근총안이 섞여 있다. 이렇게 타와 타구, 총안 등으로 구성된 담장을 여장(女墻)이라고 한다.

④ 성문

성문은 성벽에 개구부를 내 출입할 수 있도록 한 것이다. 성벽에 뚫는 개구부는 석구조이기 때문에 대부분 홍예문으로 하는 경우가 많다. 그리고 홍예문 위에는 목조로 문루를 짓는 것이 보통이다. 홍예는 대개 반원형으로 하는 것이 일반적인데 반원형을 구성하기 위한 사다리꼴의

돌을 홍예석(虹霓石)이라 하고, 홍예석을 받치는 크고 육중한 받침석을 선단석(扇單石)이라고 한다. 그리고 홍예문 양쪽으로는 잘 다듬어진 큰 방형 석재를 쌓는데 이를 무사석(武砂石)이라고 한다. 홍예 옆 무사석은 모양을 홍예석에 맞춰 그렝이 해 쌓는데 홍예 맨 위 무사석은 하단이 위로 볼록한 곡면으로 다듬어지게 된다. 이 무사석을 특별히 부형무사석(缶形武砂石)이라고 불렀다.

화성 화서문 성문루

1. 부형무사석
2. 홍예석
3. 무사석
4. 선단석
5. 홍예종석

홍예문의 구성

2) 석축

우리나라는 70%가 산지이기 때문에 터를 닦거나 건물을 세우기 위해서는 경사지를 깎아내는 절토와 흙을 돋우는 성토 작업이 많다. 이때 경사진 면을 튼튼하게 유지하기 위해 벽처럼 돌을 쌓게 되는데 이를 석축(石築)이라고 한다.

석축은 건물의 기단보다는 포괄적 개념이며 건축적 개념보다는 토목적 개념이 강하다. 축조 방법은 편축성 성벽을 쌓는 개념과 같다고 할 수 있다. 따라서 퇴물림이나 뒷채움 방식 등 시공 기법은 성벽 쌓기와 같다. 석축은 큰 자연석을 그렝이 해 이를 맞춰가며 쌓는 방식과 장대석으로 쌓는 방식이 있다. 그러나 흙에 의해 석축이 물러날 가능성이 있으므로 일정한 구간마다 뿌리가 긴 돌을 박아 석축을 잡고 있을 수 있도록 하기도 하는데 이러한 돌을 멍엣돌(駕石)이라고 한다.

3) 다리

다리는 강이나 하천을 건널 수 있는 구조물로 재료나 모양에 따라 다양하지만 여기서는 석구조를 엿볼 수 있는 석교(石橋)에 대해서만 살펴보기로 한다. 석교는 구조 방식에 따라 크게 평석교(平石橋)와 홍예교(虹霓橋)로 나눌 수 있다. 평석교의 사례는 청계천의 수표교와 광통교, 함평 고막천석교 등이 있다. 홍예교로는 각 궁궐의 금천교와 청계천 오간수문, 벌교 홍교, 건봉사 능파교, 선암사 승선교, 홍국사 홍교, 송광사 우화루 및 청량각 홍교, 강진 병영성 홍교, 화성 화홍문, 안양 만안교, 논산 원목교 등을 들 수 있다.

① 평석교

평석교는 홍예를 사용하지 않는 대신 기둥석을 세워 그 위에 상판을 깔아 마감한 다리를 말한다. 구성 방식은 가구식 건물과 유사하다. 즉 기둥석이 다리 상판의 하중을 받아 하천 바닥에 전달해주는 구조로, 기둥석은 교각(橋脚)이라고 한다. 건물에서 기둥 밑에 초석이 받치고 있는 것처럼 교각도 받침돌 위에 올라가는데 이를

평석교의 구성, 광통교

1. 난간동자 3. 돌란대 5. 멍엣돌 7. 교대
2. 하엽동자 4. 귀틀석 6. 교각

교대(橋臺)라고 한다. 교각은 대개 물 흐름을 방해하지 않도록 마름모로 세운다.

교각 위에는 건물에 보를 건너지르듯이 수평 석재가 걸리는데, 이를 멍엣돌이라고 한다. 멍엣돌 위에는 사람이 건너다닐 수 있도록 바닥을 만든다. 이는 마치 한옥의 우물마루와 같다. 즉 멍엣돌 위에 귀틀석(耳機

石)을 일정한 간격으로 건너지르고 그 사이에는 판석이나 장대석을 깔아 바닥을 만든다. 그리고 규모가 있는 다리에서는 다리 양쪽에 돌난간을 설치한다. 수표교에서는 일정한 간격으로 기둥돌(柱石)을 세우고 기둥돌 양쪽에 약간의 턱을 만들어 난간대를 건너질렀다. 돌로 만든 난간대를 돌란대(乭石)라고 한다. 그리고 돌란대 중간에는 나비넥타이 모양의 받침돌을 하나씩 받쳤는데 이것은 연꽃 잎 모양을 본 뜬 것이다. 그래서 이것을 하엽(荷葉)이라고 한다.

② 홍예교

홍예교는 홍예(아치)가 하중을 받도록 구성한 다리를 말한다. 간단히 홍교(虹橋)라고도 한다. 홍예의 구성은 성문루의 홍예문 구성과 같다. 홍예를 만들기 위해서는 먼저 바닥에 크고 육중한 홍예 받침돌을 설치하는데, 이를 선단석이라고 한다. 선단석 위에서 사다리꼴 형태의 홍예석을 이용해 반원형으로 홍예를 튼다. 그리고 하천 폭이 넓어 다리가 길 경우에는 여러 개의 홍예를 설치한다. 청계천에 설치한 오간수문(五間水門)은 다섯 개의 홍예로 이루어졌다. 홍예석 중에서 가장 위 반원의 꼭지점에 있는 홍예석을 홍예종석(虹霓宗石)이라고 한다.

안양 만안교

벌교 홍교

홍예와 홍예 사이 벽면에는 성곽과 같이 잘 다듬어진 방형의 석재를 쌓아 마감하는데, 이를 무사석이라고 한다. 무사석은 보통 장대석처럼 방형으로 만들어지지만 아치와 아치가 서로 만나는 부분에서는 역삼각형의 무사석이 사용되는데 이를 청정무사석(蜻蜓武砂石)이라고 한다. 창덕궁 옥천교에서는 청정무사석에 용얼굴을 조각했다.

홍예와 무사석을 이용해 다리의 양쪽 벽면을 만들고 여기에 평석교와 마찬가지로 바닥을 만들기 위해 먼저 받침돌을 건너지르는데 이를 멍엣돌이라고 한다. 멍엣돌은 성곽의 홍예문에서는 사용되지 않고, 홍교에서만 사용되는 부재이다. 멍엣돌은 무사석

홍예교의 구성

1. 부형무사석 3. 무사석 5. 청정무사석
2. 홍예종석 4. 홍예석 6. 선단석

보다 약간 튀어나오도록 설치하는 것이 일반적이며, 높이는 홍예종석과 같은 경우가 많다. 이때 홍예종석은 멍엣돌 역할을 겸하기도 한다. 이 멍엣돌 위에는 귀틀석을 건너지르고 그 사이에는 장대석이나 판석을 깔아 다리 바닥면을 만든다. 그리고 다리 양쪽에는 돌난간을 설치하기도 하는데 이는 평석교와 같다.

6. 단청

1) 단청의 역사

단청은 건축물의 풍해와 부식 등을 방지하여 내구성을 높이고 장식적 장엄을 위한 이중의 목적이 있다. 우리나라 단청의 정확한 연대는 추정하기 어렵지만 고구려 고분벽화 건축도에 단청 모습이 나타나는 것으로 미루어 4세기 이전부터 궁궐과 사찰 등을 중심으로 본격 사용되었을 것으로 추정된다.

신라에서는 651년(진덕여왕 5)에 처음으로 단청을 관할하는 기관으로 채전(彩典)을 두었고, 고려에서는 도화원(圖畵院)과 화국(畵局)을 두어 이를 관장했다. 또, 조선시대에는 도화서(圖畵署)에서 단청 업무를 맡아 보았

다. 선공감(繕工監)에 속한 도채공(塗彩工)들은 궁궐을 비롯한 관아와 객사, 사묘 등의 관영 건축공사의 단청을 도맡아 했다.

사찰에서는 화승(畵僧)이 있어서 단청뿐만 아니라 불화와 공예조각 등의 제작도 겸하였다. 국가에서 시행하는 큰 단청 공사에서는 도채공이 부족해 많은 화승이 참여하기도 했다.

고구려 벽화의 단청, 수산리 벽화고분

고구려 벽화의 단청, 안악 2호분

단청 각부 명칭
1. 직휘 2. 머리초 3. 바자휘

고구려 고분벽화에 나타난 단청은 지금과 같은 무늬체계를 갖고 있지는 않지만 기둥과 인방재, 주두, 첨차 등에 매우 율동적이고 힘찬 인동당초문이나 구름, 기하학적 무늬 등이 보인다.

고려 외부 기둥과 난간 등 건물 하부는 석간주라고 하는 적색 계통의 단청안료를 사용해 탄탄하고 무겁게 느껴지도록 했으며 추녀와 처마, 공포 등 건물 상부는 녹·청색 계통을 사용해 서로 대비되도록 하는 상록하단(上綠下丹) 단청이 일반적이었다.

조선 고려시대 단청을 계승하였으나 채도와 명도의 대비가 크고 한색과 난색을 접하여 사용함으로써 보색대비를 크게 하였다. 또 조선 중기 이후에는 고려시대에는 사용하지 않았던 휘가 머리초에 색띠로 나타나고 무늬가 더욱 화려해졌다.

2) 단청의 종류

① 가칠단청

선이나 문양을 전혀 사용하지 않고 단색으로 칠하는 단청을 말한다. 단청 중에서 가장 간단한 것으로 사찰의 요사채 등 부속채에 사용된다. 기둥이나 인방재, 박공면 등에는 붉은색 단청안료인 석간주(石間硃)를 칠하고  창방 이상의 가구와 문짝, 서까래 등은 옥색 단청안료인 뇌록(磊綠)을 칠하는 것이 일반적이다.

② 긋기단청

가칠단청 한 위에 선긋기하여 마무리하는 단청을 말한다. 이때 선은 검은색인 먹과 흰색인 분을 틈 없이 복선으로 긋는 것이 일반적이다. 기둥 등의 석간주 칠 위에는 긋기하지 않고 뇌록가칠한 부재에만 긋기를 한다. 때  에 따라서는 흑백이 아닌 색선을 그리기도 하는데 이를 색긋기라고 하고, 상대적으로 흑백으로 긋기한 것을 먹긋기라고 한다.
긋기단청 할 때 부연, 서까래, 출목 등의 마구리면에 매화점, 연화, 태평화 등의 간단한 문양을 넣을 때도 있는데 이러한 단청을 모로긋기단청이라고 한다.

③ 모로단청

부재 양쪽 머리를 화려한 문양으로 장식하고 그 가운데는 뇌록가칠 위에 선긋기 정도로 마무리한 단청을 말한다. 이때 양쪽의 화려한 문양을 머리초라고 한다. 머리초가 시작되는

부분에는 세로선으로 장식하는데 이를 직휘라고 한다. 휘 장식을 포함해 양쪽 머리초 문양의 범위는 부재의 약 1/3정도이지만 부연이나 서까래 등은 처마 끝에만 머리초를 장식한다.

머리초 문양이 금단청에 비해 간단하고 휘 장식 역시 2~4개 정도로 간소하며 간단한 늘휘와 인휘 정도를 사용한다. 궁궐단청에 주로 이용된다.

④ 금단청

머리초 문양이 모로단청에 비해 화려하고 중간 긋기 부분에 금문(錦紋)·별화(別畵) 등으로 장식한 단청이다. 중간 부분에 비단무늬가 있어서 금단청으로 불리게 되었다.

머리초에는 병머리초, 장구머리초, 겹장구 머리초 등의 화려한 문양을 그리고, 휘도 복잡하며 여러 개를 사용한다. 서까래와 부연 등의 안쪽에도 뒷목초라고 하는 머리초를 장식한다.

금단청보다 휘가 적고 계풍(양쪽이 머리초로 장식되고 난 가운데 빈 부분)에 비단무늬가 아닌 당초와 같은 간단한 무늬로 장식한 것을 모로와 금단청의 중간단청이라고 하여 얼금단청이라고 하는 경우도 있다. 또 금단청보다 문양을 화려하고 세밀하고 조밀하게 하며 문양이 입체적으로 튀어 올라오도록 하는 고분법 등을 사용해 찬란하게 단청하는 것을 갖은금단청이라고 구분하여 부르기도 한다. 금단청은 주로 사찰에 이용된다.

3) 단청무늬의 체계

① 머리초(頭草)

머리초의 기원은 확실히 알 수 없으나 고려시대부터 지금과 같은 머리초가 연화, 주화, 석류동, 항아리 순으로 배열되고, 이들 주위를 번엽과 곱팽이, 녹실, 황실 등으로 둘러싸며 장식된다.

모로와 금단청에 가장 많이 사용되는 머리초는 연화머리초이며 머리초 앞뒤로는 휘가 장식된다.

휘는 17세기 이전에는 나타나지 않으며 18~19세기에 본격적으로 사용되었다. 기둥에 사용되는 머리초는 특별히 주의초(柱衣草)라고 하며 서까래와 부연에 사용되는 머리초를 연목초, 부연초로 구분하여 사용한다.

연화머리초

주의초

창방머리초

부연부리초

② 별화(別畵)

부재 중간, 머리초와 머리초 사이에 중괄호 모양을 두 개 포개놓은 것과 같은 모양의 틀 속에 회화 수법으로 그린 장식화이다.
장식화의 내용은 사령, 맹수, 길조, 사군자, 화초를 비롯해 불교설화와 관련된 그림이 들어간다. 별화는 금단청에 사용되는 것으로 주로 사찰단청에 나타난다.

③ 비단무늬(錦紋)

양쪽 머리초와 중간 별화를 제외한 나머지 공간은 각종 비단무늬인 금문이 베풀어진다. 금문 역시 금단청에 사용되는 것이므로 사찰단청에 주로 사용되었다. 금문의 기원은 고구려 고분벽화에서 찾을 수 있다.

금문

④ 단독무늬

독립적으로 사용되는 무늬의 대표적 예로는 우물 반자초를 들 수 있다. 사찰에서는 연꽃과 보상화 무늬가 주로 사용되고, 궁궐에서는 용, 봉, 학과 길상문자 등이 사용되었다. 이외에 부리초(서까래나 부연 및 뺄목 등의 말구에 그려지는 초)와 궁창초(문짝의 궁판 및 청판에 사용되는 초) 등이 여기에 속한다.

추녀부리초

태평화(도리부리초)

궁창초

부연부리초

4) 단청 순서

① 초내기
단청할 부재 크기에 맞춰 밑그림을 그리는 것으로 초상(草像), 초안도(草案圖), 초도 그리기라고도 한다.

② 출초(出草)
초내기 한 바탕 그림을 먹지에 대고 빳빳한 초지(草紙)에 단청 문양을 옮겨 그리는 것을 말한다.

③ 천초(穿草)
융이나 담요를 깔고 그려진 무늬의 윤곽을 따라 돗바늘로 바늘구멍을 내는 작업을 말한다. 초 뚫기 한 것을 초지본(草紙本)이라고 한다.

④ 타초(打草)
타분(打粉)이라고도 하는데 초지본을 단청할 부재면에 대고 호분가루가 든 분주머니로 쳐서 문양이 나타나도록 하는 작업이다.

⑤ 도채(塗彩)
시채(施彩)라고도 하며 타초에 의해 나타난 문양을 따라 색을 입히는 작업이다.

⑥ 먹기화(墨起畵)
채색된 윤곽을 따라 먹(검은색)과 분(흰색)을 입혀서 색조가 뚜렷이 강조되도록 하는 것이다.

⑦ 들기름칠
단청이 완료된 이후에 단청면을 보호하기 위하여 생 들기름을 입히는 작업이다.

7. 온돌

1) 온돌의 역사

① 기원
온돌은 구들을 이용한 난방 방식의 하나로 시원은 기원전 8,000년부터 시작된 신석기시대의 노(爐)에서부터 찾을 수 있다. 노는 난방과 취사, 조명을 겸하는 것이지만 청동기시대부터는 부뚜막이 출현하여 취사가 독립되었다.

② 철기시대
철기시대에는 보다 발전된 고래가 있는 구들이 나타났다. 기원전 300년 경 수원시 서둔동 움집에서는 아궁이와 굴뚝이 있는 'ㄱ'자형 구들이 발굴되었다. 또 평안북도 세죽리 움집에서도 같은 'ㄱ'자형 구들이 발굴되었으며, 북창 대평리와 평북의 노남리에서는 쌍줄고래의 'ㄱ'자형 구들이 나타나 좀 더 발전된 형식을 보여주고 있다.

③ 삼국시대

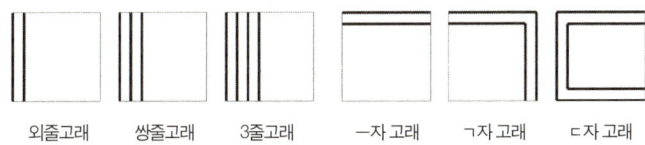

외줄고래   쌍줄고래   3줄고래   ㅡ자 고래   ㄱ자 고래   ㄷ자 고래

삼국시대 구들도 철기시대와 유사하다. 4~5세기 백제의 온돌 유적으로 추정되는 서울의 화양지구 유적과 부소산성 내 움집터에서 발견된 온돌은 'ㅡ'자형 외줄고래였다. 이에 비해 북쪽 추운지방의 후기 고구려 유적인 집안의 동대자 유적에서는 쌍줄과 3줄고래의 'ㄱ'자형 구들이 발견되었다.
또 발해 상경 용천부 침전터에서 발굴된 온돌은 쌍줄고래의 ㄱ자형 구들이었다. 이와 같이 삼국시대까지 구들은 'ㅡ'자형과 'ㄱ'자형이었고 고래도 외줄고래와 쌍줄고래가 주류를 이루었다.

④ 고려 · 조선
고려시대 온돌 유적으로는 11세기로 추정되는 미륵사지 유적이 있는데 'ㄷ'자형 쌍줄고래 구들이다. 또 감은사터와 청해진 유적 법화사터 온돌은 4줄고래 구들이었다.
고려시대에는 고구려의 고래구들인 장갱(長坑)을 더욱 발전시켜 고래 수가 증가된 형태의 온돌을 만들었으며 이러한 온돌방을 욱실(燠室)이라고 불렀다. 평면은 고래마다 아궁이 쪽으로 모이도록 하였으며 고래둑 폭이 넓은 것이 특징이다. 고려후기부터는 차츰 방 전체에 고래구들을 놓는 형태로 발전하여 조선시대로 이어져 지금의 온돌로 정착하였다.

2) 온돌의 구성

① 아궁이

온돌은 크게 불을 때는 아궁이와 난방 면인 구들, 연기를 배출시키는 굴뚝으로 구성된다. 이 중에서 아궁이는 불을 지피기 위한 시설로, 취사를 겸할 때에는 아궁이 위에 가마솥을 걸 수 있도록 시설하며 가마솥 주변으로는 부뚜막을 만들어 조리공간으로 사용한다.

따라서 아궁이는 부엌에 만드는 것이 일반적이다. 그러나 취사가 필요 없는 사랑채나 정자 등의 아궁이는 부뚜막이 설치되지 않고 단지 불을 지피기 위한 화구(火口)만이 설치되는데, 이러한 아궁이를 함실아궁이라고 한다.

② 구들

구들을 만들기 위해서는 먼저 바닥을 잘 고른다. 바닥은 아궁이로부터 윗목으로 갈수록 약간씩 높여주는데 이를 고래바닥이라고 한다. 고래바닥 위아래 경계는 약간 높여 둑을 쌓는데 이를 부넘기라고 한다.

고래바닥이 만들어지면 일정한 간격으로 고래둑을 쌓는데 고래둑에 의하여 생기는 골을 고래라고 한다. 불길은 고래를 통

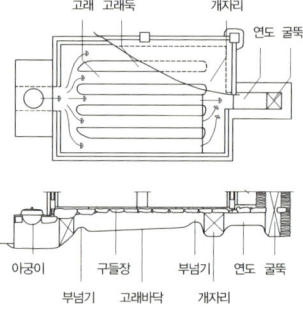

구들의 구조

해 이동하면서 방바닥을 덥힌다. 고래둑 위에는 구들장을 깔고 구들장 위에는 진흙을 펴서 바닥을 고르고 장판지를 발라 마감한다.
구들장은 얇은 편마암 계통의 돌을 사용하며 아궁이에서 불이 집중적으로 들어오는 아랫목에는 이중으로 구들장을 놓거나 두꺼운 구들장을 놓는데 이를 불목돌이라고 한다. 구들 외곽이나 윗목 쪽에는 깊은 골을 파는데 이를 개자리라고 한다. 개자리는 연기가 식으면서 떨어뜨리는 불순물을 모으는 역할을 한다. 개자리를 통해서 모아진 연기는 굴뚝으로 연결된 연기 통로인 연도를 통해 굴뚝으로 빠져나간다.

구들장, 회암사지

구들장, 회암사지

③ 구들의 종류
구들은 고래의 형태에 따라 줄고래, 부채고래, 맞선고래, 굽은고래 등으로 나뉘며, 이 중에서 줄고래가 가장 많이 사용된다.

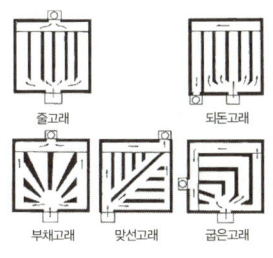

3) 굴뚝

굴뚝은 배연시설로 굴뚝의 높낮이에 따라 배연의 강약이 결정된다. 북쪽 추운지방에서는 불을 빨리 강력히 빨아들이기 위해 굴뚝을 높이 쓰며, 남쪽으로 올수록 낮아지다가 제주도에 이르러서는 사라진다.

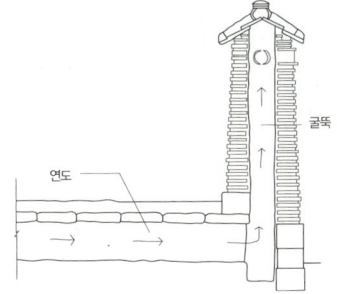

굴뚝 바닥은 연도보다 낮게 하여 불순물이 가라앉도록 하며 굴뚝 하부에는 소지구를 두어 가끔 불순물을 제거할 수 있도록 한다. 굴뚝은 틈 없이 밀실하게 쌓아야 배기력이 좋다.

굴뚝은 축성 재료에 따라 다양하다. 민가에서는 토축굴뚝, 와편굴뚝, 오지굴뚝, 통나무굴뚝 등이 주로 사용되고 궁궐이나 양반가에서는 벽돌로 쌓은 전굴뚝이 많다. 굴뚝에는 각종 문양들이 장식되기도 하며 그 형태가 다양하다. 장식이 화려하고 조형성이 뛰어난 굴뚝으로는 국보로 지정된 경복궁 자경전의 십장생굴뚝이나 아미산굴뚝 등을 들 수 있다. 또 굴뚝에는 상부에 비가 들이치는 것을 방지하기 위해 흙으로 구운 집 모양의 장식을 올리기도 하는데 이를 연가(煙家)라고 한다.

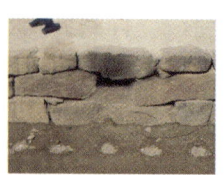

기단형굴뚝, 운조루

와편굴뚝, 윤증고택

전굴뚝과 연가, 창덕궁

아미산굴뚝, 경복궁

십장생굴뚝, 경복궁

8. 담장

담장은 방어 목적으로 만드는 울타리로 재료와 모양, 쌓기법 등이 매우 다양하다. 한국의 담은 궁궐을 제외하고는 사람 키를 넘기는 경우가 드물며 소담하고 인간적이다.

1) 토담

토담은 말 그대로 흙을 사용하여 만든 담이다. 흙에 갈라짐을 방지하기 위해 여물을 섞어 이겨서 쌓았으며, 조적식으로 쌓는 방법과 판축식으로 쌓는 방법이 있다.

토담, 유계화 가옥

조적식은 흙을 방형으로 뭉쳐 빚어 말린 후 벽돌처럼 쌓는 것이고, 판축식은 거푸집을 만들어 그 안에 흙을 넣고 다지면서 층층이 쌓아나가는 방법이다. 토담은 물에 약해 수명이 길지 않다. 또 밋밋하고 단순하기 때문에 기와편을 이용해 무늬를 넣거나 가공된 석재를 군데군데 넣어 장식하기도 한다. 토담 위에는 이엉이나 기와를 이어 담으로 빗물이 스며들지 않게 한다.

2) 돌각담(돌담)

흙이나 회 등의 접착제를 사용하지 않고 돌로만 쌓은 담장이다. 우리나라는 석재가 풍부하여 보편적으로 사용되었다. 돌을 구멍이 숭숭하게 하여 통풍이 되도록 쌓는 방법과 그렝

돌담, 낙안읍성 짚공방

이질 하여 빈틈없이 이를 맞춰가면서 쌓는 방법이 있다.
제주도는 화산석을 이용해 돌각담을 쌓았으며 보편적으로 돌담에 사용되는 돌은 강돌이 아닌 산석을 이용한다. 돌로만 축조되었기 때문에 기와를 잇지 않는다.

3) 생울

살아있는 나무를 집 주위에 돌려 심어 담장을 대신하는 것이다. 생울은 보통 방어를 위해 가시가 많은 탱자나무 가지와 잎이 촘촘한 주목 등을 심기도 한다.

생울, 의성 김씨 율리종택

4) 바자울

나뭇가지처럼 가는 부재를 발처럼 엮어 만든 담장을 말한다. 대나무, 싸리, 수수깡, 억새 등을 가로, 세로로 엮어 자체로는 지탱력이 없어 중간에 버팀목을 세워 고정하는 경우가 많다. 그러나 한국에서는 현재 거의 사라진 담장 중 하나이다.

바자울, 일본 가마쿠라

바자울은 엮는 방법에 따라 모양을 낼 수도 있어 소박하면서도 화려한 서민적 분위기를 연출한다. 또 울에는 호박이나 담쟁이덩굴 등이 타고 올라가면서 자연스럽게 어울리도록 하기도 한다.

5) 사고석 담장

사고석이란 5~6치(약 15~18센티미터) 정도 되는 정방형의 가공석을 말하는 것으로 강회로 접착해 쌓은 담장이다. 이 담장은 양반집이나 궁궐 등에서 볼 수 있다.

사고석 사이 줄눈은 내민줄눈으로 하여 가지런하게 정리되어 보이도록 하는 것이 특징이다.

사고석 담장, 종묘 정전

흔히 담장 하부는 장대석으로 지대석을 하였고 담장 상부는 전돌을 쌓아 아래에서부터 상부로 가면서 돌이 작아져서 안정감을 느낄 수 있도록 하기도 하였다. 담장 위에는 기와를 이었는데 궁궐 담장의 경우 연목을 두고 기와를 얹어 그 격을 높이기도 하였다.

6) 토석 담장

흙과 자연석을 이용해 쌓은 담으로 돌각담과 함께 많이 사용되었다. 토담의 약점을 보완한 것으로 자연석과 흙을 교대로 쌓음으로써 토담과 돌담을 섞어 놓은 것과 같다. 담장 위에는 방수를 위해 기와를 얹는 것이 보통이다.

토석 담장, 나주 홍기응 가옥

7) 꽃담

담장에 치장벽돌을 이용해 갖가지 문양을 베풀며 쌓은 담장을 말한다. 꽃담은 화려하고 아름다우며 주로 궁궐의 왕비 침전 주변에 사용되었다.

꽃담에는 십장생문양이나 문자무늬, 식물무늬, 동물무늬 등 다양한 문양이 사용되며 벽돌을 쌓으면서 줄눈을 넣기도 하고 빼기도 하여 각종 문양을 연출한다.

서민들은 투박하지만 벽돌 대신에 기와편을 이용해 문양을 넣기도 한다. 기와편을 다량으로 사용해 각종 문양을 만들며 쌓은 담장을 와편담장이라고 하며 와편담장 중에는 수원 화성 동장대 뒤쪽에 쌓은 영롱장이 유명하다. 영롱장은 수키와를 바로 놓고 엎어놓고 하면서 입체적인 문양을 연출한 꽃담 버금하는 치장담장이다.

꽃담, 경복궁 자경전

와편담장, 백양사

영롱장, 화성 동장대

9. 문

문은 고대부터 동서고금을 막론하고 건물에는 반드시 설치되는 것으로, 종류는 양식, 재료, 규모, 구조에 따라 무수히 많다. 우선 위치에 따라서 남문, 서문, 동문, 북문, 대문, 중문, 협문, 쪽문 등이 있다. 도성에서는 남대문, 주작문, 정문, 현무문, 나성문 등으로 불린다.

문짝을 구성하는 재료에 따라서 판문, 사립문, 바자문, 거적문 등이 있으며, 형태나 쓰임에 따라서 성문, 누문, 평대문, 솟을대문, 일각문, 사주문, 삼문, 일주문, 홍살문, 정려문 등이 있다.

1) 일반문

① 성문
성문은 도성이나 읍성, 산성 등에서 성벽에 연이어 석재로 홍예를 내고 홍예 안쪽에 판문을 달고 홍예 상부에는 누각을 올린 형태가 일반적이다. 대개 도성 정문은 중층 누각을 올리며 기타 성문은 단층이 보편적이다. 성문에는 필요에 따라 앞에 옹성을 두거나 누각 주변으로 여장을 쌓기도 한다.

해미읍성 남문

② 누문
중층 누각건물 하부에 출입문을 내는 형식의 문을 말한다. 서원이나 향교 전면에 놓이는 누각과 사찰 금당 앞에 놓이는 누각을 비롯하여 조선시대 궁궐 정문 등이 누문형식으로 꾸며지는 경우가 많다. 경복궁 정문인 광화문은 성문형식이지만 기타 궁궐 정문은 중층 누각으로 만들어진 누문형식이다.

누문, 경복궁 근정문

③ 평대문
대문과 대문 양 옆에 붙은 행랑채 및 담장의 지붕 높이가 같기 때문에

평대문이라고 불린다.
일반 서민주택과 중류주택 몸채 또는 바깥 행랑채에 설치되며, 상류주택에서도 주로 안채로 출입하는 중문이 평대문이다. 이때 대문의 정면 칸수가 1칸인 경우와 3칸인 경우가 있는데 3칸인 경우를 평삼문이라고도 한다.

평대문, 윤증선생 고택

④ 솟을대문
솟을대문은 평대문에 대비되는 개념으로 대문 양 옆에 붙은 행랑채나 담장보다 대문이 높게 설치된 경우를 말한다. 조선시대 가마 중 하나인 초헌(軺軒)을 탄 채로 들어갈 수 있도록 문간채를 높인 것이지만 차츰 양반을 상징하는 구조물이 되

솟을대문, 독락당

어 초헌을 이용하지 않는 중하류층의 주택에서도 솟을대문을 설치하는 경우가 늘어났다.
대문 양쪽에는 행랑방과 문간방을 두었고 나머지에 광, 마구간, 헛간, 측간 등을 설치하여 행랑채를 구성하였다. 솟을대문 위에 다락을 만들어 가마와 같은 탈 것을 올려놓기도 하였다.
솟을대문 중에는 3칸으로 만들어 가운데 칸을 높게 하여 두 짝 판문을 달고 양쪽은 한 단 낮춰 외짝 판문을 설치하거나 실을 꾸미는 경우가 있는데, 이를 솟을삼문이라고 한다. 솟을삼문은 사대부집 외에 궁궐, 관아 및 서원이나 향교 등의 사당문으로 많이 설치되었다.

⑤ 일각문(一角門)
양쪽에 기둥 한 개씩을 세워 그 사이에 문짝을 달고 지붕을 이은 단칸 문을 말한다. 규모가 작은 건물에서는 일각문 형식의 대문을 설치하기

도 하는데, 이를 일각대문이라고 한다.
일각문은 대개 앞뒤를 건너지르는 방형의 서까래를 걸고 맞배지붕으로 꾸미는 것이 보편적이지만 드물게 팔작과 우진각도 있다. 일각문은 보통 살림집 중문이나 협문 등으로 이용된다.

일각문, 종묘 어숙실

⑥ 사주문(四柱門)

일각문은 기둥을 좌우에 각각 하나씩 세우지만 사주문은 두 개씩 모두 네 개의 기둥을 세우기 때문에 붙은 이름이다. 문짝은 앞뒤 기둥열이나 중간에 설치되기도 하여 일정치 않다.
사주문은 공간이 있기 때문에 문짝을 열

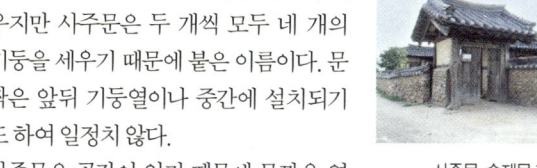
사주문, 송재문 가옥

었을 때도 빗물로부터 보호받을 수 있다. 궁궐, 사당의 협문이나 사대부 집 대문으로 쓰이는 경우가 많다.

2) 특수문

① 일주문(一柱門)

일각문처럼 양쪽에 기둥이 하나씩 놓이는 형태인데 사찰 입구에 세워지면서 규모도 커지고 공포를 구성하여 복잡하고 화려한 문으로 발전한 특수한 문이다. 범어사 일주문과 같이 단 칸이 아닌 3칸으로 구성되기도 한다.

무량사 일주문

일각문과 다른 점은 문짝을 달지 않는 데 있다. 이는 물리적 통제를 목적으로 하는 문이라기보다는 금강문, 사천왕문, 해탈문 등과 함께 속세에서 사바세계로 가는 상징성을 갖고 있는 문이기 때문이라고 할 수 있다.

② 홍살문(紅箭門)

궁궐, 관아, 능묘, 서원 및 향교 등 위엄과 엄숙함이 필요한 건물의 앞에 세운 붉은 색을 칠한 나무문으로 홍문이라고도 한다. 두 개의 원기둥을 양쪽에 세우고 그 사이에 위쪽에는 상인방을 건너지르고 여기에 의지해 세로 살대를 촘촘히 세우고 가운데는 태극문양 등으로 장식하기도 한다. 이 살대에서 기인하여 홍살문이라는 이름이 사용되었다.

홍살문, 세종대왕릉

③ 정려문

출입을 위한 문이 아니라 충신, 효자, 효부, 열녀 등을 정려(旌閭)하기 위한 상징적인 구조물이다. 정문(旌門)이라고도 한다. 정려비나 정려기를 모신 정려각은 맞배지붕이나 팔작지붕으로 이루어진 익공식 건축물이다. 사면에는 살대만으로 이루어진 살창을 설치하는데, 삼면은 벽이고 정면에만 설치하는 경우도 있다.

정려문

④ 정낭

제주도 민가에서 나타나는 특수한 문으로 양쪽에 나지막한 문설주를 돌이나 나무로 세우고 여기에 상하로 구멍을 3개 정도 뚫어 문짝대신에 긴 장대를 건너지른 대문을 말한다. 이때 양쪽 문설주를 정주목이라 하고 장대를 정낭 또는 정살이라고 한다. 장대의 수에 따라 외출 시간을 가늠해 볼 수 있는 개방형 대문이다.

정낭

⑤ 불로문

창덕궁 연경당 입구에 세워진 돌문으로 통돌을 'ㄷ'자로 가공해 세우고 위쪽에 '불로문(不老門)'이라고 새겨 불로장생의 소망을 담은 특수한 문이다. 다른 곳에서는 보기 드문 실례이다.

창덕궁 불로문

[제 3 장]
궁궐과 관아

1. **궁궐건축의 개요** · 124
   1) 궁궐의 어원
   2) 궁궐의 형성과 역사적 전개
   3) 궁궐건축의 특징
2. **명칭과 기초 용어** · 126
   1) 제도
   2) 궁궐과 궁실, 궁성과 궁전
   3) 명칭과 용어
3. **배치와 전각 구성** · 130
   1) 입지 선정과 배치 개념
   2) 전각의 구성
4. **궁궐건축의 실례** · 133
   1) 고구려
      (1) 국내성
      (2) 안학궁과 대성산성
      (3) 평양성
   2) 백제
      (1) 부소산성과 왕궁터
   3) 신라
      (1) 월성과 금성
      (2) 동궁
      (3) 성동동 전랑지
   4) 발해
      (1) 상경 용천부 궁성
   5) 고려
      (1) 정궁(본궐, 만월대)과 개성의 성곽 구성
   6) 조선
      (1) 경복궁
      (2) 창덕궁
      (3) 창경궁
      (4) 경희궁
      (5) 덕수궁
5. **관아건축의 현황** · 187
6. **조선시대의 행정 편제와 관아** · 190
7. **경직관아** · 191
   1) 분포
   2) 배치
8. **외직관아** · 201
   1) 분포
   2) 감영
   3) 동헌
9. **관아건축의 실례** · 213
   1) 수도권
   2) 충청권
   3) 영남권
   4) 호남권
   5) 강원 및 제주

1. 궁궐건축의 개요

1) 궁궐의 어원

궁은 마당 주위에 방 네 개를 배치한 건축 평면도의 모습을 상형한 문자 '宮'로 표기되다가, 언제부턴가 현재 쓰고 있는 '宮'으로 표기되었다. 중국 최초의 사전인 『석명(釋名)』에는 "궁(宮)은 궁(穹)이다. 가옥이 담 위로 우뚝 보이는 것이다"라고 하여 울타리로 둘러싸인 크고 높은 집을 상형한 것으로 보기도 하였다. 중국사에는 한대(漢代 ; 기원전 206-기원후 220) 이전에는 일반 가옥을 가리키는 데 썼고, 한대 이후에는 황제의 집을 가리키는 경우에 한정하여 사용하게 되었다고 전한다. 진시황의 거처인 '아방(亞房)'을 '아방궁'이라 부른 것도 한대에 와서의 일이다. 궐(闕)은 부락시대에 주거지 입구 양 옆에 방어를 목적으로 설치한 강루(岡樓)에서부터 비롯되었다. 중국 한대에는 양쪽에 축대를 높이 쌓고 그 위에 누관(樓觀)을 세워 연결한 쌍궐형식을 왕궁 정문 앞에 사용하여 왕궁에 권위와 장엄함을 더했는데, 궁궐이라는 명칭은 여기서 생겨난 것이다. 그러나 중국 당대(唐代 ; 618-907) 대명궁(大明宮)에서는 쌍궐 대신 문과 양관(兩觀)을 사용하였고, 명대(明代 ; 1368-1616) 자금성(紫禁城)에서는 정문 양 옆에 각루(角樓)를 세운 데서 보이듯, 궐은 이미 고대부터 새로운 형식으로 대체되어 그 자취만을 남긴 채 더 이상 쓰이지 않았음을 알 수 있다. 우리나라 경복궁 광화문 좌우 성벽 끝과 창경궁 홍화문 양 옆의 각루(角樓 ; 十字閣)도 궐의 잔영으로 볼 수 있다.

2) 궁궐의 형성과 역사적 전개

궁궐건축은 고대국가의 성립과 함께 형성되었다. 촌락사회로부터 중앙집권적 고대국가로 발전하는 과정에서 지배계급과 피지배계급이 발생하였다. 이에 따라 지배자의 거처, 정치 집회소 등이 생겨나고 정치, 경제, 종교의 중심지인 도시가 발생하였다. 정치적으로는 중앙정부조직, 지방통치조직, 군사동원체제가 마련되었고 경제적으로는 수취제도가 만들어졌다.

우리나라 고대왕조에서는 국가의 통치자를 중국식 호칭을 빌어 왕으로 부르게 되었다. 왕의 거처 역시 중국식 호칭인 궁으로 불렀는데 중앙정부조직과 함께 정치 중심지에 자리 잡았으며 성을 둘러 외부와 엄격하게 구별하였다.

단군 왕검이 다스린 고조선의 왕검성, 고구려 고주몽의 홀승골성과 국내성, 백제의 한성, 가야의 나성, 신라의 금성 등은 고대국가 초기의 궁성이다. 고구려, 백제, 신라가 강력한 왕권을 바탕으로 중앙집권적 고대국가를 형성하고 비약적으로 발전해 감에 따라 궁성을 포함한 도성이 크게 확대, 발전되었다. 이때부터 궁성은 도성계획의 일부로 조성되었으므로 궁궐건축의 역사에서 중요하게 다루어진다. 고구려 중기의 안학궁성과 대성산성, 후기의 장안성, 백제 중기의 웅진성과 후기의 사비성, 신라의 월성과 동궁 등이 여기에 속한다. 고려의 개성과 정궁, 조선의 한성과 경복궁은 고대국가의 왕궁에서 발전된 전통을 계승하여 이룩된 최고, 최대의 건축 유산이다.

3) 궁궐건축의 특징

고대국가체제가 정립된 이래 근대시민사회로 이행되기 전까지 동아시아는 강력한 중앙집권적 왕조체제를 유지하였다. 때로는 귀족과, 때로는 관료와 연합하는 형태를 띠기는 하였으나 왕으로 불린 1인 통치자가 절대권력을 행사한 것이 왕조시대였다. 그래서 왕의 통치시설과 왕실 일가족의 주거를 결합한 형식인 궁궐을 짓는 사람은 절대권력인 왕권을 시각적·공간적으로 표현하는 데 노력을 기울였다.

통치시설은 왕이 직접 통치행위를 하는 영역이 중심에 자리 잡고, 왕권을 보좌하고 정무를 집행할 관청은 그 앞쪽에 마련되었다. 왕실 일가의 생활 터전은 통치시설의 후면에 배치되었으므로 궁궐 내 여러 시설을 관리하고 왕실 일가의 생활을 보살필 관청도 그 주변에 마련되었다.
통치시설은 국가를 대표하는 건축답게 장대하고 화려하고 위엄있게 지어졌으며, 각 시설들은 형태상, 공간상의 위계질서가 차별적으로 드러나도록 모든 표현수단이 동원되었다. 크기, 높이, 색채, 장식 등 조형언어는 왕권이 장악하고 있던 최고의 기술자 집단에 의하여 설계, 시공되었다. 여기에 화려하고 장엄한 의례가 보태어져 궁궐 내부의 공간에 신성성을 더하였다.
옛 기록에서 궁궐에 대하여 "검소하되 누추하지 않고 화려하되 사치스럽지 않다"고 한 것은 왕권의 도덕성을 강조한 표현일 뿐 실제와는 거리가 멀다.

2. 명칭과 기초 용어

궁궐을 이해하기 위해서는 기본적으로 알아두어야 할 명칭과 용어가 꽤 많다. 그런데 '궁'과 '궐'이 한자어이고 '왕'조차도 한자어여서 한자 사용 이전에 만들어지거나 발전되었던 우리나라의 고유한 명칭과 용어에 대해서는 아직 이렇다 할 연구가 되어 있지 않다. 궁에 해당하는 우리말 용어는 전해지지 않으므로 '나라님인 임금이 가족과 함께 살면서 나라를 다스리던 집' 정도로 길게 풀어 쓸 수 있을 뿐이다. 궁의 영역이나 건물을 가리키는 명칭, 영역 구성이나 건물 구성에 반영된 개념이나 용어 등도 다 한자말만 전하고 있다. 한자어로 된 명칭과 기초 용어에는 피할 수 없이 중국문화의 영향이 진하게 묻어 있어서, 고구려처럼 중국과 대등하면서도 독자적인 문화를 이루어 낸 나라의 궁궐을 설명하기에는 적합하지 않은 점이 많다. 중국의 도성제도와 궁실제도를 배우고 본받으려 했던 조선 왕조에서조차 도성이나 왕궁의 계획에 중국 명나라와는 다른 원리와 원칙을 적용한 것에서 알 수 있듯이, 고려 궁궐은 물론 신라 궁궐과 백제 궁궐의 이해에 우리가 알고 있는 중국식 명칭과 기초 용어를 대입해 보는 것으로는 충분치 않다.

1) 제도

궁궐의 기본형식과 구성에 대하여 계획원칙을 밝히고 제도화한 최초의 문헌은 중국 춘추 말기 제(齊)나라에서 편찬된 『주례』「고공기(考工記)」이다. 이 책의 「장인영국(匠人營國)」조는 중국 도시계획의 전통을 밝히는 데 가장 중요한 내용을 담고 있으며, 우리나라 도시계획의 일면을 고찰하는 데도 빼 놓을 수 없다. 여기서 '국(國)'이란 왕성, 즉 도성을 가리키므로 '영국(營國)'은 도성의 건설을 뜻한다. 이 책에서는 왕궁을 중심으로 좌우에 종묘와 사직을 배치한다는 '좌조우사(左朝右社)', 궁궐의 앞뒤에 관청과 시장을 배치한다는 '전조후시(前朝後市)', 왕궁 내부 앞쪽에 조정을, 뒤쪽에 침전을 배치한다는 '전조후침(前朝後寢)'의 원칙을 밝히고 있다. 또 왕궁의 문을 묘문(廟門), 위문(闈門), 노문(路門), 응문(應門) 순으로 그 너비를 설명하고 안팎으로 나누어 안에는 구빈(九嬪)이 거처하고 밖에는 구경(九卿)이 집무한다는 원칙을 밝혀 놓았다. 여기서 문과 영역의 관계를 언급한 부분은 없었는데 후대의 학자들이 '삼문삼조(三門三朝)'로 해석하는 과정에서 해석상의 차이가 발생하였다. 노문을 경계로 내외를 구분함으로써 전조후침에 치조(治朝)와 연조(燕朝)를 대입하는 데서는 차이가 없지만 응문을 궁성의 정문으로 보고 그 밖을 외조로 구분하면서 거기에 종묘와 사직이 함께 배치되었다고 해석하는 경우와, 외조를 궁성 안으로 해석하는 견해가 대립되어 있다. 중국의 궁궐이든 한국의 궁궐이든 그 배치형식을 「고공기」와 관련지어 해석할 여지는 있다.

2) 궁궐과 궁실, 궁성과 궁전

① 궁궐과 궁실

중국의 사전인 『설문(說文)』에서는 "궁은 실이다"라고 하여 좁은 의미의 궁을 말하고 있다. 궁실(宮室)은 집에 대한 통칭으로 쓰이는 한편 궁궐과 같은 뜻으로 널리 사용되었다. '궁실제도(宮室制度)'라는 용어에서 보듯 왕궁 전체의 배치형식과 규범을 정한 제도를 가리킬 때도 사용되었다. 왕궁과 왕성의 건설을 국가 제도의 하나로 정립한 중국 주대(周代)부터 궁실제도라는 용어가 정립되었으므로 궁실이라는 용어가 궁궐보다 먼저 사용된 것으로 보인다. 그런데 조선 왕조에서는 한양 도성 안 왕의 치소(治所)는 궁궐로, 지방 중심지인 읍치에 세워져 수령의 치소로 사용된 관아는 궁실로 구별해 기록하여 색다른 용례를 보이고 있다.

② 궁성

고대국가 시기에는 국내성, 월성, 안학궁에서 보듯 왕궁의 명칭은 '궁(宮)' 혹은 '성(城)'으로 표기되었다. 고려 왕조 이후부터는 왕궁을 '성'으로 부른 예가 없지만 왕궁을 높고 두터운 성으로 둘러막아 지키려는 생각은 바뀌지 않았기에 오늘날 전해진 모든 왕궁은 성으로 울타리를 삼고 있다. 궁궐의 울타리는 궁성이라 하며 사방에 출입구를 배치하고 그 자리에 성문을 쌓아 궁성체제를 갖추었다.
고구려의 국내성과 안학궁 그리고 조선의 경복궁은 비교적 사각형에 가까운 평면형식을 갖추고 사방에 규칙적으로 성문을 배치하였다. 그러나 지형지세를 고려해 쌓은 신라 월성, 고구려 장안성, 고려 정궁 등은 특수한 평면형식에 따른 독특한 성문 배치법을 가졌던 것으로 짐작된다.

③ 궁전

궁전은 보통 궁성 내부의 건물을 말하지만, 엄밀하게 전(殿)은 왕[大殿], 왕비[中殿], 대비[慈殿] 등이 사용하는 건물만을 가리킨다. 여기에는 침전

(寢殿)은 물론 정치, 학문, 의례의 장소로 쓰인 정전(正殿)과 편전(便殿)이 포함된다. 그래서 궁전은 곧 정전·편전·침전의 삼전(三殿)을 가리키는 게 일반적이다. 이와 달리 진전(眞殿), 빈전(殯殿), 혼전(魂殿) 등의 제사용 건물은 별전(別殿)이라고 부른다.

한편, 궁정(宮廷)을 궁성구(宮城區)와 궁전구(宮殿區)로 구분하고 궁성구에는 조정과 침전, 궁전구에는 종묘, 사직, 외조가 포함된다고 보는 견해도 있다.

3) 명칭과 용어

궁궐건축을 가리키는 옛 말로 궁금(宮禁), 봉궐(鳳闕), 용궐(龍闕), 대궐(大闕) 등을 들 수 있는데, 출입이 엄격히 통제되는 장소라는 뜻에서 '금(禁)'자를 쓰거나 임금의 신비로운 능력을 상징하기 위하여 상상의 동물인 용봉(龍鳳)을 빗대거나 규모의 장대함을 드러내기 위하여 '대(大)'자를 썼다.

왕은 하늘의 아들로 하늘의 명령을 받아 백성을 다스린다는 관념을 드러내기 위하여 해, 달, 별자리를 반영한 예로 신라 월성(月城), 고려 만월대(滿月臺), 중국 명·청 자금성(紫禁城)을 들 수 있다. 궁전의 명칭에서도 신라 자극전(紫極殿), 월정교(月精橋), 일정교(日淨橋)에서 보듯 북극성과 해와 달의 역할을 왕권에 비유하고 있기도 하다. 궁문의 명칭에서 동쪽의 해, 서쪽의 달을 적용해 이름 붙인 일화문(日華門), 월화문(月華門)도 같은 예이다. 한편, 학금(鶴禁)은 세자의 거처를 가리키는 말이다.

궁궐의 명칭에 방위를 적용한 예로는 신라의 동궁·북궁·남궁, 조선의 북궐(경복궁), 동궐(창덕궁과 창경궁), 서궐(경희궁)을 들 수 있다. 한편, 동궁은 세자의 거처를 높인 말, 동조(東朝)는 대비전의 권력을 빗댄 말로 쓰였는데, 모두 궁궐 내 동쪽에 배치되었기 때문에 나온 명칭이다.

방위에 시간을 배당하여 공간에 자연의 순환적 질서를 반영한 이름[경복궁 편전인 사정전의 동서 소편전은 만춘전(萬春殿)과 천추전(千秋殿), 근정문 좌우의 동서 문은 건춘문(建春門)과 영추문(迎秋門)도 음양오행설(陰陽五行說)을 바탕으로 체계적으로 명명되었다.

왕궁이나 왕도(王都)에 대하여 황궁(皇宮)이나 제도(帝都)처럼 제후와 황제의 차별을 전제로 명칭을 달리 한 예도 있다. 중국은 물론 고려도 스스로 천하의 중심에 있는 나라라고 생각해서 이웃나라와의 차별성을 강조한 용례이다.

정궁(正宮), 법궁(法宮), 본궁(本宮)이 한 왕조의 중심적인 통치 장소를 가리키는 반면, 이궁(離宮), 별궁(別宮), 행궁(行宮)은 임시로 있으려고 만든 부차적인 왕궁을 말한다. 그래서 정궁에서 이궁으로 행차하면 이어(移御)라 하고, 다시 정궁으로 옮겨 가면 환어(還御)라고 한다. 조선 왕조처럼 정치의 중심 무대를 정궁에서 이궁으로 다시 다른 이궁으로 옮겨다니며 행한 경우 왕이 머무른 장소를 시어소(時御所)니 시좌소(時座所)니 행재소(行在所)니 하는 말로 기록하고 있다.

궁성 내부의 건물은 역할과 위치에 따른 명칭을 지녔는데, 조회를 베푸는 곳과 왕과 비의 침전을 가리키는 정전(正殿), 어전회의를 열고 경연을 하는 편전(便殿), 왕·비·대비의 거처인 침전, 어진을 모셔 두는 진전(眞殿), 시신을 모시고 제사를 받드는 빈전(殯殿), 위패를 모시고 제사를 받드는 혼전(魂殿) 등의 용어가 쓰인다. 또 침전구역에 있으면 내전(內殿), 통치구역에 있으면 외전(外殿)이라고 하여 안팎으로 구분한 명칭을 붙이기도 한다. 침전구역 뒤에 조성하는 게 보통인 후원은 금원(禁苑), 상원(上苑), 북원(北苑), 비원(秘苑) 등으로 불린다.

3. 배치와 전각 구성

1) 입지 선정과 배치 개념

궁터의 선정기준으로 풍수지리적 자연관을 들 수 있다. 국도(國都)를 한양으로 결정하는 과정, 궁궐터와 종묘·사직의 터를 선정하는 과정에서 서운관(書雲觀) 소속의 풍수지리 전문가인 지관(地官)과 술사(術士)들이 활약하고 있음이 『조선왕조실록』에서 확인된다. 그러나 한양을 신도읍지로 결정하는 과정에서 보듯, 풍수적 길지(吉地)를 선정하는 기준이 다양하고 애매하였기 때문에 풍수가들이 여러 곳을 길지로 천거하였지만, 도읍지를 결정하는 판단의 준거로는 오히려 인문지리적 지식이 활용되었다. 즉 한양은 안팎 산수형세가 훌륭한 곳으로 이미 이름이 나 있을 뿐 아니라 사방으로의 도리(道里)가 균등하고 또한 배와 수레 교통이 좋으므로 다른 길지에 비하여 도읍지로 가장 적절하다는 판단을 내렸던 것이다.

도읍 안에 궁궐을 배치할 때에는 주변 네 개의 산을 풍수지리관에 입각하여 신묘한 장소로 해석하였다. 북으로는 북한산 줄기인 백악산을 현무 즉 주산(主山), 동쪽의 낙산과 서쪽의 인왕산을 청룡과 백호, 남산을 안산(案山), 관악산을 조산(朝山)으로 해석하였으며, 경복궁은 주산인 백악산에 기대어 계좌정향(癸坐丁向)으로 배치되었다.

이렇게 하여 결정된 궁성터에 궁궐을 설계하고 계획하는 과정에는 한국과 중국 역대 왕조의 궁궐건축을 참고하였다. 결정된 안에 대한 정도전의 해석을 보면 고대의 궁실제도를 배치에 적용하였으며, 전후좌우의 건물에 이름을 부여할 때는 음양과 오행을 배당하였음을 알 수 있다. 즉, 근정전을 중심으로 좌우에 대칭으로 세워진 건물의 이름에 동서(東西)로 문무(文武 ; 융문루와 융무루), 일월(日月 ; 일화문과 월화문, 일월오봉병의 해와 달), 생성(生成 ; 연생전과 경성전), 춘추(春秋 ; 건춘문과 영추문, 만춘전과 천추전)의 의미를 부여함으로써 자연의 질서와 법칙에 순응하여 문·무를 모두 숭상하는 정치를 펴는 장소로서의 왕궁이어야 한다는 유교적 정치이념을 반영하고 있다. 또 근정전 기단 둘레에 사신(四神)과 십이지신(十二支神)의 조각을 배열함으로써 왕권에 신성성을 부여하는 동시에 지상의 시간과 공간을 장악한 왕의 권한을 상징적으로 보여주고 있는 점도 주목된다. 좌우대칭의 기하학적 배치형식을 틀로 삼아 음양(陰陽),

오행(五行), 사신, 십이지와 같은 상징적인 개념을 적용한 결과 궁궐의 배치형식을 상징형식으로 탈바꿈시켰다.

반면에 창덕궁처럼 지형과 지세에 따라 국면을 바꾸어 가면서 좌향을 다르게 배치하는 경우에는 배치형식에 상징성을 부여하기 어렵다. 단위공간은 좌우대칭의 정형적 공간이지만 단위공간의 중심축은 서로 다르기 때문에 상호관계는 복잡 다양한 양상을 드러낸다. 시각적으로는 주변경관과 어울려 조화로운 형태를 보여주므로 '한국적'이라고 칭찬할 만한 자유로운 배치형식을 성취하게 되었다. 상징성은 단위공간에만 부여되었을 뿐 궁궐 전체의 배치에는 적용되지 않았다. 동향으로 배치한 창경궁은 남북이 좌우대칭을 이루고 있으므로 방위에 따른 상징성을 부여할 수 없었다.

고려 정궁은 풍수지리설에 따른 명당터에 건물을 세우려고 지맥을 삼면에서 보호하기 위하여 높은 축대[滿月臺]를 쌓고 전면에 33개의 계단을 네 곳에 설치하였는데 이는 불교적인 우주관에 입각하여 네 곳에서 33겹 하늘을 받치고 그 위에 정전을 지은 것으로 해석된다. 이 정전이 정치적인 집회장소가 아니라 불교적인 의례장소였다는 점도 상기할 필요가 있다.

2) 전각의 구성

궁궐은 전(殿), 당(堂), 관(館), 각(閣), 합(閤), 누(樓), 정(亭), 헌(軒), 방(房), 간(間) 등으로 불리는 다양한 건물과 원(苑), 지(池) 등으로 불리는 정원시설 그리고 성(城), 장(墻) 등으로 불리는 울타리시설, 성문, 암문, 월문, 일각문 등으로 불리는 출입시설 등이 한데 어우러져 구성된다.

전과 당은 위계에 따라 구분하는데 왕과 비와 대비가 사용하는 건물에는 전(대전·중전·자전 등의 침전과 진전·빈전·혼전 등의 제사용 건물), 세자궁의 여러 시설에는 당(동궁, 자선당과 계조당, 후궁영역의 여러 당)을 이름에 붙인다. 관과 각과 합은 관청의 이름에 붙이고(예문관, 내각), 방과

간은 후궁지역의 생활시설에 붙인다(소주방, 수라간). 누와 정은 휴식시설의 건물에 붙인다(경회루, 향원정). 그런데 이 건물들은 모두 궁궐 안에 독자적인 영역을 가지고 있으며 행각(行閣)이나 담장을 둘러막아 영역화되어 있다. 궁궐은 이러한 영역들의 종합이므로 영역간 통합과 구분을 분명히 하여 체계와 질서를 갖추고 배치되었다.

4. 궁궐건축의 실례

1) 고구려(기원전 37~기원후 668)

고구려는 약 700여 년 동안 존속한 왕조로 초기에는 환인에서 길림성 집안으로, 중기에는 평양 대성산 남쪽 기슭으로 그리고 말기에는 평양 대동강 하류로 세 번에 걸쳐 수도를 옮기고 새로운 궁성을 마련하였다.

(1) 국내성

초기 수도 환인의 궁성인 홀승골성터는 아직 찾지 못하였다. 두 번째 수도인 지안시(集安市) 퉁거우(通溝)의 국내성은 중국의 '국가중점문물보호단위'로 되어 있으나 현재 성 안팎에 5~6층 아파트가 들어차 있다. 아파트 건립 당시 궁성 내부의 건물 유구가 드러났을 테고, 매장 문화재도 대량으로 출토되었을 테지만 이에 대한 공식 보고

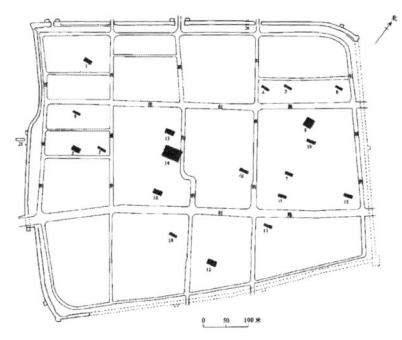

국내성 발굴 평면도(2003), 『국내성』

기록은 찾기 어렵다. 최근 중국정부가 이른바 '동북공정사업'으로 지안 일대의 고구려 유적을 종합적으로 정리하면서 성터 일부를 발굴하였는데, 이 과정에서 새로운 사실이 밝혀지기도 하였다.

국내성은 기원전 37년부터 427년까지의 고구려 궁성이다. 물론 이 기간에 일시적으로 도읍을 옮긴 적이 여러 번 있었으나 대부분의 기간 동안 이곳이 고구려 전기의 명실상부한 왕궁이었다. 이 성 안에는 현재 주거단지가 조성되어 있어서 왕궁 자리도 분명치 않다. 다만 성 안 서북쪽에 남아 있는 주춧돌로 보아 고구려 당시에 큰 건물이 세워져 있었음을 알 수 있다. 또 붉은색의 고구려 기와들도 많이 나왔다. 성 안의 큰 길로는 성문들을 서로 연결하는 남북의 두 길과 동서의 두 길이 있었던 것으로 추정된다. 문터는 현재 동서남벽에 각각 하나씩 남아 있으며 북벽에도 원래 문이 있었던 것을 뒤에 성벽을 다시 쌓을 때 막아버린 흔적이 남아 있다.

국내성 서남 모퉁이 외벽 발굴 사진(2003), 『국내성』

국내성 출토 연화문 와당(2003), 『국내성』

성문의 위치는 정확하게 대칭을 이루고 있지 않으며 동문은 남쪽으로, 남문은 동쪽으로 각각 치우쳐 있는 것이 특징이다. 성의 네 모서리에는 각루터가 있었으며 일정한 거리를 두고 치(雉)도 설치하였는데 현재 동벽에 세 개, 서벽에 한 개, 북벽에 한 개 등 모두 일곱 개가 남아 있으며 궁성에 치를 설치한 최초의 예이다. 성벽은 잘 다듬은 방추형 돌로 네모나게 쌓았는데 그 둘레는 2,800여 미터이

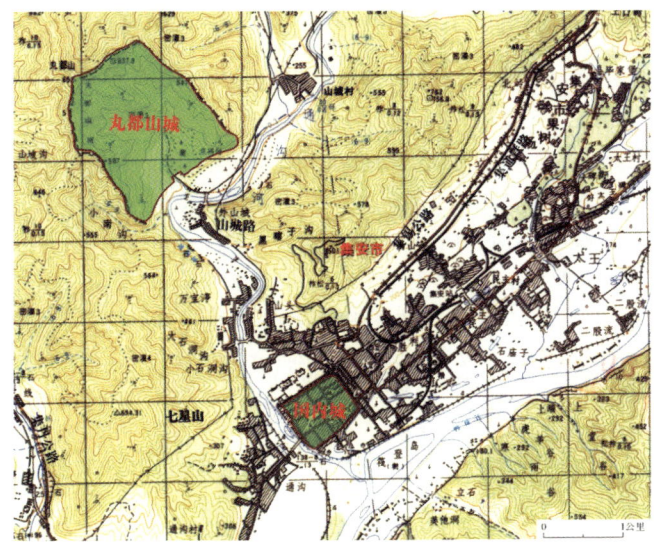
국내성과 환도산성의 지리적 위치, 『국내성』

며 성벽의 길이는 서, 남, 북벽이 각각 700여 미터, 동벽은 600여 미터이다. 성벽의 현존 높이는 대체로 5~6미터, 밑부분 폭은 10미터, 성 안벽의 높이는 3~5미터이다. 성벽 밖에는 북쪽과 벽으로부터 일정한 간격을 두고 동서방향으로 길게 뻗은 폭 10여 미터의 해자(垓字: 성 밖으로 둘러서 판 못)가 설치되어 있다. 서쪽으로는 통거우하를 해자로 이용하였다.

(2) 안학궁과 대성산성

안학궁성은 평양으로 도읍을 옮긴 시기인 427년(장수왕 15) 무렵에 대성산성과 함께 건설되었는데 고구려는 이곳을 발판으로 삼아 비약적으로 발전하였다. 국내성에 비하여 주변에 강력한 군사시설들(대성산성, 청암리토성, 고방산토성 등)을 함께 갖추고 있어서 옹성이나 치 같은 방어용 시설물은 성벽에 설치하지 않았다. 대성산성은 둘레 7,076미터로 북쪽에서 내려오는 묘향산 줄기의 지맥이 대동강 북안에 이르러 끝나는 높이 274미터 되는 고지를 중심으로 여섯 개의 산봉우리를 성벽으로 둘러막았다. 안학궁성은 이 대성산성의 소문봉 남쪽 기슭에 자리 잡고 있는데 북쪽으로 대성산, 앞으로 대성벌, 동쪽으로 장수천, 서쪽으로 합장강, 남쪽으로 대동강이 흐르고 있다. 성벽 한 변의 길이는 622미터, 넓이 약 38만 제곱미터나 되는 웅장한 토성으로 남벽과 북벽은 정동서향이지만 동벽과 서벽이 3.5도 가량 서쪽으로 치우쳤기 때문에 성의 형태는 마름모꼴에 가깝다. 성벽은 돌과 흙을 섞어서 쌓되 밑에서 위로 올라가면서 바깥 면을 조금씩 뒤로 밀면서 계단식으로 경사지게 쌓아 올렸다.

성벽의 현존 높이는 4미터이나 원래

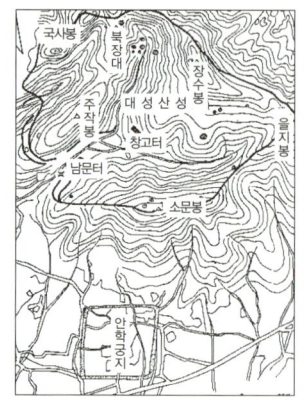

안학궁과 대성산성

안학궁터 조감 사진, 『북한 문화재 해설집 III』

안학궁 모형, 『북한 문화재 해설집 III』

높이는 5미터쯤 되었던 것 같다. 문은 동, 서, 북 삼벽에 각각 하나씩 냈고 남쪽 벽에는 세 개를 냈는데, 그 중 가운데 문이 가장 커서 궁성 정문이었을 것으로 추측된다. 성벽 네 모서리에는 각루터가 있다. 성벽 안에는 성벽을 따라 약 2미터 너비로 포장한 순환도로를 냈다. 또 성문들을 연결한 도로, 궁전과 회랑, 못, 조산 등 규모가 크고 화려한 건축물과 시설물이 있었다. 해자는 따로 파지 않고 남북으로 흐르는 물줄기를 그대로 이용하였다. 세 물줄기의 가운데 물줄기는 성의 북벽을 뚫고 성안 동쪽의 낮은 지역으로 흘러 들어가 호수의 수원(水源)으로 이용되었다. 물줄기가 뚫고 지나간 성벽에는 수구문을 설치한 흔적이 있

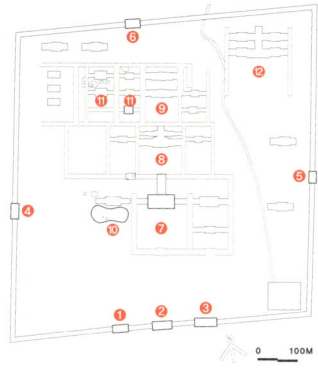

1. 남서문 4. 서문   7. 남궁 10. 조산
2. 남문   5. 동문   8. 중궁 11. 침전
3. 남동문 6. 북문   9. 북궁 12. 동궁

안학궁 평면도

안학궁 외전 제1궁전 모형,
『북한 문화재 해설집 Ⅲ』

안학궁터 출토 각종 기와, 『북한 문화재 해설집 Ⅲ』

안학궁터 출토 치미,
『북한 문화재 해설집 Ⅲ』

궁궐과 관아 【 137 】

다. 궁전의 배치를 보면 남벽 가운데부터 남북 중심선 위에 남궁, 중궁, 북궁을 배치하여 중심 구성 축을 형성하고 그 동쪽과 서쪽에 대칭으로 앉힌 동궁과 서궁을 통하는 보조 축을 설치하였다. 서궁과 동궁은 그 역할을 알 수 없지만 일반적인 예에 비추어 볼 때 동궁은 태자궁으로 짐작된다. 배치의 특징은 남궁에서 북궁으로 가면서 터는 높아지고 건물은 낮아졌으며, 각 궁 남회랑의 길이가 북쪽으로 가면서 점차 줄어들게 하였다. 건물의 크기는 1호 궁전터의 경우 정면 87미터, 측면 27미터(경복궁 근정전 앞면은 30.14미터, 황룡사 중금당 정면 49미터, 발해 상경 용천부 제1절터 금당 정면 50.66미터)로 우리나라 최대의 규모이다. 최근에는 전체 평면과 일부 건물에 대한 복원 계획안과 모형이 제시되어 있어서 고구려 전성기의 궁궐인 안학궁의 모습을 조감해 볼 수 있다.

(3) 평양성

안학궁과 대성산성을 중심으로 이루어졌던 평양 초기의 수도는 586년(평원왕 28)에 다시 부근의 평양성(장안성)으로 옮겨진다. 평양성은 552년(양원왕 8)에 쌓기 시작했으며 이로부터 34년이 지난 586년에 완공된 것으로 추정된다.

고구려 후기의 도성인 평양성은 도시 주민들을 모두 성 안에서 살 수 있게 크게 쌓은 것으로 평지성과 산성의 특성을 구비한 평산성(平山城) 형식으로 새롭게 축조되었다. 즉, 북성·내성·중성·외성 등 네 개

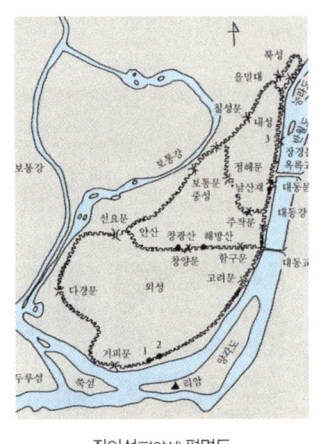

장안성(평양성) 평면도,
『조선 유적유물도감 3』

의 성으로 구성되었으며 그 둘레는 23킬로미터, 성 안 총면적은 1,185만 제곱미터에 이르는 큰 성이다.

한편, 평양성 성벽에서 발견된 성돌에 의하면 궁궐을 포함한 내성과 북성은 566년에(평원왕 8) 외성과 중성은 569년에 쌓았음을 알 수 있다.

고구려 도읍은 퉁거우에서 평양 대성산 일대로, 다시 평양성 일대로 옮기면서 국가의 발전에 상응하는 도성과 궁성을 발전시켜 나갔다. 초기에 평성과 산성을 유기적으로 연결하여 도성을 갖추던 방식에서 한걸음 더 나아가 이 둘을 결합한 평산성을 쌓고 그 안에 이방체제를 갖춘 도시를 형성하여 백성들도 도성 안에서 살 수 있도록 만들었다.

평양성 내성 북문(칠성문) 안쪽 옹성, 『조선 유적유물도감 3』

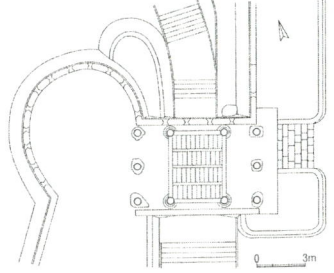

평양성 내성 북문 평면도, 『조선 유적유물도감 3』

2) 백제(기원전 18~기원후 663)

『삼국사기』에 의하면 백제는 기원전 18년(온조왕 1)부터 서기 663년(풍왕 3)까지 32대 681년 동안 지속된 왕조인데, 이 기간 동안 크게 두 차례 도읍을 옮겼다. 백제사를 한성시대(기원전 18~기원후 475), 웅진시대(475~538), 사비시대(538~663)로 구분하는 것도 도읍지를 기준으로 한 것이다. 백제의 궁성터는 한성시대에는 현 강동구 풍납동에, 웅진시대에는 현 공산성 안에, 사비시대에는 부소산성 앞 현 부여문화재연구소(전 국립부여박물관) 부근에 있었던 것으로 추정되고 있다. 그러나 궁전 유구를 발굴하거나 확인한 곳은 아직 한 군데도 없다.

(1) 부소산성과 왕궁터

무녕왕의 아들로 뒷날 백제를 중흥한 임금으로 평가되는 성왕(522~554)은 재임 4년에 웅진성을 보수하고 16년에 사비(부여)로 도읍을 옮기고 나라 이름도 남부여(南扶餘)로 바꾼다. 천도를 시행한 538년보다 훨씬 이른 시기부터 왕궁과 도성을 계획, 설계하였을 것으로 짐작된다. 현재 부여 시가지 주변에서 발견되는 성터는 당시에 도성으로 쌓은 나성(羅城)의 유적이며, 부소산성은 천도 이전부터 있던

부소산성 조감 사진

성을 확정한 것이다. 나성은 현재까지 조사한 결과 동서남북에서 모두 24개소가 확인되었다.

아직까지 사비시대의 왕궁과 관부의 위치를 확인하지 못하고 있지만 만일 백제 사비 왕궁의 성격을 밝힐 수 있다면 우리나라 고대의 궁궐 연구는 크게 진전될 것으로 기대된다. 부소산 남쪽 기슭 부여박물관에서 부여여자고등학교에 걸친 관북리, 쌍북리 일대가 왕궁터로 유력하다.

무왕 때 신하들에게 연회를 베풀었다는 망해루와 의자왕이 왕궁 남쪽에 세웠다는 망해정, 의자왕이 지극히 사치스럽고 화려하게 수리했다는 태자궁 등이 기록에 전한다. 또한 634년(무왕 35)에 "궁 남쪽에 못을 파고 20여리 밖에서 물을 끌어들였으며 못가에는 버드나무를 심고 못 안에는 방장선산을 모방하여 섬을 쌓았다"는 기록은 『궁남지(宮南池)』에 비정되고 있다.

3) 신라 (기원전 57~기원후 935)

신라는 삼국통일 이전이나 이후를 합하여 천 년 가까이 경주에 도읍하였으므로, 경주에는 왕궁을 비롯하여 여러 이궁이 있었던 것으로 기록되어 있고 비교적 그 자리가 명확히 알려져 있다. 그 가운데 월성, 동궁

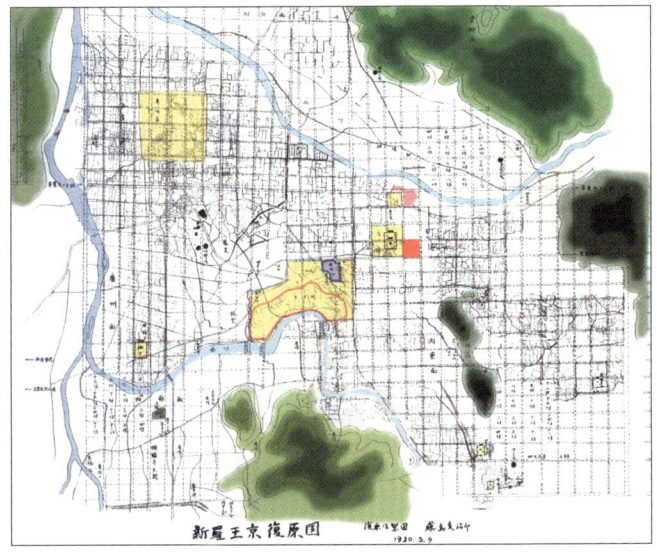

신라 왕경 복원안(후지시마의 안에 덧 기록), 『신라 왕경 발굴조사 보고서 I (본문)』

유적, 성동동전랑지 등이 왕궁터로 주목받고 일부 발굴 조사되어 있다.

(1) 월성(月城)과 금성(金城)

『삼국사기』와 『삼국유사』를 보면 혁거세 21년(기원전 37)에 금성을 쌓고 경성으로 삼았으며, 5대 파사니사금 22년(101)에 월성을 쌓고 왕이 이곳으로 옮겨 거처하였다. 또 기원전 32년에는 금성 안에 궁실을 지었는데 이때 지은 궁실은 143년, 196년, 314년에 수리되었으며 특히 314년에는 궁실이라고 하지 않고 처음으로 궁궐이란 용어를 사용하였다. 금성은 둘레에 동서남북 사문을 둔 궁성으로 성 안에는 그 시기에 거서간, 차차웅, 이사금 등으로 불린 지배자가 거처한 궁궐이 있었고 우물과 연못이 있었음을 알 수 있다. 이때의 궁궐은 당시 지배자의 권력에 대응하는 규모였을 것이다.

법흥왕(514~540)이 즉위한 자극전(紫極殿), 진덕여왕이 651년 정월 초하루에 백관

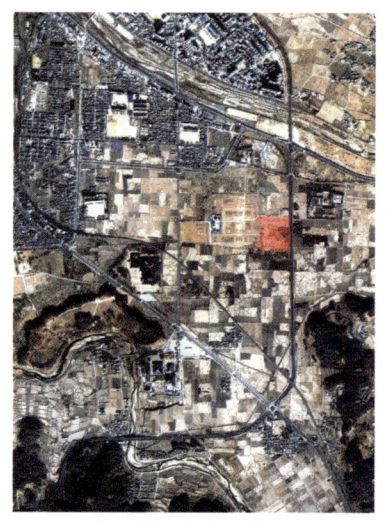

신라 왕경 항공 사진(2002), 『신라 왕경 발굴조사 보고서 I (본문)』

월성 조감 사진, 『신라 왕경 발굴조사 보고서 I (본문)』

(百官)들의 신년 축하를 받은 조원전(朝元殿) 등은 월성 내에서 가장 중요한 건물이었던 것으로 보인다. 한편, 진흥왕 (539-575)은 월성 동쪽에 새로운 궁궐인 자궁(紫宮)을 지으려다가 황룡이 나타나는 바람

월성 출토 수막새, 『신라 와전』

에 절(황룡사)로 바꾸어지었다는 기록이 있어서 월성을 대신할 새로운 궁궐의 건설에 착수한 적도 있었음을 알 수 있다.

월성은 현재 경주시 인왕동에 남아 있는데, 동문터 일부 발굴, 성 북면 해자 전면 발굴 등의 조사가 이루어진 뒤, 동문터가 정비되고 해자가 복원되었다. 월성 내부에는 주춧돌을 비롯한 유구가 지상에 일부 노출되어 있다.

(2) 동궁(東宮)

문무왕(661~680)은 668년에 고구려를 멸망시켜 삼국통일을 이룩하였을 뿐 아니라, 고구려와 백제를 정복함으로써 얻게 된 막대한 재물과 노동력을 활용하여 경주를 통일 왕조의 수도답게 변모시키려 하였다. 경주의 도시 전체를 일신시키려던 계획은 실현하지 못했지만 선왕으로부터 물려받은 궁궐을 장려하게 수리하는 한편 새로운 궁궐로서 동궁을 창조하였다.

674년(문무왕 14) 2월에 "궁 안에 못을 파고 산을 만들고 화초를 심고 진기한 짐승을 길렀다"는 기록을 시작으로 하여 이로부터 5년 뒤인 679년 2월에는 궁궐을 매우 웅장하고 장려하게 중수하였으며, 같은 해 8월에는 동궁을 창조하고 궁궐 안팎 여러 문에 써서 걸어 놓을 이름을 처음으로 정하였다. 여기서 못은 안압지, 중수한 궁궐은 월성, 창조된 동궁은 안압지 동쪽의 건물터인 것으로 추정된다.

안압지는 조선 초기의 기록인 『신증동국여지승람』에 "천주사(天柱寺)

북쪽에 있으며 문무왕이 궁 안에 못을 만들고, 돌을 쌓아 산을 만들어 무산 12봉(巫山十二峯)을 상징하여 화초를 심고 짐승을 길렀다. 그 서쪽에 임해전(臨海殿)이 있었는데 지금은 주춧돌과 계단만이 밭이랑 사이에 남아 있다"라는 기록이 있어서 이를 근거로 그렇게 불렸지만, 발굴 조사 결과 통일신라시대에는 월지와 월지궁으로 불렸음이 확인되었다. 1974년에 경주 종합개발계획의 한 부분으로 주변 건물터를 정리하던 중 못에서 신라시대 유물이 출토됨으로

동궁과 월성 조감 사진, 『신라 와전』

동궁(안압지) 조감 사진, 『신라 와전』

써 정리 작업을 중단하고, 1975년 3월 24일부터 1976년 12월 30일까지 2년에 걸쳐 문화재연구소에서 연못 안과 주변 건물터를 발굴한 결과 전모가 드러나게 되었다. 이 발굴 조사로 못의 전체 면적이 15,658제곱미터(4,738평), 세 개의 섬을 포함한 호 안 석축의 길이가 1,285미터로 밝혀졌다. 유물은 와전류(瓦塼類) 24,000여 점을 포함하여 30,000점이 출토되었고 연못의 서쪽, 남쪽에서 건물터 스물여섯 곳, 담장터 여덟 곳, 배수로 시설 두 곳, 입수구 한 곳이 발굴되었다. 이 발굴 조사를 토대로 1980년에 복원 정화 공사를 하였는데 연못 서쪽 호 안에 있는 세 개 건물터에 건물을 복원하였으며 밝혀진 건물터의 초석들을 복원하여 노출시키고 주변의 무산 12봉을 복원하였다.

안압지 주변에서 많은 건물터가 확인되기는 하였으나 어느 것이 임해

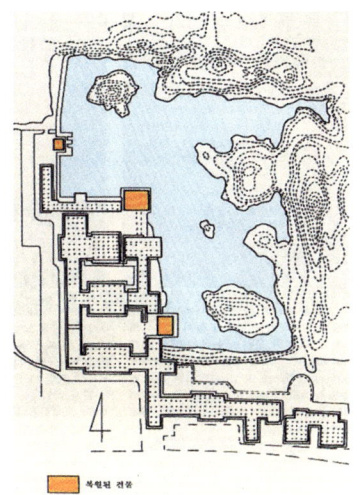

동궁터(안압지) 발굴 평면도, 『안압지 발굴조사보고서』

儀鳳四年(의봉사년, 679)이라는 제작시기가 새겨진 기와, 『안압지 발굴조사보고서』

調露二年(조로이년, 680)이라는 제작 시기가 새겨진 전돌, 『안압지 발굴조사보고서』

전 터인지는 분명하지 않은데 『삼국사기』에는 임해전이 697년(효소왕 6) 9월에 처음 등장하며 931년(경순왕 5) 2월에 고려 태조를 모셔 잔치를 베풀 때까지 연회를 비롯한 정치적 집회장소로 사용되었다. 안압지 주변의 건물터는 형식과 규모로 보아 대규모의 궁궐이 이곳에 조성되어 있었음을 보여 주며 특히 월성과 가까운 못 남쪽에도 많은 건물터가 남아 있어서 월

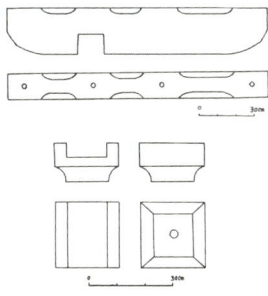

동궁터에서 출토된 첨차와 소로, 『안압지 발굴조사보고서』

성과 밀접하게 연결되어 전체가 한 궁궐로 사용되었을 것으로 추측된다. 발굴 조사 전후 얼마 동안은 동궁을 태자궁으로 해석하였으나 발굴

된 건물만 20여 채가 넘어서 월지궁을 곧 태자궁이라고 볼 수는 없다. 월성과 월지궁 사이의 넓은 공간은 현재 도로로 쓰이고 있으나 통일 이후 확대된 궁역의 한복판인 것으로 짐작된다.

(3) 성동동 전랑지(城東洞殿廊址)

경주 시가지 동북편에 치우쳐 있으나 북쪽으로 북천이 흐르고, 남쪽으로 월성과 남산을 바라보는 경주 분지의 중심에 있다. 1937년에 조선총독부가 북천 호안을 공사할 때 장대석렬과 건물지가 발견되자 부분적으로 발굴 조사를 실시하였다. 그 결과 궁전으로 추정되는 여러 건물터와 다량의 와전이 출토되었다. 이후 중요 유적지로 인식되어 1940년 7월 31일에 '성동동 전랑지'라는 이름으로 사적으로 지정되었다. 1993년 4월 15일부터 12월 31일까지 도로(양정로) 개설 가능성을 타진하기 위하여 9개월 동안 발

성동동 전랑지 조감 사진, 『전랑지·남고루 발굴조사보고서』

성동동 전랑지 발굴 사진(1993), 『전랑지·남고루 발굴조사보고서』

굴 조사를 행한 결과 서쪽에서 장랑(長廊) 형태의 대형 건물지와 소형 건물지 다섯 곳이 새로 확인되었다. 이를 1937년 조사 당시에 그린 배치도에 맞추어 보면 동쪽 건물터 일곽과 좌우대칭의 위치에 동일한 평면형식으로 조성되었음을 알 수 있다. 그리하여 정면 3칸, 측면 3칸의 소형 건물지가 이 유적의 중심 건물이며 동서방향으로 5열의 공간이 병렬된 평면구성을 하고 있었음이 새롭게 밝혀졌다. 이러한 평면형식은 고

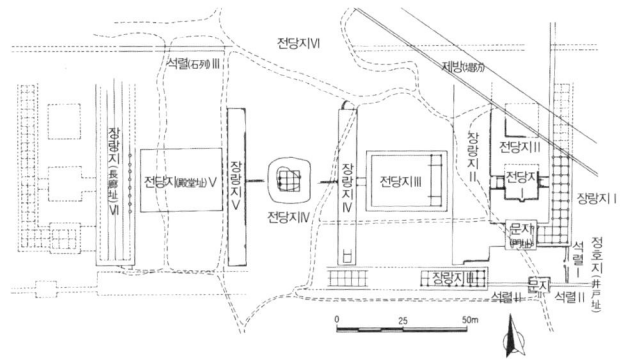

성동동 전랑지 발굴 평면도, 『전랑지·남고루 발굴조사보고서』

성동동 전랑지 출토 수막새, 『전랑지·남고루 발굴조사보고서』

구려 중기 궁성인 안학궁에서도 보여 우리나라 고대 궁궐의 한 형식이었을 가능성이 높다. 확인된 유적의 규모는 동서 220미터, 남북 100미터였다. 아직 유적 전체의 동서 폭이 확인되지 않았고, 남북 길이는 남북 담장 사이가 100미터로 확인되었을 뿐이어서 앞으로 발굴 지역을 확장하면 지금보다 훨씬 더 큰 규모의 궁성이 모습을 드러낼 것이다. 1993년의 발굴 조사로 출토된 245점의 유물 가운데 187점을 차지하고 있는 유물은 와전류로 이 가운데 막새와 내림새의 문양형식은 동궁 유적, 황룡사지, 월성 해자 등에서 출토된 유물과 거의 동일한 형식으로 고신라부터 통일신라에 걸쳐 제작되었을 것으로 편년(編年)되었다. 그러나 전랑지가 고신라 시기의 건물지 위에 통일신라 시기에 이르러 새로운 건축을 세운 것인지는 앞으로 더 조사해야 확인할 수 있을 것이다.

4) 발해(699~926)

발해와 통일신라는 똑같이 7세기 말부터 10세기 전기에 걸쳐 한반도와 만주지방에 남북국의 형세를 이루며 존재하였던 왕조이다. 곧 발해는 당나라와 신라의 연합군에 의하여 668년에 멸망당한 고구려 유민(遺民) 가운데서 라오시(遼西)지방의 영주(지금의 차오양)로 강제 이주를 당한 유민들이 주체가 되어 건국한 왕조이다. 발해는 드넓은 국토를 효율적으로 다스리기 위하여 전국에 5경을 두고, 시세에 따라 그 사이를 천도하였는데, 그 가운데 상경 용천부에 가장 오래도록 도읍하였다.

(1) 상경 용천부 궁성

상경 용천부는 현재 중국 헤이룽장성(黑龍江省) 융안현(永安縣) 무단강(牧丹江)시 보하이진(渤海鎭)에 해당하는데, 궁성터뿐 아니라 외성터까지 잘 보존되어 있다. 1970년대에 북한과 중국의 공동 발굴이 있은 이래 잘 보존되고 있다. 도성은 외성, 황성, 궁성으로 이루어져 있다.

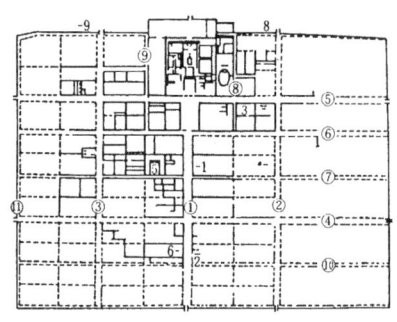

발해 상경도성 평면도
①~⑪은 도로, 1~9는 절터 발굴 장소이다.

외성의 평면은 남북벽보다 동서벽이 더 긴 장방형이며 성벽에는 열 개의 성문(동과 서에 두 개씩, 남과 북에 세 개씩)을 내고 각 문을 연결하는 큰 가로를 연결하여 성 안을 구획하였다. 궁성과 황성을 제외한 성 안의 모든 구역은 황성 정중앙의 남문으로부터 외성 남문으로 이어지는 주작대로(폭 110미터)를 중심으로 하여 동구와 서구로 나누어져 있다.

황성은 궁성 남쪽에 있으며 궁성과의 사이에 폭 65미터인 도로가 가로 놓여 있고 이 도로의 동쪽과 서쪽에 성문을 두었으며 궁성 남문의 남쪽에는 거대한 광장을 두고 그 남쪽 끝에 황성 남문을 두었다.

황성은 동구, 중구, 서구의 세 부분으로 나누어져 있으며 동과 서의 두 구역에서 십여 곳의 관청터가 확인되었다. 중구는 궁성 남문 남쪽의 지세가 평탄한 광장이다. 이 광장에서 많은 의례가 거행되었다. 황성은 발해의 중앙통치기구인 3성 6부가 배치되어 있고 국가적인 의례가 거행되던 장소로 당나라의 황성과 같은 것이다.

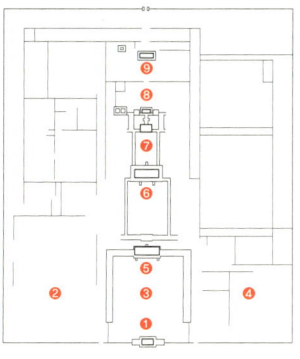

1. 문터 4. 동구 7. 제3궁전터
2. 서구 5. 제1궁전터 8. 제4궁전터
3. 중구 6. 제2궁전터 9. 제5궁전터

상경성 왕궁터 발굴 평면도

궁성은 외성 중앙부의 북쪽에 자리 잡고 있으며 석축으로 쌓은 둘레 약 4킬로미터의 장방형 성인데 중심부와 동, 서, 북구의 네 구역으로 나누어져 있으며 각 구역은 성장(城墻)으로 가로막혀 있다. 궁성 안에서는 37개 집터가 확인되었는데 그 가운데 중요한 것은 중심구역에 있는 다섯 개의 궁전터이다. 이 궁전터들은 궁성 중구의 중심축을 따라 남으로부터 북으로 가면서 차례로 놓여 있으며 터의 모습이 조금씩 다르다. 남쪽으로부터 제1궁전터, 제2궁전터 등으로 부른다. 제1궁전터부터 제3궁전터까지는 왕이 정치를 행하던 정전, 편전 등으로 생각되며, 온돌을 갖춘 제4궁전터는 왕의 침전, 제5궁전터는 다른 용도로 사용된 건물로 짐작되고 있다. 궁전들은 회랑으로 연결되어 있는데, 제4, 제5궁전 사이에만 회랑이 없다. 궁전터의 바닥은 벽돌 바닥, 회 바닥, 모래흙 바닥 등 다양하며 궁전터의 기단부에는 사자머리 석상을 배치하기도 하였다.

궁전의 계획에 응용된 꾸밈수법을 보면 회랑은 뒤로 들어가면서 너비를 줄여 궁성의 실제 깊이보다 더 깊어 보이게 하였으며, 반대로 남문, 1

궁전, 2궁전의 차례로 집의 너비를 넓게 하여 뒤의 건물까지 한눈에 들어와 위용을 돋우도록 하였다. 궁정의 동구, 서구, 북구에는 못, 가산(假山), 정자터 등이 남아 있어서 모두 금원지(禁苑址)로 부르고 있다.

상경성 왕궁터 내부 제1호 궁전터

이렇듯 궁성 앞에 황성을 두고 황성 남문 앞에 주작대로를 열고 그 좌우를 대청으로 배치하여 시가지를 형성한 다음 외곽을 다시 성으로 둘러싸는 도시계획 수법은 당의 장안성에서도 볼 수 있는 것이다. 그러나 상경 용천부에 남아 있는 석등, 석불 등의 계획수법에서 고구려의 자(1자는 35센티미터)를 사용했음이 확인되었고 출토된 건축 재료들, 곧 치미, 귀면와, 와당 등이 고구려의 전통을 계승한 것으로 파악됨으로써 발해 문화의 성격은 고구려 문화의 전통 위에 당시 국제적인 문화를 발전시켰던 당의 문물

상경성 왕궁터 정문 자리

상경성 서구 침전터 온돌, 『발해문화』

제도를 융합시킨 새로운 문화임이 분명해졌다.

현재 알려진 유적은 대부분 제11대 왕 대이진(830~858) 때 중건된 것으로 생각되는데, 926년에 발해를 멸망시킨 요나라는 발해를 동단국(東丹國)으로 개칭하고 상경을 천복성(天福城)으로 개명하여 통치하였다. 이로부터 2년 뒤인 928년에는 동단의 왕실 귀족과 발해 유민들의 저항을 방지하기 위하여 동평[東平; 오늘날의 랴오양(遼陽)]으로 옮기고 백성들도 모두 이주시켰다. 이때부터 상경용천부는 심한 파괴를 당했는데 현재 발굴에 의하여 출토되는 불에 탄 많은 유물들을 보면 성 안의 관청, 민가, 문루, 궁전 등 대다수가 화재를 당하였음을 알 수 있다. 폐허화된 상경용천부가 문헌에 다시 등장하는 것은 17세기인 청 초기에 와서부터인데 이때 대부분의 연구자들은 이곳을 금나라의 상경 회녕부 고지(故地)라고 잘못 인식하였다. 그러나 20세기에 들어와서 시행된 과학적인 발굴 조사에 의해서 앞서 설명한 것과 같은 발해 상경용천부 도성의 전모가 밝혀지게 되었다.

상경성 궁성 4호 궁전지 출토 수막새,
도쿄대 소장

상경성 문양전,
『발해문화』

5) 고려(918~1392)

고려는 개경에 도읍한 뒤 34대 475년 동안 한번도 천도를 하지 않았다. 고려의 정궁은 후삼국시대에 태봉이 쌓았던 발어참성을 그대로 이용하면서 919년(태조 2)에 그 자리에 새롭게 창건되었다. 이 궁궐은 1011년(현종 2)에 거란의 침입으로 소실된 뒤 두 차례에 걸쳐 중신(重新)되었는데 이때 건물과 문의 이름도 개정되었다.

창건 당시는 후삼국도 통일되기 전이고 호족세력이 강성하여 왕권이 미약하던 때이므로 초기 궁궐은 규모가 작고 체제도 덜 갖추어져 있었다. 성종대를 거치면서 왕권이 강화되고 모든 법제가 갖추어졌기 때문에 현종 초기에 새롭게 지은 궁궐은 규모도 커지고 형식과 제도도 더욱 완비된 모습으로 발전되었다. 이 궁궐은 1126년(인종 4)에 일어난 이자겸의 난 때 방화로 소실되었다. 불타기 전인 1124년에 송의 사신으로 고려에 왔던 서긍(1091~1153)은 웅장하고 화려했던 이 시기의 궁궐에 대하여 상세한 묘사와 아울러 찬탄을 아끼지 않았다. 고려의 정궁은 창건 이후 고려 말기까지 세 차례 중창되었으며 1376년 홍건적의 침입 때 불타 버린 뒤로 복구되지 못하였다.

개경 성곽

1973년부터 1974년 사이에 북한에서 행한 발굴 조사 결과 네 개의 문화층을 찾아내어 『고려사』의 기록과 일치한다는 주장이 제기되었다. 정전 입구에 쌓았던 기단과 네 곳의 33단 돌계단은 지금도 잘 남아 있으며 그 북쪽 건물터에는 주춧돌이 남아 있다. 한편 강화 천도 시기에 축조된 강화행궁이나 개경 주변에 있었던 여러 이궁에 대해서는 아직 조사가 미비한 상태이다.

(1) 정궁(본궐, 만월대)과 개성의 성곽 구성

고려의 도성은 궁성, 황성, 내성, 외성 등 네 겹의 성으로 이루어졌는데, 건국 초기부터 이렇게 완비된 도성을 갖추었던 것은 아니다. 세 차례 거란의 침입이 있은 뒤인 현종 때에 이르러

고려 정궁터(만월대) 조감 사진, 『북한문화재 해설집 Ⅲ』

수도를 방어할 도성의 필요성을 깨닫게 되었고 강감찬의 요청을 받아들여 도시 전체를 둘러막은 도성으로서 나성(외성)을 쌓았다. 현종이 즉위한 해인 1009년부터 1029년(현종 20) 사이에 장정 238,938명과 기술자

8,450명을 동원하여 쌓았는데 성 둘레에는 큰 문 4개, 중간 문 8개, 작은 문 13개를 설치하였고 성 안은 도시를 5부 35방 344리로 구획하였다. 그런데 개성의 이방은 지형조건에 맞추어 구획되었기 때문에 앞 시대의 정연한 정(井)자형 도시와는 기본적으로 큰 차이가 있다.

나성 안쪽에 다시 내성을 쌓은 것은 1391년(우왕 7)부터 1393년 사이인데 이때는 고려의 국력이 크게 약화되고 왜구의 침입이 극성한 시기였기 때문에 수도의 방어를 강화할 필요가 있었다. 내성은 평면이 반달 모양이라는 이유로 반월성이라고 부르기도 하였다. 성 둘레에는 남대문을 비롯하여 동대문, 동소문, 서소문, 북소문, 진언문, 눌리문 등 일곱 개의 성문이 있었는데 대개 문루는 없어지고 남대문만 1954년에 복원한 모습대로 남아 있다.

황성은 궁성을 한 겹 더 둘러싼 성으로 축성시기가 확실하지는 않지만 태조가 궁궐을 창건할 때 궁궐을 보호할 목적으로 쌓았거나 960년(광종 11)에 개성의 이름을 황도(皇都)로 고치고 독자적인 연호인 광덕(光德), 준풍(峻豊)을 쓰며 스스로를 황제로 칭했을 때 새로 쌓아 황성이라고 불렀을 것으로 여겨진다. 곧 현종 때 나성을 쌓기 전에는 궁성과 이를 둘러싼 황성만이 있었고 시가지는 황성 밖에 조성되었다. 궁궐과 관청만을 보

1. 신봉문터
2. 창합문터
3. 회경전터
4. 임천각터
5. 장화전터
6. 원덕전터
7. 정자터
8. 서북건축군터
9. 내전터

만월대 평면도

만월대 모형 사진,
『북한문화재 해설집 Ⅲ』

호하는 성곽이 있었을 뿐 왕경인을 보호할 도성은 고려 건국 이후 100여 년 뒤에야 완성되었던 것이다. 서긍이 고려에 왔을 때는 이미 나성이 축성된 뒤였으므로 개

고려 정궁 회경전터, 『조선유적유물도감』

경은 궁성, 황성, 나성을 모두 갖춘 도시였다. 그는 『고려도경』에서 나성을 왕성, 황성을 왕부 또는 내성, 궁성을 왕궁으로 부르며 애써 황성의 존재를 인정하지 않았다. 그러나 고려는 둘레 2,600칸에 성문 20개를 설치한 황성을 갖추고 그 안에 여러 관청과 궁궐을 배치하여 고구려의 장안성에서 궁궐을 내성, 중성, 외성 세 겹으로 두른 형식을 계승하고 있다. 또 당의 장안성 이래로 새로 정립된 형식과 제도를 따라서 궁성을 중심으로 남쪽에는 관청, 동쪽에는 동궁, 서쪽에는 왕과 왕비의 침전, 북쪽에는 후원을 배치하였다. 고구려가 당나라 이래의 황성제도(皇城制度)를 쓴 것과 달리 송(宋)의 변경성에서는 황성제도를 채택하지 않은 것이 주목된다.

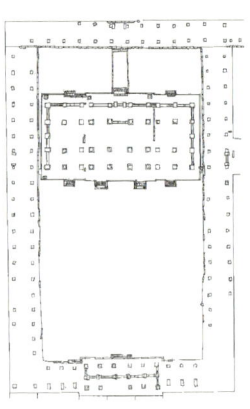

회경전터 평면도, 『조선유적유물도감』

궁성 안 궁궐의 배치에 대해서는 정문으로부터 북쪽으로 계속되는 주요 건

회경전 앞 계단, 『조선유적유물도감』

물군과 그 서북쪽 건물군이 알려져 있는 정도이다. 각 건물터가 원래 어떤 건물 자리였는가는 서긍의 『고려도경』을 참고하면 대개 알 수 있는데, 다만 이 시기의 건물 이름은 1638년(인종 16)에 모두 바뀌었음을 고려하여 배치도에 건물 이름을 고쳐 배정해야 한다. 풍수지리설에 입각한 명당(明堂) 자리를 궁궐터로 선정하였기 때문에 경사가 가파른 언덕을 그대로 활용하여 높은 기단을 쌓아 높이의 차를 극복하고, 정전을 비롯한 주요 건물은 사면에 행각(行閣)을 둘러 폐쇄적인 공간을 형성하고 있다. 정전 뒤쪽의 건물군은 지형상의 이유로 정전의 남북 중심축으로부터 약간 동쪽으로 벗어나 배치되어 있다. 터의 현황을 기초로 짐작해 보더라도 웅장한 건물들이 언덕을 따라 올라가면서 겹겹이 포개져 있는 모습은 송악과 어우러져 장관을 이루었을 것이다.

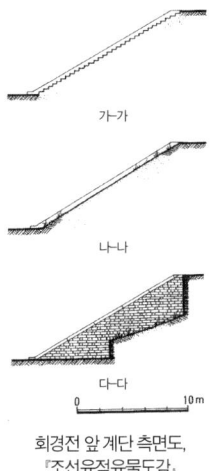

회경전 앞 계단 측면도, 『조선유적유물도감』

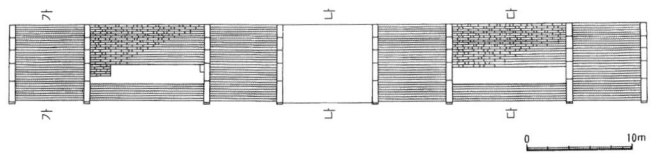

회경전 앞 기단 정면도, 『조선유적유물도감』

6) 조선

조선 전기에는 정궁인 경복궁을 비롯하여 이궁인 창덕궁, 대비궁인 창경궁이 건설되었다. 그러나 임진왜란때 왜군의 방화로 모두 불타 버렸다. 전후 광해군대에는 경복궁의 재건을 미룬 채, 창덕궁과 창경궁이 재건되었는가 하면, 경희궁과 인경궁이 창건되었다. 창덕궁과 창경궁은 '동궐(東闕)'이란 이름으로 하나로 통합되어 경복궁을 대신하여 정궁으로 사용되었다. 1830년대에 대화재를 겪은 뒤 다시 재건되었으며 경복궁이 중건되기 전까지 정궁 구실을 하였다. 고종 초년에 중건된 경복

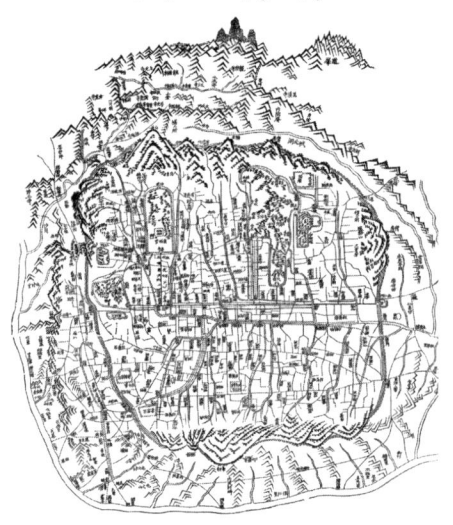

궁은 1897년에 고종이 경운궁으로 이어하자 중건 이후 30여 년밖에 활용되지 못한 셈이 되었다. 경운궁은 대한제국의 황궁(皇宮)으로 전통적인 궁궐배치와 전각 구성을 갖추고 아울러 서양식 석조건물을 곳곳에 추가하여 동서문명이 충돌하는 전환기의 역사적 경관을 마련하였다. 그러나 고종 사후인 1920년부터 일제에 의하여 크게 훼손되어 황궁으로서의 면모를 상실하였다. 일제침략기에 경복궁은 식민통치의 본거지로 이용당하면서 정궁으로서의 품격을 완전히 상실하게 되었다. 조선총독부청사와 총독부박물관이 궁성 남쪽, 총독 관저가 궁성 밖 북쪽에 세워졌으며, 궁성이 모두 헐리고 광화문마저 건춘문 이북으로 옮겨졌다. 창덕궁은 마지막 황제 순종 일가의 거처로 사용되었으나, 순종 사후인 1926년부터 정전 서쪽 궐내각사가 일본인들에 의하여 모두 헐렸으며, 내전 일곽조차 1917년에 소실된 것을 1920년에 경복궁 내전을 옮겨

재건하면서 규모, 형식, 용도 등이 크게 바뀌었다. 창경궁은 정전, 침전 일곽만을 남기고 모두 헐린 채 동물원, 식물원으로 전락하였다.

일제의 악랄한 식민통치로부터 해방된 지 30여 년이 지난 1980년대 중반에 이르러서야 비로소 창경원은 발굴 조사를 거쳐 창경궁으로 복원되었다. 이를 뒤이어 경복궁에는 1990년부터 20년간의 장기 복원계획에 따라 1996년에 총독부청사를 헐어내고 홍례문 일곽을 복원하였으며, 아울러 침전 일곽(강녕전 일곽, 교태전 일곽, 함원전, 흠경각), 동궁 일곽(자선당, 비현합), 빈전 일곽(태원전), 건청궁, 소주방 등을 복원하였다. 창덕궁도 1990년대부터 복원과 수리를 거듭하여 1997년에 세계문화유산으로 지정되었다. 2004년부터는 덕수궁에도 복원정비종합계획을 세우고 있다.

(1) 경복궁

홍례문 일곽 복원 뒤의 모습

경복궁은 궁성영역과 궁성 북쪽 밖의 후원으로 이루어져 있었는데, 이 가운데 후원지역은 일제침략기에 조선총독 관사 부지로 사용되면서 망가졌다. 이후 경무대, 청와대로 전용되어 오늘에 이르렀다.

궁성 안의 면적은 128,340평(424,265제곱미터)인데 궁성 내부는 앞에서부터 뒤로 조정과 침전[前朝後寢], 후궁과 후원의 네 영역으로 나누어진다. 여기에 동북쪽 후원의 진전, 서북쪽의 빈전과 혼전, 향원정을 포함한 건청궁 지역, 북문인 신무문 안 집옥재(왕실 도서관) 등이 경복궁의 중요영역이다. 광화문에서 근정문에 이르는 광활한 마당에 중앙에는 행각을 한 겹

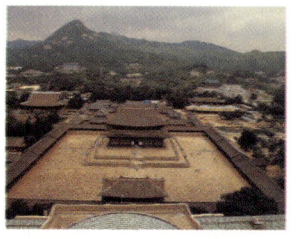

조선총독부 철거 이전 경복궁,
『경복궁 침전지역 발굴조사보고서』

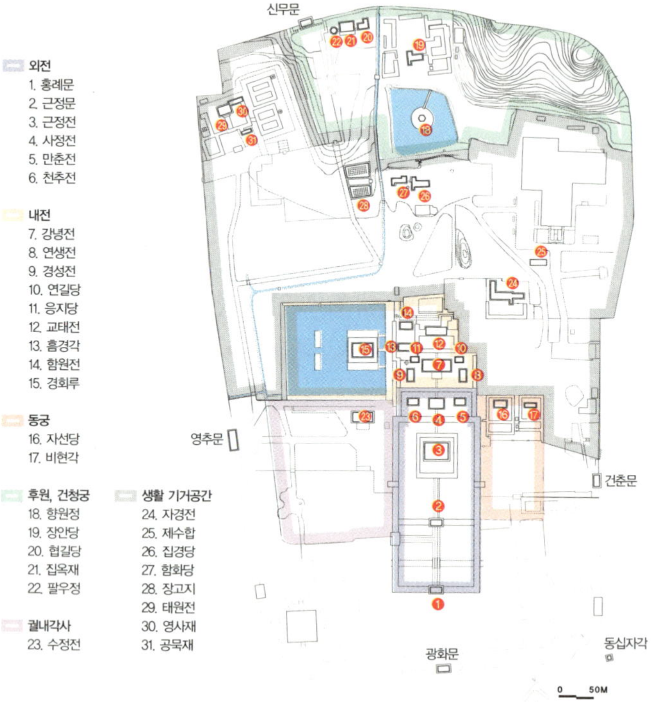

신무문
영추문
건춘문
광화문
동십자각
0 50M
외전
1. 홍례문
2. 근정문
3. 근정전
4. 사정전
5. 만춘전
6. 천추전
내전
7. 강녕전
8. 연생전
9. 경성전
10. 연길당
11. 응지당
12. 교태전
13. 흠경각
14. 함원전
15. 경회루
동궁
16. 자선당
17. 비현각
후원, 건청궁
18. 향원정
19. 장안당
20. 협길당
21. 집옥재
22. 팔우정
궐내각사
23. 수정전
생활 기거공간
24. 자경전
25. 제수합
26. 집경당
27. 함화당
28. 장고지
29. 태원전
30. 영사재
31. 공묵재

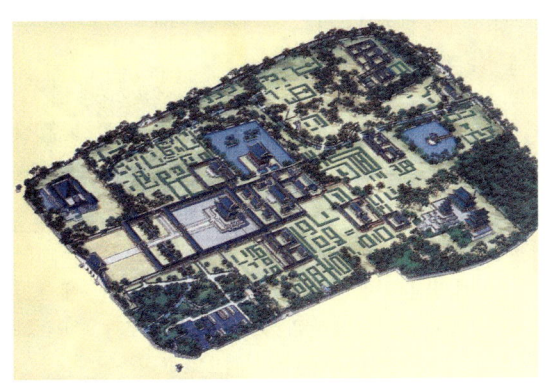
경복궁 복원정비 계획도, 『경복궁 복원정비 기본계획 보고서』

더 둘러 조정에 권위와 엄숙함을 더하고, 왼쪽에 궐내각사를, 오른쪽에 궁궐의 호위와 경비를 전담하는 오위도총부를 배치하였다. 근정전 왼쪽에는 경회루와 수정전, 오른쪽에는 동궁 일곽을 배치하였다. 왕과 왕비의 침전을 중심에, 대비전은 그 동북쪽에 배치하였다. 침전구역 뒤편을 후궁이라 하는데, 왕실가족의 생활을 보좌하기 위하여 음식 만들고, 옷 짓고, 빨래하는 장소가 배치되었다. 그 뒤에 연못과 정자로 후원을 꾸미고, 독서실, 서고 등(집옥재 영역)을 지어 휴식하고 수양하는 장소로 삼았다. 궁성 밖 북쪽의 후원은 강무(講武; 활 쏘고 말달리며 사냥하는 것으로 체력을 단련하는 것)를 위하여 조성한 것이다. 고종 때 중건되어 현존하는 건물은 광화문(석축만 원형, 1865), 건춘문(1865), 신무문(1865), 동십자각(1865), 근정전 일곽(1865), 사정전과 천추전(1865), 자경전(1888), 제수합·함화당·집경당(이상 1865년인지 1888년인지 불분명), 수정전(1865), 경회루(1865), 향원정(1865), 집옥재와 협길당(1873) 등뿐이다.

① 근정전(勤政殿)
왕이 신하들로부터 조하(朝賀)를 받거나, 중국 사신이 가져온 조서를 맞

이하는 등 대규모 의례장소로 사용되었다. 정전답게 화려한 조각이 베풀어진 다포계 중층(重層)건물로 지어졌으며 내부 중앙 뒤편에는 사면에 계단과 난간을 둔 어좌가 설치되어 있고 그 윗면에는 용상(龍床), 곡병(曲屛), 일월오악병(日月五嶽屛)이 놓이고

머리 위는 보개천장에 쌍용이 새겨져 있다. 이와 함께 건물 외부에 높이 쌓은 이중 기단에는 둘레에 사신(四神)과 십이지(十二支) 조각을 배치하여 왕권의 신성성과 시공(時空) 장악력을 상징적으로 표현하였다.

② 광화문(光化門)

경복궁은 1395년(태조 4)에 창건되었으나, 궁성이 완성되고 사대문의 이름이 광화문(光化門, 남), 건춘문(建春門, 동), 영추문(迎秋門, 서), 신무문(神武門, 북)으로 지어진 것은 1426년(세종 8)이다. 임진왜란 때 왜군의 방화로 경복궁과 함께 불타 버리고 말았

는데, 그 뒤 언제인지 분명하지 않으나 신무문과 함께 재건되어 '구광화문'이라고 조윤량이 쓴 현판이 걸려 있었다. 영조, 정조 때의 광화문 출입 사실, 순조 때의 광화문 서쪽 협문(夾門) 수리 사실을 기록으로 알 수 있다.

구광화문은 1865년(고종 2)의 경복궁 중건 과정에서 헐리고 그 대신 새로운 광화문이 세워졌는데 이때 현판 글씨는 훈련대장 임태영이 썼다. 무지개문 3칸 석축 위에 세운 정면 3칸, 측면 2칸의 다포 우진각지붕 건물로 조선 말기 궁궐건축의 백미로 손꼽는다. 일제침략기에 경복궁이 크게 훼손되고 조선총독부청사가 세워지면서 궁성이 파괴되자 1926년

에 건춘문 북쪽으로 옮겨 세워졌다가 한국전쟁 시기에 문루 부분은 불타 없어지고, 축대에는 탄흔이 남게 되었다. 1968년에 지금 위치로 옮기면서 석축을 보수하고 문루를 콘크리트조 2층 한옥으로 세웠다. 이때 조선총독부청사의 중심축에 맞추어 들여 세운 탓에 경복궁의 중심축과 맞지 않게 되었다. 경복궁 복원사업의 마무리 단계에 궁성 전체를 복원하면서 광화문도 제자리를 찾아 복원할 예정이다.

③ 사정전(思政殿)

왕이 신하들과 함께 국정을 의논하던 장소로 이른바 어전회의(御前會議)가 열렸던 곳이다. 정전 다음으로 중요한 외전(外殿)이므로 고종 때 중건하면서 격식에 맞게 높은 월대 위에 5×3칸 규모의 화려한 다포계 팔작건물로 지었다. 내부 마루 중앙 뒤편에는 간략한 어탑(御榻)을 놓고 그 앞 좌우에 신하들이 나누어 앉도록 하였다.

사정전과 만춘전터, 1988년 만춘전 복원 이전 모습

④ 만춘전(萬春殿)과 천추전(千秋殿)

사정전의 좌우에 자리한다. 만(萬)과 천(千)은 긴 세월을 뜻하는 것으로 조선 왕조가 오래 가기를 바라는 마음을 표현한 것이다. 봄과 가을은 한 해를 가리키고 동쪽에 봄, 서쪽에 가을을 배당한 것은 오행적 사고의 반영이다. 천추전은 중건 당시의 건물이

만춘전(복원)

지만, 만춘전은 한국전쟁 때 소실된 것을 1988년에 복원한 것이다. 사정전보다 격식을 낮추어서 낮은 월대 위에 작은 규모(6×3칸)로 지었다.

⑤ 강녕전(康寧殿)

왕의 침전(大殿). 고종 때 중건된 건물은 1917년의 화재로 소실된 창덕궁 대조전(왕과 비의 침전) 일곽을 재건한다는 명분으로 옮겨져서 그 재목으로 활용되는 과정에서 없어져 버렸으며, 현재의 건물은 모두 1991~1995년 사이에 재건된 것이다. 건물 앞에 설치된 넓은 월대는 왕의 침전이 공식적인 행사가 이루어지는 장소임을 보여 준다.

강녕전(복원)

⑥ 교태전(交泰殿)

왕비의 침전(中殿, 中宮殿). '교태(交泰)'는 음과 양이 나누어지기 전의 상태인 태극을 뜻하는 말로 원래는 천지교태(天地交泰)를 뜻하는 말이지만, 음과 양이 만나 새로운 생명을 그것도 왕 위를 이을 세자를 잉태하는 장소임을 은유적으로 표현한 것으로도 해석된다.

교태전(복원)

⑦ 자경전(慈慶殿)

교태전 동북쪽 가까이에 자리하며 경복궁 중건시에 대비전으로 지어진 건물이다. 동쪽에 청연루가 돌출되고, 오른쪽과 북쪽에 익각이 첨가된 독특한 평면형식을 가진 건물로 주목된다.

⑧ 동궁(東宮)

세자의 침전과 그 일곽의 시설을 보통 세자궁(世子宮) 혹은 동궁(東宮)이라고 격상시켜 부른다. 그러나 세자와 세자빈의 거처는 '전(殿)'이 아니라 '당(堂)'으로 불렸으며 경복궁 동궁의 내당(內堂)은 자선당(資善堂), 신하로부터 조회를 받는 정당은 계조당(繼照堂)이었다.

자선당

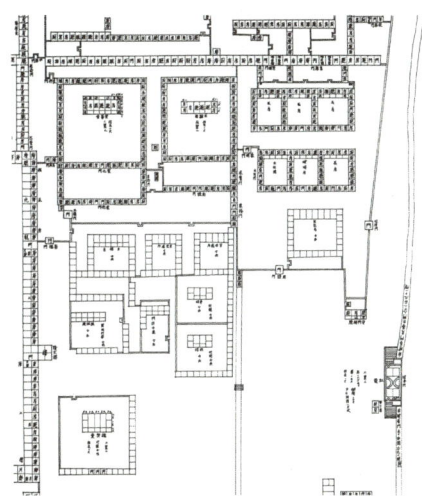

동궁영역(북궐도형) 부분)

⑨ 경회루(慶會樓)

'경회(慶會)'는 임금과 신하의 좋은 만남을 뜻하는 말로서 연회나 외국 사신의 접견에 쓰인 누각건물이다. 정면 7칸, 측면 5칸 규모의 2층 다포계 팔작지붕 건물로 물속에 드리워진 장대한 모습이 일품이다.

⑩ 향원정(香遠亭)

경복궁 가장 안쪽에 조성된 정원시설로 사각형 못 가운데 둥근 섬을 만들고 그 위에 세운 평면 육각형의 2층 정자이다. 섬과 연결된 나무다리가 원래 북쪽에 설치되었던 점으로 보아 건청궁(乾淸宮)에 소속된 정원시설이었음을 알 수 있다. 창호의 살대와 2층 난간에서 화려하고 섬세한 궁중의장을 엿볼 수 있으며, 내부의 반육각 문틀과 2층 육모 천정에서 통일적인 디자인을 느낄 수 있다. 연못과 2층 정자가 이루어낸 절묘한 조화는 주산인 백악산을 배경으로 자연과의 합일을 성취한 것으로 보인다.

⑪ 후궁(後宮) 영역

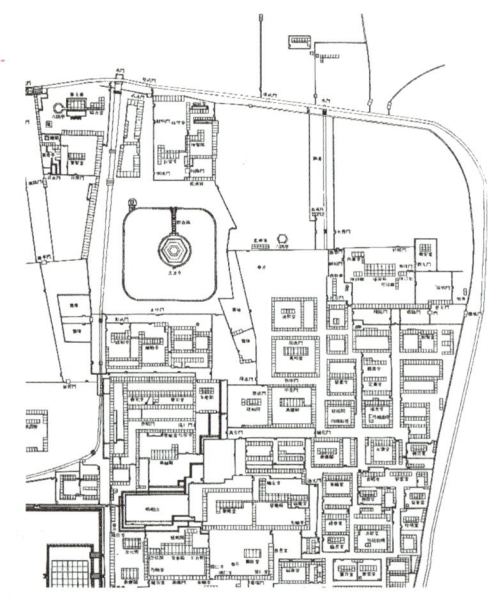

왕실 주요 인물의 거처가 집중되어 있는 중심부의 뒷부분이다. 음식을 장만하던 소주방(燒廚房), 음료와 과자를 만들던 생과방(生果房), 빨래를 담당하던 세답방(洗踏房), 의복을 짓던 침방(針房), 수를 놓던 수방(繡房) 등 여러 건물이 있었다. 그러나 현재 후궁영역에 남아 있는 건물은 제수합 한 채 뿐이다.

후궁영역(〈북궐도형〉 부분)

⑫ 후원(後苑) 영역

왕실 일가의 살림집 뒤에 마련된 정원. 경복궁에서는 왕비 침전인 교태전 뒤의 아미산, 건청궁 일곽의 향원정, 건청궁 동쪽의 녹원(鹿苑)이 후원에 해당된다. 조선 후기에 창덕궁 후원에서 발전되었던 산수풍경식 소요정원(逍遙庭園)을 마련하지 않고, 집 주변을 담장과 굴뚝으로 아름답게 꾸미거나(교태전과 자경전 일곽), 화계식 정원(아미산)과 동산(녹원)을 마련하는 데 그쳤다.

후원, 경복궁 복원정비 계획도 부분, 『경복궁 복원정비 기본계획 보고서』

⑬ 진전(眞殿) 영역

역대 선왕(先王)과 선후(先后)의 초상화를 모셔 놓고 제사를 드리던 선원전(璿源殿)은 원래 현재의 민속박물관 바로 뒤편에 있었으나, 일제침략기에 조선총독부에 의하여 헐려 이토오 히로부미의 사당(남산, 박문사)으로 사용되다가 없어졌다. 현재 창덕궁에 있는 선원전과 신선원전을 통하여 건축형식을 짐작할 수 있다. 궁궐 안에 있던 진전인 선원전을 내진전(內眞殿),

선원전, 『조선고적도보』, 권10

선원전 평면도(〈북궐도형〉 부분)

궁궐 밖에 있던 영희전(한성) · 경기전(전주) · 집경전(경주) · 준원전(함흥) 등은 외진전(外眞殿)이라고 한다.

⑭ 빈전(殯殿), 혼전(魂殿) 영역

빈전은 돌아가신 왕실 일가족의 시신을 장례 때까지 모시는 장소이며, 혼전은 장례 후 3년상을 마칠 때까지 신주를 받들고 제사를 드리던 장소를 말한다. 중건 경복궁의 빈전(殯殿)은 태원전(泰元殿), 혼전(魂殿)은 문경전(文慶殿)이며, 1890년 익종비 신정왕후, 1895년 고종비 명성황후의 빈전과 혼전으로 각각 사용되었다. 1897년에 경운궁을 중건할 때 경운궁으로 옮겨진 후 복구되지 않다가 최근 발굴 조사 이후 재건되고 있다.

빈전(태원전)

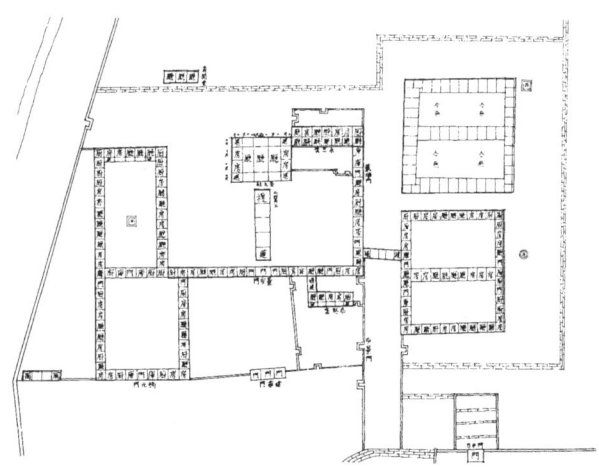

태원전 일곽(《북궐도형》부분)

(2) 창덕궁

1405년(태종 5)에 이궁으로 세워진 창덕궁은 처음에 외전 74칸, 내전 118칸 규모로 지어졌으며, 정침청, 동서 침전, 수라간, 사옹방, 탕자세수간 등 내전을 비롯하여 편전, 보평청, 정전, 승정원청 등이 있었다. 이후에 광연루, 진선문, 금천교, 돈화문, 집현전, 장서각 등이 증설되어 때로는 왕이 경복궁 대신 창덕궁으로 옮겨 거처하면서 정치를 행하기도 하였다. 이렇듯 조선 전기에 187년간 이궁 역할을 다하였던 창덕궁은 임진왜란 때 모두 소실되었으며, 복구가 완료된 것은 1609년(광해군 1)이다. 이후 재건되지 않은 경복궁을 대신한 정궁으로서 19세기 초까지 꾸준하게 발전해 간 창덕궁은 1833년의 화재로 크게 불탔으며, 현존 건물은 대부분 소실 이후에 재건된 것이다. 이 시기 재건공사에 대해서는 보고서에 해당하는 『창덕궁 영건도감의궤』가 전한다. 또 불타기 10여 년 전에 창덕궁 전체를 한눈에 내려다 볼 수 있도록 그린 〈동궐도〉(고려대학교 박물관과 동아대학교 박물관에 각각 소장되어 있음)가 남아 있어서 당시 궁궐의 모습을 실감나게 전해 준다. 『궁궐지(宮闕志)』도 이 무렵에 만들어졌는데 궁궐 전체가 연속적으로 불에 타자 위기의식을 느낀 왕과 집권관료들이 역대 왕들의 발자취가 남아 있는 궁궐의 전모를 기록하여 후세에 전하기 위하여 편찬한 것이다.

1907년부터 1928년까지 조선 왕조의 마지막 임금인 순종황제가 거처하였지만, 일제침략자들은 1917년의 화재로 내전 일곽이 소실되자 1920년에 경복궁 내전을 헐어다 지으면서 구조를 크게 변경하고 인정전 일곽과 1920년대에 재건한 대조전 일곽을 제외하고 대부분의 건물을 헐어버렸다. 문화재 관리국에서 1969년부터 복원을 시도하는 한편, 1976

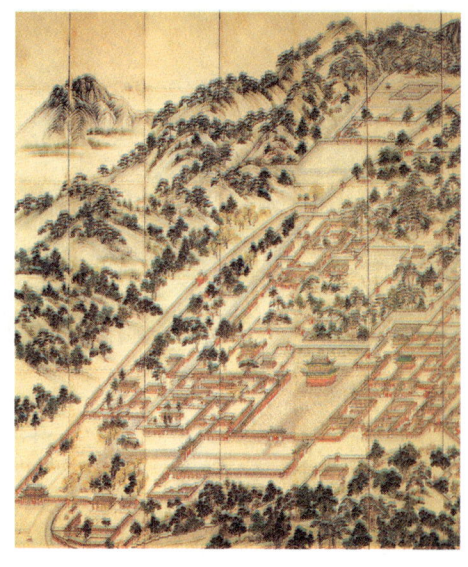

창덕궁(동궐도) 부분

~1978년 사이에 대대적으로 보수를 하고 정화 공사를 한 이후 제한 관람을 실시하면서 잘 보존하였고, 1990년대 후반부터 인정전 앞 행각을 복원하고 궐내각사를 차례대로 복원하여 옛 모습을 대체로 복원하게 되었다. 그 결과 1997년에 세계문화유산으로 지정되었다.

현재 후원영역을 제외하고 창덕궁에 남아 있는 건물은 다음과 같다. 돈화문(1607), 인정전(1804), 인정문(1745), 선정전(1647), 대조전·희정당·함원전·경훈각(이상은 1920년 경복궁 내전을 옮겨서 새로 지은 것임), 가정당(1920년 무렵 덕수궁 가정당 이건), 빈청(현 어차고), 성정각(정조 년간), 내의원(성정각 부속 건물로 1920년 무렵부터 내의원으로 사용됨), 관물헌(1820년대 후반), 구선원전(1695), 낙선재(1847), 취운정(翠雲亭, 1686), 한정당(閒靜堂, 1917년 이후), 상량정·만월문·승화루(承華樓)·삼삼와(三三窩)·칠분서(七分序)(이상 정조 년간), 신선원전(1921).

외전, 내전영역
1. 돈화문
2. 진선문
3. 숙장문
4. 인정문
5. 인정전
6. 어차고
7. 선정전
8. 희정당
9. 대조전
10. 경훈각
11. 흥복헌
12. 성정각
13. 관물헌
14. 낙선재
15. 상량정
16. 승화루
17. 구선원전

주합루, 연경당, 존덕정 영역
18. 부용정
19. 영화당
20. 주합루
21. 서향각
22. 연경당
23. 관람정
24. 존덕정

옥류천 영역
25. 소요정
26. 태극정
27. 청의정

신선원전 영역
28. 의로전
29. 신선원전
30. 괘궁정
31. 몽답정

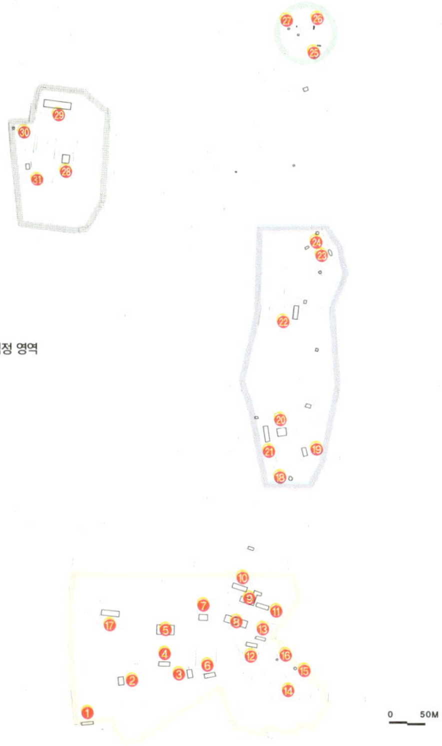

0   50M

① 인정전(仁政殿)

외국 사신의 접견과 신하들의 조하를 받는 등 국가적 행사를 치르던 정전. 1405년(태종 5)에 창건, 임진왜란 때 왜군의 방화로 소실, 1608년(광해군 즉위)에 복구, 1803년(순조 3)에 소실, 이듬해 중건, 1856년(철종 7) 크게 수리

궁궐과 관아 【 169 】

하여 오늘에 이르고 있다. 정면 5칸, 측면 4칸, 다포계 겹처마 팔작지붕 중층건물로 화강석 박석을 간 이중 월대 위에 세워져 있다. 지붕 용마루 양성에 이화(李花) 문장 다섯 개를 장식한 것이 주목된다. 건물 내부는 아래 위로 탁 트였는데 어좌는 후면 가운데 고주 사이 뒤쪽으로 설치하고, 용상 뒤에 곡병과 일월오악병을 설치하였다. 천장 중앙부에 따로 감실천장을 마련하고 봉황을 그려 넣어 왕의 자리를 표현하였다.

② 선정전(宣政殿)

임금이 신하와 일상 업무를 논하던 편전. 1405년(태종 5) 창건 당시 이름은 조계청이었으며 1461년(세조 7)에 선정전으로 고쳤다. 임진왜란 때 왜군의 방화로 소실, 1609년(광해군 1)에 복구, 인조반정(1623) 때 소실, 1647년(인조 25)에 재건하였다. 인정전 동쪽 뒤에 있는 정면 3칸, 측면 3칸의 다포계 단층 겹처마 팔작 청기와지붕 건물이다. 내부는 앞쪽에만 두 개의 고주를 세웠다.

③ 희정당(熙政堂)

원래 대조전에 딸린 내전이었으나 선정전을 대신하여 편전으로 활용하기도 하였다. 창건 연대는 확실하지 않다. 임진왜란 때 왜군의 방화로 인한 소실과 1609년의 재건, 인조반정 때의 소실과 1647년의 재건, 1833년

(순조 33)의 소실과 이듬해의
재건, 1917년의 소실과 1920
년의 경복궁 강녕전을 이건
하여 재건하는 등의 역사를
지니고 있다. 특히 1920년에
재건되면서 정면 5칸, 측면
3칸 규모에서 정면 11칸, 측
면 5칸 규모로 달라졌으며,
용도도 바뀌어 정면 9칸, 측
면 3칸 주위로 툇간을 설치
하여 통로를 만들고, 정면
가운데 3칸 대청에는 우물
마루를 깔아 서양식 접객실
로 만들었으며, 서쪽 3칸은

회의실, 동쪽은 여러 개의 방으로 만들었다. 응접실 좌우 상벽에 김규진
(金圭鎭)의 '금강산도,' '해금강도'가 그려져 있다.

④ 대조전(大造殿)

왕비의 침전으로 1496년(연산군 2)에 중수하였다는 기록으로 보아 창덕궁
창건 때인 1405년(태종 5) 지어진 것으로 보인다. 임진왜란 때 왜군의 방화
로 소실되고 광해군 원년에 재건, 인조반정 때 소실, 1647년 재건, 1833년
(순조 33) 소실, 이듬해에 재건, 1917년 소실, 1920년의 경복궁 교태전을 이

건한 재건 등의 역사를 지니고 있다. 인조 때 재건될 당시 45칸 규모의 건물이었으나 1920년에 재건시에는 정면 9칸, 측면 4칸 규모로 줄어들었다.

⑤ 구선원전(舊璿源殿)

역대 임금과 왕비의 초상을 봉안하고 제사와 차례를 행하던 곳으로 인정전 서북쪽에 자리한다. 원래 도총부가 있던 자리에 1695년(숙종 21)에 경덕궁 춘휘전을 옮겨 이름을 선원전으로 고치고 어진(御眞)을 봉안함으로써 조선 후기 선원전이 재개되었다. 왕위가 교체되고 새로 어진이 봉안될 때마다 여러 차례 증축되었으며 고종 때인 1901년에 태조의 영정을 봉안하면서 신실(神室) 7칸 규모로 확정되었다. 현존 건물은 정면 7칸, 측면 2칸이며 여기에 사방으로 툇간을 덧달아내 정면 9칸, 측면 4칸을 구성한 이익공 7량가 건물이다.

구선원전〈동궐도〉 부분

태조·숙종·영조·정조·순조·익종·헌종 등 7조의 어진이 봉안되어 있었으나, 일제침략기인 1921년에 대보단(大報壇)을 허물고 경운궁 선원전을 옮겨다가 새로 선원전을 증설할 때 어진을 새 건물에 옮겨 봉안하게 되어 쓰이지 않게 되었는데, 훗날 구선원전이라 불리게 된 것도 이 때문이다. 그러나 원선원전이라고 불러야 옳다. 어진은 1950년 한국전쟁 때 모두 불타 없어졌다.

⑥ 신선원전(新璿源殿)

1921년에 경운궁 선원전을 옮기고 여기에 신실 5칸을 증설하여 새로 지은 건물이다. 신실 12칸을 갖춘 정면 14칸, 측면 4칸 규모의 웅장한 건물로 신실에는 제1실부터 제12실까지 차례대로 태조 · 세조 · 원종 · 숙종 · 영조 · 정조 · 순조 · 문조(익종) · 헌종 · 철종 · 고종 · 순종의 어진이 봉안되어 있었으나 한국전쟁 때 부산으로 옮겨졌다가 소실되었다.

원래 이곳에는 대보단이 있었는데, 일제침략자들은 경운궁 선원전을 순종 황제가 계신 창덕궁으로 옮긴다는 미명 아래 대보단을 허물고, 아울러

여러 곳에 봉안되어 있던 어진을 한 자리에 모으면서 여러 진전을 통폐합하려는 의도로 이왕직에 지시하여 이 건물을 신축하였다.

⑦ 낙선재(樂善齋)

왼쪽부터 낙선재, 석복헌, 수강재

낙선재 후원

원래 창경궁에 속했던 내전 건물. 낙선재 · 석복헌 · 수강재를 중심으로 취운정 · 한정당 · 상량정 · 승화루 등 여러 건물로 구성되어 있다. 1847

년(헌종13)에 경빈 김씨를 위해 지었으며, 고종이 편전으로 사용하기도 하였다. 최근에 낙선재 상량문에 따라 헌종 당시의 모습으로 복원되었다. 낙선재는 헌종의 침전, 석복헌은 경빈 김씨의 침전, 수강재는 순원왕후의 침전으로 꾸며져 생활상을 재현하고 있다.

⑧ 주합루(宙合樓)

후원 깊숙한 곳에 연못과 함께 조성된 정원의 중심 건물로 정면 5칸, 측면 2칸인 중층 팔작지붕 이익공 건물이다. 1777년(정조 즉위년)에 완성되었는데 아래층은 규장각이라고 하여 수만 권의 책을 보존하는 서고로 꾸며져, 젊고 유능한 문신들을 길러내는 데 활용되었다.

⑨ 영화당(暎花堂)

부용지 동쪽에 위치한 정면 5칸, 측면 3칸 규모의 건물로 1692년(숙종 18)에 수리하였다. 원래 임금이 신하들과 꽃구경을 하고 시를 지으며 놀던 곳이었는데 정조 때부터 과거시험장으로 사용되었다.

⑩ 서향각(書香閣)

주합루 서쪽에 동향하고 자리 잡은 정면 8칸, 측면 3칸 규모의 초익공 겹처마 팔작지붕 건물. 책을 보관하고 관리하던 규장각의 부속건물로 주로 쓰였다.

⑪ 연경당(演慶堂)

궁궐 안에서는 보기 드문 살림집 형식의 건물로 사랑채인 연경당, 안채, 안팎 행각, 서재, 정자, 반빗간 등 99칸 규모로 구성되어 있다. 1828년(순조 28)에 효명세자의 청으로 지었다는 연경당은 〈동궐도(東闕圖)〉에 그려져

있는 것처럼 지금과는 사뭇 다른 집이었으며, 훗날 지금과 같은 살림집 형식으로 고쳐지었다. 1900년대의 〈동궐도형(東闕圖型)〉에 그려졌다.

⑫ 돈화문(敦化門)

창덕궁의 정문. 정면 5칸, 측면 2칸인 2층 다포계 우진각지붕 건물. 1412년(태종 12)에 건립되었을 당시에는 2층 문루에 큰 북을 걸어 시간을 알렸다고 한다. 임진왜란 때 불탄 것을 1609년(광해군 1)에 재건하였으며 궁궐 정문 가운데 가장 오래된 건물이다.

⑬ 금천교(禁川橋)

길이 12.9미터, 폭 12.5미터인 돌다리. 돈화문으로 들어가 북에서 남으로 흐르는 물길 위에 놓여 있다. 1411년(태종 11)에 조성되었으며 현재 서울에 남아 있는 돌다리 가운데 가장 오래된 것이다.

(3) 창경궁

1483년(성종 14)에 창덕궁 옆 옛 수강궁(태종이 세종에게 선위한 뒤 거처한 궁, 1419년 창건) 터에 창건하였다. 어린 나이에 즉위한 성종이 왕실의 어른인 정희왕후(세조비, 성종의 할머니), 소혜왕후(덕종비, 성종의 어머니), 인순왕후(예종비, 성종의 작은 어머니) 세 사람

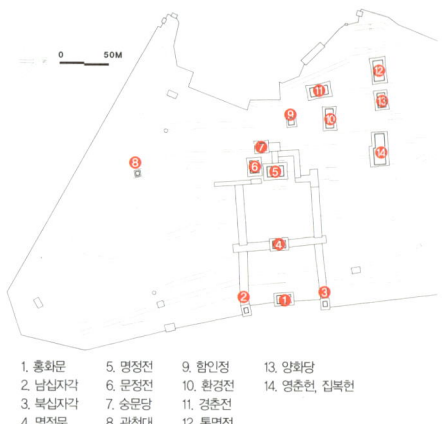

1. 홍화문　　5. 명정전　　9. 함인정　　13. 양화당
2. 남십자각　6. 문정전　10. 환경전　14. 영춘헌, 집복헌
3. 북십자각　7. 숭문당　11. 경춘전
4. 명정문　　8. 관천대　12. 통명전

을 위하여 따로 지은 대비궁, 경복궁, 창덕궁의 남향 배치와 구별 지으려고 동향으로 배치하였다.

정전인 명정전과 편전인 문정전을 비롯하여 인양전, 경춘전, 통명전, 양화당, 여휘당, 환경전, 수녕전, 환취정 등 많은 내전건물이 있었으나 임진왜란 때 왜군의 방화로 모두 소실되었다. 광해군 때 중건된 이후에는 창덕궁의 부속 궁궐로 활용되었으므로 창덕궁과 더불어 동궐로 불렸다. 내전 일곽은 1830년대의 대규모 화재로 크게 불탄 뒤 재건되었다. 불타기 전 창경궁의 모습은 창덕궁과 마찬가지로〈동궐도〉에서 확인할 수 있다. 일제침략기에 일본인들에 의하여 창경원으로 전락하면서 대부분의 건물이 철거, 훼손되었으나 1980년대 후반의 발굴, 복원 공사로 명정전, 문정전 일곽만이 복구되었다.

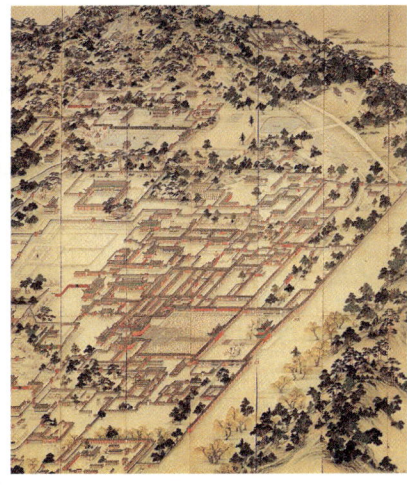

창경궁〈동궐도〉부분

① 명정전(明政殿)

정전. 조선 1484년(성종 15) 창건하였으며 임진왜란 때 불에 탄 것을 1616년(광해군 8)에 재건하였다. 동향하고 있으며 정면 5칸, 측면 3칸인 다포계 단층 팔작지붕 건물. 구조는 바깥 열여섯 개의 평주와 내부 앞쪽 네 개

의 고주로 구성되어 있으며 뒷면에 따로 툇간을 설치하였다. 내부 바닥에는 전돌을 깔고, 중앙 뒤쪽에 보좌를 설치하였다.

② 홍화문(弘化門)

창경궁의 정문. 정면 3칸, 측면 2칸의 중층 우진각지붕 건물이다. 문 왼쪽 모서리 계단을 통해 위층 누각에 오르면 사면벽에 낸 판문을 통해 사방을 관망할 수 있다. 상·하층의 공포는 모두 내3출목, 외2출목이며, 명정전의 공포형식과 유사하다는 점에서 명정전, 명정문과 함께 광해군 때 재건된 건물임을 알 수 있다.

③ 숭문당(崇文堂)

명정전 뒤쪽 천랑 왼쪽에 경사지를 이용하여 동향으로 앉은 건물이다. 조선 20대 임금인 경종 때 세운 것으로 1830년(순조 30)에 소실된 것을 같은 해 중건하여 오늘에 이른다. 정면 4칸, 측면 3칸의 단층 팔작기와집으로 홑처마이다. 전후와 남쪽에 툇간을 두고 마루를 깔았으며, 가운데칸의 마루와 동선을 연결시켰고 그 좌우에 방을 놓았다.

④ 함인정(涵仁亭)

명정전에서 빈양문을 지나 내전으로 가는 길목에 있는 정자. 정면 3칸, 측면 3칸의 이

함인정 천장의 '도연명사시' 시 현액

익공 단층 겹처마 팔작기와지붕 집이다. 1484년에

지은 인양전이 임진왜란 때 불타버리자 1633년(인조 11)에 인경궁을 허문 목재로 재건하고 함인정이라고 이름 지었다.

⑤ 환경전(歡慶殿)

1484년에 처음으로 건립된 건물은 임진왜란으로 소실되어 1616년(광해군 8)에 재건하였으나 이 건물마저 1830년에 화재로 불타 없어져 1834년(순조 34)에 다시 재건하였다. 현존 건물은 이 때 지은 것이다. 정면 7칸, 측면 4칸의 단층 팔작기와집으로 남향하고 있다. 내부에는 모두 우물마루를 깔고, 툇간 위에는 연등천장, 안쪽에는 우물천장을 설치하였다. 창경궁 내전 가운데 유일하게 왕의 거처로 마련되었으나, 왕후들의 빈전(殯殿)으로 많이 사용되었다.

⑥ 경춘전(景春殿)

환경전 서쪽에 동향하고 있는 건물. 정면 7칸, 측면 4칸 단층 팔작기와집으로 내부에는 모두 마루를 깔았고 천장은 모두 연등천장이다. 1483년 (성종 14)에 처음으로 건립되어 왕후나 세자빈의 침전으로 주로 사용되었으며 임진왜란 때 소실된 것을 1616년에 재건하였으나, 1830년에 불에 타 1834년에 다시 지은 건물이 남아 있다. 이 건물에서 정조와 헌종이 탄생하였으며, 성종의 생모 인수대비 한씨, 숙종비 인현왕후 민씨, 정조의 생모 혜경궁 홍씨가 승하하였다.

⑦ 통명전(通明殿)

창경궁 안 가장 깊숙한 곳에 남향으로 자리 잡은 건물로 정면 7칸, 측면 4칸 규모의 이익공 팔작집이다. 1484년에 처음 지은 건물이 임진왜란 때 불타자 1616년에 재건하였는데 이 건물마저 1790년(정조 14)에 불탔으므로 1834년에 창경궁 내전 일곽을 재건할 때 지은 건물이 오늘날까지 남아 있다. 건물 앞쪽에 넓은 화강암 박석을 포장한 월대를 마련하여 내전에서 연회나 의례를 거행할 수 있도록 하였다. 건물 왼쪽에는 화강석으로 아름답게 조성한 지당(池塘)이 있으며, 뒤로는 높은 언덕을 층단형으로 깎아 조성한 정원이 있고 그 언덕 위에는 원래 자경전이 있었다.

⑧ 양화당(養和堂)

통명전 오른쪽에 남향한 건물로 정면 6칸, 측면 4칸의 단층 겹처마 팔작기와집이다. 1834년에 재건되었다. 전면 중앙 2칸을 창 없이 개방하였다. 건물 뒤쪽에 두 기의 굴뚝이 남아 있지만 현재 내부에는 온돌방은 없고 온통 우물마루가 깔려 있어서 일제침략기에 개조된 모습을 지니고 있다.

⑨ 영춘헌(迎春軒)

양화당 동쪽 조금 떨어진 곳에 집복헌과 함께 세워져 있는 내전 건물로 본채 5칸이 남향하여 'ㅡ'자형을 이루고 본채의 좌우와 뒷면으로는 행각이 둘러져 있어 'ㅁ'자형을 이루고 있

다. 1830년 화재로 불타 없어진 것을 1834년에 중건하였다.

⑩ **집복헌(集福軒)**
영춘헌의 서행각으로 1830년에 불타 없어진 것을 1834년에 중건하였다. 영춘헌보다 건물 터를 높였으나 기단은 영춘헌 기단과 이어져 있다. 홑처마 팔작지붕 건물로 'ㅁ'자형 평면을 하였다.

(4) 경희궁

1620년(광해군 12)에 경희궁을 새로 지은 광해군은 4년 뒤 반정으로 쫓겨나고 인조가 왕위에 올랐는데, 인조는 창덕궁과 창경궁이 모두 불탄 뒤에야 경희궁에 거처하였다. 이때부터 280여 년 동안 창덕궁을 보조하는 이궁 구실을 다하다가, 1865년(고

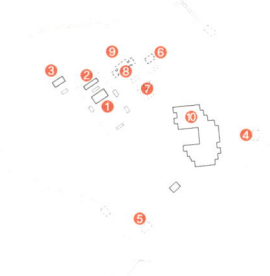

☐ 복원
1. 숭정전
2. 자정전
3. 태령전

☐ 미복원
4. 흥화문
5. 개양문
6. 융복전
7. 흥정전
8. 회상전
9. 황학정

10. 서울시립역사박물관

종 2) 경복궁 중건시에 건물 일부와 정전 마당의 박석이 경복궁으로 옮겨져 활용되었다. 한일합방 이전인 1908년부터는 일본인들에 의하여 그 자리에 일본인을 위한 통감부중학(경성부립중학)이 세워져 궁터마저 본격적으로 파괴되었다. 조선총독부는 합방 당시까지 남아 있던 건물마저 모두 헐어서 팔아 넘겼다. 정전인 숭정전(崇政殿)은 1926년에 조계사로, 왕의 침전인 회상전(會祥殿)은 1911년 4월부터 1921년 3월까지 경성중학교 부설 임시 소학교원 양성소로 사용되다가 1928년 조계사로 팔려 이건되었다. 편전인 흥정당(興政堂)은 1915년 4월부터 1925년 3월까지 임시 소학교원 양성소 부속 단급(單級) 소학교 교

경희궁(〈서궐도안〉 부분)

1920년대의 숭정전, 『조선고적도보』

실로 사용되다가 1928년 3월 광운사에 팔려 이건되었다. 정문인 흥화문(興化門)도 1915년 8월 도로를 수리한다는 미명 아래 남쪽으로 옮겨졌다가 1932년에 박문사(博文寺)로 옮겨져 산문(山門)으로 사용되었다. 황학정(黃鶴亭)은 1923년 일반인에게 매각되어 사직단 동쪽에 이건되었는데 오늘날까지 그 자리에 있다. 일본 침략자들은 제2차 세계대전에서의 소용돌이 속에서 궁터 북쪽, 즉 원래 왕과 왕비의 침전이 있던 자리 바로 뒤쪽에 거대한 방공호(防空壕)를 건설하여 회복할 수 없는 피해를 입혔다. 한국전쟁 기간에는 미군부대가 진주하여 병영으로 쓰는 바람에 망가지기도 하였다.

해방 후 줄곧 이곳을 사용하던 서울중학교가 강남으로 이전하자 1985년부터 1990년대까지 여러 차례 발굴 조사를 하였는데 이때 〈서궐도안

西闕圖案〉(고려대학교박물관 소장)을 찾아내어 발굴 조사와 복원에 활용하였다. 그 결과 정전인 숭정전 일곽이 복원되었으며 정문인 흥화문도 제자리는 아니지만 숭정전 남쪽에 복원되었다.

(5) 덕수궁

덕수궁의 원래 명칭은 경운궁(慶運宮)인데 1907년 고종황제의 강제 퇴위 이후 거처가 되면서 상왕(上王)의 궁이란 뜻에서 덕수궁(德壽宮)으로 변경되었다. 일본의 침탈을 피하여 외국공사관 주변으로 피신한 소위 아관파

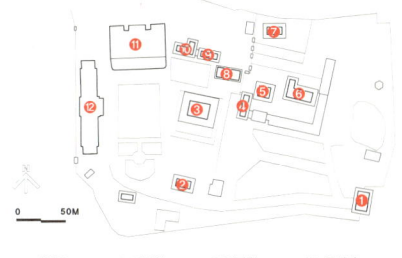

1. 대한문   4. 귀빈실   7. 정관헌   10. 준명당
2. 중화문   5. 덕홍전   8. 석어당   11. 석조전
3. 중화전   6. 함녕전   9. 즉조당   12. 석조전 별관

천(俄館播遷) 이후에 고종의 시어소로 쓰이다가 대한제국 선포 이후 황제궁인 경운궁으로 격상되었다. 창건 당시의 원형은 불분명하나, 1904년의 화재 이후 재건 과정에서 작성된 『경운궁중건도감의궤(慶運宮重建都監儀軌)』를 통하여 그 대강을 짐작할 수 있다. 현존하는 몇 채 되지 않

는 건물은 거의 모두 이때 재건된 것이다.
1919년 고종 사후에는 일제침략자들이 궁터를 매각하고 궁전을 훼손하여 공원을 만드는 바람에 오늘날과 같은 어정쩡한 시민공원으로 전락하게 되었다. 이 시기에 헐린 건물 가운데 선원전·의효전·가정당 등은 창덕궁으로 이건되거나 창덕궁 내 건물 신축에 활용되기도 하였다. 현재 중화전 일곽에 남아 있는 건물은 대한문·중화문·중화전과 행각 일부·즉조당·석어당·준명당·함녕전과 그 행각·귀빈실·덕홍전·정관헌·광명문 뿐이며, 서양식 건축으로 석조전 일곽과 부속 정원이 남아 있다. 이밖에 궁역 서쪽 미국대사관 옆에 중명전이 남아 있는 정도이다.

① 중화전(中和殿)

1902년 창건 당시에는 2층이었으나, 1904년에 화재로 소실된 후 1906년에 재건되면서 단층으로 지어져 오늘날까지 남아 있다. 대한제국 황제의 정전이었으므로 내부의 감입천장과 어좌의 천장에 모두 황금색 오조룡(五爪龍)을 쌍으로 배설하였고, 외부 월대 남면 중앙의 섬돌에도 오조쌍룡을 새겼다.

2층 중화전에 걸었던 현판,
국립고궁박물관 소장

2층 시절의 중화전,
1902~1904년, 『덕수궁』

② 함녕전(咸寧殿)

1897년에 경운궁으로 이어하기 위하여 새로 지은 고종황제의 침전이다. 왕비는 1895년에 일제에 의해 시해되었기 때문에 왕비를 위한 침전은 따로 짓지 않았다. 함녕전 왼쪽에 명성황후의 빈전인 경효전을 세웠는데, 이는 시왕(時王)의 침전 곁에 혼전을 세운 유례없는 배치형식이다. 1904년 화재로 불탄 것을 중건하였으며, 고종 퇴위 후에도 여전히 침전으로 사용되다가 고종 사후에는 빈전, 혼전으로 사용되었다.

③ 즉조당(卽祚堂) · 준명당(浚明堂) · 석어당(昔御堂) 영역

준명당과 즉조당

석어당

중화전 북쪽에 있는데, 이 영역에 있던 원래의 건물은 선조가 1593년 의주에서 돌아와 시어소를 차리는 과정에서 새롭게 세워지거나 원래 있었던 건물을 수리한 것이다. 이 가운데 즉조당은 인조가 반정 이후 즉위식을 거행하고 편전으로 사용한 건물이며, 석어당은 침전으로 사용한 건물이다.

④ 정관헌(靜觀軒)

처음 지은 때의 용도는 알 수 없으나, 기록에서 확인되는 바로는 임시로 어진을 봉안하던 곳이다. 즉, 선원전 화재 이후인 1901년에 태조고황제

의 어진을 이곳에 임시로 보관하였고, 1902년에는 고종과 순종의 어진을 이곳에서 제작하였다는 사실은 확인된다. 이후에도 풍경궁에 있던 어진을 이곳에 옮겨 1911년까지 봉안하다가 중화전으로 옮겨 모셨다는 사실

도 기록에서 확인된다. 그러나 건물의 형태로 보아 원래는 휴식처로 마련되었던 것으로 짐작된다.

⑤ 석조전(石造殿)

1900년부터 착공되기는 하였으나 고종이 퇴위하고 경운궁이 덕수궁으로 변모된 후인 1909년에 가서야 준공되었으므로 정작 궁전 건물답게 사용되지는 못하였다. 이때 원래 석조전터 바로 북쪽에 있던 구성헌(九成軒)이

헐려 나간 듯하다. 건립 이후에 석조전은 상왕인 고종이 외빈을 접대하는 장소로 사용되었다.

⑥ 대한문(大漢門)

원래 이름은 대안문(大安門)이었다가 1906년에 수리하면서 대한문으로 개칭되었다. 중화문 남쪽에 정문인 인화문이 있을 때는 편문 역할만 하였으나, 1906년 중건 이후부터는 정문으로 활용되었다. 대한문의 원위치는 지금보다 훨씬 앞쪽에 있었으나 남대문으로 연결되는 도로를 개설하면서

대안문 현판, 국립고궁박물관 소장

대폭 이동되었고 이때 북쪽으로 이어지던 담장도 궁궐 안쪽으로 깊숙이 밀려 들어왔으며 궁 동북쪽에 있던 대개의 건물이 모두 헐려 나갔다.

5. 관아건축의 현황

왕조시대의 통치는 궁궐이라는 국가 중심의 시설과 관아(官衙), 혹은 관청(官廳), 관서(官署), 관부(官府), 공해(公廨) 등으로 불리는 시설을 통해 이루어졌다.

관아는 인류사회에 권력관계가 형성되면서 자연스럽게 등장하는 관직에 대응되는 건축시설로, 이미 삼국시대의 기록에서도 그 존재가 분명히 드러나며 문자기록 이전에도 존재하였을 것으로 생각되고 있다. 단편적인 기록을 통해 보더라도 관아건축은 오래전부터 여타의 민가들과는 확연히 구분되는 건축규모를 갖고 있었으며 입지위치도 각 도시의 중심부를 차지하거나 큰 길을 끼고 확보되었다. 중앙집중의 행정체제가 안정적으로 마련된 조선시대의 경우, 각각의 지방 행정도시에는 동헌을 중심으로 하는 관아건축이 전국적으로 건립되어 그 수효가 상당히 많았다.

그러나 관아건축은 현재 거의 남아있지 않다. 사찰, 서원이나 씨족마을과 달리, 도시지역에 집중되어있던 관아건축은 수차례의 전쟁으로 파괴되기 십상이었고 근대도시로의 변모과정을 통하여 급격하게 소멸될 수밖에 없는 한계를 갖고 있었기 때문이다. 따라서 현재 확인할 수 있는 조선시대까지의 관아건축은 다음 표와 같은 정도에 그치고 있다. 표에서 볼 수 있듯이 그나마 현존하는 관아의 대부분은 지방에 존재하고 있다. 한성부에 있던 관아들은 현재 세 개동만 남아 있는데 이는 근대화의 과정을 가장 첨예하게 겪은 곳이기 때문이다.

이와 같은 상황은 관아건축에 관한 연구를 더디게 만들어 왔으며 관아건축에 대한 관심이 다른 건축유형에 비해 소홀한 직접적인 원인이 되었다.

현존 관아건축의 현황

행정분류	관아건축명	위 치	문화재 지정번호
중앙관아	종친부	서울 종로구 화동	서울유형 제9호
	삼군부 총무당	서울 성북구 돈암동	서울유형 제37호
	삼군부 청헌당	육군사관학교 내	서울유형 제16호
강화유수부	동헌	인천 강화군 강화읍	인천유형 제25호
	이방청	인천 강화군 강화읍	인천유형 제26호
인천도호부	동헌	인천 남구 문학초교 내	인천유형 제1호
부평도호부	동헌	인천 계양구 부평초교 내	인천유형 제2호
강원감영	포정루/선화당	강원 원주시 일산동	강원유형 제3호
강릉대도호부	칠사당	강원 강릉시 명주동	강원유형 제7호
충주목	청령헌/제금당	충북 충주시 성내동	충북유형 제66/67호
청주목	동헌	충북 청주시 청원군청 내	충북유형 제109호
청풍군	금병헌	충북 제천시 청풍면	충북유형 제34호
	금남루	충북 제천시 청풍면	충북유형 제20호
회인현	내아	충북 보은군 회인면	
청안현	동헌	충북 괴산군 청안면	충북유형 제93호
보은현	동헌	충북 보은군 보은읍	충북유형 제115호
충청감영	선화당	충남 공주시 웅진동	충남유형 제92호
	포정사 문루	충남 공주시 웅진동	충남유형 제93호
홍주목	동헌/관아문	충남 홍성군 홍성군청 내	사적 제231호
임천군	동헌	충남 부여군 임천면	
	관아문	충남 부여군 부여읍	
서산군	서령관/관아문	충남 서산시 읍내동	충남유형 제41호
온양군	관아문/동헌	충남 아산시 읍내동	충남유형 제16호
홍산현	동헌	충남 부여군 홍산면	충남유형 141호
예산현	관아문/동헌	충남 예산군 대흥면	충남유형 제174호
직산현	동헌/관아문	충남 천안시 직산읍	충남유형 제42호
연산현	관아문	충남 논산시 연산면	충남유형 제9호
대흥현	동헌	충남 예산군 대흥면	

부여현	동헌	충남 부여군 부여읍	충남유형 제96호
남포현	관아문/동헌/중문	충남 보령시 남포면	충남유형 제65호
해미현	동헌/부속사	충남 서산시 해미면	
경상감영	선화당	대구 중구 포정동	대구유형 제1호
	징청각	대구 중구 포정동	대구유형 제2호
	관풍루	대구 중구 달성동	문화재자료 제3호
동래도호부	동헌	부산 동래구 수안동	부산유형 제1호
	장관청	부산 동래구 수안동	부산유형 제8호
	군관청	부산 동래구 수안동	부산유형 제21호
	망미루	부산 동래구 온천동	부산유형 제4호
	독진대아문	부산 동래구 온천동	부산유형 제5호
울산군	동헌/내아	울산 중구 북정동	울산유형 제1호
경주부	동헌	경북 경주시 동부동	
장기현	동헌	경북 영일군 지행면	
진해현	동헌/부속사	경남 마산시 진동면	경남유형 제244호
거제현	질청	경남 거제시 거제면	경남유형 제146호
	기성관	경남 거제시 거제면	경남유형 제81호
김제군	동헌	전북 김제시 교동	전북유형 제60호
	내아	전북 김제시 교동	전북유형 제61호
여산군	동헌	전북 익산시 여산면	전북유형 제93호
임피현	작청	전북 군산시 임피면	
태인현	청령헌	전북 정읍시 태인면	전북유형 제75호
무장현	동헌	전북 고창군 무장면	전북유형 제35호
나주목	정수루	전남 나주시 금계동	문화재자료 제86호
	내아	전남 나주시 금계동	문화재자료 제132호
능주현	관아문	전남 화순군 능주면	
홍양현	존심당/관아문	전남 고흥군 고흥읍	전남유형 제53호
제주목	관덕정	제주 제주시 삼도1동	보물 제322호
정의현	일관헌	제주 남제주군 표선면	제주유형 제7호

* 대한건축사협회편, 『한국전통건축』 제1집 관아건축의 〈표6〉을 수정 작성하였다.

6. 조선시대의 행정 편제와 관아

관아의 직제는 당시의 행정체제를, 분포와 입지는 관아 각각의 직능을 따르는 것이 보통이다. 조선의 관아는 상당한 수준의 중앙집중적 행정체제를 보유하였던 당시 정치 상황에 걸맞게 수많은 관아들이 정연하게 정비되어 있다. 서울을 중심으로 하는 중앙관아를 경직관아(京職官衙)라 하고, 지방 행정시설을 외직관아(外職官衙)라고 하는데, 이들 관아는 모두 당대의 행정조직과 밀접한 관계가 있다. 조선시대의 관제가 고정적인 것은 아니었지만, 『경국대전』에 의하면 조선 전기의 대표적인 중앙관아의 품계는 다음과 같다.

- 정1품: 종친부, 의정부, 충훈부, 의빈부, 돈녕부, 중추원
- 종1품: 의금부
- 정2품: 이조, 호조, 예조, 병조, 형조, 공조, 한성부, 오위도총부
- 종2품: 사헌부, 개성부, 훈익부, 오위, 겸사복, 내금위
- 정3품: 승정원, 장예원, 사간원, 경연청, 홍문관, 예문관, 성균관, 상서원, 춘추관, 승문원, 통례원, 봉상시, 종부시, 교서관, 사옹원, 내의원, 상의원, 사복시, 군기시, 내자시, 내섬시, 내도시, 예빈시, 사섬시, 군자감, 제용감, 선공감, 사재감, 장악원, 관상감, 전의감, 사역원, 훈련원
- 종3품: 세자시강원
- 정4품: 종학, 수성금화사, 전설사, 농저창, 광흥창
- 종4품: 전함사, 전연사
- 정5품: 내수사, 세자익위사
- 종5품: 소격서, 종묘서, 사직서, 평시서, 사온서, 의영고, 장흥고, 빙고
- 정6품: 장원서, 사포서
- 종6품: 양현고, 전성서, 사축서, 조지서, 혜민서, 도서서, 전옥서, 활인서, 와서, 귀후서, 사학, 오부, 문소전, 각 능전, 연은전

중앙에는 삼정승을 중심으로 한 의정부와 육조가 편제되었으며 국왕 직속 독립기구로 승정원, 의금부, 삼사(三司 ; 홍문관 · 사헌부 · 사간원), 사관(四館 ; 교서관 · 성균관 · 예문관 · 승문원), 그리고 한성부가 있었다. 사법권을 가지고 있었던 형조, 의금부, 한성부를 묶어 삼법사(三法司)라는 이름으로 부르기도 하였다. 홍문관, 예문관, 승정원, 규장각 등 일부 관아는 공간적으로 궁궐 내에 귀속되어 궐내사(闕內司)라는 이름으로 불리며 왕실의 각종 사무를 처리하였다. 이밖에도 육조의 각 속아문이나 조선 후기에 강화된 오영(五營) 등 상당수의 경직관아가 있었다.

지방행정체제는 전국을 경기 · 충청 · 경상 · 전라 · 황해 · 강원 · 함경 · 평안의 팔도로 나누고 그 아래에 부, 대도호부, 목, 도호부, 군, 현 등을 두었다. 각 도의 관찰사 아래로 부윤(府尹), 부사, 목사, 군수, 현령 등의 행정계통 관리조직이 있고 병마절도사, 수군절도사 등 군사조직이 편제되어 있었다.

7. 경직관아

1) 분포

한양에는 의정부 및 육조 이하의 수많은 문직 · 무직 관아들이 산재해 있었다. 대부분의 관아들은 조선의 개국에서부터 성종대에 걸쳐 성립된 것이지만, 시간이 흐르면서 혁폐되거나 새로 성립된 것 역시 적지 않다. 변화의 주된 원인은 관제의 개편과 개혁이었지만 국왕의 임어, 이어 등 외적 요인도 상당히 작용하였다. 고종조를 거치면서 근대적 관제개혁, 도시와 건축의 변모에 의해 수많은 관아들이 소멸되었기 때문에 현재 중앙관아로 남아 있는 사례는 종친부, 삼군부 총무당, 삼군부 청헌당 등 세 건에 불과하다.

조선시대 경직관아의 위치와 분포를 확인할 수 있는 자료로는 『신증동국여지승람』, 『한경지략』, 『궁궐지』, 『동국문헌비고』, 『증보문헌비고』 등의 문헌과 각종 한성부 지도를 들 수 있으며, 이들을 통해 파악할 수 있는 경직관아의 위치는 다음과 같다.

문헌에 나타난 경직관아의 종류와 위치

관아명		설립시기	위치	①	②	③	④	⑤	분류
의정부(議政府)		정종 2	북부 관광방	○	○	○	○	○	문직
이조(吏曹)	본아(本衙)	국초	중부 징청방	○	○	○	○	○	문직
	충익부(忠翊府)	국초~숙종 27	북부 양덕방	○	○	○	○	○	무직
	상서원(尙瑞院)	국초	궐내	○	○	○	○	○	문직
	종부시(宗簿寺)	세종 21	중부 정선방→북부 진장방→북부 관광방	○	○	○	○	○	문직
	내수사(內需司)	국초	서부 인달방	○	○	○	○	○	문직
	내시부(內侍府)	국초	북부 준수방	○	○	○	○	○	잡직
	액정서(掖庭署)	국초	궐내			○			잡직
	사옹원(司饔院)	국초	궐내	○	○	○	○	○	문직
호조(戶曹)	본아(本衙)	국초	중부 징청방	○	○	○	○	○	문직
	내자시(內資寺)	국초	서부 인달방	○	○	○	○	○	문직
	내섬시(內贍寺)	국초	북부 준수방→서부 인달방	○	○	○	○	○	문직
	사도시(司䆃寺)	국초	북부 광화방	○	○	○	○	○	문직
	사섬시(司贍寺)	태종~숙종 31	동부 숭교방	○	○	○	○	○	문직
	군자감(軍資監)	국초	서부 용산강	○	○	○	○	○	문직
	제용감(濟用監)	국초	중부 수진방	○	○	○	○	○	문직
	사재감(司宰監)	국초	북부 의통방→북부 순화방	○	○	○	○	○	문직
	풍저창(豊儲倉)	국초	북부 의통방	○	○	○	○	○	문직
	광흥창(廣興倉)	국초	서부 서강 와우산 아래	○	○	○	○	○	문직
	전함사(典艦司)	세조 11	중부 징청방	○	○	○	○	○	문직
	평시서(平市署)	국초	중부 견평방→중부 경행방	○	○	○	○	○	문직
	사온서(司醞署)	국초	서부 적선방	○	○	○	○	○	문직
	의영고(義盈庫)	국초	서부 적선방	○	○	○	○	○	문직
	장흥고(長興庫)	국초	남부 회현방→서부 적선방	○	○	○	○	○	문직

	관아	시기	위치						비고
호조(戶曹)	사포서(司圃署)	국초	북부 준수방→중부 수진방	O	O	O	O	O	문직
	양현고(養賢庫)	국초	동부 숭교방	O	O	O	O	O	문직
	오부(五部)	국초	중부: 중부 징청방 동부: 동부 연화방 남부: 남부 훈도방 서부: 서부 여경방 북부: 북부 안국방	O	O	O	O	O	문직
	분호조(分戶曹)	광해 1	남부 회현방		O				문직
	조방(朝房)		금호문 밖				O		문직
예조(禮曹)	본아(本衙)	국초	서부 적선방	O	O	O	O	O	문직
	홍문관(弘文館)	세조 9 개칭	궐내	O	O	O	O	O	문직
	예문관(藝文館)	태종 1 분리 설치	궐내	O	O	O	O	O	문직
	성균관(成均館)	태종 2	동부 숭교방	O	O	O	O	O	문직
	춘추관(春秋館)	태종 1 분리 설치	궐내	O	O	O	O	O	문직
	승문원(承文院)	태종 10	북부 양덕방→중부 정선방	O	O	O	O	O	문직
	통례원(通禮院)	국초	서부 적선방→중부 정선방	O	O	O	O	O	문직
	봉상시(奉常寺)	국초	서부 여경방→서부 인달방	O	O	O	O	O	문직
	교서관(校書館)	국초	남부 훈도방→중부 정선방	O	O	O	O	O	문직
	내의원(內醫院)	국초	궐내	O	O	O	O	O	문직
	예빈시(禮賓寺)	국초	의정부 남쪽→ 서부 양생방→남부 회현방	O	O	O	O	O	문직
	장악원(掌樂院)	국초	서부 여경방→남부 명례방	O	O	O	O	O	문직
	관상감(觀象監)	국초	북부 광화방	O	O	O	O	O	문직
	전의감(典醫監)	국초	중부 견평방	O	O	O	O	O	문직
	사역원(司譯院)	국초	서부 적선방	O	O	O	O	O	문직
	세자시강원(世子侍講院)	국초	궐내	O	O	O	O	O	문직
	종학(宗學)	세종 9~중종	북부 관광방	O	O	O			문직
	소격서(昭格署)	국초~선조 25	북부 진장방	O	O	O			문직
	종묘서(宗廟署)	국초	동부 연화방	O	O	O	O	O	문직
	사직서(社稷署)	국초	서부 인달방	O	O	O	O	O	문직
	빙고(氷庫)	국초	동: 두모포/서: 둔지산	O	O	O	O	O	문직

예조 (禮曹)	전생서(典牲署)	국초	남부 둔지방	○	○	○	○	○	문직
	사축서(司畜署)	국초~영조 43	남부 회현방	○	○	○	○	○	문직
	혜민서(惠民署)	국초	남부 태평방	○	○	○	○	○	문직
	도화서(圖畵署)	국초	중부 건평방→남부 태평방	○	○	○	○	○	문직
	활인서(活人署)	국초	동: 동부 연희방 서: 서부 용산강	○	○	○	○	○	문직
	귀후서(歸厚署)	태종 6~정조 1	남부회현방	○	○	○	○	○	문직
	사학(四學)	태종 11 북학: 현종 2-3	중학: 북부 관광방 동학: 동부 창선방 남학: 남부 성명방 서학: 서부 여경방 북학: 자수원 자리	○	○	○	○	○	문직
	제생원(濟生院)	태조 6	북부 양덕방		○	○	○	○	문직
병조 (兵曹)	본아(本衙)	국초	서부 적선방	○	○	○	○	○	문직
	오위(五衛)	국초	중: 의흥위/좌: 용양위 우: 호분위/전: 충좌위 후: 충무위	○			○		무직
	훈련원(訓練院)	국초	남부 명철방	○	○	○	○	○	무직
	사복시(司僕寺)	국초	중부 수진방	○	○	○	○	○	문직
	군기시(軍器寺)	국초	서부 황화방	○	○	○	○	○	문직
	전설사(典設司)	세조 12 개칭	궐내	○	○	○	○	○	문직
	세자익위사 (世子翊衛司)	세종년간	궐내	○	○	○	○	○	무직
형조 (刑曹)	본아(本衙)	국초	서부 적선방	○	○	○	○	○	문직
	장례원(掌隷院)	세조 13~영조 51	서부 적선방	○	○	○	○	○	문직
	전옥서(典獄署)	국초	중부 서린방	○	○	○	○	○	문직
공조 (工曹)	본아(本衙)	국초	서부 적선방	○	○	○	○	○	문직
	상의원(尙衣院)	국초	궐내	○	○	○	○	○	문직
	선공감(繕工監)	국초	북부 의통방→서부 여경방	○	○	○	○	○	문직
	수성금화사 (修城禁火司)	세종 8 설치 /성종 12 개칭	종루 동쪽	○	○	○	○	○	문직
	전연사(典涓司)	세조 12 개칭	궐내	○	○	○		○	문직

관청	설립	위치						
장원서(掌苑署)	국초	북부 진장방	○	○	○	○	○	문직
조지서(造紙署)	국초	창의문 밖	○		○		○	문직
와서(瓦署)	국초	남부 둔지방	○		○		○	문직
기로소(耆老所)	태조 3	중부 징청방					○	문직
종친부(宗親府)	국초	북부 관광방	○				○	문직
충훈부(忠勳府)	태종	북부 광화방→북부 관인방	○	○			○	문직
의빈부(儀賓府)	국초	중부 정선방→북부 광화방	○				○	문직
돈녕부(敦寧府)	태종 14	중부 정선방	○				○	문직
의금부(義禁府)	태종 14	중부 견평방	○				○	문직
사헌부(司憲府)	국초	서부 적선방	○		○		○	문직
승정원(承政院)	국초/세종 15 완비	궐내	○	○	○		○	문직
사간원(司諫院)	태종 2	북부 관광방	○				○	문직
한성부(漢城府)	국초	중부 징청방	○		○		○	문직
비변사(備邊司)	명종 10	중부 정선방	○				○	문직
규장각(奎章閣)	정조 즉위년	궐내	○				○	문직
세손시강원(世孫侍講院)	세종 30							문직
선혜청(宣惠廳)	광해 1	서부 양생방	○	○			○	문직
준천사(濬川司)	영조 36	중부 장통방					○	문직
운구(雲廏)		서부 정릉동						문직
제언사(堤堰司)	국초/현종 3 재설치	청사 없음					○	문직
진휼청(賑恤廳)	인조 4	소의문 안					○	문직
주교사(舟橋司)	정조 14	중부 장통방					○	문직
주자소(鑄字所)	태종 3	선인문 안					○	문직
태청관(太淸觀)	국초				○		○	문직
태평관(太平館)	국초	숭례문 안					○	문직
동평관(東平館)	태종 7	남부 낙선방					○	문직
북평관(北平館)	태종년간	동부 흥성방					○	문직

궁궐과 관아

관청명	시기	위치					구분
모화관(慕華館)	국초	돈의문 밖 서북쪽			○		○	문직
독서당(讀書堂)	중종 10~정조	동부 두모포					○	문직
독신소(讀呻所)	국초	예조 서쪽					○	문직
장생전(長生殿)	세종 9	북부 관광방		○		○	○	문직
균역청(均役廳)	영조 12~29	남부 훈도방		○		○	○	문직
능마아청(能麼兒廳)	인조	중부 정선방						무직
중추부(中樞府)	국초	서부 적선방	○		○			무직
오위도총부(五衛都摠府)	세조 12 개칭	궐내	○	○	○	○		무직
장용영(壯勇營)	정조 11~순조 2	동부 연화방						무직
의장고(儀仗庫)	국초	중부 정선방						무직
포도청(捕盜廳)	성종~중종 년간 완비	좌: 중부 정선방 우: 중부 서린방		○		○		무직
순청(巡廳)	국초	좌: 중부 정선방 우: 중부 징청방		○		○		무직
군직청(軍職廳)	국초	중부 정선방						무직
위장소(衛將所)	문종 1	중부 정선방						무직
훈련도감(訓鍊都監) 본영(本營)	선조 27	서부 여경방						무직
훈련도감 북영(北營)		공북문 밖				○		무직
훈련도감 북일영(北一營)		북영 남쪽				○		무직
훈련도감 북사영(北四營)		경희궁 밖				○		무직
훈련도감 남영(南營)		돈화문 밖				○		무직
훈련도감 서별영(西別營)		마포				○		무직
훈련도감 동별영(東別營)		장용영 자리				○		무직
훈련도감 양향청(糧餉廳)	선조 26	남부 훈도방				○		무직
훈련도감 하도감(下都監)		남부 명철방				○		무직
훈련도감 군향색고(軍餉色庫)		북영 남쪽				○		무직
훈련도감 광지영(廣智營)		창덕궁 북쪽				○		무직
금위영 본영(本營)	숙종 8	중부 정선방		○	○	○	○	무직
금위영 남별영(南別營)	영조 6	남부 낙선방				○	○	무직

				①	②	③	④	⑤	
(禁衛營)	남창(南倉)		남별영 북쪽		○		○		무직
	직방(直房)		경희궁 동쪽				○		무직
어영청(御營廳)	본영(本營)	인조 2	동부 연화방		○	○	○	○	무직
	남소영(南小營)		남부 명철방		○	○	○	○	무직
	남창(南倉)		남소영 북쪽				○		무직
	집춘영(集春營)		집춘문 밖				○		무직
	북이영(北二營)		삼청동→사직동				○		무직
총융청(摠戎廳)	본영(本營)	인조 2	북부 진장방→창의문 밖	○			○		무직
	책응소(策應所)		선인문 밖				○		무직
	경리청(經理廳)	숙종 37–영조 23	중부 향교동			○	○		무직
	평창(平倉)		창의문 밖				○		무직
수어청(守禦廳)		인조 4	북부 양덕방(또는 진장방)	○	○	○	○		무직
용호영(龍虎營)		영조 30	북부 양덕방				○		무직
호위청(扈衛廳)		인조 1	궐내				○		무직
선전관청(宣傳官廳)			궐내	○			○		무직
내삼청(內三廳)			궐내		○		○		무직
수문장청(守門長廳)			궐내				○		무직
충장위(忠壯衛)		광해군대	궐내				○		무직
한려청(漢旅廳)		효종					○		무직
국출신청(局出身廳)		인조					○		무직
내반원(內班院)		궐내			○	○	○	○	잡직
배설방(排設房)		궐내					○		잡직
무예청(武藝廳)		인조 8	궐내				○		잡직

① 『신증동국여지승람(新增東國輿地勝覽)』, ② 『한경지략(漢京識略)』, ③ 『궁궐지(宮闕志)』,
④ 『동국문헌비고(東國文獻備考)』, ⑤ 『증보문헌비고(增補文獻備考)』

가장 많은 관아가 밀집한 곳은 중부와 서부, 특히 정선방과 적선방이다. 이 두 지역은 육조거리의 양편에 해당한다. 종로와 청계천을 기준으로 남쪽보다는 북쪽에 확연히 많은 관청이 자리하고 있으며 창덕궁 주변보다는 경복궁 주변이 많다.

경직관아 분포의 가장 큰 특징은 의정부를 비롯한 육조의 본아(本衙)들이 광화문 앞의 육조거리에 도열하여 궁성의 출입을 편리하게 할 뿐만 아니라 도시 공간의 상징성을 크게 높였다는 점이다. 육조거리의 관아들은 도시 공간 내에서 가장 큰 규모의 필지를 차지하고 있었으며 이는 지금의 서울 모습을 결정하는 데 많은 영향을 주었다.

또 하나의 특징은 육조 각각의 속아문들은 해당 기능에 적합한 장소를 찾아 자유롭게 산재한다는 점이다. 예를 들어 내자시, 사포서, 제용감 등 궁궐에서 소용되는 물품을 관리하는 관아들은 경복궁 동남쪽에 밀집되어 있고 삼남지방으로부터 올라오는 물품을 관리하는 군자감, 광흥창, 의염창 등은 마포 등 한강변에, 장학을 담당하는 양현고는 성균관 뒤에, 시장을 관리하는 경시서는 종로통에 자리하였다. 문직 관아들이 육조거리를 중심으로 도성의 중심부에 위치하는 경향이 있는 것과 달리, 조선 후기에 강화된 무직 관아들은 도성 전체에 고르게 분포하고 있는 것도 주목된다. 비변사는 국왕이 머무는 궁궐이 바뀔 때마다 관아의 위치를 이동하였다.

조선시대 한양의 행정구역

한양은 5부(部)의 행정구역과 그 아래의 방(坊)으로 구성되어 있었다. 처음 행정구역을 정한 1396년(태조 5)에는 5부 52방의 체계였고, 세종대에 와서 5부 49방으로 조정되었다. 1765년(영조 41)에는 5부 43방으로 재편하고 방 아래에 328개의 계(契)를 두어 훨씬 세분된 행정단위를 구성하였다. 1867년(고종 4)의 『육전조례』에는 4개의 방과 12개의 계가 신설되어 5부 47방 340계 체제를 이루었고 1894년(고종 31) 갑오개혁 때에 5부를 5서로 개칭하면서 동(洞)체제를 도입하여 5서 47방 288계 775동으로 행정체계가 변화하였다.

태조 5년에 처음 정해진 부와 방은 다음과 같다.

- 중부: 정선방, 경행방, 관인방, 수진방, 징청방, 장통방, 서린방, 견평방
- 동부: 연희방, 숭교방, 천달방, 창선방, 건덕방, 덕성방, 서운방, 연화방, 숭신

방, 인창방, 관덕방, 홍성방
- 서부: 영견방, 인달방, 적선방, 여경방, 인지방, 황화방, 취현방, 양생방, 신화방, 반석방, 반송방
- 남부: 광통방, 호현방, 명례방, 태평방, 훈도방, 성명방, 낙선방, 정심방, 명철방, 성신방, 예성방
- 북부: 광화방, 양덕방, 가회방, 안국방, 관광방, 진정방, 순화방, 명통방, 준수방, 의통방

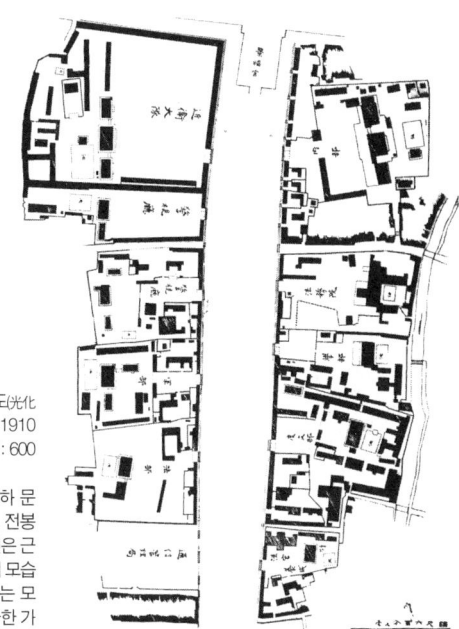

광화문 외 제관아 실측 평면도(光化門外諸官衙實測平面圖), 1907~1910년 작성, 68×100cm, 잉크, 1:600 척도.
정부기록보존소 부산지소 지하 문서고 수장 자료, 서울대학교 전봉희 교수팀 발견, 발표. 이 도면은 근대적 관청으로 변모한 이후의 모습으로 조선시대의 육조관청과는 모습이 다르지만 육조거리에 관한 가장 신뢰도 높은 도면이다.
거리의 동편에는 북쪽으로부터 내부(內部)—법무원(法務院)—학부(學部)—탁지부(度支部)—법관양성소(法官養成所)가, 서편에는 근위대대(近衛大隊)—경시청(警視廳)—군부(軍部)—법부(法部)—통신관리국(通信管理局)이 자리하고 있다. 조선시대의 육조거리 동편에는 의정부—이조—한성부—호조가, 서편에는 예조—중추부—사헌부—병조—형조—공조가 있었다.

2) 배치

한성부 내 100여 개에 달했던 관아와 관련된 그림자료는 대체로 관서지와 같은 문헌자료 속에 도설(圖說)로서 포함된 것이 많다. 호조의 『탁지지』나 형조의 『추관지』의 〈본아전도(本衙全圖)〉, 『사직서의궤』의 〈사직서전도〉 등이 그것이다. 그리고 한필교(韓弼敎, 1807~1878)가 1837년 관직에 나아간 이래 자신이 거친 관아의 모습을 화공을 시켜 그린 도첩인 〈숙천제아도(宿踐諸衙圖)〉의 제용감, 호조, 종묘서, 사복시, 선혜청, 종친부, 도총부, 공조 등의 그림 또한 경직관아의 모습을 알 수 있는 중요한 자료이다. 궐내사의 경우에는 〈동궐도〉, 〈동궐도형〉, 〈북궐도형〉, 〈서궐도안〉 등의 궁궐도를 통해 모습을 살필 수 있다.

관아 관련 그림자료 등을 통해 경직관아의 건축구성을 살펴보면 집무실인 당상청(堂上廳)이 배치의 중심이 되면서 주변에 부속집무실 낭관청(郎官廳) 및 아방(兒房), 단(壇), 지(池), 고(庫), 신당(神堂) 등이 배치되며 이들은 담장이나 행랑에 의해 구획된다. 사직서와 종묘서는 각각 사직

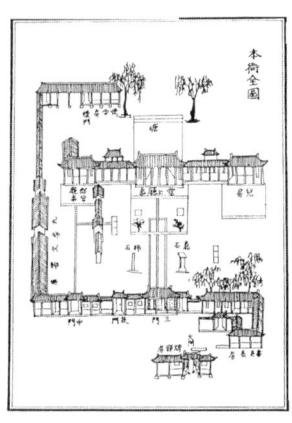

〈본아전도〉, 『추관지』, 1781년(정조 5)

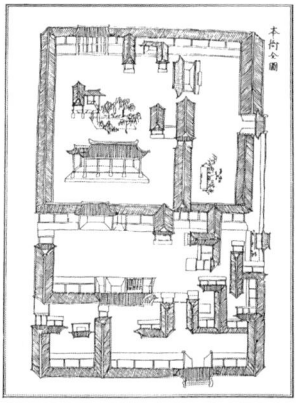

〈본아전도〉, 『탁지지』, 1788년(정조 12)

과 종묘의 담장 안에 있으므로 독립영역을 구성하지는 않는다.
당상청으로의 진입은 대개 몇 개의 문을 통하게 된다. 호조와 경기감영은 세 개의 문을, 형조, 공조, 금위영, 제용감, 선혜청, 종친부, 도총부 등은 두 개의 문을, 봉상시와 사복시는 하나의 문을 가지고 있다.
진입은 대체로 직선적인 동선으로 이루어지나 선혜청, 도총부 등은 문이 난 방향과 당상청의 방향이 어긋나 있다. 봉상시의 진입로에는 시선을 차단하는 차면 벽을 설치한 것이 특징이다.
당상청은 대체로 독립된 건물로 구성되어 관아 내에서 중앙의 위치를 점한다. 관아마다 약간의 차이는 있지만 당상청에 중심성을 부여하고 낭관청, 아방 등의 건물을 다음 위계로 놓고 있으며, 관아의 성격에 따라 창고 등 필요한 건물이 부속된다. 이러한 배치법은 우리나라 전통건축의 큰 특징이라고 할 수 있는 내외부 공간을 하나의 단위로 생각하여 독립영역들이 어울려 전체를 구성하는 것과 일맥상통하며, 행랑공간을 영역의 분화, 기능 용도의 수용, 공간의 예비를 위한 비워둠의 장치 등으로 활용하는 수법과도 깊은 관련이 있다.

8. 외직관아

1) 분포

조선시대의 지방행정은 여덟 개 도와 그 아래에 부, 대도호부, 목, 도호부, 군, 현 등의 행정 단위가 편제되어 있었다.
여덟 개의 도에는 중앙에서 관찰사를 파견하였는데 이들이 집무를 수행하는 곳을 감영(監營)이라고 부른다. 감영은 관찰사(觀察使), 판관(判官), 도사(都事), 중군(中軍), 심약(審藥), 검율(檢律), 교수(敎授), 훈도(訓導) 등으로 구성된다.
감영의 위치는 간혹 변경되기도 하다가 17세기를 거치면서 고정화되는 경향을 보인다. 조선 후기를 기준으로 볼 때, 경기감영은 한성부 성곽의 서쪽 가까이 있었으며, 수원에도 짧은 기간 동안 자리하였다. 지방에는 평안도의 평양, 함경도의 함흥, 황해도의 해주, 강원도의 원주, 충청도의 공주, 전라도의 전주, 경상도의 대구에 감영이 있었다. 감영의 위치

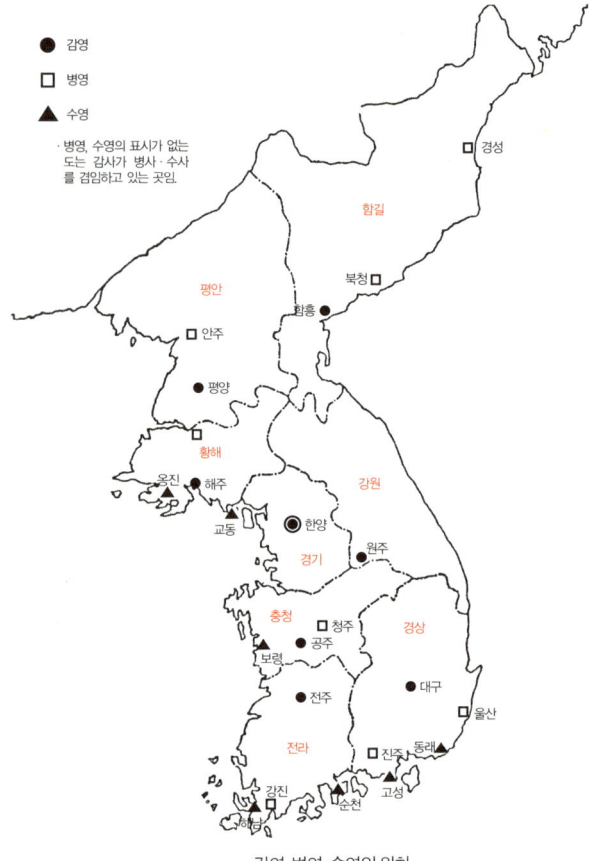

감영, 병영, 수영의 위치

는 도 내 중심성, 전국 도로망과의 관련성, 지역 내 주변 읍과의 교통 편의성 등이 반영된 것이다. 병영과 수영은 안주, 황주, 옹진, 북청, 경성(鏡城), 교동, 청주, 보령, 해남, 강진, 순천, 고성, 동래, 진주, 울산 등지에 배치되었고, 감영이 병영과 수영을 겸하는 경우도 있었다.

팔도 아래의 여러 행정단위를 통칭하여 읍치(邑治)라고 부르는데, 영조대의 『여지도서』에 따르면 조선 팔도에는 334개의 읍치가 있었다. 읍치는 대개 읍성을 갖는 경우가 많았으며 감영처는 여타 도시에 비해 규모가 큰 것이 일반적이다.

2) 감영

조선시대의 감영은 포정문 등 세 개의 문과 마당으로 이루어진 진입공간, 정청인 선화당(宣化堂)을 중심으로 하는 감사(監司)의 영역으로 구성되었다. 선화당 외에 따로 징청각(澄淸閣)이라는 감사의 처소를 갖고 있어 일반 동헌과는 구별되며, 내아(內衙)와 후원이 부속되었다. 부속 관원들의 영역은 징청각 반대편으로 배치되는 것이 보편적이며 하위직의 영역은 진입공간의 여러 문 사이 공간을 활용하였다.

감영의 구성과 규모는 일부 문헌기록 및 지도류 등의 그림자료, 그리고 삼성미술관 리움에 소장된 〈경기감영도〉를 통해 그 대략을 알 수 있다.

① 경기감영

경기감영의 중심건물인 선화당에 이르기 위해서는 감영 일곽의 서쪽에 난 누문을 지나 두 개의 문을 더 통과하여야 하는데, 진입 동선이 북쪽으로 꺾여 있다. 선화당은 측면 툇간을 포함하여 정면 8칸의 단층 팔작건물로 묘사되어 있고, 후면부는 연못이 있어 정원임을 알 수 있다. 선화당의 서쪽으로는 6칸 규모의 집무실이 있고 그 뒤로 신당(神堂)이 배치되었다. 동쪽으로는 앞에서부터 영리청(營吏廳), 관풍각(觀風閣), 내아(內衙), 사우(祠宇)가 종적으로 배치되어 있다. 공적 영역인 집무공간과

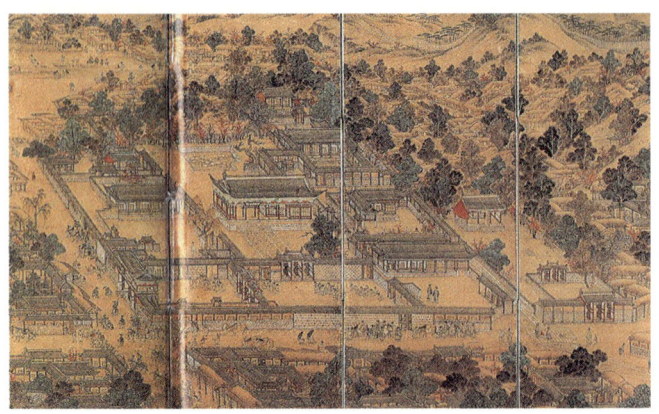

〈경기감영도 십이곡병〉(442.2×135.8cm)의 경기감영 부분, 삼성미술관 리움 소장. 조선 말 경기 감영의 모습을 12폭에 그린 그림으로 조선시대 감영건축과 도시의 모습을 알려주는 귀중한 자료다.

사적 영역인 내아와 정원 등이 결합되어 있어 감영의 복합시설로서의 성격을 잘 드러내준다. 그 바깥쪽 동편으로는 기영빈관(畿營賓館)이 이중의 삼문을 갖고 독립적인 영역을 구성하고 있다.

② 전라감영

전주의 전라감영은 동측의 포정문으로부터 중삼문, 내삼문의 세 문을 거쳐 북쪽으로 꺾어 진입하며, 선화당과 내아가 일직선상에 배치되었다. 선화당의 동쪽으로는 비장청과 관

〈완산부지도 십곡병풍〉(537×190cm)의 전라감영 부분, 국립전주박물관 소장

풍각 등이 있고 여타 부속시설들은 서쪽에 존재한다. 대체로 직선상의 배치를 갖고 있으며, 세 개의 문으로 진입공간을 삼은 점은 경기감영과 유사하다. 또한 감영은 공적, 사적 영역이 서로 얽혀 있기 때문에 건물들은 담장과 행랑으로 서로 구획되어 있으며 전체 일곽도 외부와는 단절적으로 구성되었다.

③ 평양감영
평양감영은 감사본아(監司本衙), 서윤본아(庶尹本衙), 판관본아(判官本衙) 등을 중심으로 찰방아(察訪衙), 전주국(典酒局), 영작서(營作署), 도무사(都務司), 유향소(留鄕所), 사옥국(司獄局) 등의 부속사로 구성되었던 것으로 기록되어 있다.
감사본아의 규모가 가장 커서 정면 5칸의 본채를 청옥 3칸과 상방 2칸으로 나누었고, 서별실 7칸, 북별실 6칸을 비롯하여 진서각 3칸, 동루고 7칸, 응물헌 4칸, 도무사청 3칸 등 여러 부속사를 갖고 있었다. 서윤본아 및 판관본아는 이보다 조금 작은 규모였던 것으로 파악된다.

④ 기타
그밖에 현존하는 감영건물을 유형별로 살펴보면 다음과 같다.
먼저 감영의 정문인 포정문을 보면, 공주의 포정문은 정면 5칸, 측면 2칸의 장방형 누문으로 구성되었다. 대구에 있는 경상감영의 관아문 관풍루(觀風樓)는 정면 3칸, 측면 4칸의 누문으로 이익공의 팔작집이다. 원주의 문루는 정면 3칸, 측면 2칸의 평면이다.
감영의 정청으로 현존하는 것은 공주감영의 선화당이 대표적이다. 이 건물은 정면 8칸, 측면 4칸의 짝수칸 정면을 가진 사례로 이익공작의 2고주 7량가 팔작집이다. 경상감영의 선화당은 사면에 툇간을 둘렀고 정면 6칸, 측면 4칸의 이익공작 2고주 7량가의 팔작집이다. 원주감영의 선화당은 정면 7칸, 측면 4칸인데 사면의 툇간에는 마루를 놓지 않고 전돌로만 마감한 점이 특이하다.

그밖의 부속사로는 원주감영의 청운당, 경상감영의 징청각, 공주감영의 일부 건물들이 남아 있을 뿐이다.

3) 동헌

각각의 읍치에는 중앙으로부터 지방관이 파견되어 지역행정을 총괄하였는데 지방관의 집무 및 생활의 공간을 통칭하여 동헌(東軒)이라고 한다. 보통 동헌에는 객사(客舍)가 결합되어 동헌 정청과 객사가 나란히 배치되는 경우가 많았기 때문에 동헌과 객사를 하나의 시설로 보기도 하지만 그 성격은 다르다.

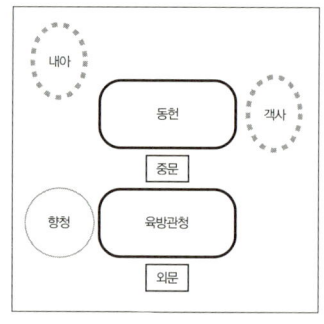

동헌의 배치 개념

읍성 내에는 동서방향으로 관통하는 길과 남쪽 문으로부터 동서방향 길에 이르는 주 진입로가 나는 것이 보통인데 이러한 경우에 동헌은 두 길이 만나는 삼거리의 북쪽 중앙부에 위치하여 감영과 입지가 유사하지만 건축적 구성요소 및 규모에서 차별점이 있다. 감영이 목조누각으로 이루어진 포정문을 갖는 것과는

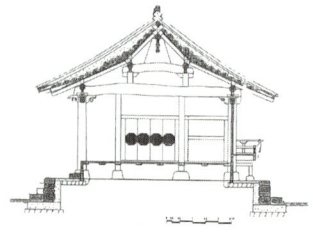

청풍군 동헌(금병헌) 단면도

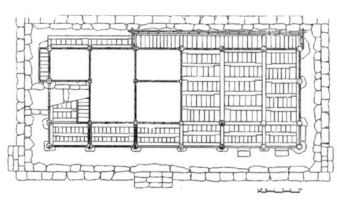

청풍군 동헌(금병헌) 평면도

달리 동헌에서는 첫 번째 문을 홍살문으로 간략화한 경우가 많으며, 감영의 징청각과 유사한 전각을 갖지 않는다는 점이다.

고지도, 문헌자료 등을 통해 동헌의 구성을 살펴보면 동헌의 입구에는 가장 앞쪽에 홍살문이 있고 그 다음으로 외문(外門)과 중문(中門)이 배치된다. 외문은 보통 익공작을 올린 누문형태로 구성되는데 정면은 3칸이 일반적인 규모이므로 흔히 외삼문(外三門)이라고도 부른다. 중문은 솟을삼문의 형식으로 구성하며 좌우로 온돌방이나 창고를 결합시킨 예(남포현 동헌)도 찾아볼 수 있다. 중문은 내삼문(內三門)으로 부르기도 한다.

홍살문과 외문, 중문을 지나면 동헌 정청을 만나게 된다. 동헌 정청은 지방관이 정무를 수행하는 공적 공간으로 외직관아의 중심 건물이다. 동헌 정청은 대개 장방형으로 구성되며 일부에 온돌을 깐다. 예를 들어 청안현 동헌은 서쪽으로 3칸의 대청을 놓고 동쪽으로 2칸 규모의 온돌방을 두었다. 보은현, 충주목, 태인현 등의 동헌은 마루의 일부를 높여 공간에 위계를 주기도 하였다. 정방형의 평면을 기본으로 하되, 한쪽에 누마루를 달아내거나(홍주목 동헌) 'ㄷ'자형으로

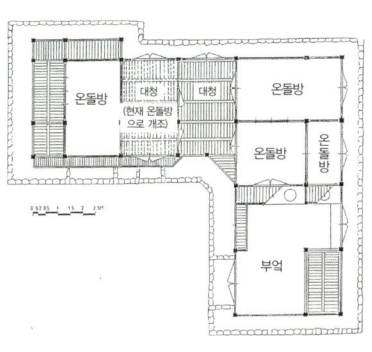

회인현 동헌 내아 평면도

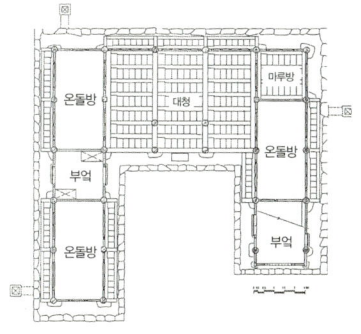

김제군 동헌 내아 평면도

구성하기도 하며(거제현 동헌) 온돌 없이 대청으로만 구성된 예(동래부 동헌)도 존재한다.

내아(內衙)는 지방관의 사적 공간이다. 배치상 동헌 정청의 뒤쪽 은밀한 곳에 위치하며 건축구성은 살림집과 유사하다. 동헌 정청이 대청마루를 크게 확보하는 것과는 달리 생활의 공간인 내아는 온돌방을 우선으로 배치하는 차이를 보인다. 또한 장방형의 엄격한 구성보다는 'ㄱ'자(울산군, 회인현 내아) 혹은 'ㄷ'자(김제군, 홍산현 내아)의 구성이 종종 나타나며 부엌 공간도 크게 확보되는 특성을 지니고 있다. 기타 부속사로는 이방청(吏房廳), 작청(作廳), 장관청(將官廳), 옥사(獄舍) 등이 있다.

아래 표는 읍지와 여지도를 통해 파악할 수 있는 조선 후기 지방관아의 건축물 구성과 규모 일람이다. 기록이 소홀하거나 서로 맞지 않는 경우도 많지만 참고가 될 수 있을 것이다.

읍지와 여지도에서 나타난 지방관아 건축물 규모 일람 (단위: 칸)

지역	품계	관아명	객사	관아건축				향청	작청	현사	관청	장관청	토포청	통인청	관노청	형리청	옥사
				계	동헌	내아	기타										
경기	정3	양주목	24	154	29	54	11	14				46					
		파주목	67	44	10	15	19										
	종3	부평도호부	28.5	103	16	21	29	7	21			9					
		이천도호부	8	37			22	7				8					
		인천도호부	23	112	10	33	9	13	27			7	9				4
		장단도호부	80	32	12	20											
	종4	풍덕군	9	57		17	32				8						
		안성군	34	90	20	35	23				12						
		마전군		73	16	14	12	9	9			7		6			
	종5	용인현	19	81			66						5				
		영평현	12	97	8	18	16	13	5	2		10		15	10		
		김포현	27	36	11	25											

경기	종6	지평현	16	29	14		15							
		과천현	22	32	14	18								
		교동현	16	16			9			7				
		통진현	22	70			70							
		연천현	8	83	10	30	16	10			9		8	
		음죽현	12	29	11	18								
		양지현	6	15	15									
		양성현	14	51	11		20	4	6	3	3	4		
		죽산현	19	68	13	13		6	12			8	8	8
충청	정3	공주목	32	64			26	13	10		7	8		
		충주목	44	93			60	24			9			
		청주목	22	51	18			8	8	6	6		5	
		홍주목	43	34	7	27								
	종4	청풍군	55	40			37							3
		임천군	28	98	51	9		5	10	5	18			
		단양군	31	51			37	14						
		태안군	49	66	10		28	10	9		9			
		한산군	44	49	19	30								
		서천군	11	31	5	9		5	4	3	5			
		면천군	82	77	10	10	50			7				
		천안군	43	28				7	14	2	5			
		서산군	49	75	11	15		10	9		30			
		괴산군	38	78			70				8			
		옥천군	12	22			15	4		3				
		온양군	37	44	10	22		12						
	종5	문의현		83			52	13	12	6				
	종6	홍산현	41	127	15	24	15	19	23		19		12	
		제천현	47	97			63	9	14		11			
		덕산현	62	81			81							
		평택현	14	62	6	30		6	15				5	
		직산현	19	68	14	30		6	7	5	6			

지역	품계	현명													
충청	종6	회인현	21	35			18	6	6	5					
		청산현	16	10	5	5									
		청양현	26	35	10	25									
		연충현	26	54			50			4					
		음성현	19	49			33	5	6		5				
		은진현	30	76	4	32		12	10	12	6				
		회덕현	26	8	8										
		진잠현	12	23	8	12				3					
		연산현	14	26	8	18									
		이산현	31	60			38		6	3	13				
		대흥현	61	52			52								
		부여현	22	79			51	10	14	4					
		석성현	21	54			49			5					
		비인현	10	27	3		24								
		남포현	9	45	5		18	11	8	3					
		진천현	25	106			67	9	21		9				
		결성현	41	3	3										
		보령현	16	69			28	8	10	8	8		4		3
		해미현	36	54	9		19		12		7		7		
		당진현	27	70			35	13	13				9		
		신창현	25	22			22								
		예산현	20	18			18								
		목천현	18	92			45	15	15		10				7
		전의현	20	55			23	6	7	5	7				7
		연기현	56	82			42	12	13		15				
		영춘현	30	14			14								
		보은현	18	73	6	12	33		10		5		3	4	
		영동현	43	55			55								
		황간현	41	34	10	24									
		아산현	30	58			58								
경	종3	선산도호부	44	22			22								

상	종4	영천군	36	105		18	18	12	16	6	17			18		
		울산군	41	136	25	29		13	13	11	23		6	8	8	
전라	종5	만경현	6	28	5			5	5	3	3	7				
	종6	구례현	15	68	6	20	11	8	12	7						4
		고창현	6	83	10	6	33	14	12		5					3
		운봉현	17	89	16	23		14	13	9	10		4			
		옥구현	35	102	12	25	17	16	13	7	6		6			
		장성현	22	95	8	25	22	16	7		5		4	5		3
황해	종3	연안도부	43	0												
	종4	재령군	71	176			64	24	38			10		13	15	12
		신천군	75	187			95	38				36	9			9
	종5	신계현	36	115			85	9				6			7	8
	종6	토산현	32	85			85									
함경	종2	영흥부	34	148			73	18	13			6	16	18	4	
	종3	부령도호부	28	69			25	9	19		7		3	6		
		정평도호부	21	62		22		11	11		5		4	9		
		갑산도호부	22	71	12	10		8	8		6		6	8	3	10
		회령도호부		61				18			16	10	9	8		
		무산도호부		76	10	8		13	14		8		8	8	7	
	종6	이성현	9	44	8	8		7	5		6		5	5		
강원	정3	강릉대도호부	77	173			87	22	18	12	18			8	8	
		원주목	70	98	30		42	26								
	종3	회양도호부	34	176			88	14	20			26	8	20		
		양양도호부	35	118			108	10								
		춘천도호부	10	77			41	8	14		8	6				
		철원도호부	33	126			71	26	21			8				
		삼척도호부	50	101			91	10								
	종4	평해군	30	68			48	20								
		통천군	32	76			52	15								9
		정선군	20	63			53	10								
		고성군	33	133			112	21								

궁궐과 관아

강원	종4	간성군	60	130			43	15	16	6	34	/	8	8	
		영월군	26	58			48	10							
		평창군	35	52			43	6		3					
	종5	금성현	34	70			42	6	16	6					
		울진현	20	101			36	10	14	8	12		11	10	
		흡곡현	22	37			37								
	종6	이천현	42	133			102	12				3	16		
		평강현	33	153			71	26	21		27	8			
		금화현	31	144			43	20	23	4	25			23	6
		낭천현	22	45	6	10	10		5					14	
		홍천현	14	96			42	6	22	7			6	8	5
		양구현	24	55			31	8	10		6				
		인제현	29	68			35	8	10	3	12				
		횡성현	10	36			23	6	7						
		안협현	16	103			75	6	16		6				
평안	종3	성천도호부	395	138.5			116.5			7					15
		초산도호부	29	42			34								8
	종4	상원군	21	86	21	15	19	6	8			6	5	6	
		덕천군	42	58	18			10	8			8		5	6	3
		개천군	22	113			54	11	18				10	9	7	4
		순천군	71.5	50			31									19
		운산군	28	68			33	8	8			8	3		8	
		자성군	21	144		11	69	16	17			18	8			5
	종5	용강현	62	156			139			7						10
		삼화현	60	57			57									
		영유현	35	75			65	10								
		삼등현	18	67			67									
		강서현		93			52	24	7			8		2		
	종6	은산현	71	141			82	14	20						21	4

* 대한건축사협회 편, 『한국전통건축』 제1집 관아건축의 〈표16〉을 참조한 것으로, 읍지와 여지도서의 기록이 상이한 경우 한쪽의 기록만을 따랐음을 밝혀 둔다.

9. 관아건축의 실례

1) 수도권

① **종친부**(서울 유형문화재 제9호, 서울 종로구 화동)
조선 역대 임금의 어보와 영정을 보관하고 복식과 의례를 맡아보던 관청이다. 수차례 명칭과 기능이 바뀌다가 1907년에 폐지되었으며 그 기능은 규장각으로 이관되었

다. 1981년에 원래 삼청동에 있던 것을 지금의 위치로 이전하였다.

② **삼군부 총무당**(서울 유형문화재 제37호, 서울 성북구 돈암동)
조선의 군사업무를 담당하던 관청인 삼군부의 건물로, 1868년(고종 5)에 건설되었다. 원래 육조거리에 있던 것을 1930년대에 이건하였다. 정면 7칸, 측면 4칸 규모의 팔

작집으로, 전후면에 툇간을 둘렀고 중앙에는 3칸 규모의 대청을 두었다.

③ **삼군부 청헌당**(서울 유형문화재 제16호, 서울 육군사관학교 내)
총무당과 같은 시기에 만들어졌다. 원래는 총무당을 중심으로 청헌당과 덕의당을 함께 건축하였으나 현재 덕의당은 전하지 않으며, 청헌당은 1967년에 정부종합청사

를 지으면서 지금의 위치로 옮겨졌다. 1977년에 수리가 있었다. 현판은 조선 후기의 무관 신관호(申觀浩, 1810~1888)가 썼다.

④ **강화유수부 동헌**(인천 유형문화재 제25호, 인천 강화군 강화읍)
1769년(영조 45)에는 현윤관이라는 이름을 갖고 있었으며, 지금 편액은 '명위헌(明威軒)'과 '이관당(以寬堂)'으로 되어 있다.
이방청은 1654년(효종 5)에 건립되었고 1783(정조 7)년에 고쳐 '쾌홀당'이라고 하였다. 많은 부분이 수보되었으나 조선시대 이방청의 귀중한 자료이다.

동헌

이방청

⑤ **인천도호부 동헌**(인천 유형문화재 제1호, 인천 남구 문학초등학교 내)

인천도호부 관청은 원래 15~16동으로 구성되었다고 전하지만 현재는 객사의 일부와 동헌 및 후대의 창고만이 남아 있다. 1950년 초등학교를 건립하면서 이건하였기 때문에 상당부분 변형되었다.

⑥ **부평도호부 동헌**(인천 유형문화재 제2호, 인천 계양구 부평초등학교 내)

『부평부읍지』에 의하면 동헌, 객사, 포도청 등 수많은 건물이 있었으나 대부분 사라졌다. 동헌은 원래 'ㄱ'자형이었으나 1968년 현재의 위치로 옮기면서 'ㅡ'자형으로 개조한 것인데 형태로 보아 내아로 추측된다.

2) 충청권

① 충청감영(충남 공주시 웅진동)

충청감영은 개국 초에 충주에 설치되었으나 임진왜란 이후 공주로 옮겼다. 『여지도서』에는 50여 채의 건물명과 규모가 기록되어 있으나 현존하는 건물은 선화당과 포정사 등 일부이다. 현재의 선화당은 1833년에 지어진 것으로 원래 공주사범부속고등학교 자리에 있던 것을 1932년에 옮겼다. 내부는 통칸으로 사용하였다. 포정사는 선화당 앞의 문이었는데 교회로 사용되는 등 변형을 겪어 문루의 모습을 찾기 어렵다. 현재의 건물은 1993년 복원된 것이다.

선화당

포정사

② 홍주목 동헌(충남 홍성군 홍선군청 내)

홍주아문은 홍주목사가 행정을 하던 안회당의 외문이다. 홍주성이 처음 지어진 시기는 알 수 없으나 『세종실록지리지』에 약간의 기록이 있다. 동문인 조양문이 1975년 복원되어 남아 있다.

③ 서령관(충남 유형문화재 제41호, 충남 서산시 읍내동)

서산군의 관아에는 객사, 동헌, 누정 등이 있었으나 지금은 아문과 외동헌만이 남아 있다. 현재의 서령관은 1867년(고종 4)에 중건된 것이다. '서령군문(瑞寧郡門)'이라는 현판을 붙였는데, 서령은 서산의 옛 지명이다.

④ 온양군 동헌(충남 유형문화재 제16호, 충남 아산시 읍내동)

『여지도서』에는 동헌 10칸, 아사 23칸, 객사 37칸, 무학당 3칸, 향청 12칸 등 건물 이름과 칸수가 기록되어 있으나 현재는 2층의 문루와 동헌만이 남아 있다. 663년(신라 문무왕 3)에 정해진 군 이름을 따라 '온주아문(溫州衙門)'이라는 현판을 붙인 문루는 1871년(고종 8)에 세워진 건물로 정면 3칸, 측면 2칸의 중층 문루이다. 약 50미터 떨어진 곳에 있는 동헌은 1928년부터 주재소로, 해방 이후에는 파출소로 쓰였고, 1986년부터 약 2년간 동사무소로 사용되다가 1993년에 복원되었다.

⑤ 홍산현 동헌(충남 유형문화재 제141호, 충남 부여군 홍산면)

형방청

동헌

1871년에 세워져 해방 후 홍산지서로 사용하다가 1984년에 현재의 모습으로 보수하였다. 동헌 앞에 있는 이정우 가옥은 관아문과 형방청으로 사용하던 것이다.

⑥ 직산현 동헌(충남 유형문화재 제42호, 충남 천안시 직산면)
북쪽에서부터 내아, 동헌, 내삼문, 아문 등 네 동이 남쪽에서 약간 동쪽을 향해 기울어진 방향으로 위치하고 있다. 아문에는 '호서계수아문(湖西界首衙門)'이라는 현판이 있다. 동헌은 7칸 규모이며 면사무소로 사용되다가 복원되었다. 내아는 4칸 규모이다.『여지도서』에는 객사, 군기, 동헌, 내아 등 전각명과 규모가 기록되어 있다.

⑦ 부여현 동헌(충남 유형문화재 제96호, 충남 부여군 부여읍)
조선시대 부여현의 관아건축으로 동헌, 객사, 내아 등이 남아 있다. 동헌은 1869년(고종 6)에 지었고 1985년에 수리하였다. 객사는 동헌과 같은 해에 지은 것으로 내부가 변형되었으나 기본 구조는 남아 있다.

⑧ 남포현 동헌(충남 유형문화재 제65호, 충남 보령군 남포면)
외삼문인 진서루와 내삼문, 동헌으로 이루어져 있다. 진서루는 낮은 기단 위에 세워진 2층 문루로 정면 3칸의 팔작집이며, 내삼문은 정면 7칸으로 문은 1칸만 내고 나머지는 방으로 썼

다. 동헌은 7×3칸으로 대청과 온돌방으로 이루어졌다.

⑨ **충주목 청령헌 · 제금당**(충북 유형문화재 제66호 · 제67호, 충북 충주시 성내동)
청령헌은 충주목사가 집무하던 동헌이고 제금당은 빈관이다. 1870년 소실된 것을 같은 해에 중건한 것이다. 원래는 중원군청사로 사용하던 것을 1983년 이건하면서 복원하였다.

청령헌

제금당

⑩ **청주목 동헌**(충북 유형문화재 제109호, 충북 청주시 청원군청 내)
『여지도서』에는 '근민헌(近民軒)'이라고 기록되어 있다. 『호서읍지』와 와당의 명문 등에 따르면, 원래 1731년(영조 7)에 현감 이병정에 의해 근민헌으로 창건되었다가 1825년에 개축되었고 1868년에 재차 개축되면서 '청녕

각(淸寧閣)'이라는 이름이 붙었다. 28칸의 동헌 이외에 객사, 강선루, 내아 등이 있었으나 1911년에 청주읍성이 헐리면서 훼손, 변형되었다. '근민헌신편청녕각중건상량문(近民軒新扁淸寧閣重建上樑文)'이 남아 있다.

⑪ **청풍 금병헌 · 금남루**(충북 유형문화재 제34호 · 제20호, 충북 제천시 청풍면)
금병헌은 동헌으로 명월정이라고도 한다. 1681년(숙종 7)에 처음 지어졌으며 1726년(영조 2)에 옮겨 이름을 금병헌으로 바꾸었다. 1900년에 보

수되었다가 충주댐 건설로 지금의 위치로 옮겨졌다.
금남루는 1825년(순조 25)에 부사 조길원이 세운 관청의 정문으로 1870년(고종 7)에 중건되었다가 1985년에 청풍문화재단지로 옮겨져 지금에 이르고 있다. '도호부절제아문(都護府節制衙門)'이라는 현판은 건축 당시에 부사 조길원이 썼다고 한다.

금병헌　　　　　　　　　　금남루

⑫ 청안현 동헌(충북 유형문화재 제93호, 충북 괴산군 청안면)
현존하는 청안현 동헌은 19세기 후반의 것으로, 한때 청안지서로 사용되다가 1981년 복원되었다. 일반적인 조선 후기의 동헌에 비하여 격식을 낮추어 지은 검소한 건물이다.

⑬ 보은현 동헌(충북 유형문화재 제115호, 충북 보은군 보은면)
『보은군읍지』에 따르면 보은의 관아는 객사와 동헌을 중심으로 아사 33칸, 향청 12칸, 무학당 7칸, 작대청 4칸, 현사 3칸, 군관청 5칸, 아전청 16칸, 지인청 4칸, 사령청 3칸, 관노청 4칸 등 22동으로 이루어졌다.

내동헌은 앞뒤로 툇간을 가진 12칸, 외동헌은 6칸으로 기재되어 있다. 1983년에 크게 보수된 현재의 건물은 정면 7

칸, 측면 3칸의 21칸 규모로 건립연대가 명확하지 않으나 대략 순조 연간으로 알려져 있다. 전면부는 모두 마루로 구성하고 대청과 온돌방을 정면 4칸, 3칸으로 나누어 사용한 점은 대단히 특징적인 구성이다.

3) 영남권

① 경상감영(대구 중구 포정동, 달성동)

처음 경상감영이 설치된 곳은 경주부였다. 그러나 1407년(태종 7)에 경상도의 넓은 면적을 감안하여 낙동강을 경계로 좌도와 우도로 구분하여 경주부윤과 상주목사가 각각 관찰사를 맡았고, 이후 감영은 상주와 경주, 혹은 대구 달성이나 칠곡, 안동 등지로 여러 차례 옮겨졌다가 1601년(선조 34)에 대구에 감영이 고정되었다.

징청각

여러 건물은 이때 만들어졌으며, 현종, 영조, 순조 때의 화재로 수차례 중수되었다. 지금의 선화당(대구 유형문화재 제1호)은 1807년(순조 7)의 소작이다. 징청각(대구 유형문화재 제2호)은 관찰사의 살림채로 사용되었는데 8×4칸으로 규모가 큰 건물이다. 선화당과 함께 한때 경상북도청으로 사용되기도 하였으나 1969년 도청을 새롭게 건축하면서 1970년에 공원을 만들어 지금의 모습으로 구성되었다. 아문인 관풍루(문화재자료 제3호) 역시 선조대 이후 수차례의 변화를 거쳐 지금에 이른다.

선화당

관풍루

② **동래도호부**(부산 동래구 수안동, 온천동)

동래부는 정3품 당상관의 부사가 있던 곳으로 국방과 외교상 중요한 곳이었다. 현재 동래도호부의 관청은 수안동의 동헌, 장관청, 군관청과 온천동의 망미루, 독진대아문 등이 남아 있다.

동헌

동헌(부산 유형문화재 제1호)은 1636년(인조14)에 동래부사 정양필(鄭良弼, 1593-?)이 지었고, 숙종조에 이정신이 '충신당'이라는 편액을 걸었다. 조선 후기까지 그대로 사용되었으나 근대기에 들어 관청이나 보건소로 사용되면서 변형되었다.

장관청

장관청(부산 유형문화재 제8호)은 동래부에 속해 있던 군장관들의 집무소이다. 동래부는 예부터 왜(倭)와 대치하는 국방상의 요충지로 효종 때에 동래 독진을 설치하고 양산, 기장현에 속한 군사의 지휘까지 맡았기 때문에 따로 장관청이 설치된 것으로 보인

군관청

다. 1669년(현종 10)에 처음 지었고 숙종조에 수보, 이건되었다.

군관청(부산 유형문화재 제21호)은 군관들이 군사 일을 보던 곳이다. 숙종, 순조 연간의 증수가 기록되어 있다. 일제강점기에 방치되었다가 1982년 지금의 위치로 옮겨졌다.

망미루(부산 유형문화재 제4호)는 영조대에 지어졌으며 고종대에 동래도호부가 관찰사영으로 승격되면서 포정사로 불리기도 하였다.

독진대아문(부산 유형문화재 제5호)은 동래부사청의 대문으로 동헌인 충신당과 함께 세워진 것으로 추정된다. 원래는 동헌 입구에 있었으나 20세기 초에 지금의 위치로 옮겨졌다.

망미루   독진대아문

③ 울산군 동헌(울산 유형문화재 제1호, 울산 중구 북정동)

울산 동헌은 울산이 부·현·도호부 등으로 자격이 오르거나 떨어질 때마다 옮기거나 폐쇄하거나 새로 지었다. 선조대에 울산은 부로 승격되었고, 이후 숙종 때 부사 김수오(金粹五)가 지었으며 그 뒤 영조대에 부사 홍익대(洪益大)가 다시 지어 '반학헌(伴鶴軒)'이라고 하였다.

④ 진해현 동헌(경남 유형문화재 제244호, 경남 마산시 진동면)

1832년(순조 32) 진해현감 이영모가 세웠다. 동헌을 중심으로 왼쪽에 객사, 오른쪽에 사령청, 앞쪽으로 마방과 형방소 등의 부속사가 있다. 현재 객사는 소실되었고 동헌은 여러 차례의 보수를 거치면서 변형되었다.

⑤ 거제현 질청 · 기성관(경남 유형문화재 제146호 · 제81호, 경남 거제시 거제면)

거제는 남해의 전략적 요충지로 조선 전기에는 원래 동헌을 고현에 배치하였는데 임진왜란 이후 지금의 거제현으로 옮겨 설치하였다. 동헌의 건물로는 질청과 기성관을 들 수 있다. 질청은 동헌의 부속건물로 행정 및 교육기능을 담당하였다. 20세기 초까지 부산지방법원 거제등기소로 사용되다가 1982년에 복원되었다.

질청

진주 촉석루 · 밀양 영남루 · 통영 세병관과 함께 영남 4대 누각으로 불리는 거제 기성관은 정면 9칸, 측면 3칸의 장방형 건물이다. 삼도수군통제영의 설치

기성관

이후에는 거제현의 객사로 활용되었다. 외관은 지붕에 층단을 두는 등 조선시대 객사의 형태를 잘 따르고 있다. 일제시대에는 학교로 사용되었고 1970년대에 크게 훼손된 것을 전체적으로 복원하여 오늘에 이르고 있다.

4) 호남권

① 나주목 정수루 · 내아(전남 문화재자료 제86호 · 제132호, 전남 나주시 금계동)

정수루

내아

정수루는 1603년(선조 36)에 나주목사 우복용이 지은 아문이다. 정면 3칸의 누각집이며 팔작지붕을 올렸다.

내아는 '금학헌(琴鶴軒)'이라는 현판을 가지고 있으며 정수루의 서쪽에 자리하고 있다. 초창 연대는 불분명하나 현재의 건물은 19세기의 것으로 알려져 있다. 일제강점기를 거치면서 군수의 살림집으로 사용되어 많은 부분이 변형되었다.

② **흥양현 동헌**(전남 유형문화재 제53호, 전남 고흥군 고흥읍)

흥양현 동헌은 1765년(영조 41)에 지어진 것으로 보이며 현재 고흥군청 안에 아문과 동헌인 존심당이 남아 있다. 존심당은 정면 5칸의 팔작집이다. 아문은 3칸의 평면을 갖고 있으며, 가운데 칸 지붕을 높인 것이 특징이다.

존심당

③ **김제군 동헌·내아**(전북 유형문화재 제60호·제61호, 전북 김제시 교동)

김제군 동헌은 현종 때 처음 지었으며 숙종조에 수리가 있었다. 정면 7칸의 보편적 규모를 갖고 있으며 오른쪽에 대청, 왼쪽에 온돌방을 두었다. 외벽은 사방 전체에 같은 형태의 문이 달려 있어 입면상 통일성 있는 점이 특징이다.

살림집의 성격을 갖는 내아는 동헌과 함께 지어진 것으로 보인다. 현존하는 'ㄷ'자형의 안채 이외에도 부속건물들이 있었을 것으로 판단된다.

동헌   내아

④ 여산군 동헌(전북 유형문화재 제93호, 전북 익산시 여산면)

조선시대 여산부의 관아건축으로, 개조하여 여산 우체국으로 이용하다가 현재는 경로당으로 사용하고 있다. 정면 5칸에 팔작지붕을 올렸으며 공포를 사용하지 않고 민도리집을 구성하였다. 오른쪽 2칸을 온돌로 사용하
였고 하부의 주초를 높여 툇마루 아래로 들어가 불을 땔 수 있게 하였다. 지금은 유리마감 등 입면이 상당부분 변형되어 있다.

⑤ 태인현 청령헌(전북 유형문화재 제75호, 전북 정읍시 태인면)

태인현 동헌인 청령헌은 종중대에 건립되어 1816년(순조 16)에 수리되었다. 6×4칸의 평면에 팔작지붕을 올렸다. 내부공간은 오른쪽에 대청을 두고 왼쪽에 온돌을 두었으며 전후면
에 퇴를 둘렀다. 후면 퇴의 오른쪽 2칸은 대청보다 높게 마루를 올렸고 나머지는 흙바닥으로 처리한 점이 특징이다. 동헌의 다양한 기능을 한 건물 안에 모두 넣은 것으로 공간구성이 돋보인다.
태인현 동헌은 아주 큰 규모는 아니지만 우리나라에 남아 있는 동헌 중에서 원형이 가장 잘 보존되어 있다.

⑥ 무장현 동헌(전북 유형문화재 제35호, 전북 고창군 무장면)

조선 초기에 설치된 무장현 동헌은 초등학교의 교실로 사용되는 등 상당히 변형되었다가 1989년에 원래대로 복원되었다. 정면 6칸의 팔작집으로 전체적으로 장중한 느낌을 준다.

5) 강원 및 제주

① 강원감영 (강원 유형문화재 제3호, 강원 원주시 일산동)

1395년(태조 4) 원주에 설치된 강원감영은 강원감사의 집무처로 70여 칸 규모였다. 임진왜란 이후 복구하였으나 한국전쟁 때 큰 피해를 입어 현재는 관찰사 집무처였던 선화당과 정문인 문루만 남아 있다.

선화당

포정루에는 한국전쟁 이후부터 '강원감영 문루'라는 현판이 달려 있었으나 『여지도서』 등의 문헌을 근거로 하여 1991년에 '포정루'로 고쳐 달았다. 감영의 자리에 군청이 들어섰지만 선화당은 그대로 남아 있다. 선화당은 7×4칸의 팔작집이고 대청쪽과 앞면, 오른쪽은 띠살문으로 처리한 점이 특징적이다.

포정루

② 강릉대도호부 칠사당 (강원 유형문화재 제7호, 강원 강릉시 명주동)

칠사당의 이름은 호적(戶籍), 농사(農事), 병무(兵務), 교육(敎育), 세금(稅金), 재판(裁判), 풍속(風俗)에 관한 일곱 가지 정사(政事)를 베풀던 곳이라는 데서 유래하였다. 1632년(인조 10), 1726년(영조 5)에 중수 기록이 있으며, 1866년(고종 3)에 진위영으로 사용되

다가 소실되어 새로 중건했다고 전하며, 지금의 건물은 1980년에 복원된 것이다. 정면 7칸, 측면 3칸의 전각으로 'ㄱ'자형 평면으로 구성되었

으며 누마루는 다른 공간에 비해 높게 만들어졌다. 대청과 툇마루가 기둥열에 의한 구분 없이 연결된 점도 특징적이다. 병인박해(1866) 때 많은 교인들이 이곳에서 참수당하였다.

③ 제주목 관덕정(보물 제322호, 제주도 제주시 삼도1동)

『탐라지』에 의하면 세종 연간에 군사 훈련의 목적으로 세웠다고 한다. 성종이후 여러 번의 수리를 거쳤으며 현재의 건물은 1969년에 보수한 것으로, 건축수법상 17세기의 특징을 갖고 있다. 5×4칸의 팔작집으로 이익공을 사용하였다. 지붕 처마가 긴 것이 특징이었는데 1924년 일본인들이 보수하면서 처마부분을 많이 잘라냈다. '관덕정(觀德亭)'이라고 쓴 현판은 세종대왕의 셋째 아들 안평대군이 쓴 글씨라고 전한다. 관아건축으로는 드물게 보물로 지정되어 있다.

④ 정의현 일관헌(제주 유형문화재 제7호, 제주도 남제주군 표선면)

일관헌은 정의현의 동헌으로, 원래 건물이 있던 곳에 왜구의 침입이 잦아 조선 1423년(세종 5) 현 위치로 옮겼다고 한다. 지금 있는 건물은 최근에 복원한 것이다.

[제 4 장]
마을과 읍성

1. **마을의 유형** · 232
   1) 마을의 정의
   2) 마을의 여러 가지 유형
      (1) 위치와 산업에 따른 분류
      (2) 밀도와 형태에 따른 분류
      (3) 특수한 기능을 갖는 마을
   3) 마을 발달의 역사
   4) 조선시대의 마을
      (1) 씨족마을
      (2) 각성마을
      (3) 특수마을
2. **마을의 구성원리** · 238
   1) 마을의 공간구조
   2) 마을의 성격별 영역
   3) 마을의 주요 구성요소
   4) 마을의 민속
   5) 마을 답사시 인문적 고려 대상
3. **마을 실례** · 246
   1) 서울 북촌
   2) 아산 외암마을
   3) 고성 왕곡마을
   4) 보성 강골마을
   5) 안동 하회마을
   6) 경주 양동마을
   7) 성주 한개마을
   8) 진주 남사마을
   9) 제주 성읍마을
   10) 대구 옻골마을
   11) 나주 도래마을
   12) 봉화 닭실마을
   13) 김천 원터마을
   14) 화순 월곡마을
   15) 영일 덕동마을
   16) 대전 상사마을
4. **읍성** · 270
   1) 개요
   2) 축성시기와 공간구조
      (1) 축성시기
      (2) 공간구조
   3) 주요 시설
      (1) 성벽과 성문
      (2) 객사, 동헌, 장시
   4) 읍성의 해체
5. **읍성 실례** · 280
   1) 수원 화성
   2) 경주읍성
   3) 홍주읍성
   4) 해미읍성
   5) 고창읍성
   6) 낙안읍성
   7) 언양읍성
   8) 장기읍성

1. 마을의 유형

1) 마을의 정의

전근대사회의 마을은 자연 경계를 바탕으로 일상생활과 자족 생산이 이루어지는 사회·영역적 기초단위이며, 동시에 동제(洞祭), 두레, 향약이 시행되는 민속공동체이다. 촌(村), 촌락(村落), 부락(部落), 동리(洞里) 등으로 불리기도 한다. 이보다 작은 생활의 기초단위로 동네가 있고, 이보다 큰 정치·사회적 단위로 고을을 상정할 수 있다.

2) 마을의 여러 가지 유형

(1) 위치와 산업에 따른 분류: 농촌, 산촌, 어촌

(2) 밀도와 형태에 따른 분류: 집촌, 산촌
① 집촌(集村)
특정 장소에 주택이 밀집되어 있는 상태의 마을을 이른다. 역사적으로는 신석기 중기 이후 방어와 협동 작업을 위해 등장한 이래 오랫동안 인류 정주방식의 기본이 되었다. 협동작업이 강조되는 논농사지역이나 어촌, 상공업지역 등은 대부분 집촌의 형식을 취한다. 특히 조선시대에는 성리학적 질서가 향촌에 미치면서 혈연관계를 갖는 주민들이 집주하는 독특한 씨족마을의 형식으로 발전한다.

② 산촌(散村)
각각의 주택이 고립 분산되어 농경지에 밀착되어 있는 마을 유형을 말한다. 대개의 경우 넓은 농경지를 가지고 있지 못하거나 가족노동에 의존하는 밭농사 지역 등에서 나타난다. 과거의 산촌은 가족단위의 자족적인 생활기반을 바탕으로 하지만, 현재는 교통의 발달과 기계화에 따른 대단위 농경으로 새로운 산촌의 출현 가능성을 가지고 있다.

※ 괴촌(塊村, cluster village)
무질서하고 불규칙하게 특정 장소에 군집된 자연발생 촌락을 말한다.

(3) 특수한 기능을 갖는 마을
① 사원촌(寺院村)
절 입구에 자리하여 사찰에 경제적으로 예속되어 있는 마을로, 사찰과 특수한 관계를 가지고 있다. 농업기능이 우세하였으나 점차 관광 위주로 변모되고 있다.

② 역원촌(驛院村)
과거의 주요 교통로에 자리하여 지나는 사람들에게 숙식을 제공하거나 상거래의 거점이 되는 곳에서 볼 수 있다. 도로를 따라 띠 모양으로 발달되어 있다.

③ 향·소·부곡(鄕·所·部曲)
통일신라시대 이후 발생한 것으로 보인다. 대개 교통이 불편한 벽지나 특산물이 나오는 지역에 피정복민이나 반역민을 천민화하여 집단적으로 거주하게 한 곳으로 특수한 상공업의 거점이 되는 지역이다. 조선시대에 정식 행정구역으로 편재되지만 특산물과 관계된 산업은 그대로 유지되는 경우가 많다.

④ 신앙촌(信仰村)
종교적 신념을 같이 하는 사회집단의 거주지를 말한다. 조선 후기 풍수적 비기를 쫓아 집단 이주하였던 사례를 비롯하여, 기독교도들이 박해를 피해 모인 정주지, 근대기 신흥종교 신도들의 집단 거주지, 그리고 개성의 만덕산이나 제주도의 할망당 중심마을 등 샤머니즘과 관련된

사례 등이 있다.

⑤ 관광 휴양촌(觀光休養村)
근대 이후 교통 및 관광의 발달과 함께 명승지 주변에 여관촌이 형성된 것을 비롯하여 최근 전통건조물 집단지구의 보존을 위하여 시행된 전통문화마을, 그리고 농촌의 과소화에 대응하기 위하여 도입되는 생태 관광지역 등이 이에 해당한다.

3) 마을 발달의 역사

① 선사시대
신석기 중기 이후 농경의 발달과 함께 움집들로 이루어진 취락 유적이 발견된다. 대표적인 예로는 서울 암사동 유적지가 있다.

② 삼국시대
지리학, 천문학 등 기술의 발전과 함께, 고대 이상사회의 개념이 발달하여 격자형 도로망 등 계획에 의한 도시가 발생하고, 전투와 방어를 위한 성읍마을이 등장한다.

③ 고려시대
풍수지리사상의 영향으로 자연지형을 적극적으로 활용한 유기적 도시계획 개념이 발전하고, 국토 전체에 대한 지배권이 확산되면서 대단위 장원이 형성된다. 예로는 장원 취락(지방 호족이나 대규모 사찰), 진 취락(변경지방), 역 취락(주요 교통 중개지), 특수 취락(향·소·부곡 — 지방 특산물 공급) 등이 있다.

④ 조선시대
전체 군현에 지방관이 파견되고, 향촌까지 성리학적 질서가 보급됨으로써 행정, 군사, 상업의 중심지로 읍성마을과 씨족마을 등이 재편된다. 씨족마을(혈연공동체적 촌락), 읍 취락(지방 행정 중심지), 진(鎭) 취락(국경·해안지방), 진(津) 취락(나루터 취락), 역원(驛院) 취락, 영(營) 취락 등이 있다.

⑤ 일제 강점기
신작로와 철도 등 근대적 교통의 발달과 함께 각 읍성에는 신시가지가 등장하여 도시로 발전한다. 향촌은 행정구역의 개편과 근대적 교통시설의 도입에 따라 중심지가 이동하는 커다란 변화를 겪는다. 군, 면 소재지는 행정 및 상업 중심지로 발전해 나가고, 리 이하의 지역은 초등학교와 정미소 같은 근대적 시설을 중심으로 재편된다.

⑥ 해방 이후
1960년대 이후 급격한 근대화는 급속한 이농현상을 야기하여 농촌의 공동화를 유발하였고, 1970년대의 새마을운동에 따른 농촌 취락구조 개선사업은 전통적인 마을이 갖는 공간구조와 주거형태를 전면적으로 바꾸어놓았다. 도시화와 산업구조 재편에 따라 근교촌, 광산촌, 전통마을의 쇠퇴현상이 일어난다.

4) 조선시대의 마을

(1) 씨족(氏族)마을
① 정의
씨족마을은 향촌에 성리학적 질서가 보급되면서 등장하는데, 성씨와 본관을 같이 하는 부계 혈연집단이 전체 주민구성의 다수 혹은 주도적 지위를 점하는 마을을 일컫는다. 이러한 주민구성의 특수성은 벼농사라는 독특한 생산배경과 어울려 조선사회 특유의 향촌경관을 만들어낸다.
씨족은 조상을 같이 하는 동성동본인들과 그들과는 조상을 달리하는 집

안으로부터 배우자로 들어온 여자들로 구성된 사회집단을 말한다.

② 형성
하나 혹은 특수한 관계에 있는 둘 이상의 씨족이 마을 구성원의 다수를 점하며 지배적 영향력을 행사하는 씨족마을은 처음에는 사족(士族)들을 중심으로 출발하였지만, 조선 신분제의 이완과 함께 전체 농촌으로 확산되어 갔다. 동족취락(同族聚落) 혹은 동성부락(同姓部落)이라고도 부른다. 1935년 총독부 조사에 따르면, 전국에 걸쳐 14,672개소의 씨족마을이 있는 것으로 보고되었는데, 이는 당시 전체 마을의 약 50% 수준에 미친 것으로 파악된다. 이후 1960년대에 이르면 그 수는 더욱 늘어나 전체의 80% 이상을 차지한 것으로 추정된다.

입향(入鄕)의 유형 씨족마을에서 최초로 이주해온 선조를 입향조(入鄕祖)라고 하여 특별한 공경을 보이는데, 이들 입향조의 이주 사유는 시대에 따라 다음과 같이 분류할 수 있다.

· 토족(土族)의 주변 이주
· 지방관리의 임지 부근 정착
· 혼인 후 처가 연고지로 이주
· 분가에 의한 주변지 개척 이주
· 난을 피하여 안전한 곳으로 피난 후 정착
· 유배 혹은 은둔을 목적으로 이주
· 새로운 간척지 등 신경작지로 집단 이주

이 가운데 첫 번째는 조선 개국 초기, 두 번째부터 네 번째는 조선 전기, 나머지는 조선 후기에 주로 발견되는 사유들이다.

③ 형성 요인
전쟁 임진왜란이나 병자호란과 같은 전쟁이 일어났을 때, 피난을 위하여 벽지로 이주해가면서 신개발지를 찾게 되어 거주범위가 확장되고, 병화를 겪으며 씨족의 결속을 강화할 필요를 새삼 깨닫게 된다.
종법(宗法)의 변화 조선 중기 재산 및 제사의 상속제도가 자녀균등상속에서 적장자우대 불균등상속으로 바뀌면서 장자를 중심으로 토지에 대한 고착성이 강화된다.
새로운 농업 기술의 보급 조선시대에 걸쳐 전국적으로 또 단계적으로 천방(川防) 기술이 보급되고 이앙법이 논농사의 기본방식으로 바뀌면서 생산작업의 협업이 강조된다. 이를 계기로 지역공동체가 생산공동체로 강화된다.
사회적 신분의 유지 조선시대의 특혜집단인 양반은 엄격한 법적 신분이라기보다는 사회적 지위의 성격이 강했다. 때문에 양반 신분의 유지를 위한 씨족 내부의 공동운명체적 활동의 필요성과 선조의 덕을 입고자 하는 의식이 집단 거주를 장려하였다.

(2) 각성(各姓)마을
여러성씨가 혼재하여 공동체를 이루는 마을을 말한다. 관아가 위치하며 상업의 중심지인 읍치(邑治)는 조선시대의 대표적 각성마을이다.

(3) 특수마을
오지, 역원촌, 사원촌 등이 이에 해당하는데 이곳에는 천민, 또는 신분은 양인이나 천민과 같은 일에 종사하는 사람들이 산다.

2. 마을의 구성원리

1) 마을의 공간구조

우리나라는 산지가 많고 경작지가 적어 집약농업이 일찍부터 발달하였다. 때문에 논농사를 주로 하는 중부이남지역의 주거지는 경작지를 최대한 확보하기 위하여 대개 논과 밭의 경계 지점에 자리하게 된다. 지형적으로는 평탄지가 끝나고 경사지가 시작하는 산기슭에 위치하며, 일조를 위하여 남경사면을 선호한다.

전통 지리관인 풍수지리와 성리학적 복거관의 영향을 받아, 산의 기운이 내려오는 마을의 후면 가장 높은 곳을 제일 좋은 곳, 위계가 높은 곳으로 생각하여 종가와 사당 등을 배치하고, 그 아래로 치마를 펼친 듯 집들을 배치한다.

외부와 마을을 연결하는 통로는 동구 밖으로 지나가는 통과도로이며, 여기서 갈라져 나온 진입로가 마을로 인도한다. 통과도로에서 마을이 바로 들여다보이지 않도록 하기 위하여 인공조림을 하거나 자연 지형을 이용하여 모퉁이를 돌아야 마을로 들어갈 수 있게 처리한다. 마을 내 도로는 대개 동구에서 종가에 이르는 중심로를 두고 주변으로 나뭇가지가 뻗어나가듯 자유로운 형상으로 길들이 각 집으로 연결되어 있다. 이를 나뭇가지형 도로, 혹은 유기적 도로망이라고 한다.

마을의 입구, 통과도로의 주변에는 정려, 비각 등의 유교적 기념물이 있고, 마을의 중심부 혹은 지형적 결절점에는 당목이나 당집과 같은 마을 신앙의 대상이 있다. 이들과 비슷한 위치에 정자목이나 모정 등의 공동 휴식처가 있기도 한다. 종가에 이르는 마을의 중심길은 줄다리기 등의 공동행사가 치러지는 공간으로, 광장이 발달하지 않은 우리나라에서 서구의 광장과 같은 역할을 한다. 서원이나 서당, 누정 등 주요한 공동체시설 역시 이 길에서 접근이 용이한 곳에 자리하여 길의 중요도를 높이는 것이 보통이다.

2) 마을의 성격별 영역

마을의 공간구조는 공간의 성격에 따라 생활공간, 생산공간, 의식공간으로 나눌 수 있다.

① 생활공간: 일상생활의 영역으로 집 자리, 우물, 빨래터 등을 들 수 있다.

씨족마을의 구성요소

		공간의 크기		
		집(사적 공간)	동네(공용 공간)	마을(공적 공간)
공간의 위계	생활공간	(안채) 방 마루 부엌 장독대	빨래터 동네길 우물 정자나무	인근 동네
	생산공간	(행랑채) 행랑방 행랑마당 텃밭 방앗간 뒤주, 곡간 외양간	모정 당전답(堂前畓) 방앗간 너른길	원두막 들, 뒷산 작업소 주막거리(장터) 민창(民倉)
	의식공간	(사랑채) 대문 가묘 제청 사랑방	동구(동부, 당목) 정려 별묘 누정 종가 서당 향현사(享賢祀)	진산, 안산 신당 묘소 재실, 묘막 곡(谷)과 경(景) 정사 서원(향교)

②생산공간: 생산작업, 가공·저장의 영역으로 경작지와 방앗간 등이 있다.

③의식공간: 신앙, 교육의 영역으로 서원이나 서당, 누정이나 별묘 등을 말한다.

이들 공간은 규모에 따라 집, 동네, 마을, 고을 등 중층적으로 확대 반복된다. 마을 내에서는 생활공간과 생산공간이 지형적인 경계를 따라 비교적 정확하게 구분되는데, 의식영역에 속하는 각종 기념물들이 이들 사이에 점재한다. 한편, 경작지가 모두 끝나는 뒷산의 높은 지역은 땔감의 제공처가 되기도 하지만, 서원이나 서당, 당집 등이 위치하여 의식역에 속한다고 볼 수 있다.

3) 마을의 주요 구성요소

마을모식도

① 종가(宗家)
입향조의 고택 혹은 마을 내의 장손 집으로 최고(最古) 최상의 격식을 갖춤은 물론, 사당이나 정문 등 공공적 건축장치를 가지는 것이 보통이다. 마을 내 주요 도로의 종점을 차지하는 경우가 많다.

② 별묘(別廟)
입향조의 적손은 마을 내 거주자의 공동 조상이 되기 때문에 그들의 사당은 단지 종가만의 것이 아니라 마을 공동의 기념물이 되는 경우가 많다. 때문에 현조(顯祖)를 기리는 마을 공동 사당으로서의 별묘가 마을의 중심부 혹은 종가 부근에 자리한다.

③ 누정(樓亭)
누정은 유식자의 유희공간으로, 마을의 품격을 고양하는 데 절대적으로 필요한 곳이다. 또한 근거리 원거리 명문 사족들과의 친교 장소로, 공동체 내부의 회의장으로 사족 씨족마을의 경관을 지배하는 기념물이 된다.

④ 모정(茅亭)
농민들의 휴식, 회의, 감시 목적을 위해 마을주민들이 공동으로 건립, 이용, 관리하는 개방형 정자로, 실제적인 공동 농작업의 지원기능을 갖는다. 호남지역에 특징적으로 발달하였으며 생산공동체의 상징물이다.

⑤ 정려(旌閭)
충신·효자·열녀 등에 대하여 그들이 살던 집이나 마을의 입구에 문패, 비 혹은 비각의 형태로 표식을 세워 널리 드러내는 기념물이다. 씨족마을의 경우 대개 마을 주변의 통과도로에서 마을로 들어가는 입구에 이를 세워 근처를 지나는 모든 사람들에게 마을의 위상을 높이 보게 하려는 목적이 강하다.

⑥ 비각(碑閣)
정려와는 별도로, 마을 내 현조(顯祖)의 글이나 글씨, 그들이 받은 어제

(御製)나 어필(御筆) 등을 과시하려는 목적으로 비각을 세우는 일이 많다.

⑦ 동수(洞藪: 마을 숲)
마을의 주요한 진입로 또는 마을 앞을 지나는 통과도로에서 마을이 바로 들여다보이지 않게 하기 위하여, 마을 입구 부근에 소나무 등을 빽빽하게 심어서 만든 숲을 말한다. 풍수지리적 관념으로는 마을의 기운이 빠져나가지 않게 막아주는 비보(裨補)의 역할도 겸한다.

⑧ 방앗간
방앗간과 우물은 농촌마을의 대표적 생산, 생활의 공동체 시설이다. 디딜방아는 집마다 따로 가지고 있는 경우도 있으나 연자방아나 물레방아의 경우는 마을 중심부에 두고 공동으로 이용하는 사례가 많다. 근대에 들어서는 전기의 보급과 함께 마을 입구의 개울에 면하여 기계식 정미소를 만들었다.

⑨ 우물
우물과 샘은 대부분의 마을에서 가장 귀하게 여기는 기본 생존조건이다. 물이 풍부한 지역에서는 각 집의 뒤뜰에 우물이 있으나 대개의 경우 마을 내 여러 곳에 공용 우물을 가지고 있으며, 같은 우물을 사용하는 범위를 가지고 마을 내의 지역권을 다시 동네로 구분할 수 있다.

⑩ 서원(書院)
18세기 이후가 되면서, 서원과 사우의 수가 급증하게 되며 그 가운데 지역적으로 한정된 씨족사우, 혹은 씨족서원의 예가 증가한다. 이러한 씨족서원의 경우 마을에서 멀리 떨어지지 않은 지역에 자리하는 것이 특징이다. 또 서원으로까지 발전하지는 못하여도, 공동 교육기관으로서 서당, 정사 등이 건립되기도 한다.

⑪ 당목(堂木) 혹은 신목(神木)과 당집

거목인 당목이나 신물을 모신 당집 등은 토속적인 주술신앙에 근거한 유물이지만, 유래가 깊은 마을에서는 대개 이들이 성리학적 질서가 정착된 이후에도 별신으로서 계속 제사되며 마을의 안녕과 생산의 풍요를 기원하는 대상이 된다.

4) 마을의 민속

① 통과의례
  가. 출산의례: 기자속, 출산전속, 출산속, 출산후속
  나. 혼례
  다. 상례: 초종, 습·염, 성복, 치장, 우제·졸곡·부제, 소상·대상·기타
  라. 제례

② 민속신앙
  가. 가신(家神)신앙: 성주신, 지신, 조상신, 삼신, 조왕신, 철륭신, 우물신, 업신, 우마신, 수문신, 측간신
  나. 동신(洞神)신앙: 산신, 서낭신, 국수신, 장군신, 용왕신, 장승, 솟대, 짐대
  다. 무속신앙
    · 무당: 강신무 — 신내림, 영력에 의한 굿, 점복
           세습무 — 혈통에 의한 세습, 당골무당
    · 굿: 육아기원, 치병기원, 결혼축원, 행운기원, 건축·이사(성주풀이), 기풍제의, 사후제의
    · 신당: 산신당, 서낭당, 장군당 등 당집

③ 세시풍속

월별 농사일

월	절기	벼농사	밭농사	채소	과수
1	소한 (小寒; 1월 5일경) 대한 (大寒; 1월 20일경)	영농계획 수립	보리밭가꾸기		
2	입춘 (立春; 2월 4일경) 우수 (雨水; 2월 19일경)	벼품종 고르기 객토 잡초태우기	보리밭밟기 콩종자 준비 씨감자 준비	고추, 가지 씨뿌리기	접붙이기 묘목심기
3	경칩 (驚蟄; 3월 5일경) 춘분 (春分; 3월 21일경)	못자리 준비	웃거름주기 감자, 고구마	봄채소 씨뿌리기	
4	청명 (淸明; 4월 5일경) 곡우 (穀雨; 4월 20일경)	못자리 만들기 볍씨 준비	옥수수 씨뿌리기	월동채소 가꾸기	살충제 뿌리기
5	입하 (立夏; 5월 6일경) 소만 (小滿; 5월 21일경)	모내기 준비	보리, 밀가꾸기 고구마 싹심기 감자거두기	가지, 오이, 고추, 호박 모심기	순자르기
6	망종 (芒種; 6월 6일경) 하지 (夏至; 6월 21일경)	모내기 김매기 물관리	보리, 밀거두기 고구마싹심기 감자거두기	채소가꾸기	병충해방지 웃거름주기
7	소서 (小暑; 7월 7일경) 대서 (大暑; 7월 23일경)	중간물떼기 이삭거름주기	콩북주기 콩 순자르기	병충해방지	복숭아거두기
8	입추 (立秋; 8월 8일경) 처서 (處暑; 8월 23일경)	물관리 거름주기 병충해방지	콩, 고구마 가꾸기	김장채소 씨뿌리기	

9	백로 (白露;9월 9일경) 추분 (秋分;9월 23일경)	물관리	옥수수, 고구마 거두기	김장채소 가꾸기	
10	한로 (寒露;10월 8일경) 상강 (霜降;10월 23일경)	벼베기 탈곡, 갈무리		고구마 콩거두기	사과, 배, 감 수확
11	입동 (立冬;11월 8일경) 소설 (小雪;11월 22일경)	객토	보리씨뿌리기	김장채소 거두기	
12	대설 (大雪;12월 7일경) 동지 (冬至;12월 21일경)	객토	보리, 밀가꾸기		

5) 마을 답사시 인문적 고려 대상

① 지리환경: 지형(산, 하천, 도로), 기후(기온, 강우량, 풍향), 교통(배후지, 주변 간선도로), 토질, 비옥도 등
② 지명과 유래: 산, 들, 강, 신물 등 주요 지점과 경계부의 지명과 유래, 팔경과 구곡, 현지인의 인지지도(cognition map) 등
③ 상징물: 비각, 정려, 루정, 제사, 당집과 당목, 짐대, 선돌 등
④ 역사적 배경: 창설시기, 입향조, 주요 인물, 사건 등
⑤ 기록물: 각시대별 군지와 읍지, 동계 등의 기록물, 저명 선조의 문집, 조사보고서, 개인일기 등
⑥ 구전자료: 입향설화, 설화, 사건과 인물 일화 등
⑦ 주민구성: 성씨별, 연령별, 직업별, 성비 분포, 거주지 분포, 농경지 분포 등
⑧ 가족과 친족: 통혼권, 거주지 분포, 가족 내 풍습, 성별 역할분담 등

⑨ 조직과 협동: 사회조직, 친족조직, 협업조직, 상여꾼 등
⑩ 생산주기와 민속: 생산주기, 생활주기, 세시풍속, 제사와 차례, 묘제, 혼례, 상례 등
⑪ 경제활동: 주요 경작물, 토지소유관계, 장시, 생산품, 생산량, 재산상태, 유통경로 등

3. 마을 실례

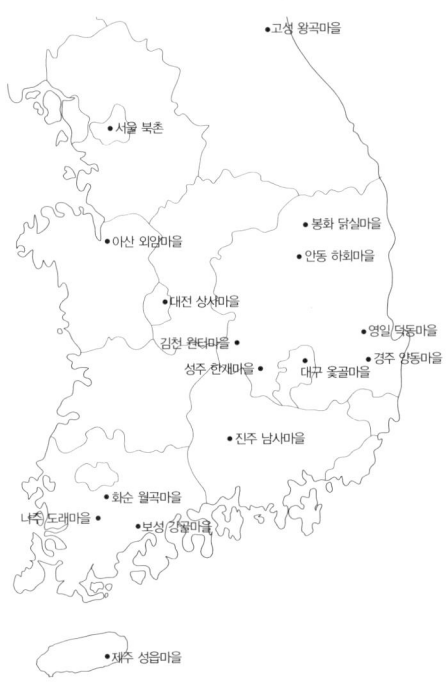

1) 서울 북촌(서울 종로구 가회동, 삼청동, 원서동, 재동 등 일대)

이 지역은 조선시대부터 청계천과 종로의 윗동네라는 의미에서 '북촌'으로 불렸다. 경복궁 및 창덕궁의 사이에 있으면서 교통이 편리하고 남사면의 향이 좋고 생활조건이 좋은 곳으로, 일찍부터 고위관리나 왕족이 거주하는 고급 주거지구가 형성되었다. 하지만 19세기 말 이후 사회・경제적 이유로 대규모 토지가 잘게 나뉘어 소규모 택지로 분할되었으며, 이 과정에서 많은 소규모 한옥들이 밀집하는 도심 주거지구로 바뀌었다. 현재 이 지역에 남아있는 도시형 한옥은 대부분 1930년대를 전후하여 개발된 것으로 추정된다.

전체 지형구조는 북에서 남으로 흐르는 개천을 따라 형성된 5개의 골짜기(삼청동골, 화동골, 재동골, 계동골, 원서동골)를 따라 간선도로가 있고, 이들 5개 간선도로의 양기슭을 오르면서 골목길과 함께 주거지가 형성되어간 형상이다. 골짜기의 낮은 부분, 곧 간선도로망을 따라서는 작은 필지가 밀집하고, 능선을 따라서 골목길의 끝에는 대규모 필지들이 분포하였다. 그러나 이들 대규모 필지들이 20세기 초반 도시형 한옥단지로 바뀌면서 현재는 오히려 간선도로망 사이에 낀 높은 능선을 따라 한

옥들이 밀집해 있다.

주거지로서 북촌은 오랫동안 명성을 유지하였는데, 특히 20세기 전반의 주요한 정치가, 경제인, 문화인들의 거주지가 위치해 있었던 사실에서도 드러난다. 해방 이후 우익의 대표적 정치가인 인촌 김성수와 고하 송진우의 고택을 비롯하여, 좌익계의 몽양 여운형의 고택, 그리고 최초의 서양화가 고희동, 해방 당시 조선 최고의 갑부인 박흥식, 유명한 여성운동가인 김활란 등의 집이 위치해 20세기 전중반의 한국 역사를 가장 밀집해 드러내는 지역이라는 가치도 아울러 가진다. 최근 서울시에 의하여 현지 재생이라는 새로운 보존개념에 의한 계획이 시행되어 멸실 위기에 빠진 많은 한옥과 경관들이 보호되고 있다.

2) 아산 외암마을 (중요민속자료 제236호, 충남 아산시 송악면 외암리)

1. 참판댁
2. 송화댁
3. 건재고택
4. 교수댁

충남 아산시와 천안시 경계인 광덕산 밑에 있는 외암리 민속마을은 17세기에 예안 이씨 일가가 정착하여 형성되었다. '외암(外巖)'이라는 이름은 설화산에 우뚝 솟은 바위라는 뜻으로, 마을 입구에서 설화산 영봉이 보인다.

마을은 65호로 이루어져 있는데, 그 중 50호는 초가집이다. 마을의 면적은 205,073제곱미터이고 인구는 280명이다. 마을 입구에서 은행나무들 사이로 보이는 중앙의 큰 느티나무가 마을의 랜드마크 역할을 한다. 마을의 남쪽을 휘감아 내려오는 개울과 마을과 인접한 강당골에서 내려오는 개울이 마을 앞의 반석에서 합류하여 수구(水口)를 이룬다. 마을은 전체적으로 동서로 길게 뻗어 있으며 집의 향은 대개 서남향이다. 마을 입구의 장승을 비롯하여 생활상을 엿볼 수 있는 디딜방아, 연자방아, 물레방아, 초가지붕 등이 보존되어 있으며, 이밖에 많은 민속유물이 전해 내려오고 있다. 민속자료 제195호인 아산 외암 참판댁과 보물 제536호인 석조약사여래입상 등이 있다. 외암리의 전통가옥 보존마을은 1978년도에 충청남도 민속마을로 지정되었다.

3) 고성 왕곡마을(중요민속자료 제235호, 강원도 고성군 죽왕면 오봉리)

해발 200미터 이상인 5개의 야산과 송지호로 포근히 둘러싸인 왕곡마을은 풍수지리설에 의하면 병화하입지(兵火下入地)의 형국이며, 19세기를 전후하여 건립된 북방식 전통한옥 21동과 초가집 한 동이 전국에서 유일하게 밀집되어 보존되어 있는 곳이다. 왕곡마을은 지난 1988년 전국에서 처음으로 전통건조물 보존지구 제1호로 지정되었다.
마을의 형성은 고려 말 조선의 개창에 반대해 경기도 개풍군 광덕면 광덕산 서쪽 기슭의 옛 지명인 두문동에서 끝까지 고려에 충성을 바치며 지조를 지킨 두문동 72인 중의 한 명인 홍문박사 함부열(咸傅說, 1363~1441)이 간성에 은거한 것에서 시작됐다고 한다. 마을 입구의 진흙

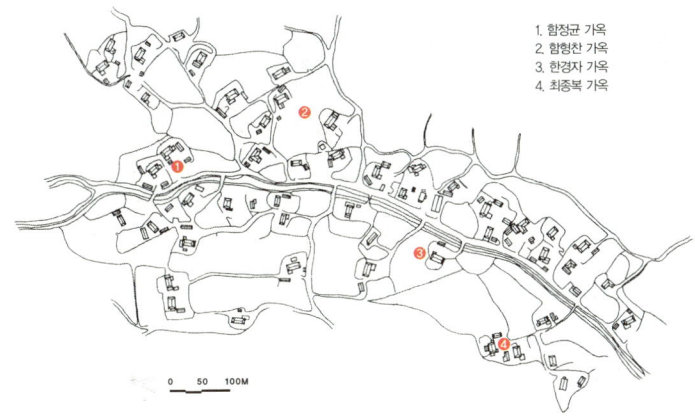

1. 함정균 가옥
2. 함형찬 가옥
3. 한경자 가옥
4. 최중복 가옥

을 발라 만든 흙담이 옛 정취를 물씬 풍긴다. 왕곡마을의 가옥구조는 안방과 사랑방, 마루, 부엌이 한 건물 안에 있으며 부엌에 마구간을 덧붙여 추운지방에 유리하다. 함경도를 비롯한 관북지방에서 흔히 볼 수 있는 구조로 뒷담이 높은 것이 특징이다.

왕곡마을의 큰 특징은 마을에 우물이 없다는 점이다. 이는 마을 모양이 배의 형국이어서 마을에 우물을 파면 마을이 망한다는 전설 때문이라고 한다. 왕곡마을은 효자각이 두 개나 세워졌을 정도로 효자마을의 전통을 지니고 있다.

4) 보성 강골마을 (전남 보성군 득량면 오봉리)

이 마을은 광주 이씨의 씨족마을로, 광주 이씨들이 16세기 후반에 입향한 것으로 추정된다.

주변의 큰 벌판을 뒤로 하고 돌아앉았으며 바다 쪽으로 열린 계곡의 남사면과 동사면에 전후 2열의 띠를 이루며 주거지가 자리하고 있다.

강골마을은 1930년대의 득량만 방조제 완공으로 마을 주변이 급격히 성장하면서 마을 내부의 공간구조에도 적지 않은 변화를 겪은 것으로

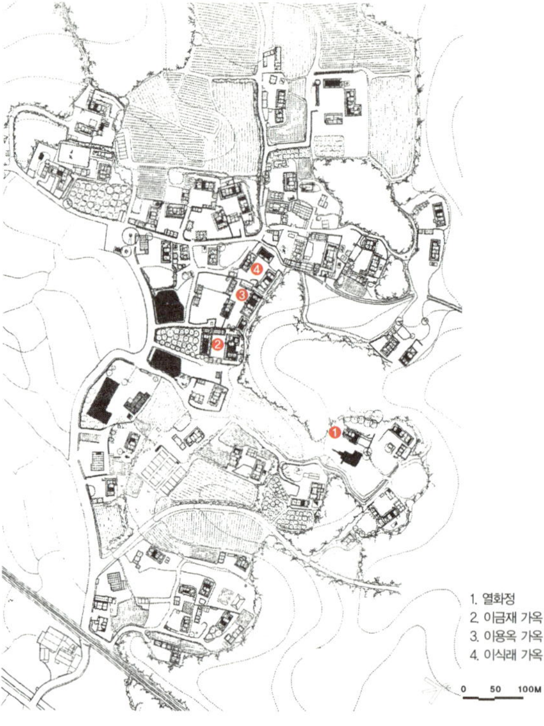

1. 열화정
2. 이금재 가옥
3. 이용욱 가옥
4. 이식래 가옥

보인다. 즉, 마을 출입구의 변화에 따른 주거지 개발축의 변화와 대지의 압박에 따른 문간채 처리방식 및 길과의 관계변화 등을 초래하였는데, 이러한 변화양상은 근대에 대한 농촌의 대응이라는 측면에서 향후 보다 엄밀한 고찰이 필요하다.

가구 수는 39호이다. 마을에 있는 정자인 열화정(悅話亭)을 포함하여 네 채의 건물이 각각 중요민속자료로 지정되어 있는데, 모두 19세기 말에서 20세기 초에 지어진 것들이다. 중요한 집들 앞에는 각각 연못이 조성되어 있는 것이 특이하다. 특히 농촌지역 주거 근대화 현상의 하나로 나타난 요(凹)자형 주거 평면은 눈여겨볼만하다.

5) 안동 하회마을(중요 민속자료 제122호, 경북 안동시 풍천면 하회리)

하회마을의 하회(河回)는 강이 마을을 한 바퀴 돈다는 뜻이다. 태백산에서 뻗어온 지맥이 화산(花山)과 북애(北厓)를 이루고, 일월산에서 뻗어온 지맥이 남산과 부용대(芙蓉臺)를 이루어 서로 만난 곳을 낙동강이 'S'자형으로 감싸 돌아가므로, 하회마을을 '산태극 수태극(山太極 水太極; 산과 물이 이룬 태극 모양)' 또는 '연화부수형(蓮花浮水形; 물에 떠있는 연꽃 모양)'이라고 부른다. 풍수지리에 따라 마을의 주산(主山)을 화산(花山)으로 부르고, 부용대 앞을 흐르는 낙동강을 화천(花川)이라고 하는 것도 연화(蓮花)에서 비롯하였다고 한다.

1. 하동고택
2. 북촌댁
3. 원지정사
4. 빈연정사
5. 작전고택
6. 양진당
7. 충효당
8. 주일재
9. 남촌댁

하회마을에 풍산 류씨의 세거 이전에는 허씨와 안씨가 먼저 세거하였다고 한다. 풍산 류씨는 본래 풍산 상리에 살아서 본향(本鄕)이 풍산(豊山)이지만, 제7세 전서 류종혜(典書 柳從惠, 생몰년 미상) 공이 화산에 여러 번(가뭄, 홍수, 평상시) 올라가서 물의 흐름이나 산세며 기후 조건 등을 몸소 관찰한 후에 이곳으로 터를 결정했다고 한다. 입향 후 풍산 류씨 후손들의 중앙 관계진출이 계속되어 점점 성장하였다. 특히 입암 류중영(立巖 柳仲郢), 귀촌 류경심(龜村 柳景深), 겸암 류운룡(謙菴 柳雲龍), 서애 류성룡(西厓 柳成龍) 선생 등 조선 중기에 배출한 명신들로 더욱 번창하게 되었다.

건축 유적으로는 보물로 지정된 안동 양진당과 충효당 이외에도 남촌댁, 북촌댁, 주일재, 작전고택, 하동고택 등의 주거건축이 있으며, 원지정사, 빈연정사, 겸암정사, 옥연정사 등의 정사 건축물과 병산서원이 주변에 있다.

대문에 입춘첩(立春帖)이 붙어있는 점이 특이하다. 춘첩은 집집마다 문구가 다른 경우도 있으나 그 대의(大意)는 나라와 집안의 안녕(安寧), 풍농(豊農), 번영(繁榮), 소재(消災), 길상(吉祥), 장수(長壽), 화친(和親), 등과(登科) 등을 기원한다.

6) 경주 양동마을(중요 민속자료 제189호, 경북 경주시 강동면 양동리)

조선시대 초기에 입향한 이래 지금까지 세거하여 온 월성 손씨(月城孫氏)와 여강 이씨가 양대 문벌을 이루며 그들의 씨족마을로 계승되어 왔다. 마을은 경주에서 동북방으로 16킬로미터쯤 떨어져 있으며 넓은 평야에 임한 '勿'자형 산곡을 안고 흐르는 안락천이 경주에서 흘러드는 형산강과 역수(逆水)형태로 만나고 있다. 이 역수지형이 마을의 부의 원천이라고 믿고 있다.

집들은 거꾸로 '勿'자형으로 뻗은 구릉의 능선이나 중허리에 배열되어 있는데, 그 배치가 듬성하고 능선마다 우거진 모양이 있어 접근해야만 모습이 드러나는 경우가 많다. 대종가일수록 높은 곳에 위치하고 그 아래로는 직계 또는 방계손들의 집 자리가 있다. 집들의 구조를 보면 대부분 'ㅁ'자형 평면을 이루고 있는데 정자는 'ㄱ'자형, 서당은 'ㅡ'자형이다. 주택의 건축규모는 대략 50평 내외이고 방은 10개 내외이다. 대지

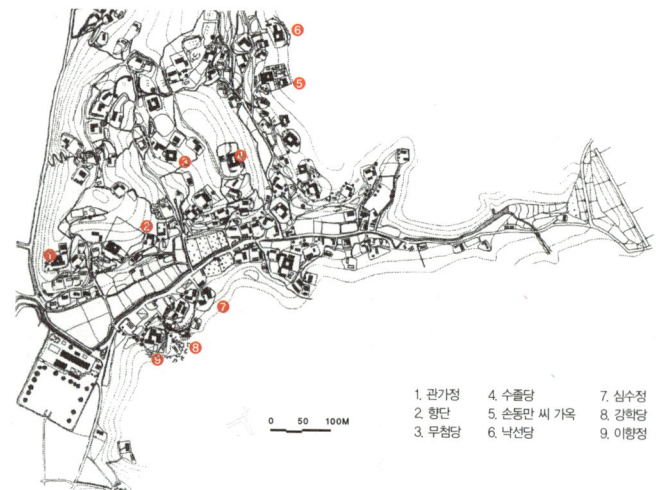

1. 관가정
2. 향단
3. 무첨당
4. 수졸당
5. 손동만 씨 가옥
6. 낙선당
7. 심수정
8. 강학당
9. 이향정

안에 사당을 모신 대종가와 파종가는 네 가구이다. 이들 대규모 주택들은 원래 한 집에 데리고 있는 노비들의 주거처인 행랑채와 외거노비들이 사는 초가인 가랍집을 서너 채씩 거느리고 있었다. 광복 때까지만 하더라도 가랍집이 40여 호가 있었다고 한다.

이 마을은 아직도 유색(儒色)이 짙은 것이 하나의 특색이지만, 과거 마을 전승으로서 동제가 존재하지 않았던 것, 세시행사로 삼복 후의 머슴놀이인 호미씻이와 2, 3년에 한 번씩 행했던 정월보름, 추석 전후의 줄다리기 등이 고작이었던 것도 하나의 특색이다.

보물로 지정된 것은 보물 제411호인 무첨당, 제412호인 향단, 제442호인 관가정이 있고, 중요민속자료로는 월성 손동만 씨 가옥, 낙선당, 이원봉 가옥, 이원용 가옥, 이동기 가옥, 이희태 가옥, 수졸당, 수운정, 강학당, 심수정, 이향정, 안락정 등이 있다.

7) 성주 한개마을(경북 성주군 월항면 대산리)

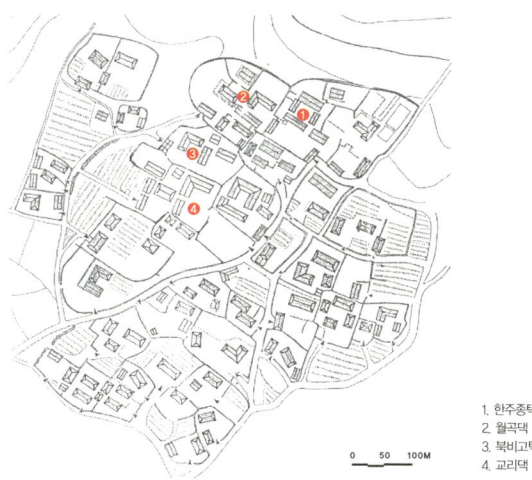

1. 한주종택
2. 월곡댁
3. 북비고택
4. 교리댁

1450년에 진주목사 이우(李友)가 이 마을을 개척한 이후 성산 이씨의 씨족마을로 발전하였다. 한개라는 지명은 이 마을 앞 하천에 있는 대포(大

浦)라고 불린 나루의 명칭에서 유래했는데, 크다는 뜻의 '한(大)'과 나루라는 의미의 '개(浦)'가 합쳐진 말이다.
높이 325미터의 영취산(靈鷲山)을 주산으로 삼고 백천(白川)을 바라보는 풍수적으로 좋은 형국에 자리 잡고 있다. 69호로 구성된 이 마을에는 전통 한옥들이 다수 남아 있다. 월봉정, 첨경재, 서륜재, 일관정, 여동서당 등 다섯 동의 재실이 있으며, 대표적인 주거건물인 한주종택(寒洲宗宅), 북비고택(北扉故宅), 교리댁(校理宅), 월곡댁(月谷宅) 등은 지방 민속자료로 지정되어 보존되고 있다. 이들 격식을 갖춘 한옥들은 마을주택의 후면에 위치한다.
한개마을의 공통된 특징은 각자의 영역을 침범하지 않으면서도 유기적으로 잘 연결되어 있다는 점이다.

8) 진주 남사마을(경남 산청군 단성면 남사리)

마을 앞 당산이 숫룡(雄龍)의 머리이고 이구산이 암룡(雌龍)의 머리로 풍수지리상 두 마리 용이 서로 머리와 꼬리를 물고 있는 쌍룡교구(雙龍交口)의 형국이다. 마을 뒤로는 청계(淸溪)라는 시내가 동네를 휘돌아 흐르고 있다. 또한 반달모양이라고도 하여, 달이 차지 않도록 동네의 가운데는 농지로 두고 동네 양끝에 주택을 배치하였다. 마을 뒤로 굽이쳐 흐르는 시내가 축소판 하회마을 같다.
대개 오래된 마을이 한 성붙이로 되어 있는 것과는 달리, 이곳은 성주

1. 최재기 가옥
2. 이상택 가옥
3. 사양정사
4. 사당

이씨, 밀양 박씨, 진양 하씨, 전주 최씨, 연일 정씨, 재령 이씨의 여러 성씨가 살고 있는 각성마을이다.

이곳에는 전통 목조한옥 85채가 남아 있다. 그 중에서도 연일 정씨댁, 선산 최씨댁이 잘 보존되어 있는데, 이들은 남부지방 양반가옥 모습을 잘 보여준다.

9) 제주 성읍마을(제주도 남제주군 표선면 성읍 1리)

1423년 왜구의 침범 때문에 해안에서 떨어진 이곳 성읍마을로 현청이 옮겨지면서부터 행정중심지로 번성하게 되었다.

뒤쪽에는 주산인 영주산(표고 326.4미터)을 두고, 천미천이 영주산에서 내려와 마을 동쪽을 휘감고 흘러내려 해안으로 이어진다. 일반적으로 동·서·남에 성문을 두는 읍성의 경우와 같이 'T'자형 가로를 기본으

1. 고평오가옥
2. 고상온 가옥
3. 조일훈 가옥
4. 객사
5. 이영숙 가옥
6. 정의향교
7. 한봉일 가옥

로 하고 있긴 하지만 가로체계가 기하학적으로 구성되지는 않았다. 성벽은 주변에서 쉽게 얻을 수 있는 현무암으로 쌓았는데, 동서방향이 남북방향보다 다소 긴 장방형의 모양을 가지며, 서·남쪽에는 문루와 옹성을 갖추고 있다.

성읍 1리 중 성안 마을에는 92가구가 있는데, 조일훈 가옥, 고평오 가옥, 이영숙 가옥, 한봉일 가옥, 고상은 가옥 등 중요민속자료로 지정된 주택이 다섯 집이 있고 제주도 지정 민속자료도 다섯 집이나 된다.

10) 대구 옻골마을(대구 동구 둔산동)

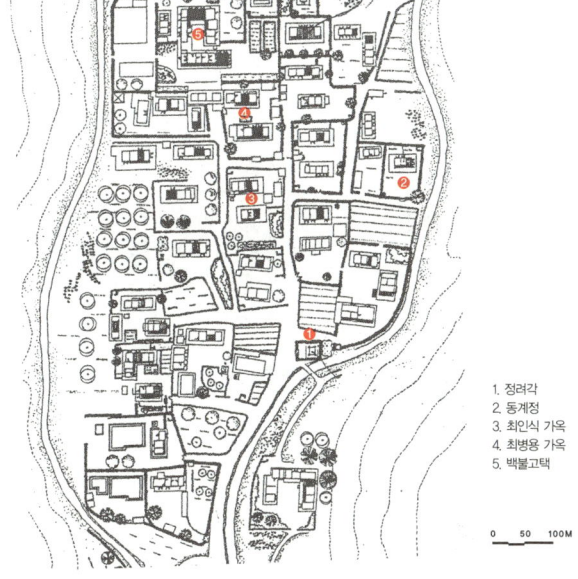

1. 정려각
2. 동계정
3. 최인식 가옥
4. 최병용 가옥
5. 백불고택

0 50 100M

1930년대까지만 해도 대구지역에는 60여 개의 씨족마을이 있었으나 지금은 옻골마을만 남아 있어 오래된 삶터의 귀중한 모습을 보여주고 있다. 옻골마을은 대구광역시 동구 둔산동에 위치하는 경주 최씨의 마을인데, 대암 최동집(臺巖 崔東集, 1586~1661)이 1616년경 일족을 이끌고 들어옴으로써 형성되어 현재는 경주 최씨들이 14대에 걸쳐 살고 있다. 이곳은 조선 후기 영남 유림의 대표적 학자로서 『역중일기(曆中日記)』의 저자인 백불암 최흥원(百弗庵 崔興遠, 1705~1786)이라는 인사를 배출한 곳으로도 유명한데, 그가 살았던 주택이자 종가인 백불고택은 마을의 가장 안쪽에 위치해 있다.

옻골이라는 마을 이름은 마을 남쪽 개울가에 옻나무가 많아서 붙여졌다고 한다. 이곳의 특징으로 꼽을 수 있는 것은 여타 다른 마을들이 지형에 따라 집을 앉힌 것과 달리 모두 남향을 취하고 있어서 집과 길, 담이 모두 직선적이라는 점이다.

11) 나주 도래마을(전남 나주시 다도면 풍산리)

뒷산인 감태봉의 두 계곡에서 내려온 물이 세 갈래로 나뉘어 도래마을을 통과하여 마을 전면의 농경지로 유입된다. 이 세 갈래가 '내천(川)'자 형국을 이룬다 하여 '도래(도천)'라는 마을 이름이 붙었다고 한다. 이곳은 배산임수의 입지에 형성된 마을인데, 뒤쪽에 있는 풍악산, 감태봉,

1. 홍기헌 가옥
2. 홍기응 가옥
3. 홍기창 가옥
4. 홍정석 가옥
5. 봉교공파 종가

0　50　100M

주산봉은 마을에서 건물을 배치할 때 주산의 역할을 한다.
도래마을에는 원래 김씨, 나씨, 최씨 등이 살고 있었는데, 풍산 홍씨가 처음 들어온 것은 조선 단종조 무렵 홍수(洪樹) 때라고 한다. 홍수의 증손인 홍한의가 도래마을의 강화 최씨에게 장가들어 정착함으로써 도래마을은 점차 풍산 홍씨의 씨족마을로 조성되었다. 이곳의 대표적인 인물로는 소설 『임꺽정(林巨正)』의 저자인 벽초 홍명희(碧初 洪命憙, 1888~1968)가 있다. 현재는 풍산 홍씨와 강화 최씨가 함께 거주하고 있다.

12) 봉화 닭실마을(경북 봉화군 봉화읍 유곡리)

1. 청암정   3. 권영섭 가옥   5. 권석오 가옥
2. 충재종택 4. 권원 가옥

금계포란형(金鷄抱卵形;황금 닭이 알을 품은 모양)의 형국을 가진 닭실마을의 지명은 유곡(酉谷)을 이르는 우리말이다.

이곳은 충재 권벌(沖齋 權橃, 1478~1548)을 입향조로 하는 안동 권씨의 씨족마을이다. 현재 충재종택에는 충재의 20세손 가족이 거주하고 있다. 남북 — 동서 방향으로 일직선형으로 나 있는 안길에서 샛길들이 일정한 간격으로 직각을 이루며 갈려나와 있는데, 집들은 위·아래, 그리고 옆의 집들과 조화를 이루며 자리하고 있어 조망과 일조를 골고루 얻고 있는 것이 특징이다.

13) 김천 원터마을 (경북 김천시 구성면 상원리)

조선시대에 상좌원(上佐院)이라는 원(院)이 있었던 것에서 이름의 유래를 찾을 수 있다. 이곳은 연안 이씨가 대대로 모여 살고 있는 씨족마을이다. 마을 입구부터 후면으로 가면서 사회적 영역, 개인적 영역, 의식영역으로 펼쳐지게 된다. 사회적 영역은 방초정과 그 앞의 연못을 중심으로 구성되는데, 주로 남성이 활동하던 공간이었다. 사회적 영역의 안쪽에서 종가에 이르기까지 펼쳐지는 영역은 개인적 영역으로, 주택들이 배치되어 거주생활 영역에 해당된다. 마지막으로 의식영역은 마을의 가장 후면에 위치하는데, 남쪽으로부터 재실인 영모재(永慕齋), 선산, 재실인

1. 방초정
2. 종가
3. 소종가
4. 영모재
5. 명성재

명성재(明誠齋), 종가의 사당 등이 이에 속한다.

이곳은 하회마을을 비롯한 일부마을들이 거주지로서 지속성을 상실한 것에 비해, 시대에 따라 자생적인 변모를 거듭하며 살아 남아 중요하게 다루어지고 있다.

14) 화순 월곡마을 (전라남도 화순군 도곡면 월곡리)

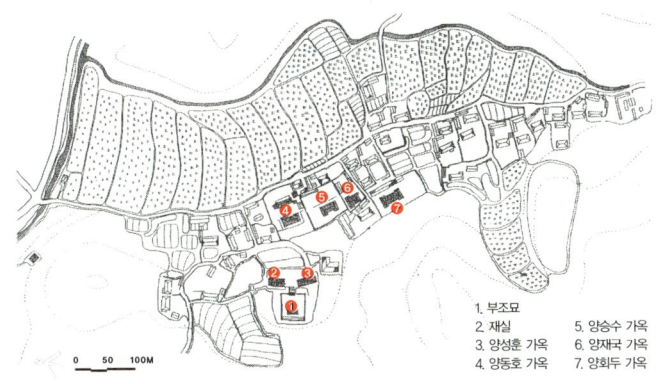

1. 부조묘
2. 재실
3. 양성훈 가옥
4. 양동호 가옥
5. 양승수 가옥
6. 양재국 가옥
7. 양회두 가옥

조선 중기의 학자이며 서화로 이름을 알린 학포 양팽손(學圃 梁彭孫, 1488~1545) 공을 입향조로 하고 있는 제주 양씨의 씨족마을이다.
자연지세를 이용하여 경사가 바뀌는 선을 따라 난 마을 내의 통과도로를 기준으로, 동사면에 생활영역이 위치하고 평지 및 건너편 서사면에 생산영역이 위치하여 그 구분이 비교적 명확하다. 의식영역은 동사면 생활영역의 끝 표고가 가장 높은 부분과 마을 입구의 두 봉우리에 위치하는데, 일반적인 생활영역이나 생산영역과는 지리적으로 명확히 구분된다.
이곳은 인근의 해망산을 조산으로 삼아 동사면을 주거지로 선택하고 있어서 대부분의 집들이 동향하고 있는 것이 특징이며, 이 마을의 주요 건축물로는 정암 조광조(靜庵 趙光祖, 1482~1519)와 학포 양팽손을 향사(享祀)하고 있는 죽수서원(竹樹書院)을 들 수 있다.

15) 영일 덕동마을(경북 포항시 기북면 오덕리)

경북 영일군 기북면사무소가 있는 용기리 근처의 '한들'을 중심으로, 남북으로 호리병 모양처럼 생긴 골의 목부분에 위치하고 있다. 이곳은 사의당 이강(四宜堂 李橿, 1621~1688)을 입향조로 하고 있는 여강 이씨의

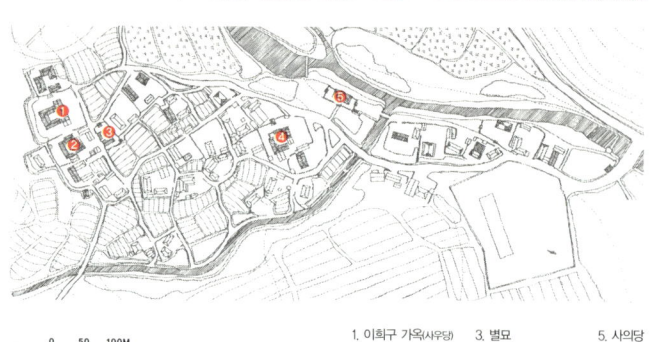

0　50　100M

1. 이희구 가옥(사우당)　3. 별묘　5. 사의당
2. 이원돌 가옥　　　　4. 이동욱 가옥(애은당)

씨족마을인데, 덕동마을의 모촌(母村)은 양동마을이다. 입향 후 360여 년이 지난 현재까지 양동과 관계를 유지하고 있다.

이곳은 고려시대의 부곡(部曲)터였다는 사실에서 유래하는 생산역의 발달이 특이하다. 울창한 송림과 철 성분이 많이 함유된 지질로 인해 공업의 적지로 선정되었다. 경주, 영천권과 안동, 청송권의 중간 산간지역에 위치하는 지리상 특성으로 인해 양 지역의 공산품 공급처가 되기도 하였다.

대표적인 건물로는 애은당(愛隱堂)과 사우당(四友堂)을 들 수 있는데, 마을 형성 초기에 애은당이 마을의 중심이 되어 용계정과 함께 주요 구성요소를 이루었으나, 자손들이 세거하기 시작하면서 확대된 마을구조를 위하여 생활역과 의식역의 경계지점에 새로 사우당을 짓고 이주한 것으로 추정된다.

16) 대전 상사마을 (대전 동구 이사동)

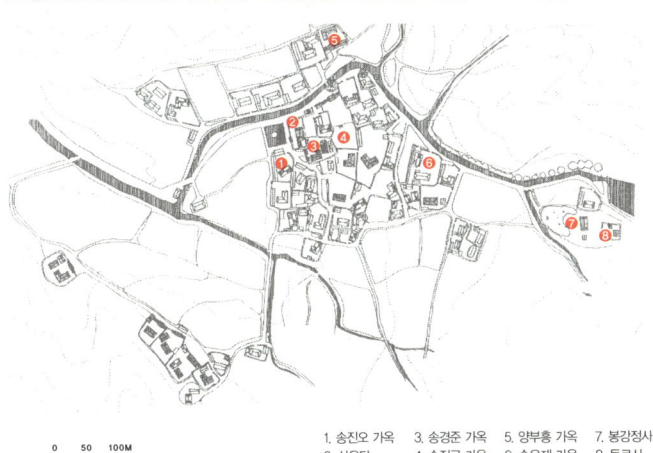

1. 송진오 가옥 3. 송경준 가옥 5. 양부흥 가옥 7. 봉강정사
2. 사우당   4. 송진국 가옥 6. 송우재 가옥 8. 동로사

보문산 줄기인 오도산을 진산으로 삼아 북사면에 자리하고 있다. 이곳은 고려 말 판원사(判院事)를 지낸 송대원(宋大原)을 시조로 하고 있는 은진 송씨의 세거지인데, 우암 송시열과 동춘당 송준길을 낸 근처 송촌(宋村)에서 분가해 나온 한천공 송성준(寒泉公 宋星駿, 1797~?) 공을 입향조로 하고 있다. 상사마을의 생활역은 오도산에서 흘러 내려오는 개울을 중심으로 형성

된다. 이것은 다시 신분별, 용도별로 구별되는데, 이 때 개울이 경계 역할을 하고 있다. 생산역이 좁기 때문에 생활역의 배후지로도 생산역이 침범해 들어오는 경우도 있어 생산역과 생활역과의 구분이 미약하다. 의식역은 대부분 난곡 송민고(蘭谷 宋民古, 1592~?)의 유적으로 마을 뒤의 '영귀대'에 자리하고 있으며, 대지의 높이 차와 더불어 개울이라는 자연적인 경계 등으로 생산역 및 생활역과는 확연히 구분된다.

한천(寒泉)은 송성준이 발굴한 우물인데, 이것의 발굴은 기존 재실동네가 주거지로 개발되는 것을 대내에 표방하는 의미를 지닌다. 봉강정사는 동로사(東魯祠)와 오적당(吾適堂)이라는 건물을 갖고 있는데, 이것은 마을 내의 한천공 이후 자손을 위한 재실 건립과 함께 씨족마을로 성장해가는 모습을 보여주는 기념물들이다.

4. 읍성

1) 개요

① 개요

읍성(邑城)은 지방행정 관아가 소재한 고을의 방어를 목적으로 축성된 성곽으로 관아와 민가가 함께 있는 행정기능과 군사기능을 겸하는 영역이다. 갑골문자에서 읍(邑)은 성곽 앞에 엎드린 사람의 모습을 하고 있다. 일본 쿄토(京都)대학 명예 교수인 니시카와 코지(西川幸治)의 『도시의 사상』(1994)에는 "중국 은나라의 도시는 '읍'이라는 문자가 의미하듯이 성 내부에는 왕과 귀족의 종묘와 궁전을 중심으로 한 거리가 있고, 성 밖에는 왕과 귀족에 종속되어 그들의 도시생활을 지원하는 수공업자들이 업종에 따라 집단을 이루며 거주했다"고 나온다. 이와 마찬가지로 조선시대의 읍성도 성벽 내부에는 주로 중앙에서 파견된 지배권력이, 성 밖에는 지역의 토착주민이 거주했다.

② 읍성의 출현

우리나라에 처음 읍성이 축조된 시기가 언제인지는 명확하지 않다. 각종 기록이나 발굴조사 결과를 참고하면 삼국시대 이전부터 도성이 아닌 지방 도시에도 성이 있었던 것은 분명하지만, 그것이 조선시대의 읍성과 어느 정도 유사한지 알기는 어렵다. 고려시대의 경우, 전기에는 동여진의 해적 방어를 위한 동·남해안지방 중심의 축성이 있었고, 말기에는 왜구로부터 연해 주민을 보호하기 위한 입보(入保) 목적의 축성이 해안지방을 중심으로 활발하게 이루어졌다. 그러나 당시에 이런 성을 읍성으로 불렀는지는 알 수 없다. 조선시대의 지리서에는 이 시기의 성들도 '읍성' 혹은 '성곽'조에 기록하고 있다.

③ 조선시대의 읍성

조선시대 읍성도, 언양현, 서울대 규장각 소장

조선시대의 읍성은 건국 후 왕권이 안정기로 접어든 태종 대를 지나 세종 전기까지도 종래의 산성을 중심으로 한 방어전략에 밀려 응급용에 머물러 있었다.

그러나 이 시기에 읍(읍치, 읍내)과 읍성을 둘러싼 중요한 변화가 나타나게 된다. 즉, 1406년(태종 6)에는 각 지방 읍에 사직단(社稷壇)이 설치되며, 이보다 앞선 1400년(정종 2)에는 여단(厲壇)이 설치된다. 이런 움직임은 조선시대의 지방도시가 국왕을 중심으로 한 중앙집권체제 속에서 서울인 도성을 중심으로 획일화되었음을 의미한다. 이밖에 성황단(城隍壇)과 문묘(文廟)가 설치되고, 객사와 동헌 등의 시설이 설치되면서 조선시대의 특징이 반영된 읍이 모습을 드러내게 된다.

조선시대 지리지의 읍성

	군현 수	성곽 수	읍성 수
『세종실록지리지』	336	256	111
『신증동국여지승람』	331	348	119
『대동지지』	335	535	129

2) 축성시기와 공간구조

(1) 축성시기

고려 말에 축조된 성 가운데 산성이 아닌 연해지방의 성을 조선시대의 읍성과 함께 살핀다면, 이들 성의 축성시기는 왜구의 침입이 격심했던 고려 우왕 때부터라고 볼 수 있다. 즉, 이 시기에 내륙의 주요 도회지에 읍성이 축조되고, 연해지역 도시들에도 수축이 이루어졌다.

그후 조선시대에 들어오면 1434년(세종 16)경부터 연해읍성의 축조와 함께 관방의 주요한 기능이 점차 읍성으로 옮아가게 되었다. 특히 세종 대는 조선왕조 관방의 획기적인 전환이 이루어진 시기였다. 즉, 쓰시마(對馬島) 정벌 및 삼포개항과 같은 강온양면의 대왜전략에 의해 연해지방의 개척이 진행되는 한편 남해안 섬지방의 인구가 늘면서 1430년(세종 12)부터 제1차 연해읍성 축성 5개년 계획이 마련되었다. 이와 같은 축성사업은 왜구침입시 피해가 예상되는 지역을 우선으로 하였으며, 1435년(세종 17)부터는 제2차 연해읍성 축성 10개년 계획이 추진되기에 이르렀다. 이 2차 축성사업에서는 1차와 달리 타 지역의 인력동원 없이 해당 고을에만 축성공사를 맡겨서 진행하였으며, 성벽 축조방법을 『축성신도(築城新圖)』로 규격화하였다. 세종 때의 이러한 축성사업은 문종 대에 이르러 다시 검토되어 법식에 맞지 않는 읍성은 규격화를 추진하였다. 그러나 이 계획은 정치적 불안으로 일시 중단되었다가 성종 대에 이르러 완료되었으며, 그 결과 거의 모든 연해고을이 읍성을 가지게 되었다.
임진왜란과 병자호란의 양대 전란 이후 숙종조(1674~1720)에는 도성방비를 위한 논의와 함께 남한산성, 북한산성, 강화 돈대 등의 축성이 있었으며, 영조 때까지는 산성과 읍성의 축성 및 개축이 이어졌다. 이후에는 새로 축성된 읍성이 거의 없는 가운데 1895년의 지방제도 개혁까지 이르게 된다. 다만, 정조시대인 1796년에 완성된 화성(華城) 축조는 조선시대 읍성 축성의 대미를 장식하게 된다.

(2) 공간구조
① 특징
조선시대 읍성의 입지는 고려시대 혹은 그 이전의 성곽과는 성격이 다르게 나타난다. 방어라는 본래의 목적뿐만 아니라 백성의 생활을 중시한 점에서 그러한데 군사적 요해지보다는 기존의 주요 교통을 따라 발달한 거주지와 같은 주민의 생활공간에 입지하는 특징을 가진다. 이러한 입지적 특징은 기복이 많은 우리나라의 지형적 특성과 겨울의 매서운 추위와 같은 기후적 특성이 작용한 것이기도 하다. 즉, 배후에 산이 있고 전면으로 수계가 형성되는 배산임수(背山臨水)형의 지형에는 오랜 과거부터 주요 취락이 발달하였고, 각 지역을 연결하는 교통로 또한 열려 있었으므로 이러한 위치가 읍성의 주요 입지가 되었던 것이다.

배산임수형의 입지는 겨울의 차가운 북서계절풍을 막아주고 따뜻한 햇볕을 받게 해주며, 여름처럼 비가 많은 계절에는 배수를 쉽게 해주는 이점이 있다. 또 조선시대의 읍성은 풍수의 영향을 크게 받았던 것으로 보인다. 즉, 『신증동국여지승람』을 비롯한 각종 지리지 및 각 지방의 읍지를 보면 반드시 '진산(鎭山)'에 관한 기록이 나타나며, 경주읍성에서 보이는 비보수(裨補藪)나 상주읍성 관아 배후에 있는 인공산인 왕산(王山)

조선시대 군현의 공간구조

은 풍수적 성격을 보여주는 좋은 예로 볼 수 있다.

② 공간구조

읍성 또는 읍치의 공간구조는 대체로 해당 군·현의 중심을 이루는 객사(客舍)와 읍성의 성벽, 사직단, 여단, 성황사, 문묘와 같은 관에서 만든 제사시설과 주변의 농촌마을로 이루어진다.

좀 더 구체적으로 살펴보면, 읍성 내부에는 왕 또는 국가를 상징하는 시설인 객사와 수령의 근무처인 동헌(東軒)이 양대 핵을 이룬다. 이들 시설 주위에는 각종 관아와 창고 등이 자리하며 바깥으로 성벽이 둘러서게 된다. 앞에서 말한 것처럼 조선시대의 모든 군·현에 성벽이 있었던 것은 아니므로 이 성벽의 위치는 관아시설의 개략적인 경계가 된다.

성벽이 있는 읍성에서는 2~4개소의 성문과 성문 및 주요 관아를 잇는 가로가 연결되며, 지형적 특성상 남문이 정문의 성격을 띠는 경우가 많았다. 읍성 바깥으로는 대체로 성문 혹은 동헌과 일정한 거리를 두고 여단, 사직단, 성황사, 문묘와 같은 제사시설이 설치되었다. 제사시설은 대체로 읍성을 외곽에서 둘러싸는 곳에 위치하게 되는데, 이 선이 '읍성', '부내면', '읍내방' 등으로 불리던 읍치와 주민이 거주하는 자연마을과의 사회적, 심리적 경계라고 할 수 있다.

3) 주요 시설

(1) 성벽과 성문

읍성 축성이 가장 활발하였고, 그 규식이 만들어진 조선 세종 대의 읍성은 고려 때와 달리 석축을 기본으로 하였고, 성벽의 내구연한을 5년으로 하는 상벌규정까지 마련하고 있었다. 그리고 읍

언양읍성 남문 추정 복원도

성의 규모는 고려시대보다 커졌는데, 고을의 규모인 호구 수와 대략 비례하는 것이 원칙이었으나, 200척 미만에서 20,000척 이상의 규모까지 다양하였다. 그러나 대체로 부(府)와 목(牧), 대도호부(大都護府) 같은 상위 읍성과 영성(營城), 진성(鎭城) 등은 4,000척 정도의 둘레를 가진 것이 많았고, 나머지 대부분의 군·현은 2,000척에서 3,000척 정도의 규모를 가진 읍성이 많았다. 당시의 척도는 포백척(布帛尺)을 사용하였다는 기록이 있으나 실제로는 각 지방마다 약간씩 오차가 있는 지척(地尺)을 사용한 것으로 보인다.

이들 읍성은 경주나 언양처럼 여장을 갖춘 성벽을 평탄한 지형에 사각형으로 축조한 것도 있으나, 대부분은 산을 의지하여 포곡식(包谷式)으로 쌓았다. 읍성에서의 거주 양상을 보면 평시에는 대부분의 주민이 농업에 종사하는 관계로 성 밖에 거주하였으며 유사시에는 성 내로 들어와 방어에 임했다.

① 성벽
축조방법은 대체로 한양의 도성을 모범으로 하였다. 성벽재료는 돌이었지만, 담장 같은 모양의 내외 협축(夾築)이 아닌 외면은 수직에 가깝게 석축하고 내면은 계단식으로 쌓아 흙을 덮고 잔디를 깐 내탁식(內托式)의 편축(片築)이었다. 다만, 성문 좌우측의 경우는 안팎이 모두 수직으로 된 협축식을 채용하였다. 성벽의 두께는 평지일 경우 아래쪽 폭이 대체로 15~16자였고, 위로 갈수록 좁아졌다. 석재는 바깥면 제일 아래에 기단석을 쌓고, 위로 갈수록 작은 돌을 썼다. 높이는 13자를 기준으로 하였으나 지형에 따라 가감했다.

② 성문
문루가 있는 것이 일반적이었지만 육축(陸築)에 문짝만 있는 것도 있었다. 보통 2×3칸 규모이며 기와지붕으로 되어 있다. 성벽 위에 설치된 여장은 높이가 2~3자로 길이 5~6자 마다 하나씩 설치하였으나 현존하는 것은 없다. 적대(敵臺)는 성벽 밖으로 돌출된 사각형의 치성 위에 루를 세운 형태이나 처음에는 일정한 규격이 없다가 1433년(세종15)부터 가로 15자, 세로 20자 크기로 성벽 길이 150자마다 두도록 하였다. 옹성(甕城)은 성문을 보호하는 시설로 반원형이나 사각형이 많으며 한쪽에만 만들어진 편옹성이 일반적이다. 대표적인 옹성은 서울 동대문과 수원 화성의 4대문 등 여러 읍성에서 볼 수 있다. 해자는 거의 모든 읍성에 계획되었으나 읍성의 입지조건에 따라 시설 정도는 달랐다. 해자는 성벽 밖 일정 거리에 설치한 일정한 폭과 깊이를 가지는 도랑을 말하는데, 대체로 물이 없는 마른 해자가 많았다.

(2) 객사, 동헌, 장시
① 객사
읍성에서 가장 중요한 객사는 고을 수령 및 각 방 관속들이 매월 초하루와 보름에 망궐례(望闕禮;음력 매달 초하루와 보름에 각 고을 객사에서 행하

는 의식으로 임금이 있는 대궐을 향해 배례한다는 의미)를 행하고, 공무를 위해 고을을 찾은 관리들의 숙소 및 접대 장소로 사용된 공간이다. 『고려사』 「예지(禮志)」나 『세종실록』의 「오례(五禮)」에서 공통적으로 객사 정청(正廳)이 왕에 대한 각종 의식을 행하는

고창 객사의 정청과 양 익사

곳이라고 한 것으로 보아 기원은 고려시대로 거슬러 올라간다. 이런 배경에서 조선 초기의 지리서인 『신증동국여지승람』에서는 객사가 「궁실(宮室)」조에 기록되어 있다. 그러나 관찰사 제도가 확립되는 등 객사의 현실적인 활용에 따라 후기에는 모두 「공해(公廨)」조에 기록되는 변화를 보인다.

객사의 건축적 특징은 읍성 안 가장 좋은 장소에 대체로 남면하여 입지하며, 정문과 중문을 축으로 하여 좌우대칭형의 배치를 취한다. 읍성 내 각종 관아 가운데 부지규모나 건축규모가 가장 컸으며 정청과 양 익사로 이루어져 있다. 중심 건물인 정청은 맞배지붕으로 좌우에 각각 접한 익사에 비해 높이가 더 높았다. 정청에서는 왕과 대궐을 상징하는 '전패(殿牌)'와 '궐패(闕牌)'를 모시고 망궐례를 행하였다. 좌우 익사는 맞배와 팔작지붕을 한쪽씩 채용한 지붕 형태를 한것이 일반적인 모습인데, 관찰사를 비롯한 관리들의 숙소와 집무처로 활용되었다. 객사 마당은 조선 후기가 되면 향리들의 탈춤장으로 쓰이는 등의 다양한 활용 모습을 보여주었다.

1895년 개혁 이후에는 객사로서의 기능이 사라졌다가 보통학교 교육이 시행되면서 학교건물이나 군청과 같은 관청건물로 사용되었다. 이와 같은 기능변화에 의해 전패와 궐패는 땅에 파묻거나 태웠는데, 이런 모습은 당시 신문자료 등을 통해 확인해 볼 수 있다.

② 동헌

지방관인 수령의 집무장소이다. 대체로 장방형의 평면에 마루방과 온돌방이 있었으며 지붕은 팔작형식이 많았다. 동헌영역에는 이외에도 수령의 숙소인 내아(內衙)를 비롯한 창고와 수령을 보좌하는 근무자들의 사무공간과 숙소가 있었다. 이 밖에 향청, 군

고창 동헌

관청, 작청 등 다양한 기능과 명칭을 가진 관아시설이 있었는데, 시대와 군·현에 따라 조금씩 그 내용에 차이를 보인다.

③ 장시

읍성의 상업시설로는 도성의 시전(市廛)과 같은 장시(場市)가 있다. 장시는 15세기경부터 남부지방을 중심으로 보급되기 시작하여 17세기부터 18세기에 걸쳐서 시행된 '대동법(大同法)'에 의해 활성화되었다고 한다. 조선 초기의 지리지에는 보이지 않던 장시가 후기의 읍지류에는 나타난다. 『만기요람(萬機要覽)』(1808)에 의하면 전국에 1,061개소의 장시가 있었으며, 『목민심서』에는 장세전을 받았다는 기록도 있다. 이 장시는 대부분 5일장으로 비상설 정기시였으며 주로 객사 앞 대로나 성문 앞과 같이 사람의 왕래가 잦은 곳에서 열렸다.

4) 읍성의 해체

조선시대 500년 간 국토를 방어하는 관방의 거점으로 기능하던 읍성은 갑오년(1894)의 제도개혁과 을미년(1895)의 지방제도개혁으로 큰 변화를 맞이하게 되었다. 국왕에 의해 외관직으로 임명되어 국왕과 관찰사의 통제만 받았던 목민관인 수령은 왕의 대리자로서 조세징수를 비롯한 행정, 군사, 사법 등의 폭넓은 권한을 가지고 있었다. 그러나 이러한

권한도 을미년 개혁으로 사라지고 수령은 일개 행정책임자인 군수로 전락하게 된다. 이와 더불어 급변하는 국제정세 등은 읍성의 유지관리를 어렵게 하고, 일본에 의한 지배가 노골화된 1907년에는 도성의 남대문 좌·우측 성벽이 일본 황태자의 방한을 계기로 헐려나가게 된다.

철거 전 동래읍성 남문, 『한국병합기념첩』

이후 대구읍성, 전주읍성, 홍주읍성 등 많은 읍성이 일제 강점기를 거치면서 도시화와 도로 개설 같은 계획적 철거나 무관심으로 방치되어 하나둘씩 사라져 갔다.

제도개혁 이후 불과 수십 년 사이에 많은 읍성이 사라진 이유는 먼저, 일제에 의한 강점으로 인하여 외적 방어라고 하는 고유한 기능이 사라진 점, 두 번째는 읍성이 중앙정권을 위한 지방지배 거점으로 토착세력과 무관하게 유지 관리되어 온 점, 세 번째는 조선총독부에 의한 계획적인 철거를 들 수 있다.

특히, 이와 관련하여 1909년부터 1915년까지 탁지부 건축소와 이를 이은 조선총독부의 의뢰로 세키노타다시(關野貞) 도쿄(東京)대학 교수가 실시한 고적조사에 주목할 필요가 있다. 1902년에 외국인으로서는 처음으로 우리나라 고건축을 조사하게 된 세키노는 경주읍성과 동래읍성도 함께 조사하였다. 세키노는 1909년부터 시작한 조사에서 조선시대 건축이나 유물, 그리고 읍성에 대해서는 그다지 관심을 보이지 않았고 주로 고려시대 이전의 유적 및 고분발굴 조사와 고려시대의 목조건축 조사에 힘을 기울였다.

그의 조사결과는 보고서로 간행되었는데, 조사한 모든 유물에 대해 갑, 을, 병, 정의 등급을 매기고 갑과 을만 보존 대상으로 하였다. 그 결과 조선 중기 이후에 건축된 객사, 동헌, 기타 관아시설들은 일부를 제외하고는 모두 훼손되는 근거가 되었다. 이렇게 훼손된 시설과 그 부지는 모두 일제 강점기 동안 식민지 지배를 위한 시설부지로 활용되어 군 청사, 읍사무소, 경찰서, 등기소 등이 건립되었고, 시구개정을 통한 도로신설과 노폭확장을 거치면서 읍성의 해체는 가속화되었다.

5. 읍성 실례

1) 수원 화성(사적 제3호, 경기도 수원시 장안구 연무동)

우리나라 읍성 가운데 가장 늦게 축성된 것으로 벽돌을 축성재료로 사용하고, 공심돈과 각루 등 새로운 시설을 갖추었다. 화성은 우리나라 어느 성곽의 전통처럼 지형을 잘 이용해 축조한 성이다.

주요 시설물로는 성문 네 곳, 암문 네 곳, 수문 두 곳, 적대 네 곳, 공심돈 세 곳, 봉돈 한 곳, 포루 다섯 곳, 장대 두 곳, 각루 네 곳, 포사 세 곳이 있으며 성 내에는 행궁과 사직단 등을 갖추고 있다.

축조는 1794년(정조 18)부터 20년까지 3년에 걸쳐 이루어졌는데, 원래의 축성목적은 왕권강화에 있었다.

축성과 관련된 내역, 제도, 의식 등은 『화성성역의궤(華城城役儀軌)』라는 책에 남아 있다. 2년 6개월 간의 화성 축성공사 기간 동안 1,820명의 기술자가 동원되었고, 석재는 187,600개, 벽돌 695,000장이 들었으며 비용으로는 873,520냥의 금전과 양곡 1,500석이 소요되었다.

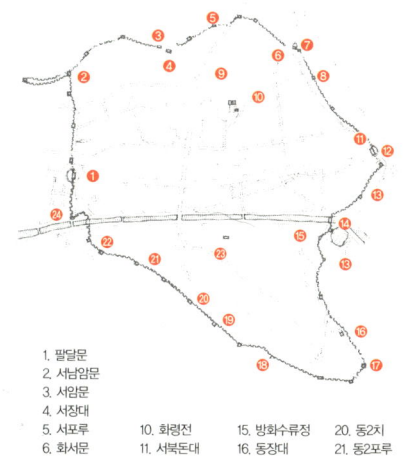

실학자들의 축성방법과 정약용이 고안한 거중기와 녹로 등 근대적인 과학기술이 도입되고, 노임도 지급되는 등 종래의 축성보다 진보된 모습을 보여주고 있다. 특히, 무엇보다도 계획단계부터 화성의 번영을 위하여 상업기능을 도입하고 실천한 것은 획기적인 일이라고 할 수 있다.

1. 팔달문
2. 서남암문
3. 서암문
4. 서장대
5. 서포루
6. 화서문
7. 서북공심돈
8. 북포루
9. 내포사
10. 화령전
11. 서북돈대
12. 장안문
13. 동북포루
14. 화홍문
15. 방화수류정
16. 동장대
17. 동북공심돈
18. 동1포루
19. 동포루
20. 동2치
21. 동2포루
22. 동남각루
23. 중포사
24. 남수문

2) 경주읍성(사적 제96호, 경북 경주시 북부동)

경주읍성은 1940년에 고적으로 지정된 이후 우리 정부의 문화재보호법에 의해 1963년 1월 21일자로 사적 제96호에 지정되었다. 『경상도속찬지리지』에 의하면 석축성으로, 둘레는 4,075자, 높이는 12자 7촌이라고 한다. 1378년(고려 우왕 4)에 개축되었으며, 내부에 군창이 있고 연못이 세 곳, 우물 80곳이 있었는데 항상 마르지 않았다고 한다. 문종 대의 기록을 보면 적대가 26곳이며 성문이 세 곳이나 옹성은 없으며 해자도 설치하지 않았다고 한다.

경주읍내전도, 1797, 정신문화연구원 소장

경주읍성은 1902년에 세키노 교수가 찍은 사진에서 보듯이 거의 완전한 형태로 남아 있었으나 일제 강점기 이후 도로신설과 노폭확장 등으로 훼손되어 현재는 동쪽 성벽 약 100미터 정도가 남아 있는데,

해체 수리 중인 경주읍성 성벽

1902년 세키노 교수가 촬영한 경주읍성 성벽, 도쿄대박물관 세키노컬렉션

2004년도에 완전 해체하여 보수공사를 하였다.
성 내부에는 객사와 동헌, 부사, 군관청, 호적소, 교방 등 다양한 관아가 있었으며 성문은 모두 네 곳이었다. 26개소인 치성은 체성과 결합되지 않고 부착된 모습을 하고 있어서 체성보다 늦게 만들어진 것을 알 수 있으며, 신라시대 건축물의 장대석, 초석, 석탑의 탑신과 옥개석 등이 섞여 있다. 조선 후기 경주읍성의 모습은 〈경주읍내전도〉에서 확인 할 수 있다.

3) 홍주읍성(사적 제231호, 충남 홍성군 홍성읍 오관리)

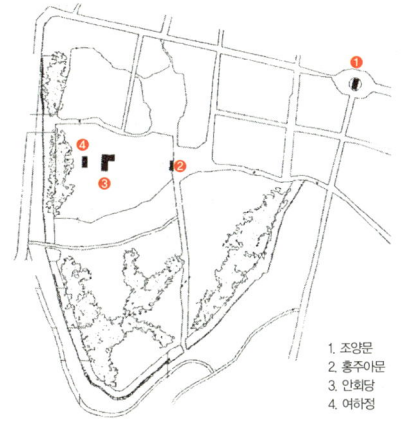

1. 조양문
2. 홍주아문
3. 안회당
4. 여하정

초축 시기는 알 수 없으나 성 주위가 1,300척으로 토성이었으며 여장이 400개였다는 기록이 전하고 있다. 조선 순조 때 한계수(韓桂洙)가 수성하였다는 기록과 당시의 목사와 영장 등이 관찰사와 의논하여 1822년(순조 23) 8월에 둘레

를 2,350자로 확장하였다고 한다. 1870년(고종 7)에는 홍주목사 한응필(韓應弼)이 석성으로 개축하면서 동·서·북의 성문 세 곳과 여장 650개, 치성 130개, 곡성 두 곳, 우물 네 개소와 연못을 설치한 것으로 전한다. 일제 강점 이후 홍주에 이주한 일본인들이 한국인의 정기를 꺾는다며 1913년에 서문을 철거하고 1915년에는 북문을 철거한 다음 동문인 조양문(朝陽門)마저 철거하려다가 홍성읍민의 강경한 반대에 부딪혀서 보존되었다고 하며 현재 전체 성벽 1,772미터 가운데 현재 810미터 정도가 남아 있다. 그 밖에 관아의 외삼문인 홍주아문, 동헌인 안회당, 여하정 등이 남아 있다.

4) 해미읍성(사적 제116호, 충남 서산시 해미면 읍내리 16번지)

해미는 조선 태조 때 충청도 병영이 설치되었던 곳으로 1491년(성종 22)에 축성된 약 1,198미터 둘레의 성벽이 잘 남아 있다. 성벽의 높이는 가장 높은 곳이 약 5미터이며, 380개의 여장이 있었다고 한다. 성은 평산성으로 볼 수 있는데 남쪽은 평지이고 북쪽은 구릉이다. 성문은 세 개가 있는데, 동, 서, 남의 세 문루 가운데 남문루 만 원래의 것이다. 남문인 진남문 옆에 있는 두 개의 포루는 최근에 복원하였다. 성 내부의 넓이는 약 5만 평으로 성 내에 있던 민가와 학교 등을 이전하고 현재는 동헌과 객사, 망루(청호정)가 복원되어 있다.

1. 객사 3. 내아 5. (진)남문 7. 동문
2. 동헌 4. 청호정 6. 서문 8. 북암문

5) 고창읍성 (사적 제145호, 전북 고창군 고창읍 읍내리)

산 능선을 따라 축조되었으며, 둘레가 1,680미터, 높이 5미터 내외의 석성으로 북문인 공북루와 동문인 등양루, 서문인 진서루 등의 누문과 세 개소의 옹성, 여섯 개소의 치성으로 구성되어 있다.

성내에는 22동의 관아 건물과 네 개소의 샘, 두 개소의 연못이 있었다고 하나 지금은 관아

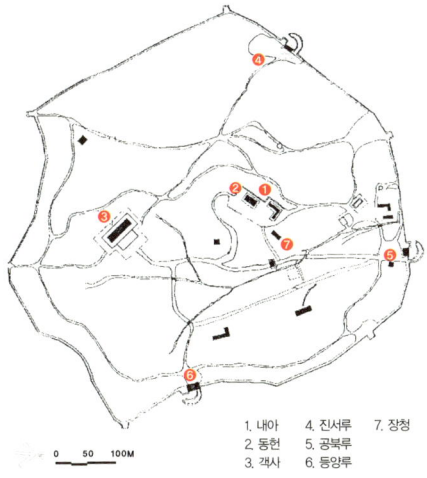

1. 내아 4. 진서루 7. 장청
2. 동헌 5. 공북루
3. 객사 6. 등양루

마을과 읍성 【 285 】

건물 12동만 복원되어 있다. 복원정비는 1984년에 『고창읍성 내부 건물지 발굴 조사 보고서』와 1987년의 『동헌지 발굴 조사 보고서』가 나온 이후 동헌을 시작으로 1988년부터 시작되었다. 성곽은 1993년에 한

차례 완전 해체하여 보수하였으며 그밖에 성황사, 장청, 옥터 등이 복원되었다.

6) 낙안읍성(사적 제302호, 전남 순천시 낙안면)

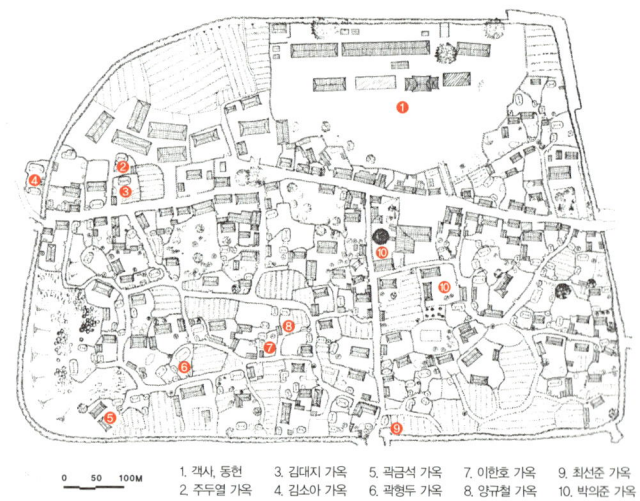

| 1. 객사, 동헌 | 3. 김대지 가옥 | 5. 곽금석 가옥 | 7. 이한호 가옥 | 9. 최선준 가옥 |
| 2. 주두열 가옥 | 4. 김소아 가옥 | 6. 곽형두 가옥 | 8. 양규철 가옥 | 10. 박의준 가옥 |

조선 초기에 축성되었으며, 1626년 임경업 장군이 석성으로 개축하였다고 한다. 성벽은 드물게 협축식으로 복원되었으며 둘레는 1,324미터이고

높이는 2미터 정도이며 1984년부터 대대적인 보수정비를 하여 현재 보존상태는 좋은 편이다. 주민들이 임경업 장군이 쌓은 성이어서 성벽에 손을 대면 부정을 탄다고 믿고 있어 성벽의 훼손이 적었다. 보수정비 때 성 내에 있던 초등학교와 면사무소 등을 모두 성 외로 이전하고 동문, 남문, 낙민루, 객사, 동헌 등을 복원하였다.

7) 언양읍성(사적 제153호, 울산시 울주군 언양읍 동부리와 서부리)

『세종실록지리지』에 의하면 '읍에는 토성이 있는데 둘레는 157보이고 우물이 2개소 있다'고 기록되어 있다. 이것이 연산군 때에 개축되는데 『신증동국여지승람』「언양현 성곽조」에는 "홍치 경신년(1500)에 석축으로 고쳤으며, 둘레는 3,064척이고 높이는 13척이며 우물이 3곳 있다"고 기록되어 있다.

언양읍성은 최근의 조사에서 둘레가 1,500미터로 밝혀졌으며 가운데

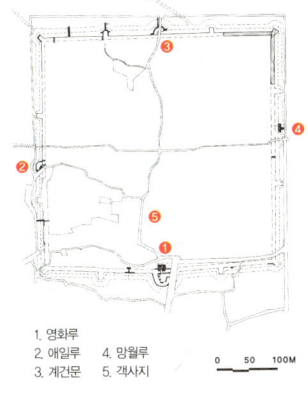

1. 영화루 2. 애일루 3. 계문문 4. 망월루 5. 객사지

에 말뚝이 박혀 있는 해자가 발굴되었다. 또한 협축식으로 알려져 있던 성벽 축조방식은 내탁법을 채용한 것으로 밝혀졌다. 성벽은 사각형으로 평지에 축조되었으며 사면에 옹성문지를 갖추고 네 모서리와 성문 좌우에 모두 12개의 치성이 있다. 일제 강점기인 지난 1923년부터 1927년까지 남천의 제방축조를 위해 동남쪽 성벽 일부가 훼손된 것 이외에

는 현재도 보존상태가 양호하
다. 그러나 지난 1990년에 기
존의 문화재보호구역 가운데
남문지를 비롯한 성벽의 남쪽
절반이 해제되고 주변의 개발
이 진행되면서 보존이 어려움
에 직면해 있었으나 최근에

남문지가 다시 문화재로 지정되어 이런 문제가 해소되어 가고 있다.

8) 장기읍성(사적 제386호, 경북 포항시 남구 장기면 읍내리)

동해바다에서 내륙으
로 조금 들어간 곳의
높은 구릉 위에 자리
하고 있어서 산성과
같은 모습을 하고 있
다.『고려사』,『신증동
국여지승람』등의 문
헌에 의하면 1011년

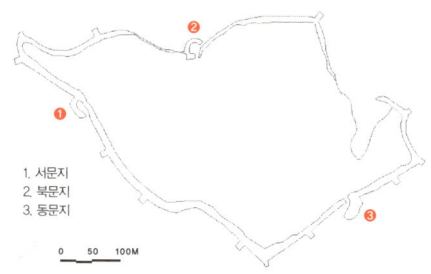

1. 서문지
2. 북문지
3. 동문지

(고려 현종 2)에 동으로는 왜적, 북으로는
여진족으로부터 방어하기 위해 처음 토
성을 쌓았고 조선시대에 와서는 석성으
로 고쳐 쌓았다고 한다.
성의 형태는 불규칙한 타원형으로 둘레
가 1,440미터이고 세 개의 성문과 옹성이
있으며, 치성을 갖추고 있고, 네 개소의
우물과 두 개소의 연못인 음마지가 있다.
동문의 옹성에는 '배일대(拜日臺)'라는

각자가 새겨져 있다. 현재는 옹성을 갖춘 동·서·북의 문지 세 곳과 12개소의 치가 남아 있다. 성 내에는 교육기관인 장기향교와 동헌터가 남아 있는데, 동헌은 현재 성 밖 면사무소 안으로 이전하여 보존되고 있다.

제 5 장
살림집

1. 살림집의 구성 · 294
  1) 안채
  2) 사랑채
  3) 기타 공간
  4) 마당
2. 민가와 반가 · 305
  1) 민가의 평면유형
   (1) 홑집
   (2) 겹집
   (3) 양통집
  2) 민가의 지역별 유형
  3) 민가의 입면과 구조
  4) 반가에 영향을 미친 인문환경
   (1) 성리학적 예제
   (2) 가사규제—주택의 규모와 장식의 제한
  5) 반가의 배치 및 평면형태
   (1) 동(채) 구성형식
   (2) 마당 구성형식
  6) 반가의 입면과 구조
3. 살림집 실례 · 323
  1) 아산 맹씨 행단
  2) 월성 손동만 씨 가옥
  3) 관가정
  4) 향단
  5) 안동 양진당
  6) 충효당
  7) 안동 의성 김씨 종택
  8) 윤증선생 고택
  9) 여주 김영구 가옥
  10) 강릉 선교장
  11) 함양 정병호 가옥
  12) 구례 운조루
  13) 정읍 김동수 가옥
  14) 기타 살림집

1. 살림집의 구성

자연환경과 인문환경은 살림집의 형성과 발달에 큰 영향을 미쳤다. 우리나라는 전국토의 2/3가 산으로 되어 있는 지형 특성과 풍수설의 양택론(陽宅論)이 살림집의 터를 정하는데 영향을 미쳐 배산임수한 터에 자연과 유기적인 집을 짓고 살았다. 특히 사계절이 뚜렷하며, 겨울과 여름의 기온차가 큰 편이어서 추운 겨울과 무더운 여름에 대비하여 자연스럽게 온돌과 마루구조가 발달했다.

살림집의 특성은 집의 성격과 기능을 반영한 공간구성에서 잘 나타난다. 공간구성은 온돌방과 마루, 부엌과 같은 실의 구성방식을 보여주는 내부공간의 구성과 건물과 마당으로 이루어진 외부공간의 구성으로 구분된다.

양반 사대부들의 살림집인 반가(班家)는 여성들의 거주공간인 안채, 남성들의 공간인 사랑채, 기타공간인 행랑채·별당·사당·고방채·방앗간채 등 여러 건물로 이루어진다. 안채는 안방·대청·작은방·부엌 등으로 구성되고, 사랑채는 큰사랑방과 작은사랑방을 비롯해서 사랑대청·마루방 등으로 구성된다. 우리나라 살림집의 특징적 외부공간인 마당은 건물과 건물 또는 담 등으로 둘러싸인 공간으로, 기능과 성격에 따라 바깥마당·사랑마당·안마당·별당마당·뒷마당 등으로 구분된다. 이처럼 우리의 살림집은 채(棟)의 분화와 칸(間)의 분화가 발달한 형태로, 여러 동의 채와 다양한 성격의 실(室)이 조합되어 특색있는 살림집을 형성 발달시켜 왔다.

1) 안채

안채는 살림과 육아를 담당하는 주부와 여성들의 생활공간으로 주택의 배치에서 사당 다음으로 중시되는 건물이다. 정침(正寢)이라고도 한다. 여성의 거주공간이므로 외부의 출입이나 연결을 어렵게 하는 폐쇄적이고 내밀한 공간구성이 특징이다. 안채는 부엌·안방·안대청·윗방·건넌방 등으로 구성되어 있다.

① 안방
안방은 안주인의 일상 거처공간으로 대부분의 생활이 이곳에서 이루어진다. 대개 주택의 제일 안쪽에 자리 잡고 있으며, 직계존속 이외의 남자는 출입이 금지되는 가장 폐쇄적인 공간이다. 안방 좌우로 부엌이나 마루·고방·윗방 등이 연결된다.

안방은 또한 주부의 권위를 상징하는 장소로, 영남지방에서는 시어머니가 며느리에게 주부권을 넘겨줄 때 곳간이나 도장 등의 열쇠를 건네줌과 동시에 방까지 서로 바꾸는 일이 있는데, 이를 안방물림이라고 한다. 주부권의 이양은 며느리가 시집와서 5년에서 10년이 지난 시기에 이루어진다. 호남지방에서는 시어머니가 며느리에게 생전에 가정 경제권을 넘겨주지 않으며 방을 바꾸지도 않는다.

안방은 서민주택인지 상류주택인지에 따라 마감 재료나 가구, 윗방의 유무 등에서 차이가 있다. 민가의 안방은 대부분 부엌과 접해 있으며, 배면과 측면이 벽으로 막혀 있어 상당히 어둠침침하다. 바닥은 장판지 마감이거나 온돌 흙바닥 위에 삿자리(갈대를 엮어서 만든 자리)를 깔았다. 사면의 벽은 벽지 마감이며 천장은 주로 종이반자로 하였는데 서까래를 그대로 노출하는 경우도 있다.

반가는 대개 안방과 부엌 사이에 벽장이 있고, 그 옆에는 부엌 위 다락으로 통하는 다락문이 달려 있다. 민가에서는 방의 옆이나 윗목에 반닫이, 장롱 등을 놓고 의류 등을 보관하는 반가와 달리 방 한쪽에 고리짝을 놓아 의류를 수장하거나 방 귀퉁이에 횃대를 매서 의류 등을 걸어 놓는다. 그리고 반가에서는 겨울철 외풍을 막기 위해 창 쪽을 병풍으로 가리거나 벽과 창문에 각각 방장과 무렴자를 치기도 한다.

② 윗방(작은방)

윗방은 안방 윗목에 인접한 방이다. 보통 윗방과 안방 사이에는 네 짝 미닫이 창호가 시설되는데 평상시에는 열어 놓는다. 윗방의 윗목에는 장과 농, 반닫이 등을 늘어 놓고 그 위에 실함, 반짇고리 등을 얹어 놓기도 한다.

③ 건넌방

건넌방은 주로 며느리가 기거하는 방으로, 안방과는 대청을 사이에 두고 마주보며 배치된다. 경상도지방에서는 이 방을 상방이라고 부른다. 안방물림 후 노모가 이 방으로 물러나 거처하기도 한다. 호남지방에서는 이 방을 모방이라고 부르기도 한다.

건넌방은 출가한 딸이 산일을 앞두고 친정에 와 산청(해산방)을 따로 마련할 수 없을 때 산청으로 사용되기도 한다. 건넌방 앞에는 누마루를 만들어 여름에 시원한 공간을 형성하기도 한다.

④ 안대청

안대청은 안채의 안방과 건넌방 사이에 있는 넓은 마루이다. 신분의 상징성과 권위를 나타내는 장소이자 조상의 기제사나 가신(家神)인 성주신을 모시는 의식의 공간이기도 하다. 외부에 대해 폐쇄적인 안채에서 안마당과 연계된 가장 개방적인 공간이다.

안동 의성 김씨 종택의 대청

결혼이나 관례 및 제사 등의 집안 대소사가 주로 이곳에서 행해진다. 무더운 여름철에는 가족들의 시원한 거처가 된다. 안대청은 앞쪽의 툇마루와 연결되어 출입시 전실(前室)로도 이용된다. 상류주택은 지역을 불문하고 큰 규모의 안대청이 있다.

대청은 마룻바닥의 재료와 구조가 목조이고, 바닥이 지면에서 떨어져 있어 그 아래로 통풍이 가능하다. 근대기에 들어와 대청 앞에 미서기 유리창을 달아 대청을 실내공간화하는 주택들이 크게 늘어났다.

⑤ 부엌

부엌은 대개 안방 쪽에 부뚜막을 만들고 여기에 솥을 걸어 난방과 취사를 겸하는 공간이다. 우리나라 부엌은 음식물을 만들고 저장하는 기능과 함께 난방기능을 가진다. 부엌이 난방기능을 겸하는 것은 우리나라의 독특한 온돌문화에 의한 것이다.

함양정병호 가옥의 부엌

부뚜막 위 마당 쪽으로는 살창을 달고 옆마당 쪽으로는 교창을 달아 오염된 공기와 아궁이에서 나오는 연기를 환기시켰다.

우리나라의 부엌구조는 안방에 붙어 취사와 난방을 겸할 수 있도록 되어 있어, 부엌 바닥은 기단 또는 지표보다 60~90센티미터 정도 낮으며 흙바닥이 일반적이다. 부엌 옆에는 안방과 직접 연결된 작은 문이 있는데, 이 문은 음식물의 빠른 운반과 안주인이 아랫사람을 감독하기 위한 것이다. 부뚜막 좌우에는 선반을 매달거나 찬탁(饌卓: 반찬을 얹어놓는 긴 탁자)을 놓아 식기류나 반찬들을 보관하였다. 부엌 가까이에는 조리를 돕기 위한 곳으로 음식물의 세척을 위한 우물과 저장음식을 두는 장독대가 꼭 놓여 있다.

풍수의 양택론에서는 부엌문이 대문과 마주보는 것을 피하였으며, 대청과 방의 양편으로 부엌을 설치하는 것도 재앙이 있다고 하여 피했다. 또 부엌 아궁이가 변소나 대문을 마주하는 것도 금했다.

2) 사랑채

사랑채는 주인을 포함한 남성들의 사색·독서·문중 집회·접대를 위한 공간으로, 사랑방·침방·사랑대청·누마루 등으로 구성된다. 외부와 접촉이 많은 공간으로 주로 집의 바깥쪽에 위치하며, 안채에 비해 공간구성이 개방적이다.

중류주택에서는 사랑채는 안채에 연결되어 대문과 가까운 곳에 위치한다. 사랑채가 독립된 것은 중·상류계층의 주택이나 조선 후기 부농주택에서 볼 수 있다.

사랑채는 별동으로 짓는 경우도 있으나 대개 안채(몸채)와 연결하여 짓되 시각적으로 분리되게 건축했다. 대개 안채의 한쪽 끝에서 사랑마당을 사이에 두고 행랑채와 마주보게 짓는다. 사랑채의 앞에는 사랑마당이 있으며, 사랑마당과 안마당은 반드시 담이나 안행랑 또는 중문간 등을 이용해 공간적으로 구분하는데, 이는 주택 내에서 외래객의 안채 출입을 제한하기 위한 것이다. 가묘가 없는 집에서는 사랑채에 정실(淨室)을 마련하고 여기에 신주를 모시기도 한다.

① 사랑방

사랑방은 가장의 일상 거처는 물론 내객의 접대 및 교류를 위한 공간이다. 남계 위주의 가부장적 가족제도였던 조선시대 반가에서 사랑방은 매우 중요한 공간이었다. 바깥주인이 중앙 관서 관원이거나 문중을 대표하는 어른일 경우 사랑방은 정치·사회면의 교류 장소로 매우 중요하게 다루어졌다.

반가에서는 사랑채의 사랑방과 침방의 기능을 구분하였다. 즉, 사랑방은 가장의 일상 거처공간으로, 침방은 취침공간으로 사용되었다. 서민주택에서는 윗방이 사랑방 기능을 하고, 서울지방의 서민주택은 대문간을 중심으로 안채와 사랑채가 구분되며, 'ㄷ'자집에서는 대문간에 면한 문간방이 사랑방의 기능을 한다.

② 침방

사랑방 옆에 붙은 침방은 주인의 일상 취침공간이다. 주인은 부인과 동침할 때를 제외하고 평상시에는 침방에서 잠을 잔다. 민가에서는 사랑방이 침방을 겸하였고, 중·상류주택에서는 침방을 따로 건축했다. 여름철에는 침방에 살평상을 비치하고 죽부인을 하나 두었으며, 실내에는 남성용 의걸이를 두고 의관을 걸어 보관했다.

③ 작은사랑방

가장의 맏아들이 거처하는 공간으로, 대개 큰사랑방과 마주보며 배치되고 그 사이에 사랑대청이 놓여 공간적으로 구분된다. 'ㅁ'자형의 상류주택에서는 사랑채 모서리에 사랑대청을 두고, 왼편에 큰사랑방, 'ㄱ'자로 꺾인 곳에 작은사랑방을 두기도 한다. 이는 장유유서(長幼有序)의 유교윤리를 반영한 것으로, 큰사랑방은 가장의 거처실로, 작은사랑방은 가계를 계승할 큰아들의 거처실로 사용되었다.

④ 사랑대청과 누마루

사랑대청은 사랑방과 누마루에 출입하는 전실의 기능을 하며, 여름철에는 시원한 거처가 되기도 한다. 상류주택의 내부에서 가장 개방적인 공간으로, 집회와 교류의 장소로 많이 사용된다.

누마루는 이런 사랑대청의 기능을 한

무첨당의 마루와 누마루

층 더 강화시킨 공간으로 대체로 사랑채의 앞쪽에 돌출시켜 형성하며, 거주자의 사회적 지위와 신분을 상징하기도 한다. 누마루는 사랑채 앞으로 돌출한 형태로 건축되며, 키 큰 기둥을 사용하여 마룻바닥을 높게 구성하고, 들어 여는 분합문 등을 달아 개폐가 가능하게 했다. 누마루는 접객 장소 및 정서 함양의 공간으로 쓰이며, 누마루의 유무에 따라 상류주택과 중류주택을 구분하기도 한다.

대청과 누마루의 바닥은 우물마루로 짜이고, 바닥이 지면으로부터 높게 들어 올려 있어 통풍이 잘되며 시원하다. 천장은 서까래가 노출되는 연등천장으로 구성되며, 농촌의 반가에서는 누마루 밑을 수장공간으로 사용하기도 한다.

⑤ 서고
서책을 보관하거나 독서를 겸하는 공간이다. 서고는 크게 서책을 보관하는 형식과 서책 보관은 물론 독서를 겸하는 형식으로 구분된다. 서책을 보관하기 위해서는 책 궤를 여러 개 쌓아 두고 여기에 서책을 넣고 정리한다. 서고를 독립하여 건축하지 않을 때에는 사랑채에 부속된 방을 서책의 보관용으로 사용하거나 사랑방을 서고로 이용하기도 한다.

3) 기타 공간

① 행랑채
행랑은 대문간에 붙어 있는 방을 말하며 행랑채는 행랑방이 시설된 집채를 가리킨다. 행랑채는 행랑마당과 함께 반가의 상징인 솟을대문을 중심으로 좌우로 연결된 솔거노비의 거

강릉 선교장의 줄행랑채

처인 행랑방 및 광 등의 수장 · 작업공간으로 구성된다.
행랑채의 내부공간은 행랑방과 곳간 · 광 · 고방 등으로 사용되고, 행랑방은 남자 청지기와 머슴, 사역인(솔거노비)들의 처소로 사용된다. 행랑채는 대개 3량가의 간단한 구조로 건축하며, 행랑방의 크기는 1칸 또는 2칸 정도가 보통이다.
서민주택에는 행랑채가 없으나 서울지방의 주택에서는 대문 양 옆에 1칸 또는 2칸의 행랑방을 두기도 한다. 중류주택에서는 거리에 연하여 행랑채를 이루며 행랑방이 놓여 있어 안채와 외부의 경계를 형성하기

도 하나 그 규모는 크지 않다. 상류주택의 행랑채는 10여 칸에서 수십 칸에 이르는 경우도 많다.

상류주택의 행랑채에서 가장 상징적인 것은 솟을대문이다. 솟을대문은 조선시대 종2품 이상 고급관리의 주택에만 시설할 수 있는 대문으로, 초헌을 탄채로 출입할 수 있게 대문이 달린 문간의 지붕을 좌우 건물보다 한 단 높게 지은 것을 말한다. 대문은 보통 1칸으로 두 짝의 문짝을 안으로 열게 시설한다.

솟을대문의 양 옆으로는 가마를 보관하는 가마고와 마구간이 있고, 그 옆으로 하인들이 거처하는 행랑방이 1~2 칸 있다. 나머지 방들은 대개 광으로 쓰이게 되는데, 곡식을 저장하거나 일용집기들을 보관하는 데 사용된다.

② 별당

몸채의 곁이나 뒤에 따로 지은 집을 일컫는다. 주택에 부속된 별당은 주택 내에서 사랑채의 연장으로 가장의 다목적 용도로 쓰이거나 자녀와 노모의 거처로 사용된다. 사랑채 앞쪽에 건축된 별당은 씨족마을의 회합 또는 사회교류의 공간으로 사용되었다.

별당만 남아 있는 회덕 동춘당

별당의 평면은 대개 가운데에 마루를 두고 좌우에 온돌방을 둔 형태이며, 연못에 연해 건축한 별당은 누마루와 온돌방이 연결된 형태로 건축된다.

현재 별당이 살림집과 같이 남아 있는 예로 강릉 선교장의 활래정, 안동 임청각 정침과 군자정, 대구 달성 박황 씨 댁과 태고정, 경주 무첨당, 안동 소호헌, 예천 박씨 종가와 효자정 등이 있다. 별당만 남아 있는 예로는 회덕 동춘당, 영천 숭렬당, 강릉 해운정 등이 있다.

③ 사당

조선시대 반가에서 조상의 신주(위패)를 모신 건물로, 주로 중상류주택에 건축되었다. 사당은 거주자들의 일상행동을 제어하는 상징적 공간이자 조상신이 거주하는 상위공간으로, 하늘과 땅을 이어주는 중심성 및 정신적 의미로서 위계성·영역성을 가지고 있다.

청도 운강고택의 사당

사당은 안채와 사랑채를 짓기 전 제일 먼저 지어야 하고 대개 안채의 동쪽에 위치하는 경우가 많다. 집을 수리하거나 이건할 때를 제외하고는 사당을 헐지 않는다. 또한 외곽에 담을 쌓아 공간적으로 독립성을 갖도록 한다.

사당의 규모에 대해 『주자가례』에는 "사당의 제도는 세 칸이다. 밖에 중문을 만들고, 중문 밖에는 두 개의 계단을 만드는데 모두 세 층이다"라고 했으나 대개 『주자가례』에 의한 규모보다는 자연조건과 건축주의 경제적 능력에 따라 정면 1칸 또는 3칸으로 건축하였다.

조선시대의 『가례』에서는 사당에 4대의 위패를 일렬로 열향(列享)하여 모시는 것을 원칙으로 하였다. 사당 안에는 바닥에 전(塼)을 깔거나 우물마루를 시설하고 그 위에 자리를 편다. 정면 매 칸에 서너 짝의 분합문을 달아 열고 닫기가 쉽게 했다.

④ 방앗간채

곡식을 탈곡하거나 가루를 만드는 데 사용하는 방아를 설치한 건물이다. 방아는 작동 동력에 따라 크게 디딜방아, 통방아, 물레방아, 연자방아로 나뉜다. 디딜방아는 사람의 힘으로, 연자방아는 짐승의 힘으로, 통방아와 물레방아는 물의 힘으로 작동하며, 동력원에 따라 방앗간의 위치와 구조, 형태도 달라진다.

주택의 방앗간채에 주로 설치한 디딜방아는 사람이 딛고 올라설 노둣돌과 붙잡을 횃대와 방아채·확이 설비된다. 디딜방앗간은 고방채나 뒤주가 있는 부근 헛간채의 한 칸을 빌어 설치하는 경우가 많다.

방앗간채의 정면 벽은 트여 있고 나머지 삼면은 토담이나 토벽으로 막힌 형태이다. 방앗간채의 정면의 개방된 쪽에 방아채의 뒷부분이 오게 한다. 디딜방아의 뒷부분은 제비꼬리처럼 두 가닥으로 갈라져서 두 사람이 동시에 디딜 수 있도록 되어 있다.

청도 운강고택의 방앗간채

⑤ 고방채

고방채는 중상류 주택에서 생활용구와 물품을 보관하는 부속건물로, 대개 안마당 한편에 위치한다. 대부분 정면 3칸 규모이며, 고방과 디딜방아를 설치한 방앗간 및 온돌방 등으로 구성된다. 고방채의 온돌방에는 주로 여자 하인들이 거처한다.

청도 운강고택의 고방채

독립된 별채의 고방채를 지을 수 없을 경우 안방의 위쪽이나 옆에 고방을 부속시켜 일상용품과 곡물을 보관하기도 한다. 이때 고방의 바닥은 우물마루로 마감하며 경우에 따라 온돌바닥이나 흙바닥으로 마감하기도 한다.

4) 마당

① 마당의 종류와 특징

마당은 집의 앞뒤에 닦아놓은 단단하고 평평한 땅이다. 마당은 한국 전통주택의 특징적인 외부공간으로 주택의 배치와 개별 건물(채)의 성격에 따라 다르게 나타난다.

상류주택에서 마당은 각 채(棟)로 분화되는 건물의 수에 비례하여 구성된다. 마당의 종류로는 행랑마당, 안마당, 사랑마당, 별당마당, 사당마당, 고방마당 등이 있다. 이밖에 대문채 앞에 농 작업을 위한 바깥마당을 두는 경우도 있다.

② 민가의 안마당과 뒷마당

농촌 민가에서 마당은 일반적으로 안마당과 뒷마당으로 구분된다. 안마당은 농작물의 타작, 건조, 가공 등의 작업을 위한 공간일 뿐 아니라 관혼상제와 같은 많은 사람을 접대하고 의례를 행해야 하는 다목적 장소로도 사용된다.

뒷마당은 몸채 부엌을 중심으로 집 뒤쪽에 형성된 마당으로, 가사작업과 여성들의 휴식을 위한 공간이다. 장독대를 두고 나무를 심어 조경하고, 주위에 담을 쌓아 폐쇄하여 안마당에 비해 내밀한 외부공간으로 조성한다.

③ 중·상류주택의 안마당과 사랑마당

조선시대 중류 및 상류주택에서 마당은 남녀 생활공간을 구분하기도 한다. 사랑마당이 대문과 직접 연결되는 개방적 공간임에 비해 안마당은 대문에서 몇 번 방향을 바꾸고 중문, 담을 통과해야 도달할 수 있는 폐쇄적 공간이다.

폐쇄적으로 구성되는 안마당은 여름철 옥외생활과 의례의 장소이자 출입동선의 처리와 채광 및 통풍을 위한 공간이다. 사랑마당은 반듯하고, 정연한 담과 담벽의 문양, 배수로의 다듬어진 돌, 기단석과 적당히 배열된 초목 등이 담 너머로 보이는 자연경관과 함께 조화된 고도의 정서적 외부공간이다.

행랑마당은 행랑채 주위에 있는 작업을 위한 마당으로, 주위에 수레간·마구간·창고 등이 배치된다.
조선시대 상류주택의 마당은 장식성과 신분의 상징성이 중시되는데, 이는 농촌 민가의 마당이 농 작업을 위한 생산기능을 위주로 구성되는 것과 다른 점이다. 한국 전통주택에서 마당은 다목적 기능을 가지고 있는 특유의 외부공간으로 정원이 아닌 의식주 생활과 밀접하게 관련된 외부공간이라고 할 수 있다.

2. 민가와 반가

우리나라 살림집은 크게 조선시대 피지배계층이었던 서인(庶人;상민)들의 주택인 민가와 지배계층인 양반사대부들의 주택인 반가(상류주택)로 구분된다. 이밖에 조선시대 행정 실무관료였던 중인(中人)들의 살림집이 있다.
우리나라 민가의 평면구성

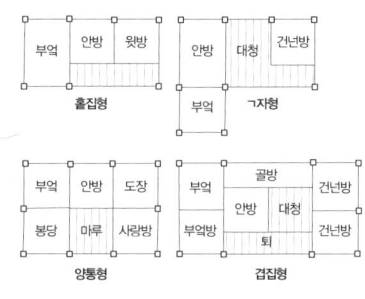

민가의 평면구성

은 크게 홑집(외통집), 겹집, 양통집으로 나뉜다. 홑집은 지붕 아래에 실이 한 줄로 배열된 집을 말한다. 양통집은 지붕 아래 실이 두 줄로 배열된 집으로, 평면은 크게 여칸형과 8칸형 등으로 구분된다.
겹집은 부엌을 앞뒤로 나누어 정지방을 두거나 측면의 건넌방 등을 앞뒤로 나누는 집으로 지붕 아래에 실이 두 줄 또는 한 줄로 배치된 집이다. 대개 앞뒤와 측면에 퇴(退)가 발달하였으며, 구조적으로는 2고주 5량집으로 구성하는 것이 대부분이다. 겹집은 조선 후기 이후 공간구성 방식의 다양화와 구조기술의 진보에 힘입어 성행했다.
대지 내 건물 동(棟;채) 수와 배치형식에 따라 외채집, 쌍채집, 세채집,

네채집 등으로 구분되기도 한다. 또한 몸채의 형태에 따라 'ㅡ'자집과 'ㄱ'자집, 'ㄷ'자집, 'ㅁ'자집으로 구분되며, 특히 대지 내 여러 채의 건물이 조합되어 'ㄱ'자형, 'ㄷ'자형, 'ㅁ'자형을 이룬 경우에는 튼 'ㄱ'자집 튼 'ㄷ'자집, 튼 'ㅁ'자집이라 한다. 'ㄱ'자집은 지역에 따라 곱은자집(경기도), 곱패집(충청도), 꺾은집(평안도) 등으로 불린다.

우리나라 각 지역의 민가는 주거문화와 자연환경의 차이에 따라 특징적인 평면형태와 공간구성을 보인다. 이에 따라 일반적으로 북부형 민가, 서부형 민가, 중부형 민가, 서울형 민가, 남부형 민가, 제주도형 민가로 구분된다. 각 지역의 민가와 반가 사이에는 긴밀한 인력관계가 있어 지역의 고유한 민가형식이 반가에 채용되기도 하고, 반가의 건축형식이 민가에 적용되기도 하면서 발전해왔다.

1) 민가의 평면유형

(1) 홑집

지붕 용마루 밑에 방이 한 줄로 배열된 집이다. 우리나라 전역에서 볼 수 있는 하층민의 집으로 외통집이라고도 한다. 대개 정면 3~4칸, 측면 1칸 정도이며, 정면 한쪽에 부엌을 두고 큰방(안방),

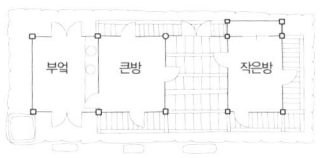

남부지방의 홑집

작은방(건넌방)을 차례로 배열한 형태이다. 남부지방에서는 기후를 고려하여 큰방과 작은방 사이에 마루를 시설하기도 한다. 태백산맥 서쪽의 관서지방으로부터 남부의 삼남지방까지 널리 분포되어 있다.

(2) 겹집

지붕 용마루 밑에 방이 한 줄 또는 두 줄로 배치되어 있는 집이다. 홑집에 대칭되는 평면형태로, 양통집을 포함하는 의미로 쓰이기도 한다. 평면형태에 따라 2칸 겹집, 3칸 겹집, 4칸 겹집 등이 있으며, 이밖에 삼남지방의 전형적인 겹집과 그 변형인 남해안형도 있다. 가장 전형적인 겹집은 삼남지방에 널리 분포한다.

대개 양통집과 외통집이 절충된 형식으로, 건물의 좌우 끝부분은 실이 겹으로 배치된 양통집 계통이고, 가운데는 외통집(홑집) 계통으로 되어 있다. 즉, 부엌 부분이 정지방과 부엌으로, 건넌방(또는 사랑방) 부분이 윗방과 아랫방으로 구분된 양통집 계통이나, 중앙부의 큰방과 대청은 외통집(홑집) 계통이다. 대청과 큰방 앞에는 보통 툇마루가 놓이며, 아랫방은 고방으로 쓰이기도 한다.

겹집은 여러 형태로 변형되었는데, 특히 남해안 다도해지역의 섬들에서는 사랑방이 부엌 바깥쪽에 배치되어 부엌을 중심으로 세 방이 배치되는 형식이 분포한다. 겹집은 가사활동공간이 수평적으로 배치되어 있어서 사역인(머슴) 없이 순수 집안일을 처리해야 하는 자영농계층이 선호한 주택이다. 방이 겹으로 배치되기 때문에 채광과 환기가 홑집에 비해 좋지 못하고 증축이 어려워 대가족보다는 소가족 중심의 살림에 적합하다.

① 2칸 겹집

남해안과 제주도에 분포하며 극히 가난한 소작농 계층의 막살이용 집이다. 평면은 방, 마루방, 부엌으로 이루어진 '田'자형이며 부엌 안에 고방이나 마구간을 두기도 한다.

② 3칸 겹집

제주도에서 흔히 볼 수 있는 평면형식으로 중앙에 대청을 두고, 한쪽 앞뒤로 방과 고방을, 다른 쪽에 부엌을 배치하며 부엌에 작은방을 두기도 한다. 자영농 계층의 집이며, 대개 부속채와 바깥채가 덧붙여진다.

③ 4칸 겹집

3칸 겹집에서 부엌 바깥쪽으로 작은방과 샛방이 앞뒤로 배치된 형식이다. 상류층이나 대농계층의 주거로, 한 채 단독으로만 구성되는 경우는 드물고 서너 채로 이루어지며 농촌보다 읍 규모의 도시에 많이 분포한다.

(3) 양통집

지붕 용마루 아래에 방을 앞뒤 두 줄로 꾸민 집이다. 함경도지방에서부터 태백산맥 줄기를 따라 내려오면서 동해안지방·경북 북부지방 등에 분포하며 드물게는 경기도 서해안까지 퍼져 있다.

평면구성은 몸채 측면 복판에 기둥을 세우고 방을 두 줄로 배열한 '田'자형으로, 외양간·방앗간·고방 등의 경영시설(經營施設)이 몸채에 붙어 있다.

양통집의 유형은 정주간(부뚜막이 연장된 실로 가사작업과 거처실로 사용되는 공간)이 있고 없음에 따라 크게 둘로 구분된다. 즉, 정주간이 있는 양통집은 추운 함경남북도 지방에 분포한다. 정주간이 없는 양통집은 주로 강원도·황해도의 광주산맥 주변, 경기도 일대 및 경북 북부지방과 영동지방, 즉 태백산맥 동쪽지역 및 소백산맥 중심의 산간지대에 퍼져 있다.

양통집의 봉당마루(마루라고도 함)는 봉당에 면해 시설한 마루로 'ㄱ'자형 집의 대청마루와 같고, 특히 정면 3칸, 측면 3~4칸의 세 겹집에서 볼 수 있는 공청마루(봉당 뒤에 놓인 마루로 대개 중앙부에 위치)와는 더욱 유사하다. 대청, 공청, 봉당마루 등의 각종 마루는 방의 배열에 따라 차이가 있을 뿐 기능은 거의 같다. 양통집은 자영농들이 건축한 집으로, 영세한 소농들의 집에 비해 비교적 규모가 크며, 규모에 따라 6칸집·8칸집·10칸집 등으로 구분된다.

① 여칸 양통집

정면 3칸, 측면 2칸의 여칸(6칸) 규모의 양통집으로 평면형태와 구조기법이 양통집의 일반적 형태를 보여준다. 소작 겸 자작을 하는 계층의 집으로, 구조는 3평주 5량가이다. 특히 지붕 양측에 까치구멍(지붕 양 측면의 박공 밑에 낸 환기 통풍용 구멍)이 있을 경우 까치구멍집이라고 부른다.

남한의 여칸집은 크게 마루 없이 온돌방만으로 평면을 구성한 영동지방의 온돌중심형과 마루를 가운데 둔 안동지방의 마루중심형으로 구분된다. 영동지방의 온돌중심형 양통집은 정면 좌측의 2칸 모두를 정지(부엌)로

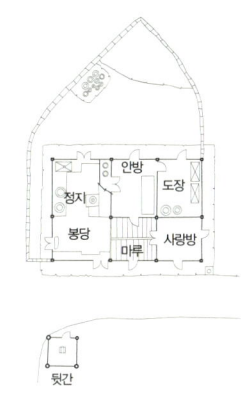

강원도 온돌중심형 양통집

쓰고, 밖에서 정지로 들어오는 출입부에 봉당을 두었다. 부엌설비는 뒤칸에만 설치하고 앞칸은 가내작업을 위한 봉당으로 사용하였다. 봉당은 함경도에서 안동에 이르는 지역의 민가에서 볼 수 있는 가내작업공간이다.

정지 오른편에는 대개 온돌방이 '田'자형으로 배치된다. 즉, 안방과 아랫사랑, 도장과 윗사랑이 두 줄로 배치된 형태이다. 기후가 온난한 지역에서는 안방 앞에 온돌방 대신 마루를 놓기도 한다. 도장(방)에는 온돌이 시설되어 있으며, 수장공간으로 이용되다가 식구가 많으면 신혼부부 또는 딸의 방으로 이용된다.

② 안동형 여칸집

정면 3칸, 측면 2칸의 마루중심형 여칸집이다. 평면구성은 가운데 상하 2칸에 봉당과 봉당마루(마루)를 두고, 봉당 좌우측에는 마구간과 부엌(정지), 그 뒷줄에는 자녀와 안노인이 거처하는 상방(안방 맞은편 작은온돌방)과 안방을 둔다. 마구간이 독립하면 마구간 자리에 상방이 오고 뒤칸은 고방으로 사용된다. 사랑채를 별동으로 두게 되면 배치형태는 '二'자나

튼 'ㄱ'자 모양이다.

여칸집에서 방의 수가 늘어나면 8칸 양통집이 된다. 대개 동쪽에 정지(부엌)를 두고, 앞줄에 안방·상방·윗사랑, 뒷줄에 뒷방·도장·뒷사랑을 배열한다. 정지 옆에는 곳간과 마구간이 놓인 곁채가 배치되기도 한다.

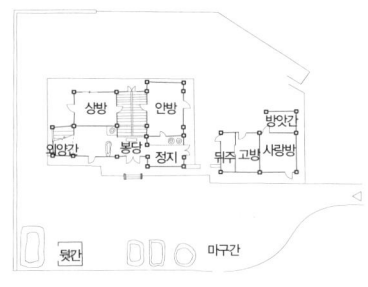

③ 정주간이 있는 양통집

정주간을 둔 양통집은 주로 낭림산맥 북쪽 함경북도지방에 분포한다. 평면 중앙부에 벽 없이 개방된 정지(부엌)와 정주간 및 봉당이 위치한다. 정주간은 부뚜막이 연장된 개방된 공간으로 앞에

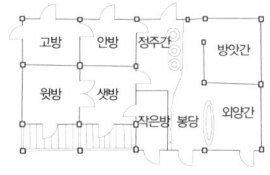

부뚜막이 걸리고, 정주간 아래 봉당의 왼편에 작은방이 놓인다. 정주간 좌측에는 뒷줄에 안방과 고방, 앞줄에 샛방과 윗방을 '田'자형으로 배치했으며, 샛방과 윗방 앞에 개방된 툇마루가 놓여 있다. 정지(부엌) 우측에는 방앗간이 있고, 그 앞에는 외양간이 배치되며 외양간과 봉당 사이에는 구유를 놓아 구분했다.

④ 부속채가 있는 양통집

양통집은 외양간, 방앗간 등의 경영시설을 별채에 두지 않고 몸채에 집약하여 배치하는 것이 일반적이다. 부속채가 있는 양통집은 몸채와 사랑채가 '二'자형을 이루는데, 몸채와 사랑채 사이에 안대문을 세로로 덧달아내 집 전체의 모양이 'ㄷ'자형이다. 이 경우 사랑채는 외통집으로 짓는 것이 보통이다.

몸채의 평면은 정주간이 있는 양통집(8칸)과 유사하다. 집의 가운데 정지와 봉당이 설치되고, 정지 부뚜막에 연결되어 정주간이 형성되며, 정주간 좌측에는 앞줄에 샛방과 윗방, 뒷줄에 안방과 어간방(윗방 뒤쪽의 온돌방)이 배치된다.

2) 민가의 지역별 유형

① 북부형 민가

일반적으로 방의 배치가 '田'자형으로 구성되어 있고, 각 방들은 방과 방을 직접 연결하여 통하도록 한 것이 특징이다. 특히 방과 부엌 사이에 있는 정주간은 부엌과의 사이에 벽이 없어 가사작업이나 가족들의 식사 또는 휴식장소 등 지금의 거실과 같은 공간으로 사용되어 왔다. '田'자형의 평면형태는 함경도지방에서는 흔히 볼 수 있으며, 평안도지방에서도 드물게 볼 수 있다.

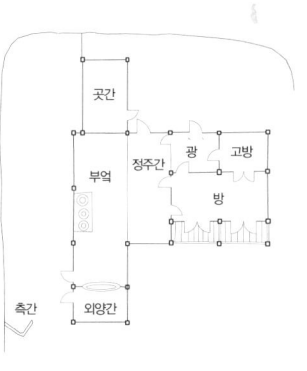

② 남부형 민가

경남과 경북, 전남 일부 지방에 주로 분포하는 민가로, 'ㅡ'자형 평면형태가 압도적으로 많다. 대개 정면 3칸 또는 4칸 규모로, 앞쪽에 툇간을 둔 전툇집으로 건축되며, 간혹 산간지방에는 2칸 오두막집(막살이집)도 있다.

'ㅡ'자형의 몸채는 큰방 · 작은방 · 부

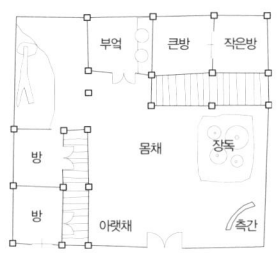

엌으로 구성 되며, 부엌은 주로 정면 왼편(남향집에서는 서쪽, 동향집은 남쪽 방향)에 놓이며, 큰방과 작은방 앞에는 길게 툇마루가 시설된다. 정면 4칸 집에서는 큰방과 작은방 사이에 마루를 시설한다. 그리고 부엌 주위에 아랫채 등을 지어 경리시설을 시설하거나 남자들의 생활공간으로 사용한다.

③ 서부형 민가

평안남북도, 황해도 북부 일부 지방에 분포하는 민가이다. 부엌·방·방이 일렬로 구성되어 '一'자형 집이라고 부르기도 한다. 남부지방 3칸 규모의 '一'자형 민가와 형태상으로 유사하나 다만 마루가 없는 것이 특징이다.

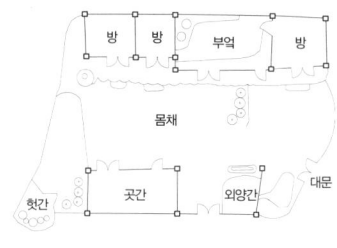

서부 해안지방에는 정면 4칸 또는 5칸 규모의 몸채가 많다. 정면 4칸의 몸채는 평면 중앙부에 마루방을 두고 양쪽에 건넌방과 큰방을 두는 형식으로, 부엌 왼편에 툇간을 달아내고 거기에 모방이나 정지방(가사일 보는 방)을 시설하기도 한다. 그리고 측면에 툇마루가 시설되는 5칸집에서는 평면 중앙부에 부엌을 두고 양쪽에 큰방과 건넌방을 두기도 한다.

④ 서울형 민가

조선시대 수도인 서울지방에 형성된 특징적 평면형으로, 조선 말기 이후 전국 여러 도시의 민가에 영향을 주었다.

평면형태는 중부지방형 민

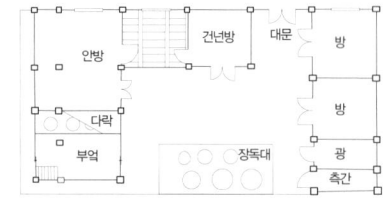

가와 유사한 'ㄱ'자형이나 꺾인 부분에 안방과 부엌을 두고 대청과 건넌방이 정면에 배설된 점이 다르다. 또한 부엌이 방위상 동서로 면하는 것이 중부지방형 민가에서 부엌이 남향하는 것과 다른 점이다. 기본 평면은 'ㄱ'자형이나 여기에 사랑방·대문간·광 등이 부속되어 'ㄷ'자형으로 변형 확장되기도 한다.

⑤ 중부형 민가

개성을 중심으로 한 황해도와 경기도, 충청도 일부의 중부지방에 분포한다. 평안도지방에서 많이 볼 수 있는 마루 없는 'ㅡ'자형 몸채에 마루와 방이 'ㄱ'자형으로 연결된 형태이다. 몸채의 평면형태가 'ㄱ'자형인 것은 서울형 민가와 같으나 안방과 부엌의 향(向)에서는 큰 차이를 보인다. 즉, 중부형 민가에서는 안방과 부엌이 남

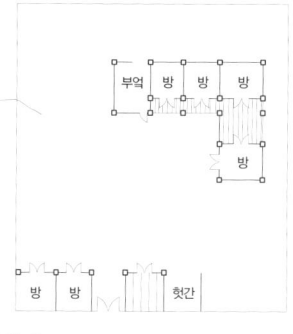

향하는데 반해 서울형 민가에서는 동향한다.
주로 몸채 주위에 아래채, 고방채 등의 부속사와 경리시설이 건축되어 대개 'ㄱ'자형과 'ㄴ'자형, 'ㅁ'자형의 배치형태를 보인다. 일부 지역에서는 단순한 'ㅡ'자형도 분포하고 있다. 이 지역 민가의 다양한 평면형태는 중부지역이 기후적으로 북부와 남부의 중간지역이자 주거문화의 점이지대여서 양 지역의 평면형태가 절충되어 나타난 때문인 것으로 보인다.

⑥ 제주도형 민가

제주도에만 나타나는 특색있는 평면형으로, 중앙의 상방(제주도 민가에서 바닥을 마루로 꾸민 실)을 통해 각 실로 연결되는 폐쇄적인 공간구성을 보인다. 상방 중앙에는 대개 돌로 만든 고정화로인 봉덕화로가 있다.

실 구성은 상방을 중심으로 좌우에 자녀들 방인 작은구들(작은방)과 부모가 거처하는 큰구들(큰방)을 두고, 큰구들 북쪽에 고팡을 두어 물품을 보관한다. 부엌인 정지는 일반적으로 작은구들 앞에 위치하며, 취사용 아궁이가 방의 구들과 연결되지 않은 것은 온난한 기후를 고려한 것이다. 그리고 상방과 큰구들 앞에는 낭간이라는 툇마루가 시설된다.

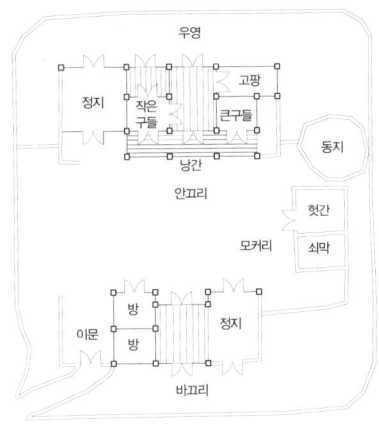

큰구들과 작은구들은 아궁이에 접한 방 아랫목에만 구들골을 시설하는 등 구들이 발달하지 않은 것이 특징인데 일부 방에는 구들이 시설되어 있지 않다. 부엌에는 부뚜막이 시설되어 있지 않고, 취사용 아궁이와 난방용 아궁이가 분리되어 있다.

평면형식은 북부지방의 양통형 민가와 비슷하며, 특히 상방이 없는 소규모 제주도 민가의 평면형은 양통집의 '田'자형 평면과 매우 유사하다. 지붕은 주로 억새풀의 일종인 새풀로 이었다.

3) 민가의 입면과 구조

현존하는 민가에서는 3량가(홑집), 5량가(양통집) 정도의 간략하고 단순한 구조와 치목 수법 그리고 여섯 치 이내의 두께를 갖는 가는 재목을 사용한 경제적인 구조를 볼 수 있다. 여닫이 정도의 홑창과 사벽질로 거칠게 마감된 벽체, 초가지붕 등 낮은 의장성도 민가건축의 특징이다. 대신 지역색이 강하게 표출되기 때문에 반가에서 볼 수 없는 민가의 토속성을 보여주기도 한다. 건축재료는 주로 주변에서 쉽게 구할 수 있는 자연재료를 사용하였다.

4) 반가에 영향을 미친 인문환경

(1) 성리학적 예제(禮制)

조선시대 주택은 가족의 주생활공간이자 성리학적 윤리를 실천하는 장이었다. 조선 초기 이후 성리학적 사회윤리의 보급은 주택의 배치나 평면구성에 큰 영향을 미쳐 『주자가례(朱子家禮)』에 따라 가묘의 설치를 강요했다. 또 성리학적 윤리관에 따라 남녀관계를 규제한 내외법(內外法)은 남녀의 거주공간을 구분하도록 했으며, 명분론과 삼강오륜의 장유유서는 주택 안에서도 주거공간을 거주자의 신분에 따라 상하(上下) 공간으로 구분했다. 즉, 안채·사랑채 등은 상(上)의 공간, 행랑채는 하(下)의 공간이다.

조선 중기 이후 성리학적 사회윤리와 예제가 사회 전반에 정착하면서 주택의 모습도 크게 변모했다. 특히 17세기 이후 가묘 건립의 보편화, 유교적 관혼상제, 상속제, 양자제의 정착은 주택의 배치와 공간구성 및 이용에 큰 영향을 미쳤다.

① 가묘 건립 확산 — 조상 숭배, 종법제 확립

조선 초기 이후 성리학적 생활문화의 정착과 확산에 따른 첫 번째 변화는 가묘 건립의 확산이다. 유교의 조상 숭배 관념은 돌아가신 조상의 위패를 모시는 가묘에 구체적으로 표현되었는데, 조선시대 사대부들은 고조(高祖) 이하의 조상 위패를 가묘에 모셔놓고 제사를 지냈다.

안동 송소종택 가묘

가묘는 고려 말에 전래된 성리학의 보급과 관련된다. 즉, 고려 말의 정몽주 등이 가묘의 설립을 제창하자 1390년(공양왕 2) 2월에 사대부 집안의 적장자손 주제(嫡長子孫主祭)의 원칙을 밝혔고, 1391년 6월에는 가묘제도의 실행을 명하였다. 그러나 가묘제가 본격적으로 시행된 것은 조선시대부터이다. 『경국대전』에는 문무관 6품 이상은 3대를, 7품 이하는 2대를, 서인들은 할아버지·할머니만을 제사지내도록 명시했다. 선조 이후로 접어들면서 가묘의 설치는 사대부 양반층에서 일반화되었다. 가묘의 건립은 종법제(宗法制), 봉사제(奉祀制), 상속제 등이 정착되기 시작한 16세기 이후로 알려져 있다. 이 시기 지방 사족들의 중앙정계 진출이 많아졌으며, 『소학(小學)』과 『주자가례』가 대량으로 간행 반포되었다. 이는 성리학에 따른 생활문화가 확산되는 계기를 가져왔다. 16세기 이후 사대부들의 종가에서는 주택 내에 가묘를 의무적으로 설치하였으며, 가묘는 제례뿐만 아니라 의례의 중심 장소로 중시되었다. 『가례서』에 "집을 지을 때 먼저 정침 동쪽에 사당(가묘)을 세운다"고 한 것으로 보아 주거건축에서 가묘의 배치가 우선시되었음을 알 수 있다. 별동의 가묘를 건립하기 어려운 서민들은 깨끗한 방(淨室)을 마련하고 거기에 조상 위패를 모시기도 했다. 또한 조선 중기 이후 제사와 의례를 위한 신성한 제실의 용도로 사용되던 상류주택의 대청이 서민주거에 확산되기도 했다.

② 내외사상 — 남녀 생활영역 구분

조선시대에는 남녀 사이에 구별이 있다는 성리학적 사회윤리에 따라 주거공간을 성별에 따라 구분했다. 남녀의 생활영역을 구분하는 내외사상은 성리학의 어떤 덕목보다 반가의 배치에 큰 영향을 미쳤다. 내외사상에 따라 사랑채를 중심으로 한 남성공간과 안채를 중심으로 한 여성공간으로 생활영역이 성적으로 엄격하게 구분되었다. 『예기(禮記)』의 「내칙(內則)」에는 "예는 부부간에 서로 삼가는 데서 시작된다. 집을 지을 때 내외를 구분하여 남자는 바깥에 거처하고, 여자는 안쪽에 거처한다"고 하였다. 이에 따라 조선 초기에 부부라도 별도의 침실에서 거처하게 했다.
내외법에 따른 주거영역의 구분은 성리학적 사회 윤리와 생활문화를 수용하였던 사대부 계층에서 시작되었다. 조선 중기에 들어와 남녀의 영역구분이 일반화되면서 안채와 사랑채의 영역구분이 이루어졌다. 이러한 주거영역의 구분은 남자는 바깥일을 맡고, 여자는 내부에서 가사를 담당해야 한다는 생각에 따라 남녀의 생활공간이나 부속 건물들을 상대적인 위치에 배치했다.
여성의 생활공간인 안채는 안쪽에 자리하여 외부로부터 격리 보호되어야 했으며, 가장을 비롯한 남성들의 공간인 사랑채는 안채를 보호하고 노비들을 감시하고 외부와 접촉하기 쉬운 곳에 배치되었다. 이러한 남녀의 영역구분은 조선 중기 이후의 반가에 규범적으로 적용되어 지속적으로 영향을 미쳤다.

③ 가족제도의 변화와 주거공간의 분리

조선 중기 이후 성리학적 사회 윤리의 확산으로 가족의 형태가 변화하였다. 조선 초 사대부들은 『주자가례』에 따른 혼례를 확산시키고자 노력하였다. 그러나 고구려 이후 계승되어 온 결혼한 사위 부부는 처가에서 오랜 기간 거주하는 전통적인 서류부가제(婿留婦家制)의 혼인 풍속을 쉽게 바꿀 수 없었다. 당시 사위 가족을 위해 몸채 뒤에 작은집 한 채를 세웠는데, 이를 서옥(婿屋)이라고 했으며, 서옥에 대한 기록은 『삼국지』「고(구)려조」에 남아 있다. 이를 통해서 조선 초까지는 생활영역이 부부 단위로 분리되었던 것으로 보인다.
조선 중기 이후 성리학적 사회가족 윤리가 정착되면서 서류부가혼에 의해 여계와 남계가 함께 거주하는 가족 형태는 남계 위주의 직계가족 형태로 서서히 변모하였다. 17세기 이후 가묘 건립, 유교적 관혼상제, 상속제, 양자제의 정착으로 남계 위주의 직계가족 형태가 확고해졌으며, 더불어 주거형태의 변화도 가져왔다.
이와 함께 나이와 세대간의 질서인 '장유유서'를 규범화하여 세대별 생활공간을 분리하였다. 사랑채도 가장이 기거하는 큰사랑채와 큰사랑방 그리고 가계를 계승할 장남이 거처하는 중사랑채와 작은사랑방으로 분리되었다. 안채 또한 주부가 거처하는 안방과 며느리가 쓰는 건넌방으로 구분하였다. 이러한 경향은 조선 후기로 갈수록 더욱 강화되었다.

(2) 가사(家舍)규제 — 주택의 규모와 장식의 제한

조선시대의 건축규제는 당시의 주택제도를 살펴볼 수 있는 역사적 근거가 된다. 조선 초부터 성리학적 통치이념에 따라 신분별로 대지와 주택의 규모 및 장식을 제한하는 제도를 시행하였다. 가장 먼저 시행한 것은 가대(家垈;대지)규제로, 이는 신분과 품계에 따라 주택의 대지면적을 제한한 것을 말한다. 『경국대전』 「급조가지조(給造家地條)」에는 신분별 대지면적을, 정1품(35부, 1410평;1부≒40.3평), 정2품(30부), 정3품(25부), 정4품(20부), 정5품(15부), 정6품(10부), 정7품(8부), 정8품(6부), 정9품(4부), 서인(2부)로 규정하고 있다.

대지면적을 제한한 가대제한에 이어 주택의 규모도 제한하였다. 1431년(세종 13) 1월에 각 품계별로 주택규모를 제한하는 규정을 처음으로 제정하고, 주택의 규모를 대군 60칸, 임금의 친형제 · 친자 · 공주 50칸, 2품 이상 40칸, 3품 이하 30칸, 서인 10칸으로 제한했다. 또한 치장과 장식에 대해서도 초석을 제외하고 잘 다듬은 돌을 사용하지 말고, 기둥 위에 화공(花栱)이라는 공포를 짜 올려 장식하지 말며, 진채(眞彩)로 단청하지 못하게 했다.

대지의 면적과 건축규모의 규제 및 장식의 제한을 통해 엄정한 신분질서를 유지하고 검소 간략한 기풍을 숭상하게 했다. 이때 정한 신분별 주택규모와 장식적인 제한은 이후 큰 변화 없이 조선 말기의 법전인 『대전회통』에 그대로 계승되었다.

1431년의 가사규제가 신분별 주택의 전체 규모만 규제했을 뿐 기둥 간격과 기둥 높이, 도리와 들보 길이 등에 대한 제한 규정이 없어 시행에서 많은 문제가 나타났다. 1440년(세종 22) 7월에 각 품계별 주택 내 건축물의 종류와 기둥 높이, 들보 길이 등 각 부재의 크기(尺數)를 제한하였으나 실제 적용에서 예상치 않은 문제가 생겨 1449년(세종 31) 1월에 이를 수정 보완하였다. 또 다시 1478년(성종 9) 8월에는 이전 규정을 대폭 완화하는 쪽으로 개정하였다.

이와 같이 조선시대의 가사규제는 1395년(태조 4)에 성립된 가대제한으로부터 1세기에 가까운 1478년(성종 9)에 와서야 비로소 완성되었다. 그러나 왕족과 상류층에서 위반하는 사례가 늘어나고, 임진왜란 이후 신분질서가 약화되고 세도정치가 이루어지면서 기능을 상실하고 유명무실해졌다.

5) 반가의 배치 및 평면형태

(1) 동(채) 구성형식

① 별동형(別棟形)

사랑채, 안채 및 주요 부속채가 별동으로 구성되며, 안마당을 중심으로 주요 부속채가 배치되는 형식이다. 몸채는 '一'자형과 'ㄱ'자형이 보편적이며, 드물게 'ㄷ'자형이 나타난다. 영남 북부지방을 제외한 지역

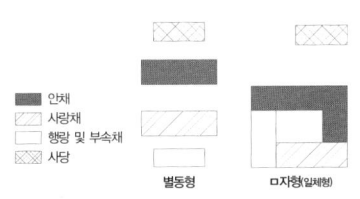

반가의 동 구성형식

에서 보편적인 유형으로, 사랑채와 안채가 배치되는 방식에 따라 직렬형, 병렬형, 직교형으로 구분된다.

직렬형은 안채와 사랑채가 앞뒤에 배치되며, 병렬형은 안채와 사랑채가 좌우로 배치된다. 직교형은 안채와 사랑채가 안마당을 가운데 두고 'ㄱ'자형으로 배치된 형식이다.

별동형은 부속채가 분리되어 몸채의 규모가 축소되고, 방들이 한 줄로 배열되는 '홑집형' 평면의 주택에서 많이 볼 수 있다. 홑집형 평면구성

은 건물의 측면 폭이 좁기 때문에 간략한 3량가의 지붕틀이 일반적으로 사용되고, 지붕형태도 우진각지붕이 대부분이다.

② 'ㅁ'자형(일체형)
안채, 사랑채, 주요 부속채가 한 몸으로 구성된 주택을 말한다. 안마당이 건물로 둘러싸여 외부공간이면서 반(半)내부공간적인 기능을 수행한다. 안마당을 중심으로 'ㅁ'자형의 몸채를 구성하고 앞쪽에는 대문과 바깥마당을 둔다.
'ㅁ'자형 주택은 중부지방을 중심으로 전국에 산재하는 대농형 주거로, 경북지방에서는 뜰집의 구조와 융화되어 나타났다. 조선 말기 정부의 통제기능이 약화되어 사회가 불안정할 때 많이 지었다.
'ㅁ'자형 주택은 공간 성격상 여성들의 안채공간과 남성들의 사랑채가 일체로 건축되고, 앞뒤에 사당·행랑채·대문간채 또는 부속채 등이 별동으로 건축된다. 몸채의 구성형식에 따라 일체형, 튼 'ㅁ'자형, 날개형으로 구분된다. 날개형은 'ㅁ'자형 집의 정면 좌우로 날개집(翼舍)이 돌출한 형태이다. 주로 경북 북부지방, 영동지방, 충청지방, 경기지방 등에 많이 분포하며, 조선 중기의 반가는 대부분 이 유형에 속한다.

(2) 마당 구성형식
안채와 사랑채에 연관되어 나타나는 안마당, 사랑마당과 부속채에 연관되어 나타나는 행랑마당 혹은 문간마당, 직업마당 등이 어떠한 공간적 기능적 형태로 존재하는가에 따라 분리형, 일반형, 미분화형으로 구분된다.

① 분리형(分離形)
각각의 마당이 기능적으로 명확히 구별되고, 건물과 담장들에 의해 공간적으로도 명확히 분리되어 있다.
이 형식에서 마당은 안마당·사랑마당·행랑마당·별당마당·중사랑마당 등과 같이 다양하며, 남녀 동선과 영역구분이 명확하다. 이에 따라 중문이 발달해 있으며, 주로 조선 중기 반가와 조선 후기 세도가층 주택에서 많이 나타난다.

분리형 마당, 밀양 교동 손씨 고가

② 일반형(一般形)
안마당과 사랑마당은 공간적으로 명확히 구별되지만 작업마당·문간마당·행랑마당 등이 안마당이나 사랑마당에 접속되어 공간적으로 구분되지 않는다. 그러나 기능적으로 분리가 가능한 유형이다.

일반형 마당, 화순 양동호 가옥

③ 미분화형(未分化形)
마당이 안마당과 사랑마당으로 이분되어 안팎의 구분은 있으나 문간마당이나 작업마당 등이 안마당이나 사랑마당과 혼재되어 있는 유형을 말한다. 대개 중문간채 없이 사랑마당을 지나 사랑채의 측면을 돌아 안마당으로 진입한다. 진입과정에서 남녀 동선구분은 미약하지만 장소간의 내외구분은 엄격하게 나타나고 있다. 조선 중기 지방의 중소 양반 사대부(鄕班層)의 'ㅁ'자형 주택과 조선 후기 지주층 주택에서 흔히 볼 수 있는 마당 유형이다.

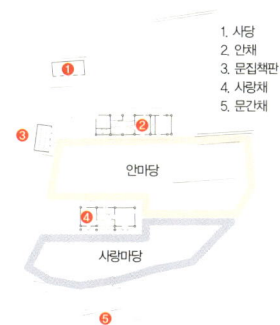

미분화형 마당, 거창 임견종 가옥

6) 반가의 입면과 구조

① 입면형식
반가의 창호와 벽체, 지붕 등에는 고급스러운 재료와 기법이 사용되었다. 기단이나 초석 및 담장 등은 사고석이나 장대석과 같은 고급 석재로 축조되었으며, 창호는 안미닫이와 밖여닫이를 둔 겹창호로 꾸몄다. 안미닫이의 창호로는 '亞'자살, 숫대살, 귀갑살 등 고급스럽고 미려한 창살이 사용된다.

벽체는 회벽을 발라 외장의 고급성을 표현한다. 기와지붕 또한 상류주거의 특성으로 처마를 길게 돌출시켜 '날아갈 듯한 지붕선'을 만들었는데 이는 '고래등 같은 기와집'으로 묘사될 만큼 강한 계층성을 표현하고 있다.

② 구조형식
반가의 안채와 사랑채에서 많이 사용되는 구조형식은 가장 간단한 구조인 3량 또는 5량가이다.

3. 살림집 실례

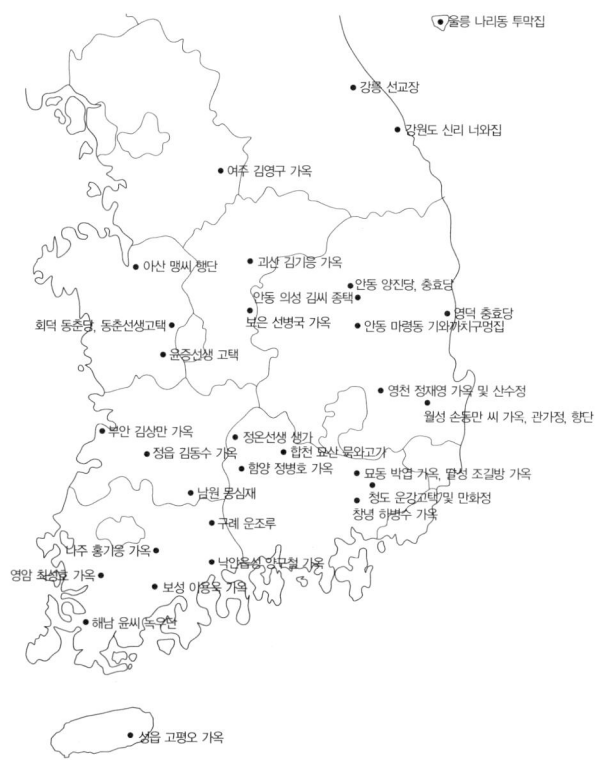

1) 아산 맹씨 행단(사적 제109호, 충남 아산시 배방면 중리)

① 연혁 및 유래

조선 전기 청백리로 유명한 고불 맹사성(古佛 孟思誠, 1360~1438)이 살던 집이다. 원래 고려 말 최영(崔瑩, 1316~1388) 장군이 살다가 사위인 맹사성에게 물려준 집으로, 현존하는 살림집 중에서 가장 오래되었다. 집 안에 은행나무 두 그루가 있어 맹씨 행단(孟氏杏壇)이라고 부른다. '행단'이란 선비가 학문을 닦는 곳이라는 뜻이다.

② 건축 특징

고려시대 주택구조가 남아 있는 귀중한 예다. 당초에는 여러 채의 건물로 구성되었을 것으로 보이나 지금은 'H'자형의 건물 한 채만 남아 있다.

평면은 'H'형으로, 정면 중앙 두 칸에 대청을 두고, 그 양쪽에 온돌방을 둔 형태이다. 즉, 대청 중심의 평면에 온돌이 부가된 형식이다. 대청 앞에는 한 짝씩 들어 여는 고졸한 형태의 독연창(獨連窓)을 달아 폐쇄했다. 살림집임에도 불구하고 공포를 두었으며, 특히 고졸한 대공과 'ㅅ'자형의 솟을합장을 함께 쓴 것은 주택에서 유일한 예다.

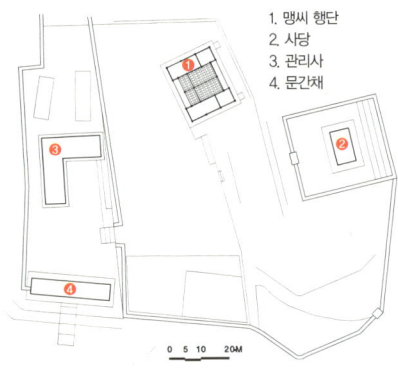

1. 맹씨 행단
2. 사당
3. 관리사
4. 문간채

2) 월성 손동만 씨 가옥(중요민속자료 제23호, 경북 경주시 강동면 양동리)

① 연혁 및 유래

경주 양동마을에 있는 월성 손씨 대종가이다. 양동마을의 입향조인 손소(孫昭, 1433~1484)가 1484년(성종 15)에 지은 집으로 강릉 오죽헌과 같은 시대에 지어진 집이다. 이름난 유학자 우재 손중돈과 외손인 회재 이언적(晦齋 李彦迪, 1491~1553)이 태어난 곳이기도 하다.

② 건축 특징

나지막한 구릉에 자리 잡고 있으며, 앞쪽의 행랑채는 몸채보다 한 단 낮은 곳에 위치한다. 'ㅡ'자형 행랑채 안에 'ㅁ'자형 몸채가 있고, 사랑채 동쪽 높은 곳에 사당이 있다.

몸채는 'ㅁ'자형으로 안채와 사랑채가 대각선으로 연속되어 있다. 중문 옆에서 큰사랑방과 작은사랑방이 사랑마루를 사이에 두고 'ㄱ'자형 으로 꺾여 있다. 두 사랑방 사이에는 내외담(외부인이 내밀한 여성공간을 보지 못하게 쌓은 담)을 쌓아 외부인의 시선이 안채 쪽으로 확장되는 것을 막고 있다. 사랑채 뒤의 작은마루가 안채의 건넌방과 연결된다.

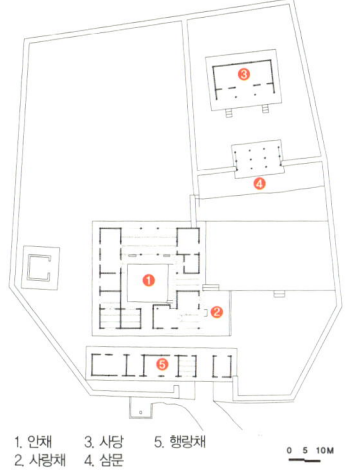

1. 안채 3. 사당 5. 행랑채
2. 사랑채 4. 삼문

안채는 정지·안방·대청·건넌방이 'ㄱ'자형으로 구성되어 있는데, 이는 서울형 민가의 평면구성과 비슷하다. 구조형식은 납도리집으로, 기둥도 각주만 사용하여 당시 반가의 절제된 미를 잘 보여 준다.

대종가다운 규모와 격식을 갖추고 있으며, 사랑채 동쪽의 소박한 정원과 건물을 지은 수법과 배치방식들이 독특하여 조선 전기의 살림집 연구에 중요한 자료가 되고 있다.

3) 관가정(보물 제442호, 경북 경주시 강동면 양동리)

① 연혁 및 유래
조선시대 중종 때 대학자인 우재 손중돈(愚齋 孫仲暾, 1463~1529)의 고택이다.

② 건축 특징

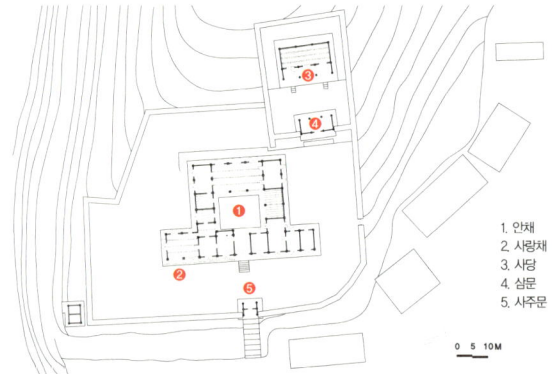

1. 안채
2. 사랑채
3. 사당
4. 심문
5. 사주문

마을 입구 언덕에 자리 잡고 있다. 배치는 사랑채와 안채가 'ㅁ'자형을 이룬다. 안채의 동북쪽에 사당을 배치하고 담을 쌓아 영역을 구분했다.
사랑채 오른편의 2칸 부엌을 중심으로 3개의 방을 배치했다.

사랑방과 사랑대청이 앞이 탁 트이는 곳에 자리 잡아 사랑채에서 바라보는 경관이 매우 뛰어나다. 사랑대청은 기단을 낮추고 누마루형식으로 꾸며 정자와 같은 느낌이 난다. 사랑대청에는 '관가정(觀稼亭)'이라는 현판이 걸려 있다.

대문의 오른쪽에 온돌방, 부엌, 작은방을 두었고, 안마당에 면해 'ㄷ'자형의 안채가 있다. 안채는 부엌·안방·대청·광으로 구성되어 있으며 사랑채의 사랑방과는 작은마루를 경계로 연결된다.

기둥은 대개 각주를 사용했으며, 사당과 누마루에만 원주를 세웠다. 사랑방과 누마루 주변으로는 난간을 돌렸고, 지붕은 안채와 사랑채가 한 지붕으로 이어져 있다. 관가정은 조선 중기 남부지방 반가 연구의 귀중한 자료이다.

4) 향단(보물 제412호, 경북 경주시 강동면 양동리)

① 연혁 및 유래
조선 중기의 반가로, 성리학자인 회재 이언적(晦齋 李彦迪, 1491~1554)이 경상감사로 있을 때 지은 것이라 한다.

② 건축 특징
양동마을 입구에서 잘 보이는 낮은 구릉 위에 자리 잡고 있다. 일반 상류주택과 다르게 '用'자형 평면으로 구성된 것이 특이하다. 풍수의 양택론에 의해 몸채는 '月'자형으로 하고, 여기에 'ㅡ'자형 행랑채와 칸막이를 두어 전반적으로 '用'자형이 되었다.

행랑채·안채·사랑채가 모두 한 몸으로 이루어지며 각각의 마당, 즉 두 개의 마당을 가진 특색 있는 공간구성을 하고 있다. 두 개의 마당 중 하나는 안마당으로, 다른 하나는 행랑마당으로 쓰인다. 행랑채는 정면 9칸, 측면 1칸으로 되어 있고 행랑채 뒤쪽에 있는 몸채는 행랑채와 똑같은 규모의 집채를 앞뒤에 두 채 배치해 놓았다. 각 채의 중앙과 좌우 양

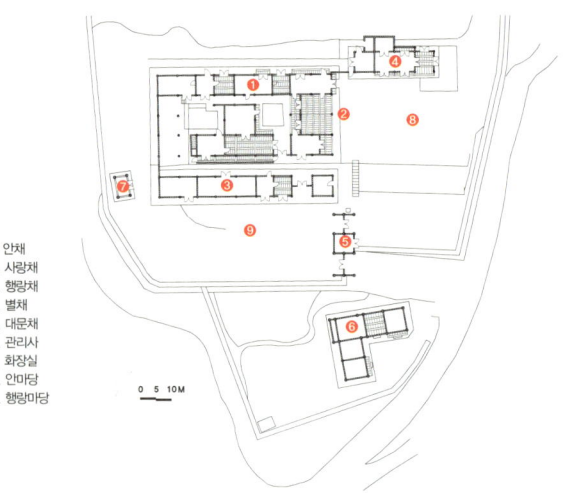

1. 안채
2. 사랑채
3. 행랑채
4. 별채
5. 대문채
6. 관리사
7. 화장실
8. 안마당
9. 행랑마당

쪽 끝을 각각 이어서 방으로 연결하여 마치 전체 건물을 'ㅂ'자형의 한 건물 같이 배치하였다. 안채 부엌 옆은 헛간이고 이 위에는 마루를 깔아 다락으로 만들었다.

반가의 일반적 격식에서 과감히 벗어난 주거형식으로, 주생활의 합리화를 도모한 우수한 공간구성을 보이고 있다. 자기 과시적 입지와 미로와 같이 연결된 각 부분의 통로 등이 돋보이는 집이다.

5) 안동 양진당(보물 제306호, 경북 안동시 풍천면 하회리)

① 연혁 및 유래

조선 중기의 반가로, 안동 하회마을 풍산 류씨 대종가이다. 양진당은 겸암 류운룡(謙菴 柳雲龍, 1539~1601)의 종가로, 하회마을의 북촌을 대표하는 주택이다. '양진당(養眞堂)'이라는 당호는 류운룡의 6대손 류영(柳泳, 1687~1761)의 어릴 때 이름에서 따 온 것이다.

② 건축 특징

사랑채, 안채가 'ㅁ'자형으로 연속되어 건축되고, 사당은 독립되어 있다. 행랑채에 난 솟을대문을 들어서면 바로 사랑마당에 이른다. 행랑채의 솟을대문 서쪽에 온돌방과 함실부엌(마루나 마루방 밑에 시설한 부엌 아궁이)이, 동쪽에 마구간과 온돌방이 있다. 또한 좌측으로는 'ㅁ'자형의 몸채 앞에 놓인 중문간 행랑채와 연결되어 있다.

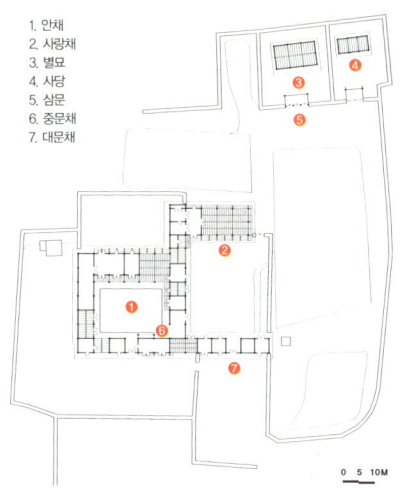

1. 안채
2. 사랑채
3. 별묘
4. 사당
5. 삼문
6. 중문채
7. 대문채

사랑채는 정면 4칸, 측면 3칸의 '一'자형으로, 서쪽에 침방과 사랑방이 자리 잡고, 그 옆에 넓은 사랑대청(3×2칸)이 있다. 사랑방과 대청의 앞뒤와

옆에는 쪽마루를 두고 계자각 난간을 둘렀다. 대청에는 문을 달아 3칸 모두 열 수 있게 하였으며, 천장은 지붕재료가 훤히 보이는 연등천장으로 꾸몄다. 사랑채 정면에 명필 한석봉이 쓴 '입암고택(立巖古宅)'이라는

당호가 걸려 있다.

안채는 'ㅁ'자형 평면으로, 안마당 왼편에 큰부엌이 있고, 'ㄱ'자로 꺾여서 안방(3×1칸)과 안대청(2×2칸)이 자리 잡고 있다. 안대청은 오른편의 좁은 통로를 통해 사랑채와 연결된다. 안대청에서 앞으로 꺾어 건넌방·마루·방이 놓이고, 끝에 중문간이 있어 사랑마당과 안마당을 연결한다. 중문간 앞쪽으로는 광과 온돌방이 붙어 있고, 'ㄱ'자로 꺾어서 마루·헛간·중문·온돌방이 중문간 행랑채를 이루고 있다.

사랑채는 물익공계의 건물로, 막돌로 쌓은 기단 위에 막돌초석을 놓고 민흘림 원주를 세우고 주두를 얹었다. 지붕틀은 5량가로, 앞뒤 평주 위에 대들보를 걸고 동자기둥을 세워 종보와 중도리를 받치고 있다. 종보 위에는 판자로 만든 대공을 세워 종도리와 장혀를 받고 있다. 지붕은 겹처마 팔작지붕이다.

사당은 사랑채 뒤편 동북쪽에 따로 쌓은 담장 속에 있다. 정면 3칸, 측면 1칸의 단층 맞배집으로 장대석 기단 위에 막돌초석을 놓고 각주를 세워 상부의 지붕틀을 받게 했다. 조선 중기 씨족마을 내 대종가의 규모와 격식 및 조선 중기 반가의 배치와 평면형식·구조수법을 잘 보여준다.

6) 충효당(보물 제414호, 경북 안동시 풍천면 하회리)

① 연혁 및 유래

조선 선조 때의 명재상 서애 류성룡(西厓 柳成龍, 1542 - 1607)의 종가로 하회마을 남촌을 대표하는 주택이다. 사랑채와 안채는 손자인 졸재 류원지(拙齋 柳元之, 1598~1674)가 짓고, 증손자인 눌재 류의하(訥齋 柳宜河, 1616~1698)가 확장 수리한 것이다. 행랑채는 8대손 일우 류상조(逸遇 柳相祚, 1763~1838)가 지었다.

② 건축 특징

'ㅁ'자형의 몸채와 'ㅡ'자형의 사랑채를 연결하여 한 몸으로 건축하고,

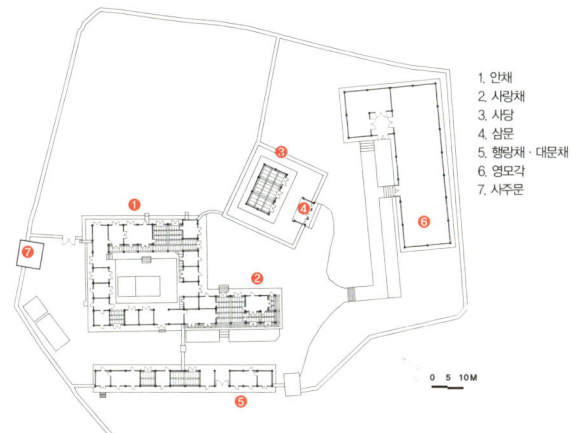

1. 안채
2. 사랑채
3. 사당
4. 삼문
5. 행랑채 · 대문채
6. 영모각
7. 사주문

사랑채 앞에 줄행랑채를 둔 형태이다. 가묘와 별묘는 사랑채 동쪽에 별도의 담장을 쌓고 건축했다. 솟을대문이 있는 줄행랑채는 광과 방으로 구성되어 있다.

대문 정면에 보이는 사랑채(6×2칸)는 '一'자형으로, 왼쪽에서부터 사랑방과 대청, 방과 마루방으로 구성되어 있다. 사랑채 왼쪽의 안채는 'ㅁ'자형으로 왼쪽 끝에 정지를 두고 'ㄱ'자로 꺾어 안방 · 대청 · 건넌방을 둔 형태이다. 건넌방 앞에는 마루와 2칸 크기의 온돌방과 부엌이 있으며, 사랑채와 연결되어 있다. 부엌 앞에는 찬방 · 고방 · 헛간이 있고, 중문간 행랑채와 연속되어 있다. 사랑채 대청에 걸려 있는 '충효당(忠孝堂)' 현판은 명필 미수 허목(眉叟 許穆, 1595~1682)이 쓴 것이다.

사랑채의 구조는 익공계의 5량가이며, 장대석 기단, 기둥 사이에 놓인 화반 등의 구성이 고급스럽다. 사랑방과 대청의 앞과 옆에는 계자각 난간을 둘렀다. 안채의 구조는 물익공양식으로 기둥 위에 주두를 얹고 끝에 쇠서가 없는 첨차형의 부재로 네모난 처마도리와 장혀를 받도록 했다. 지붕틀은 5량가로, 앞뒤 기둥 위에 대들보를 걸고 그 위에 동자기둥을 세워 종보를 지지하고 있다. 종보 위에는 판대공에 첨차와 소로를 짜 넣어 종도리를 받쳤다.

'ㅁ'자형의 몸채 평면구성은 양진당과 유사하나 사랑채가 앞쪽에 위치하고, 줄행랑채가 독립된 것이 다르다. 또한 배치에 있어 사랑마당의 깊이가 얕고 옆으로 길며 샛문을 통해 중문과 안채로 진입하는 방식이 양진당과 다르다.

7) 안동 의성 김씨 종택(보물 제450호, 경북 안동시 임하면 천전리)

① 연혁 및 유래
의성 김씨의 대종가로 지금 있는 건물은 임진왜란 때 불에 탄 것을 김성일(金誠一, 1538~1593)이 재건한 것이라고 한다.

② 건축 특징
사랑채·안채·행랑채가 연결되어 전체적으로 '巳'자형을 이루고 있다. 사랑채(별당)는 정면 4칸, 측면 2칸의 '一'자형이고, 안채는 'ㅁ'자형

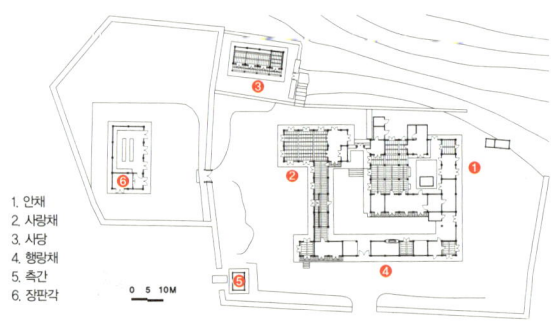

1. 안채
2. 사랑채
3. 사당
4. 행랑채
5. 측간
6. 장판각

이다. 다른 반가와 달리 안방이 행랑채 쪽에 자리 잡고 있다.

외부에서의 진입은 사랑채 별당마당으로 직접 이르며, 집주인들만 행랑채의 중문과 안채 부엌을 통해 안마당으로 들어갈 수 있다. 이는 남녀를 구별하는 유교의 내외사상에 의해 남녀 거주공간을 성별에 따라 구분한 데 따른 것이다.

사랑채와 행랑채를 잇는 건물은 2층이며, 위층은 서재로, 아래층은 헛간으로 쓰인다. 이 같은 중층구조는 다른 반가에서 보기 드문 것으로 궁궐의 회랑에서나 그 예를 찾아볼 수 있다.

안채의 대청은 9칸으로 매우 넓으며, 동쪽을 향하고 있어 실용적 용도보다는 제례 용도에 적합하도록 되어 있다. 앞쪽에 길게 배치된 행랑채는 마루·방·대문·외양간·광으로 구성되고, 중문을 들어서면 안채의 외곽부와 사랑채의 침방 앞이 되는 중간마당에 이르게 된다. 사랑채는 넓은 대청(3×2칸)과 사랑방·침방이 'ㅡ'자형으로 구성되어 있으며, 집주인은 중간마당을 통해 안채로 출입할 수 있다.

이 집은 독특한 공간구조 및 남녀의 공간구분이 뚜렷한 좋은 예로 조선 중기 반가 연구의 중요한 자료가 되고 있다.

8) 윤증선생 고택(중요민속자료 제190호, 충남 논산시 노성면 교촌리)

① 연혁 및 유래

조선 숙종 때의 학자인 윤증(尹拯, 1629~1714)이 건축하였다고 하나 후대에 개수 등이 있었던 듯하다. 현존 건물은 19세기 중엽의 건축양식을 보이고 있다.

② 건축 특징

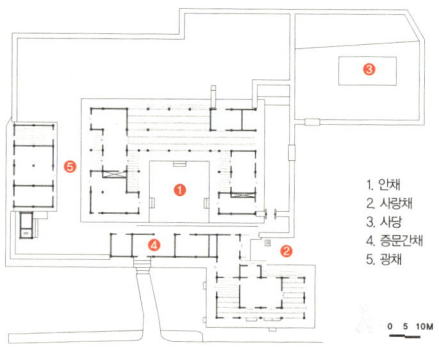

1. 안채
2. 사랑채
3. 사당
4. 중문간채
5. 광채

파평 윤씨들의 세거지인 옛 이 산현에 있는 이산을 등지고 인접한 노성향교와 나란히 남향으로 배치되어 있다. 전체적인 배치는 튼 'ㅁ'자의 안채에 독립된 사랑채가 접합된 형태라고 할 수 있다. 집 앞에는 넓은 바깥마당이 있고, 그 앞에 네모난 연못을 파고 조그마한 석가산을 조성한 정원이 있다.

정원에서 4단 석계의 축대를 오르면 오른쪽에 앞으로 돌출한 사랑채가 있다. 그 뒤로 연접하여 사랑채 후면에서 1칸 물려 왼쪽으로 'ㅡ'자형의 중문간채가 자리 잡고 있다. 'ㄷ'자형의 안채는 북쪽으로 중문간채와 1칸 떨어져 있어 튼 'ㅁ'자형을 이루고 있다. 안채의 서쪽 날개집 바깥쪽에 광채가 있다. 기와를 얹은 맞담이 중문간채 좌우로 뻗어서 이 광채를 포함한 안채의 양측을 둘러쌌다.

안채는 중앙에 넓은 대청(3×2칸)을 중심으로 왼쪽에 2칸 윗방, 2칸 안방을 두고, 오른쪽에 2칸 건넌방, 1칸 마루방을 배치한 형태이다. 좌측의 안방 앞에 4칸의 넓은 부엌을 돌출시키고, 오른쪽 마루방 앞으로는 안사랑방과 작은부엌을 달아냈다. 대청 좌우 날개집의 방들은 툇마루나 마루에 의해 서로 연결된다.

사랑채(4×2칸)는 가운데 2칸 크기의 사랑방을 두고 오른쪽에 대청, 좌측에 1칸 마루방과 작은사랑방을 배치했다. 사랑방 뒤에는 작은마루방이 배설되어 사랑방과 연결되며, 작은사랑방의 뒷방과도 통하도록 되어 있다.

중문간채(5×1칸)는 좌측에 중문을 내고 안채가 바로 보이지 않게 1칸 돌아 들어가게 하였다. 안채는 민도리집으로, 낮은 막돌기단 위에 화강암 초석을 놓고 방주를 세웠다. 안채 상부가구는 5량가로, 종량 위에 사다리꼴의 제형판대공을 세워 뜬창방과 장혀, 종도리를 받게 했다.

사랑채의 지붕틀은 5량가로 안채와 유사한 구조형식이다. 모든 부재의 마감이 치밀하고 구조가 간결하면서 건실하여 아름다운 입면과 함께 신선한 맛을 풍기는 조선 후기주택으로 보존상태가 양호하다.

9) 여주 김영구 가옥(중요민속자료 제126호, 경기도 여주군 대신면 보통리)

① 연혁 및 유래

1857년(철종 8)에 공조참판을 역임하고 1867년(고종 4)에 이조판서가 된 조석우(趙錫雨, 1810~?)가 1860년대에 지었다고 전한다.

② 건축 특징

한강이 멀리 내다보이는 터에 자리 잡고 있다. 뒷산을 배경으로 정남향을 하고 있다. 전체 형태는 안채·사랑채·작은사랑채·곳간채가 모여 튼 'ㅁ'자형을 이루며, 대문이 있던 바깥행랑채는 헐리고 남아 있지 않다. 평면은 전체적으로 'ㅁ'자형이지만 서편으로 작은사랑채가 달리고 사랑방 앞에 누마루가 시설되어 있다. 바깥행랑채가 헐렸으나 전반적으로 볼 때 조선 후기 양반사대부의 개인 취향을 살린 우수한 살림집이다.

안마당으로 통하는 중문 오른쪽에 'ㅡ'자형의 사랑채가 있고, 중문을 통해 안마당을 들어서면 안방과 대청을 중심으로 하는 'ㄷ'자형의 안채가 자리 잡고 있다. 안방의 왼편에 부엌이 안마당쪽으로 꺾여 자리 잡고 그 아래로 찬광, 찬모방, 마루가 배설되어 있다. 안채 대청의 오른쪽에는 마루방, 건넌방, 작은부엌이 있고, 작은부엌 옆으로 작은사랑채가 돌출해 있다. 작은사랑채에는 작은사랑방과 작은사랑대청이 놓이고 앞퇴의 툇마루로 안채와 연결된다.

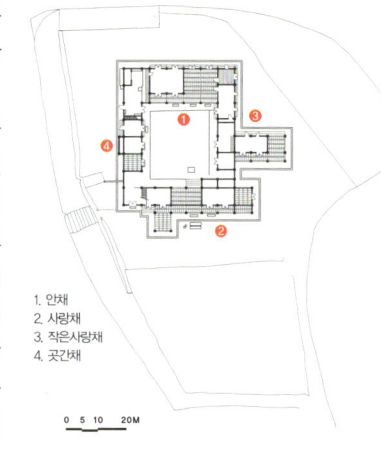

1. 안채
2. 사랑채
3. 작은사랑채
4. 곳간채

사랑채는 서쪽부터 큰사랑방, 큰사랑대청, 사랑방, 머리대청을 'ㅡ'자로 배치하고 앞퇴에는 길게 툇마루를 꾸몄다. 사랑방 앞에는 마당 쪽으로 돌출시켜 누마루를 배치했다. 안채로 통하는 중문은 서남쪽 모퉁이에 있는데 큰사랑과 상방마루 사이에 'ㄱ'자형으로 꺾어 안마당으로 진입하도록 했다. 뒤뜰에는 'ㅡ'자형 광채가 있다.

안채와 사랑채의 지붕틀은 1고주 5량가이며, 대청만은 긴 보를 사용한 5량가이다. 안채와 사랑채에서 가로로 놓인 방들은 5량가의 구조이지만 세로로 배열된 방들은 모두 간략한 맞걸이 3량가로 되어 있다. 댓돌은 정으로 다듬한 화강석이며, 기단은 안채가 외벌대, 사랑채가 두벌대의 높은 기단이다. 처마도리는 네모난 납도리이고, 종도리를 받는 대공은 사다리꼴의 제형판대공이다. 구조기법과 치목수법 및 결구가 우수한 집이다.

바깥마당의 정원은 이미 훼손되었으며, 작은사랑 앞 한 그루의 향나무가 아름다운 자태를 자랑한다. 안마당의 중앙에는 수키와를 돌려서 화단을 조성하고 사철나무와 분도화 등의 나무를 심어 사랑채와 안채의 직접적인 시선을 차단하였다. 뒤뜰은 각종 나무가 울창한 뒷산과 연결되어 뒷산의 아름다운 자연을 집안으로 끌어들이고 있다.

10) 강릉 선교장(중요민속자료 제5호, 강원도 강릉시 운정동)

① 연혁 및 유래

집터가 뱃머리를 연상시킨다고 하여 선교장(船橋莊)이라고 하는데, 전주사람 이내번(李乃番, 1703~1781)이 지었다고 한다. 사랑채인 열화당(悅話堂)은 1815년(순조 15)에 오은처사 이후(鰲隱處士 李厚, 1694~1761)가 건립하였고, 정자인 활래정(活來亭)은 1816년(순조 16)에 이근우(李根友, 1801~?)가 중건하였다고 한다.

② 건축 특징

안채·사랑채·동별당·서별당·사당·정자·행랑채를 골고루 갖춘 조선 후기의 반가이다. 집은 서남향을 하고 있으며, 앞쪽에 줄행랑이 있고, 그 가운데 솟을대문이 자리 잡고 있다. 솟을대문을 들어서면 중문간 행랑이 나오고 서쪽으로 가면 사랑마당에 이른다.

사랑채인 열화당은 정면 4칸, 측면 3칸 크기의 '一'자형으로 대청·사랑방·침방·누마루로 구성되어 있으며, 대청 앞에 반 칸 너비의 툇마루가 있다. 특히 사랑채 앞에는 차양이 가설되어 여름철 오후의 강한 햇볕과 눈, 비를 가릴 수 있다. 사랑채는 5량가의 지붕틀에 단순한 민도리집 양식으로 팔작지붕 홑처마집이다. 사랑대청의 천장은 널판으로 일

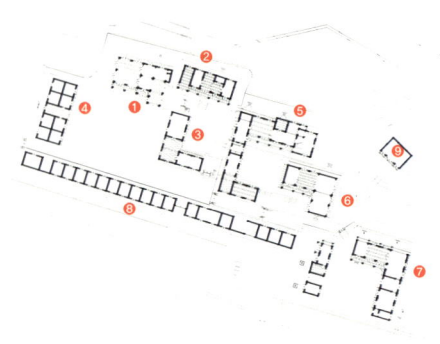

0 5 10M

1. 열화당
2. 서별당
3. 연지당
4. 작은사랑
5. 안채
6. 동별당
7. 별채
8. 행랑채
9. 사당
10. 활래정

부 빗천장을 하고, 우물천장을 한 것이 특색이다.
안채는 행랑채 동쪽에 있는 평대문을 통해 출입하는데, 부엌·안방·대청·건넌방으로 구성된다. 동쪽으로는 동별당, 서쪽으로는 중문간행랑채와 연결되어 있다. 안채도 5량가의 민도리집 양식으로 팔작지붕의 홑처마집이다.
동별당은 안채 동쪽 부엌 앞에 'ㄱ'자형으로 위치하며, 서쪽에서부터 온돌방·대청·마루방·온돌방 순서로 배열되어 있다. 건물의 구조는 안채나 사랑채와 비슷하다.
행랑채 앞의 큰 연못에는 정자인 활래정이 있다. 활래정은 'ㄱ'자형으로 방과 누마루로 구성되어 있다. 민도리계 소로수장집으로 처마에는 부연을 달고 사면 모두 띠살창을 달았다. 연못 가운데에 삼신선산(三神仙山)을 모방한 산을 인공적으로 축조했다.
선교장은 조선 후기 부농의 거대한 장원을 보여주는 사례다. 강릉지방의 'ㅁ'자형 뜰집을 원형으로, 가세가 번창하면서 여기에 자녀 교육공간(열화당, 서별당), 접객공간(연당, 활래정, 동별당)을 덧붙여 다양한 영역을 갖는 거대한 주택을 완성한데 큰 특징이 있다.

11) 함양 정병호 가옥(중요민속자료 제186호, 경남 함양군 지곡면 개평리)

① 연혁 및 유래
조선 성종 때의 학자 정여창(鄭汝昌, 1450~1504)의 옛집이다. 지금 남아 있는 건물들은 대부분 조선 후기에 다시 지은 것이다. 사랑채는 현 소유자 정병호(鄭炳鎬)의 고조부가 다시 지었다고 하며, 안채는 약 300년 전
에 중건한 것이라고 한다. 이 집의 터는 500여 년을 이어오는 명당으로 유명하다.

② 건축 특징
솟을대문에는 5개의 정려가 걸려 있다. 대문을 들어서서 곧바로 가면 안채로 들어가는 작은 일각문이 있고, 왼쪽으로 비스듬히 가면 사랑채가 나온다. 높은 기단 위에 지은 사랑채는 'ㄱ'자형이다.
일각문을 들어서서 사랑채 옆면을 따라가면 다시 중문이 있고 이 문을 지나야 '一'자형의 안채가 있다. 왼쪽에는 아랫방채가 있고 안채 뒤쪽으로는 사당(가묘)과 곳간채가 있으며, 사당 외곽에는 별도의 담을 쌓아 영역을 구분했다.

이 집에서 특히 주목되는 것은 사랑채 앞마당에 꾸민 인공 산(석가산)이다. 돌과 나무를 적절하게 배치하고 엄격한 법도에 따

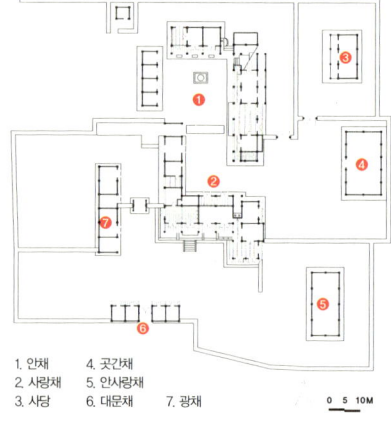

1. 안채 4. 곳간채
2. 사랑채 5. 안사랑채
3. 사당 6. 대문채 7. 광채

라 아름다운 인공 산을 꾸몄는데, 지금은 옛 모습 그대로 볼 수는 없다. 이 집은 조선시대 지방 반가의 여러 가지 구조적 특성을 잘 보여주며, 아울러 살림살이들이 옛 모습을 간직하고 있어 당시의 생활상을 파악하는데 좋은 자료가 된다.

12) 구례 운조루(중요민속자료 제8호, 전남 구례군 토지면 오미리)

① 연혁 및 유래

삼수부사와 낙안군수를 지낸 유이주(柳爾胄, 1726~1797)가 1776년(영조 52)에 건립하였다고 한다. 집터는 풍수지리설에 의하면 금가락지가 땅에 떨어진 형국인 금환낙지(金環落地)라는 명당자리라고 한다.

② 건축 특징

큰사랑채와 안채·사당·중행랑채·줄행랑채로 구성되고, 안채와 중행랑채가 튼 'ㅁ'자형의 몸채를 이루고 있다.

안채 왼편에 자리 잡고 있는 큰사랑채는 4칸의 몸채에 뒤쪽으로 2칸의

날개가 돌출되어 있다. 몸채 왼쪽 끝의 1칸은 내루형(內樓形)으로 기둥 밖에 난간이 시설되어 있다. 큰사랑채는 궁전 침전처럼 완전한 누마루형식을 취하고 여기에 일반 대청이 연접하여 있다. 큰사랑채 오른쪽 끝에는 중문을 겸한 큰부엌이 마련되고, 이곳을 통해 안채로 출입할 수 있다. 작은사랑채 앞에도 누마루가 돌출되어 집안 일을 관찰하기 좋게 되어 있다. 큰사랑채 오른쪽의 중행랑채는 'ㄱ'자형으로,

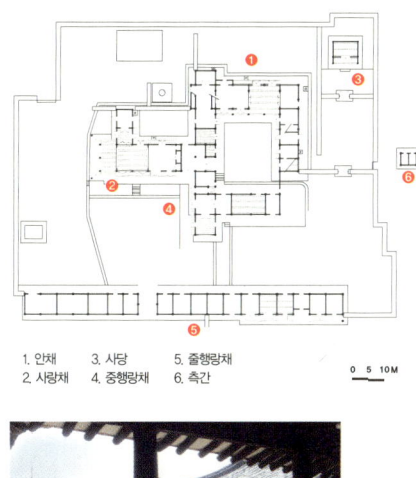

1. 안채 3. 사당 5. 줄행랑채
2. 사랑채 4. 중행랑채 6. 측간

'一'자형 곳간채의 왼쪽 끝에서 2칸이 앞쪽으로 돌출하여 있다. 돌출한 2칸은 내루로, 1칸은 방, 1칸은 마룻바닥을 높이 설치한 다락이다. 서벽 밖으로는 쪽마루와 난간을 설치하였다. 누하주(樓下柱) 서쪽을 지나 'ㄱ'자로 꺾어 안마당과 안채로 들어간다.

안채는 'ㄷ'자형으로, 정면 좌측부터 부엌·안방·대청·윗방이 '一'자로 배열되어 있다. 그리고 윗방에서 꺾여 작은방·함실아궁이·곳간이 배치되고, 부엌 아래로 광과 중문이 배치되어 있다. 전체 배치와 평면구성에서 조선 후기 전남지방 반가의 공간구성과 건축형식을 잘 보여주고 있다.

살림집 【 341 】

13) 정읍 김동수 가옥(중요민속자료 제26호, 전북 정읍시 산외면 오공리)

① 연혁 및 유래

입향조인 김명관(金命寬, 1755~1822)이 1784년(정조 8)에, 초창하였다고 한다. 아들 상홍 대에 재산이 크게 늘어난 것으로 보아 현재의 모습은 이때 이루어진 것으로 추측된다.

② 건축 특징

김명관과 그 후손들은 특별한 벼슬 없이 생원 정도의 지위를 가지고 년 1,200석의 수확을 얻은 것으로 보아 부농이었던 것으로 보인다. 이 집은 조선 후기의 부농주거로 거대한 규모의 바깥행랑채는 수장공간을 확보하면서 성채처럼 주거영역을 보호하는 기능을 한다.

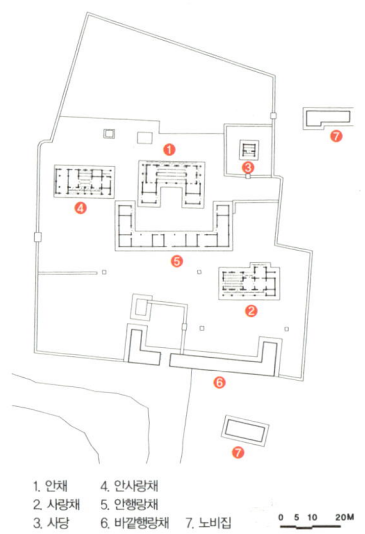

1. 안채　4. 안사랑채
2. 사랑채　5. 안행랑채
3. 사당　6. 바깥행랑채　7. 노비집

행랑채에 난 솟을대문을 지나면 담으로 둘러싼 작은마당이 있다. 작은마당은 행랑채의 끝을 'ㄱ'자형으로 꺾고 담도 'ㄱ'자형으로 쌓아 만든 것이다. 별채로 지은 사랑채는 정면 5칸, 측면 2칸의 겹집으로, 규모가 크다. 사랑마당은 행랑채의 오른쪽 끝을 꺾고 맞은편에 담을 쌓아 폐쇄적인 'ㄷ'자형으로 조성했다.

사랑채 뒤쪽의 안채 앞에는 안행랑채를 두어 안채영역을 보호하는 동시에 수장공간을 확보하고 있다. 안행랑채의 중문을 2칸으로 구성하고, 동선을 'S'자형으로 꺾어 안마당과 안채가 외부로부터 보호받을 수 있도록 했다.

안채는 'ㄷ'자형이나 앞쪽에 'ㅡ'자형 안행랑채를 지어 전체적으로 튼 'ㅁ'자형을 이루고 있다. 안채 왼편에 자리 잡고 있는 안사랑채는 19세기 이후 안채영역이 확대되면서 건축된 것으로 조선 후기 주생활의 변화를 잘 보여준다. 사랑채는 바깥행랑채에 난 대문을, 안채는 대문채와 안행랑채를 통해 출입하도록 엄격히 구분하고 있다.

이 집은 장식성과 함께 격식에서 벗어나 실용성을 추구한 조선 후기 부농주거의 공간구성과 평면형식을 잘 보여주는 예로, 조선 후기 주택사 연구의 중요한 자료이다.

14) 기타 살림집

① 나주 홍기응 가옥(중요민속자료 제151호, 전남 나주시 다도면 풍산리)
풍산 홍씨 집성촌인 도래마을의 종가로, 안채는 1892년(고종 29)에 지은 것이다. 특히 부엌 옆에 부엌방을 두는 평면구성은 근대기 한옥의 특징이며, 평면과 구조에서 조선 말기 호남지방 상류주택의 변화 발달과정을 잘 보여준다.

② 영암 최성호 가옥(중요민속자료 제164호, 전남 영암군 덕진면 영보리)
19세기 말 창건되었으며 현재 모습은 20세기 중반에 수리한 것이다. 안채와 아래채, 문간채, 사랑채를 'ㅁ'자형으로 건축하는 호남지방 중농주거의 배치형식을 잘 보여 준다.

③ 해남 윤씨 녹우단(사적 제167호, 전남 해남군 해남읍 연동리)
고산 윤선도(孤山 尹善道, 1587~1671)와 공재 윤두서(恭齋 尹斗緖,

1668~1715)의 고택으로 18세기 전반에 종가를 이주하면서 대대적으로 중수한 집이다. 전남지역에서 흔치 않은 'ㅁ'자형의 평면이다.

④ 보성 이용욱 가옥(중요민속자료 제159호, 전남 보성군 득량면 오봉리)
강골마을의 중심부에 자리한 집으로 1835년(헌종 1)에 창건되었고, 19세기 말에 개축되었다. 각 건물에서 19세기 말 주거건축의 발달에 따른 다양한 평면구성과 의장을 보여주는 수준 높은 근대기 반가이다.

⑤ 남원 몽심재(중요민속자료 제149호, 전북 남원시 수지면 호곡리)
죽산 박씨 집성촌인 홈실마을에 있다. 북에서 남으로 경사를 이루고 있는 배산임수한 곳에 자리 잡고 있다. 조선 후기 상류주택의 전형을 잘 따르면서 건축주의 개성과 공간에 대한 세심한 배려가 돋보이는 주택이다.

⑥ 부안 김상만 가옥(중요민속자료 제150호, 전북 부안군 줄포면 줄포리)
대한민국의 2대 부통령을 지낸 인촌 김성수의 아버지 김기중이 지은 집으로, 온돌방 주위에 퇴를 이용하여 다양한 수장공간을 만든 공간구성이 돋보이는 집이다.

⑦ 괴산 김기응 가옥(중요민속자료 제136호, 충북 괴산군 칠성면 율원리)
낮은 동산을 배경으로 양지 바르고 터 좋은 곳에 자리 잡고 있는 집이다. 화려하지 않으면서도 다양하고 변화있는 공간구성을 보여주는 조선 말기(안채 19세기 초, 사랑채 20세기 초)의 충북지방 반가이다.

⑧ 보은 선병국 가옥(중요민속자료 제134호, 충북 보은군 외속리면 하래리)
일제시기 중반(1925)에 지은 상류주택으로 큰 규모와 특색있는 조형은 당시 지방 지주층의 주거관을 잘 보여 준다. 사랑채와 안채가 복도로 연결된 점은 조선 후기 한옥의 발전 모습을 잘 보여주는 것으로, 전체적으

로 19세기 이후 20세기 초 상류주택의 발전과정과 모습을 잘 보여 준다.

⑨ 합천 묘산 묵와고가(중요민속자료 제206호, 경남 합천군 묘산면 화양리)
조선 선조때 윤사성(尹士成, 1858~1939)이 창건한 반가로, 해발 1,000미터가 넘는 두무산과 오도산을 배경으로 고지대에 자리 잡은 집이다. 도가의 은거사상과 풍수적 이상향이 입지 선정의 배경이 되고 성리학과 예학사상이 건물 형태와 배치의 규범이 된 17세기의 반가이다.

⑩ 정온선생 생가(중요민속자료 제205호, 경남 거창군 위천면 강천리)
조선 중기의 문신 동계 정온(桐溪 鄭蘊, 1561~1641)의 생가로 알려져 있다. 18세기에 지어진 집으로 조선 후기 반가의 전형적인 공간구성과 배치 형식을 잘 보여 준다.

⑪ 회덕 동춘당과 동춘선생 고택(동춘당: 보물 제209호, 동춘선생 고택: 대전유형문화재 제3호, 대전대덕구 송촌동)
성리학과 예학에 조예가 깊은 유학자 동춘당 송준길(同春堂 宋浚吉, 1606~1672)의 고택으로, 남녀 공간의 엄격한 구분, 장유유서의 공간적 위계를 잘 보여 준다. 집 앞의 동춘당은 별당으로, 조선시대 선비들이 접객과 독서, 한유(閒遊)하던 별당건축의 특징을 잘 보여준다.

⑫ 강원도 신리 너와집(중요민속자료 제33호, 강원도 삼척시 도계읍 신리 문이골)
너와집은 적송(赤松)을 알맞은 길이로 자른 다음 도끼로 켜서 만든 너와를 지붕에 덮은 화전민의 집이다. 대문을 들어서면 1칸 넓이의 봉당이 있고, 그 우측에 부엌이 있는데 반칸 쯤 앞으로 돌출되어 있다. 부엌 맞은편에 소를 먹이는 외양간이 있다. 봉당 앞쪽에 1칸 마루가 놓이고 마루를 중심으로 우측에 안방, 좌측에 사랑방이 있다. 조선시대 화전민의 생업과 주생활을 반영하여 집약적이고 기능적인 공간구성을 한 민가라는 데 특색이 있다.

⑬ 성읍 고평오 가옥(중요 민속자료 제69호, 제주 남제주군 표선면 성읍리)
18세기의 제주도 민가로, 이문간(대문채)을 들어서면 마당을 중심으로 남향인 안끄리(안채)와 북향인 바끄리(바깥채)가 마주보고 안끄리와 바끄리 사이 동쪽에 모커리가 있다. 안끄리 상방문(대청마루문)에는 '호령창'이라는 작은대청마루문이 따로 달려 있는데, 이는 제주도 남부 일부 지방에서 볼 수 있는 것이다. 제주도 민가의 공간구성과 건축형식을 잘 보여주는 집이다.

⑭ 안동 마령동 기와까치구멍집(경북민속자료 제69호, 경북 안동시 남후면 검암리)
경북 안동지방의 전형적 민가인 까치구멍집의 평면구성을 취한 남평문씨 종가이다. 지붕의 측면에 집 안의 연기를 배출할 수 있는 '까치구멍'이라고 부르는 구멍이 있다. 대부분의 까치구멍집이 초가인데 비해, 이 집은 까치구멍집의 원형을 유지한 기와까치구멍집이라는 데 특징이 있다.

⑮ 울릉 나리동 투막집(경북민속자료 제56호, 경북 울릉군 북면 나리리)
일제시기에 건축한 투막집으로, 19세기 말 울릉도 개척 당시 민가형식을 잘 간직하고 있다. 울릉도에서는 귀틀집을 투막집이라고 부르는데 통나무를 '井'자형으로 귀를 맞추어 쌓아 올려 벽을 만들고 초가지붕을 이은 집을 말한다.

⑯ 낙안읍성 양규철 가옥(중요민속자료 제93호, 전남 순천시 낙안면 동내리)
소박한 3칸 초가로, 정면 우측부터 부엌·방의 순서로 평면이 구성되어 있다. 남부지방 민가로 짜임새 있는 평면구성과 간결한 구조를 잘 보여준다.

⑰ 달성 조길방 가옥(중요민속자료 제200호, 대구시 달성군 가창면 정대 1리)
해발 약 800미터 되는 산간마을에 있는 민가로, 마을에서 가장 오래된

초가이다. 평면구성과 구조형식, 특히 안채의 낮고 작은 창호는 주택발달사 연구의 중요한 자료이다.

⑱ **창녕 하병수 가옥**(중요민속자료 제10호, 경남 창녕군 창녕읍 술정리)
안채는 기록으로 보아 1760년(영조 36)에 다시 지었거나 수리한 것으로 추정된다. 처마가 깊은데, 이는 일조량과 강우량을 고려한 남부지방 가옥의 특징이다. 또한 대청 마루판은 통나무의 윗부분만 편평히 깎아 사용한 것으로 매우 오래된 수법을 보여 준다.

⑲ **청도 운강고택 및 만화정**(중요민속자료 제106호, 경북 청도군 금천면 신지리)
박정주가 1726년(영조 2)에 창건한 후 증손인 운강 박시묵이 1824년(순조 24)에 중수하고, 시묵의 증손인 순병이 1905년에 다시 중수하였다. 대지 내 건물은 모두 9동으로, 조선 후기 영남 내륙지방 반가의 특색있는 공간구성과 건축형식을 잘 보여준다. 만화정은 운강 박시묵이 1856년 (철종 7)에 짓고 공부하던 곳이다.

⑳ **묘동 박엽 가옥**(중요민속자료 제104호, 대구시 달성군 하빈면 묘리)
조선 후기에 지은 영남지방 반가로 대문간채·사랑채·안채·별당·연못을 갖추고 있다. 별당을 둔 다채로운 외부공간 및 수장공간이 발달한 짜임새 있는 평면은 조선 중후기 영남 내륙지방 반가의 특징을 잘 보여 준다.

㉑ **영덕 충효당**(중요민속자료 제168호, 경북 영덕군 창수면 인량리)
안채·사랑채·사당 등을 갖춘 조선시대 반가로, 조선 초기에 창건한 후 조선 중기에 이건한 건물이다. 특히 안채는 현재 위치로 이건한 시기가 조선 중기로 짐작되는 고식(古式)의 건물로 약간의 변형은 보이나 조선시대 주택연구의 중요한 자료이다.

㉒ 영천 정재영 가옥 및 산수정(중요민속자료 제24호, 경북 영천시 임고면 삼매리)
풍수설의 매화낙지(梅花洛枝) 형국에 자리하고 있으며, 매산 정중기(梅山 鄭重器, 1685~1757)와 정일감(鄭一鑑) 부자에 의해 완성되었다고 한다. 조선 중기 영남지방 반가의 배치와 평면형식 및 구조, 조형을 잘 보여주고 있어 반가의 변천과정을 살필 수 있는 좋은 자료이다.

㉓ 창덕궁 연경당
1828년(순조 28)에 세자의 청으로 반가를 모방하여 지은 집으로 사랑채의 당호가 연경당이다. 창덕궁 금원 내 주합루의 동쪽 넓은 터에 자리 잡고 있다. 전반적으로 상류주택을 모방하면서도 다양한 외부공간과 평면의 분화가 돋보이는 집이다.

[제 6 장]
유교건축

1. **유교건축의 개요** · 352
   1) 유교사상의 전개
   2) 유교건축의 특징
2. **예제건축** · 354
   1) 예제건축의 의미
   2) 예제건축의 유형 분류
3. **교학건축** · 356
   1) 조선시대 관학과 사학
      (1) 향교의 설립과 발전
      (2) 서원의 설립과 발전
   2) 향교와 서원건축
      (1) 입지
      (2) 배치형식
   3) 향교의 구성요소
      (1) 제향공간
      (2) 강학공간
      (3) 기타
   4) 서원의 구성요소
      (1) 제향공간
      (2) 강학공간
      (3) 기타
4. **유교건축의 실례** · 367

   1) 예제건축
      (1) 사직단
      (2) 환구단
      (3) 기타 단건축
      (4) 종묘
      (5) 문묘
      (6) 기타 묘건축
   2) 향교건축
      (1) 강릉향교
      (2) 나주향교
      (3) 전주향교
      (4) 장수향교
      (5) 영천향교
      (6) 밀양향교
   3) 서원건축
      (1) 소수서원
      (2) 도산서원
      (3) 병산서원
      (4) 옥산서원
      (5) 무성서원
      (6) 돈암서원
      (7) 필암서원

1. 유교건축의 개요

1) 유교사상의 전개

① 동양사상에서 유교
유교는 공자를 원조로 하는 중국의 대표사상이다. 인(仁)을 최고 이념으로 삼고 수신제가치국평천하(修身齊家治國平天下)의 실현을 목표로 하는 일종의 윤리학이자 정치학으로 수천 년 동안 동양사상을 지배해 왔다.

② 유교의 전래
372년(소수림왕 2)에 유교의 교육기관인 태학(太學)이 설립된 것으로 보아 이미 그 이전에 유교가 전래되었음을 알 수 있다. 비록 불교가 삼국시대와 고려시대 사회의 지배사상이었지만 유교는 치도(治道)의 근간으로서 명맥을 유지해 왔다.

③ 조선시대의 유교
유교가 사회, 문화 등 모든 분야의 중심 이념으로 자리 잡은 것은 조선시대이다. 조선의 건립 주체였던 신진사대부들은 유교를 통해서 국권을 확립하고 새로운 질서를 세우려고 하였다. 예학(禮學)을 숭상하는 유교로 인해 조선시대는 많은 예제건축과 교학건축이 실립되었으며, 유교건축은 그 시대 건축의 중요한 부분을 차지하고 있다.

2) 유교건축의 특징

조선시대는 통치이념을 유교사상에 두고 초기부터 예제의 확립과 함께 예를 실천하기 위한 예제건축과 백성을 교화하고 인재를 양성하기 위한 교학건축을 전국 각지에 건립하였다.

① 예제(禮制)건축
예를 행하기 위한 단(壇)・묘(廟)건축을 말한다. 그 중 사직단과 종묘는 예제건축을 대표하는 시설로서 도성을 계획할 때 중요한 위치를 차지하였다. 한양의 도성계획은 "좌조우사 면조후시(左祖右社 面朝後市)"라는 『주례(周禮)』「고공기(考工記)」의 제도(制度)에 따라 정궁인 경복궁 좌우측에 종묘와 사직단을 세웠다.
이밖에도 도성과 지방의 읍성에는 제례를 수용하기 위한 많은 단・묘건축이 세워졌다. 단・묘건축은 위치, 규모, 형식 등이 예제로 규정되어 있으며, 중요도에 따라 제사의 규모도 대사(大祀), 중사(中祀), 소사(小祀)로 나누어진다.

② 교학(敎學)건축
관학인 성균관과 향교, 사학인 서원이 있다. 교학건축은 강학기능 외에 선현을 제향하는 향사기능을 갖고 있어 건축 구성이나 그 규범이 예제건축과 일맥상통하는 면이 있다.

③ 질서와 절제
유교건축은 다른 건축에 비하여 질서와 절제의 규범을 보여준다. 축을 중심으로 전개되는 건물 배치에서 공간의 질서와 위계를 볼 수 있다. 건축 형태에서는 불교건축과 달리 장엄하거나 군더더기 없이 절제된 단순미가 느껴진다. 이와 같은 공간의 구성과 조형적 특징은 실천을 중시하고 절제와 검소함을 추구하는 유교정신의 외적 표현이다.

2. 예제건축

1) 예제건축의 의미

예제건축은 유교의 실천덕목인 오례[五禮: 나라에서 행하는 다섯 가지 의례로, 제사에 관한 길례(吉禮), 국상과 국장에 관한 흉례(凶禮), 출정 및 반사에 관한 군례(軍禮), 국빈을 맞이하고 보내는 빈례(賓禮), 즉위·책봉·국혼 등에 관한 가례(嘉禮)] 가운데 제사에 관한 길례를 행하기 위한 것이다. 제사의 규모나 대상에 따라 유형 분류가 가능하며, 건축의 형식은 예제의 규정과 행례(行禮)의식이 고려되었다.

2) 예제건축의 유형 분류

① 제사 대상
제사는 신령에게 음식을 바치며 기원을 하거나 돌아간 이를 추모하는 의식이다. 유교의 전통적 분류체계에 따라 천(天)·지(地)·인(人) 3재(才)로 대상을 구분하였으며, 명칭도 천신(天神)에게 지내는 제사를 사(祀), 지기(地祇)에 지내는 제사는 제(祭), 인귀(人鬼)에 지내는 제사는 향(享)으로 달리하였다.

천(天) 천신과 하늘에서 일어나는 바람, 비, 구름 등을 제사하기 위한 장소로 환구단, 풍운뇌우단, 칠성단 등이 있다.
지(地) 지신, 산천, 자연을 대상으로 재앙을 물리치고 복을 기원하는 장소로 사직단, 명산대천단, 악해독단 등을 들 수 있다.
인(人) 왕실의 조상, 선현 및 역사적 인물, 일반 민중들의 조상을 대상으로 제사를 지내며 종묘, 문묘, 사묘, 가묘(사당) 등이 있다.

② 제사의 규모

국가 사전(祀典)에는 제사의 중요도에 따라 대사, 중사, 소사로 분류하여 제사의 규모 및 일시 등을 정하였고, 국가의 정책이나 이념에 속하지 않는 제사는 잡사와 음사로 규정하였다.

	『고려사』 예지	『국조오례의』 사전	『대한예전』 사전
대사	원구(圓丘), 방택(方澤), 사직(社稷), 태묘(太廟), 별묘(別廟), 제릉(諸陵), 경령전(景靈殿)	사직(社稷), 종묘(宗廟), 영녕전(永寧殿)	원구단(圓丘壇), 종묘(宗廟), 영녕전(永寧殿), 사직단(社稷壇), 대보단(大報壇)
중사	적전(籍田), 선잠(先蠶), 문선왕묘(文宣王廟)	풍운뇌우(風雲雷雨), 악해독(嶽海瀆), 선농(先農), 선잠(先蠶), 우사(雨師), 문선왕(文宣王), 역대시조(歷代始祖)	선농(先農), 선잠(先蠶), 우사(雩祀), 경모궁(景慕宮), 문묘(文廟), 역대군왕(歷代君王), 관왕묘(關王廟)
소사	풍사(風師), 우사(雨師), 뇌신(雷神), 영성(靈星), 마조(馬祖), 선목(先牧), 마사(馬社), 마보(馬步), 사한(司寒), 제주현문선왕묘(諸州縣文宣王廟), 사대부서인제례(士大夫庶人祭禮)	영성(靈星), 노인성(老人星), 마조(馬祖), 명산대천(名山大川), 사한(司寒), 선목(先牧), 마사(馬社), 마보(馬步), 마제(禡祭), 영제(禜祭), 포제(酺祭), 칠사(七祀), 독제(纛祭), 여제(厲祭)	악진해독(嶽鎭海瀆), 명산대천(名山大川), 성황(城隍), 사토(司土), 사한(司寒), 마조(馬祖), 마제(禡祭), 영제(禜祭), 포제(酺祭), 칠사(七祀), 중류(中霤), 독제(纛祭), 여제(厲祭), 계성사(啓聖祠), 선무사(宣武祠), 사현사(四賢祠), 관군사(官軍祠), 옥추단(玉樞丹), 천거(川渠), 지진(地震), 영월배식단(寧越配食壇), 제주풍운뇌우(濟州風雲雷雨)

* 『한국의 제사』, 국립민속박물관, 2003에서 발췌

③ 건축의 유형

단(壇) 천신, 지신 또는 산천, 자연물을 대상으로 재앙을 물리치고 복을 기원하기 위해 지면보다 높게 쌓은 대(臺), 즉 제단(祭壇)을 말한다. 사직

단, 환구단, 선농단, 선잠단, 풍운뇌우단, 성황단 등이 있다.
묘(廟) 조상이나 성현의 위패를 모셔 두고 제향하는 집이다. 종묘, 문묘, 사묘, 가묘 등이 있다.

3. 교학건축

1) 조선시대의 관학과 사학

(1) 향교의 설립과 발전
① 유래
향교는 인재를 양성하고 유풍(儒風)을 진작시키기 위하여 전국의 주, 부, 군, 현마다 설립했던 관학이다. 언제부터 향교가 설립되었는지 분명치 않으나 1127년(인종 5)에 각 주에 학교 설립을 명했다는 기록으로 보아 고려 중기에는 향교가 설립되었을 것으로 추정된다. 그 후 어느 정도 발전을 보이다가 고려 말기에 이르러 병란과 각종 내환이 계속되면서 쇠퇴한 것으로 보인다.

② 변천 과정
조선시대는 국초부터 유교사상의 확대를 통한 백성의 교회를 중시하여 중앙에 성균관, 지방에 향교를 설립하였다. 향교의 흥패에 따라 수령을 고과하는 국가의 흥학책에 힘입어 대부분의 향교가 태조부터 세종조 사이에 건립되었으며 적어도 성종 대에는 각 읍마다 향교가 세워지게 되었다.
성균관과 향교의 교육제도는 이미 성종 대에 관학의 쇠퇴현상이 논의될 만큼 교화적 성격보다는 과거에 응시하기 위해 예비지식을 쌓는 관리양성 기구로서 성격을 강하게 지니게 되었다. 따라서 과거제도 문란 등의 폐단이 발생하면서 향교의 교육기능은 점차 쇠퇴하였다. 특히 조선 중기에 서원이 등장하게 된 이후로 향교는 문묘를 향사하는 제향 위주의 관학으로 면모를 유지하게 되었다.

(2) 서원의 설립과 발전
① 유래
사립교육기관으로서 관학과는 달리 사림들의 유학적 이상을 실현하고 향촌사회를 교화시키고자 건립되었다. 조선 최초의 서원인 백운동서원(후에 소수서원으로 명칭 변경)은 풍기 군수 주세붕이 안향을 봉안하는 사묘를 세우고 겸하여 서원을 세운 것에서 유래하였다.

② 서원의 보급
사림의 중앙 정계 진출이 이루어지면서 17세기 이후 서원의 건립은 더욱 활기를 띠게 되고 전국적으로 확산되었다. 초기 서원이 존현을 통한 교화라는 소극적 교육기능을 수행했던 것과는 달리 퇴계 이황 이후 서원이 전국적으로 보급되면서 학문의 연구와 교화, 특히 후진양성을 통해 향촌사회를 교화하고 사림에 의한 정치를 구현하기 위한 인재양성 교육기관으로 자리 잡게 되었다. 조선 후기로 들어서면서 서원은 붕당정치의 세력 거점이라는 정치적 의미가 강조되었고, 선현 추모라는 제향기능이 사림의 윤리질서와 결속을 강조하는 수단으로 보다 중시되었다. 또한 지나친 사액 증가로 인한 경제적 폐해도 발생하였다. 결국 흥선대원군의 서원 철폐령에 의하여 각 봉향 인물을 위한 서원은 하나만 남긴다는 '일인일원(一人一院)'의 원칙에 의해 47개소만 남고 모두 훼철되었다. 당시 훼철되지 않고 남아 있게 된 서원은 다음과 같다.

	소재지	서원명	창건	주향자
경기도	파주시 파평면 늘노리	파산서원	1568	성수침
	김포시 감정동	우저서원	1648	조헌
	용인시 수지읍 상현리	심곡서원	1650	조광조
	포천시 신북면 신평리	용연서원	1691	이덕형
	광주 중부면 산성리	현절사	1688	김상헌
	의정부시 장암동	노강서원	1695	박태보
	하남시 상산곡동	사충서원	1725	김창집
	안성시 양성면 덕봉리	덕봉서원	1695	오두인
	여주군 여주읍 하리	대로사	1785	송시열
	덕양구 행주외동	기공사	1841	권율
	강화군 선원면 선행리	충렬사	1641	김상용
	개성시개성시 선죽동	숭양서원	1573	정몽주
충청도	논산시 연산면 임리	돈암서원	1634	김장생
	논산시 광석면 오강리	노강서원	1675	윤황
	충주시 단월동	충렬사	1679	임경업
	부여군 구룡면 금사리	창렬사	1717	윤집
	청주시 수동	표충사	1731	이봉상
전라도	장성군 황룡면	필암서원	1590	김인후
	광주 남구 원산동	포충사	1601	고경명
	정읍시 칠보면 무성리	무성서원	1615	최치원
경상도	영주시 순흥면 내죽리	소수서원	1543	안향
	함양군 수동면 원평리	남계서원	1552	정여창
	경주시 서악동	서악서원	1561	설총
	구미시 선산읍 원리	금오서원	1570	길재
	경주시 안강읍 옥산리	옥산서원	1572	이언적
	안동시 도산면 퇴계리	도산서원	1574	이황
	달성군 구지면 도동동	도동서원	1604	김굉필
	동래구 안락동	충렬사	1605	송상현
	안동시 풍천면 병산리	병산서원	1613	류성룡
	남해군 설천면 노량리	충렬사	1632	이순신
	상주시 연원동	흥암서원	1702	송준길
	상주시 모동면 수봉리	옥동서원	1714	황희
	거창군 웅향면 노현리	포충사	1738	이술원

강원도	진주시 남성동 진주성 내	창렬사	1607	김천일
	철원군 금화읍 읍내리	충렬서원	1650	홍명구
	철원군 철원읍 화지리	포충사	1665	김응하
	영월군 영월읍 영흥리	창절사	1685	박팽년
황해도	배천군 치악산 기슭	문회서원	미상	이이
	해주시청	성묘	1691	백이
	은율군	봉양서원	1695	박세채
	평산군	태사사	995	배현경
평안도	평양	무열사	1593	석성
	영변	삼충사	1603	제갈량
	안주	충민사	1681	남이흥
	영변	수충사	미상	휴정
	정주	표절사	미상	정시
함경도	북청군 북청읍 동리	노덕서원	1627	이항복

2) 향교와 서원건축

(1) 입지
① 향교
동헌, 객사와 함께 읍성의 주요시설로 관부가 있는 중심지에서 멀지 않은 곳에 자리하였다. 주로 읍치에서 5리 이내의 거리에 있다. 성균관을 비롯한 몇 곳의 향교는 평지에 세워져 있지만 대부분의 향교는 경관이 수려한 경사지에 입지하고 있다.

② 서원
사학으로서 가급적 지방 행정력의 간섭을 받지 않고 개인의 수양을 위해 인적이 드물고 경치가 뛰어난 곳에 자리하여 선비가 은거하며 학문을 닦을수 있도록 하였다. 서원은 주로 사묘에 모시는 인물의 출생지 또는 선현이 학문을 수양하던 장소에 설립되었다.

(2) 배치형식

향교 및 서원의 배치유형(■:묘 ▦:강당)

		향교		서원	
		전당후재	전재후당	전당후재	전재후당
전묘후학		–	성균관 전주 나주 경주 영광 의성	–	–
전학후묘		부평, 수원 교동, 교하 양근, 삼척 양양, 간성 서천, 서산 면천, 남원 장성, 강릉 영주, 영천	고양, 안성 연천, 춘천 영월, 청풍 대흥, 금산 함안, 창녕 울산, 고성 남해, 함양 원주, 정선	필암, 봉암 덕봉, 흥암 신안, 겸천 심곡, 덕양 신안, 창대 안곡, 용연	남계, 옥산 도동, 병산 예림, 역동 임천, 죽정 충렬, 인흥 고천, 신항 강성, 무성 덕원, 예림
	우묘좌학		진위, 죽산 의흥, 예안 봉화, 칠곡 지례, 개경 예안, 곤양 사천, 거제 동래, 영춘	죽림동	자계, 청성
	좌묘우학	–	대구, 청도 밀양, 광양 거창, 남양 시흥, 보은 울진, 청하 함창	소수, 오봉 수림, 임천	수암

① 성리학적 규범에 따른 배치원리

향교와 서원 모두 유교사상의 실현을 목적으로 하고 있기 때문에 건축

형식에 있어서도 성리학적 규범을 따르고자 하였다. 이러한 의도는 명확한 직선축과 좌우대칭의 구성으로 표현되었다. 또한 주변의 자연환경을 끌어들이면서도 내부의 긴장감을 자아내는 공간구성은 엄격한 위계질서를 통한 성리학적 규범을 표현하고 있는 것이다.

② 제향공간+강학공간

기본적인 공간구성은 제향공간과 강학공간으로 나뉘는데, 두 공간의 상대적 위치에 따라 전묘후학, 전학후묘, 좌묘우학, 우묘좌학 등의 형식으로 분류된다.

전묘후학(前廟後學)

제향공간이 전면에, 강학공간이 후면에 배치되는 형식을 말한다. 이는 성균관과 동일한 배치형식이다. 서원에서는 찾아볼 수 없고, 평지에 위치한 몇 개의 향교에서만 이와 같은 배치형식을 취하고 있다.

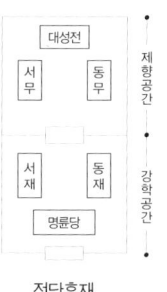

전묘후학의 배치

전학후묘(前學後廟)

전학후묘의 배치는 강학공간이 전면에 구성되고 그 뒤로 제향공간이 놓이는 것을 말한다. 대부분의 향교와 서원에서 이러한 배치를 하고 있어 교학건축의 전형적인 배치형식이라 할 수 있다. 전학후묘의 배치형식은 강학공간이 어떻게 구성되는가에 따라 다시 전당후재형(前堂後齋型)과 전재후당형(前齋後堂型)으로 세분된다.

전당후재   전재후당

전당후재형 강학공간의 중심건물인 강당 또는 명륜당이 전면에 배치되고 동·서재가 후면에 배치되는 형식이다. 제향공간의 확보가 가능하고 시각적으로도 구심성을 갖는 배치가 된다.

전재후당형 동·서재가 강당 또는 명륜당 앞에 배치되어 제향공간과 독립적 성향이 강하고, 강학공간의 시야 확보가 가능한 배치형식이다.

우묘좌학(右廟左學)·좌묘우학(左廟右學) 전학후묘 배치형식에서 파생된 것으로 볼 수 있다. 제향공간을 지형적으로 가장 높은 곳에 배치한다는 개념은 같지만, 하나의 축이 아닌 별개의 두 축을 유지한다는 점에서 구별된다.

3) 향교의 구성요소

(1) 제향공간
① 대성전+동·서무
제향공간은 향교에서 가장 중심 되는 공간이다. 공자를 비롯한 성현들의 신위를 모시고 제사를 지내는 대성전과 동·서 양무(兩廡)로 구성된다. 대성전과 동·서무는 기단의 높이, 건물의 규모와 치장 등에 있어서 위계에 따라 차이를 두었으며, 설위 내용도 읍치(邑治)의 규모에 따라 대설위(大設位), 중설위(中設位), 소설위(小設位)로 차이가 있다.

대성전 대성지성문선왕(大成至聖文宣王), 즉 공자의 성훈과 유덕을 추모하고 봉사하는 묘우(廟宇)이다. 문묘영역의 중심건물로 향교 내 다른 건물과 비교할 때 규모, 구조, 의장 등에 차별을 두어 상징성을 부여했다. 평면은 정면 3칸 또는 5칸이 대부분이며 툇간 설치 유무에 따라 평면형식이 구분된다. 내부는 대부분 통칸으로 처리하여 바닥에 마루 또는 전돌 등을 깔고 공자의 위패를 정위로 하여 4성과 10철 등 선성(先聖)의 위패를 배향하였다.

설위에 따른 신위

설위	신위수		신위
대설위	133	대성전	공자와 4성, 10철, 송조 6현
		동·서무	공문 72현, 한당(漢唐) 22현, 우리나라 18현
중설위	39	대성전	공자와 4성, 10철, 송조 6현
		동·서무	우리나라 18현
소설위	27	대성전	공자와 4성, 송조 4현
		동·서무	우리나라 18현

배향된 선현

공자와 4성	공자, 안자, 증자, 자사자, 맹자
공문 10철	민손, 염경, 염옹, 재여, 단목사, 염구, 중유, 언언, 복상, 전손사
송조 6현	주돈이, 정호, 정이, 소옹, 장재, 주희
우리나라 18현	설총, 최치원, 안향, 정몽주, 김굉필, 정여창, 조광조, 이언적, 이황, 김인후, 이이, 성혼, 김장생, 조헌, 김집, 송시열, 송준길, 박세채

동·서무 대성전 전면 좌우에 대칭으로 배치되며 대성전 좌향에 따라 좌측에 배치된 건물을 동무, 우측에 배치된 건물을 서무라 부른다. 여기에는 공자의 제자 및 중국과 우리나라 선현의 위패를 봉안하는데 지금은 대성전으로 위패를 이안(移安)하고 비어 있는 곳이 많이 있다.

평면형식은 대성전과 같이 툇간의 유무에 따라 전퇴개방형과 폐쇄형으로 나눌 수 있으며, 건물의 규모 또한 설위에 따라 차이가 있다.

(2) 강학공간
① 명륜당+동·서재
강당인 명륜당을 중심으로 유생들의 교육과 기숙의 장소인 동재와 서재로 이루어진다.

명륜당 인륜을 밝힌다는 의미로 공자가 만년에 제자들에게 강학하던 행단에서 비롯되었다.

이곳은 강론이 이루어지는 교실일 뿐만 아니라 교수의 거처이므로 강학을 위한 마루와 기거할 수 있는 온돌방으로 실이 구성된다. 평면은 정면 5칸 중 가운데 3칸은 마루이고 좌우에 방이 있는 형식이 가장 보편적인 유형이다.

동·서재 유생들이 기숙하며 공부하는 곳이다. 명륜당 전면 또는 후면에 대칭으로 배치되어 명륜당과 함께 마당을 둘러싸고 있다. 규모는 유생 수에 따라 차이가 있는데 3칸에서 4칸 정도가 보편적이며 기숙을 위한 방 위주로 평면이 계획되었다. 동·서 양재는 일반적으로 규모나 평면을 같게 하였으나 신분이나 학력 등에서 동재 유생이 서재 유생보다 우위에 있었다.

(3) 기타
① 누각(樓閣)
자연과 교감하며 휴식을 취하거나 여름철 교육공간으로 사용되었으며 때로는 접객장소로도 이용된다. 주로 향교 전면 입구에 배치되어 문루의 기능을 겸하고 있는 것이 보통이다. 따라서 아래는 향교로 통하는 정문을 두고, 윗층은 평면 전체에 마루를 깔고 주위를 조망할 수 있도록 사면을 개방한 누문(樓門)형식이 일반적이다.

② 전사청(典祀廳)과 제기고(祭器庫)
전사청은 제례 전날 제수용품을 장만하여 보관하고 제사업무를 수행하는 곳이며, 제기고는 문묘향사에 필요한 제기를 보관하는 장소이다.

③ 장판각(藏版閣)
목판이나 서책들을 보관하는 곳이다. 건물의 기능상 바닥은 주로 마루를 깔고 벽은 판벽을 설치하는 등 통풍과 방습을 고려하였다.

④ 석물

명칭	형태 및 용도
정료대	대성전 앞 또는 명륜당, 전사청 앞 등 넓은 뜰을 갖는 경역에서 야간 조명이 필요한 곳에 세우는 석물. 보통 1~1.5미터의 석주 위에 대석을 올려놓는데 이 위에 관솔가지를 피우거나 기름 등을 태워 마당을 밝힌다.
관세대	향사 때 헌관 및 집사 등 임원이 의식을 거행하기에 앞서 대성전에 들어가기 전에 손을 깨끗이 씻을 수 있도록 물을 담아 놓는 석물이다. 계향의 동입서출(東入西出)하는 의식절차에 따라 대성전의 오른쪽에 놓인다.
망료대	석전향사에서 마지막으로 행하는 망료례 때 축문이나 행사 후 소각 대상물을 태워 묻는 석물이다.

4) 서원의 구성요소

서원의 구성요소는 향교의 것과 크게 다르지 않다. 그러나 대성전, 명륜당 등과는 다르게 서원마다 사당과 강당, 동·서재에는 고유 명칭이 붙는다. 선현에 대한 존경의 의미, 학문수양과 자기성찰에 관한 당호를 붙여 유교사상의 고취를 꾀하고자 함이다.

(1) 제향공간

① 사당(祠堂)

선현의 신위를 모신 건물로 배향인은 보통 한 명으로 시작하나 후에 선현을 추가로 배향하는 경우가 많았다. 사당에서 가장 중요하게 모시는 한 명을 주향이라 하고 나머지 선현은 모두 배향이라 한다.

(2) 강학공간

① 강당+동·서재

강학영역은 강학이 이루어지는 강당과 유생들의 기숙사에 해당하는 동·서 양재를 말한다. 강당과 동·서 양재는 'ㄷ'형을 이루어 전면의 누(樓)나 문에 대응하여 하나의 구심적 공간을 형성한다.

강당 강학공간의 중심건물이다. 강론이 이루어지는 곳이며 교수의 거처가 되기도 한다. 서원 내에서 가장 규모가 크며 마루와 온돌방으로 구성된다. 보통 전면 5칸 정도로 계획된다. 가운데 3칸 정도는 마루를 두고 양쪽에 온돌방을 두는 형식이다. 이러한 구조는 향교의 명륜당 건축과 동일하다.

동·서재 원생들이 기숙하며 공부하는 곳이다. 대부분 강당 앞에 동재와 서재로 대칭을 이루며 위치하고, 평면은 온돌방과 마루가 결합되는 형식을 취한다. 강당에 비하여 규모는 작으나 온돌방과 1칸 정도의 대청, 툇마루 등이 어우러져 다양한 평면을 구성하고 있다.

(3) 기타

① 문루(門樓)

경사지를 이용하여 들어서 있는 경우가 대부분이나 평지에 입지한 서원에서도 많이 찾아 볼 수 있다. 주로 자연과 교감하며 휴식을 취하거나 서원을 찾는 손님들을 맞이하는 장소로 쓰였다. 건축적으로 서원 내외 공간을 구분하면서도 연계를 가능하게 하는 매개적 성격을 지닌다.

② 장서각(장판각)

장서각은 학문수양을 위해 필수적인 도서 보관의 역할을 하는 곳이다. 주로 판본을 보관하기 위한 것이었으므로 습기를 방지하기 위해 바닥을 지면에서 띄운 마루로 구성하고 판벽으로 통풍의 효과를 노렸다.

③ 전사청(典祀廳)

향사 전날 미리 제사상을 차리는 건물로 평소에는 제기와 제례 용구를 보관한다. 따라서 사당영역에 인접하고 제수를 마련하는 고직사와도 연락이 잘 되는 곳에 위치한다. 전사청의 형태는 다양하지만 보통 제상을 보관하는 마루방을 설치한다.

④ 고직사(庫直舍)

고직사는 유생들의 생활지원, 전사청과 더불어 의례 때 제수 준비를 하는 등 여러 기능을 한다. 또한 노비들이 거주하는 생활공간이기도 하였다.

4. 유교건축의 실례

1) 예제건축

(1) 사직단(社稷壇 ; 사적 제121호, 서울 종로구 사직동)
국토의 신인 사(社)와 곡식을 관장하는 신인 직(稷)을 제사하는 단.

① 유래
사직(社稷)은 토지신과 곡식신을 뜻한다. 국토와 곡식은 국가와 민생의 근본이므로 예로부터 사직단을 설치하고 제사를 드렸다. 사직은 종묘와 함께 국가의 가장 중요한 존재로 여겨졌으며, 이 둘을 합한 종묘와 사직,

즉 종사(宗社)는 국가를 대신하는 말로 쓰였다. 조선시대는 1395년(태조 4)에 고대 중국의 도성제도에 따라 경복궁 서쪽에 사직단을 세웠으며, 태종 이후에는 지방에도 사직단을 세웠다.

② 배치 및 구성형식
동쪽에 사단(社壇), 서쪽에 직단(稷壇) 두 개의 단이 나란히 있다. 단의 높이는 3척 또는 3.4척으로 기록에 따라 차이가 있으나 너비는 사방 25척으로 변화가 없었다. 주위는 이중으로 담이 둘러져 있고, 단 위에는 돌로 만든 각각의 신주를 봉안하였다.

사직단에는 제례를 위한 여러 부속건물이 있었으나 지금은 재궁(齋宮)으로 쓰던 안향청과

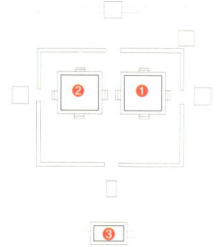

1. 사단 2. 직단 3. 정문

정문만 남아 있다. 정문(보물 제177호)은 본래 북신문이었던 것을 이건한 것으로 보인다. 평삼문 형식의 맞배집이며 공포의 형식이 주심포에서 익공계로 변화되는 과정을 보여주고 있다.

③ 제례의식

사직대제는 종묘제례와 함께 길례(吉禮) 중 가장 중요한 제사였다. 2월과 8월, 동지와 제석에 왕이 친히 나가 제사를 지냈으며 기우제와 풍년을 비는 기곡제(祈穀祭) 등을 지내기도 했다.

(2) 환구단(圜丘壇 ; 사적 제157호, 서울 중구 소공동 87-1)

천자가 하늘에 제사를 드리는 둥근 단.

① 유래

제천의식은 일찍이 부족국가시대부터 거행되었다. 우리나라에 환구제(圜丘祭)가 제도화된 것은 고려 때부터였으며 조선시대에도 환구단을 만들었다. 그러나 세조 이후 중국에 대한 사대주의적 관념에서 천자의 예였던 제천의례를 폐지하면서 단도 폐지하였다. 그 후 1897년, 고종이 대한제국 황제로 등극하면서 남별궁(南別宮)터에 단을 다시 조성하고 하늘에 황제의 즉위를 알리는 고제(告祭)를 올렸다. 환구단은 단의 형태에 따라 원구단(圓丘壇, 圜丘壇)으로도 불리었으나 2005년부터 『독립신문』 및 『고종실록』의 기록에 따라 환구단으로 통일하여 부르고 있다.

② 건축형식

환구단은 전체가 3층으로 된 둥근 단이다. 예로부터 '천원지방(天圓地方)'이라 하여 하늘에 제사지내는 단은 둥글게 하고 땅에 제사지내는 단은 네모지게 만들었다. 원구단이란 명칭도 여기에서 유래하였다. 환구단은 돌로 단을

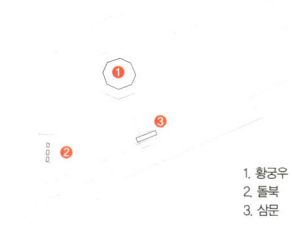

1. 황궁우
2. 돌북
3. 삼문

쌓고 바닥은 벽돌을 깔았다. 여기에 황천상제(皇天上帝)와 황지기(皇地祇), 북두칠성, 오악(五嶽), 사해(四海) 등의 신위를 모시고 제사를 지냈다.

③ 황궁우(皇穹宇)

1899년에 환구단 북쪽에 건립한 팔각정 형태의 3층집이다. 내부는 1, 2층을 통층으로 처리하여 중앙에 태조의 신위를 봉안하였다. 일제는 1914년에 환구단을 헐고 그 자리에 조선총독부 철도호텔(지금의 조선호텔)을 건립하였다. 지금 환구단에는 황궁우와 고종황제의 즉위 40주년을 경축하기 위해 세운 세 개의 돌북(石鼓壇)만 남아 있다.

(3) 기타 단(壇)건축

도성 내외에 설치되었던 대표적인 제사공간을 행정구역별로 보면, 동부에는 주로 생업이나 군사적 목적과 연관된 것이 많고, 남부나 북부는 국가나 지역의 안녕을 기원하는 자연과 연관된 신앙시설이 주로 위치하고 있는 것으로 나타난다. 당시 도성에 설치되었던 각종 단을 간략히 정리하면 다음과 같다.

구분	성격	현 위치	비고
선농단	풍년을 기원하기 위해 농사짓는 법을 가르쳤다고 전해지는 중국의 제왕인 신농(神農) 씨와 후직(后稷) 씨를 제사지내기 위한 단	동대문구 제기동	삼국시대 경칩 후 해일(亥日)에 치제
선잠단	누에농사의 풍년을 빌던 제단	성북구 성북동	중국 황제의 비 서릉(西陵) 씨를 잠신으로 하여 누에농사의 풍년을 빌던 것에서 유래하였다. 3월 마지막 사일(巳日)에 치제
풍운 뇌우단	바람, 구름, 우뢰, 비를 치제하던 단으로 종묘, 사직제사 다음으로 중요한 제사를 올린 곳(남단)	용산구 청파동	신라시대 중춘과 중추의 길일
영성단	영성은 곧 용성, 천신을 치제하기 위해 설치된 단	조선 초 폐지됨	삼국시대 단오

악해 독단	국가의 안전, 풍농의 기원, 즉 국태민안을 빌기 위해 명산·대천·대해를 정해 단을 구축	용산구 청파동 (풍운뇌우단 완편)	삼국시대 중춘과 중추에 택함
우사단	천신에게 기우를 하기 위해 국가에서 공식적으로 치제하던 단	용산구 보광동	삼국시대 초여름에 치제, 입추 뒤에 보사
사한단	얼음을 잘 얼게 하기 위하여 수우신인 현명 씨에게 치제하던 단	성동구 옥수동	고려시대 맹동과 입춘에 얼음을 저장하고 춘분에 얼음을 냄
여단	자손이 없어 제사를 받지 못하는 귀신을 제사지내던 단	종로구 평창동	조선시대 청명, 7월15일, 10월 1일
마조단	말의 돌림병을 예방하기 위해 말의 조상인 천사성(天駟星, 先牧, 馬社, 馬步)에게 제사를 지내던 단	성동구 행당동	고려시대 중춘 중기 후 길일을 택함
마제단	군이 출정할 때 군신으로 알려진 치우신에게 제사지내는 단	성동구 행당동	출군 1일 전
포단	사람과 곡류를 해치는 해충, 즉 포신에게 치제한 단	지역별 실시	신라시대
민충단	임진왜란 때 전사한 명군의 혼을 달래기 위해 치제하던 단	서대문구 홍제동	조선시대
장충단	을미사변 때 순국한 장병을 치제하기 위해 건립한 초혼단	중구 장충동	조선시대 봄과 가을

(4) 종묘(宗廟 ; 사적 제125호, 서울 종로구 훈정동)

역대 왕과 왕비, 그리고 사후에 추존된 왕과 왕비의 신위를 봉안하는 왕실의 사당으로 태묘(太廟)라고도 한다. 1995년 12월 유네스코 세계문화유산으로 등록되었다.

① 유래

조선 왕조는 한양으로 천도하면서 가장 먼저 사직과 종묘를 건립하였다. 중국의 도성제도인 좌조우사(左祖右社)의 원칙에 따라 경복궁의 좌측(동쪽)에 종묘를 세웠는데, 1395년(태조 4)에 완공하였다. 정전의 규모와 형식을 보면 정면 7칸으로 내부는 하나로 터서 그 속에 신주를 모시는 감실을 따로 만든 동당이실(同堂異室)의 형식이다. 종묘는 왕위가 이어지면서 모시는 신주가 계속해서 늘어남에 따라 별묘인 영녕전을 건축하고, 건물도 수차례에 걸쳐 증축하게 된다. 정전은 명종 때 11칸으로 증축한 후 임란 후 다시 11칸으로 재건하였고, 영조 때 15칸, 헌종 때 지금과 같이 19칸으로 증축되었다.

② 배치형식

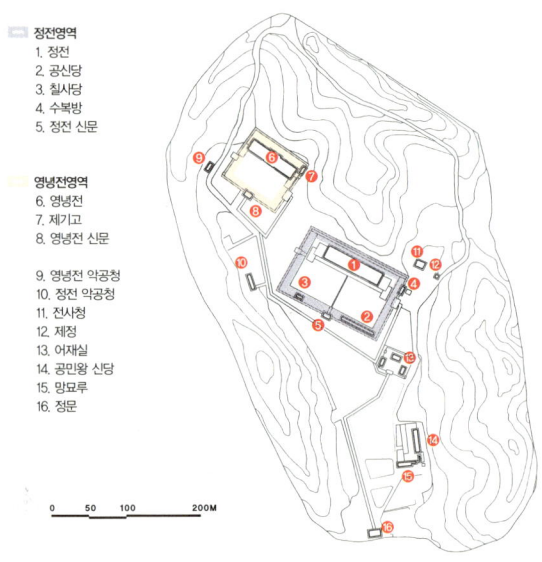

정전영역
1. 정전
2. 공신당
3. 칠사당
4. 수복방
5. 정전 신문

영녕전영역
6. 영녕전
7. 제기고
8. 영녕전 신문

9. 영녕전 악공청
10. 정전 악공청
11. 전사청
12. 제정
13. 어재실
14. 공민왕 신당
15. 망묘루
16. 정문

종묘는 세 영역으로 나뉘어 있다. 정문인 창엽문을 지나면 우측으로 재궁영역, 정전영역, 영녕전영역이 지세에 따라 차례로 위치한다. 재궁은 제사에 필요한 제구를 보관하고 사무를 담당하는 곳이며, 정전은 왕과 왕비의 신위를 봉안하는 곳으로 종묘의 핵심공간이다. 정전 서북측에는 별묘인 영녕전 일곽이 있다.

③ 정전(正殿)

신위를 모신 감실 19칸, 좌우에 이어진 협실 각 2칸 그리고 협실 양끝에서 직각으로 꺾여 나온 동서 월랑 5칸으로 구성되어 있다. 전통건축 가운데 가장 긴 이 건물은 건물 한칸한칸은 장식이 배제된 지극히 단순한 구성을 하였지만 간결한 조형이 길게 반복되면서 엄숙한 제사공간으로서의 절제된 건축을 이루어냈다.

전면은 개방된 툇간을 구성하여 제사 때 헌관이 제례를 치르는 공간을 마련하였고, 칸 마다 육중한 판문이 설치된 건물의 내부에는 간소한 탁자 위에 위패를 모신 작은 상자가 감실마다 줄지어 놓여 있다.

④ 영녕전(永寧殿)

1421년(세종 3)에 선왕의 신위를 모실 때 신실에 여유가 없어 문제시 되자 중국 송(宋)나라에서 별묘를 세워 네 분의 선조를 따로 모시던 예를 따라 건립한 별묘이다. 임란 후에 중건되었으며 그 후에 수차례 증축과 수리가 이루어졌다. 현재는 헌종 때 증축된 모습으로 본전 4칸에 동서 협실 각 6칸을 합쳐 모두 16칸으로 되어 있다. 본전에는 태조의 4대조인 목조, 익조, 도조, 환조의 신위를 모시고 좌우 협실에는 정전에서 옮겨진 왕과 왕비의 신위를 봉안하였다.

⑤ 기타 건물들

구분	비고
공신당 (功臣堂)	종묘에 봉사한 역대 왕의 공신 83명의 신위를 모신 사당이다. 3칸에서 증축되어 현재는 16칸이다.
칠사당 (七祀堂)	칠사(七祀)의 위패를 모시고 제사하는 사당이다. 칠사란 궁중의 신인 사명(司命), 출입을 주관하는 호(戶), 음식을 관장하는 조(竈), 도성 출입문을 관장하는 국문(國門), 상벌을 주관하는 대려(泰厲), 길을 관장하는 국행(國行), 거처를 관장하는 중류(中霤)를 일컫는다.
공민왕 신당 (恭愍王 神堂)	고려 공민왕을 위하여 종묘 창건 때 건립되었다. 정면 1칸, 측면 1칸으로 내부에는 공민왕과 노국대장공주가 한 자리에 있는 영정과 준마도가 봉안되어 있다.
어재실 (御齋室)	제향시 임금이 목욕재계하며 제사 올릴 준비를 하는 곳이다. 어숙실 또는 재궁으로도 부른다.
전사청 (典祀廳)	제사에 사용하는 음식과 기물 등을 준비하는 곳이다. 제사를 담당하는 노비와 관원들이 거처하는 수복방이 딸려 있었으나 현재는 17칸만 남아 있다.
악공청 (樂工廳)	제향 때 악공들의 연습과 대기 장소로 사용하던 건물이다. 정전과 영녕전 두 곳에 따로 마련되어 있다.

⑥ 종묘제례(宗廟祭禮)

임금이 직접 받드는 길례(吉禮)로 사직단의 제향과 함께 가장 중요한 제사였다. 제사는 봄, 여름, 가을, 겨울의 첫달, 즉 1, 4, 7, 10월에 지내는 대제와 납월(臘月)이라 하여 12월에 치르는 것을 합하여 1년에 다섯 차례를 기본으로 한다. 설날, 한식날, 단오, 추석, 동지 등 속절(俗節;철이 바뀔 때마다 사당이나 선영(先塋)에 차례를 지내는 날)에 간략한 의식을 치렀으며 또한 국가에 큰 일이 있을 때도 종묘에서 제사를 올렸다.

제례는 크게 신을 맞이하는 절차, 신이 즐기는 절차, 신을 보내는 절차로 나눌 수 있는데 이때 춤과 함께 종묘제례악이 연주된다.

(5) 문묘(文廟;보물 제141호, 서울 종로구 명륜동 3가)

문묘는 유교를 집대성한 공자와 그의 제자 및 중국과 우리나라 선현들의 위패를 모시고 제사 지내는 곳이다.

① 유래

신라 성덕왕 때 김수충이 당나라에서 공자와 그의 제자 중 학문이 뛰어난 10철과 72현의 화상을 가져와 국학에 안치하면서 문묘제도가 비롯되었다. 이것이 고려시대 국자감으로 이어지고, 조선시대는 문묘로 계승되었다.

② 문묘제례(文廟祭禮)

일반 제사와는 다른 특별한 의미를 갖는다. 특히 도성의 문묘제례에는 왕이 직접 참여하였으며 제례가 끝난 뒤에는 명륜당에 나가 성균관 유생들에게 알성시(謁聖試)를 보여 인재를 선발하는 것이 관례였다. 문묘는 항상 교육기관과 한 공간을 이루고 있다. 조선시대 교육기관 중 국가에서 설립한 성균관과 지방 향교에는 반드시 문묘를 갖추었다.

③ 서울 문묘(성균관)

연혁 1398년(태조 7)에 창건하였으나 1400년(정종 2)에 화재를 입고 1407년에 재건하였다. 임진왜란 때 다시 소실되었다가 1602년(선조 35)에 대성전을 재건하였고 이듬해 동·서무와 신문·중문을, 1606년(선조 39)에는 명륜당과 동·서재를 중건한 후 1869년(고종 7)에 한 차례 보수를 거쳐 오늘에 이른다.

배치(전묘후학) 대성전과 양무로 이루어진 문묘영역이 앞에 있고 명륜당을 중심으로 하는 강학영역이 뒤에 자리하는 전묘후학의 전형적인 배치형식을 취하였다.

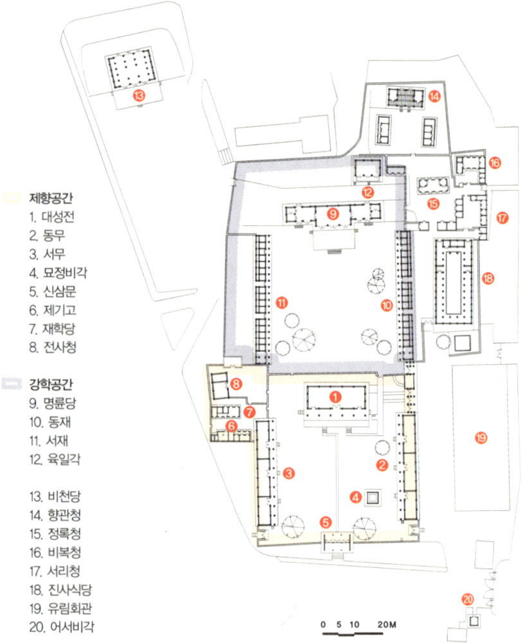
제향공간
1. 대성전
2. 동무
3. 서무
4. 묘정비각
5. 신삼문
6. 제기고
7. 재학당
8. 전사청
강학공간
9. 명륜당
10. 동재
11. 서재
12. 육일각
13. 비천당
14. 향관청
15. 정록청
16. 비복청
17. 서리청
18. 진사식당
19. 유림회관
20. 어서비각
0 5 10 20M

대성전 정면 5칸, 측면 4칸의 단층 팔작지붕이며 유교건축에서는 드문 다포계구조이다. 전면은 개방된 전퇴를 구성하여 향배(向拜)의 공간을 만들었으며, 내부는 바닥에 박석을 깔고 공자를 중심으로 4성(四聖)과 10철(哲), 송조 6현(宋朝六賢)의 위패를 안치하였다.

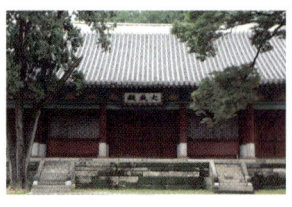

동 · 서무 정면 11칸, 측면 1칸 반의 규모이다. 대성전과 같이 전퇴를 개

방하였으며 신실(神室)의 내부는 전체가 트인 하나의 공간으로 처리하였다. 이곳에는 본래 공자의 제자 72현과 한당(漢唐) 22현, 우리나라 명현 18인의 위패 등 모두 112위의 위패를 종향하였으나 광복 후 유림대회 결의로
우리나라 18현의 위패는 대성전에 이안하고 나머지 위패는 모두 철위(撤位)하였다.

성균관(강학공간) 문묘영역과 독립되어 구성되는데 명륜당과 동·서재로 이루어졌다.
건물은 화려한 치장보다는 간결하고 엄격한 외관을 갖추어 유교건축의 절제와 균형의 아름다움을 보여 준다. 이
와 같은 서울 문묘와 성균관의 건축규범은 지방 향교의 모범이 되었다.

(6) 기타 묘(廟)건축
중사를 행하는 대표적인 묘건축은 문묘 외에 역대 시조묘를 들 수 있으며 소사를 위한 것으로는 사묘와 가묘 등이 있다.

① 시조묘(始祖廟)
왕실의 시조를 모시기 위하여 설치한 사당이다. 조선 왕실의 시조묘는 태조의 영정을 봉안한 태조 진전을 들 수 있는데 조선 초부터 전국 각지 여섯 곳에 건립되었다. 수도 한양을 비롯하여 태조가 태어난 영흥의 선원전, 경주 집경전, 개성 목청전, 평양 영숭전, 전주 경기전이 있었으나 현재 남한에는 경기전만 남아 있다.

② 전주 경기전(慶基殿;사적 제339호, 전북 전주시 완산구 풍남동)

전주는 태조의 관향(貫鄕)으로 1410년 (태종 10)에 태조 어진을 봉안하기 위해 경기전을 건립하였다. 그러나 경기전은 정유재란 때 소실되었으며, 경기전에 모셔진 어진은 전란을 피해 여러 곳을 거쳐 묘향산 보현사로 이 안되었다. 그후 1614년(광해군 6)에 중건하면서 어진을 환안하였고, 1675년(숙종 2)에는 위봉산성을 축조하면서 재난시에 어진을 이안할 수 있도록 산성 안에 행궁을 마련하였다. 경기전은 1872년에 어진을 새롭게 모사하여 다시 모시면서 대대적인 중수가 이루어진다. 현재 경기전은 정전영역과 동측의 실록각 영역, 그리고 서측에 복원된 부속채영역으로 나누어진다. 정전영역은 정전과 익랑, 월랑으로 구성되었으며, 정전은 능침의 정자각과 같은 형태이다. 내부에는 어진을 모시기 위한 감실(龕室이라고도 함)이 조성되어 있다.

이외에도 왕과 왕비의 영정을 모시는 건물로는 궁궐 내 선원전을 비롯하여 태조와 신의왕후를 모신 문소전, 세조를 모신 봉선전 등이 있었으나 전란으로 인해 대부분 소실되었다. 숙종 연간에는 남별전을 영희전(永禧殿)이라 개칭하고 태조·세조·원종의 어진을 모셨으며, 창덕궁에 선원전을 건립하고 강화에 장녕전과 만녕전을 건립했다. 특히 영조·정조 연간에는 어진의 도사(圖寫)가 활발해지면서 태령전·창의궁·경모궁·육상궁·규장각 등에 봉안했으며 정조는 사도세자를 위해 화성에 화령전을 건립하였다.

③ 사당(가묘)

조상의 신주를 모시는 곳으로 왕실의 사당을 종묘라고 하며, 집안의 사당을 가묘(家廟)라고 한다. 고려 말 『주자가례』가 수용되면서 본격적으로 사당제도가 시행되는데 부모에서 고조까지 4대조의 위패를 봉안하고 제사 지낸다. 규모는 3칸, 또는 1칸이 일반적이며 『주자가례』에 따라 대부분 집의 동쪽에 위치하고 있다.

④ 사묘

조선시대는 특정 위인이나 선현을 받들어 모시는 존현사상이 자리 잡아감에 따라 생사(生祠), 사우(祠宇), 영당(影堂) 등을 포함하는 사묘가 발달하였다. 특히 조선 후기에는 문중과 사림의 결속 및 문중간의 경쟁으로 인하여 그 수가 급증하게 되는데 이들 사묘가 후에 서원으로 발전하게 된다. 따라서 조선 후기의 서원과 사우는 성격상 큰 차이가 없었다.

2) 향교건축

(1) 강릉향교(江陵鄕校;강원 유형문화재 제99호, 강원도 강릉시 교동)

① 연혁

강릉향교는 1313년(고려 충선왕 5)에 창건하였으나 1411년에 화재로 소실되었다. 1413년에 판관 이맹상(李孟常)이 옛 터에 향교를 다시 세운 후 최근까지도 많은 중수가 있었다.

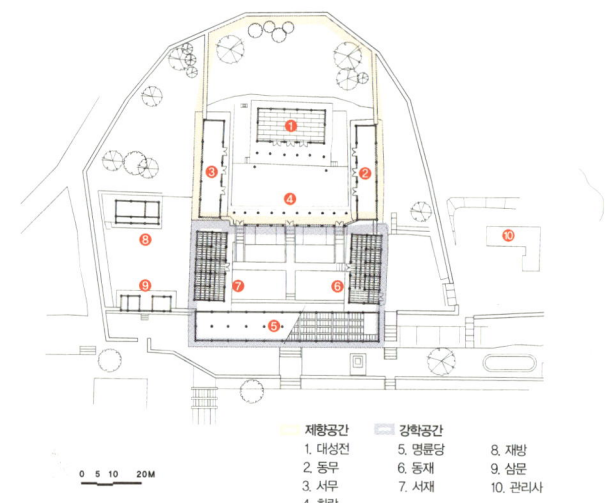

제향공간	강학공간	
1. 대성전	5. 명륜당	8. 재방
2. 동무	6. 동재	9. 삼문
3. 서무	7. 서재	10. 관리사
4. 회랑		

② 배치(전학후묘)

향교는 화부산 아래 비교적 경사가 심한 산록에 입지하고 있다. 강학영역과 제향공간을 단차를 두어 완전히 구분하였는데 전체 배치는 전학후묘의 일반적인 형식을 따르면서 지형을 잘 이용한 자신만의 독자적인 공간구성을 보여준다.

③ 명륜당(강당)

정면 11칸, 측면 2칸의 대규모 건축이다. 지형의 높낮이를 이용하여 누각 형식으로 구성하고 누 밑은 개방하여 통로로 이용한다. 뒷마당의 동·서 양재와 함께 강학공간을 이루는데, 문묘영역과는 축대로 구획되어 공간의 독립성을 유지하면서 자연스럽게 공간의 위계도 표현하고 있다.

④ 대성전(보물 제214호)

문묘영역은 대성전을 중심으로 양쪽에 동·서무가 있고 전면에는 이를 연결하는 통로인 전랑이 있다. 대성전은 정면 5칸, 측면 3칸 규모의 단층 맞배집이다. 전면 5칸 중 중앙 3칸에만 빗살문을 시설하고 내부는 판석을 깔아 위패를 봉안하였다. 공포는 헛첨차가 있는 주심포형식으로 첨차의 밑면은 고식의 수법을 따라 연꽃모양으로 조각하였다.

(2) 나주향교(羅州鄕校; 전남 유형문화재 제128호, 전남 나주시 교동)

① 연혁

1398년(태조 7)에 창건되었다고 전해지며, 규모나 격식 면에서 서울 문묘, 강릉향교, 전주향교와 함께 향교건축을 대표한다.

② 배치(전묘후학)

평지에 설립된 향교로, 전면에 대성전을 두고 후면에 명륜당이 있는 전묘후학의 배치형태이다. 이는 서울 문묘·성균관의 배치형식을 따른 것으로 보인다. 제향공간은 대성전을 중심으로 전면 좌우에 동·서무가 대칭으로 자리하였고, 정문인 내신문과 외신문 사이에 과정적 공간을 두어 진입의 깊이를 확보하였다. 강학공간은 명륜당과 동·서재로 이루어졌으며 명륜당 서측에 연지를 만들어 완상의 공간을 마련하였다.

③ 대성전(보물 제394호)

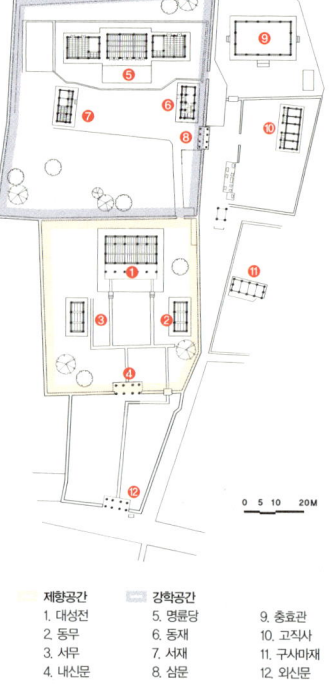

제향공간	강학공간	
1. 대성전	5. 명륜당	9. 충효관
2. 동무	6. 동재	10. 고직사
3. 서무	7. 서재	11. 구사마재
4. 내신문	8. 삼문	12. 외신문

정면 5칸, 측면 4칸의 큰 규모이며, 전국의 향교 가운데 가장 장엄한 형태를 갖추었다. 기단 전면에 넓게 월대를 구성하였고 연화문양이 새겨진 원형 초석을 사용하였으며 지붕도 맞배지붕이 아닌 팔작지붕을 하고 있다. 다른 향교들과 같이 개방된 전퇴를 구성하였으나 내부는 4개의 고주가 후면에 세워져 있어 독특한 공간감을 형성한다.

④ 명륜당
명륜당은 중당(中堂)과 좌우의 익실(翼室)로 이루어진 독특한 형태를 하

고 있다. 지붕의 형태 등으로 볼 때 마치 객사건축과 같은 모습이며, 성균관, 제주향교, 고창향교 명륜당에서 유사한 형태를 볼 수 있다.

(3) **전주향교**(全州鄕校 ; 사적 제379호, 전북 전주시 완산구 교동 1가)

① 연혁

경기전 부근에 있었으나 1410년에 경기전이 세워지면서 전주부 서쪽에 위치한 화산으로 이건하였다가 1603년에 순찰사 장만(張晩, 1566~1629)이 현 위치로 다시 이건하였다.

② 배치(전묘후학)

전주향교는 전라도의 수관 향교로서 서울의 성균관을 모방하여 전묘후학의 배치형태를 하였다. 만화루를 지나 일월문을 들어서면 대성전을 중심으로 좌우에 동·서무가 있고, 뒤쪽에 명륜당과 동·서재가 별도의 강학영역을 형성한다.

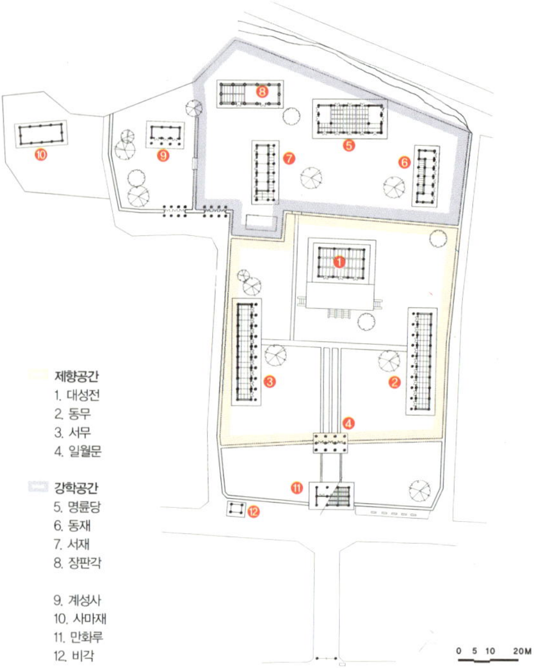

제향공간
1. 대성전
2. 동무
3. 서무
4. 일월문
강학공간
5. 명륜당
6. 동재
7. 서재
8. 장판각
9. 계성사
10. 사마재
11. 만화루
12. 비각
0 5 10 20M

③ 대성전

정면 3칸, 측면 3칸의 겹처마 맞배집이다. 일반적으로 전례의식을 고려하여 전면에 개방된 퇴를 구성하는 것과는 달리 전퇴를 구성하지 않고 기단 전면에 넓게 월대를 설치하였다. 공자와 4성, 송조 6현, 공문 10철의 위패를 봉안하고 있으며, 동 · 서무에는 현재 공문제자 7위와 우리나라 18현의 위패를 나누어 봉안하고 있다.

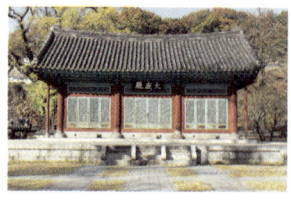

④ 계성사(啓聖祠)

5성(五聖)의 선고(先考) 위패를 봉안하는 곳이다. 계성사는 중국의 예를 따라 1701년에 성균관에 처음 세웠으며, 전주향교에는 1741년에 건립하였다. 본래는 명륜당 동쪽에 있었으나 1929년에 철도부설로 인해 지금 자리로 옮겼다.

⑤ 명륜당

정면 5칸, 측면 3칸으로 이루어져 있으며 가운데 3칸은 마루이고 양 협칸은 방과 마루로 구성되어 있다. 정면에서 보면 협칸의 기둥이 다른 기둥보다 낮아 공간구성의 차이를 입면에서 도 드러내고 있으며 특히 협칸은 지붕

을 덧대어 측면에서 보면 마치 팔작지붕과 유사한 형태를 하고 있다.

(4) 장수향교(長水鄕校 ; 전북 장수군 장수읍 장수리)

제향공간
1. 대성전
2. 전사청
3. 내삼문

강학공간
4. 명륜당
5. 동재
6. 서재
7. 사마재
8. 외삼문

9. 비각
10. 관리사
11. 유림회관
12. 홍살문

① 연혁

1407년(태종 7) 선창리에 건립하였으나 1686년(숙종 12)에 지금의 자리로 옮겼다.

② 배치(전학후묘)

평지 향교이면서도 전학후묘의 배치형태이며, 강학공간은 명륜당 뒤뜰에 동·서 양재가 있는 전당후재(前堂後齋)의 형식이다.

③ 명륜당

정면 4칸, 측면 3칸의 팔작집이다. 뒤쪽에 양재(진덕재, 경성재)가 있기 때문에 정면과 후면 모두를 고려하여 건물 앞뒤에 툇마루를 시설했다.

④ 대성전(보물 제272호)

제향공간은 동·서무 없이 대성전만 있다. 본래 장수향교는 소설위(小設位)의 규모였으며 동·서무에 모시던 우리나라 18현의 위패는 현재 대성전에 같이 모시고 있다. 대성전은 정면 3칸, 측면 4칸의 단층 맞배지붕이다.

기둥 위에만 포를 배치하는 주심포식이나 공포의 짜임은 2출목 3익공 구조라 할 수 있다. 쇠서는 연꽃을 복잡하게 새겼고 상부에 봉두(鳳頭)를 만드는 등 세부수법은 후기 다포형식과 유사하다. 1877년에 중수하였는데, 이때 명륜당·동재·서재·사마재도 개축하였다.

(5) 영천향교(永川鄕校; 경북 영천시 교촌동)

① 연혁
정확한 연대는 알 수 없으나 고려 말, 조선 초에 창건된 것으로 추정된다. 세종 17년(1435)에 대성전을 건립하였으며 이후 대성전의 중수, 명륜당의 건립에 관한 기록이 보인다. 임진왜란 때 향교가 소실되어 1610년에 대성전과 명륜당을 중건한 후 여러 차례 중수가 있었다.

② 배치(전학후묘)
구시가지 중심에 위치하고 있으며, 경사지에 전학후묘의 형식으로 자리 잡고 있다.
전체 영역이 크게 3단으로 구성되어 입구에서부터 위계에 따라 관리구역, 강학구역, 제향구역이 조금씩 축이 틀어져 자리하고 있다.

제향공간
1. 대성전
2. 동무
3. 서무
4. 전사청
5. 내삼문

강학공간
6. 명륜당
7. 동재
8. 서재
9. 유래루

10. 삼일재
11. 전교실
12. 관리사
13. 대문채

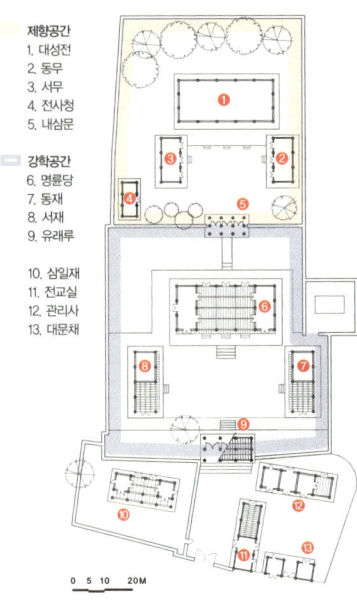

③ 대성전(보물 제616호)

정면 5칸, 측면 3칸의 맞배지붕 집이다. 평면은 전퇴를 구성하지 않았으며, 입면을 특이하게 구성하였다. 5칸 중 중앙 3칸에만 두 짝 판문을 달고 양 툇간은 심벽을 설치한 후 중방 상부에 광창을 둔 모습이다. 건물의 규모에 비하여 높은 기둥을 사용하였고, 어칸에 비하여 좌우측으로 갈수록 도리의 굵기가 굵어져 처마의 앙곡을 형성하였다. 또한 부연의 단면모습도 일반적인 장방형 형태가 아니라 옆으로 길쭉한 장방형 단면을 하고 있어 다른 건물에서 볼 수 없는 여러 가지 특이한 건축적 특징을 지니고 있다.

④ 명륜당

정면 5칸, 측면 3칸 규모의 익공계 겹처마 팔작지붕집이다. 자연석으로 4단 쌓기 한 단층 기단 위에 덤벙주초를 놓고 원기둥을 세웠다. 평면은 가운데 3칸이 대청이고 좌우에 온돌방이 있는 전형적인 강당의 모습이다.

(6) 밀양향교(密陽鄕校 ; 경남 유형문화재 제214호, 경남 밀양시 교동)

① 연혁

처음 세워진 시기는 정확히 알 수 없으나 고려 의종 때 임춘(林椿)의 시를 근거로 1100년에 설립된 것으로 추정하고 있다. 임진왜란 때 불타고 1602년에 대성전을 중건하였으며, 1618년에 명륜당과 동·서재를 중창하였다. 1820년에 대성전을 현 위치에 옮겨 다시 중수하면서 명륜당과 부속건물도 대대적으로 보수하였다.

② 배치(좌묘우학)

강학영역과 제향영역이 병렬 배치된 좌묘우학의 독특한 배치형태를 하였다. 이는 일반적 배치법인 전학후묘에서 크게 벗어나는데 1820년의 교궁 이건기에 의하면 대성전 일곽의 위치가 지형적으로 낮은 곳에 위치해서 인물이 나지 않는다는 풍수상의 이유로 대성전을 높은 곳으로 옮겼다고 한다. 향교의 정문 격인 풍화루를 들어서면 명륜당과 마주하며 마당 좌우에는 동재와 서재가 대칭으로 자리하고 있다.

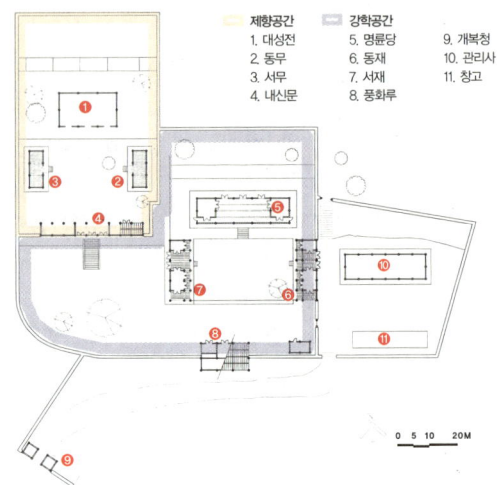

제향공간　강학공간
1. 대성전　5. 명륜당　9. 개복청
2. 동무　6. 동재　10. 관리사
3. 서무　7. 서재　11. 창고
4. 내신문　8. 풍화루

③ 명륜당

정면 5칸, 측면 2칸의 팔작집이다. 평면은 보편적인 강당의 형태이나 대청 배면에 쪽마루를 둔 것이 이채롭다. 공포는 1출목 2익공의 구조로 장식 없이 길게 쇠서가 뻗어 나왔다.

④ 대성전

정면 3칸, 측면 2칸의 익공계 맞배집이다. 장대석으로 높게 기단을 조성하고 기단 전면에 동·서 양계(兩階)를 두었다. 초석은 자연석과 가공석을 혼용하였고 기둥은 원기둥을 사용하였는데 전퇴를 구성하지 않고 매

칸마다 좁은 문얼굴에 판문을 달아 고졸한 맛을 준다.

3) 서원건축

(1) 소수서원(紹修書院;사적 제55호, 경상북도 영주시 순흥면 내죽리)

① 연혁

1542년(중종 37) 풍기 군수 주세붕(周世鵬, 1495~1554)이 건립하였다. 사당에는 안향을 배향하였다. 1548년(명종 3)에 '백운동 소수서원'이라 명명되며 우리나라 최초의 서원임과 동시에 최초로 사액을 받은 서원이 되었다.

② 자유로운 배치형식

동쪽으로 죽계수를 면하는 평지에 자리 잡았다. 배치가 매우 자유로운 것이 특징이다. 평지에 입지하여 서원 주변에 송림을 형성하였는데 본래 이곳은 신라 때 창건된 숙수사의 옛터였다. 지금도 서원 입구에는 숙수사의 당간지주가 남아 있고, 서원 곳곳에서 사찰에 쓰였던 초석 등이 남아 있다.

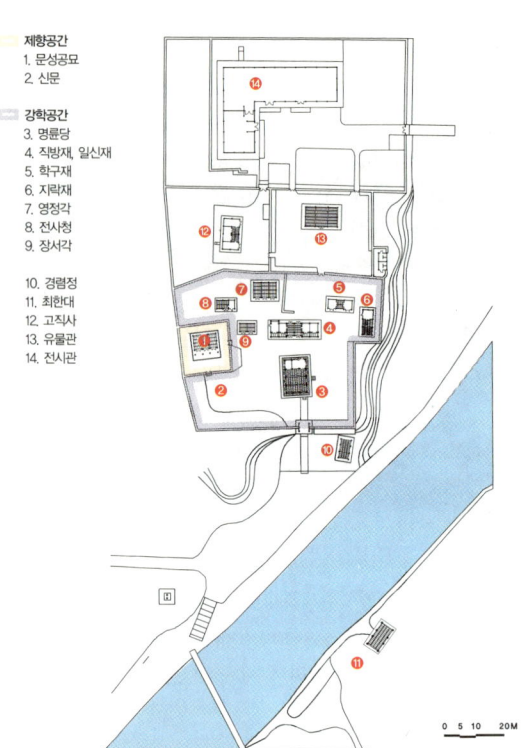

제향공간
1. 문성공묘
2. 신문

강학공간
3. 명륜당
4. 직방재, 일신재
5. 학구재
6. 지락재
7. 영정각
8. 전사청
9. 장서각

10. 경렴정
11. 최한대
12. 고직사
13. 유물관
14. 전시관

③ **명륜당(강당)**

강학공간의 중심인 명륜당은 동향을 하고 있으며 외문에 직교하여 자리하고 있다. 정면 4칸, 측면 3칸의 건물로 방은 한쪽에만 있고 나머지는 큰 대청을 구성하였다.

④ **문성공묘(文成公廟;사당)**

제향의 중심공간인 문성공묘는 남향을 하고 있으며 중심축을 설정하지 않고 명륜당 북쪽에 위치한다.

⑤ 학구재(學求齋), 지락재(至樂齋), 일신재(日新齋), 직방재(直方齋)

학구재

지락재

강당 좌우에 위치하는 동·서재 대신 4개의 재실이 독립적으로 위치하고 있다. 강당 동북쪽으로 배치되어 있는 학구재와 지락재는 학생들이 기거하면서 공부하던 곳이다. 두 건물 모두 마루부분이 개방되어 있어 자연과 교감하며 학

일신재와 직방재

문을 연마할 수 있도록 구성되어 있다. 일신재와 직방재는 하나의 건물로 연결되어 있고 2칸의 온돌방과 1칸의 마루방으로 구성되어 대칭되는 평면을 갖는다.

(2) 도산서원(陶山書院;사적 제170호, 경북 안동시 도산면)

① 연혁

도산서원에서 북쪽 산을 넘어 있는 토계동 마을이 퇴계의 고향으로, 퇴계는 1560년 낙향하여 서당을 짓고 제자들을 양성하였다. 퇴계 이황(李滉, 1501~1570)의 사후, 1575년에 서원 건물이 낙성됨과 함께 '도산'이라는 사액을 받았고, 그 이듬해 퇴계의 위패를 모셨다.

② 배치

제향공간
1. 상덕사
2. 내삼문

강학공간
3. 전교당
4. 박약재
5. 홍의재

6. 도산서당
7. 암서헌
8. 완락재
9. 농운정사
10. 역락서재
11. 하고직사
12. 진도문
13. 동광명실
14. 서광명실
15. 상고직사
16. 장판각
17. 제기고
18. 주청

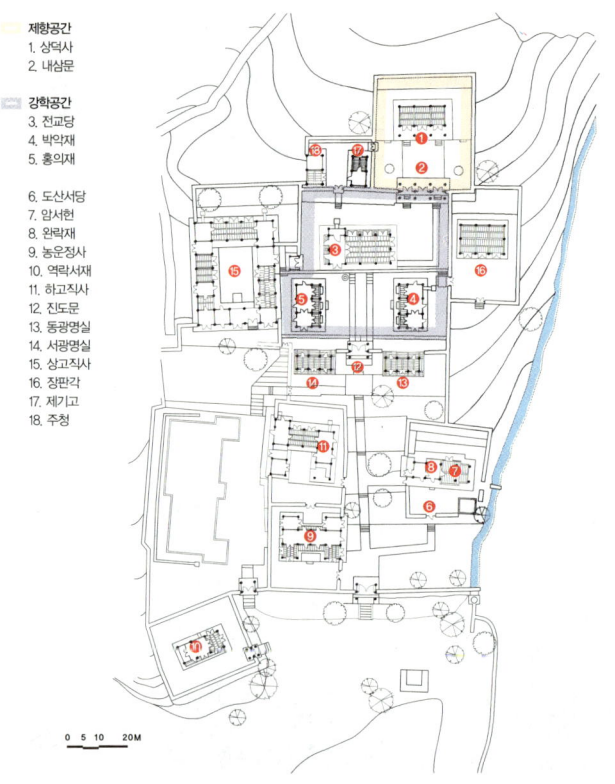

도산서원은 도산서당과 농운정사 영역 뒤로 경사진 지형에 맞추어 강학공간과 제향공간이 들어서 있다. 일직선으로 이루어진 계단은 도산서원의 진입축을 강조하고 있으며 강학공간에 들어서면 좌우대칭의 구성이 엄격한 유교적 질서를 구현하고 있음을 알 수 있다. 제향공간은 강당 뒤 동쪽에 치우쳐 위치하고 있다.

③ **도산서당**
퇴계가 1557년에 도산 남쪽에 터를 잡고 그 이듬해에 친히 건축설계도라 할 수 있는 '옥사도자(屋舍圖子)'를 그렸으며, 승려 법련과 정일이 맡아 1560년에 완성한 것이다.

④ **도산서당의 구조[완락재(玩樂齋)+암서헌(巖栖軒)]**

서당은 모두 3칸으로 한 칸은 부엌, 한 칸은 방(완락재), 한 칸은 대청(암서헌)이다. 그리고 부섭지붕을 달아 칸을 늘리지 않고 마루공간을 확장하였다. 이 동쪽 끝의 툇마루는 간격을 두고 마루널을 깔아서 통풍이 잘 되도록 하여 기능적일 뿐 아니라 공간의 심도를 높이고 있다. 이는 최소한의 공간에 장수(藏修)와 유식(游息)이라는 학문과 정신수양의 장이 어떻게 구성될 수 있는가를 보여주고 있다.

④ **농운정사(隴雲精舍), 역락서재(亦樂書齋)**

퇴계가 도산서당과 함께 지은 것이다. 1561년에 지은 농운정사는 제자들이 거처하면서 공부하던 곳으로, 8칸 규모의 'ㄷ'자형 평면을 하고 있다. 역락서재는 서원으로 들어가는 왼쪽에 위치한다.

⑤ 퇴계 사후의 건물들

퇴계 사후에 그의 제자들은 서원 경내를 도산서당 영역 뒤의 지형에 맞추면서 확장해 갔다. 퇴계 생전의 학문적 이념이 집약된 도산서당이었기에, 이와 연계하여 서원을 건축하는 것이 도산서원 건축에서 가장 중요한 점이라 할 수 있다. 도산서원은 도산서당의 구성과 전체적인 흐름을 같이 하면서도 독자적인 공간영역을 형성하고 있다. 정문인 진도문 좌우로 동광명실과 서광명실이 있고 그 뒤로 전교당(강당)과 상덕사(사당)가 위치한다.

(3) 병산서원(屛山書院;사적 제260호, 경북 안동시 풍천면 병산리)

① 연혁
고려 중기부터 풍산 류씨의 교육기관인 풍악서당을 모체로 하여 건립되었다. 1613년(광해군 5)에 지방유림이 서애 류성룡의 학문과 덕행을 추모하기 위해 존덕사를 건립하면서 향사의 기능을 갖춘 서원이 되었다.

② 배치형식

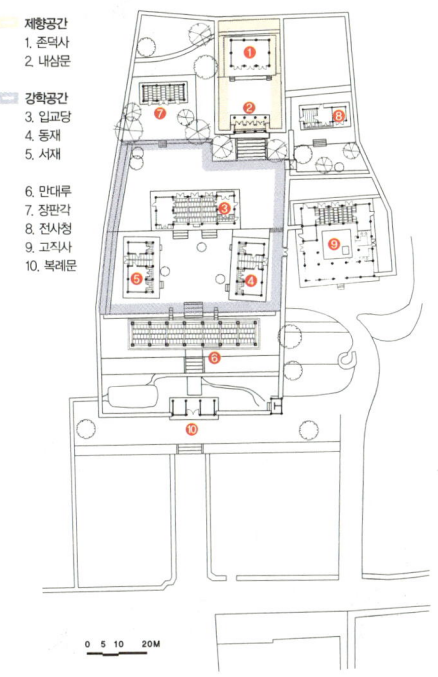

제향공간
1. 존덕사
2. 내삼문

강학공간
3. 입교당
4. 동재
5. 서재

6. 만대루
7. 장판각
8. 전사청
9. 고직사
10. 복례문

강학공간(입교당)의 축에 비해 제향공간(존덕사)의 축이 약간 동쪽으로 치우쳐 배치된 형식이다. 동재가 약간 기울어져 배치되어 사당공간으로의 연결을 암시하고, 고직사 또한 강당 동편에 있어 전체 구성이 균형 잡히도록 배치되어 있다. 즉 서원 전체가 비대칭의 형상으로 구성되면서도 각 영역에 대한 위계와 엄격성이 유지되는 구성을 하고 있는 것이다.

③ 만대루(晩對樓)

병산서원의 백미는 강당 대청 한가운데에 앉아 볼 수 있는 만대루와 함께 하늘과 병산과 강물이 이루어내는 경관이다. 만대루는 서원과 자연을 연결시켜 주는 매개체라 할 수 있다. 누각의 길이는 강당군의 전면을 감싸는 크기이다. 열주로 개방된 공간은 외부의 자연경관을 끌어들이는 효과를 자아내어 길이의 비대함보다는 마주보는 병산과의 일치감을 더해 준다.

(4) 옥산서원(玉山書院; 사적 제154호, 경북 경주시 안강읍 옥산리)

① 연혁 및 배치

회재 이언적을 봉향한 서원으로 1573년(선조 6)에 창건되었다. 이언적은

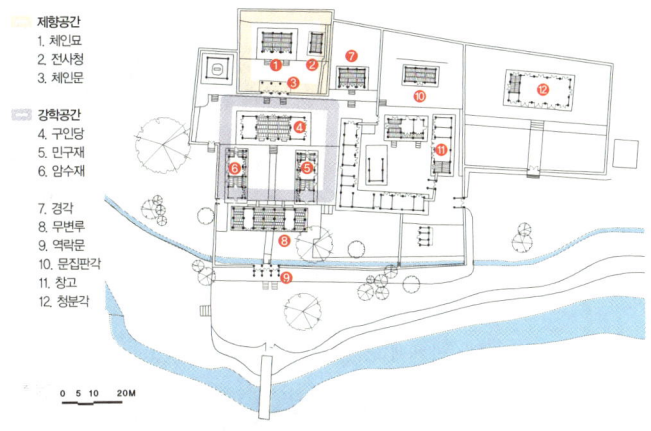

제향공간
1. 체인묘
2. 전사청
3. 체인문

강학공간
4. 구인당
5. 민구재
6. 암수재

7. 경각
8. 무변루
9. 역락문
10. 문집판각
11. 창고
12. 청분각

동방 5현에 속하는 인물로 40세에 관직을 박탈당하고 낙향하여 옥산에 독락당을 짓고 기거하였다. 옥산서원은 이언적이 사망한 지 20년이 지나서 설립 발의가 시작되었다. 서향으로 자리 잡은 서원은 전학후묘의 배치에 우측으로 고직사영역이 들어서 있다.

② **무변루(無邊樓)**

서원의 외삼문인 역락문(亦樂門)을 들어서면, 앞으로 작은 내가 흐르고 이곳을 건너면 무변루에 이르게 된다. 무변루는 전체가 7칸이지만, 양 끝의 한 칸씩은 부가적으로 보이며, 내부에서도 5칸으로 인식되는 이중성을  갖는 건물이다. 외부와 연결되는 매개공간이라기보다는 외부를 차단하는 느낌이 강하다. 따라서 강학공간에 들어서면 아름다운 주변환경은 거의 느낄 수 없을 정도로 서원은 폐쇄적이고 긴장감을 자아낸다.

유교건축

③ **구인당**(求仁堂;강당), **체인묘**(體仁廟;사당)

구인당과 동·서 양재가 이루어내는 강학공간은 마당을 중심으로 강학공간 전면에 위치한 무변루와 함께 폐쇄적이면서도 하나의 완형으로서 성리학적 규범을 실천하고 있다. 구인당 뒤에 자리 잡은 체인묘에는 회재 이언적의 위패가 봉안되어 있다.

(5) **무성서원**(武成書院;사적 제166호, 전북 정읍시 칠보면 무성리)

① 연혁

무성서원은 고려시대에 최치원의 학문과 덕행을 추모하기 위해 창건한 태산사에 기원을 두고 있다. 사당이 후에 서원으로 바뀐 것을 고려한다면, 무성서원은 현존하는 서원 가운데 가장 오래 된 것이다.

② 배치

문루인 현가루(絃歌樓)와 강당인 명륜당, 그리고 사당인 태산사(泰山祠)만이 중심축을 이루며 구성된다. 강당을 중심으로 공간구성을 볼 때 서원은 담으로 둘러싸인 폐쇄적인 모습이지만, 앞뒤로 트여 있어 강당 대청마루에서 처마와 담 사이로 연결되며 뚫린 공간은 매개공간이 갖는 열림의 미학을 느끼게 한다.

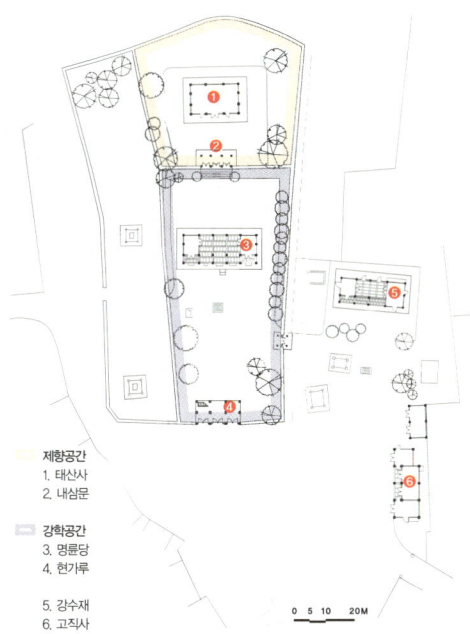

제향공간
1. 태산사
2. 내삼문

강학공간
3. 명륜당
4. 현가루
5. 강수재
6. 고직사

③ 강수재(講修齋; 동재)

재실들과 전사청 등은 담장 밖에 위치한다. 원래는 경내에 동재인 강수재와 서재인 흥학재(興學齋)가 있던 것으로 보이지만, 잦은 중건과 중수 과정에서 경내가 축소되고 담장 바깥에 강수재만 독립적으로 자리하게 되었다.

(6) 돈암서원(遯巖書院;사적 제383호, 충남 논산시 연산면 임리)

① 연혁 및 배치

1634년(인조 12)에 사계 김장생(沙溪 金長生, 1548~1631)의 학문과 덕행을 추모하기 위해 창건되었다. 후에 김장생의 아들 김집을 비롯하여 송준길, 송시열 등 노론의 영수들을 모두 배향한 유서 깊은 곳이다. 김장생의 부친이 설립한 정회당과 김장생 자신이 강학하였던 양성당을 중심으로 창건되었다. 1660년(현종 1)에 이 지역의 '돈암'이라는 지명을 따라 사액을 받았다. 돈암서원은 1880년(고종 17)에 원 위치보다 조금 위로 이

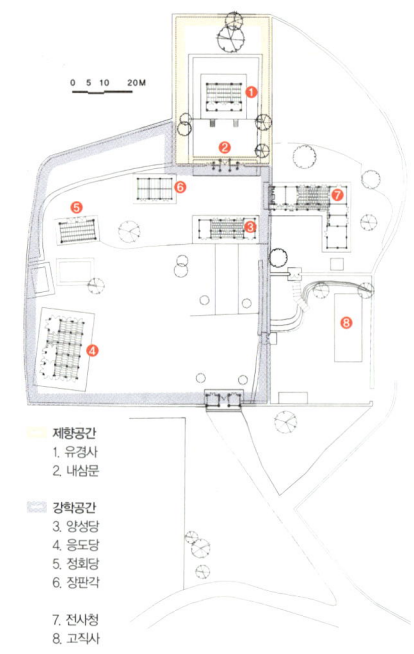

제향공간
1. 유경사
2. 내삼문

강학공간
3. 양성당
4. 응도당
5. 정회당
6. 장판각

7. 전사청
8. 고직사

건한 상태이며, 이후 배치 등에 많은 변화가 있었다. 현재의 배치는 강학공간이 전면에 위치하고 제향공간이 그 뒤에 구성되는 전형적인 서원건축의 모습을 하고 있다.

② 응도당(凝道堂)

응도당은 김장생의 이상적인 묘침(廟寢) 건축의 형태를 반영하고 있다. 정면 5칸 건물에 맞배지붕이며, 양끝에 영이라는 덧지붕이 달린 형태를 하고 있다. 평면은 가운데 당을 두고 좌우 협실이 있으며 당 뒤에 동방서실(東房西室)의 형태를 갖추었다.

③ 양성당(養性堂)

강학공간의 중심인 양성당은 정면 5칸, 측면 2칸으로 가운데 3칸은 전면에 퇴를 갖춘 마루이고 양쪽의 협칸은 방으로 구성되어 있다. 현재 양성당 앞에는 동재와 서재가 있어 마당을 중심으로 하는 강학공간을 이루고 있다.

(7) 필암서원(筆巖書院 ; 사적 제242호, 전남 장성군 황룡면 필암리)

① 연혁

하서 김인후(何西 金麟厚, 1510~1560)를 봉향하기 위해 1590년(선조 23)에 창건된 필암서원은 호남지방에 남아 있는 서원 가운데 규모가 가장 크다. 장성읍 기산리에 건립되었으나 정유재란으로 소실, 1624년(인조 2)에 황룡 증산 마을로 옮기고, 1662년(현종 3) '필암'이라는 사액을 받았다. 그후 1786년(정조 10)에는 하서의 사위이자 문인인 고암 양자징(鼓巖 梁子徵, 1523~1594)을 추배하였다.

② 배치형식(전당후재)

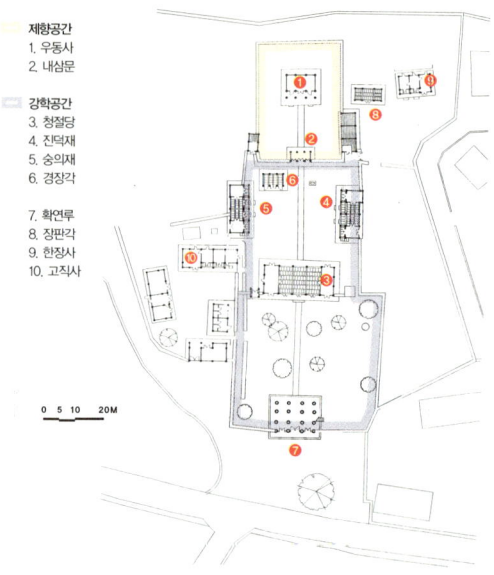

제향공간
1. 우동사
2. 내삼문

강학공간
3. 청절당
4. 진덕재
5. 숭의재
6. 경장각

7. 확연루
8. 장판각
9. 한장사
10. 고직사

평지에 세워진 서원이다. 남향의 중심축선 위에 문루인 확연루(廓然樓)와 강당인 청절당(淸節堂), 내삼문, 사당인 우동사(祐東祠)가 배치되어 있다. 강당 뒤편에 동재와 서재가 배치된 전당후재형으로 문루에서 보이는 강당은 배면이다.

③ 청절당(강당)

정면 5칸, 측면 3칸의 건물로, 가운데 3칸의 마루와 좌우 1칸씩의 온돌방을 갖추고 있다. 본래 진원현의 객사였던 것을 1672년 이건한 것이다. 청절당의 창호와 사당 앞 내삼문을 열고 이곳에 서서 보면, 각 공간 영역이 차례로 켜를 이루고 있고, 각 영역 중앙에 남북으로 길게 난 신로(神路)를 따라 시각적인 축이 형성되어 전체적으로 서원의 깊이를 느끼게 한다.

[제 7 장]
불교건축

1. **사찰건축의 역사** · 410
   1) 사찰의 기원과 유래
   2) 한국 불교의 발전
   3) 가람배치의 형식 변화
2. **사찰 전각의 구성과 의미** · 417
   1) 불전
      (1) 대웅전 · 대웅보전
      (2) 대적광전 · 비로전
      (3) 극락전 · 무량수전
      (4) 미륵전
      (5) 약사전
      (6) 원통전 · 관음전
      (7) 영산전 · 나한전 · 응진전
      (8) 팔상전
      (9) 명부전 · 지장전
      (10) 문수전
   2) 요사 · 부속시설
      (1) 요사
      (2) 강당 · 설법전
      (3) 조사당
      (4) 삼성각
      (5) 칠성각
      (6) 산신각
   3) 문 · 루 · 교량
      (1) 일주문
      (2) 천왕문
      (3) 금강문
      (4) 불이문 · 해탈문
      (5) 루
      (6) 교량
3. **사찰건축의 실례** · 432
   1) 선암사
   2) 송광사
   3) 화엄사
   4) 범어사
   5) 통도사
   6) 해인사
   7) 봉정사
   8) 부석사
   9) 법주사
   10) 수덕사
   11) 마곡사

12) 금산사
4. 탑파건축 · 452
1) 탑파의 형성
  (1) 탑파의 발생
  (2) 탑파의 전파 경로
2) 한국 탑파의 형식 변화
3) 목탑의 실례
  (1) 고구려
  (2) 백제
  (3) 신라
  (4) 고려
  (5) 조선
4) 석탑의 실례
  (1) 삼국시대
  (2) 통일신라
  (3) 고려
  (4) 조선
5) 전탑의 실례
5. 부도 · 472
1) 부도의 의미
2) 부도의 실례

  (1) 통일신라
  (2) 고려
  (3) 조선 전기
  (4) 조선 후기
6. 석굴사원 · 477
1) 석굴사원의 유래
2) 석굴사원의 실례
  (1) 자연석굴
  (2) 인공석굴
7. 불교미술 · 479
1) 불상
2) 불화
3) 범종
4) 불구
5) 불단
6) 닫집
7) 석등
8) 당간

1. 사찰건축의 역사

1) 사찰의 기원과 유래

사찰, 즉 가람은 석가모니의 사리를 모시기 위해 만든 스투파(Stupa, 佛塔)에서 시작되었다. 가람은 범어의 승가람마(sangharama, 僧伽藍摩)에서 유래된 것으로, 승려들이 모여 불도를 닦는 곳을 의미한다. 가람의 성립 배경은 불탑의 숭배라는 측면과 승중(僧衆)의 주소라는 측면에서 찾을 수 있다. 기원전 2세기에 인도에서 가람의 형태가 나타나는데, 아소카왕이 건립한 산치(Sanchi) 대탑이 대표적이다.

초기 불교에서는 불탑이 예불의 주 대상이었으나, 1세기경 간다라(Gandare)와 마투라(Mathura)지방에서 불상이 출현함에 따라서 불상을 모신 불당과 불탑이 함께 놓인 가람배치가 형성되었다. 불교가 동진(東進)하면서 가람배치는 시대와 국가에 따라 다양한 형식으로 변천, 발전되었다. 동아시아의 가람배치형식은 중국의 궁궐건축과 인도의 불탑요소가 복합되어 형성된 것이다.

2) 한국 불교의 발전

(1) 삼국시대

인도에서 시작된 불교는 중국을 거쳐 372년(소수림왕 2)에 고구려에 전래되었으며, 375년에 우리나라 최초의 절인 초문사와 이불란사가 건립되었다. 백제에서는 384년(침류왕 1)에 불교를 받아들이고 385년에 한산에 불사(佛寺)를 세웠다. 신라는 527년(법흥왕 14)에 불교가 승인되었으며, 544년(진흥왕 5)에 흥륜사를 건립하였다. 삼국은 불교의 적극적인 수용 이후 호국사찰의 건립이 매우 활발하게 진행되었다.

(2) 통일신라 및 발해시대

통일신라를 지배한 이념은 불교였다. 한때 왕권의 확립을 위하여 유교의 정치이념을 채용하려는 새로운 경향이 있었으나, 불교는 더욱 융성하여 왕실을 비롯하여 모든 사람들에게 존중을 받았다.

중국에서 유학한 의상(義湘, 625~702)은 부석사를 비롯한 화엄십찰(華嚴十刹)을 창건하여 화엄종을 전하였다. 원효(元曉, 617~686)는 불교의 많은 종파들을 융화 통일할 것을 주장하는 해동정토종(海東淨土宗)을 창시하여 전파하였다.

9세기 이후부터는 지방의 호족들과 밀접한 관계를 갖고 선종(禪宗)이 크게 유행하였다. 이때의 불교는 교종의 5교와 선종의 9산이 있었으며 철학체계를 갖추면서 사상적으로 심화되어 통일신라 문화의 발전을 추진하는 원동력이 되었다.

발해시대에는 도처에 가람을 건설하였다. 불사가 홍건되고 불교활동이 증가함에 따라 승려는 사회 내의 중요한 계층으로 성장하여 불교활동뿐만 아니라 일본과 당 왕조에 파견하는 중요 성원이 되어 정치에 참여하기도 하였다. 지금까지 발견된 발해시대의 절터는 약 40곳에 달한다. 이들은 특히 상경 용천부, 중경 현덕부, 동경 용원부 부근에 주로 많이 분포되어 있으며, 서고성, 연해주, 북한에서도 발견되었다. 상경 용천부에서만 10개소의 절터가 발견되었다.

(3) 고려시대

통일신라시대부터 계승된 불교는 고려시대에 가장 융성하였다. 태조의 호국신앙이 계승되고 국가의 안녕과 복을 비는 법회가 빈번하게 개최되어 불교의식이 가장 성행하였다.

의천(義天, 1055~1101)은 교종을 주로 하는 천태종을 개창하였다. 무인집권 이후 지눌(知訥, 1158~1210)은 구산선문(九山禪門)을 조계종으로 통합하여 선종과 교종의 조화를 주장하였다. 선종은 밀교적(密教的)인 요소와 도참사상(圖讖思想) 및 고유 민간신앙 등이 혼합되어 융성하였고, 민간에 침투하여 기복신앙적(祈福信仰的)인 민간불교를 형성하였다. 한편 불교교단의 확대와 함께 지나친 사찰의 건립은 많은 피해를 초래하기도 하였다.

(4) 조선시대
조선시대에는 억불정책으로 불교가 쇠퇴하였다. 불교가 일시 부흥하기도 하였으나, 점점 불교는 배척을 받게 되어 도심지의 가람은 대부분 없어지고 산지에 있는 가람들만 남게 되었다.
현존하는 가람의 대부분은 통일신라 또는 고려시대의 가람배치를 계승한 것이며, 간혹 조선시대에 불교의식과 생활여건의 변화로 인해 가람배치가 변경된 경우도 있다.

3) 가람배치의 형식 변화

우리나라에 가람이 도입될 시기에는 불탑을 중심으로 가람이 형성되었다. 이와 같은 불사건축 형식은 백제에 계승되어 일탑식 가람배치의 발전을 보게 된다. 이러한 배치 형식은 일본에 전해져서 백제양칠당가람배치(百濟樣七堂伽藍配置)라고 불리게 되었다.
신앙의 대상이 사리를 모신 탑에서 불상으로 변하고, 불상을 모신 금당을 비롯한 강당, 승방 등의 건물들이 배치되면서 불탑을 중심으로 일탑식, 이탑식, 무탑식 등으로 가람배치형식들이 다양하게 변화되었다.
또한 시대 변화와 지역적 특성에 따라 평지가람과 산지가람으로 전개되었다.

(1) 삼국시대
① 고구려
불교 도입 초기에는 도성 근처에 많은 가람이 건립되었을 것으로 보인다. 청암리 금강사지는 남북을 주축으로 하여 불탑지로 생각되는 팔각전지

가 중앙에 놓였으며, 동·서·북쪽에 금당이 놓이고 남쪽에 중문을 둔 일탑 삼금당의 가람배치형식을 나타내고 있다. 불교 전래 후 초기 불사건축 형식을 나타내는 중요한 자료이다. 이와 같은 가람배치형식은 백제와 일본으로 전해졌다.

청암리 금강사지 배치도

② 백제
백제시대의 가람배치는 현재 익산 미륵사지, 부여 정림사지, 부여 군수리사지, 동남리사지 등의 절터가 남아 있어서 그 특성을 살펴 볼 수 있다.
백제 가람배치의 기본 형식은 남북을 주축으로 하여 중문, 탑, 금당, 강당을 배치하고 외곽에 회랑을 돌린 것이다. 예로는 부여 정림사지와 일본의 사천왕사지를 들 수 있다.
익산 미륵사지는 무왕이 재위하였던

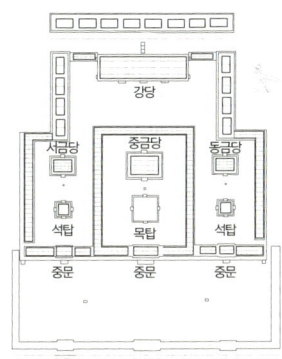

익산미륵사지 배치도

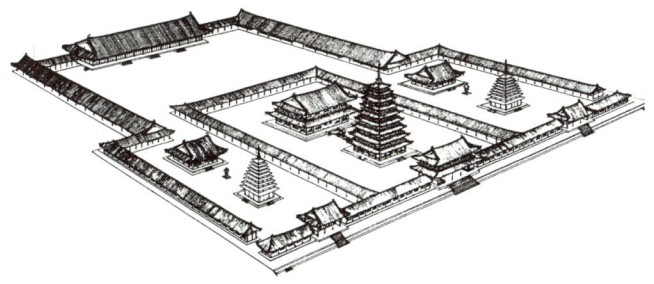

미륵사 가람 추정도, 『한국의 건축』

7세기 초(601)에 창건되었으며, 고려시대 유물과 유구가 많이 출토되어 고려 때까지도 번창하였음을 알 수 있다.

미륵사의 가람배치는 남북을 주축으로 하여 서쪽으로 약 23도 기울어져 서탑원, 동탑원, 중탑원의 세 개 탑원이 병렬형으로 배치되어 있다. 미륵사지는 백제의 일반적인 가람배치형식과는 다른 독창적인 형식으로 칠당 가람배치형식에 두 개의 일당 일탑식이 더 첨가된 형식이다.

③ 신라

경주 황룡사지는 가람배치 형식의 변화가 세 차례에 걸쳐 있었던 것으로 보인다. 창건 당시(553)는 백제식의 일탑식 가람배치였고, 584년(진평왕 6) 중건 때 큰 규모의 금당이 완성되고, 645년(선덕왕 14) 목조 9층탑이 완공되었다. 754년 (경덕왕 13)에 종루와 경루가 건립되어 현재의 배치형식을 갖추었으나, 고려 때 몽고란에 의해 전부 소실되었고 터만 남아 있다. 황룡사는 일탑 삼금당 가람배치형식을 한 신라 최대의 가람이었다.

경주 황룡사지 배치도

(2) 통일신라 및 발해

① 통일신라

통일신라에 이르면 불탑을 중심으로 하였던 일탑식 가람배치에서 금당을 중심으로 그 앞에 두 개의 탑을 두는 이탑식 가람배치로 발전하게 된다. 감은사, 불국사 및 실상사 등이 전형적인 이탑식 가람배치이다.

이탑식 가람배치의 특성은 중문에서 강당에 이르는 모든 건물들이 남북을 주축으로 좌우대칭하여 배치된다는 점이다. 양 탑은 금당의 전면

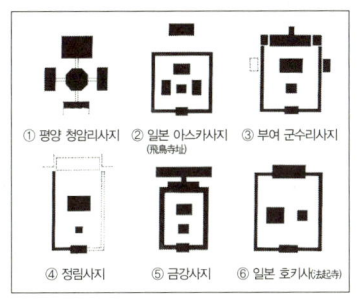
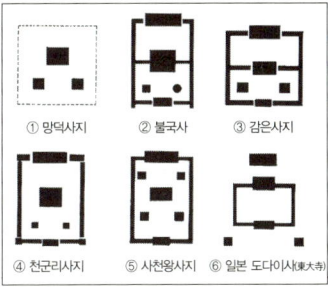

일탑식 가람배치, 『한국의 건축』   이탑식 가람배치, 『한국의 건축』

좌우에 대칭하여 놓이게 된다. 이러한 이탑식 가람배치는 도성 근처에 많이 조영된 평지가람에 주로 사용되었다.

통일신라 중기 이후 선종이 널리 보급되면서, 산지가람이 많이 조성되었다. 산지가람은 산세의 지형에 맞춰 구성되기 때문에 배치는 산세와 지형에 어울리는 형식으로 변화되었다.

② 발해

발해 상경 용천부의 제1절터에서는 본채와 곁채로 구성된 주법당이 발굴되었다. 또한, 제5절터와 제6절터의 약식 발굴에 의해 나타난 내용에 의하면 남쪽으로부터 문, 마당, 금

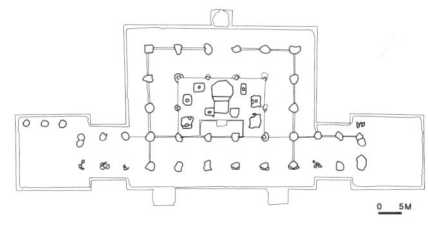

상경 용천부 제1절터

당, 강당이 차례로 놓이고 마당의 양쪽에 건물터가 있었던 것으로 추정된다.

발해 상경의 사찰은 전체가 발굴된 것은 없어 전체 배치계획을 알 수는 없으나, 이들 건물터를 보면 장방형의 독립건물이 아니라 여러 평면의

불교건축 【 415 】

결합형으로 다기능의 평면이었음을 알 수 있다.
상경 용천부 외에도 많은 절터가 남아 있다. 구국 오동성에는 묘둔절터가 유일하게 남아 있으며 중경 현덕부지역에는 용해절터, 고산절터 외에 다수의 절터가 있다. 발굴된 절터의 본채 평면유형을 보면 고산절터에서는 특이하게 팔각형 평면이었으나 그 외 대다수가 장방형 평면이었으며 연해주의 두 절터는 모두 정방형이었다.

(3) 고려시대

고려시대 사찰의 위치는 도선의 풍수도참설에 의거하여 결정되었으며, 풍수사상이 가람의 조영에 많은 영향을 끼쳤다. 배치형식은 주로 이탑식이었으며 간혹 삼국시대의 일탑식 가람배치를 겸하여 사용했음을 볼 수 있다. 남원의 만복사 및 개성의 불일사와 같이 동전서탑(東殿西塔) 또는 서전동탑(西殿東塔)의 복합적인 배치로 된 것도 있다.

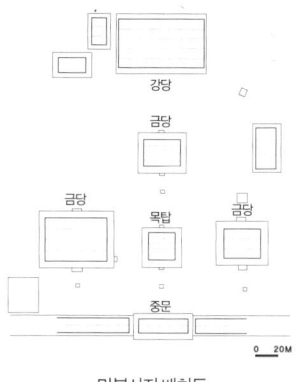

만복사지 배치도

또한, 고려시대에 성행한 종파불교(宗派佛敎)의 영향으로 금당이 대웅전, 능인보전 등과 같이 고유한 불전명칭을 갖게 됐고, 칠성각, 응진전, 산신각 등 다양한 건축 형태들이 생기게 되었다.

고려 중기 이후의 평지가람은 산지가람과 마찬가지로 자유로운 배치를 하게 되었다. 특히 산지가람의 배치형식은 지형에 따라 중문이 누하진입(樓下進入)의 루형식으로 변하면서 지형의 높이에 따라 건물의 위계가 성립되는 형식이었으며, 누각 아래로 계단을 통해서 주불전에 이르게 되는 형식도 많이 사용되었다.

(4) 조선시대

조선시대의 가람배치는 초기에는 홍천사, 홍복사처럼 평지가람이 조영되었으나, 후에는 주로 산지가람이 조영되었다.

가람배치는 주불전 앞쪽 좌우에 요사를 두고 중정 앞쪽에 루나 문을 세우는 형식이 많이 보이고 있다. 규모가 큰 사찰은 주불전인 대웅전 외에도 극락전, 미륵전, 관음전, 영산전, 명부전, 조사당, 산신각, 종루 등을 세우고, 많은 승방과 암자들을 두었다. 사찰의 진입로에는 천왕문, 금강문, 일주문 등을 세웠다. 이와 같은 가람의 배치형식은 고려를 거쳐 조선시대에 이르면서 불교의식과 주불전의 위계 및 지형, 지세 등이 반영되면서 한국 고유의 가람배치형식으로 발전되었다.

2. 사찰 전각의 구성과 의미

	전각명	불상	문화재 유형	창건 시기	증건 시기	소재지
불전	수덕사 대웅전	석가모니불	국보 제49호	1308		충남 예산군 덕산면 사천리
	통도사 대웅전		국보 제290호	7세기	1645	경남 양산시 하북면 지산리
	화엄사 각황전	석가모니불	국보 제67호		1702	전남 구례군 마산면 황전리
	해인사 대적광전	비로자나불	경남 유형문화재 제256호	802	1817	경남 합천군 가야면 치인리
	봉정사 극락전	아미타불	국보 제15호	12세기	1363	경북 안동시 서후면 태장리
	부석사 무량수전	아미타불	국보 제18호	676	1376	경북 영주시 부석면 북지리
	무위사 극락전	아미타불	국보 제13호	1430		전남 강진군 성전면 월하리
	금산사 미륵전	미륵존불	국보 제62호	766	1635	전북 김제시 금산면 금산리
	송광사 약사전	약사여래불	보물 제302호		17세기 무렵으로 추정	전남 순천시 송광면 신평리

불교건축 【 417 】

불전	관룡사 약사전	약사여래불	보물 제146호		조선 초	경남 창녕군 창녕읍 옥천리
	개목사 원통전	관세음보살	보물 제242호	1457		경북 안동시 서후면 태장리
	법주사 원통보전	관세음보살	보물 제916호	통일 신라 후기	1624	충북 보은군 내속리면 사내리
	은해사 거조암 영산전	석가모니불 +나한상	국보 제14호	1375		경북 영천시 청통면 신원리
	미황사 응진당	십육나한 불화	보물 제1183호	749	1751	전남 해남군 송지면 서정리
	법주사 팔상전	팔상도	국보 제55호	553	1626	충북 보은군 내속리면 사내리
	통도사 명부전	지장보살 +10대왕	경남 유형문화재 제195호	1369	1888	경남 양산시 하북면 지산리
	문수사 문수전	문수보살	전북 유형문화재 제52호	644	1764	전북 고창군 고수면 은사리
요사외	위봉사 요사채		전북 유형문화재 제69호		1868	전북 완주군 소양면 대흥리
	봉정사 화엄강당		보물 제448호		17세기	경북 안동시 서후면 태장리
	부석사 조사당	의상대사 영정	국보 제19호	1377	1493	경북 영주시 부석면 북지리
	송광사 국사전	국사 16분 영정	국보 제56호	1369		전남 순천시 송광면 신평리
	통도사 천왕문	사천왕상	경남 유형문화재 제250호	1337	조선 후기	경남 양산시 하북면 지산리
	쌍계사 금강문	금강역사상	경남 유형문화재 제127호	840	1641	경남 하동군 화개면 운수리
	통도사 불이문		경남 유형문화재 제252호	1305	조선 후기	경남 양산시 하북면 지산리
	도갑사 해탈문	금강역사상	국보 제50호	1473		전남 영암군 군서면 도갑리
	범어사 일주문		부산 유형문화재 제2호	1614	1781	부산 금정구 청룡동

* 전각 실례는 한국사찰 전각들 중 임의 선정한 것으로 본문에서 언급한 것들이다.

1) 불전(佛殿)

사찰은 수행승들이 수도하는 도량(道場)이다. 불전은 불상을 모시고 예불을 드리는 곳이다.

불교신앙의 대상들이 불(佛;여래), 보살(菩薩), 신중(神衆)의 뚜렷한 3단의 위계를 갖기 때문에, 이들이 가람 내에서 보이는 건축적 형식인 전각들도 3단의 위계를 갖는 것이 일반적이다.

가람 내에서는 부처의 위계와 형상 및 교리에 대응하여 불전의 위치 및 명칭이 조성된다. 불단(佛壇)의 전각들은 불신앙의 건물이며 가람 내 중심에 자리하여 주불전으로 모셔진다.

(1) 대웅전(大雄殿) · 대웅보전(大雄寶殿)

수덕사 대웅전

통도사 대웅전

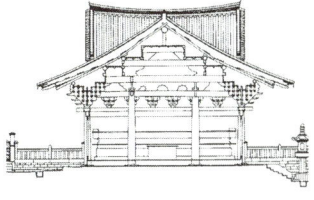

사찰의 중심부에 위치하고 있으며, 조선시대에 가장 유행한 주불전이다. 대웅(大雄)은 고대 인도의 '마하비라'를 한역한 말로 법화경에서 석

가모니는 위대한 인물(大雄)이라 일컬은 데서 대웅전이라는 명칭이 유래되었다. 대웅전의 격을 좀 더 높여 부를 때에는 대웅보전(大雄寶殿)이라고 하는데, 이때는 주불인 석가모니와 좌우에 아미타불, 약사여래가 봉안된다. 그리고 여래상 좌우로 협시보살이 모셔지기도 한다.
백제계통의 목조건축 양식을 이은 고려시대 건물로 한국 목조건축사에서 매우 중요한 건물로 평가받는 수덕사 대웅전과 불상을 따로 모시지 않고 건물 뒤편에 금강계단(金剛戒壇)을 두고 석가모니의 진신사리를 모신 통도사 대웅전이 대표적이다.

(2) 대적광전(大寂光殿)・비로전(毘盧殿)

화엄경에 나타나는 청정한 법신(法身)인 비로자나불을 모신 불전이다. 비로자나불은 항상 고요와 빛으로 충만한 상적광토(常寂光土)에서 법을 설한다고 하여 온 우주를 진리의 빛으로 두루 밝혀주는 부처이다. 그래서 대적광전이나 비로전의 주불은 법신불인 비로자나불이다. 좌우로 아미타불과 석가모니불을 모시고 있는데 이를 함께 삼신불이라고 한다. 주불전으로 모셔질 경우 대적광전, 대광명전이라 하고, 부불전(副佛殿)으로 모셔질 경우 비로전, 화엄전이라고 한다.

해인사 대적광전(802년 창건, 1488・1817년 중창, 1971년 크게 중수)이 대표적이다. 이곳에 모신 비로자나불과 좌우의 문수・보현보살상은 모두 은행나무로 조성하였으며, 1897년(고종 광무 원년)에 금당사에서 옮겨 왔다.

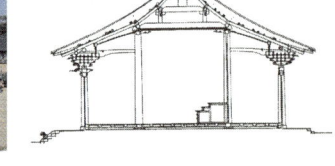

해인사 대적광전

(3) 극락전(極樂殿)·무량수전(無量壽殿)

극락전의 주불(主佛)은 서방 극락세계에 살면서 중생에게 자비를 베푸는 아미타불이며, 무량수불 또는 무량광불이라고도 한다. 좌우 협시로 대세지관음보살 또는 지장관음보살을 모신다.

아미타불의 광명은 끝이 없고[無量光], 수명 또한 한량없다[無量壽]고 한다. 그래서 이 부처를 모신 전각을 무량수전이나, 보광명전이라 한다. 통일신라 건축양식을 본받고 있는 고려시대 건물로 우리나라에 남아 있는 목조건축물 중 가장 오래된 것으로 알려진 봉정사 극락전, 통일신라계통의 건물이면서도 백제계통의 건축기법이 혼용되어 나타나는 절충양식을 보여주는 부석사 무량수전(676년 창건, 고려 현종 때 개수, 1358년에 소실, 1376년 중건, 광해군 때 새로 단청), 1476년(성종 7)에 그린 29점의 벽화가 전하며 조선 초기 주심포형식을 대표하는 무위사 극락전(1430, 세종 12)이 대표적이다.

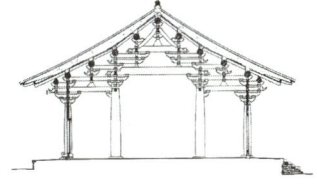

부석사 무량수전

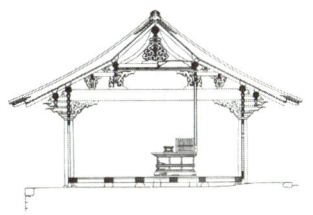

무위사 극락전

(4) 미륵전(彌勒殿)

미래불인 미륵불이 용화세계에서 중생을 교화하는 것을 상징하는 불전이다. 미륵불에 의해 정화되고 펼쳐지는 새로운 불국토인 용화세계를 상징한다고 하여 용화전(龍華殿)이라고도 한다.

우리나라에서는 이미 4세기에 고구려와 백제에서 미륵신앙이 성행했다는 사실을 『삼국유사』를 통해서 알 수 있다. 금산사 미륵전, 법주사 용화보전에서 보듯이 미륵신앙계 사찰에서 주불전으로서 위계를 갖는다.

3층으로 구성된 금산사 미륵전(정유재란 불 탄 것을 1635년 중수한 뒤 여러 차례의 수리를 거침)은 1층(大慈寶殿)과 2층(龍華之會)은 정면 5칸, 측면 4칸이며, 3층(彌勒殿)은 정면 3칸, 측면 2칸인 팔작지붕 다포집으로 내부는 통층으로 구성되어 있다.

금산사 미륵전

(5) 약사전(藥師殿)

모든 질병을 고쳐주는 부처인 약사여래를 모신 불전이다. 극락전의 아미타여래가 사후세계의 부처라면 약사전의 약사여래는 현세구복을 위한 것이다. 약사불의 좌우에는 일광・월광보살이 협시한다.

송광사에서 규모가 가장 작은 법당으로 대들보 없이 공포와 도리만으로 가구한 송광사 약사전과 측면의 박공이 외벽에서 길게 나와 있는 것이 특징인 관룡사 약사전 등이 있다.

송광사 약사전

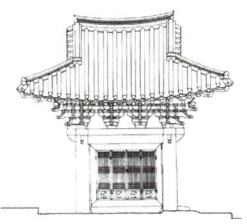

관룡사 약사전

(6) 원통전(圓通殿)·관음전(觀音殿)

관음전은 관세음보살을 주불로 모신 불전을 말하는데, 가람의 주불전이 될 때에는 원통전이라고 한다. 관음전에는 관세음보살이나 아미타삼존불을 모시며, 양류(楊柳)·십일면(十一面)·해수(海水)·백의(白衣)관음 등을 모신 곳도 있다. 그리고 후불탱화로는 주로 아미타불화를 모신다.

법주사 원통보전

전면에 마루를 깐 툇간을 둔 점이 독특한 경북 안동의 개목사 원통전과 공간포 없이 정면 중앙칸에만 화반을 둔 주심포계 다포형식의 법주사 원통보전(1624년 벽암선사 중건, 1974년 해체·보수) 등이 있다.

(7) 영산전(靈山殿)·나한전(羅漢殿)·응진전(應眞殿)

석가모니의 설법장인 영산회상(靈山會相)에서 유래한 전각으로, 16나한(Arahan, 羅漢)을 모셔서 나한전이라고도 한다. 응진은 부처의 또 다른 이름이며, 아라한·나한은 수행을 거쳐 깨달은 성자를 말한다. 보통 16나한이나 500나한을 모신다.

석가모니불상과 526분의 석조나한상을 모신 은해사 거조암 영산전과 건물의 규모에 비하여 출목수가 많고 외부로 뻗은 살미 하단부에 초각이 있고 기둥머리에 장식이 가미되는 등 조선 후기의 양식적 특징을 잘 보여주는 미황사 응진당(가구와 포 등 기본구조는 1660년, 천장 및 지붕가구의 일부는 1754년 중수) 등이 있다.

 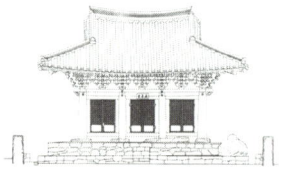

미황사 응진당

(8) 팔상전(八相殿)

석가모니의 일대기를 표현한 팔상도(八相圖)를 모시고 석가여래를 기리는 불전이다. 내부 중앙 전면에 석가모니불을 단독으로 모시거나 영산회상도를 모시기도 한다.

주불은 석가모니불이며, 갈라보살과 미륵보살이 좌우에 있다. 불상은 있으나 불단이 크지 않으며 벽에 붙은 팔상도와 불상 뒷면의 영산회상도가 주된 경배 대상이다. 현재 법주사·통도사·쌍계사·개심사·선암사·송광사·해인사 등의 팔상도가 전해진다.

특히, 법주사 팔상전(1626년 벽암대사가 중창)은 한국 목조탑의 유일한 실례가 된다. 1290년 (고려 충렬왕 16)에 초창된 것으로 전하는 쌍계사 팔상전은 기둥 간격이 넓고 높아서 여느 사찰의 대웅전과 같은 웅장한 규모를 보여 주는 조선 후기 다포계 팔작집의 전형을 보여 준다.

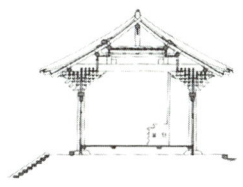

쌍계사 팔상전

(9) 명부전(冥府殿)·지장전(地藏殿)

지장보살을 모시고 죽은 이의 넋을 인도하여 극락왕생하도록 기원하는 기능을 하는 전각이다. 명부란 사후세계를 이른다. 명부의 중생을 제도하는 지장보살을 주불로 모신 곳이어서 지장전이

통도사 명부전

라고도 한다. 또한 지옥의 심판관 시왕을 모신 곳이므로 시왕전(十王殿), 저승과 이승을 연결하는 전각이므로 쌍세전(雙世殿)이라고도 한다. 통도사 명부전은 공포를 이루는 세부적인 구조물이 많이 생략되었는데, 이는 조선시대 말에 흔한 절충적 수법이다.

(10) 문수전(文殊殿)

문수보살을 모시는 보살전이다. 대개 문수·보현보살은 석가모니의 협

시로만 등장하고, 단독으로는 예배되지 않는다. 문수보살은 문수사리(文殊師利)·만수시리(滿殊尸利) 등으로도 음역되는데, 지혜가 뛰어난 공덕이라는 말이 된다. 반야경(般若經)을 결집, 편찬한 보살로도 알려져 있다.

문수사 문수전

오대산에 있다고 하여 지금도 그곳의 상원사는 문수를 주존(主尊)으로 모시고 예불하며 수행하는 도량으로 알려져 있다. 좌대와 하반신 일부가 땅에 묻혀 있는 상체가 큰 석조 문수보살상을 모시는 문수사 문수전은 644년(의자왕 4) 자장이 창건하고 1764년(영조 40) 신화화상이 다시 지었다.

2) 요사(寮舍)·부속시설

(1) 요사(寮舍)
사찰 내에서 전각이나 산문 외에 승려들의 거처공간이자 일반신도들을 접객하는 공간을 말한다. 승려들이 참선하는 선방을 비롯해 승려들의 식생활이 이루어지는 부엌과 식당, 일반신도들이 음식을 먹거나 쉬면서 거처할 수 있는 곳이다.

기능에 따라 다양한 명칭이 붙는데, 심검당(尋劍堂)·적묵당(寂默堂)·설선당(說禪堂) 등이 있다. 심검당은 지혜의 칼을 갈아 무명(無明)의 풀을 벤다는 뜻이고, 적묵당은 말없이 참선한다는 뜻이며, 설선당은 강설(講說)과 참선(參禪)을 함께 한다는 뜻이다.

성격상 법당보다 격이 낮아 규모가 작고 꾸밈도 소박하다. 일반 한옥처럼 넓은 툇마루를 달기도 하고, 때로는 누각이나 2층으로 꾸미기도 한다.

(2) 강당(講堂)·설법전(說法殿)
강당에서는 불교의 기초 교학을 배운다. 출가수행자로서 갖추어야 할 예절과 계율을 익히고 석가모니가 말씀하신 45년 설법 중에서 가려 뽑은 경전을 일정 기간에 걸쳐 배운다. 이 강당에서 배우는 스님들을 흔히 학인(學人)이라고 부른다.
17세기에 중건된 것으로 추정되는 봉정사 화엄강당이 잘 알려져 있다.

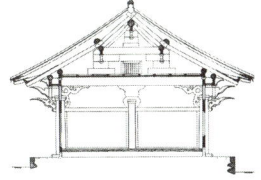

봉정사 화엄강당

(3) 조사당(祖師堂)

조사당에는 흔히 그 절을 개산(開山)한 스님과 그 절에서 수행한 덕이 높은 고승들의 영정을 모셔 두고 봄, 가을로 기제를 지내는 것이 관례로 되어 있다. 조사당이 없는 절에서는 영각(影閣)을 짓고, 국사를 배출한 절에서는 국사전을 세워 선사들의 영정을 모시고 있다.
의상대사 영정을 모신 부석사 조사당과 고려시대 지눌을 비롯하여 국사(國師) 16분의 영정을 모시고 그 덕을 기리기 위해 세운 송광사 국사전 등이 있다. 송광사 국사전의 공포 짜임새는 단순하지만 세부수법에서 장식적 요소가 짙게 나타나 있다.

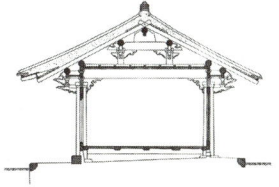

송광사 국사전

(4) 삼성각(三聖閣)

산신, 칠성, 독성 등 삼성탱화(三聖幀畵)를 모신 전각이다. 삼성각이란 명칭은 산신신앙을 가리키는 말에서 나온 것으로 가람을 산중에 짓기 위해서는 산신에게 제사지내는 것을 무시할 수 없었으며, 그 산신이 살 집을 마련코자 산신이 거주하는 산의 내부와 가장 가까운 거리에 짓게 되었다.

(5) 칠성각(七星閣)

도교의 칠성신앙이 불교화하여 나타난 신중각으로, 재앙을 물리치고 아들을 얻을 수 있다는 효험 때문에 민간의 인기가 높은 건물이다.

(6) 산신각(山神閣)

산신을 모시는 전각으로 산령각(山靈閣)이라고도 부른다. 특히 산지가 많은 한국에서는 삼국시대부터 조선 말에 이르기까지 산신신앙이 널리 유행하였다. 산신이 불교에 수용되면서 호법신중(護法神衆)의 하나로 자리 잡았다.

신앙의 대상인 산신탱화에는 항상 호랑이와 산신이 함께 등장하며, 인격체로서 산신을, 화신으로서 호랑이를 숭배한다. 사면 모두 1칸의 작은 법당이 일반적이다.

3) 문(門)·루(樓)·교량(橋梁)

(1) 일주문(一柱門)

일주문은 가람으로 들어가는 첫째 문으로, 기둥이 한 줄로 되어 있는 데서 유래한 말이지만 다른 의미를 둔다면 한 마음(一心)을 뜻한다고 할 수 있다. 항상 한 마음을 가지고 그 마음을 드러내면서 수도하고 교화하라는 의미이다. 일주문은 만법(萬法)이 구족(具足)하여 일체(一切)가 통한다는 법리가 담겨 있어 삼해탈문(三解脫門)이라고도 한다.

삼문으로 처리하고 높은 석주 위에 짧은 기둥을 일렬로 세운 범어사 조계문(1614년 건립된 것으로 추측, 1718년 석주로 교체, 1781년 중수)이 잘 알려져 있다.

 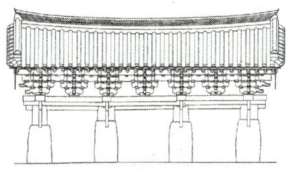

범어사 조계문

(2) 천왕문(天王門)

사천왕(四天王)은 인도 전래의 신이었으나 불교에서 수용하여 호법신으로 격상됐다.

천왕문은 일반적으로 3×2칸 구조를 택해 가운데 칸은 통과와 예배공간을 겸하며 양 옆 칸에 개념상의 방위를 지키는 사천왕, 즉 동에 지국천왕(持國天王), 서에 광목천왕(廣目天王), 남에 중장천왕(增長天王), 북에 다문천왕(多聞天王)의 천왕상을 안치한다.

(3) 금강문(金剛門)

금강문은 일주문 다음에 통과하는 문으로 천왕문과 함께 불법을 수호하고, 속세의 더러움을 씻어내는 의미 있는 장소이다.

문 안에는 금강역사(金剛力士)를 모시고 있다. 금강역사는 부처님과 불법과 스님들에 대한 믿음이 견고하여 불교를 수호하고 악에는 철퇴를 내리는 천신이다.

(4) 불이문(不二門)·해탈문(解脫門)

이 문은 사찰의 삼문형식과 교리관계에서 보았을 때 가장 위쪽에 위치하여, 불교에서 말하는 번뇌의 세계에서 깨달음의 세계로 진입하게 되는 중요한 진입부이다. 부처와 중생이 다르지 않고, 생과 사, 만남과 이별 역시 그 근원은 모두 하나, 즉 진리는 둘이 아니라는 뜻에서 유래한다. 이러한 깨달음의 경지에 이르면 해탈할 수 있으므로 해탈문이라고도 한다.
우리나라에서는 흔히 볼 수 없는 산문(山門)건축인 도갑사 해탈문(1473)이 대표적이다.

도갑사 해탈문

삼문형식(三門形式)
산지사찰을 구성하는 것 중 사찰의 중심부를 향해 올라가기 전 여러 단계를 표시해 주는 문이 있게 되는데 우리나라의 산지사찰에서는 이를 형식화하여 삼문형식이라고 부른다. 중국과 일본의 경우도 마찬가지인데, 이들 나라에서는 세 개의 문을 순서대로 산문(山門), 대문(大門), 중문(中門)이라고 부른다. 우리나라에서는 이를 총칭해 산문이라고 한다. 입구부터 일주문, 천왕문, 불이문·해탈문이 있으며, 경우에 따라서 일주문과 천왕문 사이에 금강문을 두기도 한다.

(5) 루(樓)
루는 일반적으로 평지가람의 중문에 해당하며 중층형식으로 되어 있는데, 불전사물(佛前四物; 범종, 법고, 운판, 목어)을 보관하는 장소로 사용된다. 불전사물은 불공을 올릴 때 사용되는 물건으로, 소리로서 불음(佛音)을 전파한다는 의미를 담고 있다. 보편적으로 산지가람에서는 주불전으로 진입하기 위한 과정에서 매개공간의 역할을 하고 있다.
뛰어난 경관을 자랑하는 부석사 안양루, 화암사 우화루 등이 있다.

부석사 안양루

(6) 교량

사찰에서 다리는 일반 다리와 달리 불계(佛界)와 중생계(衆生界)의 경계라는 의미를 가지고 있다.
사찰 앞의 다리는 대개 석재로 만들며 홍예를 틀어 올리거나 난간 등에 조각장식을 부가하여 꾸미기도 한다.
석교의 대표적인 사례는 불국사의 청운교와 백운교, 연화교, 칠보교를 들 수 있고, 홍예교로는 선암사 승선교, 여수 흥국사 홍교, 고성 건봉사지 능파교 등이 있다.

선암사 승선교   불국사 청운교와 백운교

3. 사찰건축의 실례

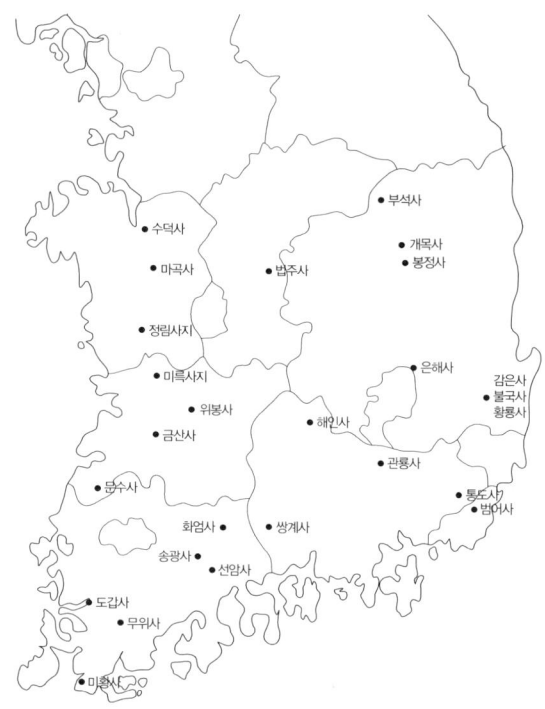

1) 선암사(仙巖寺 ; 전남 순천시 승주읍 죽학리)

3층석탑(보물 제395호), 승선교(보물 제400호), 대각암부도(보물 제1117호), 북부도(보물 제1184호), 동부도(보물 제1185호), 대웅전(보물 제1311호)

① 연혁

선암사는 529년(백제 성왕) 아도(阿道)화상이 선암사 비로암지에 청량산

해천사(海天寺)로 창건하였고, 그 후 신라 말에 도선(道詵)국사가 현 위치에 중창하여 선암사라 하였다고 한다.
고려 대각국사 의천(義天)이 중건하였고, 임진왜란 이후 1824년 다시 중창하였다. 선암사는 태고종의 태고총림으로 그 법맥을 이어가고 있으며 조계산을 사이에 두고 송광사와 쌍벽을 이루는 수련도량이다.

② 배치
가람은 지세에 따라 남동향 하고 있다. 강선루를 지나 우측으로 살짝 돌아 언덕을 오르면 높은 대 위에 사역(寺域)이 넓게 펼쳐진다. 높은 대는

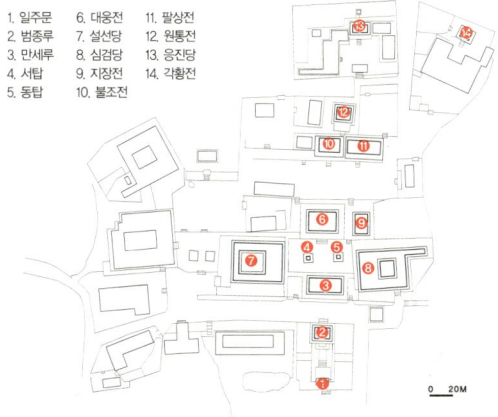

1. 일주문 6. 대웅전   11. 팔상전
2. 범종루 7. 설선당   12. 원통전
3. 만세루 8. 심검당   13. 응진당
4. 서탑   9. 지장전   14. 각황전
5. 동탑   10. 불조전

불교건축 【 433 】

일주문을 경계로 두 단으로 처리했으며, 2층의 범종루에서 다시 한 단을 높였는데 여기서부터는 크게 단 차를 느끼지 않고 대웅전에 이를 수 있다. 그러나 전체를 보면 범종루를 지나 만세루에서 한 단, 대웅전에서 한 단, 원통전 일곽에서 한 단, 응진당에서 한 단을 두어 점차 단을 형성하면서 경사 처리한 것을 알 수 있다. 그래도 사역의 중심공간에 들어서면 크게 경사지 느낌을 받지 않는데, 이것은 일주문을 경계로 최대 단 차를 두었기 때문이다.

③ 전각
사찰의 규모에 비해 경내 건물들의 연대는 그다지 오래되지 않았다. 홍교인 두 기의 승선교, 문루인 강선루, 대웅전, 원통각, 응진각, 각황전 등이 있다.

2) 송광사(松廣寺 ; 전남 순천시 송광면 신평리)

국사전(국보 제56호), 하사당(보물 제263호), 약사전(보물 제302호), 영산전(보물 제303호)

【 434 】

① 연혁

16명의 국사를 배출하여 승보(僧寶)사찰로 유명한 송광사는 통일신라 말 혜린(慧璘)선사가 창건하였으며, 1197년에 보조국사 지눌에 의하여 대가람으로 중건되었다.

② 배치

가람은 대체로 서향을 하고 절 앞 하천의 다리를 겸한 우화각을 건너 천왕문을 지나면서 경역이 넓게 펼쳐진다. 가람 내로 들어서면 많은 건물들이 넓은 중정과 대웅전을 중심으로 지형에 따라 불규칙한 형상으로 비교적 자유롭게 배치되어 있다. 대웅전 뒤편 동쪽의 높다란 석단 위에는 고승들의 수행처로 사용하던 수선사, 설법전, 국사전 등이 자리하고 있다. 상단에 승려들의 수행공간이 놓이는 이러한 배치는 승보사찰의 특성을 산지가람의 성격에 적절히 투영시킨 것이라고 할 수 있다.

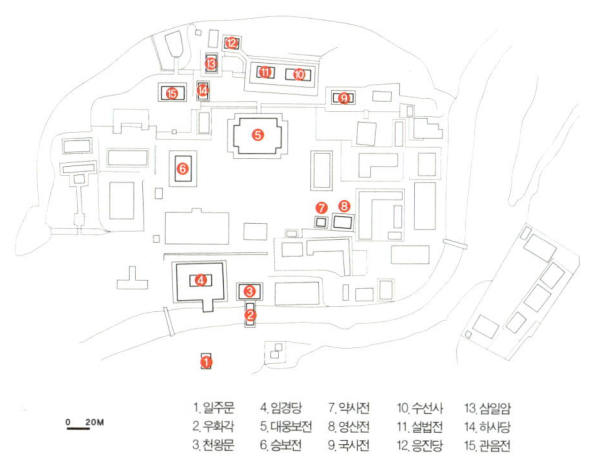

1. 일주문
2. 우화각
3. 천왕문
4. 임경당
5. 대웅보전
6. 승보전
7. 약사전
8. 영산전
9. 국사전
10. 수선사
11. 설법전
12. 응진당
13. 삼일암
14. 하사당
15. 관음전

③ 전각

한때 80여 동의 규모였던 대가람이 현재는 50여 동밖에 없으나, 국사전을 비롯하여 하사당, 약사전 등이 남아 있어 조선 초기와 중기의 목조건축 특성을 잘 보여주고 있다.

3) 화엄사(華嚴寺 ; 전남 구례군 마산면 황전리)

석등(각황전 앞, 국보 제12호), 4사자3층석탑(국보 제35호), 각황전(국보 제67호), 동5층석탑(보물 제132호), 서5층석탑(보물 제133호), 대웅전(보물 제299호), 사자탑(원통전 앞, 보물 제300호)

① 연혁

산지가람의 대표적 사례인 화엄사는 선교양종(禪敎兩宗)의 대표적 가람이다. 가람의 창건은 554년(백제 성왕 22)이며, 현재 있는 목조건물들은 조선시대에 중건한 것이다.

② 배치

남북 축선을 기준으로, 경사진 지형을 여러 단으로 나누어 일주문에서 시작하여 금강문, 천왕문을 지나게 된다. 천왕문을 지나면 보제루가 막아서 있고, 보제루 동편의 계단을 돌아 우각(隅角)진입하면 중정이 있다. 장방형의 중정에는 동서로 두 기의 5층 석탑이 놓이고, 중정의 북서쪽에 'ㄱ'자로 대석단이 있으며, 그 위에는 각각 대웅전과 각황전이 놓여 있다.

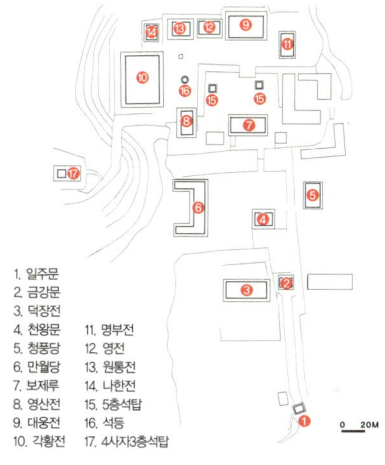

1. 일주문
2. 금강문
3. 덕장전
4. 천왕문
5. 청풍당
6. 만월당
7. 보제루
8. 영산전
9. 대웅전
10. 각황전
11. 명부전
12. 영전
13. 원통전
14. 나한전
15. 5층석탑
16. 석등
17. 4사자3층석탑

이 가람의 배치는 건물과 공간구성이 지형의 위계와 시각적 고려를 입체적으로 형성하고 있어 산지가람의 특성을 잘 보여주고 있다.

③ 전각

현존하는 대다수 석조물은 755년경에 조성되었다. 1630년(인조 8)에 벽암대사가 크게 중수를 시작하여 폐허된 화엄사를 다시 일으켰고, 이후 각황전이 중건되었다.

4) 범어사(梵魚寺 ; 부산 금정구 청룡동)
3층석탑(보물 제250호), 대웅전(보물 제434호), 조계문(보물 제1461호)

① 연혁
범어사는 678년(문무왕 18)에 의상대사가 해동 화엄십찰 중의 하나로 창건한 것으로 전한다. 임란 이후 여러 차례 중수가 있었다.

② 배치
범어사는 금정산이 서서히 동으로 완만한 경사를 이루고 흘러내려 계명봉과 맞부딪치는 곳에 자리 잡고 있으며, 동서축을 중심축으로 하여 계곡과 평행하게 동향을 하고 있다.
가람배치는 산지의 구릉을 이용하여 세 단의 위계를 형성하고 있으며, 조계문에서 대웅전에 이르는 동서축을 중심으로 하여 대웅전에 직교한 남북축으로 건물을 배치하였다. 하단의 조계문에서부터 천왕문, 불이문을 배치하고 그 위에 축대를 쌓아 중단에 보제루와 불전이 자리한다. 보제루의 측면을 돌아 진입하면 중정이 놓이고 중정의 전면에 다시 높은 축대를 쌓아 상단에 대웅전을 세웠으며, 대웅전의 좌우로 불전들이 있다.

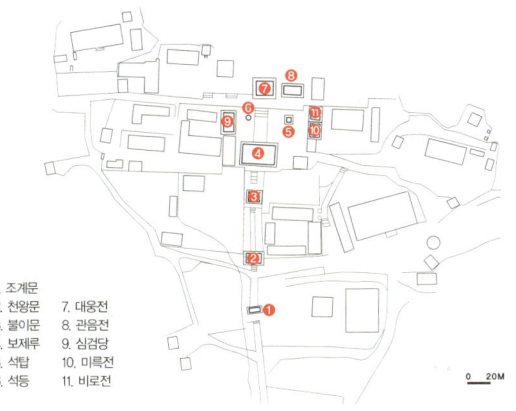

1. 조계문
2. 천왕문
3. 불이문
4. 보제루
5. 석탑
6. 석등
7. 대웅전
8. 관음전
9. 심검당
10. 미륵전
11. 비로전

③ 전각

3층석탑, 대웅전을 비롯한 일주문, 당간지주, 석등 등 많은 문화재를 보유하고 있다. 대웅전은 정면, 측면 3칸의 다포계 맞배집이다.

5) 통도사(通度寺 ; 경남 양산시 하북면 지산리)

대웅전 및 금강계단(국보 제290호), 통도사 봉발탑(보물 제471호)

① 연혁

부처님의 사리를 금강계단에 봉안하고 있는 불보(佛寶)사찰로 유명한 통도사는 646년에 자장(慈藏)율사가 창건한 가람이다. 현재의 가람구조는 대체로 조선시대에 이르러 형성되었다.

② 배치

동서로 길게 뻗은 통도사의 가람 영역은 상, 중, 하단으로 각각 하나의 독립된 가람처럼 조성되어 있다. 상로전 부분의 금강계단과 대웅전은 부처님의 진신사리를 모신 곳으로 믿음의 근원과 같은 구실을 한다. 중로전 부분의 대광명전은 부처님의 법신인 진리를 표방하고 있다. 하로전 영역의 중심건물인 영산전은 석가모니를 봉안하였다. 천왕문과 일주문은 하로전의 하단부에 일직선상으로 배치하고 있다.

진입부인 동쪽의 일주문에서 서쪽 끝 대웅전에 이르도록 곁에 냇가를 끼고 길게 뻗어 있는 긴

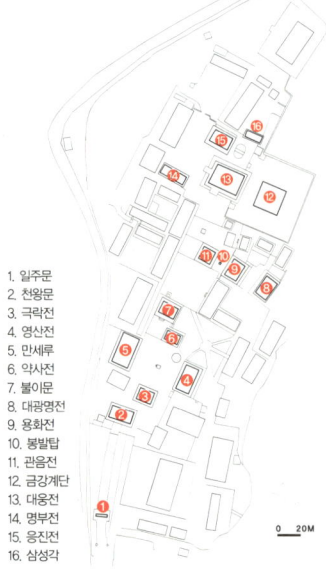

1. 일주문
2. 천왕문
3. 극락전
4. 영산전
5. 만세루
6. 약사전
7. 불이문
8. 대광명전
9. 용화전
10. 봉발탑
11. 관음전
12. 금강계단
13. 대웅전
14. 명부전
15. 응진전
16. 삼성각

대지 위에 불교 신앙 형태가 집약된 가람배치형식을 보여주고 있다.

③ 전각
경내의 건물들은 대웅전과 대광명전을 비롯하여 65동 580여 칸에 달하는 대규모이다. 건물들은 임진왜란 때 소실된 것을 1601년(선조 34)과 1641년(인조 19) 두 차례에 걸쳐 중수하였고 이후 여러 차례 중건이 있었다.

6) 해인사(海印寺 ; 경남 합천군 가야면 치인리)
장경판전(국보 제52호), 원당암 다층석탑 및 석등(보물 제518호), 길상탑(보물 제1242호), 홍제암(보물 제1300호)

① 연혁
팔만대장경을 소장하고 있는 법보(法寶)사찰로, 통일신라 말인 802년(애장왕 3)에 창건된 것으로 전한다. 현재의 건물들은 대개 조선 후기에 중건되었으며 50여 동에 이른다.

불교건축 【 441 】

② 배치

가람배치는 가야산 기슭의 경사진 언덕을 따라 서남향, 세 단으로 구성되어 있다. 일주문에서 구광루에 이르는 진입부가 있으며, 3층 석탑을 중심으로 넓은 마당과 그 후면 높은 기단 위에 대적광전이 있는 중단영역이 있다. 가장 높은 석단 위에는 대장경판고가 자리하여 상단의 위계를 나타낸다.

1. 길상탑
2. 일주문
3. 봉황문
4. 국사단
5. 해탈문
6. 구광루
7. 궁현당
8. 관음전
9. 대적광전
10. 응진전
11. 장경판전
12. 퇴설당

배치축은 직선축이 아니고 오른편에서 왼편으로 약간씩 이동하는데, 이러한 배치는 산지가람의 지형적 특성과 변화에 자연스럽게 적응한 것이라고 할 수 있다.

대장경판고는 장경판전(藏經板殿)이라고도 한다. 대장경판이 상하지 않도록 통풍을 위하여 각 칸마다 크기가 서로 다른 창을 내었다. 규모는 정면 15칸, 측면 2칸의 단층 우진각집이며, 서쪽과 동쪽에는 정면 2칸, 측면 1칸의 서고가 있다.

③ 전각

창건 이후 일곱 차례의 대화재를 만나 그때마다

중창되었는데, 창건 당시의 유물로는 대적광전 앞뜰의 3층석탑과 석등이 남아 있으며, 고려시대의 팔만대장경판(국보 제32호)과 석조여래입상(보물 제264호)이 유명하다.

7) 봉정사(鳳停寺 ; 경북 안동시 서후면 태장리)
극락전(국보 제15호), 대웅전(보물 제55호), 화엄강당(보물 제448호), 고금당(보물 제449호)

① 연혁
672년(신라 문무왕 12)에 능인이 창건하였으며, 여러 차례의 중수를 거쳐 오늘에 이르고 있다.

② 배치
나지막한 석축을 여러 단 쌓아 급경사진 지형을 정리하였다. 지형을 정리하면서 생긴 가파른 계단을 올라가면 덕휘루(현재 만세루)가 남향하여 서 있다. 덕휘루 밑을 통과하여 올라서면 세 단으로 구성된 경내가 보인다. 대웅전 마당을 중심으로 화엄강당과 요사채가 있고 화엄강당 서쪽으로 고금당이 있으며, 화엄강당과 고금당 사이에 극락전 마당이 형성되어 있다. 상단에는 석가모니불을 모신 주불전인 대웅전과 아미타불을 모신 극락전이 병렬 배치되어 있고, 극락전 앞에는 고려시대의 3층 석탑이 놓여 있다.

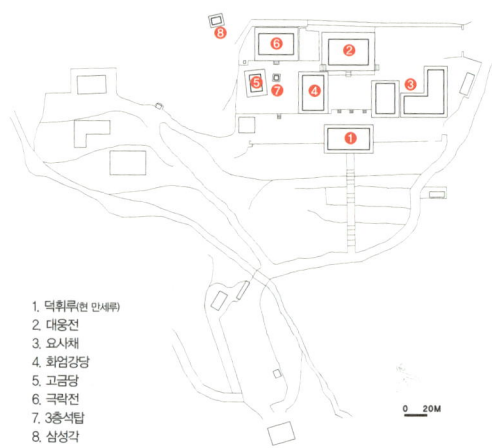

1. 덕휘루(현 만세루)
2. 대웅전
3. 요사채
4. 화엄강당
5. 고금당
6. 극락전
7. 3층석탑
8. 삼성각

③ 전각

봉정사는 소규모이지만 극락전을 비롯하여 대웅전, 화엄강당, 고금당이 모두 보물로 지정되어 한국 목조건축의 흐름과 변화를 엿볼 수 있는 가람이다.

8) 부석사(浮石寺; 경북 영주시 부석면 북지리)

석등(무량수전 앞, 국보 제17호), 무량수전(국보 제18호), 조사당(국보 제19호), 3층석탑(보물 제249호)

① 연혁

676년(신라 문무왕 16)에 의상대사가 화엄십찰의 근본도량으로 세운 가람이다.

② 배치

전체 배치축은 서남향을 하고 있으나 무량수전은 남향을 하고 있으며, 내부의 불상은 동향을 하고 있다.

가람배치는 9개의 석축단을 지형을 따라 높이 쌓았고 제일 높은 석단 위에 주불전인 무량수전을 배치하였다. 그 뒤쪽 높은 곳에 좀 떨어져 조사당이 있다.

부석사는 중문에 해당하는 범종각 밑으로 진입하여 계단을 올라서면 상부에 축선을 달리하여 놓인 안양루를 지나 무량수전에 이르게 되

1. 당간지주
2. 천왕문
3. 범종각
4. 취현암
5. 응향각
6. 안양루
7. 석등
8. 무량수전
9. 선묘각
10. 3층석탑
11. 삼성각
12. 조사당
13. 응진전
14. 자인당

는 누하진입(樓下進入) 형식으로 된 산지가람 이다.

③ 전각
한국의 가장 아름다운 고건축으로 평가되기도 하는 무량수전과 조사당이 있는 고려시대 건축문화를 대표하는 가람이다.

9) 법주사(法住寺 ; 충북 보은군 내속리면 사내리)
쌍사자 석등(국보 제5호), 팔상전(국보 제55호), 사천왕석등(보물 제15호), 대웅보전(보물 제915호), 원통보전(보물 제916호)

① 연혁
553년(진흥왕 14)에 의신(義信)이 창건하였다. 그 후 여러 차례 중수를 하였으며, 현존하는 목조건물은 1624년(인조 2) 이후 중창한 것이다.

② 배치
금강문, 천왕문, 팔상전, 대웅보전이 남북 일축선을 이룬다. 남북 직교

축을 중심으로 하여 대웅보전과 팔상전 사이 좌우에 극락전과 원통보전이 있다.
법주사는 산지에 건립되었으나 거의 정확한 직선축을 이루고 있다. 한편 평탄한 대지임에도 여러 단으로 위계를 형성하고 있다. 주변 건물들의 배치형식 등을 고려하면 창건 당시의 직교축에 의한 평지가람 형식이 후대로 오면서 차츰 선종가람 형식으로 발전되었음을 알 수 있다.

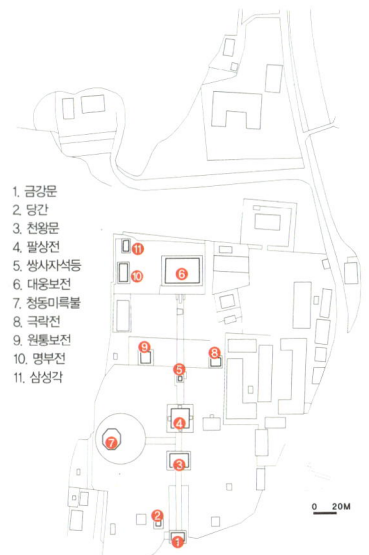

1. 금강문
2. 당간
3. 천왕문
4. 팔상전
5. 쌍사자석등
6. 대웅보전
7. 청동미륵불
8. 극락전
9. 원통보전
10. 명부전
11. 삼성각

③ 전각
경내에는 팔상전 및 우리나라 삼대 불전 가운데 하나인 중층의 대웅보전, 원통보전 등을 비롯한 많은 보물급 문화재가 있다.

10) 수덕사(修德寺 ; 충남 예산군 덕산면 사천리)
대웅전(국보 제49호)

① 연혁
사전(寺傳)에 의하면, 599년(백제 법왕 원년)에 지명대사(知命大師)가 창건하였다고도 하며, 백제 말 숭제법사(崇濟法師)가 창건하였다고도 한다. 고려 공민왕 때 나옹(懶翁)이 중수하였다.

②배치

덕숭산 남쪽 구릉을 여러 단으로 나누어 다듬고 남향으로 대웅전을 배치하였다. 대웅전 앞의 중정을 중심으로 남쪽에 선방, 북쪽에 대웅전을 두었으며 좌우로 요사채를 배치했으나 현재는 중수로 인하여 선방이 없어졌다. 이전에는 선방의 서쪽으로 우각진입을 할 때 대웅전의 측면을 인식하는 데 용이하였으나, 선방이 없어지고 전체가 개방되어 우리나라 사찰 배치의 고유한 멋을 찾아 볼 수 없게 되었다.

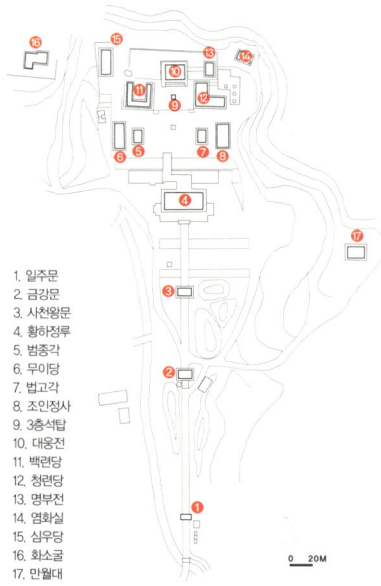

1. 일주문
2. 금강문
3. 사천왕문
4. 황하정루
5. 범종각
6. 무이당
7. 법고각
8. 조인정사
9. 3층석탑
10. 대웅전
11. 백련당
12. 청련당
13. 명부전
14. 염화실
15. 심우당
16. 화소굴
17. 만월대

③ 전각

건립 시기가 밝혀진 현존하는 한국 최고(最古)의 목조건물인 대웅전이 유명하다. 1865년에 만공이 중창한 후로 선종 유일의 근본도량으로 오늘에 이르고 있다.

11) 마곡사(麻谷寺 ; 충남 공주시 사곡면 운암리)

5층석탑(보물 제799호), 영산전(보물 제800호), 대웅보전(보물 제801호), 대광보전(보물 제802호)

① 연혁

충남 공주 사곡 태화산 동쪽 기슭에 있는 마곡사는 640년(선덕여왕 9) 자장율사가 창건하였다는 설과 승려 무선이 당나라에서 돌아와 세웠다는 두 가지 설이 전한다. 고려 전기까지 폐사되었던 것을 1172년(명종 2) 보조국사 지눌이 크게 중창하였다.

②배치

경내를 가로지르는 계곡을 경계로 하여 양분되고 있는데, 남쪽구역에는 사찰의 입구에 해당하는 천왕문, 해탈문과 매화당, 수선사가 있고, 서쪽에는 영산전을 비롯한 명부전, 국사당이 있다.

계곡 냇물의 다리를 건너 북쪽구역에는 5층석탑, 대광보전, 대웅보전이 일직선상에 배치되어 있다.

일축선상의 우측에 응진전, 심검당, 대향각이 있고 석탑의 좌·우로 종무소, 요사채가 자리하고 있다.

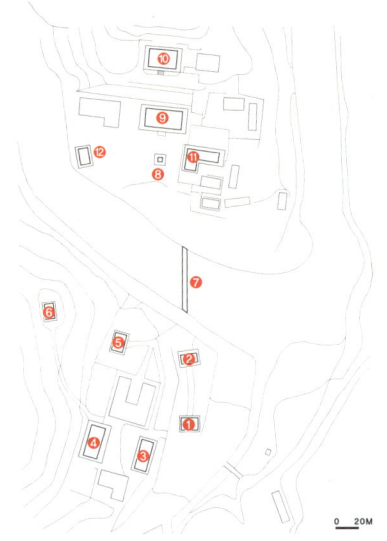

1. 해탈문　4. 영산전　7. 극락교　10. 대웅보전
2. 천왕문　5. 명부전　8. 5층석탑　11. 심검당
3. 홍성루　6. 국사당　9. 대광보전　12. 응진전

③전각

경내에는 정면 5칸, 측면 3칸의 다포계 팔작집인 대광보전과 정면 5칸, 측면 4칸의 다포식 팔작 중층건물이며 마곡사의 주불전인 대웅보전과 함께 영산전, 5층석탑 등의 보물급 문화재가 있다.

12) 금산사(金山寺 ; 전북 김제시 금산면 금산리)

미륵전(국보 제62호), 5층석탑(보물 제25호), 방등계단(보물 제26호), 육각 다층석탑(보물 제27호), 대장전(보물 제827호), 석등(보물 제828호)

① 연혁

599년(백제 법왕 원년) 왕의 자복(自福)사찰로 세워진 것이라 하나 확실하지는 않다. 진표(眞表)가 762년(신라 경덕왕 21)부터 4년에 걸쳐 중건하였다. 임진왜란 때 미륵전 등 많은 건물들이 소실되었으나, 1601년(선조 34) 중창을 시작하여 1635년(인조 13)에 낙성을 보았다.

② 배치

진입로는 개천을 따라서 동으로 이어지며, 좌측으로 다리를 건너면 천왕문을 접하게 된다. 천왕문을 지나 주요 전각들은 동서로 긴 장방형 대지에 서 있다.

가람의 중심에는 오른쪽으로 거대한 금동미륵삼존불입상이 서 있는 삼중불전(三重佛殿)인 미륵전이 자리하고 있다.

가람의 구성은 대적광전과 천왕문을 연결하는 남북축과 미륵전과 대장전을 연결하는 동서축이 직교하여 배치되어 있다. 대적광전 동북쪽 언덕 위에는 5층석탑과 방등계단이 있으며 방등계단 위에 석종형 부도가 놓여 있다.

1. 금강문
2. 당간지주
3. 보제루
4. 종각
5. 미륵전
6. 대적광전
7. 대장전
8. 삼성각
9. 나한전
10. 5층석탑
11. 방등계단
12. 석련대
13. 육각다층석탑
14. 노주
15. 석등

③ 전각
경내에는 미륵전, 대적광전, 대장전을 비롯하여 많은 보물급 문화재가 있다.

4. 탑파건축

1) 탑파의 형성

(1) 탑파의 발생

탑파(塔婆)는 범어의 스투파에서 유래된 것으로 의역하여 불탑(佛塔)이라고 한다. 석가의 사리를 봉안하기 위하여 토석을 쌓아올려 만든 분묘로 신앙의 주된 대상이 된다.

원래 탑파는 인도에서 불교가 발생하기 전 브라만교의 묘제(墓制)로 세워졌다. 그러나 석가 입적 후, 사리를 인도의 여덟 나라에 나누어 모시기 위해 각각 탑을 세웠는데, 그 형식이 후세에 불탑으로 전해지게 되었다. 그 후 인도 아소카왕이 8대 탑을 발굴하여 사리들을 다시 나누어 전국에 사리탑을 세움으로써 탑파문화는 불교 전파와 함께 융성하기 시작하였다.

인도 산치 1호탑

당시 불교 중심지였던 인도 중부의 산치(Sanchi)에는 현재 3기의 불탑이 남아 있다. 이 중에서 산치 1호탑은 거대하고 4대 탑문(塔門)과 주위 난간의 조각들이 아름다우며, 불탑의 시원적인 형식으로 알려져 있다.

초기의 불탑은 원분형(圓墳形)이었다. 그러나 차차 후대에 이르러 기단(基壇), 복발(覆鉢), 상륜(相輪)으로 구성된 기본형식으로 발전하였으며, 차츰 여러 가지 형태의 탑이 만들어졌다.

(2) 탑파의 전파 경로

인도에서 발생한 탑파는 불교가 전파되는 각 나라의 건축기술과 재료에 따라 다양한 모습으로 변화·발전하였다.

① 동남아시아

인도 탑은 남쪽으로 전파되어 실론을 비롯하여, 미얀마, 타이, 자바 등 동남아시아지역에 영향을 주었다. 일반적으로 동남아시아의 탑형태는 인도의 복발형 탑형식에서 상륜과 복발과 기단의 구분이 없어지면서 원형평면의 고탑(高塔)이 주가 되었다.

태국 와이타이 몽콘 사원 불탑

중국 북경 북해공원 백탑(라마탑)

불교건축 【 453 】

② 중앙아시아

인도 탑은 간다라지방을 거쳐 중앙아시아 각 지역에 영향을 주었다. 특히 인도 북부 티벳에서는 고유신앙과 힌두교 및 불교적 요소가 융합된 라마교가 형성되었으며 탑형식 또한 인도의 복발형 탑형식에서 변형되어 탑신부가 오목한 라마탑이 형성되었다. 티벳의 라마탑은 원(元)을 통해서 중국 본토에 전파되어 원대 이후 중국에서는 티벳보다 더 큰 규모의 라마탑이 많이 세워졌다.

③ 동아시아

인도에서 간다라지방을 거쳐 중국에 들어온 탑은 목조누각(木造樓閣)건축 등의 영향을 받아서 탑신(塔身)부분이 각 층마다 지붕을 갖는 다층탑이 되었다. 그러나 스투파의 기본요소인 기단, 복발, 상륜을 그대로 보존하고 있다.

중국 본토에서는 일반적으로 사각형의 층탑(層塔)이 기준이 되었으며,

중국 잉쉬앤목탑 입면도

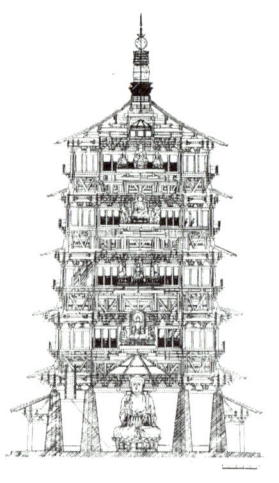

중국 잉쉬앤목탑 단면도

중국 북방민족 계통에서는 팔각 혹은 다각평면의 첨탑(檐塔)이 기준이 되었다. 차츰 목조탑보다는 전탑이 주가 되었으며 그 외 철탑, 석조탑도 건립되었다.

목조탑으로는 산시성(山西省) 잉쉬앤(應縣)목탑(불궁사 석가탑)이 남아 있다. 이 탑은 1056년에 건립되었으며, 팔각 평면으로 5층탑이나 2층부터 평좌(平座; 천정 속의 층)가 있어 9층처럼 보인다. 높이는 67미터이다.

우리나라는 4세기 후반 불교가 전래되면서 탑파가 건립되었다. 초기에는 목조탑을 주로 건립하였으나 7세기에 이르러 인도 및 중국에서 일반적으로 볼 수 없는 독특한 모양의 석탑형식이 생겨났다.

우리나라 고대(古代)의 탑형식은 일본에 많은 영향을 주었다. 일본에서는 일반적으로 호류지(法龍寺) 오중탑(五重塔) 형식의 목조탑이 주가 되었으며, 이후에도 거의 같은 형식으로 이어져 온다. 석조 및 철조 탑파도 있으나 오중탑(五重塔), 삼중탑(三重塔), 보탑(寶塔) 등의 목조탑이 주류를 이룬다.

일본 호류지 오중탑 입면도

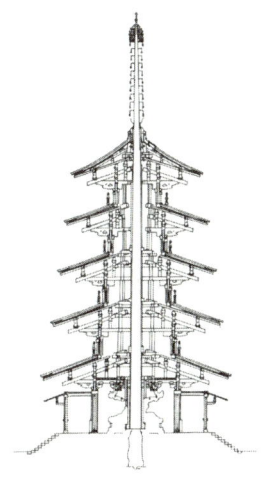
일본 호류지 오중탑 단면도

2) 한국 탑파의 형식 변화

우리나라 가람의 건립은 4세기 후반 불교의 전래와 더불어 시작되었다. 초기 가람형식은 불전과 불탑이 동시에 건립되는 당탑(堂塔) 겸비형이었다. 초기에는 목탑이 주로 건립되었다. 초기의 목조탑은 중국의 목조누각형 탑파의 영향을 받은 고층누각형식으로서, 방형(方形) 또는 다각형의 평면을 이루었던 것으로 생각된다.

석탑은 7세기경 백제에서 발생하였으며, 같은 시기에 신라에서는 석재를 벽돌모양으로 다듬어서 쌓은 전탑양식을 모방한 모전석탑이 생겨났다. 이와 같이 우리나라의 석탑은 삼국시대에 동·서에서 각기 다른 모습으로 출발하였으나 신라의 통일을 계기로 두 지역의 석탑이 집약 정돈되면서 한국 탑파의 주류가 되었다.

한편, 신라의 통일을 전후한 시기에 순수한 소성벽돌을 사용한 전탑이 나타나기 시작하였다. 그러나 전탑은 전국적으로 크게 유행하지는 못하고 일부 지역에서만 세워졌다.

현재 우리나라에 남아 있는 탑파는 1,300여 기가 넘는다. 이들 탑은 다양하나 사용한 재료에 따라 크게 목탑, 석탑, 전탑의 세 종류로 나눌 수 있다.

3) 목탑의 실례

우리나라의 목탑은 삼국시대에 성행하였으나, 여러 차례의 전란으로 모두 소실되어, 정확한 형태를 알 수 없다. 다만 발굴된 현장을 조사하여 개략적인 규모나 배치, 평면형식을 추정하고 있다. 목탑에 관한 기록으로는 『삼국유사』「탑상조(塔像條)」에 보이는 요동성 육왕탑의 '기목탑칠중(起木塔七重)'이란 내용이 최고(最古)의 자료이다.

(1) 고구려
고구려의 목탑지로는 청암리사지(금강사지), 상오리사지, 원오리사지,

정릉사지 등이 있다. 여기서는 팔각기단을 한 목탑을 중심에 두고 동·서·북에 각각 금당이 배치되어 있다.

(2) 백제

백제의 초기 탑은 목탑이었을 것으로 추정된다. 부여 군수리사지, 부여 금강사지, 익산 미륵사지 등에 목탑지가 남아 있다.

고구려 금강사탑 복원 모형, 『고구려문화전도록』

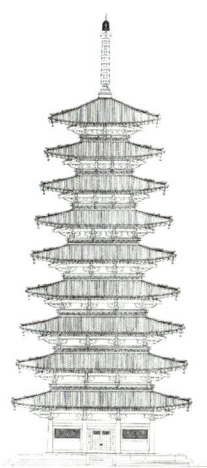

미륵사지 목탑 추정 입면도,
『익산 미륵사 복원 고증 연구보고서』

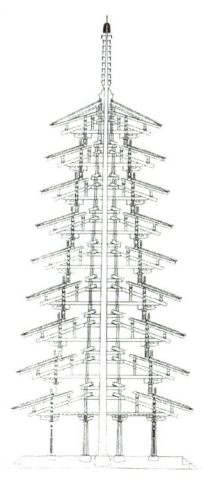

미륵사지 목탑 추정 단면도,
『익산 미륵사 복원 고증 연구보고서』

(3) 신라

신라의 목탑지로는 경주를 중심으로 흥륜사지를 비롯하여 황룡사지, 영묘사지가 있고, 통일 후에는 사천왕사지, 망덕사지, 보문사지 등이 있다.

① 황룡사 9층목탑지

연혁 황룡사 9층목탑은 우리나라 최대의 목조탑이었으며, 645년에 건립되었다.

구조 탑의 규모는 『삼국유사』의 기록에 의하면 노반(露盤) 아래까지 높이가 183척, 상륜부가 42척으로 전체는 225척(약 79미터)이었다. 이 탑은 건립된 후 여러 차례 중수되어 그 웅장한 모습을 유지해 왔으나 1238년 몽고군의 침입으로 불타버리고 초석만 남아 있다.

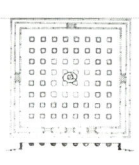
황룡사 9층 목탑 1층 평면도

황룡사 9층목탑 추정 입면도

(4) 고려

고려시대 목탑으로는 서경 중흥사 9층탑, 개경 진관사 9층탑, 금강사탑, 남원 만복사 5층탑, 개경 연복사 5층탑, 흥왕사탑 등이 있었음을 문헌과 유지(遺址)를 통해서 알 수 있다. 이들 목탑들은 평면형이 사각 및 팔각 목탑들이었음을 알 수 있는데 현재 정확히 알려진 유구는 흥왕사 목탑지뿐이다.

(5) 조선

조선 태조 이성계는 연복사 5층탑, 흥천사 5층탑을 세웠다. 목조탑으로 문헌에 나타나 있는 것으로는 이 외에도 다수가 있으나, 현재 남아 있는 목조탑파는 충북 보은 법주사 팔상전이 있으며 복원된 것으로 쌍봉사 대웅전(목탑)이 있다.

① 법주사 팔상전(국보 제55호, 충북 보은군 내속리면 사내리)

연혁 우리나라에 현존하는 유일한 목조탑으로 553년(진흥왕 14)에 창건되었다고 전해지나 당시의 규모는 알 수 없다. 현재의 팔상전은 1626년(인조 4)에 벽암선사가 중창하였고, 1968년에 완전 해체 복원공사를 하여 오늘에 이르고 있다.

구조 지상에서 상륜 상단까지의 높이가 약 22미터이며, 탑신 높이는 약 16미터이다. 구조형식은 중앙에 심주를 세우고 심주를 기준으로 하여 5층 바닥까지 올라가는 네 개의 사천주가 둘러서 있으며, 사천주 사이에 1층에서 3층까지 벽체가 설치되고 5층 바닥에서 중도리까지 목조 귀틀로 짜여져 일종의 코어시스템(Core System)으로 구성되어 있다. 팔상전은 목조탑의 조영원칙을 바탕으로 하고, 중층건물의 가구기법을 원용하여, 하나의 새로운 독특한 조선시대 목조탑형식을 보인다.

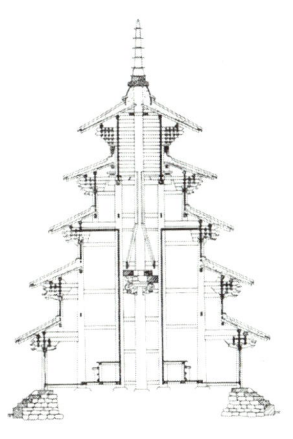

② 쌍봉사 대웅전(전남 화순군 이양면 증리)

연혁 1690년(숙종 16)에 건립되고, 1724년(경종 4)에 중창되었으며, 1984년에 전소되었다가 그 후 다시 복원된 것이다.

구조 정면 1칸, 측면 1칸의 3층 목조탑파 형식이다. 원래 쌍봉사의 3층 목탑이었던 것을 대웅전으로 전용하였다. 내부가구는 목조탑의 구조를 가지고 있다. 2, 3층에는 심주를 두고 1, 2, 3층의 추녀가 심주에 접합되어 추녀 끝부분의 지붕 하중이 심주에 전달되는 하중과 대응이 되어 서로 떠받들도록 되어 있다. 그러나 1층에는 심주가 없다. 3층 지붕은 팔작지붕이었으나, 최근의 복원과정에서 사모지붕으로 하였다. 정상에는 상륜부가 없었는데 복원과정에서 새로 설치하였다.

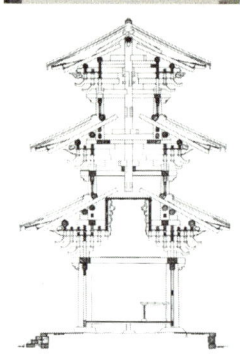

4) 석탑의 실례

우리나라에 남아 있는 탑파의 대부분은 석탑이다. 이것은 질 좋은 화강암이 풍부한 자연적 여건 때문으로 보인다. 중국을 '전탑의 나라', 일본을 '목탑의 나라'라고 한다면 한국은 '석탑의 나라'라고 할 수 있다.

우리나라의 석탑은 목탑이 석탑으로 번안되어 나타난 일반형 석탑과 통일신라

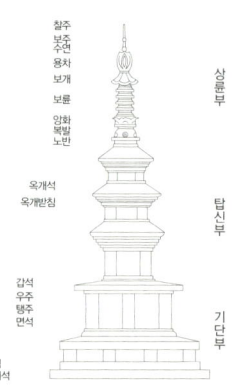

이후 나타나는 이형 석탑 즉 특수형 석탑으로 구분할 수가 있는데, 일반형 석탑이 주가 된다.

(1) 삼국시대
백제에서 시작된 석탑은 당시에 유행하던 목탑을 본뜬 것이었다. 백제의 석탑으로 오늘날까지 보존되고 있는 것은 익산 미륵사지 석탑과 부여 정림사지 5층석탑이 있다.

신라의 석탑은 전탑의 모방에서 출발하였다고 볼 수 있다. 신라의 석탑으로 가장 오래된 것은 경주의 분황사 모전석탑이 있다.

① 미륵사지 석탑(국보 제11호, 전북 익산시 금마면 기양리)

연혁 백제 말기인 무왕 대(600~640)에 건립된 탑으로 우리나라에 현존하는 석탑으로는 가장 오래되고 규모가 큰 탑이다.
구조 탑의 평면형태는 정면 3칸, 측면 3칸의 정방형으로 되어 있다. 1층은 초석, 민흘림을 가진 우주, 계단, 중앙 통로, 창방, 인방 등의 각종 부재로 구성되어 목조건축의 기법을 충실하게 따르고 있으며 모든 층에서 귀솟음 기법이 보인다.
이 탑은 목조탑의 세부양식을 석재의 재질을 감안하여 적절하게 번안하여 만든 우리나라 석탑의 시원적인 형식을 가지고 있다.

② 정림사지 5층석탑(국보 제9호, 충남 부여군 부여읍 동남리)

연혁 조성 연대는 백제 말기인 7세기 전반으로 추정하고 있다.

구조 좁고 낮은 단층 기단, 민흘림을 가진 각 층의 우주, 얇고 넓은 각 층의 옥개석 형태, 옥개석 전각(轉角)에 나타난 반전 등이 목조건물과 유사하며 세부양식에서도 목조가구를 번안하였음을 알 수 있다.
그러나 세부수법은 맹목적인 목조건축 양식의 모방에서 탈피하여 세련되고 정제된 조형미를 통해 격조 높은 기품을 나타내고 있다.

③ 분황사 모전석탑(국보 제30호, 경북 경주시 구황동)

연혁 634년(선덕여왕 3) 분황사 창건 당시에 축조되었을 것으로 추정된다. 원래 9층이었다는 기록이 있으나 지금은 3층만 남아 있다.

구조 중국의 전탑을 모방하여 안산암을 벽돌모양으로 다듬어서 쌓은 석탑이다. 자연석으로 고르게 쌓은 널찍한 단층 기단은 전탑 기단의 일반적인 형식을 취하고 있다. 1층 탑신은 사면에 입구를 만들고, 그 입구 양측에 각각 화강암으로 인왕상을 조각하였는데, 조각수법이 삼국시대의 특징을 잘 나타내고 있다. 이 모전석탑은 석재로 목조가구를 번안하여 만든 백제석탑과 달리 돌을 벽돌모양으로 다듬어 쌓아올려 신라 석탑의 특성을 보여주고 있다.

(2) 통일신라

경주 감은사지 3층석탑과 고선사지 3층석탑(국보 제 38호, 경북 경주시 인왕동)은 전체 구조에 있어 목조건축의 각부를 모방하여 석재로 구현함으로써 후대 한국 석탑의 시원을 이루었다. 통일신라의 석탑은 두 석탑을 규범으로 건립되었으며, 차차 규모가 축소되고 세부양식이 생략되면서 변화해 갔다.

탑 건립은 8세기 중엽에 이르러 절정에 달하여 정형기(定型期)를 맞이한다. 석가탑으로 불리는 경주 불국사 3층석탑이 대표적인 예이다. 방형 평면으로 이루어진 중층형의 기본양식은 한국 석탑의 주류인 동시에 특색 있는 전형이라고 할 수 있다.

통일신라 말기로 들어서면 석탑의 규모가 작아질 뿐만 아니라 각부 양식도 간략해지는 등 큰 변화가 나타난다. 대표적인 사례로는 장흥 보림사 동·서 3층석탑(국보 제44호, 전남 장흥군 유치면 보덕리), 남원 실상사 동·서 3층석탑(보물 제37호, 전북 남원시 산내면 입석리) 등이 있다.

한편, 8세기 이후에는 일반형 석탑 이외에 이들 기본양식과 형태를 달리하는 이형적(異形的) 특수형 석탑이 나타난다. 이형 석탑의 대표적인 사례는 불국사 다보탑, 화엄사 4사자3층석탑, 정혜사지 13층석탑 등이 있다.

① 감은사지 3층석탑(국보 제112호, 경북 경주시 양북면 용당리)

연혁 682년(신문왕 2)에 축조된 것으로 동·서탑이 같은 외형을 갖고 있다.

구조 상하층 기단 각 면에 우주와 탱주를 세웠으며, 탑신부의 양쪽에도 우주를 모각하여 목조건축을 모방하였다. 옥개석은 폭이 줄어들었고 추녀 밑은 전각에 이르기까지 직선을 이루었으며, 그 밑에는 몇 단의 층이 마련되어 전탑양식을 보이고 있다. 전체적으로 균형이 잘 잡혀 있고 안정감을 가지며, 세부의 비례관계가 좋고, 힘차고 단아한 외관을 갖고 있다. 기단을 이중으로 한 것은 새로운 형식으로 이후 한국 석탑의 규범이 되었다.

② 불국사 3층석탑(국보 제21호, 경북 경주시 진현동)

연혁 불국사가 창건된 751년(경덕왕 10)에 건립된 것으로 추측된다. 석가탑이라고도 하는데, 『법화경』의 '석가여래상주설법탑(釋迦如來常住設法塔)'에서 유래한다.

구조 이 탑은 2중 기단 위에 1층 탑신이 놓였는데, 탑신석은 단일석으로 그 모서리에 우주를 조각해 만들었으며, 옥개받침과 옥개석도 단일석으로 조각하여 만들었다.

전체와 세부의 비례관계가 치밀하게 고안되

어 아름다운 균형을 이루도록 조형되었다. 기술의 정교함과 남성적이며 힘찬 자태는 전형적인 석탑 중 가장 뛰어난 작품으로 평가된다.

③ 불국사 다보탑(국보 제20호, 경북 경주시 진현동)

연혁 불국사가 창건된 751년(경덕왕 10)에 건립된 것으로 추측된다. 다보탑이라는 명칭은 '다보불상주증명보탑(多寶佛常住證明寶塔)'에서 유래한다.

구조 기단의 사방에 보계(寶階)를 가설하였으며, 상층 기단에 방주를 세우고 목조건축의 두공을 연상시키는 받침부를 시설하였다. 탑신은 팔각형을 기본으로 하여 연꽃이 상부를 떠받치는 형상을 조형화하고 주변에 난간을 둘렀는데 단단한 화강석을 가지고 정교하게
세부를 다듬고 꾸며냈다. 탑신의 옥개석도 팔각으로 되었고 그 위에 원형의 상륜이 있다. 석가탑과 더불어 통일신라시대의 훌륭한 건축문화를 대표한다.

④ 화엄사 4사자3층석탑(국보 제35호, 전남 구례군 마산면 황전리)

연혁 8세기 중엽 조성된 것으로 추정된다.

구조 기본형식은 신라 전형을 따르고 있으나, 상층 기단부 네 모서리에 우주 대신 희로애락을 표상하는 4개의 사자좌상을 세우고 중앙에는 대덕상(大德像)을 세웠다. 사자상 위에는 정방형의 갑석을 받쳤으며, 이 갑석 위에 전형적인 3층석탑이 놓여 있다. 잘 조화된 균형미, 상례를 벗어난 특출한 구성, 우수한 세부 수법과 정교한 조각 등이 매우 훌륭하다.

⑤ 정혜사지 13층석탑(국보 제40호, 경북 경주시 안강읍 옥산리)

연혁 9세기 통일신라 탑으로 원형을 잘 보존하고 있다.

구조 석탑의 건조방법이나 각 부재의 결구양식이 전형적 양식에서 완전히 벗어나 외관상으로 특이한 형태를 보이는 이형 석탑이다. 초층 탑신의 네 모서리에 굵은 우주를 세우고 각 면에 감실형의 작은 공간을 남긴 점이나 2층 이상은 급격히 작아져 중국의 밀첨식(密檐式)탑을 연상케 하는 것은 매우 특징적이다.

(3) 고려

고려시대의 석탑은 전대에 비하여 전국적으로 확산 분포되었으며, 개경을 중심으로 한 지역에서 남계원 7층석탑, 경천사지 10층석탑, 현화사 7층석탑(북한 국보 제41호, 개성 장풍군 월고리) 등과 같이 일반형, 방형, 중층형석탑이 고려 석탑으로서의 특징을 지니면서 유행하였다. 한편, 각 지방에서는 그 지역의 독자적인 특색을 가진 탑이 조성되었다.

신라의 옛 땅인 경상도지방에서는 예천 개심사지 5층석탑, 칠곡 정도사지 5층석탑(보물 제357호, 국립대구박물관)처럼 신라 석탑을 계승하면서 세부에 변형을 보이고 있다.

백제의 옛 땅인 충남과 전북지역에서는 익산 미륵사지 석탑이나 부여 정림사지 5층석탑과 같은 백제계 양식을 따라 만들어진 석탑들이 세워졌다. 익산 왕궁리 5층석탑(국보 제 289호, 전북 익산시 왕궁면), 부여 장하리 3층석탑(보물 제184호, 충남 부여군 장암면), 서천 비인 5층석탑 등이 대표적인 예이다.

한편, 고려에는 전대에 볼 수 없었던 특수형 석탑이 나타나고 있다. 신라시대 4사자석탑의 양식을 계승한 것으로 제천 사자빈신사지 석탑(보물 제94호, 충북 제천시 한수면 송계리)이 있으며, 그 외 다각형 평면의 특수한 양식으로는 월정사 팔각9층석탑, 금산사 육각다층석탑(보물 제27호, 전북 김제시 금산면), 영변 보현사 팔각13층석탑 등이 있다. 또한 고려 후기 중국 원의 영향을 받은 경천사 10층석탑이 있다.

① 개심사지 5층석탑(보물 제53호, 경북 예천군 예천읍 남본리)
연혁 1010년(고려 현종 원년)에 세워졌다.
구조 탑신과 옥개석은 단일석으로 되었다. 옥개받침은 각 층마다 4단으로 되어 있으며, 처마 단면이 매우 두껍다. 그러나 낙수면의 경사는 다른 통일신라 계승형식의 탑에 비해 완만하다.
이 탑은 구성과 양식이 상당히 간소화되어서, 고려적인 특색을 잘 나타내고 있다.

② 비인 5층석탑(보물 제224호, 충남 서천군 비인면 성북리)
연혁 조성시기는 고려시대 초기로 추정되며, 부여 정림사지 5층석탑을 모방하여 건립한 것으로 보인다.
구조 기단이 축소되고 탑신은 2층부터 갑자기 작아져서 허약한 모습을 나타내나, 백제시대 석탑을 모방한 많은 석탑 중에서도 부여 정림사지 5층석탑(국보 제9호)을 가장 충실하게 모방한 탑이다.
백제계 석탑양식의 지방 분포에 따른 양식전파를 파악하는 데 귀중한 자료로 평가되고 있다.

③ 남계원 7층석탑(국보 제100호, 서울 용산구 국립중앙박물관 내)
연혁 고려 중기 이전에 세워졌을 것으로 추정되고 있다. 개성 부근의 남계원지에 있던 것을 경복궁으로 이건하였으며 현재는 국립중앙박물관 내에 있다.
구조 기단은 신라의 일반형 석탑에 비해 아래층 기단이 훨씬 높아졌고, 상대적으로 2층 기단이 약간 낮아져 있다. 탑신석과 옥개석이 각각 단일석으로 되어 있으며, 2층 이상은 체감률이 매우 작다. 이 탑 전체에 보이는 웅건한 기풍과 정제된 수법은 신라 석탑의 영향을 많이 받았던 고려시대 석탑의 특색을 잘 나타내고 있다.

④ 월정사 팔각9층석탑(국보 제48호, 강원 평창군 진부면 동산리)
연혁 팔각형 평면, 다각다층(多角多層)석탑의 하나로 고려 초기의 석탑을 대표한다.
구조 팔각형의 2단 기단 위에 9층의 탑신과 상륜으로 구성되어 있다. 상륜부는 후대에 보수한 것으로 보이나 금동제의 보개, 보륜, 수연 등이 완전한 모양을 갖추고 남아 있다.
전체적으로 상층으로 올라가면서 체감률이 작고, 탑 폭이 높이에 비하여 작으므로 매우 고준한 감을 주지만, 상륜부와 어울려서 탑의 외형이 잘 조화된 매우 우수한 팔각형 탑으로 고려 초기 특수형식의 대표 사례이다.

⑤ 경천사지 10층석탑(국보 제86호, 서울 용산구 국립중앙박물관 내)

연혁 1348년(충목왕 4)에 건립되었다. 원래 개풍군 광덕면 경천사지에 있던 것을 경복궁으로 이건하였으며 현재는 국립중앙박물관 내에 있다. 우리나라 대부분의 석탑이 화강암인 데 비해 회색의 대리석으로 만들었으며, 각 부의 평면과 부재구조 등에서 특수한 양식과 수법을 보이고 있다.

구조 3층 기단과 3층 탑신까지는 아(亞)자형 평면이며, 4층 탑신부터는 방형으로 되었다. 각 층의 탑신은 다포식 공포형식을 모각하여 다포식 목조건축의 세부양식과 옥개부분의 기와 용마루 등을 그대로 사실적으로 정교하게 조각하였다. 각 층에는 난간이 설치되어 있고 난간 아래에는 평좌가 설치되어 있다. 고려시대 다층 목조건축에서 평좌가 설치된 암층구조(暗層構造)가 사용되었음을 시사해 주는 자료로서, 고려 후기 특수형식의 대표적인 유례이다.

암층구조(暗層構造)

표면에 나타나 눈에 보이는 층을 명층(明層)이라고 하는데, 암층(暗層)은 상하 명층 사이의 지붕 속에 숨겨 있는 층을 뜻한다. 중국 산시성 잉쉬앤목탑의 경우 5층탑이나 2층부터 평좌가 있어 9층처럼 보이는데, 이러한 평좌를 암층구조라고 할 수 있다.

(4) 조선

불교에서 유교로의 이념변화는 자연히 불교 조형미술의 위축을 초래하게 되었다. 석탑의 건립도 마찬가지였으나, 고려 말의 조형미를 이어서 초기에는 방형 중층의 일반형 석탑이 조성되었는데, 여주 신륵사 다층석탑, 양양 낙산사 7층석탑, 함양 벽송사 3층석탑(보물 제474호, 경남 함양군 마천면 추성리) 등이 있다.

조선시대의 특수형 석탑은 그리 많지 않은데, 사례로는 원각사지 10층석탑, 남양주 수종사 팔각5층석탑(경기 유형문화재 제22호, 경기 남양주시 조안면 송촌리) 등이 남아 있다.

① 신륵사 다층석탑(보물 제225호, 경기 여주군 북내면 천송리)

연혁 1472년(성종 3)에 건립된 것으로 조선 초기의 일반형 탑이다.

구조 흰색 대리석으로 만든 방형 석탑으로 기단부는 2층을 이루고, 상하의 갑석에는 연꽃무늬를 조각하였다. 또한 기단 면석에 장식되어 있는 용무늬와 구름무늬는 뛰어난 조각으로 평가되고 있으며, 대리석에서 오는 질감은 이 탑을 더욱 우아하게 돋보이게 한다.

상륜부는 모두 없어졌다. 8층의 탑신석 위에 옥개석 하나와 탑신석 일부분이 남아 있는 것으로 보아 층 수가 더 많았을 것으로 보이지만 8층 탑신의 아래까지만 옛 모습 그대로 남아 있다. 이 탑은 세부 조각 양식 등에서 고려 석탑양식을 벗어나려는 여러 가지 표현이 돋보이며, 매우 고준하고 독특한 외형을 가진 석탑이다.

② 낙산사 7층석탑(보물 제499호, 강원 양양군 강현면 전진리)

연혁 1467년(세조 13)에 3층이던 것을 7층으로 조성했으며, 일반형을 다소 변형시킨 석탑이다.

구조 탑의 기단부에는 연화문이 조각되어 있고 탑신부의 각 층에는 탑신 괴임석이 끼워져 있어 특이하다. 노반석 위에는 청동으로 만든 상륜이 장식되었는데, 원나라의 라마탑을 닮은 여러 장식들이 원형대로 보존되고 있어 특이하다. 이 탑은 고려시대의 양식을 이어받고 있으나 전체의 조형이 더욱 간략해졌다. 또한 각 층의 체감률이 알맞게 되어 있어, 비교적 우아하고 경쾌한 외관을 갖는다.

③ 원각사지 10층석탑(국보 제2호, 서울 종로구 종로2가 탑골공원 내)

연혁 1467년(세조 13)에 건립된 것으로, 경천사지 10층석탑을 모방하였다.

구조 대리석으로 만들었으며, 탑신부의 3층까지는 기단과 같은 아(亞)자형 평면이나 4층부터는 방형 평면이다.

일제시기 모습(우)과 현재 모습(좌)

목조건축을 모방하여 지붕, 공포, 기둥 등을 잘 표현하였다. 조각수법이 섬세해지고 견실한 면이 적은 것 같기도 하나, 탑의 형상과 수법이 고려 경천사지 석탑에 비하여 손색이 없으며, 조선시대 초기의 대표적인 석탑이다.

5) 전탑의 실례

전탑(塼塔)은 구운 벽돌로 쌓은 탑을 말하며, 회색 혹은 검은회색으로 되어 있다. 전탑은 신라에서 목탑과 병행하여 발전되었던 것으로 추정되나 전국적으로 만들어지지는 못했고 일부지역에서만 세워진 듯하다. 삼국시대의 전탑은 남아 있는 것이 없으나, 통일신라시대의 것으로는 안동 신세동 7층전탑과 안동 동부동 5층전탑(보물 제56호, 경북 안동시 운흥동), 안동 조탑동 5층전탑(보물 제57호, 경북 안동시 일직면 조탑리), 칠곡 송림사 5층전탑(보물 제189호, 경북 칠곡군 동명면 구덕리) 등이 있고, 고려시대의 전탑으로 여주 신륵사 다층전탑(보물 제226호, 경기 여주군 북내면 천송리) 등이 있다.

① 안동 신세동 7층전탑(국보 제16호, 경북 안동시 법흥동)

연혁 현존 한국의 전탑 가운데 가장 규모가 크며, 통일신라시대에 창건되었다는 법흥사지(法興寺址)에 자리했던 것으로 추측된다.

구조 탑은 1단의 기단과 7층의 탑신으로 구성되어 있으며, 상륜부는 현재 노반으로 추정되는 낮은 단만 남아 있다. 탑신부는 진한 회색벽돌로 쌓았으며, 1층 탑신 남면에는 감실을 설치하였다. 옥개석 곳곳에는 기와를 얹은 흔적이 남아 있다. 기와지붕이 있었다는 것은 목탑을 근간으로 하여 전탑을 만들었다는 것을 보여주는 예가 된다. 이 탑의 당당한 위풍은 한국 전탑의 대표로 손색이 없다.

5. 부도

1) 부도의 의미

부도(浮屠)는 부도(浮圖), 부두(浮頭), 포도(蒲圖), 불도(佛圖) 등 여러 가지로 표기되고 있는데, 원래 부도(浮屠)는 불(佛)을

의미하고 부도(浮圖)는 탑파라는 뜻을 가지고 있으나, 우리나라에서는 이름 있는 스님의 사리나 유골을 안치하는 탑을 가르키는 말로 사용되고 있다.

우리나라에서 부도의 발생은 『삼국유사』의 기록에 의하면 삼국시대 말기로 추정된다. 그러나 그 소재나 형태는 알 수가 없다. 이후 통일신라 말 선종(禪宗)이 들어와서 개산조사(開山祖師)를 존숭하는 유풍이 생기면서 부도의 건립이 일반화되었다.

2) 부도의 실례

(1) 통일신라

통일신라시대의 부도는 팔각원당형(圓堂形)이 기본이며, 고려시대까지 계승되어 전형양식의 주류를 이루었고, 조선시대에는 석종형 부도가 성행되었다. 팔각원당형 부도의 일반적 구성은 기단부, 탑신부, 상륜부가 모두 팔각으로 조성되어 전체적인 평면이 팔각으로 된 형식이다. 통일신라의 대표적 부도로는 전흥법사 염거화상탑, 화순 쌍봉사 철감선사탑(국보 제57호, 전남 화순군 이양면 증리), 남원 실상사 증각대사응료탑(보물 제38호, 전북 남원시 산내면 입석리) 등이 있다.

① **전흥법사 염거화상탑**(국보 제104호, 서울 용산구 국립중앙박물관 내)

연혁 844년(문성왕 6)경에 건립된 통일신라 부도의 대표적인 예이다.

구조 지대석, 하대석, 상대석이 단일석으로 되어서 얕은 것이 특색이며, 옥개석 처마 밑에는 연목(椽木)과 단순화된 두공(頭工) 같은 것이 새겨져 있다. 현존 건립연대가 확실한 가장 오래된 부도로, 규모는 그리 크지 않으나 단아한 기품과 깨끗한 솜씨가 잘 어우러져 있다. 이후 대부분의 부도가 이 양식을 따르고 있어, 최초의 의의를 지니는 작품이다.

(2) 고려
대체로 통일신라양식을 계승하였으나, 차츰 원형 또는 방형으로 변하기도 하고, 대석에 구름무늬를 조각하거나 추녀 위에 크게 장식한 귀꽃문을 다는 형식을 취하면서 부도의 형식이 더욱 발달하여 고려의 특색이 되었다. 대표적인 사례로는 흥법사 진공대사탑 부석관, 보현사 낭원대사오진탑(보물 제191호, 강원 강릉시 성산면 보광리) 등의 팔각원당형 부도가 있으며, 경복궁에 있는 법천사 지광국사현묘탑(국보 제101호, 서울 종로구)과 정토사 홍법국사실상탑 등의 특이하고 화려한 부도도 있다. 고려시대의 부도 중에는 석종형(石鐘形) 부도가 있다. 이것은 조선시대까지도 많이 유행했는데 금산사 석종형 부도와 통도사 금강계단, 신륵사 보제존자 석종(보물 제228호, 경기 여주군 북내면 천송리) 등이 대표적이다. 이 석종형 부도는 큰 석조기단을 마련하고 있어 엄격한 신성구역으로 구획된 것이다.

① 흥법사 진공대사탑(보물 제365호, 서울 용산구 국립중앙박물관 내)

연혁 고려 태조 때 건립한 것으로, 통일신라 형식을 따라 팔각원당형으로 되어 있다.
구조 옥개석은 서까래가 조각되고 기왓골이 나타나고 있으며 암막새·수막새 등의 막새기와까지 모각하였다. 특히 간대석의 운용문(雲龍文)은 매우 힘찬 기상을 나타내고 있어서 특이하다.

② 정토사 홍법국사실상탑(국보 제102호, 서울 용산구 국립중앙박물관 내)

연혁 조성연대는 홍법국사가 입적한 1017년(현종 8) 이후로 보고 있다.

구조 기단부는 방형의 지대석 위에 팔각 평면의 상·중·하대석으로 구성되었다. 이 탑은 탑신의 몸돌이 둥근 공 모양을 하고 있으며, 팔각형을 기본으로 하는 신라의 부도형식을 계승하면서 고려시대의 새로운 기법을 보여주는 대표적인 사례이다.

③ 금산사 석종형 부도(金山寺 方等階段; 보물 제26호, 전북 김제시 금산면 금산리)

연혁 금산사의 방등계단 상부에 있다. 사리탑의 건립연대는 10세기경으로 추정되고 있다. 사리탑이 있는 방등계단(方等戒壇)은 원래 수계의식을 집전하던 장소로 사용되다가 차츰 고승의 묘탑으로 변한 것이다.

구조 널찍한 두 단의 기단 위에 정방형의 돌이 놓여 있고, 그 위에 화강석으로 포탄형(砲彈形)의 석종을 만들어 세웠다. 이러한 석종형 부도는 조선시대에는 승려들의 묘로서 일반적으로 사용되었다.

(3) 조선 전기

조선시대 전기에 세워진 부도들은 고려시대 부도의 양식과 수법을 그대로 계승하고 있었으나, 15세기 후반에 이르면 점차 각 부에서 생략화의 경향을 나타내고 있다. 청룡사 보각국사정혜원륭탑, 용문사 정지국사 부도(보물 제531호, 경기 양평군 용문면 신점리) 등이 있다.

① 청룡사 보각국사정혜원륭탑(국보 제197호, 충북 충주시 소태면 오량리)

연혁 1394년(태조 3)에 건립되었다.

구조 팔각원당형이면서 중대석과 탑신부를 부풀려 놓는 등 새로운 모습을 하고 있다. 모서리에는 반룡(蟠龍)이 휘감긴 배흘림기둥이 조각되었고 그 위에는 창방을 표현하였다. 옥개석 처마에는 탑신의 기둥 위 창방머리와 접촉되는 부분이 보머리형을 이루고 있으며 추녀와 사래도 양각하였다. 기왓골은 없으나 합각마루에 봉황과 용두를 조각하여 당시의 목조가구를 잘 표현하  고 있다. 이 부도는 양식상 종모양이 주류를 이루던 시기에 팔각의 평면을 이루는 형식으로 건립된 몇 안 되는 부도 가운데 하나이다.

(4) 조선 후기

임진왜란을 겪은 조선시대 후기에 이르러서는 대체적으로 일석으로 쉽게 세울 수 있는 석종형 부도가 많이 세워졌고 별도로 탑비를 세운 예들이 많다. 대표적 부도로는 연곡사 서부도, 봉인사 사리탑(경기도 남양주군 진건면 송릉리) 등이 있다.

① 연곡사 서부도(보물 제154호, 전남 구례군 토지면 내동리)

연혁 탑신석에 새겨진 명문(銘文)을 통하여 1650년(효종 1)에 건립되었음을 알 수 있다.

구조 지대석부터 상륜부에 이르기까지 각 부분이 팔각으로 이루어져 있다. 지대석은 연화무늬로 장식되어 있고 탑신석에는 문비형과 신장상이 양각되어 있다. 상륜부는 완

전한 편으로 앙화와 보개 및 보주가 차례로 놓여 있다. 이 부도는 조형적으로는 아름다운 균형미를 볼 수 있으나 조각수법은 치졸한 느낌을 준다.

6. 석굴사원

1) 석굴사원의 유래

석굴사원은 기원전 2세기경에 소승불교 사원에서 유래되었다. 남인도의 안드라(Andhra) 왕조시대에는 석굴 안에 사리를 봉안하지 않고 불탑을 조성하는 차이티아(caitya)와 승려들의 수행을 위해 거처로 만든 비하라(vihara)라는 석굴사원이 발생했다.

2) 석굴사원의 실례

석굴사원은 중국으로 전해져 둔황(敦煌), 윈강(雲岡), 룽먼(龍門) 등지에 거대한 규모로 조성되었다. 우리나라에는 신라시대에 만든 초기 석굴사원으로 경주 단석산의 신선사(7세기)가 남아 있다. 단석산의 신선사는 자연석굴사원이다.

(1) 자연석굴
자연석굴은 석가모니 생존 당시에도 제석굴(Indrasala-guha, 帝釋窟)로 많이 이용하였다. 자연석굴사원의 예로는 신선사 외에도 충남 공주의 서혈사, 남제주군의 산방굴사 등이 남아 있다.

(2) 인공석굴
석굴암(8세기)은 석재를 쌓아서 조성한 석굴사원이다. 인공석굴사는 경주 남산의 미륵삼존 감실과 팔공산의 군위 삼존석굴이 석굴암보다 앞서 조성되었다. 석굴암 이후에는 중원 미륵사지에 미륵입상을 세운 반개형 석굴이 남아 있다. 중원 미륵사지의 석굴은 미륵입상을 중심으로 좌우 측면과 배면에 석축을 쌓고 그 위에 목조건물을 세운 흔적이 남아 있다. 석조와 목조가 결합된 특성을 지니고 있다.

① **석굴암**(국보 제24호, 경북 경주시 진현동)
방형의 전실과 원형의 주실로 구성되어 있다. 바닥에는 평평한 자연석을 깔았다. 전실과 주실의 벽체는 하단에 안상을 새긴 장대석으로 지대석을 놓고 면석을 세워 쌓았다. **벽면**은 지대석 위에 각각의 불상을 부조한 면석들을 세워 두르고 있다. 전실에서는 면석과 면석의 이음매 위에 직교방향으로 뺄목머리를 둥글게 모접어 올린 이맛돌을

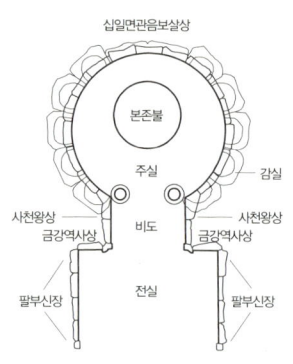

짜 올리고 있다. 이맛돌 사이에는 면석에 연이어서 막이돌을 끼워 대었다. 뺄목 위에는 얇은 판석을 덮어서 마감하고 있다.
전실의 벽체 상부는 목조 지붕가구를 올려서 덮고 있다. 주실에는 후면 중앙의 광배를 중심으로 양측에 각각 5개씩 감실을 벽체의 상대석 위에

석굴암 석굴 천장

석굴암 석굴 내부 벽

배치하였다. 감실은 각 칸별로 기둥을 세우고 타원형으로 홍예를 틀어 올렸다. 감실 상부는 장방형의 돌로 쌓은 돔 천장으로 이루어져 있다. 돔의 정상부는 연꽃을 새긴 커다란 원형의 판석으로 덮었다. 원형의 판석은 본존불상의 천개석(天蓋石)으로 구성되어 있다. 돔 천장은 천개석을 중심으로 면석 사이사이에 돌출된 심석들이 사방으로 퍼져 나가는 동심원 모양으로 박혀 있다.
불상은 전실에 10구, 비도(扉道)에 4구, 주실에 본존불 외 25구를 배치하였다. 전실에는 팔부신장과 금강역사를 배치하였고, 비도에는 사천왕을 좌우 2구씩 4구 배치하였다. 주실에는 본존불인 아미타불을 중심으로 벽면에 천부상과 보살상, 십대제자상을 배치하고 그 상부 감실에 각 1구씩 10구의 보살좌상을 두었다.

7. 불교미술

1) 불상

불상은 여러 가지 불교조각품을 말한다. 불상제작은 기원전 1세기경에 인도의 간다라지방에서 시작되었을 것으로 추측하고 있다.
초기에는 불상대신 불족(佛足)이나 법륜(法輪)을 새겼다. 그 후 그리스에서 온 파륜보살(波崙菩薩)이 불상을 조각함으로써 점차 여러 종류로 나타나게 되었다. 우리나라에는 중국을 거쳐서 들어왔다.
불교조각상은 불상, 보살상, 나한상, 신상 등으로 나누어진다. 불상은 석가불, 비로자나불, 아미타불, 약사불, 미륵불, 다불(多佛;1천불, 3천불 등), 방위불(4방불, 5방불) 등이 있다.
불상은 대개 서있는 입상과 앉아 있는 좌상으로 조성되며 수인에 따라 분류하기도 한다. 수인(手印)은 상징하는 의미를 전달하는 손 모양을 말하고, 한쪽 손에 물건을 들어 의미를 표하는 것을 계인(契印)이라고 한다.

여러 가지 수인

지권인: 비로자나불이 취함. 오른손은 불계, 왼손은 중생계를 표함으로 중생과 부처가 일체임을 상징	**항마촉지인**: 석가모니가 보리수 아래서 마군을 물리치고 해탈함을 상징
여원인: 중생의 소원을 들어줌을 상징	**시무외인**: 중생의 두려움을 없애줌을 상징
전법륜인(길상인): 석가모니가 녹야원에서 설법함을 상징	**선정인(법계정인)**: 석가모니가 선정에 들어감, 수행정진할 때의 자세
설법인: 설법을 표현하며, 여러 가지 형태가 있음	**연화합장인**: 연꽃처럼 마음을 번뇌로부터 벗어나게 함
금강합장인: 부처에 대한 견고한 신심을 뜻함	**금강권인**: 금강석처럼 견고함을 뜻함. 대일여래의 오른손 수인

상품상생 상품중생 상품하생
중품상생 중품중생 중품하생
하품상생 하품중생 하품하생

아미타정인(九品印): 아미타불의 수인, 극락정토에 왕생하는 아홉 가지의 품계를 뜻함

① 석가모니불상

의미 석가모니는 모든 생명체가 처해 있는 삶과 죽음, 윤회의 고통으로부터 벗어날 수 있도록 자비를 베푸는 부처다. 삼국시대에 만들어진 석가모니불상은 시무외·여원인(施無畏·與願印)을 짓고 서 있는 입상이 있다.

수인 좌상에는 왼손 위에 오른손을 놓고 엄지를 맞댄 모양의 선정인(禪定印), 오른손을 무릎 아래쪽으로 향하고 있는 항마촉지인상이 있다.

석굴암 본존좌불상, 8세기 중엽

② 비로자나불상

의미 비로자나불은 진리 자체를 상징하는 진신(眞身) 또는 법신(法身)을 말한다.

수인 가슴에서 왼손의 검지를 오른손으로 감싸 쥐고 있는 지권인(智拳印)으로 나타나 있다. 보림사 철조비로자나불좌상(국보 제117호, 통일신라), 동화사 비로암비로자나석좌상(보물 제244호, 통일신라), 도피안사 철조비로자나좌불상(국보 제63호, 통일신라), 축서사 석조비로자나불상(보물 제995호, 통일신라) 등이 있다.

장흥 보림사 철조비로자나불좌상, 통일신라

③ 아미타불상

의미 아미타불은 영원한 수명과 무한한 광명을 주는 부처이다.

수인 무릎 위에서 두 손을 각지끼고 엄지를 서로 맞댄 아미타정인(阿彌陀定印)이다. 백률사 마애삼존불좌상(경북 유형문화재 제194호),

불국사 금동아미타여래좌상, 통일신라

감산사 석조아미타불입상(국보 제82호, 통일신라), 불국사 금동아미타여래좌상(국보 제27호, 통일신라), 실상사 철제여래좌상(보물 제41호, 통일신라) 등이 있다.

④ 약사불상

의미 약사불은 질병의 고통을 없애주는 부처다.

계인 약사불상은 손에 지물(持物)을 들어 계인을 짓는 특징이 있다. 손에는 보통 약합(藥盒)이나 보주(寶珠)를 들고 있다. 백률사 금동약사여래입상(국보 제28호, 통일신라), 장곡사 철조약사여래좌상부석조대좌(국보 제58호, 통일신라) 등이 있다.

장곡사 금동약사여래좌상
(보물 제337호, 고려시대)

⑤ 미륵불상

의미 미륵불은 도솔천에서 56억 7,000만년 후 용화수 아래 내려와서 세 번 설법하여 모든 중생들을 제도한다는 미래불이다.

수인 미륵불상에는 오른손을 턱에 괴어 사유인(思惟印)을 짓고 반가자세를 취한 미륵보살반가사유상이 있다. 용화수(龍華樹) 가지를 손에 들고 있는 용화수인을 짓고 의자에 앉아 있는 의좌상이나 입상도 있다. 금동미륵보살반가상(국보 제83호, 삼국시대), 감산사 석조미륵보살입상(국보 제81호, 통일신라), 대조사 석조미륵보살입상(보물 제217호, 고려시대) 등이 있다.

금동미륵보살반가상,
국립중앙박물관 소장

⑥ 문수보살상

문수보살은 지혜를 상징하는 보살이다. 경권(經卷)을 들고 서 있거나 사자를 타고 있다. 석굴암의 문수보살상은 연화보좌 위에 잔을 들고 옷깃을 가볍게 잡고 서 있는 아름다운 모습이다. 상원사 목조문수동자좌상(국보 제221호, 조선시대)이 있다.

석굴암 문수보살상

석굴암 보현보살상

⑦ 보현보살상

보현보살은 자비와 이덕(理德), 정덕(定德), 행덕(行德)을 상징한다. 보현보살상은 석굴암에서 한 손에 경권(經卷)을 들고 연화좌 위에 서있는 모습으로 표현되어 있다. 성불사 금동보현보살좌상(서울 유형문화재 제171호, 고려시대)이 있다.

⑧ 관음보살상

관음보살은 모든 중생을 보살펴서 구원하는 자비의 신이며 십일면관음, 천수관음, 양류관음, 여의륜관음 등 다양한 화신으로 나타난다.

관음보살상은 정병(淨甁)이나 버들가지를 손에 들고 있으며 머리의 보관은 화불(化佛;아미타불의 화신)로 표현하고 있다. 천수관음보살은 여러 개의 손과 눈을 가지고 있다. 석굴암 십일면관음보살상(8세기 중엽), 경주 서악리 관음

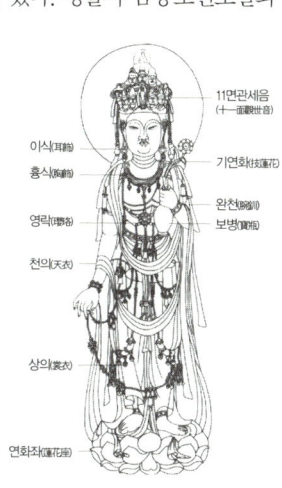
보살상 각부 명칭,
석굴암 십일면 관음보살상

보살상(보물 제62호, 통일신라), 삼양동 금동관음보살입상(국보 제127호, 삼국시대), 금동관음보살입상(국보 제128호, 삼국시대), 금동관세음보살입상(국보 제293호, 삼국시대) 등이 있다.

⑨ 지장보살상

지장보살은 지옥과 6도(六道;지옥,아귀,축생,수라, 사람, 하늘)의 윤회에 방황하는 중생을 극락정토로 인도한다.

지장보살상은 머리에 두건을 쓰고 손에 보주나 석장을 들고 있는 모습이다. 선운사 금동지장보살좌상(보물 제280호, 고려시대)이 대표적인 예다.

금동지장보살상, 14세기, 『북한문화재해설』 4권

⑩ 밀교불상

밀교조각은 명왕(明王)과 천(天) 등 힌두교 신들의 조각상으로 만들어져 있다.

밀교적인 불교조각으로는 제석천(帝釋天)과 범천(梵天), 사천왕(四天王), 팔부중(八部衆), 인왕(仁王) 등이 있다.

제석천은 힌두교의 인드라이고 범천은 브라마이다. 제석천상과 범천상은 석굴암 주실 입구 좌우측에 배치되어 있다. 진주 청곡사 목조제석천·대범천의상(보물 제232호, 조선시대) 등이 있다.

제석천, 불국사   범천, 불국사

사천왕상은 동서남북 사방과 불법을 지키는 호법신이다. 팔부중은 불

내소사 천왕문의 남방 증장천과 동방 지국천   내소사 천왕문의 서방 광목천과 북방 다문천

법을 수호하는 천(天), 용(龍), 야차(夜叉), 건달파(乾闥婆), 아수라(阿修羅), 가루라(迦樓羅), 긴나라(緊那羅), 마후라가(摩睺羅伽)를 이른다. 인왕(금강역사)은 문을 지키는 수문장으로 권법의 자세를 취하기도 하고 금강저(金剛杵)를 손에 들기도 한다.

⑪ 나한·조사상

나한은 부처를 따르던 제자들을 일컬으며, 종파의 창시자나 지도자를 조사(祖師)라고 한다.

나한상은 10대 제자상과 16나한상, 500나한상 등이 있다. 석굴암 10대 제자상이 있으며, 제천시 고산사 석조나한상(충북 유형문화재 제195호, 조선시대) 등이 유명하다.

조사상은 해인사 목조희랑대사상(보물 제999호, 고려시대), 화엄사 4사자 3층석탑의 연기조사상 등이 있다.

해인사 목조희랑조사상, 고려 초

불교건축

2) 불화

① 괘불

불화는 예불, 장엄, 교화, 공덕, 수행 등을 위해 그린 그림을 말한다. 여러 가지 불화 중에 옥외 법회시 마당에 거는 예불용 불화를 괘불이라고 한다. 현재 남아 있는 괘불은 대부분 17~18세기에 제작된 것들이다. 괘불은 매우 큰데, 높이 15미터, 폭 10미터에 이르는 것도 있다.

나주 죽림사 세존괘불탱(보물 제1279호, 1623), 구례 화엄사 영산회괘불탱(국보 제301호, 1653), 안성 칠장사 오불회괘불탱(국보 제296호, 1628), 무주 안국사 영산회괘불탱(보물 제1267호, 1730년으로 추정) 등이 유명하다.

직지사 대웅전 삼존불탱화,
보물 제670호, 1744

② 영산회상도

영산회상도(靈山會上圖)는 법화경의 내용을 묘사한 그림이며 석가모니불상의 후불화로 사용되며 두 가지 형식이 있다.

삼세불화(三世佛畵)는 중앙에 영산회도(석가불), 왼쪽에 약사회도(약사불), 오른쪽에 극락회도(아미타불)를 배치한 그림이다.

다른 하나는 삼세불의 중앙 그림만을

화엄사 영산회괘불탱,
국보 제301호, 1653

그린 경우이다. 석가여래가 수미단 위에 앉아 있고 주변에 보살, 제자, 분신불로 둘러싸여 있다. 아래의 앞쪽에는 사천왕과 호법신중이 호위하고 있다. 김천 직지사 대웅전 후불탱화 중 영산회상탱화(보물 제670-1호, 조선시대), 하동 쌍계사 팔상전 영산회상도(보물 제925호, 조선시대), 고성 운흥사 영산회괘불탱(보물 제1317호, 조선시대) 등이 있다.

③ 팔상도
석가불의 생애를 여덟 장면으로 묘사한 그림이다. 팔상도의 구성은 도솔천에서 내려오는 상(兜率來儀相), 석가 탄생 상(毘藍降生相), 생로병사를 보고 출가를 결심하는 상(四門遊觀相), 출가하는 상(踰城出家相), 설산에서 수도하는 상(雪山修道相), 마군의 유혹을 제압하고 성불하는 상(降魔成道相), 녹야원에서 처음으로 설법하는 상(鹿苑轉法相), 열반하는 상(雙林涅槃相)으로 되어 있다.
통도사 영산전 팔상도(보물 제1041호, 1740), 쌍계사 팔상전 팔상탱(보물 제1365호, 1728), 예천 용문사 팔상탱(보물 제1330호, 조선시대) 등의 팔상도가 유명하다.

통도사 영산전 팔상도, 보물 제1041호

④ 비로자나불화
부처의 진리, 즉 궁극적인 모습인 법신(法身)을 표현한 그림이다. 구도는 지권인을 짓고 앉아 있는 비로자나불을 중심으로 주변에 보살

성중을 배치하고 있다.
통도사 대광명전 삼신불도(보물 제1042호, 조선시대) 중 비로자나불탱과 화엄사 대웅전 삼신불탱(보물 제1363호, 조선시대) 중 비로자나불탱 등이 있다.

⑤ 아미타불화

영원사 비로자나불후불탱, 조선시대

서방정토에서 중생을 구제하는 내용을 주제로 그린 불화이다.
아미타불만을 그린 아미타여래도, 협시불을 함께 그린 삼존도, 오존도, 구존도, 여러 성중을 포함한 군상으로 그려진 후불탱, 왕생하는 자를 극락으로 인도하는 아미타삼존래영도(阿彌陀三尊來迎圖) 등이 있다.
직지사 아미타회상탱화(보물 제670-2호, 조선시대), 동화사 극락전 아미타후불탱(대구 유형문화재 제52호, 조선시대), 천은사 극락전 아미타후불탱(보물 제924호, 조선시대)이 있다.

⑥ 관경변상도(관경변상서품도)

아미타 삼존도, 국보 제218호

경전의 내용을 교화용으로 그린 불화다. 주로 경을 설하게 된 인연과 극락의 모습으로 되어 있다.
일본 세이후구지(西福寺)관경변상도(고려)가 있으며, '관무량 수경'의 내용을 바탕으로 그린 관경변상도인 개심사 대웅전 아미타후불탱(1767)이 있다.

⑦ 약사여래도
약사여래는 중생의 병고와 재난을 없애주는 부처로 불화에 자주 등장한다.
회암사 약사여래삼존도(조선), 통도사 약사전 후불탱, 쌍계사 대웅전 약사후불탱, 화엄사 각황전 약사후불탱, 직지사 대웅전 약사후불탱 등이 있다.

⑧ 보살도
보살은 깨달음을 구하는 사람이란 말에서 유래되었다. 즉 석가모니가 전생에 다른 사람에게 행한 자비를 수행하는 모든 사람을

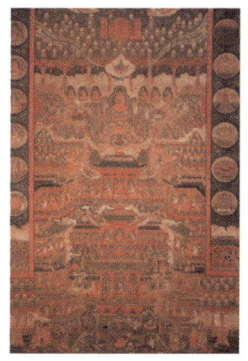
관경변상도,
일본 세이후구지, 고려시대

보살이라 한다. 보살 중에는 관음·보현·문수보살처럼 깨달음을 얻어 불타의 경지에 이르렀음에도 중생을 위해 보살상태로 남아 있는 경우도 있다. 보살이란 말은 누구든 불타의 길을 가는 사람 모두에게 부여되므로 범부보살사상(凡夫菩薩思想)이 생기게 되었다.

⑨ 신중도
불법을 수호하는 신중은 대개 인도의 토속 신들이 불교에 수용되어 호법신으로 표현되었다. 신중은 제석천과 금강역사, 사천왕, 신장 등으로 나타나 있다. 쌍계사 팔상전 신중탱(경남 유형문화재 제385호, 조선시대)등이 있다.

⑩ 칠성·산신도
칠성과 산신은 민간 전래의 신앙을 불교에서 흡수한 것이다. 칠성은 치성광여래(熾星光如來)로서 칠성도에 표현된 함안 능가사 칠성탱(문화재

송광사 청진암 산신탱,
조선시대

자료 제396호, 조선시대) 등이 있다. 산신도는 신선과 호랑이, 동자를 그린 것이다. 토속적이며 신화적인 성격이 나타나 있다. 남해 용문사 산신탱(문화재자료 제 411호, 조선시대)과 송광사 청진암 산신탱(조선시대) 등이 있다.

3) 범종

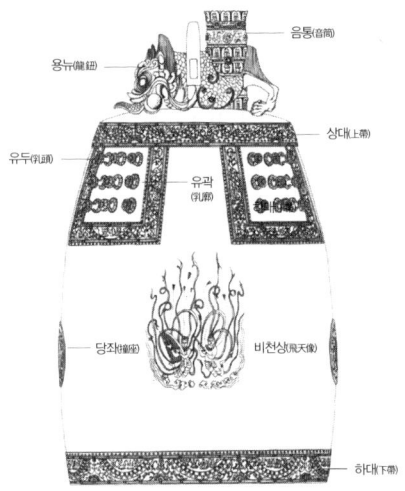

범종 각부 명칭도, 평창 상원사 동종

소리로 시간을 알리고 중생의 마음에 경각심을 일깨워 공덕을 쌓도록 하기 위해 사용되었다.
상원사 동종(국보 제36호, 통일신라)과 성덕대왕 신종(국보 제29호, 통일신라), 선림원종(통일신라), 실상사 동종(1696) 등 오래된 신라 종을 비롯하여 고려시대 이후의 범종도 남아 있다.

4) 불구

① 법고(法鼓)

범종, 목어, 운판과 함께 사물의 하나다. 조석 예불과 의식이 있을 경우에는 법고를 울린다. 법고는 중생들이 고통에서 벗어나 즐거움을 얻고 수행정진하도록 하는 법구이다.

법고와 목어

② 목어(木魚)

북과 함께 예불, 의식에 사용하는 법구의 하나다. 목어는 항상 눈을 뜨고 있는 물고기처럼 수행자도 항상 정진하라는 교훈을 담고 있다.

③ 운판(雲板)

본래 대중에게 끼니를 알리기 위해 두드리던 구름 모양의 동판이다. 운판은 허공에서 헤매는 중생의 고통을 덜어준다는 상징성을 가지고 있다.

운판

④ 목탁(木鐸)

나무를 깎아서 속을 비워 만든 간단한 법구로서 두드리면 소리가 난다. 손잡이가 달려 있고 두드리는 막대가 짝을 이룬다.

⑤ 금고(金鼓)

반자(飯子)라고도 한다. 반자는 한 쪽이 트인 금고를 말한다. 여러 사람을 불러 모을 때 울리는 악기다.

국립중앙박물관 소장 신라시대의 함통 6년명반자(865), 고려시대의 경암사 금고(1073), 밀양 표

금고, 고려시대,
국립청주박물관 소장

충사 금고(1177) 등이 있다.

⑥ 정병(淨瓶)

가장 깨끗한 물, 즉 감로수를 담는 병이다. 감로수는 중생의 고통을 없애주는 물이다.
청동은입사포류수금문정병(靑銅銀入絲蒲柳水禽文淨甁; 국보 제92호, 고려시대)이 남아 있다.

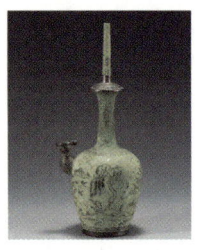

청동은입사포류수
금문정병, 고려시대,
국립중앙박물관 소장

⑦ 향로(香爐)

나쁜 냄새를 제거하고 청정한 상태에서 번뇌와 망상을 벗어날 수 있도록 도와주는 공양구이다. 향은 진리의 단계로서 계향(戒香), 정향(定香), 혜향(慧香), 해탈향(解脫香), 해탈지견향(解脫知見香) 등을 나타내기도 한다.

동제정향향로, 고려시대,
국립중앙박물관 소장

계향은 계율을 지키면 그 공덕이 쌓여 향기처럼 널리 퍼져나감을 비유하는 말이다. 정향은 정신을 집중하며 마음을 평화롭고 맑게 하는 참선을 통해 진리를 직관하는 수행의 향기를 이른다. 혜향은 몸과 마음을 맑게 함으로 얻는 지혜의 향기를 가리킨다. 해탈지견향은 해탈한 상태를 음미하는 향기로움을 이른다.

⑧ 금강저(金剛杵)

수행할 때 사용하는 법구 중의 하나다.
금강저는 인도에서 사용하던 무기로 사천왕 등 호법신들이 지니고 있다. 뾰족한 모양으로 된 고(枯)의 개수에 따라 독고저, 삼고저, 오고저로 나눈다.

금강저, 순천 송광사

⑨ 금강령(金剛鈴)

금강저와 함께 밀교(密敎)의 의식에서 법구로 사용하였다. 금강령의 소리는 잠든 중생의 의식을 불성으로 깨우는 의미를 지니고 있다.

동제금강령, 고려시대, 국립중앙박물관 소장

⑩ 사리기(舍利器)

사리를 넣어서 봉안하는 기물을 말한다. 사리기는 외함(外函)과 내함(內函), 사리병 또는 사리호로 구성된다.
사리기는 불사리를 모시는 그릇으로 최상의 장엄을 표현하고 있다. 경주 감은사 석탑, 불국사 석가탑, 익산 왕궁탑 등에서 발견된 사리기가 있다.

감은사지 삼층석탑 사리기, 통일신라 682년경

5) 불단

불상을 모시고 예불과 의식에 필요한 법구를 올려놓기 위해 만든 단이다. 불단은 부처님의 세계를 상징하므로 수미단(須彌壇)이라고도 한다.
연꽃과 새, 동물, 보상화, 당초문 등을 조각하여 화려하게 장식하고 있다. 은해사 백흥암, 봉정사 극락전과 대웅전, 선운사 대웅전, 화엄사, 직지사 등의 불단이 유명하다.

은해사 백흥암 극락전 수미단, 조선 후기

6) 닫집

불단의 본존불 상부에 보궁(寶宮)의 형태로 장엄하게 꾸며 만든 천장을 말한다. 닫집은 갖은 포작 위에 지붕을 조각하여 올린 모습이 다수이다.

7) 석등

불교사원에서 불을 밝히는 기능 외에 공양의 기구로서 중요시되었다. 법공양으로 정성을 기울여 제작한 석등은 불교미술 중에 하나의 양식조류를 이루었다.

미황사 닫집

석등은 사찰에서 주요 전각과 더불어 중심축 선상에 배치되기도 한다.

부여 규암리사지와 익산 미륵사지에서 백제 석등의 연화대석과 옥개석, 화사석 등의 부재가 발굴되었다. 백제시대의 석등은 팔각 평면의 화사석으로 만들어져 있다.

법주사 쌍사자 석등

통일신라시대의 사찰에는 다양한 형태의 석등이 남아 있다. 부석사 무량수전 앞에 있는 석등은 지대석과 팔각의 복련(伏蓮) 하대석, 간주, 앙련(仰蓮) 상대석, 화사석, 옥개석으로 구성되어 있는 전형적인 신라 석등이다.

법주사 쌍사자 석등은 대표적인 통일신라시대의 이형 석등양식으로 남아 있다. 하대석 위에 두 발로 서서 마주한 쌍사자가 상대석과 화사석, 옥개석을 받치고 있다.

8) 당간(幢竿)

석주나 철주를 높게 세우고 당(幢)을 거는 시설이다. 당은 기도 또는 법회 때에 사찰의 마당에 있는 당간에 걸었던 깃발이다.

당간은 통일신라시대부터 사찰마다 세웠을 것으로 추정되고 있다. 당간은 기단과 지주, 당간, 보주로 이루어져 있다. 공주 계룡산 갑사에 있는 철당간(통일신라시대), 청주시 용두사지 철당간(국보 제41호, 962), 나주시 동문외 석당간(보물 제49호, 고려시대), 담양 읍내리 석당간(보물 제505호, 고려시대) 등이 남아 있다.

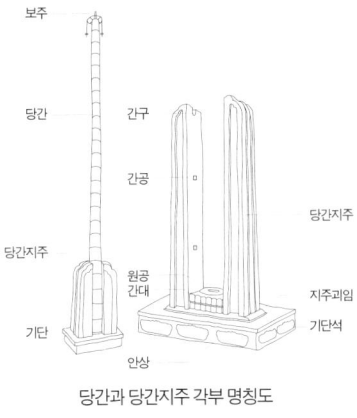

당간과 당간지주 각부 명칭도

제 8 장
원림과 누정

1. **원림의 개요** · 500
   1) 용어의 유래
   2) 한국 원림의 건축적 특징
   3) 유형 및 역사적 전개
      (1) 궁궐 원림
      (2) 사찰 및 관아의 원림
      (3) 사가 원림
   4) 한국 조경에 영향을 끼친 사상
2. **원림의 조원원리와 요소** · 505
   1) 조원원리
   2) 조원요소
      (1) 산책로
      (2) 화목과 배식
      (3) 건축시설
      (4) 저수시설
      (5) 석조 점경물
3. **누정의 기능과 유형** · 510
   1) 용어의 유래
   2) 누정의 기능
   3) 누정의 유형
      (1) 관아의 누각
      (2) 성문루와 장대
      (3) 궁궐의 누각
      (4) 향촌의 정자
      (5) 농촌의 모정
      (6) 살림집의 누정
      (7) 사찰 및 서원의 문루와 강당
   4) 누정의 건축기법
      (1) 배치기법
      (2) 경관기법
      (3) 건축형태
   5) 편액의 실례와 의미
4. **원림과 누정의 실례** · 516
   1) 궁궐 원림
      (1) 경주 계림
      (2) 경주 포석정지
      (3) 경주 안압지
      (4) 창덕궁 후원
   2) 관아의 원림과 누정
      (1) 남원 광한루
      (2) 밀양 영남루
      (3) 삼척 죽석루
      (4) 진주 촉석루
   3) 사가 원림
      (1) 문수원 정원
      (2) 경주 서출지 이요당
      (3) 봉화 청암정
      (4) 영양 서석지
      (5) 예천 초간정
      (6) 대전 남간정사
      (7) 곡성 함허정
      (8) 보성 열화정
   4) 별서와 구곡
      (1) 담양 소쇄원
      (2) 보길도 윤선도 유적
      (3) 서울 석파정
      (4) 담양 명옥헌
      (5) 괴산 화양구곡
      (6) 성주 무흘구곡
      (7) 단양 사인암

1. 원림의 개요

1) 용어의 유래

① 원림(園林)
『설문해자(說文解字)』에 의하면, 원(園)은 "과일과 채소를 심고 키우는 장소이면서 울타리로 둘러친 장소"이다. 특히 성 밖에 있으면서 자연에 가깝고, 여가를 즐기기 위한 원을 원림이라고 하였다. 원림은 도시 안에 조성되는 원에 비해 과도한 인공조경을 피하고 주어진 자연환경을 최대한 이용하는 특징이 있다.

② 정원(庭園)
『설문해자』에서는 정(庭)을 "울타리로 둘러싸인 건물 앞의 공지"로 풀이하였다. 정원이라는 말은 19세기 말 일본에서 만들어졌으며, 우리나라의 전통 조경 개념을 표현하기에 부적절한 면이 있다.

2) 한국 원림의 건축적 특징

입지	전면이 낮고 후면이 높은 경사지를 평평하게 다듬어 건축물을 배치하는 경우가 많기 때문에, 대개 전면은 툭 터지게 비워두고, 후면은 계단형으로 층차를 두고 다듬어 단형정원(段形庭園) 혹은 화계(花階)로 꾸미는 것이 일반적이다.
담장	담을 두르되 억지로 직선형이나 수평으로 만들지 않고, 지세를 따라 높고 낮게 층절을 두어서 산형을 따라가도록 만든다. 담장의 재료나 형식 역시 주변 자연과 친화적이어서, 건축물과 자연의 중간적 성격을 띤다.
마당	건물과 담을 이용하여 성격과 기능에 맞는 다양한 마당을 구성한다. 안뜰과 바깥마당은 행례, 행사를 위한 장소로 장식 없이 비워두는 것이 보통이다.
화목	마당이나 뒤꼍에 각각 의미에 맞춘 꽃과 나무를 심어서 관상의 대상으로 삼았다.
연못	건축물로 들어가는 진입로 혹은 전면 마당에 네모난 방지(方池)를 꾸미며, 못 속에 원형의 봉래선산(蓬萊仙山)을 만들고, 주변에 괴석을 배치하고 수림과 화초를 심었다.
후원	주건축물의 뒷면에는 대개 단형의 토대를 구성하여 후면의 높은 지형에 대응하고, 독립된 온돌 연통을 두고 담장을 장식하여 사적이고 독특한 후원의 경관을 형성한다.

① 자연과 조화
한국의 원림은 인간 역시 자연의 일부로 해석하여 자연의 아름다움을 즐기는 동시에 궁극적으로는 자연과 하나되는 일치감을 느끼게 하는 것을 원칙으로 하였다. 따라서 산수의 형상을 그대로 유지하면서 그 안에 최적의 장소를 쫓아 최소의 인공시설물을 더하는 것이 특징이다.

② 인공요소와 결합
대표적 인공시설물로는 루·정·대·사(樓亭臺榭)와 같은 건축물, 동선과 시선의 조정을 위한 담장과 문, 다리, 그리고 조금 더 적극적인 장치로 지당(池塘)과 인공조림(造林), 석물과 화단의 조성을 들 수 있다.

3) 유형 및 역사적 전개

(1) 궁궐 원림(宮苑)
① 고구려
고대 왕실에서 경영하였던 궁원은 매우 이른 시기부터 존재하였다. 5세기 초의 유적인 고구려의 안학궁 터에서는 침전인 북궁의 뒤로 가산(假山)을 조성하고 정원을 만들었던 흔적이 남아 있다. 또한 여러 곳에서 동산과 장방형의 못자리 터가 발굴되었다.

② 백제, 신라
백제의 한산성과 웅진궁, 사비궁성과 신라의 금성, 월성에서도 조산과 연지로 이루어진 정원이 있었음이 유지와 기록을 통해 확인되었다.

③ 통일신라
안압지는 가장 완전하게 보존되어 있는 고대정원으로 월성에 있던 동궁의 궁원이다. 연못을 파고 중국의 무산 십이봉을 본 뜬 가산을 조성하였다. 포석정은 경주 남산 서쪽 기슭에 있는데, 흐르는 물에 술잔을 띄워 시를

짓는 풍류놀이인 유상곡수연(流觴曲水宴)을 즐겼던 장소이다.

(2) 사찰 및 관아의 원림
고려시대에는 궁원 외에도, 사찰에서 운영하는 선원(禪苑)과 관아에서 운영하는 객관(客館) 등에 부속된 정원이 크게 발전하였다.

① 선원(禪苑) — 사찰의 원림
선원은 모정과 원지, 석가산, 장리, 화오 등으로 구성된다. 이들은 불교의 선사상과 도교의 무위자연사상에 많은 영향을 받은 것으로 생각되며, 은일(隱逸)과 청적(淸寂)의 심취로 말미암은 소산이었다.

모정 (茅亭)	향을 피우고 차를 달이며, 참선하기 위한 선암방장(禪庵方丈)에서 출발 속세를 떠나 한적한 생활을 하려는 노자의 사상과 합일
원지 (園池)	연꽃을 심고 갈대를 가꾸어 선을 깨닫기 위한 사지(寺池)에서 출발 자연에 소요(逍遙)하려는 은사(隱士)의 법도와 합치 모정과 원지는 『동국이상국집』과 『고려사』에 자세한 기록이 있다.
석가산(石假山)	1116년(예종 11)경 최초로 도입. 점차 민간에 퍼져 크게 유행
장리(牆籬)	울타리의 총칭. 고려시대에 와서 특히 치장에 치중
화오(花塢)	고려시대에 화단을 가리키는 용어였다.

② 객관(客館) — 관아의 원림
외국 사신을 맞이하는 객관에 속한 정원은 당시 조원기술의 결집체였다.

고려시대 객관—순천관
『고려도경(高麗圖經)』에 기록된 객관 중에서도 가장 뛰어난 객관이었다. "정북면으로 순천관이 자리 잡고 동서·양계단에는 난간을 두르고 위로는 금수렴막을 쳤다. 정청 뒷문을 나서면 중앙에 낙빈정이라는 큰 정자가 있고 동편과 서편에 전당이 있으며 정원에 화훼를 많이 심었다. 정북으로 향림정에 통하는 북문 통로가 있는데, 향림정은 사각정으로 난간이 둘러 있고 매우 경치가 훌륭하다"고 기록되어 있다.

조선시대 객관

조선시대에도 관아나 객사, 성문에는 부속한 누정과 원림을 조성하여 향사례, 향음례의 장소를 마련함으로써 성리학적 질서를 강화하는 예치의 공간을 조성하였다.

(3) 사가 원림(私家園林)

고려시대 이후 민간의 정원이 발달하였다. 주택에 딸린 택원과 함께 향교, 서원 혹은 지역 유식자층의 원림, 경승지 등에 조성되는 별서 및 별장, 계곡을 따라 지역 공동체의 범주로 확대되는 독특한 유교경관으로서 구곡 등 다양한 원림이 발전하였다.

① 누정 원림(樓亭園林)

누각이나 정자를 중심으로 하며 그 주위에 딸린 환경을 포함하는 원림을 말한다.

② 별서와 별업

별서(別墅)란 별업(別業), 향거(鄕居), 농장(農庄), 전려(田廬) 등으로 불리기도 하는데 경승지와 전원지에 은일과 은둔 또는 자연과의 관계를 즐기기 위해 조성해 놓은 주거성 원림이다.

③ 구곡(九曲)

구곡의 기원이 되는 무이산(武夷山)은 복건성(福建省)에 위치하여, 중국 동남쪽에서 경치가 으뜸으로 꼽혀온 명산이다. "동주에서 공자가 나왔고 남송에는 주자가 있으니, 중국의 옛 문화는 태산과 무이로다(東周出孔丘 南宋有朱熹 中國古文化 泰山與武夷)"란 말처럼 무이산은 신유학, 즉 성리학과 관련된다. 주자는 무이산에 무이정사(武夷精舍)를 세우고 제자를 양성하였다. 조선시대 선비들은 무이정사에서 서원의 모범을 찾았고, 주자의 '무이구곡가'를 읊으면서 주자를 흠모했다. 율곡 이이는 해주 석담에 은거하며 무이산 은병봉에서 이름을 따와 은병정사(隱屛精舍)를 지었으며 '무이구곡가'를 본따서 '고산구곡가(高山九曲歌)'를 지어 우리 산천을 노래했다. 우암 송시열은 화양계곡에 은거하며 화양구곡(華陽九曲)이라고 이름하였다.

4) 한국 조경에 영향을 끼친 사상

① 신선사상
우리나라의 원림은 도교의 신선사상과 전래의 풍류사상을 바탕으로 한다. 정원 내 점경물 혹은 정자의 이름에서, 정원 내 원지(園池)에 삼신산을 상징하는 중도(中島)를 설치하는 것, 그리고 십장생 등의 길상문을 조원 소재로 활용하는 것에서 그 영향을 확인할 수 있다.

② 음양오행사상
조선 초기 이래 연못의 모양이 방형으로 굳어졌는데, 이는 땅, 즉 음을 상징한다. 또한 연못 속의 작은 섬은 원형으로 하늘, 즉 양을 상징한다. '하늘은 둥글고 땅은 네모지다'는 천원지방(天圓地方)의 우주관을 반영한 것이기도 하다.

③ 풍수지리사상
배산임수의 택지를 고르는 방식에서 전정, 내정, 후원, 별정이 생긴다. 수목의 배식 역시, 수목의 상징성과 풍수지리사상의 비보(裨補) 개념과 결부되어 그 위치나 방향을 규정하고 있다.

④ 유교사상
조선시대의 선비들은 출처지의(出處之義), 즉 선비가 대부로서 세상에 나아가 관인의 입장에 있을 때는 나라와 백성을 위해 힘쓰지만, 세상이 자신의 이상을 받아주지 않으면 관직에서 물러나 처사의 입장에서 대의와 명분을 지키는 것을 이상으로 삼았다. 따라서 주거지는 물론 서원과 향교의 공간은 스스로 장수(藏修;항상 학문을 닦아 게을리 하지 않는 일)하고, 유식(遊息;노닐고 휴식하는 것)하며, 격물치지(格物致知;세상 사물의 이치를 바로 보고 그것을 통해 자신의 지식을 완전하게 하는 것)의 교육장이 되도록 꾸몄다. 또한 산, 바위, 계곡, 정자에 성리학과 관련된 문구나, 선현의 행적을 흠모하는 이름을 붙였다.

2. 원림의 조원원리와 요소

1) 조원원리

유형		방법	예
유경		인간이 경관 속으로 직접 들어가 노닐며 즐김	은일 풍류
취경		자연경관을 취하여 생활공간 속으로 끌어들임	
	차경	경관을 빌려 씀 울타리 밖의 경관을 그대로 둔 채 집 안에서 보고 즐김	정자 화창(畵窓)
	사경	경관을 비슷하게 베낌 울타리 밖의 자연경관과 비슷하게 집안에 경관을 만듦 규모가 상당히 큼	원림
	선경	사경의 일종 울타리 밖의 자연경관 중에서 형태가 좋거나 의미가 깊은 요소만 선정하여 도입 규모가 작음	작은 정자 실내조경 인공폭포
	축경	경관을 축소 실제 경관의 형태는 비슷하나 스케일을 줄임	석가산 분재, 수석
	의경	경관의 뜻만 상징 실제 경관의 의미를 추상화하거나 상징화하여 대신함	상징조형물 편액, 주련

명나라 말(1634) 계성(計成)이 지은 『원야(園冶)』는 원림의 고전적 조원원리를 가장 잘 정리해 놓은 저서이다. 이후에 원야는 원림의 조원술을 가

리키는 말로 광범위하게 사용되었다. 경관을 만드는 기본원리로 크게 유경(遊景)과 취경(取景)이 대별되며, 취경의 구체적인 사례로 차경(借景), 사경(寫景), 선경(選景), 축경(縮景), 의경(意景) 등이 있다.

2) 조원요소

(1) 산책로
① 석축
조원요소로서 석재는 산책로를 만들거나 주요한 누각이나 망대의 바닥을 높여 단을 쌓을 때 사용하는 데 가장 격이 높은 재료였다.

② 계단
산책로에서 계단은 발걸음의 리듬을 조절하는 조원요소로도 활용된다. 반드시 높은 곳에 올라가는 경우가 아니더라도 작은 계단을 오르락내리락하는 행위는 경치를 즐기는 데 큰 요소로 작용한다. 또한 실제 이용하지 않고 경관요소 역할을 하기도 한다.

③ 다리
다리는 강이나 연못 위를 거니는 보도의 기능을 가지는 것이 기본이지만 수경의 조원공간 속에서 아름다운 경관을 조성하는 조영물이 되기도 한다. 또한 불국사의 청운교, 백운교처럼 땅에서 하늘에 오르는 상징이 되기도 하며, 산사의 입구 개울에 놓인 다리처럼 속세에서 정토로 이어주는 상징이 되기도 한다.

(2) 화목과 배식
우리말로 정원사를 '동산바치'라고 하는데, 이는 동산을 다스리는 사람을 일컫는다. 우리 원림에서 뒷동산은 보통 송림을 이루고 있으나, 집 가까이는 꽃나무와 과수나무를 많이 심었다. 상록수를 심는 경우는 드물었다.
정원에 수목을 심는 위치도 신중하게 고려하였다. 예를 들어 음양론에 의거하여, 양거(陽居)는 음을 좋아하고, 음거(陰居)는 양을 좋아하기 때문에 음양상화(陰陽相和)하도록 하는 것이 기본 이치라고 하였다. 뜰 중심의 수목은 간곤(間困)이라고 하여 재앙을 주재하는 것으로 생각하였고, 건물 안뜰에는 큰 나무 심는 것을 피하고, 큰 나무가 건물 위에 걸쳐지는 것은 좋지 않다고 하였다.

(3) 건축시설
① 문
정원의 문은 보다 자유로운 구성을 취한다. 원형이나 정방형의 기하학적 구성을 취하기도 하고, 문짝을 달지 않고 경치를 담는 틀로 기능하기도 한다. 또한 창과 함께 개폐를 통하여 시야를 조절하는 기능도 가지고 있다.

② 담장
우리나라의 담은 경사진 공간에서 계단형으로 꺾이면서 단을 지어 조성되는 것이 특징이다. 또한 집의 지붕보다 높지 않기 때문에 높이가 2미터 내외인 것이 가장 많다. 한편, 반드시 전체를 둘러싸 폐쇄적인 공간을 만드는 것이 아니라 필요한 곳에 일부만을 구획하는 방식도 사용된다.

③ 굴뚝
굴뚝의 종류에는 간이형, 독립형, 복합형이 있으며, 그 재료로는 흙, 돌, 기와 등을 사용한다. 고급 굴뚝에서는 상부에 기와로 지붕을 만들고 연기가 나오는 부분에 연가(煙家)라고 하는 토기를 얹었다.

④ 장독대
본격적인 생활공간 역할을 하는 건축물의 주변에 위치하는 장독대도 정원의 경관요소가 된다. 대부분 한가하고 바람이 잘 통하는 양지 바른

뒤뜰에 위치하는데, 담이 없는 집이면 뒤 언덕에 이어지고, 담이 있으면 담 밑에 자리한다.

(4) 저수시설
① 지당(池塘)
물을 모아두는 곳이다. 서유구의 『임원경제지』「대소지당편」에 지당의 축조로 얻는 세 가지 좋은 점이 나온다. 즉, 물고기를 기르면서 완상할 수 있고, 전지(田地)에 물을 공급할 수 있으며, 사람의 마음을 깨끗하게 할 수 있다고 하였다. 그러므로 지당은 완상, 저수, 수양을 목적으로 하고 있음을 알 수 있다.

② 폭포
예로부터 물소리가 크거나, 급하게 흐르거나, 물살이 부딪히는 곳은 집자리로 피했다. 그러나 폭포의 장엄하고 신비한 분위기는 훌륭한 조경 경관이 된다. 『신증동국여지승람』에는 고려시대 궁원에 이미 인공폭포가 조성되었다고 나와 있다. 폭포의 대부분은 인공이며, 형태를 축소한 축경이다.

③ 수조
간수나 폭포의 물을 잠시 저장하는 시설이다.

비천(飛泉)	물이 낙차로 인해 힘있게 떨어지도록 인공적으로 처리한 것
괘천(掛泉)	조용히 흘러내리는 폭포
현폭(懸瀑)	지당에 물을 공급할 때 소리를 내며 위에서 떨어지도록 하는 폭포형 급수장치
자일(自溢)	물이 넘쳐들게 한 것
입수구(入水口)	수관의 끝부분으로 용, 거북 등 단수의 두상을 본뜬 석조 구조물
잠류(潛流)	물이 지하로 스며들게 한 것
수확(水確)	물방아를 작게 만들어 폭포처럼 만드는 것

④ 수로

자연수를 정원 안으로 끌어들여, 정원 내에서 흐르게 하거나 모아두었다가, 다시 정원 밖으로 내보내기 위해 필요한 시설이다.

원궁투류 (垣窮透流)	간수가 정원 안으로 쉽게 흘러들어올 수 있도록 담장 아래를 비우고 만든 수로
간수(澗水)	정원 수경의 급수원이 되는 상류 또는 정원에서 배출된 물이 흘러가는 하류를 이루는 작은 개울. 돌로 된 계곡을 이루는 경우 석간(石澗)이라고 하고 주변의 경관에 따라 송간(松澗), 죽간(竹澗) 등으로 이름 붙인다.
비구(飛溝)	물을 끌어들이기 위해 나무를 파서 만든 홈통
곡수거(曲水渠) 유림거(流林渠)	물에 술잔을 띄워 자기 앞에 당도할 때까지 시를 지어 잔을 들고 읊은 후 다시 다음 사람에게 잔을 띄워 보내는 놀이를 위해 인위적으로 만든 곡선형의 도랑으로 경주의 포석정에 유허가 남아 있다.

(5) 석조 점경물

점경물이란 원림에 첨가되어 시선을 집중시키거나 독특한 분위기를 강조하거나 옥외가구의 역할을 하는 점적 요소를 말한다. 주로 식물이나 광물이 이용되며, 석재를 이용한 점경물은 다음 표와 같다.

유형	형태
석가산 (石假山)	자연석을 쌓아올려 산의 모양을 축소하여 표현한 것 수직적인 거대 조형물을 형성 수목이나 수경을 곁들이기도 함
치석 (置石)	수목의 밑이나 물가 등에 여러 개의 자연석을 앉힌 것 수평면에 수평방향으로 배치
괴석 (怪石)	기이한 형질의 자연석 한 덩어리를 홀로 앉힌 것 석함에 심어 세움
수석 (壽石)	실내조경용으로 쓰이는 괴석 평반(平盤)에 배치
식석(飾石)	추상적 상징을 하는 소형의 석조물
석탑(石塔)	사찰의 석탑을 옮겨다 놓았거나 축소 모방한 것
석인 (石人)	상징성을 부여하기 위하여 만든 인물상 문인석, 무인석
석수(石獸)	상징성을 부여하기 위하여 만든 동물상

석상 (石床)	넓고 평평한 바위를 다듬어 탁자나 평상으로 사용 인공을 가하기도 하고, 너럭바위를 그대로 쓰기도 함 다리를 붙이기도 하고, 돌을 다듬어 깔기도 함
대석(臺石)	화분, 등, 해시계, 석함 등을 얹어놓게끔 다듬은 받침돌
하마석(下馬石)	넓고 평평한 바위를 다듬어 가마를 타고 내리는 디딤돌로 사용
석연지(石蓮池)	넓고 두터운 돌을 큰 수조처럼 다듬어 작은 연지, 어항으로서 사용 수면의 반영효과를 즐겨 세심석이라고도 함
돌확(물확)	돌을 절구나 도가니처럼 다듬어 석연지나 물거울로 사용
석분(石盆) 석함	괴석을 받쳐놓게끔 다듬은 작은 돌그릇
석등(石燈)	야간조명을 위하여 만든 등
석주(石柱)	드물게 싯귀나 장소명을 새겨서 세워둠
석문 (石門)	석궐형태를 모방하여 문 모양의 구조물을 만듦 상징적 공간구획의 기능을 함

3. 누정의 기능과 유형

1) 용어의 유래

① 누(樓)와 정(亭)

누(樓)	정(亭)
비교적 큰 규모	작은 규모
망(望)	관(觀)
공공적	사적
정치, 행사, 연회	유상(遊賞), 생활
정치적인 장, 객관에 부속	사적인 장

누정은 누각과 정자를 포괄하는 용어이다. 『설문』에 의하면 누는 중첩시켜 올린 집이다. 또한 『석명(釋名)』에서는 정(亭)은 정(停)으로 표기하여 '잠시 쉬며 놀다 가는 곳'으로 풀이하고 있다. 즉, 누는 형상에 따라, '정'은 기능에 따라 정의되었음을 알 수 있다. 현존하는 실례들에서 누와 정은 어

느 정도 혼용되어 쓰이고 있으나 대체로 위의 표와 같이 구분하는 것이 가능하다.

② 각(閣)과 합(閤)
각은 누와 유사한 중층 건물이다. 누는 당(堂)을 쌓아올린 것으로 규모가 큰 반면, 각은 정을 쌓아올린 비교적 작은 규모라고 구분하기도 한다. 그러나 실제로는 뚜렷하게 구분되지 않아서 보통 '누각'이라는 말로 통칭한다. 간혹 '각'은 작은 규방(閨房)이라는 의미의 '합'과 통용되는 경우도 있다.

③ 대(臺)와 사(榭)
고대에는 조망에 쓰이는 높고 평탄한 축대를 가리켜 대(臺)라 하고, 대 위에 얹은 목구조를 사(榭)라고 했다. 『이아(爾雅)』에서 "대는 사각형이고 높이 솟은 것(四方而高)"으로 표현된다. 따라서 전망대(閣)를 대라고 했다. 또 그 위에 목구조가 올라가면 사라고 했으며, 건축적으로는 침(寢)건축에서 실(室)이 빠진 것으로 이해했다. 『석명(釋名)』에서도 "대는 지(持)다. 흙을 높이 쌓아 견고하게 하여 능히 스스로 지탱할 수 있다"고 하여 축대의 의미를 분명히 하고 있다. 그러나 대와 사가 원림건축에 응용되면서 대 역시 건축물을 지칭하는 용례가 생겨나게 된 것으로 추정된다. 대사는 물가에 자리 잡는 경우가 많고 규모가 큰 것을 대, 작은 것을 사라고 구분하는 경우도 있다. 누정에 비해 많지는 않지만 대표적인 예로 강릉 경포대(鏡浦臺)와 창덕궁 후원의 폄우사(砭愚榭) 등을 들 수 있다.

④ 재(齋)
재는 당과 비슷하지만 "정신을 가다듬어[齋] 치성을 드리는[示] 곳"이다. 본래 제사를 드리거나 조신하게 공부를 하거나, 소박하게 안식하기 위한 목적으로 건축되었다. 따라서 한적한 위치에 자리 잡으며, 개방적이기보다는 은밀하게, 화려하기보다는 검소하게 짓는다.

⑤ 헌(軒)
원래는 비바람을 막기 위해서 앞이 굽고 높은 막이가 달린 수레를 뜻했지만, 우리나라에서는 강릉의 오죽헌처럼 당의 형식을 가진 것, 담양의 명옥헌처럼 정의 형식을 가진 것이 있으며, 창덕궁의 기오헌처럼 작은 대청을 가지는 서실을 가리키기도 한다.

⑥ 기타
이 외에도 당(堂), 청(廳), 사(舍), 와(窩) 등이 있는데 모두 정확한 건축의 형식이나 구조를 지칭하기 보다는 그 의미를 취하는 태도를 보이고 있다.

2) 누정의 기능

공공적 성격이 강한 누각은 평시에는 유람상춘(遊覽賞春)의 장소가, 전시에는 장수의 지휘소가 된다. 개인의 정자는 생활의 여유를 즐기고 형이상학적 이상을 되새기는 장소가 된다.

3) 누정의 유형

(1) 관아의 누각
관아에서 건축하고 관리하는 누각은 특히 객사의 부대시설이 되어 접대, 향연 및 풍속에 따른 의식의 장소로 이용되었다. 이러한 누 건축은 조선 왕조의 사회풍토, 곧 유교적 생활방식에서 필요성이 강조되었다. 남원 광한루, 밀양 영남루, 청풍 한벽루 등이 대표 사례이다.

(2) 성문루와 장대
도성시설 중 성문루와 포루, 장대 등이 누각의 형식으로 건립되었다. 사방이 트이고 바닥을 높여 만든 건물은 군사적 기능을 가지면서 풍류를 즐기고 자연에 순응하는 공간으로 사용된다.

(3) 궁궐의 누각

궁궐의 누각 건축은 성문과 정원에 있다. 성문에 있는 누각은 방어, 감시의 군사적 기능을 가지므로 구조는 누각이지만 자연과의 관계라든지 공간의 확산과 흡수 또는 풍류를 즐기기 위한 기능은 빠져 있다. 그러나 후원의 자연을 이용하거나 인위적으로 만든 자연에 누각을 도입해서 화려하고 고상한 경관을 꾸몄다. 또한 경복궁 경회루처럼 상수학적 상징체계가 계획원리로 적용되기도 하였다. 이밖에 창덕궁 주합루, 경복궁 자경전 청연루 등이 대표적이다.

(4) 향촌의 정자

자연의 섭리에 순응하면서 유가적 이상을 고도의 상징성으로 응축하여 표현하고 있는 정자는 대개 지배계층의 전유공간으로서 건축되었다. 정자는 풍류, 관망, 휴식을 위해 건립된 것이 대부분이며 일부는 추모, 기념의 목적으로 건립되기도 했다. 또한 일시적인 주거, 강학의 목적으로 건립되는 경우도 있다.

(5) 농촌의 모정(茅亭)

농민들의 휴식, 회의, 감시의 목적을 위해 마을 주민들이 공동으로 건립, 이용, 관리하는 개방형 정자이다. 모정은 특히 호남지역에서 보편적으로 나타나는 정자건축으로 중세 선원(禪苑)의 모정과는 관련이 없다. 주거구역과 경작구역의 경계지에 자리한다. 지역에 따라 시정, 우산각, 동각 등 다양한 이름으로 불리며, 농촌 작업공동체의 상징물이다.

(6) 살림집의 누정

상류주택의 누마루 공간은 누 건축의 배경과 같은 형태를 가진다. 누마루는 대청보다 한두 단 높게 잡고 돌출시켜서 전망을 좋게 한다. 또한 돌출시킨 주위에 연못을 만들거나 보기 좋은 수목으로 장식하여 일상생활 속에서 선인의 경지를 찾으려 하였다.

(7) 사찰 및 서원의 문루와 강당

사찰의 문루는 대웅전 앞마당의 땅바닥보다 낮게 시설하는데, 사찰에 들어서는 사람이 건물의 밑을 통과하면서 조심스럽게 대웅전 앞마당에 올라서면 대웅전과 탑이 극적으로 전개되도록 한 것이다. 부석사 안양루, 전등사 대조루가 좋은 예이다.

서원 및 향교에서는 출입문 위를 누 건축으로 하여 여러 용도로 사용하였다. 이러한 공간은 훈장들의 풍류 또는 접객을 위한 공간이나 때로는 생원들의 여름철 교육장소로도 이용되었다.

4) 누정의 건축기법

(1) 배치기법

누정은 주로 산천이 수려한 곳, 바닷가나 강가의 절경 또는 농촌의 경작지 한가운데 등 휴식공간의 필요성이 있는 곳에 자리한다. 주거건축이나 예제건축과는 다르게 방위에 구애되지 않는데, 건축의 배경과 관망의 대상이 되는 경관이 더 중요하기 때문이다.

(2) 경관기법

① 허(虛) : 비움

방이 없거나 잠시 거처를 위해 방을 만들더라도 들어올려 처마 밑 걸쇠에 걸 수 있는 분합문을 달아 개방성을 강조한다.

② 원경(遠景), 취경(取景), 다경(多景), 읍경(揖景), 환경(環景)

원경은 가장 멀리 있는 자연이다. 취경은 경관을 모으는 것으로 취경이 되면 다경이 된다. 읍경은 인공적인 행위 없이 좋은 경관을 끌어들이는 일이고, 환경은 주위의 녹지·물·산 등이 누정을 둘러싸도록 입지시키는 방법이다.

(3) 건축형태

평면	방형 평면이 대부분이지만 육각형, 팔각형도 존재한다. 작은 규모는 정면 1칸, 측면 1칸이고, 큰 규모는 정면 7칸, 측면 3칸이다. 대부분 1칸에서 3칸 규모이다. 정면 1칸, 측면 1칸 사례가 가장 많다.
지붕	팔작지붕이 가장 많고, 모임지붕이 다수 있다. 드물게는 정자형 맞배지붕도 있다. 주재료는 기와와 볏짚이다. 그러나 후대에는 함석 등도 사용되었다.
양식	비교적 간편한 구조인 민도리 소로수장양식이나 익공양식이 대부분이다. 다포양식은 궁궐 등의 특수 사례에서 찾을 수 있다.
문창	완전히 개방된 것과 실을 갖는 것의 비율이 유사하다. 일반적으로 난간을 설치(주로 계자난간, 평난간)한다.
바닥	대부분 마루를 가설한다.

5) 편액의 실례와 의미

편액	출전	원문	어의
경금(絅錦)	중용	衣錦尙絅	내면충실
관란(觀瀾)	맹자	觀水有術 必觀其瀾	학문하는 태도
관어(觀魚)	장자	子非魚 安知魚之樂	달관의 경지
광풍(光風) 제월(霽月)	송사	胸懷灑落 如光風霽月	맑고 깨끗한 마음
귀래(歸來) 기오(寄傲) 무송(撫松) 열화(悅話)	歸去來辭 (도연명)	倚南以寄傲 [...]撫孤松而盤桓 [...]悅親戚之情話	자연회귀
독수(獨守)	少年子(이백)	夷齊是何人 獨守西山餓	충절
망양(望洋)	장자	望洋之嘆	심원한 학문의 경지
서벽(棲碧)	山中間答 (이백)	問余何事棲碧山 笑而不答必自閑	안분지족
세심(洗心)	역경	聖人以此洗心 退藏於密	심신의 수양
영귀(詠歸)	논어	浴乎沂風乎舞雩詠而歸	안빈낙도
완락(玩樂)	명당 실기	樂而玩之 足而終吾身而厭不	학문의 즐거움

운영(雲影)	중용	天光雲影共徘徊	천지조화
창랑(滄浪) 탁영(濯纓)	초사	滄浪之水淸兮 可以濯吾纓 滄浪之水濁兮 可以濯吾足	처신과 인격을 강조
천연(天淵)	시경	鳶飛戾天 魚躍于淵	천지조화
추원(追遠)	논어	愼終追遠 民德歸厚矣	효사상
화양(華陽)	상서	歸馬于華山之陽 放牛于桃林之野	평화로운 세상
후조(後凋) 세한(歲寒)	논어	歲寒然後知松栢之後凋也	지조와 절개

4. 원림과 누정의 실례

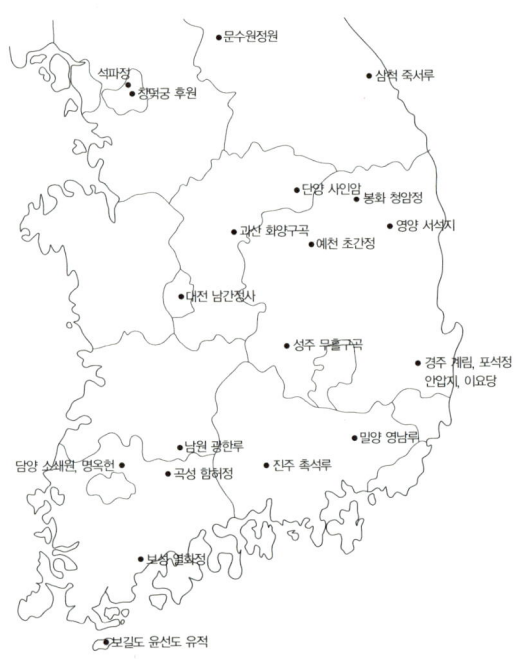

1) 궁궐 원림

(1) 경주 계림(사적 제19호, 경북 경주시 교동)
① 연혁 및 입지

계림(鷄林)은 첨성대(瞻星臺)와 월성(月城) 사이에 있는 숲으로 왕버들, 느티나무, 단풍나무 등의 고목(古木)이 울창하게 서있으며, 신라왕성(新羅王姓)인 김씨(金氏)의 시조 김알지(金閼智)의 탄강전설(誕降傳說)과 관계 깊은 숲이다. 계림이라는 명칭은 이 전설 중 숲에서 닭이 울었다는 데서 유래했으며, 후에 나라명으로도 쓰였다. 조선 1803년(순조 3)에 세운 김알지 탄생에 대한 비(碑)가 남아 있다.

(2) 경주 포석정지(사적 제1호, 경북 경주시 배동)
① 연혁 및 입지

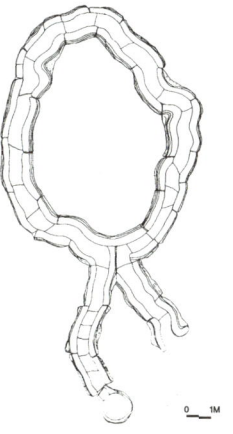

신라 이궁(離宮)의 정원에 있던 유상곡수연(流觴曲水宴)을 하던 유배거(流盃渠)의 유적이다. 『삼국유사』에서 신라 헌강왕(憲康王)때 기록이 처음 나타난다. 일제강점기 임의 보수시 원형이 많이 훼손되었다.

② 건축구성

유배거 굴곡진 타원형인데 긴 지름이 6.53미터, 짧은 지름이 4.76미터이며 타원형 수로의 구배차는 5.9센티미터이다. 수로의 너비는 약 30센티미터, 깊이는 20센티미터이며 타원형 수로의 길이는 약 22미터에 이른다. 이 유배거에 물을 담아 술잔을 띄우면 술잔의 크기와 술잔 속에 술을 담은 양에 따라서 흐르는 속도가 달랐다고 한다. 건축 유지가 남아있지 않지만 '砲石'이라고 음각된 문자기와가 발견되어 건물이 있었음이 확인된다.

(3) 경주 안압지(경북 경주시 인교동)
① 연혁 및 입지

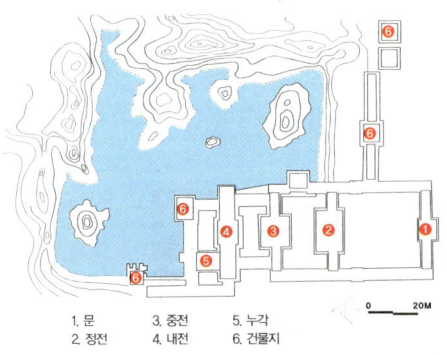

1. 문
2. 정전
3. 중전
4. 내전
5. 누각
6. 건물지

신라가 삼국을 통일한 직후인 674년(문무왕 14) 2월에 "궁 안에 못을 파고 산을 만들고 화초를 심고 진기한 새와 짐승을 길렀다"는 기록이 『삼국사기』에 전한다.
안압지는 동궁에 속해 있던 못으로 판단되며, 나라의 경사스러운 일이나 귀한 손님을 맞을 때 이 못을 바라보면서 연회를 베풀었던 곳이기도 하다.

② 건축구성

못의 둘레는 호암석(護岩石)이 원형에 가깝게 보존되어 있고 서암(西岩)과 남암(南岩)은 직선으로, 북암(北岩)과 동암(東岩)은 곡선으로 되어 있다. 그리고 못 안에는 크고 작은 세 개의 일곱 섬이 있다. 못 주변에서 회랑지(廻廊址)를 포함하여 26개소의 크기가 다른 건물 터가 확인되었으며, 발굴된 첨차 및 소로 부재는 우리나라 고대건축의 계통을 추정하는 데 매우 중요한 자료로 인식되고 있다.

(4) 창덕궁 후원(사적 제122호, 서울 종로구 와룡동)

① 연혁 및 입지

실록에는 '금원(禁苑)', '후원(後苑)', '북원(北園)' 등으로 기록되어 있고, 『동국여지비고(東國輿地備考)』에는 '상림(上林)'이라고 표현되어 있다. 북악(北岳)의 동쪽 봉우리인 응봉(鷹峰)에서 남으로 뻗어내린 산줄기 중간에 약 9만여 평의 면적으로 조성되었으며, 능허정(凌虛亭)이 있는 언덕(표고 98미터)이 제일 높은 지역이다. 임진왜란 이후 20여 년 간을 폐허로 있다가 광해군에 의하여 복구되었다.

부용정

존덕정

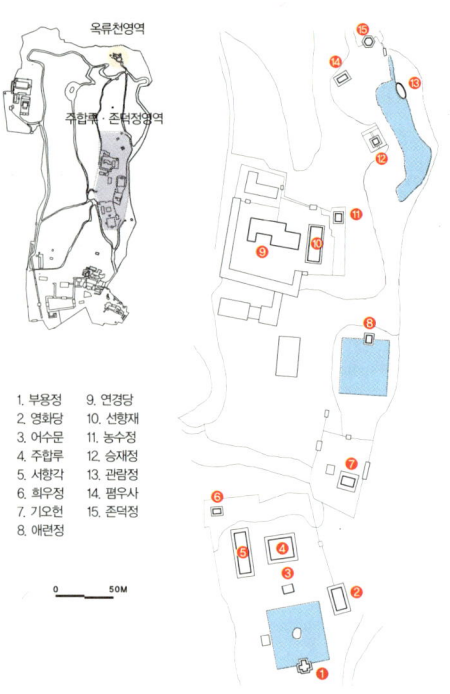

1. 부용정
2. 영화당
3. 어수문
4. 주합루
5. 서향각
6. 희우정
7. 기오헌
8. 애련정
9. 연경당
10. 선향재
11. 농수정
12. 승재정
13. 관람정
14. 폄우사
15. 존덕정

② 건축구성

모두 17개 동의 정자가 있으며, 연지(蓮池)로는 부용지(芙蓉池), 애련지(愛蓮池), 반월지(半月池), 반도지(半島池), 몽답지(夢踏池), 빙옥지(氷玉池), 연경당 앞 방지(方池, 원래 어수당의 방지)가 있다. 괴석(怪石)은 크기가 사람의 키보다 모두 작은데 정자 옆이나 연못가, 집안 담장가나 후원의 화계에 배치되어 있다. 옥류천(玉流川)의 소요암에는 유상곡수연을 하던 곡수구(曲水溝)도 조성되어 있다.

2) 관아의 원림과 누정

(1) 남원 광한루(廣寒樓 ; 보물 제281호, 전북 남원시 천거동)
① 연혁 및 입지

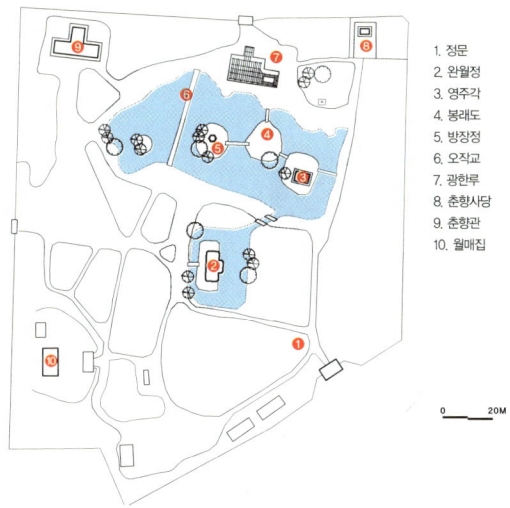

1. 정문
2. 완월정
3. 영주각
4. 봉래도
5. 방장정
6. 오작교
7. 광한루
8. 춘향사당
9. 춘향관
10. 월매집

1419년(세종 원년) 황희(黃喜, 1363~1452)가 유배시절 광통루(廣通樓)로 지은 것을 1444년(세종 26) 정인지(鄭麟趾, 1396~1478)가 개축하여 광한루라고 하였다. 전설상의 달나라 궁궐(月宮) '광한청허부(廣寒淸虛府)'에서 따온 이름이다. 정유재란 때 소실된 것을 1626년(인조 4)에 남원부사 신감(申鑑, 1570~1631)이 현재의 모습으로 중건하였다.

앞쪽에는 동서 100미터, 남북 59미터에 이르는 못에 삼신산을 조성하였고 서편에 오작교를 두었다. 경내에 영주각(瀛洲閣), 방장정(方丈亭), 완월정(玩月艇), 춘향사(春香祠) 등의 부속건물이 있다. 일제 강점기 동안에는 재판소와 감옥으로 사용되기도 하였다.

② 건축 구성

정면 5칸, 측면 4칸 규모의 팔작지붕 주심포식 건축물이다. 누마루 주변에는 난간을 둘렀고, 안쪽으로 들어 걸 수 있는 문을 기둥 사이 사면 모두 달아 사방이 트일 수 있도록 구성하였다. 누의 동쪽에 있는 2칸의 부속건물은 1795년(정조 19)에 건립되었으며 온돌을 놓아 생활이 가능하게 되어 있다. 북쪽에 화려하게 꾸민 계단은 1877년(고종 14) 보수하면서 새로 설치한 것이다.

(2) 밀양 영남루(嶺南樓;보물 제147호, 경남 밀양시 내일동)

① 연혁 및 입지

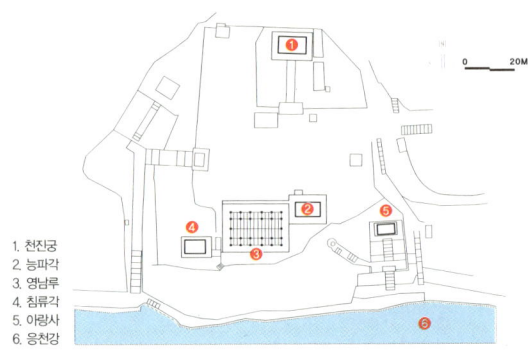

1. 천진궁
2. 능파각
3. 영남루
4. 침류각
5. 아랑사
6. 응천강

1365년(공민왕 14)에 밀양군수 김주(金湊)가 신라의 영남사(嶺南寺) 폐사지에 지은 누각으로, 절 이름을 본 떠 영남루라고 불렀다. 여러 차례 고치고 전쟁으로 불탄 것을 다시 세웠으며, 현재 건물은 1844년(헌종 10)에 밀양부사 이인재(李寅在)가 새로 지은 것이다. 조선시대에는 밀양도호부 객사에 속했던 곳으로 손님을 맞거나 휴식 장소로 사용되었다.

② 건축 구성
정면 5칸, 측면 4칸으로 구성된 팔작지붕이다. 높이가 높은 기둥의 거리를 넓게 잡아 웅장한 분위기를 자아낸다. 좌우에는 익루(翼樓)인 능파각(陵波閣)과 침류각(枕流閣)이 있다. 서쪽 면에서 침류각으로 내려가는 지붕에 높이차를 두어 층을 이루는 구성이 특이하다. 공포는 기둥 위에만 있고, 사이사이에는 귀면(鬼面)을 표현한 화반(花盤)을 하나씩 배치했다. 내부 충량(衝樑)은 용신(龍身)을 조각했고, 천장은 지붕가구가 드러나는 연등천장이다.

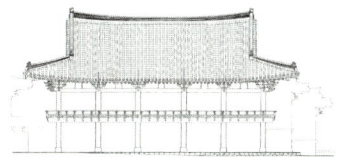

(3) 삼척 죽서루(竹西樓 ; 보물 제213호, 강원 삼척시 성내동)
① 연혁 및 입지
1275(충렬왕 1)에 이승휴(李承休, 1224~1300)가 창건했고, 1403년(태종 3)에 삼척부사 김효손(金孝孫)이 고쳐 세웠다. '죽서루'라는 이름은 루 동쪽에 있는 죽장사라는 절과 이름난 기생 죽죽선녀가 살고 있어서 정해졌다는 이야기가 전한다. 삼척의 서편을 흐르는 오십천(五十川)이 내려다보이는 절벽과 두타산의 풍광이 어우러져 예로부터 관동팔경의 하나로 손꼽혔다.

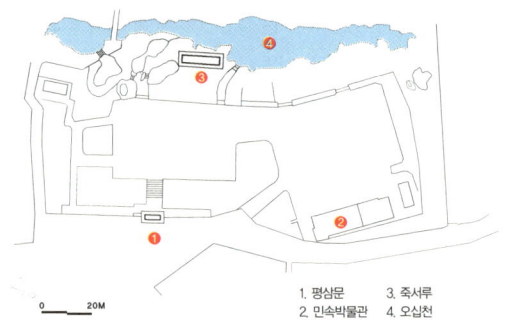

1. 평삼문   3. 죽서루
2. 민속박물관   4. 오십천

② 건축 구성

정면 7칸, 측면 2칸 규모의 팔작집으로 남아 있지만, 가운데 5칸이 통칸이고 좌우의 공포형식이 다르며, 천장에는 측벽의 도리뺄목이 남아 있어 원래는 정면 5칸의 맞배집이었을 것으로 추정된다. 기둥을 자연암반 위에 세웠는데, 이는 바위 생김새에 따라 기둥 길이를 조절하고 그렝이질하여 세운 것이다. 공포는 주심포식의 수법을 사용하고 있으나 첨차의 형태 등은 다포계통에 가깝다.

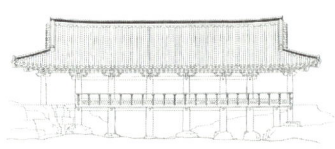

(4) 진주 촉석루(矗石樓 ; 경남 문화재자료 제8호, 경남 진주시 본성동)

① 연혁 및 입지

진주성의 주요 군사시설 중 하나인 촉석루는 고려시대에 창건된 이래 여러 차례의 중건과 보수가 있었다고 한다. 『동국여지승람』에는 영남루(嶺南樓)를 중건할 때 촉석루를 본보기로 하였다는 기록이 있다. 남강에 면한 절벽 위에 입지하여 남쪽 장대(將臺;지휘하는 사람이 올라서서 명령하던 대)로 사용하였다. 전시에는 지휘본부로, 평상시에는 초시를 치루는 고시장으로 쓰였다. 또한 임진왜란 때 의기 논개가 낙화(落花), 순국한 곳으로도 유명하다. 현재의 건물은 진주 고적보존회가 1960년에 복원한 것이다.

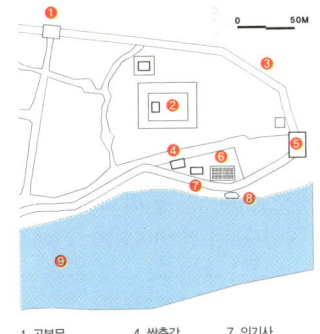

1. 공북문
2. 대첩비
3. 진주성 성곽
4. 쌍충각
5. 촉석문
6. 촉석루
7. 의기사
8. 의암
9. 남강

② 건축 구성

정면 5칸 측면 4칸의 팔작지붕 누각이다. 사방으로 난간을 둘렀으며 정면에 3개의 계단을 두었다. 누각 밑은 우람한 돌기둥으로 받쳤는데 창원의 촉석산에서 채석했다고 하며, 목재는 강원도 오대산에서 가져왔다고 한다.

 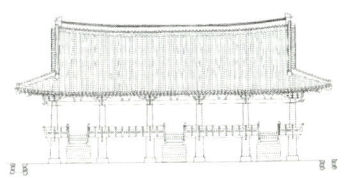

3) 사가 원림

(1) 문수원 정원(강원도 춘천시 북산면 청평리)

① 연혁 및 입지

청평사지 앞쪽의 문수원 정원은 현존하는 가장 오래된 정원이다. 이자현(李資玄, 1061~1125)이 청평산에 들어가 보현원(普賢院)을 문수원(文殊

院)이라 고치고 선법을 선양했던 1089~ 1125년 사이에 조성된 것으로 전한다. 이자현은 경내의 각종 전각을 정비했을 뿐만 아니라 구성폭포에서 청평식암(淸 平息庵) 언저리까지 3킬로미터에 이르는 방대한 지역을 정원으로 계획하였다. '청평사문수원기비(淸平寺文殊院記碑)'에 기록이 남아 있다.

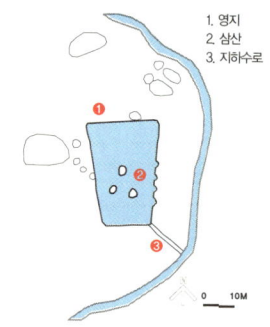

1. 영지
2. 삼산
3. 지하수로

② 건축 구성

발굴조사 결과 구성폭포 주변의 중원 에서 시작하여 남원, 동원과 오봉산 정상아래 인공석실 일곽의 북원까지 네 구획으로 나뉜다. 돌을 쌓아 만든 누석식(壘石式) 정원을 중심으로 연못 과 정자, 수로를 적절히 이용하여 평

지와 계곡, 산등성이까지 포괄하는 대규모 선원이 있다. 남쪽의 못은 1981년 조사를 통해 원형이 보존된 고려시대의 영지(影池)로 밝혀졌다. 연못 속에는 큰 바위로 삼신산의 봉우리를 상징했다.

(2) 경주 서출지 이요당(二樂堂;사적 제138호, 경북 경주시 남산동)

① 연혁 및 입지

신라 21대 소지왕이 못 속에서 나온 노인에게 편지를 받은 곳이라는 뜻의 '서출지(書出池)'는 불교 전래기의 갈 등과 관련있는 『삼국유사』 '사금갑 (射琴匣) 설화'의 무대로 알려졌다. 못

에 접한 단아한 정자는 이요당으로 1664년(현종 5)에 임적(任勣)이 건립하였다. 연꽃의 풍광이 아름답기로 유명하며 현재 풍천 임씨 개인 소유이다.

② 건축 구성

연못가에 석축을 쌓고 이요당을 걸쳐 못 속에 지은 것처럼 보인다. 정면 4칸, 측면 2칸 규모의 'ㄱ'자형 평면이며 팔작지붕이다. 돌기둥을 물속에 두고 그 위에 마루를 걸었다. 인근 폐사지에서 옮겨온 초석과 석등받침들이 있으며, 주위는 2미터 높이의 막돌담으로 둘러싸여 있다.

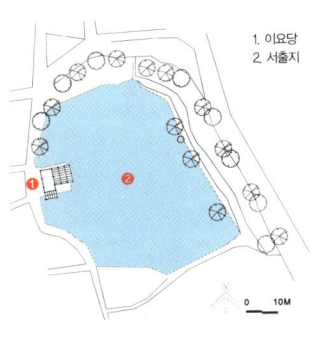

1. 이요당
2. 서출지

(3) 봉화 청암정(靑巖亭 ; 사적 및 명승 제3호, 경북 봉화군 봉화읍 유곡마을)
① 연혁 및 입지

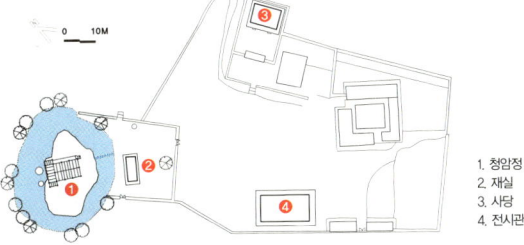

1. 청암정
2. 재실
3. 사당
4. 전시관

닭실마을 권씨 종택의 서쪽 한 켠에 자리하는 정자로, 작은 서실인 한서당에서 못을 건너 거대한 거북형상 천연바위 위에 지었다. 충재 권벌(冲

齋 權檄, 1478~1548)이 기묘사화(1519) 이후 은거하는 와중에 건축하여 도학연구에 몰두했던 곳으로 알려져 있다.

② 건축 구성
정자가 위치한 거북형상의 바위 주위에 못을 파고 인공으로 물을 끌어들였으며 돌다리로 연결하였다. 6칸 누마루에, 2칸 폭의 마루방을 붙여 전체적으로 '丁'자 형태를 갖는 평면이다. 지붕은 누마루 위는 팔작으로 마루방 위는 맞배로 하였다. 마루방은 양측에 퇴를 내고 삼면으로 계자난간을 둘렀는데, 예전에는 온돌방이었다고 한다. 누마루와 마루방 사이의 맹장지문을 들어 올려 달면 커다란 공간이 된다.

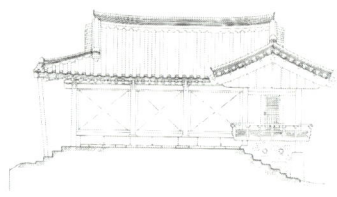

(4) 영양 서석지(瑞石池; 중요민속자료 제108호, 경북 영양군 입암면 연당리)
① 연혁 및 입지
석문 정영방(石門 鄭榮邦)이 1613년(광해군 5)에 조성한 것으로 전해지는 연못과 정원이다. 흰 돌들이 있는 곳에 못을 팠다고 해서 서석지라는 이름이 붙었다.

② 건축 구성
연못의 북쪽에 주정인 경정(敬亭)이 있고, 동편에 주일재(主一齋)와 운서

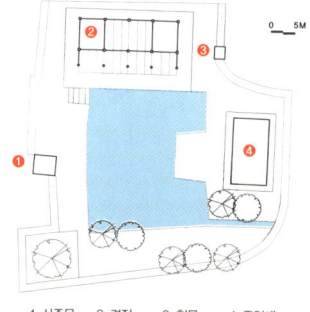

1. 사주문 2. 경정 3. 협문 4. 주일재

헌(雲棲軒)이 한 건물로 있다. 주일재 앞에는 연못 쪽으로 돌출한 석단인 사우단을 만들고 소나무·대나무·매화·국화를 심었다. 경정은 2칸 대청과 좌우의 방으로 이루어지며, 전퇴가 있고 난간을 둘렀다.

(5) 예천 초간정(草澗亭;문화재자료 제143호, 경북 예천군 용문면 죽림리)
① 연혁 및 입지
초간 권문해(草澗 權文海)가 1582년(선조 15)에 초가집으로 짓고 초간정사라고 부르던 곳이다. 이후 임진왜란과 병자호란을 거치면서 소실된 것을 1870년(고종 7)에 후손들이 기와집으로 새로 고쳐 지었다.

② 건축 구성
높은 석축 위에 놓인 정면 3칸, 측면 2칸 규모의 팔작집으로 후면 2칸에 온돌을 놓았다. 전면 3칸을 개방한 반면 좌우의 측벽과 온돌방은 골판문을 달았다. 마루 주위에는 계자난간을 설치했다.

(6) 대전 남간정사(南澗精舍;대전 유형문화재 제4호, 대전 동구 가양동)
① 연혁 및 입지
우암 송시열이 말년에 학문을 닦고 제자들을 가르치기 위해 개인의 정

사(精舍)로 건축하였다. 1683년(숙종 9)에 지어지고, 후에 남간사(南澗祠)가 세워지면서 서원의 강학공간과 유사하게 이용되었다. 한말에 송시열의 문집인 『송자대전(宋子大全)』 목판본을 조성한 곳으로 유명하다. 연못 아래의 기국정(杞菊亭)으로 일제 강점기 때 옮겨졌다.

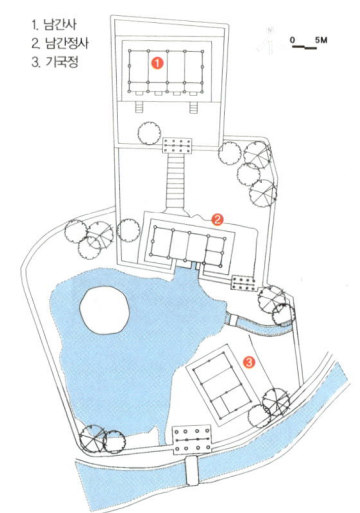

1. 남간사
2. 남간정사
3. 기국정

② 건축 구성
계곡과 샘물 두 곳에서 물을 끌어 조성한 연못을 중심으로 계획되어 있다. 특히 누마루 아래로 물을 보내는 기법은 매우 독창적인 것으로 평가된다. 정사는 정면 4칸, 측면 2칸 규모의 팔작집으로 오른편에 누마루를 한 칸 내어 달고 난간을 둘렀다.

(7) 곡성 함허정(涵虛亭; 전남 유형문화재 제160호, 전남 곡성군 입면 제월리)
① 연혁 및 입지
1543년(중종 38) 심광형(沈光亨)이 지은 것을 증손자 심민각(沈

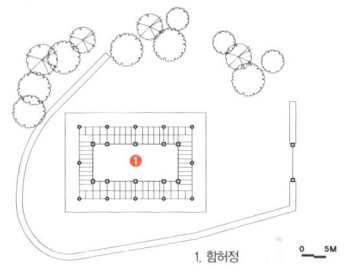

1. 함허정

民覺)이 옮겼고, 5대손 심세익(沈世益)이 고쳐 지었다. 세익이 형제간의 우애가 돈독하였기 때문에 호연정(浩然亭)이라는 별칭이 붙기도 하였다. 1980년 중수공사로 현재 모습이 복원되었다. 예로부터 풍광이 좋아 옥과현의 향음례(鄕飮禮)가 치러지던 곳이다.

② 건축 구성

정면 4칸, 측면 2칸 규모의 팔작집이다. 2칸 반 규모의 온돌방을 마루가 빙 두르는 모습이다. 반 칸 폭의 우측 마루는 바닥을 들어 올려 쪽마루와 유사한 형태를 가지며 그 아래에는 함실아궁이를 두었다.

(8) 보성 열화정(悅話亭;중요민속자료 제162호, 전남 보성군 득량면 오봉리)
① 연혁 및 입지

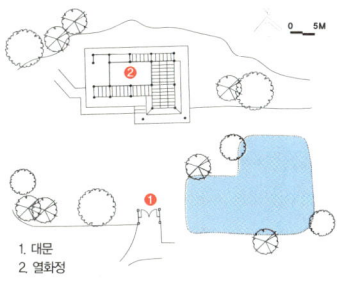

강골마을 공동소유의 정자로 마을 뒷산 깊숙한 곳에 자리하고 있다. 1845년(헌종 11) 이제 이진만(怡齊 李鎭晩)이 후진양성을 위해 건립하였다. 맞은편 안산에도 만휴정이라는 정자가 있었다고 하나 현재는 소실된 상태이다.

② 건축 구성
동향을 한 'ㄱ'자 평면의 팔작집인데, 2칸 규모의 온돌방을 중심으로 전후퇴를 갖고 우측에 폭 1칸, 길이 2칸의 누마루가 돌출되어 붙어 있다. 돌출된 누마루에는 계자난간을 시설하였다. 난간 모퉁이 끝에는 높은

원림과 누정 【 531 】

돌기초로 받친 활주 두 개를 세웠다. 마당 앞에는 연못을 비롯해 벚나무·목련나무·석류나무·대나무 등을 심은 정원이 있어 특별히 가꾸지는 않았으나 주변의 숲과 잘 어울리는 전통적인 한국 조경의 수법을 잘 간

직하고 있다. 대문에는 '백사문(白沙門)'이라는 현판이 걸려 있었다고 한다.

4) 별서와 구곡

(1) 담양 소쇄원(瀟灑園; 사적 제304호, 담양군 남면 지곡리)
① 연혁 및 입지

소쇄공 양산보(瀟灑公 梁山甫, 1503~1557)가 기묘사화(1519)를 계기로 은둔자적을 위해 담양에 지은 별서정원(別墅庭園)이다. 기록을 보면 1530년을 전후로 건축된 것으로 추정된다. 제월당에는 하서 김인후(河西 金麟厚, 1510~1560)가 쓴 '소쇄원사십팔영시(瀟灑園四十八詠詩)'(1548)가 있고, 목판에 새긴 〈소쇄원도(瀟灑園圖)〉(1755)가 남아 있어 원형을 알 수 있다. 현재 황금정, 소정, 고암정사, 부훤당, 담장의 일부, 오곡문

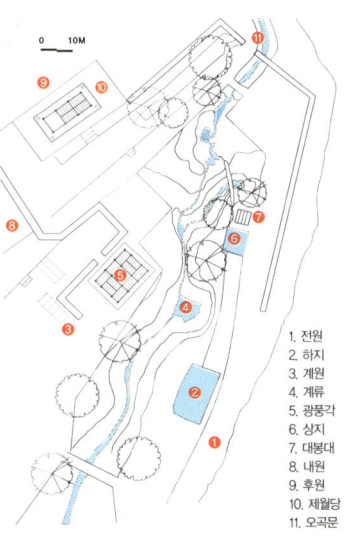

1. 전원
2. 하지
3. 계원
4. 계류
5. 광풍각
6. 상지
7. 대봉대
8. 내원
9. 후원
10. 제월당
11. 오곡문

및 하류에 설치되었던 외나무다리와 물레방아, 석가산 등이 없어졌고 입구의 목교는 1986년 복원되었다.

② 건축 구성

입구에 전개된 전원(前園), 계류를 중심으로 하는 계원(溪園), 내당인 제월당(霽月堂)을 중심으로 하는 내원(內園)으로 구성되어 있다. 전원에는 대봉대(待鳳臺)와 상하지(上下池), 물레방아, 애양단(愛陽壇)

등이 있고, 계원은 오곡문(五曲門) 곁 담 아래로 흘러 들어오는 시냇물을 따라 오곡암, 폭포를 꾸미고 여기에 광풍각(光風閣)을 곁들였다. 내원은 제월당을 중심으로 하는 구역이며, 제월당과 오곡문 사이에는 두 번 단을 두어 만든 매대(梅臺)가 있다.

(2) 보길도 윤선도 유적 (사적 제368호, 전남 완도군 보길면 부황리)

① 연혁 및 입지

1. 세연정 4. 계담
2. 서대   5. 판석보
3. 동대   6. 토성

1636년(인조 14)에 고산 윤선도(孤山 尹善道, 1587~1671)가 이곳에 정착하면서 거처할 집을 짓고 그에 딸린 정자와 연못 등을 만든 것이다. '오우가', '어부사시사' 등의 문학작품이 창작된 곳으로도 유명하다.

② 건축 구성

살림집이 있는 낙서재(樂書齋) 주변, 휴식과 독서를 위해 건너편 산허리의 바위 위에 마련한 동천석실(洞天石室) 주변, 동리 입구의 세연정(洗然亭) 주변으로 영역을 구분할 수 있다.

낙서재는 서실을 갖춘 살림집으로 북향하고 있고, 낭음계(朗吟溪)라는 작은 시내가 흐르며, 그 양편에 곡수당(曲水堂)과 무민당(無憫堂)이 자리한다. 옆에는 넓고 네모진 방지(方池)가 있다. 동천석실은 신선이 사는 명산경승을 '동천복지(洞天福地)'라고 한 데서 따온 이름으로 높은 산중턱에 있다. 세연정은 세연지(洗然池)에 접한 정자로 마을 입구에 인공으로 물길을 조정하면서 연못을 만들고 경관을 조성한 곳이다. 특히 굴뚝다리라고도 하는 판석보는 반반한 자연석으로 내부가 비도록 세워 만든 것으로 물을 저장하고 흘려보내는 역할을 하는 독특한 유적이다.

(3) 서울 석파정(石坡亭; 서울 유형문화재 제26호, 서울 종로구 부암동)
① 연혁 및 입지

본래부터 뛰어난 경승으로 숙종대에 오재 조정만(寤齋 趙正萬)이 건립한 소운암(巢雲庵)이 있었다고 전하는 곳이다. 현재 건물은 고종연간에 김흥근(金興根)이 경영한 별서(別墅)로서 삼계동정자(三溪洞亭子)라고 불렸던 곳이다. 『매천야록』에 따르면 흥성대원군이 교묘한 술수로 이를 강탈하고 자신의 아호를 따서 석파정으로 이름을 바꾸었다. 6·25 전쟁 후에는 천주교가 경영하는 코롬바 고아원으로 사용되기도 했다.

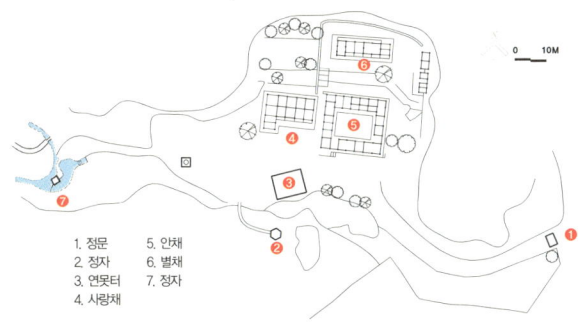

1. 정문
2. 정자
3. 연못터
4. 사랑채
5. 안채
6. 별채
7. 정자

② 건축 구성

동쪽에 안채, 서쪽에 사랑채, 뒤켠에 별채가 있다. 안채 맞은 편 언덕 위에 망원정(望遠亭) 터가 남아 있다. 사랑채와 '三溪洞'이 새겨진 바위 사이에 위치했던 건물은 서예가 소전 손재형(素筌 孫在馨)이 1958년 종로구 홍지동으로 옮겨갔고, 별도의 문화재로 지정되어 '대원군별장'으로 불린다. 'ㅁ'자형 안채는 남향하며 안마당에서 볼 때 동서 5칸, 남북 4칸 규모이다. 사랑채는 'ㄱ'자형 평면으로 정면 4칸, 측면 2칸 반 규모인데 왼쪽 끝 칸은 누마루 1칸이

돌출되어 있다. 별채는 정면 6칸, 측면 2칸 규모이다. 작은 계곡에 위치한 유수성중관풍루(流水聲中觀風樓)는 사방 3칸 규모의 사모지붕 건물인데, 동판으로 된 지붕과 전벽돌 아치의 사용 등, 여러 문양이 조선 말 유입된 청나라식 건축의 한 유형을 보여준다. 이 일대의 계곡과 소나무를

중심으로 조성된 정원은 전통적인 산수정원에 인공미를 가미한 사례로 평가된다.

(4) 담양 명옥헌(鳴玉軒; 전남 기념물 제44호, 담양군 고서면 산덕리)
① 연혁 및 입지

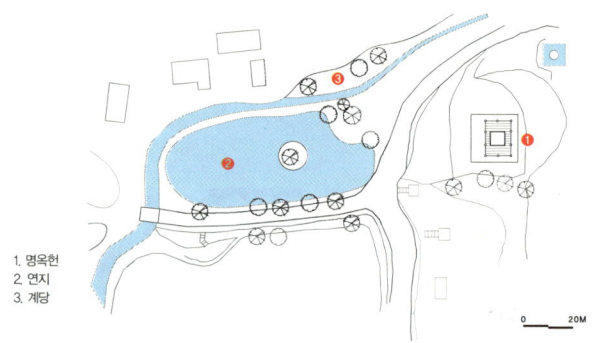

1. 명옥헌
2. 연지
3. 계당

오희도(吳希道, 1583~1623)의 넷째 아들 오이정(吳以井, 1619~1655)이 부친의 뒤를 이어 은거하면서 1652년 경 경관이 좋은 계곡에 정자를 짓고 정원을 꾸민 것이 시초이다. 명옥헌이라는 말은 한천의 물소리가 옥 부딪히는 소리 같다고 기암 정홍명(畸庵 鄭弘溟, 1592~1650)이 붙인 이름으로, 오이정을 부를 때도 사용되었다. 정자에는 오이정의 호를 따서 장계정(藏溪亭)이란 현판이 걸려있으며, 뒤편에 있는 도장사(道藏祠)의 이름을 빌어 도장정(道藏亭)이라고도 부른다. 이후 후손 오대경(吳大經) 등이 다시 중수하였다.

② 건축 구성
명옥헌 원림은 주변의 자연경관을 차경으로 도입한 정사(亭舍) 중심의 전통적인 정원양식이지만 조선시대에 유행했던 '방지중도형(方池中島形; 연못 가운데 섬을 두는 것)'의 지당(池塘)을 도입하기도 하였다. 영역은

크게 입구의 큰 지당부, 가운데의 정사부, 뒷쪽의 계류와 지당이 있는 부분으로 나누어진다. 특이하게 앞쪽이 북향하여 낮고 뒤쪽이 남향으로 높은 지형에 자리 잡았다. 건물은 정면 3칸, 측면 2칸의 팔작집으로 가운데 온돌방을 둔 중재실형(中在室型)인데, 중재실형 정자는 호남지역의 독특한 지역성을 반영한 것이다. 바깥 기둥 사이에는 모두 평난간을 설치했다.

 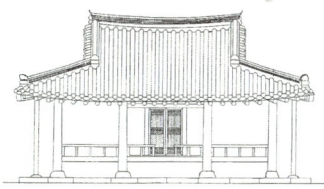

(5) 괴산 화양구곡(華陽九曲;충북 괴산군 청천면 화양리)

① 연혁 및 입지

조선 중후기의 성리학자인 우암 송시열(尤庵 宋時烈, 1607~1689)이 중국의 무이구곡(武夷九曲)을 본받아 화양동에 9곡(경천벽, 운영담, 읍궁암, 금사담, 첨성대, 능운대, 와룡암, 학소대, 파천)을 경영한 것이 화양구  곡이다. 처음에는 화양계당(華陽溪堂)이라는 초당을 지었으나 후에 제4곡인 금사담 위에 암서재(岩棲齋)를 지어 기거하였다. 주변에는 화양서원지(華陽書院址), 만동묘지(萬東廟址;중국 명나라 황제인 신종과 의종의 위패를 모심) 등 송시열 관련 유지와 충효절의(忠孝節義), 비례부동(非禮不動)등 많은 애각(崖刻)사적 등이 분포해 있다.

(6) 성주 무흘구곡(武屹九曲;경북 성주군 성주읍 경산리)

① 연혁 및 입지

성주 대가천의 맑은 물과 주변 계곡의 기암괴석, 수목이 절경을 이루는 곳을 찾아 이름 붙이고 뜻을 새긴 장소이다. 한강 정구(寒岡 鄭逑, 1543~1620)가 주희(朱熹)의 '무이구곡(武夷九曲)'을 본떠서 지은 칠언절구의 시 '무흘구곡'으로 알려졌다. 경북 성주군에 제1곡에서 제5곡이, 김천시에 제6곡에서 제9곡이 있다. 제1곡 봉비암, 제2곡 한강대, 제3곡 배바위, 제4곡 선바위, 제5곡 사인암, 제6곡 옥류동, 제7곡 만월담, 제8곡 옥룡암, 제9곡 용소폭포이다.

제4곡 선바위

(7) 단양 사인암(舍人巖;충북 단양군)

① 연혁 및 입지

단양팔경 중 하나인 사인암은 고려 말 정주학(程朱學)을 소개한 유학자 역동 우탁(易東 禹倬, 1263~1342)이 사인(舍人)의 벼슬로 있을 때 늘 이곳에 와서 휴양하였기 때문에 붙여진 이름이다. 또한 운계천을 따라 명명된 운선구곡(雲仙九曲) 중 제7곡에 해당하기도 한다. 기암괴석과 층층바위가 마치 폭포처럼 깎아지른 절경이다. 이처럼 빼어난 자연을 찾아 이름 붙이고 유유자적하는 것은 비록 건축물을 조영하지는 않았지만 원림을 경영하고 정자를 건축하는 행위와 뜻이 통하는 부분이 있다.

제 9 장
자료편

1. **문화재의 개념** · 542
   1) 개념
   2) 법률적 정의
   3) 포괄적 정의
2. **문화재의 종류** · 543
   1) 지정문화재
   2) 등록문화재
   3) 매장문화재
   4) 유네스코 세계유산
3. **문화재 관련법** · 545
   1) 문화재보호법 · 시행령 · 시행규칙
   2) 문화재위원회 규정
   3) 문화재청과 그 소속기관 직제 · 시행규칙
   4) 한국전통문화학교 설치령
4. **건조물 문화재** · 546

5. **문화재 목록** · 547
   1) 목조 건축물
   2) 석조 건축물
   3) 등록문화재
6. **문화재 관련 시설** · 572
   1) 문화재단지
   2) 박물관 및 전시관
7. **문화재 관련 정보** · 573
8. **건축 관련 옛 그림과 도면** · 574
   1) 건축과 그림
   2) 건축 관련 옛 그림과 도면
9. **고건축 실측법** · 581
   1) 정밀도에 따른 실측의 종류
   2) 실측 전 사전 준비
   3) 실측 방법(약실측 기준)
      (1) 스케치 종류
      (2) 스케치 순서

(3) 실측
　　(4) 사진 촬영
　　(5) 인터뷰 조사
　4) 도면 정리
10. 척도 · 587
　1) 주척
　2) 당척
　3) 고려척
　4) 영조척
　5) 그 외 척도 관련 용어
11. 도량형 · 591
　1) 재래 도량형
　　(1) 길이 단위의 변화표
　　(2) 부피 단위의 변화표
　　(3) 넓이 단위의 변화표
　　(4) 무게 단위의 변화표
　2) 현행 도량형
　　(1) 넓이
　　(2) 길이
　　(3) 부피
　　(4) 무게
12. 한 · 중 · 일 주요 건축 연표 · 594
13. 역대 국왕 및 재위기간, 고려 및 조선의 왕릉 일람표 · 596
　1) 역대국왕 및 재위기간
　2) 고려시대 왕릉 일람표
　3) 조선시대 왕릉 일람표
14. 기년법, 간지, 연호 · 602
　1) 현재 사용되는 기년법
　2) 고건축 관련 기록에 쓰이는 날짜
　3) 고려 및 조선시대 연호(연대순)
　4) 간지 찾기
　5) 한 · 중 · 일 연호(가나다 순)
15. 시각 방위표 · 654

1. 문화재의 개념

1) 개념

문화재(cultural properties) 또는 문화유산(cultural heritages)이란 "문화적 가치를 지닌 산물이나 보존할 가치가 있다고 판단되는 것"으로 정리할 수 있다. 현재 통용되는 문화재의 개념은 국내법상의 법률적 정의와 국제협약 및 권고에 의한 포괄적 정의가 있다.

2) 법률적 정의

우리나라는 문화재보호법 제2조에 '문화재라 함은 인위적·자연적으로 형성된 국가적·민족적·세계적 유산으로서 역사적·예술적·학술적·경관적 가치가 큰 다음의 것을 말한다'고 하여, 문화재를 유형문화재, 무형문화재, 기념물, 민속자료의 네 가지로 나누었다.

① 유형문화재
건조물·전적·서적·고문서·회화·조각·공예품 등 유형의 문화적 소산으로서 역사적·예술적 또는 학술적 가치가 큰 것과 이에 준하는 고고자료.

② 무형문화재
연극·음악·무용·공예기술 등 무형의 문화적 소산으로서 역사적·예술적 또는 학술적 가치가 큰 것.

③ 기념물
다음 항목에서 정하는 것.
· 사지·고분·패총·성지·궁지·요지·유물포함층 등의 사적지와

특별히 기념이 될 만한 시설물로서 역사적·학술적 가치가 큰 것.
· 경승지로서 예술적·경관적 가치가 큰 것.
· 동물(서식지·번식지·도래지를 포함한다)·식물(자생지를 포함한다)·광물·동굴·지질·생물학적 생성물 및 특별한 자연현상으로서 역사적·경관적 또는 학술적 가치가 큰 것.

④ 민속자료
의식주·생업·신앙·연중행사 등에 관한 풍속·관습과 이에 사용되는 의복·기구·가옥 등으로서 국민생활의 추이를 이해함에 불가결한 것.

3) 포괄적 정의

국제법상의 포괄적인 정의로는 유네스코(UNESCO)에서 1970년에 협약을 통해 '문화재라 함은 고고학, 선사학, 역사학, 문학, 예술 또는 과학적으로 중요하여 종교적 또는 세속적 근거에서 각 국가가 특별히 지정한 재산'이라고 정의한 것이 대표적이다.

2. 문화재의 종류

문화재의 종류는 문화재보호법에 의한 지정문화재, 등록문화재, 매장문화재, 국제협약에 의한 세계유산 등이 있다.

1) 지정문화재

유형문화재, 무형문화재, 기념물, 민속자료 중 법률에 의해 지정한 것을 지정문화재라고 한다.
앞서 살펴본 문화재의 개념에서 대상이 된 것을 넓은 의미에서의 문화재라고 할 수 있고, 법률에 의해 지정된 문화재를 좁은 의미에서의 문화재라고 할 수 있다. 일반적으로는 지정문화재를 문화재라고 볼 수 있다.
지정문화재는 지정주체에 따라 문화재청장이 지정한 국가지정문화재와 시·도지사가 조례에 따라 지정한 시·도지정문화재 및 문화재자료로 나뉘며, 이것을 종류별로 나누면 다음과 같다.

지정문화재의 종류

지정주체 문화재유형	국가지정	시·도지정	
유형문화재	국보	시·도 유형문화재	문화재 자료
	보물		
무형문화재	중요무형문화재	시·도 무형문화재	
기념물	사적	시·도 기념물	
	명승		
	사적 및 명승		
	천연기념물		
민속자료	중요민속자료	시·도 민속자료	

2) 등록문화재

지정문화재가 아닌 근·현대시기에 형성된 건조물 또는 기념이 될 만한 시설물 형태의 문화재 중에서 보존가치가 큰 것으로 근대문화유산이라고도 한다.

3) 매장문화재

토지·해저에 묻혀 있거나 건조물 등에 포장된 문화재를 말한다.

4) 유네스코 세계유산

인류 전체를 위해 보호되어야 할 현저한 보편적 가치가 있다고 유네스코가 인정하여 등록한 문화재를 말한다. 이것은 세계문화유산(World Cultural Heritage), 세계기록유산(Memory of the World), 세계무형유산(Masterpieces of the Oral and Intangible Heritage of Humanity)으로 나뉜다. 우리나라 문화재로는 1995년 이후 세계문화유산 7건(창덕궁, 수원화성, 석굴암·불국사, 해인사 장경판전, 종묘, 경주 역사유적지구, 고인돌 유적), 세계기록유산 4건(훈민정음, 조선왕조실록, 직지심체요절, 승정원 일기), 세계무형유산 3건(종묘제례 및 종묘제례악, 판소리, 강릉 단오제) 등 총 14건이 유네스코 세계유산으로 등록되었다.

또한 세계유산 잠정목록으로 9건(보은 삼년산성, 공주 무녕왕릉, 강진 도요지, 설악산 천연보호구역, 안동 하회마을, 월성 양동마을, 남해안 일대 공룡화석지, 제주도 자연유산지구, 조선시대의 왕릉과 원)이 등록되어 있다.

3. 문화재 관련법

현재 문화재에 관련된 법령은 문화재 보존과 관리에 관한 법, 문화재 위원회 법, 실무관청인 문화재청의 조직에 관한 법, 전통문화의 교육과 인재양성을 위한 학교설치법 등이 있다.

1) 문화재보호법·시행령·시행규칙

문화재를 보존하여 민족문화를 계승하고, 이를 활용할 수 있도록 함으로써 국민의 문화적 향상을 도모함과 아울러 인류문화의 발전에 기여함을 목적으로 제정된 법률이다.

2) 문화재위원회 규정

문화재보호법 제3조의 규정에 의하여 문화재위원회의 조직과 운영 등에 관한 사항을 규정함을 목적으로 하는 법률이다.

3) 문화재청과 그 소속기관 직제·시행규칙

문화재청과 그 소속기관의 조직과 직무범위 기타 필요한 사항을 규정함을 목적으로 제정된 법률이다.

4) 한국전통문화학교 설치령

고등교육법 제19조제2항과 동법 제59조의 규정에 의하여 한국전통문화학교의 설치·조직 및 학사운영 등에 관한 사항을 규정함을 목적으로 제정된 법률이다.

4. 건조물 문화재

건조물 문화재란 넓은 의미로 인류의 문화활동을 통해 지상에 만들어진 건조물 중에서 문화재로 지정된 문화재 전체를 의미한다.
문화재보호법시행규칙 제 1조(국가지정문화재의 지정기준)에 의하면, 보물에 해당하는 것으로 크게 목조건축물류, 석조건축물류 및 분묘 로 구분된다. 근대건축물 중에는 벽돌조, 콘크리트조 등도 포함될 수 있다.
또 건조물 문화재의 종류별 로는 국보, 보물, 사적 등이 있고, 지정유형별 로는 시·도지정문화재 및 문화재자료 등으로 분류할 수 있다.

5. 문화재 목록

1) 목조 건축물(국가지정 건축물 및 건축유적지)

① 국보(國寶)

지정번호	명칭	소재지
1	숭례문	서울 중구 남대문로
13	무위사 극락전	전남 강진군 성전면 월하리
14	은해사 거조암 영산전	경북 영천시 청통면 신원리
15	봉정사 극락전	경북 안동시 서후면 태장리
18	부석사 무량수전	경북 영주시 부석면 북지리
19	부석사 조사당	경북 영주시 부석면 북지리
49	수덕사 대웅전	충남 예산군 덕산면 사천리
50	도갑사 해탈문	전남 영암군 군서면 도갑리
51	강릉 객사문	강원 강릉시 용강동
52	해인사 장경판전	경남 합천군 가야면 치인리
55	법주사 팔상전	충북 보은군 내속리면 사내리
56	송광사 국사전	전남 순천시 송광면 신평리
62	금산사 미륵전	전북 김제시 금산면 금산리
67	화엄사 각황전	전남 구례군 마산면 황전리
223	경복궁 근정전	서울 종로구 세종로
224	경복궁 경회루	서울 종로구 세종로
225	창덕궁 인정전	서울 종로구 와룡동
226	창경궁 명정전	서울 종로구 와룡동
227	종묘 정전	서울 종로구 훈정동
290	통도사 대웅전 및 금강계단	경남 양산시 하북면 지산리
304	여수 진남관	전남 여수시 군자동
305	통영 세병관	경남 통영시 문화동

② 보물(寶物)

지정번호	명칭	소재지
1	흥인지문	서울 종로구 종로6가
55	봉정사 대웅전	경북 안동시 서후면 태장리

자료편 【 547 】

141	서울문묘(대성전, 명륜당, 동·서무, 삼문)	서울 종로구 명륜동
142	서울 동묘	서울 종로구 숭인동
143	개심사 대웅전	충남 서산시 운산면 신창리
145	용문사 대장전	경북 예천군 용문면 내지리
146	관룡사 약사전	경남 창녕군 창녕읍 옥천리
147	밀양 영남루	경남 밀양시 내일동
161	정수사 법당	인천 강화군 화도면 사기리
162	장곡사 상대웅전	충남 청양군 대치면 장곡리
164	청평사 회전문	강원 춘천시 북산면 청평리
165	강릉 오죽헌	강원 강릉시 죽헌동
177	서울 사직단 정문	서울 종로구 사직동
178	전등사 대웅전	인천 강화군 길상면 온수리
179	전등사 약사전	인천 강화군 길상면 온수리
180	신륵사 조사당	경기 여주군 북내면 천송리
181	장곡사 하대웅전	충남 청양군 대치면 장곡리
182	안동 임청각 정침 군자정	경북 안동시 법흥동
183	강릉 해운정	강원 강릉시 운정동
209	회덕 동춘당	대전 대덕구 송촌동
210	도산서원 전교당	경북 안동시 도산면 토계리
211	도산서원 상덕사 부정문 및 사주토병	경북 안동시 도산면 토계리
212	관룡사 대웅전	경남 창녕군 창녕읍 옥천리
213	삼척 죽서루	강원 삼척시 성내동
214	강릉 문묘 대성전	강원 강릉시 교동
242	개목사 원통전	경북 안동시 서후면 태장리
263	송광사 하사당	전남 순천시 송광면 신평리
272	장수향교 대성전	전북 장수군 장수읍 장수리
281	광한루	전북 남원시 천거동
289	피향정	전북 정읍시 태인면 태창리
290	선운사 대웅전	전북 고창군 아산면 삼인리
291	내소사 대웅보전	전북 부안군 진서면 석포리
292	개암사 대웅전	전북 부안군 상서면 감교리
299	화엄사 대웅전	전남 구례군 마산면 황전리
302	송광사 약사전	전남 순천시 송광면 신평리
303	송광사 영산전	전남 순천시 송광면 신평리
306	안동 양진당	경북 안동시 풍천면 하회리
308	풍남문	전북 전주시 완산구 전동
322	관덕정	제주 제주시 삼도1동
350	도동서원 강당 사당 부장원	대구 달성군 구지면 도동리
356	무량사 극락전	충남 부여군 외산면 만수리
374	율곡사 대웅전	경남 산청군 신등면 율현리

【 548 】

383	돈화문	서울 종로구 와룡동 창덕궁
384	홍화문	서울 종로구 와룡동 창경궁
385	명정문 및 행각	서울 종로구 와룡동 창경궁
394	나주향교 대성전	전남 나주시 교동
396	흥국사 대웅전	전남 여수시 중흥동
399	홍성 고산사 대웅전	충남 홍성군 결성면 무량리
402	팔달문	경기 수원시 팔달구 팔달로
403	화서문	경기 수원시 장안구 장안동
408	쌍계사 대웅전	충남 논산시 양촌면 중산리
411	무첨당	경북 경주시 강동면 양동리
412	향단	경북 경주시 강동면 양동리
413	독락당	경북 경주시 안강읍 옥산리
414	충효당	경북 안동시 풍천면 하회리
434	범어사 대웅전	부산 금정구 청룡동
442	관가정	경북 경주시 강동면 양동리
448	봉정사 화엄강당	경북 안동시 서후면 태장리
449	봉정사 고금당	경북 안동시 서후면 태장리
450	안동 의성 김씨 종택	경북 안동시 임하면 천전리
457	예천 권씨 종가 별당	경북 예천군 용문면 죽림리
475	안동 소호헌	경북 안동시 일직면 망호리
500	쌍계사 대웅전	경남 하동군 화개면 운수리
521	숭렬당	경북 영천시 성내동
528	청풍 한벽루	충북 제천시 청풍면 물태리
553	예안 이씨 충효당	경북 안동시 풍산읍 하리
554	태고정	대구 달성군 하빈면 묘리
562	환성사 대웅전	경북 경산시 하양읍 사기리
583	전주객사	전북 전주시 완산구 중앙동
608	위봉사 보광명전	전북 완주군 소양면 대흥리
616	영천향교 대성전	경북 영천시 교촌동
662	화암사 우화루	전북 완주군 경천면 가천리
663	화암사 극락전	전북 완주군 경천면 가천리
664	안심사 대웅전	충북 청원군 남이면 사동리
730	불영사 응진전	경북 울진군 서면 하원리
790	은해사 백흥암 극락전	경북 영천시 청통면 치일리
800	마곡사 영산전	충남 공주시 사곡면 운암리
801	마곡사 대웅보전	충남 공주시 사곡면 운암리
802	마곡사 대광보전	충남 공주시 사곡면 운암리
803	선운사 참당암 대웅전	전북 고창군 아산면 삼인리
804	정혜사 대웅전	전남 순천시 서면 청소리
805	북지장사 대웅전	대구 동구 도학동

809	경복궁 자경전	서울 종로구 세종로
812	경복궁 근정문 및 행각	서울 종로구 세종로
813	창덕궁 인정문	서울 종로구 와룡동
814	창덕궁 선정전	서울 종로구 와룡동
815	창덕궁 희정당	서울 종로구 와룡동
816	창덕궁 대조전	서울 종로구 와룡동
817	창덕궁 구선원전	서울 종로구 와룡동
818	창경궁 통명전	서울 종로구 와룡동
819	덕수궁 중화전 및 중화문	서울 중구 정동
820	덕수궁 함녕전	서울 중구 정동
821	종묘 영녕전	서울 종로구 훈정동
823	석남사 영산전	경기 안성시 금광면 상중리
824	청룡사 대웅전	경기 안성시 서운면 청룡리
825	숭림사 보광전	전북 익산시 웅포면 송천리
826	귀신사 대적광전	전북 김제시 금산면 청도리
827	금산사 대장전	전북 김제시 금산면 금산리
830	불갑사 대웅전	전남 영광군 불갑면 모악리
832	성혈사 나한전	경북 영주시 순흥면 덕현리
833	기림사 대적광전	경북 경주시 양북면 호암리
834	대비사 대웅전	경북 청도군 금천면 박곡리
835	운문사 대웅보전	경북 청도군 운문면 신원리
836	대적사 극락전	경북 청도군 화양읍 송금리
915	법주사 대웅전	충북 보은군 내속리면 사내리
916	법주사 원통보전	충북 보은군 내속리면 사내리
947	미황사 대웅전	전남 해남군 송지면 서정리
1120	양산 신흥사 대광전	경남 양산시 원동면 영포리
1183	미황사 응진당	전남 해남군 송지면 서정리
1201	불영사 대웅보전	경북 울진군 서면 하원리
1243	완주 송광사 대웅전	전북 완주군 소양면 대흥리
1244	완주 송광사 종루	전북 완주군 소양면 대흥리
1293	계룡산 중악단	충남 공주시 계룡면 양화리
1300	해인사 홍제암	경남 합천군 가야면 치인리
1307	능가사 대웅전	전남 고흥군 점암면 성기리
1310	나주 불회사 대웅전	전남 나주시 다도면 마산리
1311	순천 선암사 대웅전	전남 순천시 승주읍 죽학리
1403	소수서원 강학당	경북 영주시 순흥면 내죽리
1461	범어사 조계문	부산 금정구 청룡동

③ 사적(史蹟) 및 명승(名勝)

지정번호	명칭	소재지
1	경주 불국사 경내	경북 경주시 진현동
4	속리산 법주사 일원	충북 보은군 내속리면 사내리
5	가야산 해인사 일원	경남 합천군 가야면 치인리
7	지리산 화엄사 일원	전남 구례군 마산면 황전리
8	조계산 송광사 · 선암사 일원	전남 순천시
9	대둔산 대흥사 일원	전남 해남군 삼산면 구림리

④ 사적(史蹟)

지정번호	명칭	소재지
6	황룡사지	경북 경주시 구황동
7	망덕사지	경북 경주시 배반동
8	사천왕사지	경북 경주시 배반동
15	경주 흥륜사지	경북 경주시 사정동
18	경주 임해전지	경북 경주시 인왕동
31	경주 감은사지	경북 경주시 양북면 용당리
37	오대산 사고지	강원 평창군 진부면 동산리
44	부여 군수리사지	충남 부여군 부여읍 군수리
45	경주 장항리사지	경북 경주시 양북면 장항리
46	경주 원원사지	경북 경주시 외동읍 모화리
55	소수서원	경북 영주시 순흥면 내죽리
82	경주 천군리사지	경북 경주시 천군동
83	선잠단지	서울 성북구 성북동
88	경주 성동리 전랑지	경북 경주시 성동동
109	아산 맹씨 행단	충남 아산시 배방면 중리
115	화녕전	경기 수원시 장안구 신풍동
117	경복궁	서울 종로구 세종로
121	서울 사직단	서울 종로구 사직동
122	창덕궁(비원포함)	서울 종로구 와룡동
123	창경궁	서울 종로구 와룡동
124	덕수궁	서울 중구 정동
125	종묘	서울 종로구 훈정동
128	회암사지	경기 양주시 회암동
131	합천 영암사지	경남 합천군 가회면 둔내리

133	강화 고려궁지	인천 강화군 강화읍 관청리
143	서울 문묘 일원(보물 및 현대 건축물 제외)	서울 종로구 명륜동
144	벽제관지	경기 고양구 덕양구 고양동
148	파주 덕음리 주거지 및 지석묘군	경기 파주시 월롱면 덕은리
149	육상궁	서울 종로구 궁정동
150	익산 미륵사지	전북 익산시 금마면 기양리
154	옥산서원	경북 경주시 안강읍 옥산리
157	환구단	서울 중구 소공동
159	이견대	경북 경주시 감포읍 대본리
166	무성서원	전북 정읍시 칠보면 무성리
167	해남 윤씨 녹우당	전남 해남군 해남읍 연동리
170	도산서원	경북 안동시 도산면 토계리
189	임충민공 충렬사	충북 충주시 단월동
213	우정총국	서울 종로구 견지동
223	숭의전지	경기 연천군 미산면 아미리
233	남해 충렬사	경남 남해군 설천면 노량리
236	충무 충렬사	경남 통영시 명정동
237	함춘원지	서울 종로구 연건동
242	필암서원	전남 장성군 황룡면 필암리
249	부여 송국리 선사 취락지	충남 부여군 초촌면 송국리
257	운현궁	서울 중구 운니동
259	강화 선원사지	인천 강화군 선원면 지산리
260	병산서원	경북 안동시 풍천면 병산리
271	경희궁지	서울 종로구 신문로
293	전봉준 선생 고택지	전북 정읍시 이평면 장내리
301	부여 정림사지	충남 부여군 부여읍 동남리
304	담양 소쇄원	전남 담양군 남면 지곡리
307	성주사지	충남 보령시 성주면 성주리
309	실상사 일원	전북 남원시 산내면 입석리
312	화순 운주사지 일원	전남 화순군 도암면
315	청주 흥덕사지	충북 청주시 흥덕구 운천동
316	서산 보원사지	충남 서산시 운산면 용현리
317	중원 미륵리사지	충북 충주시 상모면 미륵리
337	나주읍성	전남 나주시 남내동
339	경기전	전북 전주시 완산구 풍남동
340	경주 천관사지	경북 경주시 교동
348	태백산 사고지	경북 봉화군 춘양면 석현리
349	만복사지	전북 남원시 왕정동
352	하남 춘궁동 동사지	경기 하남시 춘궁동
374	군위 인각사지	경북 군위군 고로면 화북리

379	전주향교 일원	전북 전주시 완산구 교동
380	제주목 관아지	제주 제주시 삼도2동
381	여수 충민사	전남 여수시 덕충동
382	여주 고달사지	경기 여주군 북내면 상교리
383	논산 돈암서원	충남 논산시 연산면 임리
388	강릉 임영관지	강원 강릉시 용강동
390	경주 보문리사지	경북 경주시 보문동
405	익산 제석사지	전북 익산시 왕궁면 왕궁리
407	광양 옥룡사지 일원	전남 광양시 옥룡면 추산리
427	왕흥사지	충남 부여군 규암면 신리
434	부여 능산리사지	충남 부여군 부여읍 능산리
435	부여 금강사지	충남 부여군 은산면 금공리
445	충주 숭선사지	충북 충주시 신니면 문숭리
448	강릉 굴산사지	강원 강릉시 구정면 학산리
466	원주 법천사지	강원 원주시 부론면 법천리

⑤ 중요민속자료(重要民俗資料)

지정번호	명칭	소재지
5	강릉 선교장	강원 강릉시 운정동
8	구례 운조루	전남 구례군 토지면 오미리
9	삼덕리 부락제당	경남 통영시 산양읍 삼덕리
10	창녕 하병수 가옥	경남 창녕군 창녕읍 술정리
23	월성 손동만 씨 가옥	경북 경주시 강동면 양동리
24	영천 정재영 가옥 및 산수정	경북 영천시 임고면 삼매리
26	정읍 김동수 가옥	전북 정읍시 산외면 오공리
27	경주 최식 가옥	경북 경주시 교동
28	인왕산 국사당	서울 종로구 무악동
33	삼척 신리 소재 너와집 및 민속유물	강원 삼척시 도계읍 신리
34	경주 탑동 김헌용 고가옥	경북 경주시 탑동
39	고창 신재효 고택	전북 고창군 고창읍 읍내리
68	성읍 조일훈 가옥	제주 남제주군 표선면 성읍리
69	성읍 고평오 가옥	제주 남제주군 표선면 성읍리
70	성읍 이영숙 가옥	제주 남제주군 표선면 성읍리
71	성읍 한봉일 가옥	제주 남제주군 표선면 성읍리
72	성읍 고상은 가옥	제주 남제주군 표선면 성읍리
73	양동 낙선당	경북 경주시 강동면 양동리
74	양동 이원봉 가옥	경북 경주시 강동면 양동리

75	양동 이원용 가옥	경북 경주시 강동면 양동리
76	양동 이동기 가옥	경북 경주시 강동면 양동리
77	양동 이희태 가옥	경북 경주시 강동면 양동리
78	양동 수졸당	경북 경주시 강동면 양동리
79	양동 이향정	경북 경주시 강동면 양동리
80	양동 수운정	경북 경주시 강동면 양동리
81	양동 심수정	경북 경주시 강동면 양동리
82	양동 안락정	경북 경주시 강동면 양동리
83	양동 강학당	경북 경주시 강동면 양동리
84	하회 북촌댁	경북 안동시 풍천면 하회리
85	하회 원지정사	경북 안동시 풍천면 하회리
86	하회 빈연정사	경북 안동시 풍천면 하회리
87	하회 유시주 가옥	경북 안동시 풍천면 하회리
88	하회 옥연정사	경북 안동시 풍천면 광덕리
89	하회 겸암정사	경북 안동시 풍천면 광덕리
90	하회 남촌댁	경북 안동시 풍천면 하회리
91	하회 주일재	경북 안동시 풍천면 하회리
92	낙안성 박의준 가옥	전남 순천시 낙안면 동내리
93	낙안성 양규철 가옥	전남 순천시 낙안면 동내리
94	낙안성 이한호 가옥	전남 순천시 낙안면 남내리
95	낙안성 김대자 가옥	전남 순천시 낙안면 서내리
96	낙안성 주두열 가옥	전남 순천시 낙안면 서내리
97	낙안성 최창우 가옥	전남 순천시 낙안면 동내리
98	낙안성 최선준 가옥	전남 순천시 낙안면 동내리
99	낙안성 김소아 가옥	전남 순천시 낙안면 서내리
100	낙안성 곽형두 가옥	전남 순천시 낙안면 남내리
104	묘동 박엽 가옥	대구 달성군 하빈면 묘리
105	해평 최상학 가옥	경북 구미시 해평면 해평리
106	청도 운강고택 및 만화정	경북 청도군 금천면 신지리
107	영천 정용준 가옥	경북 영천시 임고면 선원리
108	영양 서석지	경북 영양군 입암면 연당리
122	안동 하회마을	경북 안동시 풍천면 하회리
123	파장동 이병원 가옥	경기 수원시 파장동
124	화성 정용채 가옥	경기 화성시 서신면 궁평리
125	화성 정용래 가옥	경기 화성시 서신면 궁평리
126	여주 김영구 가옥	경기 여주군 대신면 보통리
127	어재연 장군 생가	경기 이천시 율면 산성리
128	양주 백수현 가옥	경기 양주군 남면 매곡리
129	진접 여경구 가옥	경기 남양주시 진접읍 내곡리
130	궁집	경기 남양주시 평내동

131	고성 어명기 가옥	강원 고성군 죽왕면 삼포리
132	영동 송재문 가옥	충북 영동군 심천면 초강리
133	청원 이항희 가옥	충북 청원군 남일면 고은리
134	보은 선병국 가옥	충북 보은군 외속리면 하래리
135	중원 윤민걸 가옥	충북 충주시 엄정면 미내리
136	괴산 김기응 가옥	충북 괴산군 칠성면 율원리
137	제원 박도수 가옥	충북 제천시 금성면 구룡리
138	청원 유계화 가옥	충북 청원군 부용면 부강리
139	보은 최태하 가옥	충북 보은군 삼승면 선곡리
140	영동 송재화 가옥	충북 영동군 영동읍 계산리
141	음성 김주태 가옥	충북 음성군 감곡면 영산리
142	영동 김선조 가옥	충북 영동군 양강면 괴목리
143	음성 서정우 가옥	충북 음성군 감곡면 영산리
144	영동 성위제 가옥	충북 영동군 학산면 봉림리
145	단양 조자형 가옥	충북 단양군 가곡면 덕천리
147	충북 양로원	충북 괴산군 청천면 청천리
148	제원 정원태 가옥	충북 제천시 금성면 월림리
149	남원 몽심재	전북 남원시 수지면 호곡리
150	부안 김상만 가옥	전북 부안군 줄포면 줄포리
151	나주 홍기응 가옥	전남 나주시 다도면 풍산리
152	화순 양동호 가옥	전남 화순군 도곡면 월곡리
153	해남 윤탁 가옥	전남 해남군 현산면 초호리
154	화순 양승수 가옥	전남 화순군 도곡면 월곡리
155	군지촌 정사	전남 곡성군 입면 제월리
156	보성 문형식 가옥	전남 보성군 율어면 율어리
157	보성 이금재 가옥	전남 보성군 득량면 오봉리
158	보성 이범재 가옥	전남 보성군 보성읍 옥암리
159	보성 이용욱 가옥	전남 보성군 득량면 오봉리
160	보성 이식래 가옥	전남 보성군 득량면 오봉리
161	장흥 위계환 가옥	전남 장흥군 관산읍 방촌리
162	보성 열화정	전남 보성군 득량면 오봉리
163	보성 이용우 가옥	전남 보성군 보성읍 옥암리
164	영암 최성호 가옥	전남 영암군 덕진면 영보리
165	나주 홍기헌 가옥	전남 나주시 다도면 풍산리
167	무안 나상열 가옥	전남 무안군 삼향면 유교리
168	영덕 충효당	경북 영덕군 창수면 인량리
169	해저 만회 고택	경북 봉화군 봉화읍 해저리
170	거촌리 쌍벽당	경북 봉화군 봉화읍 거촌리
171	가평리 계서당	경북 봉화군 물야면 가평리
172	청운동 성천댁	경북 청송군 청송읍 청운리

173	창양동 후송당	경북 청송군 현동면 창양리
174	율현동 물체당	경북 예천군 유천면 율현리
175	영천 만취당	경북 영천시 금호읍 오계리
176	가일 수곡 종택	경북 안동시 풍천면 가곡리
177	하회 하동 고택	경북 안동시 풍천면 하회리
178	하리동 일성당	경북 안동시 풍산읍 하리
179	오미동 참봉댁	경북 안동시 풍산읍 오미리
180	만운동 모선루	경북 안동시 풍산읍 만운리
181	의성 김씨 율리 종택	경북 안동시 풍산읍 막곡리
182	의성 김씨 서지재사	경북 안동시 와룡면 서지리
183	안동 권씨 능동재사	경북 안동시 서후면 성곡리
184	지례동 오류헌	경북 안동시 임하면 임하리
185	법흥동 고성 이씨 탑동파 종택	경북 안동시 법흥동
186	함양 정병호 가옥	경남 함양군 지곡면 개평리
188	성읍 민속마을	제주 남제주군 표선면 성읍리
189	월성 양동마을	경북 경주시 강동면 양동리
190	윤증선생 고택	충남 논산시 노성면 교촌리
191	예산 정동호 가옥	충남 예산군 고덕면 오추리
192	부여 민칠식 가옥	충남 부여군 부여읍 중정리
193	부여 정계채 가옥	충남 부여군 부여읍 군수리
194	아산 성준경 가옥	충남 아산시 도고면 시전리
195	아산 외암리 참판댁	충남 아산시 송악면 외암리
196	윤보선 전대통령 생가	충남 아산시 둔포면 신항리
197	서천 이하복 가옥	충남 서천군 기산면 신산리
198	홍성 조응식 가옥	충남 홍성군 장곡면 산성리
199	서산 김기현 가옥	충남 서산시 음암면 유계리
200	달성 조길방 가옥	대구 달성군 가창면 정대리
201	예천 권씨 종택	경북 예천군 용문면 죽림리
202	안동 권태웅 가옥	경북 안동시 풍천면 가곡리
203	안동 송소종택	경북 안동시 와룡면 이상리
204	안동 권씨 소등재사	경북 안동시 와룡면 태리
205	정온선생 가옥	경남 거창군 위천면 강천리
206	합천 묘산 목와고가	경남 합천군 묘산면 화양리
207	함양 허삼둘 가옥	경남 함양군 안의면 금천리
208	함안 무기연당	경남 함안군 칠원면 무기리
221	삼척 대이리 너와집	강원 삼척시 도계읍 대이리
223	삼척 대이리 굴피집	강원 삼척시 도계읍 대이리
226	탁청정	경북 안동시 와룡면 오천리
227	후조당	경북 안동시 와룡면 오천리
231	홍성 엄찬 고택	충남 홍성군 홍북면 노은리

232	해남 윤두서 고택	전남 해남군 현산면 백포리
233	아산 건재 고택	충남 아산시 송악면 외암리
234	영광 연안 김씨 종택	전남 영광군 군남면 동간리
237	의성 소우당	경북 의성군 금성면 산운리
245	청도 임당리 김씨 고택	경북 청도군 금천면 임당리

2) 석조 건축물(국가지정, 사적 중 능·묘·고분군·산성 일부 제외)

① 국보(國寶)

지정번호	명칭	소재지
2	원각사지 10층석탑	서울 종로구 종로2가
6	중원탑평리 7층석탑	충북 충주시 가금면 탑평리
9	부여 정림사지 5층석탑	충남 부여군 부여읍 동남리
10	실상사 백장암 3층석탑	전북 남원시 산내면 대정리
11	미륵사지석탑	전북 익산시 금마면 기양리
16	안동 신세동 7층전탑	경북 안동시 법흥동
20	불국사 다보탑	경북 경주시 진현동
21	불국사 3층석탑	경북 경주시 진현동
22	불국사 연화교 칠보교	경북 경주시 진현동
23	불국사 청운교 백운교	경북 경주시 진현동
24	석굴암 석굴	경북 경주시 진현동
30	분황사 석탑	경북 경주시 구황동
31	경주 첨성대	경북 경주시 인왕동
34	창녕 술정리 동3층석탑	경남 창녕군 창녕읍 술정리
35	화엄사 사사자 3층석탑	전남 구례군 마산면 황전리
37	경주 구황리 3층석탑	경북 경주시 구황동
38	고선사지 3층석탑	경북 경주시 국립경주박물관
39	월성 나원리 5층석탑	경북 경주시 현곡면 나원리
40	정혜사지 13층석탑	경북 경주시 안강읍 옥산리
41	용두사지 철당간	충북 청주시 상당구 남문로
44	보림사 3층석탑 및 석등	전남 장흥군 유치면 봉덕리
48	월정사 팔각9층석탑	강원 평창군 진부면 동산리
77	의성탑리 5층석탑	경북 의성군 금성면 탑리리
86	경천사 10층석탑	서울 용산구 용산동 국립중앙박물관 내
99	갈항사 3층석탑(2기)	서울 용산구 용산동 국립중앙박물관 내

100	남계원 7층석탑	서울 용산구 용산동 국립중앙박물관 내
105	산청 범학리 3층석탑	서울 용산구 용산동
109	군위 삼존석굴	경북 군위군 부계면 남산리
112	감은사지 3층석탑(2기)	경북 경주시 양북면 용당리
122	진전사지 3층석탑	강원 양양군 강현면 둔전리
130	선산 죽장동 5층석탑	경북 구미시 선산읍 죽장리
187	봉감 모전 5층석탑	경북 영양군 입암면 산해리
236	월성 장항리사지 서5층석탑	경북 경주시 양북면 장항리
289	익산 왕궁리 5층석탑	전북 익산시 왕궁면 왕궁리

② 보물(寶物)

지정 번호	명칭	소재지
4	중초사지 당간지주	경기 안양시 만안구 석수동
10	강화 하점면 5층석탑	인천 강화군 하점면 장정리
12	광주 춘궁리 5층석탑	경기 하남시 춘궁동
13	광주 춘궁리 3층석탑	경기 하남시 춘궁동
18	정산 서정리 9층석탑	충남 청양군 정산면 서정리
19	성주사지 5층석탑	충남 보령시 성주면 성주리
20	성주사지 중앙3층석탑	충남 보령시 성주면 성주리
25	금산사 5층석탑	전북 김제시 금산면 금산리
27	금산사 육각다층석탑	전북 김제시 금산면 금산리
28	금산사 당간지주	전북 김제시 금산면 금산리
29	금산사 심원암 북강3층석탑	전북 김제시 금산면 금산리
30	만복사지 5층석탑	전북 남원시 왕정동
32	만복사지 당간지주	전북 남원시 왕정동
37	실상사 3층석탑(2기)	전북 남원시 산내면 입석리
47	성주사지 서3층석탑	충남 보령시 성주면 성주리
49	나주 동문외 석당간	전남 나주시 성북동
50	나주 북문외 3층석탑	전남 나주시 과원동
51	문경 내화리 3층석탑	경북 문경시 산북면 내화리
52	봉화 서동리 3층석탑	경북 봉화군 춘양면 서동리
53	개심사지 5층석탑	경북 예천군 예천읍 남본리
54	고령 지산동 당간지주	경북 고령군 고령읍 지산리
56	안동 동부동 5층전탑	경북 안동시 운흥동
57	안동 조탑동 5층전탑	경북 안동시 일직면 조탑리
59	숙수사지 당간지주	경북 영주시 순흥면 내죽리
61	불국사 사리탑	경북 경주시 진현동

65	경주 서악리 3층석탑	경북 경주시 서악동
66	경주 석빙고	경북 경주시 인왕동
67	경주 효현리 3층석탑	경북 경주시 효현동
69	망덕사지 당간지주	경북 경주시 배반동
72	단속사지 동3층석탑	경남 산청군 단성면 운리
73	단속사지 서3층석탑	경남 산청군 단성면 운리
76	춘천 근화동 당간지주	강원 춘천시 근화동
77	춘천 7층석탑	강원 춘천시 소양로
79	홍천 희망리 3층석탑	강원 홍천군 홍천읍 희망리
80	홍천 희망리 당간지주	강원 홍천군 홍천읍 희망리
82	강릉 대창리 당간지주	강원 강릉시 옥천동
83	강릉 수문리 당간지주	강원 강릉시 옥천동
86	굴산사지 당간지주	강원 강릉시 구정면 학산리
87	신복사지 3층석탑	강원 강릉시 내곡동
91	여주 창리 3층석탑	경기 여주군 여주읍 창리
92	여주 하리 3층석탑	경기 여주군 여주읍 창리
94	사자빈신사지 석탑	충북 제천시 한수면 송계리
95	괴산 미륵리 5층석탑	충북 충주시 상모면 미륵리
99	천흥사지 당간지주	충남 천안시 성거읍 천흥리
101	안국사지 석탑	충남 당진군 정미면 수당리
103	보원사지 당간지주	충남 서산시 운산면 용현리
104	보원사지 5층석탑	충남 서산시 운산면 용현리
109	광주 서5층석탑	광주시 남구 구동
110	광주 동5층석탑	광주시 동구 지산동
112	중흥산성 3층석탑	전남 광양시 옥룡면 운평리
113	청도 봉기동 3층석탑	경북 청도군 풍각면 봉기리
114	안동 옥동 3층석탑	경북 안동시 평화동
117	상주 화달리 3층석탑	경북 상주시 사벌면 화달리
123	경주 보문리 당간지주	경북 경주시 보문동
124	경주 남산리 3층석탑	경북 경주시 남산동
126	무장사지 3층석탑	경북 경주시 암곡동
127	경주 삼랑사지 당간지주	경북 경주시 성건동
129	월광사지 3층석탑(2기)	경남 합천군 야로면 월광리
132	화엄사 동5층석탑	전남 구례군 마산면 황전리
133	화엄사 서5층석탑	전남 구례군 마산면 황전리
150	공주 반죽동 당간지주	충남 공주시 반죽동
151	연곡사 3층석탑	전남 구례군 토지면 내동리
166	서울 홍제동 5층석탑	서울 용산구 용산동 국립중앙박물관 내
167	정읍 은선리 3층석탑	전북 정읍시 영원면 은선리
168	경주 천군리 3층석탑(2기)	경북 경주시 천군동

169	봉암사 3층석탑	경북 문경시 가은읍 원북리
184	부여 장하리 3층석탑	충남 부여군 장암면 장하리
185	무량사 5층석탑	충남 부여군 외산면 만수리
186	경주 남산 용장사곡 3층석탑	경북 경주시 내남면 용장리
188	의성 관덕동 3층석탑	경북 의성군 단촌면 관덕리
189	송림사 5층전탑	경북 칠곡군 동명면 구덕리
223	도피안사 3층석탑	강원 철원군 동송읍 관우리
224	비인 5층석탑	충남 서천군 비인면 성북리
225	신륵사 다층석탑	경기 여주군 북내면 천송리
226	신륵사 다층전탑	경기 여주군 북내면 천송리
235	장의사지 당간지주	서울 종로구 신영동
236	미륵사지 당간지주(2기)	전북 익산시 금마면 기양리
247	동화사 비로암 3층석탑	대구 동구 도학동
248	동화사 금당암 3층석탑	대구 동구 도학동
249	부석사 3층석탑	경북 영주시 부석면 북지리
250	범어사 3층석탑	부산 금정구 청룡동
254	동화사 당간지주	대구 동구 도학동
255	부석사 당간지주	경북 영주시 부석면 북지리
256	갑사 철당간 및 지주	충남 공주시 계룡면 중장리
266	청량사 3층석탑	경남 합천군 가야면 황산리
276	발산리 5층석탑	전북 군산시 개정면 발산리
294	승안사지 3층석탑	경남 함양군 수동면 우명리
297	청암사 수도암 3층석탑	경북 김천시 증산면 수도리
298	월남사지 3층석탑	전남 강진군 성전면 월남리
300	화엄사 원통전 앞 사자탑	전남 구례군 마산면 황전리
301	대흥사 북미륵암 3층석탑	전남 해남군 삼산면 구림리
304	벌교 홍교	전남 보성군 벌교읍 벌교리
305	안동 석빙고	경북 안동시 성곡동
309	천곡사지 7층석탑	전북 정읍시 망제동
310	창녕 석빙고	경남 창녕군 창녕읍 송현리
312	소태리 5층석탑	경남 밀양시 청도면 소태리
320	대흥사 응진전 앞 3층석탑	전남 해남군 삼산면 구림리
323	청도 석빙고	경북 청도군 화양면 동천리
325-1	금동제 사리탑	대구 수성구 국립대구박물관
327	의성 빙산사지 5층석탑	경북 의성군 춘산면 빙계리
354	천흥사지 5층석탑	충남 천안시 성거읍 천흥리
357	정도사지 5층석탑	대구 수성구 국립대구박물관
358	영전사지 보제존자 사리탑(2기)	서울 용산구 용산동 국립중앙박물관 내
373	보천사지 3층석탑	경남 의령군 의령읍 하리
379	진양 효자리 3층석탑	경남 진주시 수곡면 효자리

382	청송사지 3층석탑	울산 울주군 청량면 율리
386	옥천교	서울 종로구 와룡동 창경궁
395	선암사 3층석탑	전남 순천시 승주읍 죽학리
400	선암사 승선교	전남 순천시 승주읍 죽학리
405	단양 향산리 3층석탑	충북 단양군 가곡면 향산리
410	정암사 수마노탑	강원 정선군 고한읍 고한리
426	예천 동본동 3층석탑	경북 예천군 예천읍 동본리
429	불굴사 3층석탑	경북 경산시 와촌면 강학리
435	안성 죽산리 5층석탑	경기 안성시 죽산면 죽산리
443	향성사지 3층석탑	강원 속초시 설악동
444	선림원지 3층석탑	강원 양양군 서면 황이리
459	제천 장락리 7층모전석탑	충북 제천시 장락동
464	흥법사지 3층석탑	강원 원주시 지정면 안창리
465	영천 신월동 3층석탑	경북 영천시 금호읍 신월리
466	만어사 3층석탑	경남 밀양시 삼랑진읍 용전리
467	표충사 3층석탑	경남 밀양시 단장면 구천리
468	밀양 숭진리 3층석탑	경남 밀양시 삼랑진읍 숭진리
469	선산 낙산동 3층석탑	경북 구미시 해평면 낙산리
470	도리사 석탑	경북 구미시 해평면 송곡리
473	법계사 3층석탑	경남 산청군 시천면 중산리
474	벽송사 3층석탑	경남 함양군 마천면 추성리
480	영암사지 3층석탑	경남 합천군 가회면 둔내리
497	양양 오색리 3층석탑	강원 양양군 서면 오색리
498	울진 구산리 3층석탑	경북 울진군 근남면 구산리
499	낙산사 7층석탑	강원 양양군 강현면 전진리
504	영광 신천리 3층석탑	전남 영광군 묘량면 신천리
505	담양읍 석당간	전남 담양군 담양읍 객사리
506	담양읍 5층석탑	전남 담양군 담양읍 지침리
509	구례 논곡리 3층석탑	전남 구례군 구례읍 논곡리
510	칠곡 기성동 3층석탑	경북 칠곡군 동명면 기성리
511	청원 계산리 5층석탑	충북 청원군 가덕면 계산리
518	해인사 원당암 다층석탑 및 석등	경남 합천군 가야면 치인리
520	술정리 서3층석탑	경남 창녕군 창녕읍 술정리
529	금골산 5층석탑	전남 진도군 군내면 둔전리
533	영국사 3층석탑	충북 영동군 양산면 누교리
535	영국사 망탑봉 3층석탑	충북 영동군 양산면 누교리
537	아산 읍내리 당간지주	충남 아산시 읍내동
538	홍성 동문동 당간지주	충남 홍성군 홍성읍 오관리
540	홍천 괘석리 사사자 3층석탑	강원 홍천군 홍천읍 희망리
545	홍천 물걸리 3층석탑	강원 홍천군 내촌면 물걸리

563	흥국사 홍교	전남 여수시 중흥동
564	영산 만년교	경남 창녕군 영산면 동리
580	전문경 5층석탑	서울 성북구 간송미술관
606	직지사 대웅전 앞 3층석탑(2기)	경북 김천시 대항면 운수리
607	직지사 비로전 앞 3층석탑	경북 김천시 대항면 운수리
609	화천동 3층석탑	경북 영양군 영양읍 화천리
610	현일동 3층석탑	경북 영양군 영양읍 현일리
673	현풍 석빙고	대구 달성군 현풍면 상리
674	유금사 3층석탑	경북 영덕군 병곡면 금곡리
675	영천 화남동 3층석탑	경북 영천시 신령면 화남리
677	장연사지 3층석탑(2기)	경북 청도군 매전면 장연리
678	운문사 3층석탑	경북 청도군 운문면 신원리
682	지보사 3층석탑	경북 군위군 군위읍 상곡리
683	상주 상오리 7층석탑	경북 상주시 화북면 상오리
750	거돈사지 3층석탑	강원 원주시 부론면 정산리
795	천관사 3층석탑	전남 장흥군 관산읍 농안리
796	운주사 9층석탑	전남 화순군 도암면 대초리
798	운주사 원형다층석탑	전남 화순군 도암면 대초리
799	마곡사 5층석탑	충남 공주시 사곡면 운암리
829	금곡사 3층석탑	전남 강진군 군동면 파산리
831	동화사 3층석탑	전남 순천시 별량면 대룡리
907	월성 남사리사지 3층석탑	경북 경주시 현곡면 남사리
908	월성 용명리사지 3층석탑	경북 경주시 건천읍 용명리
909	남간사지 당간지주	경북 경주시 탑동
910	경주 보문동 연화문 당간지주	경북 경주시 보문동
911	석굴암 3층석탑	경북 경주시 진현동
912	경주 마동사지 3층석탑	경북 경주시 마동
943	보성 우천리 3층석탑	전남 보성군 조성면 우천리
945	금둔사지 3층석탑	전남 순천시 낙안면 상송리
1112	대원사 다층석탑	경남 산청군 삼장면 유평리
1113	내원사 3층석탑	경남 산청군 삼장면 대포리
1114	산청 대포리 3층석탑	경남 산청군 삼장면 대포리
1115	보성 봉천리 5층석탑	전남 보성군 복내면 봉천리
1118	성풍사 5층석탑	전남 영암군 영암읍 용흥리
1119	창경궁 내 팔각7층석탑	서울 종로구 와룡동
1186	직지사 청풍료 앞 3층석탑	경북 김천시 대항면 운수리
1187	불탑사 5층석탑	제주 제주시 삼양동
1188	천룡사지 3층석탑	경북 경주시 내남면 용장리
1242	해인사 길상탑	경남 합천군 가야면 치인리
1275	한계사지 남3층석탑	강원 인제군 북면 한계리

1276	한계사지 북3층석탑	강원 인제군 북면 한계리
1277	동해 삼화사 3층석탑	강원 동해시 삼화동
1283	월출산 용암사지 3층석탑	전남 영암군 영암읍 회문리
1284	청량사지 5층석탑	충남 공주시 반포면 학봉리
1285	청량사지 7층석탑	충남 공주시 반포면 학봉리
1296	제천 신륵사 3층석탑	충북 제천시 덕산면 월악리
1299	괴산 보안사 3층석탑	충북 괴산군 청안면 효근리
1322	곡성 가곡리 5층석탑	전남 곡성군 오산면 가곡리
1336	고성 건봉사 능파교	강원 고성군 거진읍 냉천리
1337	고성 육송정 홍교	강원 고성군 간성읍 해상리
1338	옥천 용암사 쌍3층석탑	충북 옥천군 옥천읍 삼청리
1371	영동 반야사 3층석탑	충북 영동군 황간면 우매리
1372	함평 고막천석교	전남 함평군 학교면 고막리
1429	경주 원원사지 3층석탑	경북 경주시 외동읍 모화리
1433	도갑사 5층석탑	전남 영암군 군서면 도갑리

③ 사적(史蹟)

지정번호	명칭	소재지
3	화성	경기 수원시 장안구 연무동
10	서울성곽	서울 종로구 누상동
12	공주 공산성	충남 공주시 산성동
13	공주 송산리 고분군	충남 공주시 금성동
14	부여 능산리 고분군	충남 부여군 부여읍 능산리
32	독립문	서울 서대문구 현저동
33	영은문 주초(사적 32호에 포함)	서울 서대문구 현저동
57	남한산성	경기 광주시 중부면 산성리
96	경주읍성	경북 경주시 북부동
116	해미읍성	충남 서산시 해미면 읍내리
118	진주성	경남 진주시 남성동, 본성동
132	강화산성	인천 강화군 강화읍 국화리
136	참성단	인천 강화군 화도면 홍왕리
145	고창읍성	전북 고창군 고창읍 읍내리
147	문경 관문(제1, 제2, 제3관문 및 부속성벽)	경북 문경시 문경읍 상초리
153	언양읍성	울산 울주군 언양읍 동부리, 서부리
160	전곶교	서울 성동구 행당동
162	북한산성	경기 고양시 덕양구 북한동, 서울 은평구, 성북구, 강북구, 도봉구 일원

169	영산 석빙고	경남 창녕군 영산면 교리
193	동구릉	경기 구리시 인창동
195	영릉(英陵)·영릉(寧陵)	경기 여주군 능서면 왕대리
196	장릉	강원 영월군 영월읍 영흥리
197	광릉	경기 남양주시 진접읍 부평리
198	서오릉	경기 고양시 덕양구 용두동
199	선릉·정릉	서울 강남구 삼성동
207	홍릉·유릉	경기 남양주시 금곡동
212	상당산성	충북 청주시 상당구 산성동
215	금정산성	부산 금정구 금성동
225	초지진	인천 강화군 길상면 초지리
226	덕진진	인천 강화군 불은면 덕성리
227	광성보	인천 강화군 불은면 덕성리
231	홍주성(조양문·아문·산성)	충남 홍성군 홍성읍 오관리
234	아차산성	서울 광진구 광장동, 구의동
235	삼년산성	충북 보은군 보은읍 어암리
270	방이동 백제고분군	서울 송파구 방이동
292	덕포진	경기 김포시 대곶면 신안리
298	남원성	전북 남원시 동충동
302	낙안읍성	전남 순천시 낙안면 동·서·남내리
346	무장읍성	전북 고창군 무장면 성내리
391	고창 지석묘군	전북 고창군 고창읍 죽림리
397	전라병영성지	전남 강진군 병영면 성동리
400	충주 장미산성	충북 충주시 가금면 장천리
401	괴산 미륵산성	충북 괴산군 청천면 고성리
418	순천 검단산성	전남 순천시 해룡면 성산리
422	하남 이성산성	경기 하남시 춘궁동
423	이천 설봉산성	경기 이천시 사음동
446	영월 정양산성	강원 영월군 영월읍 정양리
447	원주 영원산성	강원 원주시 판부면 금대리
452	강화 외성	인천 강화군 강화도 일원
453	하동읍성	경남 하동군 고전면 고하리
461	서울 청계천 유적	서울 종로구 관철동외, 중구 남대문로 외

3) 등록문화재

등록번호	명칭	소재지
1	남대문로 한국전력 사옥	서울 중구 남대문로
2	화동 구 경기고교	서울 종로구 화동
3	정동 이화여고 심슨기념관	서울 중구 정동
4	효목동 조양회관	대구 동구 효목동
5	대봉동 구 대구사범학교 본관 및 강당	대구 중구 대봉동
6	내덕동 청주상고 구 본관	충북 청주시 상당구 내덕 2동
7	옥천 삼양리 옥천 천주교회	충북 옥천군 옥천읍 삼양리
8	진천 읍내리 대한성공회 진천성당	충북 진천군 진천읍 읍내리
9	문화동 우리예능원	충북 청주시 상당구 문화동
10	강경 중앙리 구 남일당한약방	충남 논산시 강경읍 중앙리
11	태평로 구 국회의사당	서울 중구 태평로 1가
12	공릉동 구 서울공과대학	서울 노원구 공릉동
13	대방동 서울공업고등학교 본관	서울 동작구 대방동
14	이화여자대학교 파이퍼홀	서울 서대문구 대현동
15	대구 동산병원 구관	대구 중구 동산동
16	전남도청 본관	광주 동구 광산동
17	광주 서석초등학교 (본관, 체육관)(별관)	광주 동구 서석동
18	충청남도청	대전 중구 선화동
19	구 산업은행 대전지점	대전 동구 중동
20	조흥은행 대전지점	대전 동구 원동
21	태백 철암역두 선탄시설	강원 태백시 철암동
22	철원 노동당사	강원 철원군 철원읍 관전리
23	철원 감리교회	강원 철원군 철원읍 관전리
24	철원 얼음창고	강원 철원군 철원읍 외촌리
25	철원 농산물검사소	강원 철원군 철원읍 외촌리
26	철원 승일교	강원 철원군 동송읍 장흥4리, 갈말읍 문혜리 읍계
27	화천 인민군사령부 막사	강원 화천시 상서면 다목리
28	진안성당 어은공소	전북 진안시 진안읍 죽산리
29	구 호남은행 목포지점	전남 목포시 상락동
30	구 목포공립 심상소학교	전남 목포시 유달동
31	여수 구 청년회관	전남 여수시 관문동
32	여수 애양교회	전남 여수시 율촌면 신풍리
33	여수 애양병원	전남 여수시 율촌면 신풍리
34	구 나주경찰서	전남 나주시 금성동
35	진주 문산성당	경남 진주시 문산읍 소문리
36	구 통영청년단 회관	경남 통영시 문화동

37	함양 구 임업시험장 하동·함양지장	경남 함양군 함양읍 백연리
38	남제주 강병대 교회	제주 남제주군 대정읍 상모리
39	남제주 비행기 격납고	제주 남제주군 대정읍 상모리
40	서울 번동 창녕위궁재사	서울 강북구 번동
41	부산 임시수도 정부청사	부산 서구 부민동
42	강경 북옥감리교회	충남 논산시 강경 북옥리
43	목포 구 청년회관	전남 목포시 남교동
44	나주 노안 천주교회	전남 나주시 노안 양천리
45	연천역 급수탑	경기 연천군 연천읍 차탄 2리
46	도계역 급수탑	강원 삼척시 도계읍 전두리
47	추풍령역 급수탑	충북 영동군 추풍령면 추풍령리
48	연산역 급수탑	충남 논산시 연산면 청동리
49	안동역 급수탑	경북 안동시 운흥동
50	영천역 급수탑	경북 영천시 완산동
51	삼랑진역 급수탑	경남 밀양시 삼랑진읍 송지리
52	서울시청 청사	서울 중구 태평로
53	건국대학교 구 서북학회회관	서울 광진구 화양동
54	춘천 죽림동 주교좌성당	강원 춘천시 죽림동
55	충북도청 본관	충북 청주시 상당구 문화동
56	대한통운 제천영업소	충북 제천시 화산동
57	옥천 죽향초등학교 구 교사	충북 옥천군 옥천읍 문정리
58	진천 덕산양조장	충북 진천군 덕산면 용몽리
59	영동 노근리 쌍굴다리	충북 영동군 황간면 노근리
60	강경 중앙초등학교 강당	충남 논산시 강경읍 중앙리
61	김제 농업기반공사 동진지부 축산지소	전북 김제시 죽산면 죽산리
62	목포 정명여자중학교 구 선교사 사택	전남 목포시 양동
63	함평 구 학다리역 급수탑	전남 함평군 학교면 학교리
64	군산 동국사 대웅전	전북 군산시 금광동
65	제천 엽연초생산조합 구 사옥	충북 제천시 명동
66	구 소록도갱생원 검시실	전남 고흥군 도양읍 소록리
67	구 소록도갱생원 감금실	전남 고흥군 도양읍 소록리
68	구 소록도갱생원 사무본관 및 강당	전남 고흥군 도양읍 소록리
69	구 소록도갱생원 만령당	전남 고흥군 도양읍 소록리
70	구 소록도갱생원 식량창고	전남 고흥군 도양읍 소록리
71	구 소록도갱생원 신사	전남 고흥군 도양읍 소록리
72	구 소록도갱생원 등대	전남 고흥군 도양읍 소록리
73	소록도 구 녹산초등학교 교사	전남 고흥군 도양읍 소록리
74	소록도 구 성실중고등성경학교 교사	전남 고흥군 도양읍 소록리
75	구 소록도갱생원 원장관사	전남 고흥군 도양읍 소록리
76	파주 구 장단면사무소	경기 파주시 장단면 동장리

77	경의선 구 장단역지	경기 파주시 장단면 동장리
78	경의선 장단역 증기기관차 화통	경기 파주시 장단면 동장리
79	경의선 장단역 죽음의 다리	경기 파주시 장단면 도라산리
80	덕수궁 석조전 동관	서울 중구 정동
81	덕수궁 석조전 서관	서울 중구 정동
82	덕수궁 정관헌	서울 중구 정동
83	창경궁 대온실	서울 종로구 와룡동
84	원서동 고희동 가옥	서울 종로구 원서동
85	계동 배렴 가옥	서울 종로구 계동
86	누상동 이중섭 가옥	서울 종로구 누상동
87	홍지동 이광수 가옥	서울 종로구 홍지동
88	통인동 이상 가옥	서울 종로구 통인동
89	평창동 박종화 가옥	서울 종로구 평창동
90	홍파동 홍난파 가옥	서울 종로구 홍파동
91	돈암장	서울 성북구 동소문동
92	의릉 구 중앙정보부 강당	서울 성북구 석관동
93	배화여고 생활관	서울 종로구 필운동
94	조선대학교 본관	광주 동구 서석동
95	광주 수창초등학교 본관	광주 북구 북동
96	전남대 인문대 1호관	광주 북구 용봉동
97	광주교대 본관	광주 북구 풍향동
98	구 동양척식회사 대전지점	대전 동구 인동
99	한전 대전보급소	대전 동구 인동
100	국립농산물품질관리원 충청지원	대전 중구 은행동
101	충청남도 관사촌	대전 중구 대흥동
102	울산 구 상북면사무소	울산 울주군 상북면 산전리
103	울산 언양성당 본관 및 사제관	울산 울주군 언양읍 송대리
104	울산 구 삼호교	울산 남구 남구
105	울산 남창역사(창고 제외)	울산 울주군 온양읍 남창리
106	울산 울기등대 구 등탑	울산 동구 일산동
107	춘천문화원	강원 춘천시 옥천동
108	홍천읍사무소	강원 홍천군 홍천읍 희망리
109	화천 수력발전소	강원 화천군 간동면 구만리
110	화천 꺼먹다리	강원 화천군 간동면 구만리
111	태백 장성이중교	강원 태백시 장성광업소 내
112	금강산 전기철도교량	강원 철원군 김화읍 창리
113	제주 이승만별장	제주 북제주군 구좌읍 송당리
114	목포 양동교회	전남 목포시 양동
115	여수 장천교회	전남 여수시 율촌면 조화리
116	여수 마래 제2터널	전남 여수시 덕충동

117	함평 천주교회	전남 함평군 함평읍 내교리
118	함평군 월호리 282번지 가옥 및 창고	전남 함평군 학교면 월호리
119	영광 법성리 구 기꾸야여관	전남 영광군 법성면 법성리
120	구례읍사무소	전남 구례군 구례읍 봉동리
121	구례 구 방광국민학교 교사	전남 구례군 광의면 수월리
122	구 곡성역	전남 곡성군 오곡면 오기리
123	순천 매산중학교 매산관	전남 순천시 매곡동
124	구 순천선교부 외국인 어린이학교	전남 순천시 매곡동
125	순천 구 선교사 코잇 가옥	전남 순천시 매곡동
126	순천 구 선교사 로저스 가옥	전남 순천시 매곡동
127	순천 구 남장로교회 조지와츠 기념관	전남 순천시 매곡동
128	원창역사	전남 순천시 별량면 동송리
129	영산포 등대	전남 나주시 이창동
130	장흥 예양리 8번지 가옥	전남 장흥군 장흥읍 예양리
131	장흥 기양리 48번지 가옥	전남 장흥군 장흥읍 기양리
132	구 보성여관	전남 보성군 벌교읍 벌교리
133	서대문 한국기독교장로회총회 선교교육원	서울 서대문구 충정로2가
134	동선동 권진규 아뜰리에	서울 성북구 동선동
135	영등포 구 경성방직 사무동	서울 영등포구 영등포동
136	신촌역사	서울 서대문구 대현동
137	구 철원제2금융조합 건물지	강원 철원군 외촌리
138	원주역 급수탑	강원 원주시 학성동
139	원주 원동성당	강원 원주시 원동
140	원주 천주교 대안리공소	강원 원주시 흥업면
141	삼척 천주교 성내동성당	강원 삼척시 성내동
142	동해 구 상수시설	강원 동해시 부곡동
143	고성 합축교	강원 고성군 간성읍
144	괴산군수 관사	충북 괴산군 괴산읍
145	남지철교	경남 창녕군, 함안군
146	광주 장덕동 527번지 가옥	광주 광산구 장덕동
147	거창 경덕재	경남 거창군 웅양면
148	산청 금서면 민재호 가옥	경남 산청군 금서면
149	구 통영군청	경남 통영시 도천동
150	통영 문화동 배수시설	경남 통영시 문화동
151	밀양 교동 손병구 가옥	경남 밀양시 교동
152	밀양 퇴로리 이병수 가옥	경남 밀양시 부북면
153	진주 하촌동 남인수 생가	경남 진주시 하촌동
154	진주 옥봉성당	경남 진주시 옥봉동
155	구 제주도청사	제주 제주시 이도 2동
156	서귀포 천제연 관개수로	제주 서귀포시 중문동

157	남제주 구 대정면 사무소	제주 남제주군 대정읍
158	광주 구 수피아여학교 수피아홀	광주 남구 양림동
159	광주 구 수피아여학교 커티스메모리얼홀	광주 남구 양림동
160	철원 수도국지내 급수탑	강원 철원군 철원읍
161	춘천 소양천주교회	강원 춘천시 소양로
162	홍천성당	강원 홍천군 홍천읍
163	횡성 풍수원 성당 구 사제관	강원 횡성군 서원면
164	구 조선식산은행 원주지점	강원 원주시 중앙동
165	원주 반곡역사	강원 원주시 반곡동
166	구 태백 등기소	강원 태백시 장성동
167	태백경찰서 망루	강원 태백시 장성동
168	철도청 대전지역사무소 재무과 보급창고	대전 동구 소제동
169	대전 선화동 구 사범부속학교 교장 사택	대전 중구 선화동
170	제일은행 여수지점	전남 여수시 중앙동
171	이상범 가옥 및 화실	서울 종로구 누하동
172	전주 신흥고등학교 강당 및 본관 포치	전북 전주시 완산구 중화산동
173	전주 중앙동 구 박다옥	전북 전주시 완산구 중앙동
174	전주 다가동 구 중국인 포목상점	전북 전주시 완산구 다가동
175	정읍 신태인 구 도정공장 창고	전북 정읍시 신태인읍 신태인리
176	구 고창고등학교 강당	전북 고창군 고창읍
177	구 부안 금융조합	전북 부안군 부안읍
178	익산 구 이리농림학교 축산과 교사	전북 익산시 마동
179	원불교 익산성지	전북 익산시 신용동
180	익산 중앙동 구 삼산의원	전북 익산시 중앙동3가
181	익산 구 익옥수리조합 사무소 및 창고	전북 익산시 평화동
182	군산 구 시마타니 농장 귀중품 창고	전북 군산시 개정면 발산리
183	군산 신흥동 구 히로쓰 가옥	전북 군산시 신흥동
184	군산 해망굴	전북 군산시 해망동, 금동
185	김제 증산법종교 본부영대 및 삼청전	전북 김제시 금산면 금산리
186	김제 구 백구 금융조합	전북 김제시 백구면
187	김제 신풍동 아리따 설계 가옥	전북 김제시 신풍동
188	임실 오수망루	전북 임실군 오수면
189	장수 천주교회 수분공소	전북 장수군 장수읍
190	장수 호룡보루	전북 장수군 산서면
191	진안 강정리 전영표 가옥	전북 진안군 마령면
192	진해역사	경남 진해시 여좌동
193	구 진해해군통제부 병원장 사택	경남 진해시 근화동
194	구 진해요항부 사령부	경남 진해시 현동
195	구 진해방비대 사령부	경남 진해시 현동
196	구 진해방비대사령부 별관	경남 진해시 현동

197	구 진해요항부 병원	경남 진해시 현동
198	구 마산 헌병 분견대	경남 마산시 월남3가
199	마산 봉암수원지	경남 마산시 봉암동
200	창원 소답동 김종영 생가	경남 창원시 소답동
201	통영 해저터널	경남 통영시 당동, 미수2동
202	진주역 차량정비고	경남 진주시 강남동
203	거창 정장리 최남식 가옥	경남 거창군 거창읍
204	밀양 상동터널	경남 밀양시 상동면
205	구 밀양역 파출소	경남 밀양시 가곡동
206	밀양 기산리 구 비행기 격납고	경남 밀양시 상남면
207	군산 구 제1수원지 제방	전북 군산시 소룡동
208	군산 임피역사	전북 군산시 임피면
209	익산 주현동 구 일본인(大橋)농장 사무실	전북 익산시 주현동
210	익산 춘포역사	전북 익산시 춘포면
211	익산 춘포리 구 일본인(細川)농장 가옥	전북 익산시 춘포면 춘포리
212	정읍 영주정사 및 영양사	전북 정읍시 흑암동
213	정읍 진산동 영모재	전북 정읍시 진산동
214	정읍 관훈리 조재홍 가옥	전북 정읍시 고부면
215	정읍 화호리 구 일본인(熊本)농장 가옥	전북 정읍시 신태인읍 화호리
216	장수경찰서 관사	전북 장수군 장수읍
217	포항 구 삼화제철소 고로	경북 포항시 남구 동촌동
218	봉화 유곡리 김직현 가옥	경북 봉화군 봉화읍
219	김제 신풍동 손효성 가옥	전북 김제시 신풍동
220	김제 종신리 황병주 가옥	전북 김제시 죽산면
221	완주 구 삼례양수장	전북 완주군 삼례읍
222	곡성 삼기우체국(구 삼기면사무소)	전남 곡성군 삼기면 원등리
223	광양 서울대학교 남부연습림 관사	전남 광양시 광양읍 칠성리
224	순천 별량농협 창고	전남 순천시 별량면
225	순천 옥천동 서한모 가옥	전남 순천시 옥천동
226	보성 벌교 농민상담소(구 별교금융조합)	전남 보성군 벌교읍 벌교리
227	고흥 풍양농협(구 풍양지소 금융조합)	전남 고흥군 풍양읍 풍남리
228	곡성 단군전	전남 곡성군 곡성읍
229	서울 북촌문화센터(구 민형기 가옥)	서울 종로구 계동
230	서울 혜화동성당	서울 종로구 혜화동
231	서울 창전동 공민왕 사당	서울 마포구 창전동
232	공주 금강철교	충남 공주시 금성동
233	공주 중학동 구 선교사가옥	충남 공주시 중학동
234	남해 덕신리 하천재	경남 남해군 설천면 덕산리
235	울릉도 도동리 이영관 가옥(구 일본인 가옥)	경북 울릉군 울릉읍 도동리
236	고흥 구 녹동우편소	전남 고흥군 고양읍 봉암리

237	구 대법원청사	서울 중구 서소문동
238	구 미국문화원	서울 중구 을지로
239	구 목포사범학교 본관	전남 목포시 용해동
240	창덕궁 희정당 총석정절경도(叢石亭絶景圖)	서울 종로구
241	창덕궁 희정당 금강산만물초승경도(金剛山萬物肖勝景圖)	서울 종로구
242	창덕궁 대조전 봉황도(鳳凰圖)	서울 종로구
243	창덕궁 대조전 백학도(白鶴圖)	서울 종로구
244	창덕궁 경훈각 조일선관도(朝日仙觀圖)	서울 종로구
245	창덕궁 경훈각 삼선관파도(三仙觀波圖)	서울 종로구
246	인천 선린동 공화춘(共和春)	인천 중구 선린동
247	대한민국 수준원점(水準原點)	인천 남구 용현동
248	구 일본우선(郵船) 주식회사 인천지점	인천 중구 해안동
249	구 인천부 청사	인천 중구 관동
250	한강철도교	서울 용산구 이촌동-동작구 노량진동
251	대구 대봉배수지	대구 남구 이천동
252	대구화교협회	대구 중구 종로2가
253	영천 과전동 성용환 가옥	경북 영천시 과전동
254	영천 구 화룡교	경북 영천시 서부동
255	영양 구 용화광산 선광장	경북 영양군 일월면 용화리
256	청도 풍각면사무소	경북 청도군 풍각면 송서리
257	봉화 척곡교회	경북 봉화군 법전면 척곡리
258	고성 학동마을 옛 담장	경남 고성군 하일면 학림리
259	거창 황산마을 옛 담장	경남 거창군 위천면 황산리
260	산청 단계마을 옛 담장	경남 산청군 신등면 단계리
261	성주 한개마을 옛 담장	경북 성주군 월항면 대산리
262	무주 지전마을 옛 담장	전북 무주군 설천면 길산리
263	익산 함라마을 옛 담장	전북 익산시 함라면 하열리
264	강진 병영마을 옛 담장	전남 강진군 병영면 지로리
265	담양 창평 삼지천마을 옛 담장	전남 담양군 창평면 삼천리
266	대구 옻골마을 옛 담장	대구 동구 둔산동
267	경운궁 양이재(養怡齋)	서울 중구 정동
268	최순우 옛집	서울 성북구 성북2동
269	청량리역 검수차고	서울 동대문구 전농2동
270	반야월역사	대구 동구 신기동
271	구 천주교 포천성당	경기 포천시 신읍동
272	홍성고등학교 강당	충남 홍성군 홍성읍 대교리
273	제천 엽연초 수납취급소	충북 제천시 명동
274	화순 오지호 생가	전남 화순군 동복면 독상리
275	화순 농협 동부지점	전남 화순군 화순읍 훈리
276	정읍 나용균 생가 및 사당	전북 정읍시 영원면

| 277 | 거제 학동 진석중 가옥 | 경남 거제시 동부면 학동리 |
| 278 | 상주 내서면사무소 | 경북 상주시 내서면 신촌리 |

6. 문화재 관련 시설

1) 문화재단지

명칭	소재지	내용
청풍 문화재단지	충북 제천시	충주호 수몰지역 고건축 이건지
문의 문화재단지	충북 청원군	대청댐 수몰지역 고건축 이건지
오천 문화재단지	경북 안동시	안동댐 수몰지역 외내마을 광산 김씨 예안파 고건축 이건지
일선리 문화재마을	경북 구미시	임하댐 수몰지역 전주 류씨 이주 집성촌
수곡리 이주단지	경북 안동시	임하댐 수몰지역 고건축 이건지
지례 예술창작촌	경북 안동시	임하댐 수몰지역 지촌종택 등 이건지
남산골 한옥마을	서울 중구	서울의 전통한옥 5채 이전 복원

2) 박물관 및 전시관

명칭	소재지	내용
국립중앙박물관	서울 용산구	www.museum.go.kr
국립민속박물관	서울 종로구	www.nfm.go.kr
국립춘천박물관	강원 춘천시	chuncheon.museum.go.kr
국립청주박물관	충북 청주시	cheongju.museum.go.kr
국립부여박물관	충남 부여군	buyeo.museum.go.kr
국립공주박물관	충남 공주시	gongju.museum.go.kr
국립경주박물관	경북 경주시	gyeongju.museum.go.kr
국립대구박물관	대구 수성구	daegu.museum.go.kr
국립김해박물관	경남 김해시	gimhae.museum.go.kr
국립진주박물관	경남 진주시	jinju.museum.go.kr
국립전주박물관	전북 전주시	jeonju.museum.go.kr
국립광주박물관	광주 북구	gwangju.museum.go.kr
국립제주박물관	제주 제주시	jeju.museum.go.kr

한국고건축박물관	충남 예산군	고건축전문박물관, 고건축 축소모형
암사동 선사주거지 원시생활전시관	서울 강동구	신석기시대 집단취락지 재현
울트라건축박물관	서울 서대문구	건축연장전문박물관
온양민속박물관	충남 아산시	의식주 및 생활민속
안동시립민속박물관	야외전시관	경북 안동시 안동댐 수몰지역 고건축 이건
동진수리민속박물관	전북 김제시	수리농경자료
롯데월드민속박물관	서울 송파구	궁중의례 등 모형 재현
신라역사과학관	경북 경주시	석굴암 모형
대한주택공사 주거문화관	경기 성남시	과거·현재·미래의 주거문화
미륵사지유물전시관	전북 익산시	미륵사 복원 모형
농업박물관	서울 강동구	농업유물 농촌생활
토지박물관	경기 성남시	토지 이용 변천, 마을과 도시 모형
산림박물관	경기 포천군	산림과 임업 자료
세종옛돌박물관	경기 용인시	석조문화재

7. 문화재 관련 정보

문화관광부 www.mct.go.kr : 문화 정보서비스 남북통합문화관
문화재청 www.ocp.go.kr : 문화 재상세 검색, 문화재 지도 여행
국립문화재연구소 www.nricp.go.kr : 연구소 발간자료 원문 서비스
국사편찬위원회 kuksa.nhcc.go.kr : 한국사 데이타베이스
한국정신문화연구원 www.aks.ac.kr : 한국학 전자도서관
유네스코한국위원회 www.unesco.or.kr : 세계유산
국가문화유산종합정보서비스 www.heriyage.go.kr : 문화유산 통합검색, 문화유산탐방, 사이버박물관 등
박물관종합정보안내 www.korea-museum.go.kr : 유물통합검색
한국의 집 www.koreahouse.or.kr : 한국의 주거문화
고려대장경연구소 www.sutra.re.kr : 한국불교 관계 논저 종합목록
달마넷 www.dharmanet.net : 한국의 사찰, 불교 자료실
규장각 kyujanggak.snu.ac.kr : 조선왕조 통치 자료와 통치기록들 보존

8. 건축 관련 옛 그림과 도면

1) 건축과 그림

건축과 그림이나 도면은 밀접한 관련을 가지고 있다. 그림이나 도면은 존재하는 건축물의 현상을 기록하고 전달하는 도구로서만이 아니라 건축물을 설계하고 건설하는 모든 과정에서 의사소통의 수단이다. 그러나 전통시대의 건축정보는 문자기록을 기본으로 하였으며 사라진 자료도 많아 소수의 그림자료만 남아 있다. 대표적인 그림과 도면을 통해 우리나라 건축 관련 옛 그림과 도면의 모습을 살펴보자.

2) 건축 관련 옛 그림과 도면

① 〈동궐도〉

〈동궐도〉, 576×273cm, 19세기 초, 국보 제249호, 고려대학교 박물관 소장

〈동궐도(東闕圖)〉는 조선 순조조에 창덕궁, 창경궁을 그린 것으로 16개의 화첩으로 이루어진 가로 576센티미터, 세로 273센티미터의 그림이다. 고려대학교 박물관과 동아대학교 박물관에 각각 1본씩 소장되어 있다. 〈동궐도〉는 크기와 내용에서 단연 최고의 건축그림으로 동궐 내

의 모든 전각과 수목 등이 사실적으로 묘사되어 있다. 다만 남북으로 긴 형상인 동궐의 모습을 가로로 긴 그림으로 묘사하면서 건물간의 거리와 외부공간의 크기 등에서 왜곡이 생겼다. 작성 연대에 대해서『조선왕조실록』과 같은 문헌에 전혀 기록되어 있지 않으나 경복전이 터만 그려진 점 등을 통해 순조조에 그려진 것으로 판단될 뿐이다. 묘사는 부감(俯瞰)의 방법을 이용한 투상도의 형식을 택하였고 비단에 채색으로 그렸다. 모든 건물에는 전각명이 기록되어 있어 건축사 사료로서 가치가 높다.

〈동궐도〉와 유사한 형식의 그림으로 경희궁의 모습을 묘사한 〈서궐도안(西闕圖案)〉(401.5×127.5cm, 고려대학교박물관 소장)이 있는데, 이 그림은 〈동궐도〉와는 달리 채색이 되지 않은 백묘화(白描畫)여서 본 그림을 그리기 위한 밑바탕으로 사용되었던 것으로 추측된다. 또한 〈경기감영도(京畿監營圖)〉는 서대문 밖의 시가지 모습을 남긴 귀중한 자료이다.

② 〈동궐도형〉

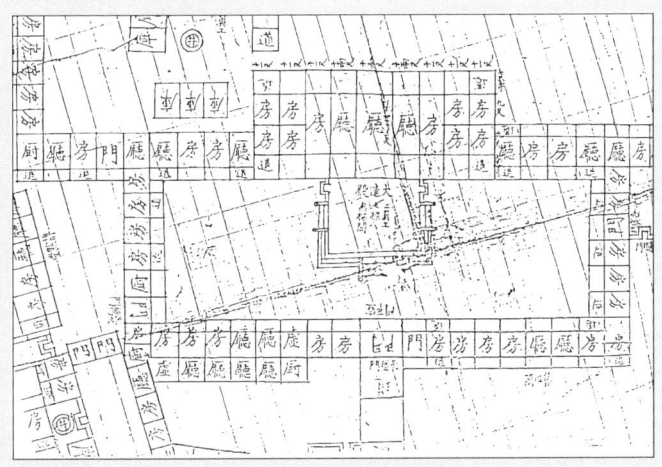

〈동궐도형〉 부분, 338.4×593.2cm, 서울대학교 규장각 소장, 20세기 초

〈동궐도형(東闕圖形)〉은 창덕궁과 창경궁의 건물들과 조경, 배치를 평면도 형식으로 그린 그림이다. 작성자와 연대는 미상이나 대략 20세기 초에 그려진 것으로 추정된다. 가로, 세로가 각 1.2센티미터 정도의 모눈을 그린 위에 각 건물들의 구조 및 크기를 나타내었다. 대조전 일곽을 묘사한 앞 그림을 예로 살펴보면, 각각의 기둥 간격을 척 단위로 기록하였고 '청(廳)', '방(房)', '문(門)', '고(庫)' 등을 써넣어 정확한 쓰임새를 알 수 있다. 〈동궐도〉와 마찬가지로 각 건물과 문의 이름이 기록되어 있으며, 오류가 없지 않으나 비교적 정확한 측량에 의해 그려진 근대적 건축 그림의 하나라고 할 수 있다. 〈동궐도형〉과 유사한 그림으로는 경복궁의 모습을 그린 〈북궐도형(北闕圖形)〉(442.5×276cm, 서울대학교 규장각 소장)이 있다.

③ 『서궐영건도감의궤』 도설

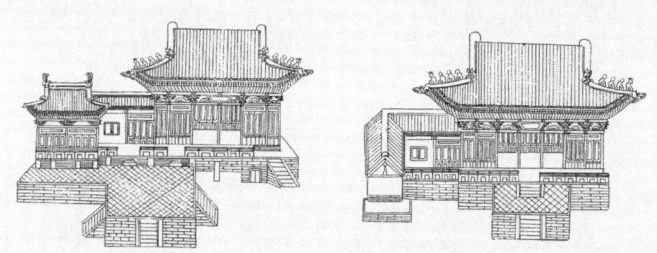

『서궐영건도감의궤』의 융복전도와 회상전도, 서울대학교 규장각 소장

건축의궤는 조선시대의 관영 건축공사의 시말을 기록한 공사 보고서로, 왕실에서 주도하는 궁궐, 종묘 등 주요 건축물의 공사를 그 대상으로 하였다. 현재 남아 있는 건축의궤는 조선 후기에 작성된 것들이며 대상 건축물의 형상을 그림으로 그린 도설 부분이 본격화된 것은 18세기 이후의 일이다. 『서궐영건도감의궤(西闕營建都監儀軌)』는 1830년(순조 30)부터 3년에 걸쳐 경희궁을 영건한 기록이다. 여기에는 융복전, 회상전, 집경당 등 영건 대상 건축물의 그림이 삽입되어 있는데, 이들 그림

은 입면 투상도의 형식으로 그려졌다. 지붕과 공포의 세세한 모양을 포함하여 건축물의 형상을 사실적으로 묘사하였다. 대부분의 건축의궤의 도설도 같은 형식으로 그려졌다.

④ 『화성성역의궤』 도설의 이도

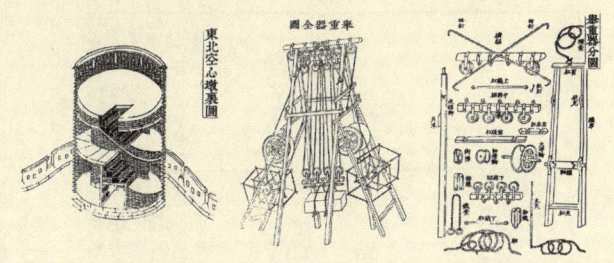

화성성역의궤, 동북공심돈 이도, 거중기 전도, 거중기 분도, 서울대학교 규장각 소장

『화성성역의궤(華城城役儀軌)』는 정조가 수원에 새로운 성곽을 건축한 기록으로 그 형식은 여느 의궤와 크게 다르지 않다. 그러나 이 의궤에는 건축물의 외형뿐만 아니라 내부의 모습을 그린 이도(裏圖)라는 그림이 새롭게 등장하였다. 임진왜란과 병자호란 등 수차례의 전란을 겪으면서 성곽제도를 획기적으로 개선하고자 하는 노력의 일환으로 조선에 존재하지 않았던 새로운 시설이 도입되었기 때문에 좀 더 상세한 건축도면이 필요했던 것으로 생각되는데, 이러한 이유로 외도, 내도뿐만 아니라 이도라는 그림을 그린 것이다. 또한 『화성성역의궤』에는 건축공사에 사용된 건설기기의 원리와 모습을 그림으로 그렸으며 건축부재 하나하나를 분해된 그림으로 남겨 놓아 우리나라 건축사의 용어 정립에 큰 기여를 하였다.

⑤ 『진찬의궤』 도설
건축의궤서 이외의 행사의궤류에서도 건축적 정보를 담고 있는 의궤

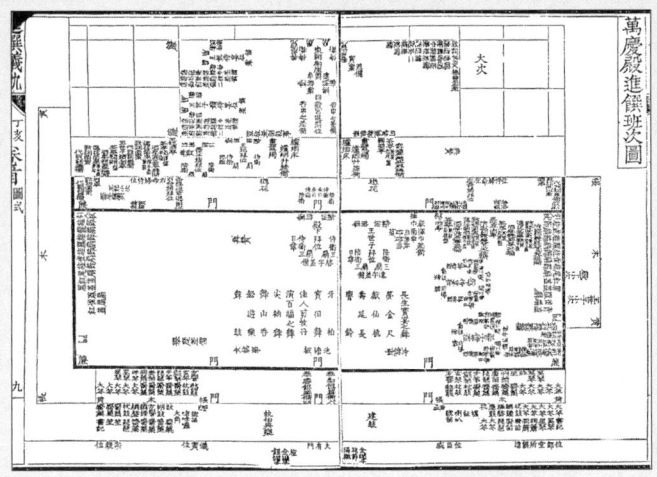

『정해진찬의궤』의 만경전 진찬 반차도, 서울대학교 규장각 소장

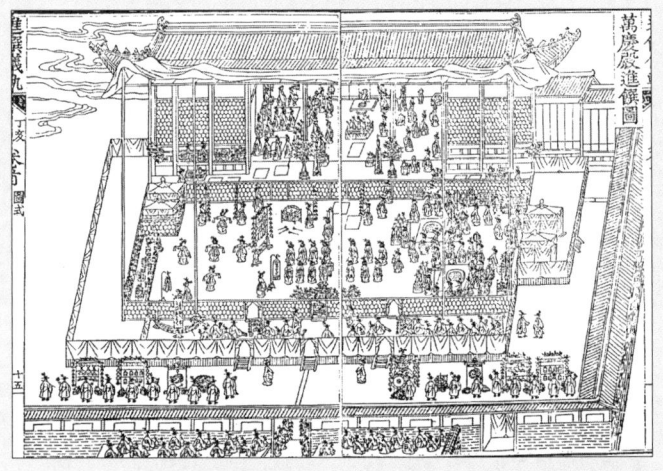

『정해진찬의궤』의 만경전 진찬도, 서울대학교 규장각 소장

자료들이 있는데, 조선 후기에 집중적으로 발간된 각종 진찬·진연·진작의궤가 가장 대표적이다. 건축의궤의 그림들과는 달리, 행사의궤의 건축그림은 건축물의 쓰임새를 알 수 있게 한다는 점에서 또 다른 중요성을 지닌다. 행사의궤에는 대개 반차도, 건물도, 행사도 등 세 가지 종류의 건축그림이 등장한다. 반차도라고 이름 붙인 그림은 건축 평면도 위에 행사에 참석하는 사람들의 위치를 표시한 것이고, 건물도는 행사에 사용된 건물을 3차원 투상도로 그린 것이 대부분이다. 행사도는 행사의 모습을 역시 3차원으로 그려낸 것이다. 『정해진찬의궤(丁亥進饌儀軌)』는 1887년(고종 24) 1월 27일부터 29일까지 대왕대비인 신정왕후 조씨의 80회 생신을 축하하는 진찬의식에 관한 기록으로 만경전의 모습이 잘 표현되어 있다.

⑥ 진찬도병

행사의궤의 그림과 유사한 것으로 진찬도병류의 그림자료가 있다. 말 그대로 진찬행사의 장면을 병풍으로 제작한 것이며 위의 『정해진찬의궤』와 동일한 내용을 담고 있다. 투상도를 사용하여 그린 만경전 진찬도와 비교해보면 〈정해진찬도병〉의 화법은 1소점 투시도법을 사용하였다는 점에서 뚜렷한 차이가 있다. 원근법의 특성에 의해 마당의 깊이가 과장되어 있으면서도 가장 멀리 있는 만경전은 오히려 크게 그려졌고 행사에 참여한 사람들은 매우 작게 그려졌다는 점 등은 행사의 모습을 투시도법으로 그린 대부분

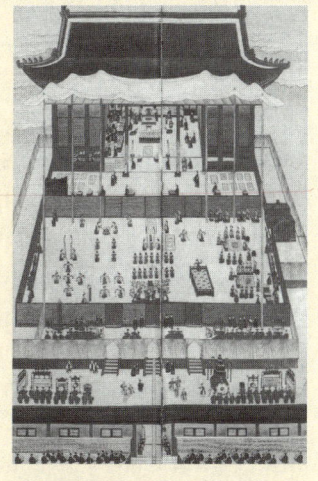

〈정해진찬도병〉 부분, 1887년 작성된 10첩 병풍 중 일부. 견본채색, 504.2×146.7cm, 국립중앙박물관 소장

의 기록화에서 나타나는 공통된 특징이다.

⑦ 『경모궁의궤』 도설

조선시대의 건축그림 중 많은 부분을 차지하는 것이 건축 배치도 형식의 그림이다. 문희묘, 호조본아, 형조본아 등을 그린 여타 그림과 마찬가지로 〈경모궁도(景慕宮圖)〉 역시 정면을 향하는 건물은 입면으로, 깊이방향으로 늘어선 건물은 좌우로 눕혀 묘사하였다. 마당을 중심으로 주변의 건축물을 눕혀서 그리는 것은 관찰자의 시선을 표현한 것인데, 그림에 따라 모든 건물을 바깥쪽으로 눕혀 그리기도 하고, 반대로 안쪽으로 눕혀 그리기도 하는 등 방법이 다양하다. 예를 들어, 〈문소전도(文昭殿

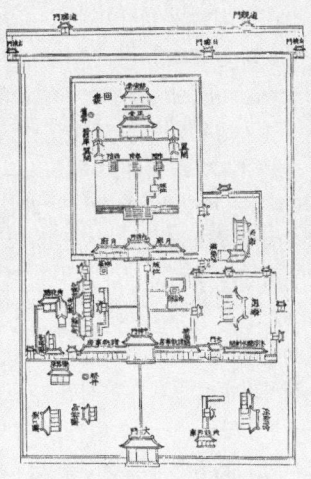

『경모궁의궤』 도설,
서울대학교 규장각 소장, 정조 년간

圖)〉(1474), 〈종묘전도(宗廟全圖)〉(1706) 등은 대부분의 건물을 정면에서 바라본 입면으로만 그렸고, 〈현사궁별묘도(顯思宮別廟圖)〉(1824)는 각각의 마당을 중심으로 건물을 눕혀 그려 여러 개의 관찰 시점을 표현하기도 하였다.

⑧ 〈조선 각관청 가옥도본〉

가옥도본은 1908년에 제작된 궁 내부 문서로, 제실재산관리국에서 궁실의 재산으로 관리하고 있는 가옥 및 관청을 실측한 자료이다. 대상 가옥의 주소, 작성 일자, 작성 주체, 면적, 축척, 방위 등 상세한 정보가 기록되었고 도면에는 삼각측량의 구분선과 주변과의 관계까지 표현되어

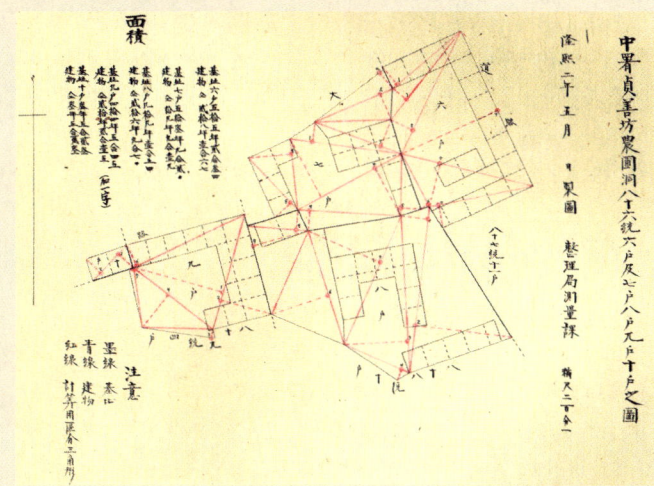

〈조선 각관청 가옥도본〉 부분.
1908년 궁내부 황실재산정리국에서 제작한 총 46매의 채색도 중 일부, 서울대학교 규장각 소장

근대적 측량술에 의한 정교한 도면임을 알 수 있다. 축척은 대개 1/100 또는 1/200이 사용되었고 표현하려는 바에 따라 흑색, 청색, 홍색의 선으로 그려졌다. 이러한 도면은 측량법의 발전뿐만 아니라 건축 도면이 도시적 상황까지 세밀하게 표현하려고 하였다는 점에서 근대적 의식이 투영된 것으로 평가할 수 있다.

9. 고건축 실측법

1) 정밀도에 따른 실측의 종류

일반적으로 실측은 약실측 축척(1/50, 1/100)과 정밀 실측(축척1/10, 1/20)으로 구분된다. 세부 상세를 모두 표현한(예를 들어 공포의 초각, 부재의 미세한 휨 등) 정밀실측은 특수한 경우(예를 들어 문화재 해체수리보고서 등)를 제외하고는 일반적이지 않다. 스케치는 가장 짧은 시간에 공간의 형태를 파악하는 것이 가능하지만 건축도면이 되지 못한다. 실측 책임자는 지휘를 위해 미리 스케치를 해서 실측의 정도를 정하며, 스케치에 관련 사항을 기입하여 답사 노트를 겸하는 것이 좋다.

2) 실측 전 사전 준비

(1) 사전 조사 및 팀 구성
① 대상 건축물에 대한 기존의 도면과 자료를 숙지한다.
② 특별히 중점적으로 조사할 부분을 표시한다.
③ 주변 현황을 조사하여 실측 여건을 파악한다(예를 들어 사다리와 같은 도구의 필요 여부, 옆집의 출입 가능 여부 등).
④ 실측 정도와 도면 표기방식의 기준을 설정한다.
⑤ 실측용 도구를 준비한다.
⑥ 대상 건축물의 규모와 수를 고려하여 일정을 잡고 팀을 구성한다.

(2) 준비물
① 화판(혹은 적당한 받침)
② 방안지(A2 정도의 크기가 적당)
③ 색볼펜(4색 혹은 3색)
④ 보관용 파일(혹은 화판가방)
⑤ 줄자(철제 5미터: 건물실측용/나일론 20미터, 50미터: 배치 및 입면 길이 측정)
⑥ 스타프(입면에서 높이 측정)
⑦ 사다리(가볍고 접을 수 있는 것)
⑧ 사진기와 삼각대
⑨ 답사노트
⑩ 참고 자료

(3) 팀 구성
① 실측은 일반적으로 3인 1조로 구성한다(스케치 1인, 사진 1인, 협조자 1인).
② 스케치가 끝나면 스케치한 사람이 치수를 기입하고 나머지는 실측을 한다(치수 기입 1인, 줄자 실측 2인).

3) 실측 방법(약실측 기준)

실측에 앞서 실측 대상 건축물의 소유자나 관리인에게 정중하게 인사하고 학술적인 목적이라는 점을 주지시켜야 한다.

(1) 스케치 종류
배치 스케치, 평면 스케치, 단면 스케치, 입면 스케치

(2) 스케치 순서
평면
① 옅은 색 볼펜으로 기둥열을 먼저 그린다(중심선은 길게 빼두어 나중에 치수를 기입할 수 있도록 한다).
② 다른 색 볼펜으로 기둥을 그린다.
③ 벽선과 개구부, 기단부를 그린다(벽의 두께를 과장해서 그려야 치수를 표기하는 데 편하다).
④ 다른 색으로 지붕 낙수선, 지붕 마루선, 합각부, 내부 가구배치 등을 그린다.
⑤ 재료(바닥과 벽)와 특이점을 기입한다.

입면
① 옅은 색 볼펜으로 기둥 중심선과 각층 바닥 중심선을 먼저 그린다.
② 보조선으로 개구부의 위치 등을 비례에 맞게 정한다.
③ 다른 색으로 세부를 그려 나간다.

④ 계속 반복되는 패턴(예를 들어 기와, 벽돌, 입면무늬 등)은 일부를 그리고 개수를 기입하는 방식으로 그린다.
⑤ 조각이나 복잡한 무늬는 대강의 형상과 위치를 그리고 충분히 사진을 찍어 최종도면을 작성할 때 이용할 수 있도록 한다.

단면
① 평면이나 입면의 방식과 유사하게 작성한다.
② 보이지 않는 부분은 비워둔다.

(3) 실측
① 스케치 야장에 다른 색 볼펜으로 치수를 기입한다.
② 실측자와 작성자의 언어소통을 원활히하기 위해, 실측의 오차를 줄이기 위해 실측의 원칙을 정해야 한다(연속적으로 읽기, 단속적으로 읽기, 중심 간격으로 읽기). 일반적으로 중심 간격을 연속적으로 읽는 것이 비교적 오차가 적은 편이다.

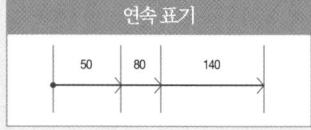
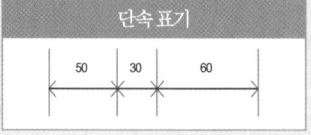

③ 실측의 순서는 평면, 종단, 입면 순으로 하고 아래에서 위로, 반시계 방향으로 한다.
④ 부재치수는 도면으로 보는 방향에서 가로·세로로 기입한다.
⑤ 반복되는 부재는 여러 개를 조사하여 평균값을 정한다.

공통
① 스케치는 도면화할 때 다른 사람이 알아볼 수 있어야 한다.
② 스케치에는 대상 건물의 명칭, 위치(부분), 실측 일시, 스케치 작도자

성명, 실측자 성명을 반드시 기입한다.

(4) 사진 촬영
사진 촬영은 스케치나 실측으로 해결하지 못하는 부분을 보완하기 위해 필수적이다.

① 해당 건축물의 원경, 전경, 근경, 상세를 각각 촬영한다.
② 가능한 사각을 피하고 정면에서 찍는 것을 원칙으로 한다.
③ 사진을 담당하는 사람은 어느 건물의 어느 곳을 찍는지를 수첩에 기록하면서 촬영한다. 여러 건물을 실측하는 경우 사진 정리할 때 혼란에 빠질 우려가 있기 때문이다.
④ 가능한 플래시를 사용하지 말고 삼각대를 이용한다.

(5) 인터뷰 조사
① 건축물의 연혁: 건립 연대, 건립자, 구조 및 마감, 설비 변경 내용
② 공간 이용 행태: 주사용자 및 방문자 시기별 사용 실태, 계절별 사용 실태
③ 기타 사항(주택의 경우): 소득 수준, 건축물의 경제적 가치, 직업, 농경지 등의 위치 관계, 가족 구성 등

4) 도면 정리

① 도면 기호를 통일하여 표현한다.
② 선의 위계를 분명히 한다(단면선과 입면선, 건축선과 기타선).
③ 도면 효과를 고려한다(작도선과 프리핸드선, 음영처리 등).

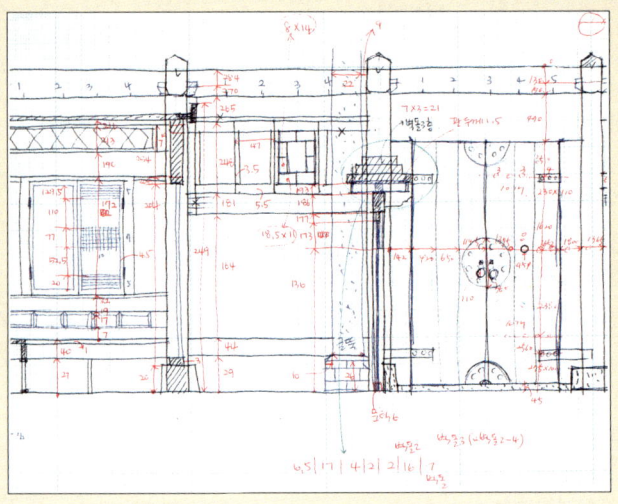

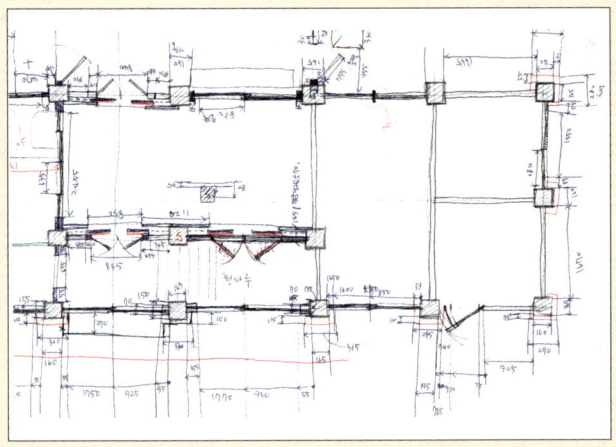

10. 척도

도량형(度量衡)은 사물의 길이, 양, 부피를 측정하거나 물건을 비교, 교환할 때 기준이 되는 자(度), 되(量), 저울(衡)을 가리키는 말이다. 예부터 도량형 제도는 국가 운영의 중요한 수단이었다. 새로 국가가 설립되거나 새 왕조가 들어서면 도량형 제도를 통일하여 새롭게 반포했다는 기록에서 그 중요성을 짐작해 볼 수 있다. 도량형 중에서 가장 기본이 되는 것은 자인데, 표준 척도가 있어야만 되, 말, 저울 등의 표준 용기를 제작할 수 있기 때문이다. 특히 건축분야에서는 건축물의 길이와 너비 및 높이를 맞출 때 자가 쓰였으므로, 당시의 건축물과 건축활동을 이해하기 위해서 자를 제대로 아는 것이 필수적이다. 정확한 자가 생기기 전에는, 척도의 기준을 신체의 일부로 삼았다. 한뼘, 한발, 한길 등이 바로 그것이다. 보통 한 자(尺)는 10치(寸)이고 치의 1/10은 푼(分)이라고 하는데, 치는 손가락 한 마디를 말한다. 1902년 서양식 도량형제인 미터법을 도입하면서 척도의 기준이 통일되었다. 미터법 이전의 한국 건축을 이해하기 위해서는 그동

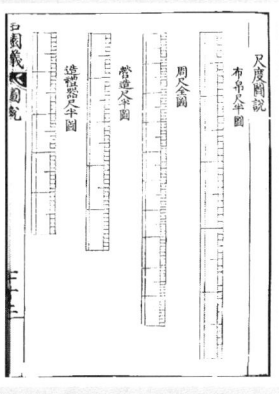

1779년(정조3) 『궁원의(宮園儀)』의 척도 도본, 서울대학교 규장각 소장

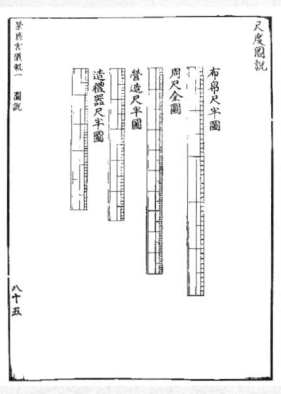

1776~1800년 『경모궁의궤(景慕宮儀軌)』의 척도 도본, 서울대학교 규장각 소장

안 시대별로 쓰였던 척도의 종류와 치수 등을 알아볼 필요가 있다.

조선시대의 자에는 쓰임에 따라 여러 가지가 있다. 우선 각종 악기의 제조와 음률을 고정하는 기준이 되었던 황종척(黃鍾尺; 1황종척은 약 34.70센티미터)이 있고, 측우기 등 천측기구 제작이나 거리 및 토지 측량, 그리고 신주(神主)를 만들 때 쓰였던 주척(周尺) 혹은 양전척(量田尺)이 있으며, 종묘나 문묘의 제례용 예기를 제작할 때 사용되었던 조례기척(造禮器尺, 1조례기척은 약 27.93센티미터), 그리고 옷감을 제단할 때 쓰였던 포백척(布帛尺, 1포백척은 약 46.30센티미터) 등이 있다.

건축에서 사용되던 척도로는 영조척(營造尺)이 있는데, 성벽이나 궁궐 등을 건축하거나 되, 말 등의 양기를 만들 때 사용하였다. 이와 같이 조선시대 영조척의 역할을 하던 것으로, 삼국시대에는 고려척(高麗尺)이, 통일신라시기에는 당척(唐尺)과 주척(周尺)이 있었다고 알려져 있다.

1) 주척(周尺)

주척은 성인 남자의 한뼘인 지척(指尺)을 1척(尺)으로 한 것이다. 원래 중국 주나라 때 거리 면적을 측정하는데 쓰였던 기준자로, 삼국시대에 당나라로부터 들어와 조선시대에 이르기까지 양전척, 또는 이정척으로 사용되었다. 주척은 자의 실물이나 문헌에 기록된 도본을 통해 길이를 확인해 볼 수 있는데, 시대마다 길이가 약간씩 다른

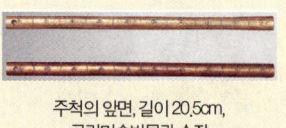

주척의 앞면, 길이 20.5cm,
국립민속박물관 소장

주척의 뒷면, '周尺 准黃鍾尺長六寸六里
(주척은 황종척의 6촌 6리 길이에 준한다)'
라고 명시되어 있다.

것을 알 수 있다. 가장 짧은 주척으로는, 임진왜란 직후의 가례(家禮)에 나타난 16.8센티미터의 1주척을, 가장 긴 주척으로는 1634년(인조 12)의 수표교 수위계에서 나타난 21.79센티미터의 1주척을 들 수 있다. 그 외에는 대개 20.7센티미터 안팎의 길이를 1주척으로 하고 있다.

주척은 주로 측우기 등 천측기구를 측정하거나, 사대부집 사당의 신주를 만들 때 사용되며, 그 밖에 도로의 거리수, 묘지의 영역, 훈련관 교정의 거리수, 활터의 거리수를 잴 때, 그리고 시체를 검시할 때도 쓰였다. 주척은 건축물을 지을 때는 잘 사용되지 않았지만, 토지를 재거나 토목공사, 전체 배치영역을 잡을 때는 영조척보다 주척이 사용되는 경우가 많았다. 일례로 정조년간에 지어진 화성의 성곽 길이가 주척을 기준으로 한 것을 들 수 있다. 참고로 양전척은 주척으로 5척이나 6척에 해당하였다.

2) 당척(唐尺)

통일신라 때 주척과 함께 당나라의 당대척(唐大尺)을 도입한 것이다. 당척으로 1척은 0.924곡척(30.36센티미터)에 해당하여 약 28.05센티미터이다. 하지만 이것도 시대마다 치수를 달리해서 대략적인 값만을 알 수 있을 뿐이다. 현재까지는 통일신라 때에 건립된 불국사의 배치와 석가탑, 다보탑 등의 조형물을 비롯하여 석굴암을 만드는데 당척이 이용된 것으로 알려져 있다. 이외에 사천왕사, 망덕사, 천군리사, 화엄사 쌍사자3층석탑, 부석사 무량수전 등은 0.98곡척의 단위길이를 가진 당척으로 건축되었음이 조사된 바 있다.

3) 고려척(高麗尺)

고구려, 백제, 신라에서 사용되었다. 고려척은 고대에 사용되었던 가장 긴 장척으로 주로 요동과 산동지방에서 널리 사용되었다. 일본의 건축사가 세키노 타다시(關野貞)는 호류지(法隆寺) 영건에서도 고려척이 사용되었다고 주장하였다. 고려척은 중국 은나라의 기전척(箕田尺)으로부터 기인된 것으로 보고 있다. 고려척은 대략 1.17곡척에 해당하여 약 35.6센티미터라고 추정되며, 고구려 평양도성, 신라왕경, 백제 부소산성, 신라 황룡사탑, 백제의 법륭사, 비조사 등의 건축에 사용되었다.

4) 영조척(營造尺)

원래 곡척(曲尺), 대척(大尺), 금척(今尺)으로 불렸는데, 우리나라에서는 주로 목수들이 건축물 조영에 사용하였다. 가옥이나 성벽, 봉화, 사직단 등의 건축이나 산릉, 능실의 조영에 사용되었고, 되, 말 등의 양기를 만들 때에도 표준척으로 사용되던 척도이다. 영조척도 주척과 마찬가지로 자의 실물이나 문헌에 기록된 도본을 통해 그 길

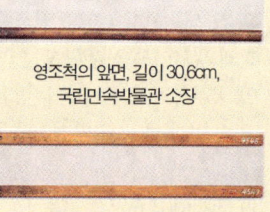

영조척의 앞면, 길이 30.6cm, 국립민속박물관 소장

영조척의 뒷면, 뒷면에 '營造尺'이라 명시되어 있다.

이를 확인해 볼 수 있는데, 역시 시대마다 길이가 약간씩 다르다. 가장 짧은 영조척으로, 고종연간의 『탁지준절(度支準折)』에서 나타난 28.42센티미터의 1영조척을, 가장 긴 영조척으로는 1749년(영조 25) 『황단중수의(皇壇重修儀)』에 나타난 32.14센티미터의 1영조척을 들 수 있다. 그런데, 가장 긴 영조척을 나타낸 영조척을 빼면 대개 영조대 이전의 영조척보다 정조대 이후의 영조척이 약간 낮은 경향을 나타내는 것을 알 수 있다. 지금과 같은 30.30센티미터 영조척은 1902년(광무 6)에 고정되었다.

5) 그 외 척도 관련 용어

곡척은 곱자, 즉 'ㄱ'자형의 자를 이르는 말로 척도의 단위라기보다 자의 실물을 가리키는 말로 많이 쓰인다. 목수들이 많이 사용하여, 통상 영조척을 이르기도 한다. 간혹 곡척이라는 척도의 기준으로 쓰일 때도 있는데, 이때 1곡척은 영조척보다 조금 짧은 30.363센티미터 정도를 말한다. 목척(木尺), 죽척(竹尺), 유척(鍮尺)이라는 용어도 있는데, 이것 또한 자의 재료에 따라 부르는 용어일 뿐이다. 특히, 유척은 검시(檢屍)에도 쓰였다고 하는데, 지방수령이나 암행어사가 썼다고 알려져 있다.

11. 도량형

1) 재래 도량형

(1) 길이 단위의 변화표

『경국대전』(1469)		1902년(광무 6)		1909년(융희 3)	
		毫	0.1釐	毛	0.1厘
釐	0.1分	釐	10毫	厘	10毛
分(푼)	10釐	分	10釐	分	10厘
寸(치)	10分	寸	10分	寸	10分
尺(자)	10寸	尺	10寸	尺	10寸
步(칸)	6尺	步	6尺	間	6尺
丈	10尺	丈	10尺	丈	10尺
里	180丈	里	350丈	町	60間
息	30里	息	30里	里	36町

(2) 부피 단위의 변화표

1069년(고려 문종 23) 『고려사』「식화지」		1443년(세종 25) 『양전사목』		『경국대전』		1902년		1909년	
						勺	0.1合	勺	0.1合
						合	10勺	合	10勺
分	6寸	步	周尺 方3尺, 積25尺	把	1尺	把	周尺	步/坪	6尺 平方
尺(步)	10分	畝	240步	束	10把	束	10把	畝	30坪
步(積)	6尺	頃	100畝	負	10束	負	10束	段	10畝 (300坪)
結	方33步	字	5頃	結	100負	結	100負	町	10段 (3000坪)

(3) 넓이 단위의 변화표

『경국대전』		1902년		1905년	
勺	0.1合	勺	0.1合	勺	0.1合
合(홉)	10勺	合	10勺	合	10勺
升(되)	10合	升	10合	升	10合
斗(말)	10升	斗	10升	斗	10升
斛(섬) 小斛平石	15斗	石	15斗	石	10斗
斛(섬) 大斛全石	20斗				

(4) 무게 단위의 변화표

『경국대전』		1902년		1909년	
		毫	0.1釐	毛	0.1厘
		釐	10毫	厘	10毛
分	10釐	分	10釐	分	10厘
錢	10分	錢	10分	刃(돈)	10分
兩	10錢	兩	10錢	兩	10錢
斤	16兩	斤	16兩	斤	160刃
稱 小稱	3斤(1斤)				
稱 大稱	30斤(7斤)			貫	1000刃

2) 현행 도량형

(1) 넓이

단위	평방자	평	단보	정보	평방미터	아르	평방피트
1평방자	1	0.02778	0.00009	0.000009	0.09182	0.00091	0.98841
1평	36	1	0.00333	0.00033	3.3058	0.03305	35.583
1단보	10800	300	1	0.1	991.74	9.9174	10674.9
1정보	108000	3000	10	1	9917.4	99.174	106794
1㎡	10.89	0.3025	0.001008	0.0001	1	0.01	10.764
1a	1089	30.25	0.10083	0.01008	100	1	1076.4
1ft²	1.0117	0.0281	0.00009	0.000009	0.092903	0.000929	1

(2) 길이

단위	센티미터	미터	인치	피트	야드	자	간	리
1cm	1	0.001	0.3927	0.0328	0.0109	0.033	0.0055	……
1m	100	1	39.37	3.2808	1.0936	3.3	0.55	0.00025
1인치	2.54	0.0254	1	0.0833	0.0278	0.0838	0.0140	……
1피트	30.48	0.3048	12	1	0.3333	1.0058	0.1676	……
1야드	91.438	0.9144	36	3	1	3.0175	0.5029	0.0002
1尺	30.303	0.303	11.93	0.9942	0.3314	1	0.1667	0.00008
1間	181.818	1.818	71.582	5.965	1.9984	6	1	0.0005
1里	392727	3927.27	154619	12885	4295	12960	2160	1

(3) 부피

단위	홉	되	말	cm³	m³	l	in³	ft³
1홉	1	0.1	0.01	180.93	0.00018	0.18039	11.0041	0.0066
1되	10	1	0.1	1803.9	0.00180	1.8039	110.041	0.0637
1말	100	10	1	18039	0.01803	18.039	1100.41	0.63707
1cm³	0.00554	0.00055	0.00005	1	0.000001	0.001	0.06102	0.00003
1m³	5543.52	554.352	55.4352	1000000	1	1000	61027	35.3165
1 l	5.54352	0.55435	0.05543	1000	0.001	1	61.027	0.03531
1입방인치	0.09083	0.00908	0.00091	16.387	0.000016	0.01638	1	0.00057
1입방피트	156.966	15.6966	1.56966	28316.8	0.02831	28.31691	1728	1

(4) 무게

단위	그램	킬로그램	톤	온스	파운드	돈	근	관
1g	1	0.001	0.000001	0.03527	0.0022	0.2666	0.00166	0.000266
1kg	1000	1	0.001	35.273	2.20459	266.666	1.6666	0.26666
1t	1000000	1000	1	35273	2204.59	266666	1666.6	266.666
1온스	28.3495	0.02835	0.000028	1	0.0625	7.56	0.0473	0.00756
1파운드	453.592	0.45359	0.00045	16	1	120.96	0.756	0.12096
1돈	3.75	0.00375	0.000004	0.1323	0.00827	1	0.00625	0.001
1근	600	0.6	0.0006	21.1647	1.32279	160	1	0.16
1관	3750	3.75	0.00375	132.28	8.2672	1000	6.25	1

* 한국역사연구회 편, 『역사문화수첩』(역민사, 2000)의 '10. 도량형'(194~196쪽)을 그대로 옮겨옴.

12. 한·중·일 주요 건축연표

중국	한국					일본
BC 5000 양사오(仰韶)문화 — 농경, 채도(彩陶) BC 2500 룽산(龍山)문화	BC 8000 신석기 시대 — 수렵 채집, 토기, BC3000년 부터 원시농경					BC 8000 조몬(繩文)문화 — 수렵채집, 토기, 후기에 원시농경
	BC 3000 암사동 선사주거					
BC 2070 하 BC 1600	BC 2333 고조선 건국					
BC 1600 상 BC 1046						
BC 1046 주 (서주) BC 771	BC 1000 청동기 시대					
BC 771 주 (동주) 춘추 전국 BC 221	BC 4세기 울산 검단리 환호(環濠) 유적 ········ BC 400					
BC 221 진 BC 207						BC 200
BC 202 한 (전한, 서한)	BC 2세기 위만조선 성립					
	고조선 멸망 BC 108					
	예맥, 부여, 읍루	마한	변한		진한	야요이(彌生)문화
	BC 37 고주몽 고구려 5부의 왕이 됨	BC 18 고구려 왕자 온조가 백제를 세움	AD 42 6가야 성립		BC 57 박혁거세 사로 6촌의 왕이 됨	
AD 8-22 신(新) 한 (후한, 동한) AD 220	고구려	백제	가야		신라	
AD 220						AD 300
						AD 238 코훈(古賁)시대 3세기 말~8세기 초
위·진·남북조	AD 393 평양에 9사 창건					
	AD 427 평양 천도 안학궁 조성	AD 475 웅진(공주) 천도 AD 525 무령왕릉 조성				
						AD 538
AD 589	AD 525 무용왕릉 조성	AD 538 사비(부여) 천도	대가야 멸망 AD 562		AD 553~566 황룡사 1차 가람	AD 538
AD 581 수 AD 618	AD 586 평양 장안성 조성	AD 601 미륵사 창건 사비 함락 AD 660	AD 574 황룡사 2차 가람 AD 584 황룡사 금당 완공			아스카(鳥飛)시대 7세기 전반
						AD 645
AD 618 당	평양 함락 AD 668		AD 645 황룡사 9층탑 완공			AD 645 하쿠호(白鳳)시대 7~8세기 초
	AD 676 당군 격퇴, 대동강 이남 통일					
AD 690~705 무주(武周) 당	AD 698 발해 AD 756 상경 용천부 천도	통일신라 AD 751 불국사, 석굴암				AD 710
						AD 710 나라(奈良)시대 AD 794

[594]

중국	한국	일본
당 AD 907	발해 / 통일신라 AD 901 후고구려 AD 918 거란에 멸망 AD 926 AD 892 후백제 AD 936 고려에 항복 신라 멸망 AD 935	AD 794 헤이안(平安)시대
AD 907 5대 10국	AD 918 고려 건국	
AD 979 / AD 916 요	고려	
AD 960 송(북송)	AD 1029 개경 나성 완공	
AD 1127 / AD 1125	AD 1065 개경 남쪽 덕수현에 흥왕사 창건 AD 1085 법천사 지광국사 현묘탑 건립	
AD 1127 송(남송) / AD 1115 금 / AD 1234	AD 1170 무신정권 수립	AD 1185 AD 1192
AD 1279 AD 1206 몽골제국 AD 1234 화북 장악 AD 1277 남송 정벌 원 AD 1368	AD 1232 몽골 침입, 강화도 천도 AD 1270 개경 환도, 궁궐 중건 AD 1308 수덕사 대웅전 창건 AD 1328 인도 승려 지공화상, 회암사 창건 AD 1374 연탄 심원사 보광전 건립(추정) 공양왕, 이성계에게 양위 AD 1392	가마쿠라(鎌倉)시대 AD 1333 AD 1331 난보쿠조(南北朝)시대 AD 1392
AD 1368 명 이자성 AD 1616 후금 베이징 점령 건국 명 멸망 AD 1644 AD 1636	AD 1392 조선 AD 1394 한양 천도, 종묘, 경복궁, 성곽 등 조성 AD 1405 창덕궁 조성 AD 1431 가옥 규모 규제 시행 AD 1543 주세붕, 백운동서원(소수서원) 설립 AD 1550 보우화상 왕실후원으로 청평사 중건 AD 1592~1598 임진왜란, 정유재란 왜란 후 각종 왕실·관영시설 및 사찰 중건 경복궁 복구되지 않아 창덕궁이 실질적 정궁이 됨 AD 1627 정묘호란 AD 1636 병자 호란	AD 1338(1392) 무로마치(室町)시대 AD 1467 오닌의 난 전국시대 AD 1573 AD 1573 아즈치(安土)·모모야마(桃山)시대 AD 1603 AD 1603
국호를 청으로 고침 AD 1644 이자성 타도 베이징 점령 청 신해혁명 AD 1911	AD 1690 흥국사 대웅전 중창 AD 1794 수원 화성 성곽 착공 AD 1828 창덕궁 연경당 건립 AD 1865 경복궁 중건 개시 AD 1876 강화도 조약 AD 1898 명동 성당 건립 AD 1897 고종, 황제 즉위. 경운궁이 정궁이 됨 대한제국 한일 합방 AD 1910	에도(江戶)시대 메이지유신(明治維新) AD 1867 근대 일본
AD 1911 중화민국 AD 1949	AD 1910 일제 강점기 AD 1945	일본 패전 AD 1945
AD 1949 중화인민공화국	AD 1945 대한민국	AD 1945 현대 일본

13. 역대 국왕 및 재위기간, 고려 및 조선의 왕릉 일람표

1) 역대 국왕 및 재위기간

① 고구려

동명왕(東明王)	BC37~BC19	동천왕(東川王)	227~248	문자왕(文咨王)	491~519
유리왕(溜璃王)	BC19~AD18	중천왕(中川王)	248~270	안장왕(安藏王)	519~531
태무신왕(太武神王)	18~44	서천왕(西川王)	270~292	안원왕(安原王)	531~545
민중왕(閔中王)	44~48	봉상왕(烽上王)	292~300	양원왕(陽原王)	545~559
모본왕(慕本王)	48~53	미천왕(美川王)	300~331	평원왕(平原王)	559~590
태조왕(太祖王)	53~146	고국원왕(故國原王)	331~371	영양왕(瓔陽王)	590~618
차대왕(次大王)	146~165	소수림왕(小獸林王)	371~384	영류왕(榮留王)	618~642
신대왕(新大王)	165~179	고국양왕(故國壤王)	384~391	보장왕(寶藏王)	642~668
고국천왕(故國川王)	179~197	광개토대왕(廣開土大王)	391~413		
산상왕(山上王)	197~227	장수왕(長壽王)	413~491		

② 백제

온조왕(溫祚王)	BC18~AD28	계왕(契王)	344~346	삼근왕(三斤王)	477~479
다루왕(多婁王)	28~77	근초고왕(近肖古王)	346~375	동성왕(東城王)	479~501
기루왕(己婁王)	77~128	근구수왕(近仇首王)	375~384	무녕왕(武寧王)	501~523
개루왕(蓋婁王)	128~166	침류왕(枕流王)	384~385	성왕(聖王)	523~554
초고왕(肖古王)	166~214	진사왕(辰斯王)	385~392	위덕왕(威德王)	554~598
구수왕(仇首王)	214~234	아신왕(阿辛王)	391~405	혜왕(惠王)	598~599
사반왕(沙伴王)	234	전지왕(腆支王)	405~420	법왕(法王)	599~600
고이왕(古爾王)	234~286	구이신왕(久爾辛王)	420~427	무왕(武王)	600~641
책계왕(責稽王)	286~298	비유왕(毗有王)	427~455	의자왕(義慈王)	641~660
분서왕(汾西王)	298~304	개로왕(蓋鹵王)	455~475	풍왕(豊王)	661~663
비류왕(比流王)	304~344	문주왕(文周王)	475~477		

③ 신라

혁거세(赫居世)	BC57~AD4	자비왕(慈悲王)	458~479	소성왕(昭聖王)	798~800
남해왕(南解王)	4~24	소지왕(炤知王)	479~500	애장왕(哀莊王)	800~809
유리왕(儒理王)	24~57	지증왕(智證王)	500~514	헌덕왕(憲德王)	809~826
탈해왕(脫解王)	57~80	법흥왕(法興王)	514~540	흥덕왕(興德王)	826~836
파사왕(婆娑王)	80~112	진흥왕(眞興王)	540~576	희강왕(僖康王)	836~838
지마왕(祇摩王)	112~134	진지왕(眞智王)	576~579	민애왕(閔哀王)	838~839

일성왕(逸聖王)	134~154	진평왕(眞平王)	579~632	신무왕(神武王)	839
아달라왕(阿達羅王)	154~184	선덕여왕(善德女王)	632~647	문성왕(文聖王)	839~857
벌휴왕(伐休王)	184~196	진덕여왕(眞德女王)	647~654	헌안왕(憲安王)	857~861
나해왕(奈解王)	196~230	무열왕(武烈王)	654~661	경문왕(景文王)	861~875
조분왕(助賁王)	230~247	문무왕(文武王)	661~681	헌강왕(憲康王)	875~886
첨해왕(沾解王)	247~261	신문왕(神文王)	681~692	정강왕(定康王)	886~887
미추왕(味鄒王)	262~284	효소왕(孝昭王)	692~702	진성여왕(眞聖女王)	887~897
유례왕(儒禮迋)	284~298	성덕왕(聖德王)	702~737	효공왕(孝恭王)	897~912
기림왕(基臨王)	298~310	효성왕(孝成王)	737~742	신덕왕(神德王)	912~917
흘해왕(訖解王)	310~356	경덕왕(景德王)	742~765	경명왕(景明王)	917~924
내물왕(奈勿王)	356~402	혜공왕(惠恭王)	765~780	경애왕(景哀王)	924~927
실성장(實聖王)	402~417	선덕왕(宣德王)	780~785	경순왕(敬順王)	927~935
눌지왕(訥祗王)	417~458	원성왕(元聖王)	785~798		

④ 고려

태조(太祖)	918~943	선종(宣宗)	1083~1094	충렬왕(忠烈王)	1274~1308
혜종(惠宗)	943~945	헌종(獻宗)	1094~1095	충선왕(忠宣王)	1308~1313
정종(定宗)	945~949	숙종(肅宗)	1095~1105	충숙왕(忠肅王)	1313~1330
광종(光宗)	949~975	예종(睿宗)	1105~1122	충혜왕(忠惠王)	1331~1332
경종(景宗)	975~981	인종(仁宗)	1122~1146	충숙왕(忠肅王) 복(復)	1332~1339
성종(成宗)	981~997	의종(毅宗)	1146~1170	충혜왕(忠惠王) 복(復)	1340~1344
목종(穆宗)	997~1009	명종(明宗)	1170~1197	층목왕(忠穆王)	1344~1348
현종(顯宗)	1009~1031	신종(神宗)	1197~1204	충정왕(忠定王)	1349~1351
덕종(德宗)	1031~1034	희종(熙宗)	1204~1211	공민왕(恭愍王)	1351~1374
정종(靖宗)	1034~1046	강종(康宗)	1211~1213	우왕(禑王)	1374~1388
문종(文宗)	1046~1083	고종(高宗)	1213~1259	창왕(昌王)	1388~1389
순종(順宗)	1083~1083	원종(元宗)	1259~1274	공양왕(恭讓王)	1389~1392

⑤ 조선

태조(太祖)	1392~1398	연산군(燕山君)	1494~1506	숙종(肅宗)	1675~1720
정종(定宗)	1398~1400	중종(中宗)	1506~1544	경종(景宗)	1721~1724
태종(太宗)	1400~1418	인종(仁宗)	1544~1545	영조(英祖)	1725~1776
세종(世宗)	1418~1450	명종(明宗)	1545~1567	정조(正祖)	1777~1800
문종(文宗)	1450~1452	선조(宣祖)	1567~1608	순조(純祖)	1801~1834
단종(端宗)	1452~1455	광해군(光海君)	1608~1623	헌종(憲宗)	1835~1849
세조(世祖)	1455~1468	인조(仁祖)	1623~1649	철종(哲宗)	1850~1863
예종(睿宗)	1468~1469	효종(孝宗)	1649~1659	고종(高宗)	1864~1907
성종(成宗)	1469~1494	현종(顯宗)	1660~1674	순종(純宗)	1908~1910

2) 고려시대 왕릉 일람표

	묘호(廟號)	능호(陵號)	소재지
1	태조(太祖)	현릉(顯陵)	경기 개풍군 중서면 곡령리
2	혜종(惠宗)	순릉(順陵)	개성시내 자하동
3	정종(定宗)	안릉(安陵)	경기 개풍군 청교면 양릉리 안릉동
4	광종(光宗)	헌릉(憲陵)	경기 개풍군 영남면 심천리 적유동
5	경종(景宗)	영릉(榮陵)	경기 개풍군 진봉면 탄동리
6	성종(成宗)	강릉(康陵)	경기 개풍군 청교면 배야리 강릉동
8	현종(顯宗)	선릉(宣陵)	경기 개풍군 중서면 곡령리 능현동
11	문종(文宗)	경릉(景陵)	경기 장단군 진서면 판문리
12	순종(順宗)	성릉(成陵)	경기 개풍군 상도면 풍천리 풍릉동
15	숙종(肅宗)	영릉(英陵)	경기 장단군 진서면 판문리 구정동
16	예종(睿宗)	유릉(裕陵)	경기 개풍군 청교면 배야리 능총동
19	명종(明宗)	지릉(智陵)	경기 장단군 장도면 두매리 지릉동
20	신종(神宗)	양릉(陽陵)	경기 개풍군 청교면 양릉리 양릉동
21	희종(熙宗)	석릉(碩陵)	인천 강화군 양도면 능내리
23	고종(高宗)	홍릉(洪陵)	인천 강화군 강화읍 국화리
24	원종(元宗)	소릉(韶陵)	경기 개풍군 영남면 소릉리 내동
29	충목왕(忠穆王)	명릉(明陵)	경기 개풍군 중서면 여릉리 명릉동
30	충정왕(忠定王)	총릉(聰陵)	경기 개풍군 청교면 배야리 총릉동
31	공민왕(恭愍王)	현릉(玄陵)	경기 개풍군 개풍군 중서면 여릉리 정릉동
32	우왕(禑王)		강릉(江陵) 추정
34	공양왕(恭讓王)		강원도 삼척시 근덕면 궁촌리

3) 조선시대 왕릉 일람표

묘호(廟號)	능호(陵號)	소재지
목조(穆祖;추)	덕릉(德陵)	함남 함주군 가평면 능리(덕안릉)
목조비(穆祖妃)	안릉(安陵)	함남 함주군 가평면 능리
익조(翼祖;추)	지릉(智陵)	함남 안변군 서곡면 능동
익조비(翼祖妃)	숙릉(淑陵)	함남 문천사 초한사 산이동
도조(度祖;추)	의릉(義陵)	함남 함주군 운전사
도조비(度祖妃)	순릉(純陵)	함남 함주나 동명사
환조(桓祖;추)	정릉(定陵)	함남 북주 동면 경흥리 귀주동
환조비(桓祖妃)	화릉(和陵)	함남 북주 동면 경흥리 귀주동

	묘호(廟號)	능호(陵號)	소재지(所在地)
1	태조(太祖) 신의왕후(神懿王后) 신덕왕후(神德王后;계) 신덕왕후(神德王后;계)	건원릉(健元陵) 제릉(齊陵) 정릉(貞陵;구) 정릉(貞陵)	경기 구리시 인창동 검암산(동구릉) 경기 개성시 개성군 판도면 상도리 서울 중구 정동 서울 성북구 정릉동
2	정종(定宗) 정안왕후(定安王后)	후릉(厚陵) 후릉(厚陵)	경기 개성시 판문구 영정리
3	태종(太宗) 원경왕후(元敬王后)	헌릉(獻陵) 헌릉(獻陵)	서울 서초구 내곡동
4	세종(世宗) 소헌왕후(昭憲王后) 세종(世宗) 소헌왕후(昭憲王后)	영릉(英陵;구) 영릉(英陵;구) 영릉(英陵) 영릉(英陵)	경기 구리시 인창동 경기 여주군 능서면 왕대리
5	문종(文宗) 현덕왕후(顯德王后)	현릉(顯陵) 현릉(顯陵)	경기 구리시 인창동(동구릉)
6	단종(端宗) 정순왕후(定順王后)	장릉(莊陵) 사릉(思陵)	강원도 영월군 영월읍 영흥리 경기 남양주시 진건면 사릉리
7	세조(世祖) 정희왕후(貞熹王后) 덕종(德宗) 소혜왕후(昭惠王后)	광릉(光陵) 광릉(光陵) 경릉(敬陵;추) 경릉(敬陵;추)	경기 남양주시 진접읍 부평리 경기 고양시 용두동(서오릉)
8	예종(睿宗) 안순왕후(安順王后;계) 장순왕후(章順王后)	창릉(昌陵) 창릉(昌陵) 공릉(恭陵)	경기 고양시 용두동(서오릉) 경기 파주시 조리면 봉일천리
9	성종(成宗) 정현왕후(貞顯王后;계) 공혜왕후(恭惠王后)	선릉(宣陵) 선릉(宣陵) 순릉(順陵)	서울 강남구 삼성동 경기 파주시 조리면 봉일천리
10	연산군(燕山君) 동부인신씨(同夫人愼氏)	묘(墓;구) 묘(墓) 묘(墓)	경기 양주군 해동면 서울 도봉구 방학동

11	중종(中宗) 중종(中宗) 단경왕후(端敬王后) 장경왕후(章敬王后;계) 장경왕후(章敬王后;계) 문정왕후(文定王后;계)	정릉(靖陵;구) 정릉(靖陵) 온릉(溫陵) 희릉(禧陵;구) 희릉(禧陵) 태릉(泰陵)	경기 고양시 원당동 서울 강남구 삼성동 경기 양주시 장흥면 일영리 경기 광주시 헌릉동 경기 고양시 원당동(서삼릉) 서울 노원구 공릉동
12	인종(仁宗) 인성왕후(仁聖王后)	효릉(孝陵) 효릉(孝陵)	경기 고양시 원당동(서삼릉)
13	명종(明宗) 인순왕후(仁順王后)	강릉(康陵) 강릉(康陵)	서울 노원구 공릉동
14	선조(宣祖) 선조(宣祖) 의인왕후(懿仁王后) 인목왕후(仁穆王后;계) 원종(元宗;추) 인헌왕후(仁獻王后)	목릉(穆陵;구) 목릉(穆陵) 목릉(穆陵) 목릉(穆陵) 장릉(章陵) 장릉(章陵)	경기 구리시 인창동(건원릉 서편) 경기 구리시 인창동(동구릉) 경기 김포시 김포읍 풍무리
15	광해군(光海君) 동부인유씨(同夫人柳氏)	묘(墓) 묘(墓)	경기 남양주시 진건읍 송릉리
16	인조(仁祖) 인조(仁祖) 인렬왕후(仁烈王后) 장렬왕후(莊烈王后;계)	장릉(長陵;구) 장릉(長陵) 장릉(長陵) 휘릉(徽陵)	경기 파주시 문산읍 운천리 경기 파주시 탄현면 갈현리 경기 구리시 인창동(동구릉)
17	효종(孝宗) 효종(孝宗) 인선왕후(仁宣王后)	영릉(寧陵;구) 영릉(寧陵) 영릉(寧陵)	경기 구리시 인창동(동구릉) 경기 여주군 능서면 왕대리
18	현종(顯宗) 명성왕후(明聖王后)	숭릉(崇陵) 숭릉(崇陵)	경기 구리기 인창동(동구릉)
19	숙종(肅宗) 인현황후(仁顯王后;계) 인원왕후(仁元王后;계) 인경왕후(仁敬王后)	명릉(明陵) 명릉(明陵) 명릉(明陵) 익릉(翼陵)	경기 고양시 용두동(서오릉) 경기 고양시 용두동(서오릉) 경기 고양시 용두동(서오릉)
20	경종(景宗)	의릉(懿陵)	서울 성북구 석관동

	선의왕후(宣懿王后;계) 단의왕후(端懿王后)	의릉(懿陵) 혜릉(惠陵)	경기 구리시 인창동(동구릉)
21	영조(英祖) 정순왕후(貞純王后;계) 정성왕후(貞聖王后) 진종(眞宗;추) 효순왕후(孝純王后) 장조(莊祖;추) 헌경왕후(獻敬王后)	원릉(元陵) 원릉(元陵) 홍릉(弘陵) 영릉(永陵;추) 영릉(永陵;추) 융릉(隆陵) 융릉(隆陵)	경기 구리시 인창동(동구릉) 경기 고양시 용두동(서오릉) 경기 파주시 조리면 봉일천리 경기 화성군 태안면 안녕리
22	정조(正祖) 정조(正祖) 효의왕후(孝懿王后)	건릉(健陵;구) 건릉(健陵) 건릉(健陵)	경기 화성군 태안면 안녕리 동강 경기 화성군 태안면 안녕리 서강
23	순조(純祖) 순조(純祖) 순원왕후(純元王后) 익종(翼宗;추) 익종(翼宗;추) 협천왕후(協天王后)	인릉(仁陵;구) 인릉(仁陵) 인릉(仁陵) 수릉(綏陵;구) 수릉(綏陵) 수릉(綏陵)	경기 파주시 문산읍 운천리 서울 서초구 내곡동 서울 성북구 석관동 경기 구리시 인창동(동구릉)
24	헌종(憲宗) 효현왕후(孝顯王后) 정휘왕후(貞徽王后;계)	경릉(景陵) 경릉(景陵) 경릉(景陵)	경기 구리시 인창동(동구릉)
25	철종(哲宗) 철인왕후(哲仁王后)	예릉(睿陵) 예릉(睿陵)	경기 고양시 원당동(서삼릉)
26	고종(高宗) 명성황후(明成皇后) 고종(高宗) 명성황후(明成皇后)	홍릉(洪陵;구) 홍릉(洪陵) 홍릉(洪陵)	서울 동대문구 청량리 경기 남양주시 금곡동
27	순종(純宗) 순명황후(純明皇后) 순종(純宗) 순명황후(純明皇后) 순정황후(純貞皇后)	유릉(裕陵;구) 유릉(裕陵) 유릉(裕陵) 유릉(裕陵)	서울 성동구 뚝섬 경기 남양주시 금곡동

* 추(追):추존, 계(繼):계비, 구(舊):옛날 것

14. 기년법, 간지, 연호

1) 현재 사용되는 기년법

① 서력기원(서기)
서력기원은 예수 그리스도가 태어났다고 알려진 해를 원년으로 삼아 그 전을 BC(Before Christ) 몇 년, 그 후를 AD(Anno Domini), 즉 그리스도 기원 몇 년이라 하는 것이다. 6세기 초에 처음 등장했고 현재는 서구 세계 및 상당수의 국가에서 공식적인 역법으로 정착되었다. 한국에서 공식적으로 사용하기 시작한 것은 1962년 1월 1일부터이다.

② 불멸기원(불기)
불멸기원은 석가모니 부처가 열반한 해를 기원으로 한다. 석가모니가 입멸한 정확한 때에 대해서 이견이 많았으나, 1956년 스리랑카에서 부처 입멸 2500주년을 기념하여 세계 불교대회를 연 후 대부분의 불교 국가들이 기원전 544년을 불기 원년으로 잡게 되었다.
서기 2006년은 불기 2550년이 된다.

③ 헤지라기원
이슬람교에서 쓰는 태음력이다. 예언자 무함마드가 고향 메카에서 박해를 피하여 추종자들과 함께 메디나로 옮겨간 서기 622년 7월 15일을 원년 1월 1일로 한다.
서기 2006년은 헤지라 1384/1385년이 된다.

④ 단군기원(단기)
1909년 단군을 섬기는 대종교에서 단군이 즉위한 기원전 2333년을 원년으로 삼아 처음 만들었으며, 1948년부터 1961년까지는 대한민국의 공식적인 기년법으로 사용되었다.

서기 2006년은 단기 4339년이 된다.

2) 고건축 관련 기록에 쓰이는 날짜

상량문이나 고문헌, 비석 등에 적힌 옛 건물들의 건립, 수리와 관련되는 날짜들은 연호나 간지를 사용해서 적혀 있어서 서양식 역법에 익숙한 지금 사람들이 쉽게 알아보기 어렵다. 서구화 이전에 동북아시아에서 날짜를 적은 방법을 보자.

① 연호제(年號制)

원호제(元號制)라고도 한다. 황제의 즉위, 또는 그 외 특별한 계기가 있을 때, 연호를 새로 지어 반포하고 그 연호가 쓰이기 시작한 해를 원년으로 햇수를 기록하는 방법으로 중국 주나라 때에 처음 시작된 방법이다. 예를 들어 '건륭 3년'은 건륭(乾隆)이라는 연호를 사용하기 시작하고부터 3년째 되는 해를 말한다.

황제가 정한 연호를 천하가 함께 쓰는 법이 정해지기 전에는 각 나라가 자신들의 역대 임금이 즉위한 해를 기준으로 햇수를 헤아렸다. 이 방법은 그 후에도 역사서 등 많은 글에서 자주 쓰인 방법이다. 예를 들어 노장공 2년은 노나라 장공이 즉위한 지 2년째 되는 해를 말하며, 성상(聖上) 26년은 현재의 왕을 지칭하는 말로, 성상께서 즉위하신 지 26년째 되는 해를 말한다. 연호는 한 황제의 재위 중 여러 번 바뀐 경우도 있으나, 중국 명나라 때부터 한 황제가 연호 하나만 쓰는 원칙이 굳어졌다. 제후국 및 중국에 조공하는 외국들은 황제가 정한 연호를 따르고 매년 황제가 하사하는 달력을 받아서 쓰는 것이 중요한 의례 중 하나였는데 이를 "정삭(正朔)을 받는다"고 하였다.

한국에서는 각 시기마다 중국과 관계에 따라 독자적인 연호를 쓰기도 하고 중국의 연호를 따르기도 했다. 한국 최초의 연호는 고구려 광개토대왕이 쓴 영락(永樂; 391)이다. 신라는 법흥왕 때에 건원(建元; 처음 연호를 정했다는 의미)을 연호로 사용한 후 계속 독자적인 연호를 쓰다가 진덕여왕 3년 이후 중국의 연호를 따르게 되었다. 발해는 개국 이래 대대로 독자적인 연호를 썼고 고려 또한 초기에는 태조, 광종 등이 독자적인 연호를 사용하였다. 그 후 고려와 조선은 줄곧 중국의 연호를 따랐다. 그 후 청일전쟁에서 패한 청나라가 조선에서 물러나자 조선은 1895년 음력 11월 17일을 양력으로 개국 505년 1월 1일로 개정하고 건양(建陽)이라는 연호를 쓰게 되었고, 대한제국은 고종과 순종이 각각 광무(光武), 융희(隆熙)를 연호로 사용하였다.

② 일진(日辰), 월건(月建), 태세(太歲)

일진, 월건, 태세는 날과 달, 그리고 해에 각각 육십간지를 배당하여 표기하는 것이다. 육십간지는 갑(甲), 을(乙), 병(丙), 정(丁), 무(戊), 기(己), 경(庚), 신(辛), 임(壬), 계(癸)의 천간(天干) 10개를 앞에, 자(子), 축(丑), 인(寅), 묘(卯), 진(辰), 사(巳), 오(午), 미(未), 신(申), 유(酉), 술(戌), 해(亥)의 지지(地支) 12개를 뒤에 결합하여 갑자(甲子), 을축(乙丑) 등 60개의 간지를 만든 것으로 육십갑자(六十甲子)라고도 한다.

태음력에서는 약 29일이 한 달이므로 일진은 약 두 달이 지나면 육십간지가 전부 쓰인 후 같은 것이 되돌아온다. 월건의 경우, 현재 중국과 한국에 전해지는 태음력에서는 12지지 중 인(寅)에 해당하는 달이 정월이 되며 1년이 12개월이므로 12지지가 한번 다 쓰이면 1년이 지나간다. 윤달에는 바로 앞 달이 일 년 중 몇 번째 달이었는지에 따라, 예를 들어 바로 앞 달이 6월이었으면 윤6월이라 할 뿐 월건을 부여하지 않았다.

태세에서는 60년이면 육십간지가 다 쓰이게 된다. 61살 생일을 회갑(回甲)이라 하여 축하하는 것은 육십갑자를 모두 거쳐 태어난 해와 같은 태세가 다시 돌아올 때까지 오래 산 것을 축하하는 것이다. 이외에도 육십갑자와 연관지어 60년이 지났음을 나타내는 표현들이 있는데, 예를 들어 삼천갑자 동방삭(三遷甲子 東方朔)이라는 말은 한나라 때의 동방삭이라는 인물이 육십갑자를 세 번 옮길 동안, 즉 180년이나 살았다고 해서 생긴 말이고, 삼주갑(三周甲)이라고 하면 마찬가지로 육십갑자가 세 번 돌아 180년이 지났음을 뜻한다.

③ 고건축 관련 날짜를 읽는 법
고건축 관련 날짜를 읽기 위해서는 거기에 쓰인 연호가 사용된 시기, 왕의 즉위년도 등을 알아야 한다.

예1) 咸豊五年乙卯九月二日: 숭림사 우화루 상량기문
가장 간단한 예이다. 맨 앞의 함풍 두 글자가 연호인데 이는 청나라 문종의 연호로 1851년이 원년이다. 따라서 함풍 5년은 1851+(5-1)=1855년이다. 을묘는 함풍 5년의 태세이고, 9월 2일은 말 그대로 음력 9월 2일이다. 즉 1855년 음력 9월 2일을 일컫는 것이다.

예2) 崇禎紀元後白七十九年乙丑: 홍국사 천왕문 중수 개채기(改彩記)
숭정은 명나라의 마지막 황제 의종이 사용한 연호이다. 명이 망하고 청이 들어선 후에도 조선에서는 명나라에 대한 사대 의리를 지키려는 사람이 많았기 때문에 당시의 청나라 연호를 쓰지 않고 명나라의 마지막 연호인 숭정을 그대로 사용해서 날짜를 기록한 경우가 많이 발견된다. 숭정 원년은 1628년이므로 위의 연도는 1628+(179-1)=1806년이다.

예3) 崇禎甲申溪六十年癸未六月日立: 홍국사 중수 사적비명
약간 어려운 예이다. 숭정갑신은 숭정 연간의 갑신년이다. 숭정 원년인 1628년 뒤의 갑신년을 간지표에서 찾아보면 1644년으로 명나라가 망한 해이다. 그러나 그 뒤에 溪六十年癸未 여섯 글자가 붙어 있으므로 이것은 "명나라가 망한 해로부터 60년이 지난 계미년"이라고 읽어야 한다. 1644년에서 60년이 지난 해는 1703년이고 이 해의 간지를 표에서 찾아보면 위의 글에 나오는 것처럼 계미년인 것을 알 수 있다.
간지표가 없을 경우에는 다음과 같은 방법으로 연도를 헤아릴 수 있다.

천간(天干)은 10년마다 반복해서 쓰이는데 천간의 첫 번째인 갑(甲)이 들어가는 해는 서력의 ○○○4년에 해당된다. 지지(地支)는 12년마다 반복되어서 헤아리기가 쉽지 않은데, 간지를 기억하는 역사적 사건 중 연호가 쓰인 시기와 가까운 것으로부터 짚어나가면 된다. 예를 들어 숭정 연간의 갑신년을 알아내야 할 때에 숭정 원년이 1628년이고 임진왜란이 1592년임을 기억한다고 가정하자. 1592년이 임진(壬辰)년이므로 그 바로 다음에 천간이 갑이 되는 해는 1594년 갑오(甲午)년이다. 천간이 10개고 지지가 12개이므로 10년이 지날 때마다 천간 갑과 짝이 되는 지지는 전의 지지보다 두 개 앞의 것이 된다. 갑오년의 오(午)는 일곱 번째 간지이고 갑신년의 갑(甲)은 아홉 번째 간지이므로 1594년과 가장 가까운 갑신년은 (7-9)/2×10=-10년, 즉 10년 전인 1584년이 되고, 간지는 60년마다 반복되므로 숭정 연간의 갑신년은 1584년보다 60년 뒤인 1644년이 된다.

예4) 崇禎紀元後四回丙辰哲宗七年小春: 조계산 송광사 중창기

숭정 기원후 4회(四回), 즉 네 번째 돌아온 병진년이고 또한 철종 7년이라는 뜻이다. 철종은 왕이 죽은 다음에 얻는 시호이므로 이 날짜를 기록한 시점은 철종이 죽은 다음이라는 것을 알 수 있다. 그런데, 숭정 원년인 1628년 이후 네 번째 돌아오는 병진년을 찾으면 1856년이 되고 조선 철종의 재위기간이 1849년부터이므로 무심코 이 해로부터 일곱 번째 해를 찾으면 1855년이 된다. 이렇게 서로 1년이 어긋나는 것이 이상해 보일 것이다. 하지만 이는 헌종이 승하하고 철종이 즉위하여 한 해에 두 임금이 있었던 1849년 중 앞부분은 '헌종 15년', 철종이 즉위한 6월 이후는 '철종 즉위년'이라 부르고 1850년을 철종 1년으로 계산하기 때문이다. 따라서 철종 7년은 1850년부터 헤아려 일곱 번째 해인 1856년이 맞고 이는 간지를 통해서 추적한 것과도 일치한다. 마지막으로 소춘은 봄이라고 착각하기 쉽지만 실제로는 음력 10월을 달리 일컫는 단어이다. 초겨울임에도 가끔 따뜻한 날이 있어 이렇게 부른다. 따라서 위에 적힌 날짜는 1856년 음력 10월이 된다.

3) 고려 및 조선시대 간지 및 연호(연대순)

서기	간지	왕명	중국 연호	
918	戊寅	高麗 太祖 1	後梁 貞明 4	契丹 神册 3
919	己卯	2	5	4
920	庚辰	3	6	5
921	辛巳	4	龍德 1	6
922	壬午	5	2	天贊 1
923	癸未	6	後唐 同光 1	2
924	甲申	7	2	3
925	乙酉	8	3	4
926	丙戌	9	天成 1	天顯 1
927	丁亥	10	2	2
928	戊子	11	3	3
929	己丑	12	4	4
930	庚寅	13	長興 1	5
931	辛卯	14	2	6
932	壬辰	15	3	7
933	癸巳	16	4	8
934	甲午	17	淸泰 1	9
935	乙未	18	2	10
936	丙申	19	天福 1	11
937	丁酉	20	後晉 2	12
938	戊戌	21	3	會同 1
939	己亥	22	4	2
940	庚子	23	5	3
941	辛丑	24	6	4
942	壬寅	25	7	5
943	癸卯	26	8	6
944	甲辰	惠宗 1	開運 1	7
945	乙巳	2	2	遼 8
946	丙午	定宗 1	3	9
947	丁未	2	後漢 天福 12	大同/天祿 1
948	戊申	3	乾祐 1	2
949	己酉	4	2	3
950	庚戌	光宗 1	3	4
951	辛亥	2	後周 廣順 1	應曆 1
952	壬子	3	2	2
953	癸丑	4	3	3
954	甲寅	5	顯德 1	4
955	乙卯	6	2	5
956	丙辰	7	3	6

서기	간지	왕명	중국 연호	
957	丁巳	8	4	7
958	戊午	9	5	8
959	己未	10	6	9
960	庚申	11	宋 建隆 1	10
961	辛酉	12	2	11
962	壬戌	13	3	12
963	癸亥	14	乾德 1	13
964	甲子	15	2	14
965	乙丑	16	3	15
966	丙寅	17	4	16
967	丁卯	18	5	17
968	戊辰	19	開寶 1	18
969	己巳	20	2	保寧 1
970	庚午	21	3	2
971	辛未	22	4	3
972	壬申	23	5	4
973	癸酉	24	6	5
974	甲戌	25	7	6
975	乙亥	26	8	7
976	丙子	景宗 1	太平興國 1	8
977	丁丑	2	2	9
978	戊寅	3	3	10
979	己卯	4	4	乾亨 1
980	庚辰	5	5	2
981	辛巳	6	6	3
982	壬午	成宗 1	7	4
983	癸未	2	8	統和 1
984	甲申	3	雍熙 1	2
985	乙酉	4	2	3
986	丙戌	5	3	4
987	丁亥	6	4	5
988	戊子	7	端拱 1	6
989	己丑	8	2	7
990	庚寅	9	淳化 1	8
991	辛卯	10	2	9
992	壬辰	11	3	10
993	癸巳	12	4	11
994	甲午	13	5	12
995	乙未	14	至道 1	13

서기	간지	왕명	중국 연호	
996	丙申	15	2	14
997	丁酉	16	3	15
998	戊戌	穆宗 1	咸平 1	16
999	己亥	2	2	17
1000	庚子	3	3	18
1001	辛丑	4	4	19
1002	壬寅	5	5	20
1003	癸卯	6	6	21
1004	甲辰	7	景德 1	22
1005	乙巳	8	2	23
1006	丙午	9	3	24
1007	丁未	10	4	25
1008	戊申	11	大中祥符 1	26
1009	己酉	12	2	27
1010	庚戌	顯宗 1	3	28
1011	辛亥	2	4	29
1012	壬子	3	5	開泰 1
1013	癸丑	4	6	2
1014	甲寅	5	7	3
1015	乙卯	6	8	4
1016	丙辰	7	9	5
1017	丁巳	8	天禧 1	6
1018	戊午	9	2	7
1019	己未	10	3	8
1020	庚申	11	4	9
1021	辛酉	12	5	太平 1
1022	壬戌	13	乾興 1	2
1023	癸亥	14	天聖 1	3
1024	甲子	15	2	4
1025	乙丑	16	3	5
1026	丙寅	17	4	6
1027	丁卯	18	5	7
1028	戊辰	19	6	8
1029	己巳	20	7	9
1030	庚午	21	8	10
1031	辛未	22	9	景福 1
1032	壬申	德宗 1	明道 1	重熙 1
1033	癸酉	2	2	2
1034	甲戌	3	景祐 1	3

서기	간지	왕명	중국 연호	
1035	乙亥	靖宗 1	2	4
1036	丙子	2	3	5
1037	丁丑	3	4	6
1038	戊寅	4	寶元 1	7
1039	己卯	5	2	8
1040	庚辰	6	康定 1	9
1041	辛巳	7	慶歷 1	10
1042	壬午	8	2	11
1043	癸未	9	3	12
1044	甲申	10	4	13
1045	乙酉	11	5	14
1046	丙戌	12	6	15
1047	丁亥	文宗 1	7	16
1048	戊子	2	8	17
1049	己丑	3	皇祐 1	18
1050	庚寅	4	2	19
1051	辛卯	5	3	20
1052	壬辰	6	4	21
1053	癸巳	7	5	22
1054	甲午	8	至和 1	23
1055	乙未	9	2	清寧 1
1056	丙申	10	嘉祐 1	2
1057	丁酉	11	2	3
1058	戊戌	12	3	4
1059	己亥	13	4	5
1060	庚子	14	5	6
1061	辛丑	15	6	7
1062	壬寅	16	7	8
1063	癸卯	17	8	9
1064	甲辰	18	治平 1	10
1065	乙巳	19	2	咸雍 1
1066	丙午	20	3	2
1067	丁未	21	4	3
1068	戊申	22	熙寧 1	4
1069	己酉	23	2	5
1070	庚戌	24	3	6
1071	辛亥	25	4	7
1072	壬子	26	5	8
1073	癸丑	27	6	9

서기	간지	왕명	중국 연호	
1074	甲寅	28	7	10
1075	乙卯	29	8	太康 1
1076	丙辰	30	9	2
1077	丁巳	31	10	3
1078	戊午	32	元豊 1	4
1079	己未	33	2	5
1080	庚申	34	3	6
1081	辛酉	35	4	7
1082	壬戌	36	5	8
1083	癸亥	順宗 1	6	9
1084	甲子	宣宗 1	7	10
1085	乙丑	2	8	太安 1
1086	丙寅	3	元祐 1	2
1087	丁卯	4	2	3
1088	戊辰	5	3	4
1089	己巳	6	4	5
1090	庚午	7	5	6
1091	辛未	8	6	7
1092	壬申	9	7	8
1093	癸酉	10	8	9
1094	甲戌	11	紹聖 1	10
1095	乙亥	獻宗 1	2	壽昌 1
1096	丙子	肅宗 1	3	2
1097	丁丑	2	4	3
1098	戊寅	3	元符 1	4
1099	己卯	4	2	5
1100	庚辰	5	3	6
1101	辛巳	6	建中靖國 1	乾統 1
1102	壬午	7	崇寧 1	2
1103	癸未	8	2	3
1104	甲申	9	3	4
1105	乙酉	10	4	5
1106	丙戌	睿宗 1	5	6
1107	丁亥	2	大觀 1	7
1108	戊子	3	2	8
1109	己丑	4	3	9
1110	庚寅	5	4	10
1111	辛卯	6	政和 1	天慶 1
1112	壬辰	7	2	2

서기	간지	왕명	중국 연호	
1113	癸巳	8	3	3
1114	甲午	9	4	4
1115	乙未	10	5	5
1116	丙申	11	6	金 6
1117	丁酉	12	7	7
1118	戊戌	13	重和 1	8
1119	己亥	14	宣和 1	9
1120	庚子	15	2	10
1121	辛丑	16	3	保大 1
1122	壬寅	17	4	2
1123	癸卯	仁宗 1	5	3
1124	甲辰	2	6	4
1125	乙巳	3	7	5
1126	丙午	4	靖康 1	金 天會 4
1127	丁未	5	南宋 建炎 1	5
1128	戊申	6	2	6
1129	己酉	7	3	7
1130	庚戌	8	4	8
1131	辛亥	9	紹興 1	9
1132	壬子	10	2	10
1133	癸丑	11	3	11
1134	甲寅	12	4	12
1135	乙卯	13	5	13
1136	丙辰	14	6	14
1137	丁巳	15	7	15
1138	戊午	16	8	天眷 1
1139	己未	17	9	2
1140	庚申	18	10	3
1141	辛酉	19	11	皇統 1
1142	壬戌	20	12	2
1143	癸亥	21	13	3
1144	甲子	22	14	4
1145	乙丑	23	15	5
1146	丙寅	24	16	6
1147	丁卯	毅宗 1	17	7
1148	戊辰	2	18	8
1149	己巳	3	19	天德 1
1150	庚午	4	20	2
1151	辛未	5	21	3

서기	간지	왕명	중국 연호	
1152	壬申	6	22	4
1153	癸酉	7	23	貞元 1
1154	甲戌	8	24	2
1155	乙亥	9	25	3
1156	丙子	10	26	正隆 1
1157	丁丑	11	27	2
1158	戊寅	12	28	3
1159	己卯	13	29	4
1160	庚辰	14	30	5
1161	辛巳	15	31	大定 1
1162	壬午	16	32	2
1163	癸未	17	隆興 1	3
1164	甲申	18	2	4
1165	乙酉	19	乾道 1	5
1166	丙戌	20	2	6
1167	丁亥	21	3	7
1168	戊子	22	4	8
1169	己丑	23	5	9
1170	庚寅	24	6	10
1171	辛卯	明宗 1	7	11
1172	壬辰	2	8	12
1173	癸巳	3	9	13
1174	甲午	4	淳熙 1	14
1175	乙未	5	2	15
1176	丙申	6	3	16
1177	丁酉	7	4	17
1178	戊戌	8	5	18
1179	己亥	9	6	19
1180	庚子	10	7	20
1181	辛丑	11	8	21
1182	壬寅	12	9	22
1183	癸卯	13	10	23
1184	甲辰	14	11	24
1185	乙巳	15	12	25
1186	丙午	16	13	26
1187	丁未	17	14	27
1188	戊申	18	15	28
1189	己酉	19	16	29
1190	庚戌	20	紹熙 1	明昌 1

서기	간지	왕명	중국 연호	
1191	辛亥	21	2	2
1192	壬子	22	3	3
1193	癸丑	23	4	4
1194	甲寅	24	5	5
1195	乙卯	25	慶元 1	6
1196	丙辰	26	2	承安 1
1197	丁巳	27	3	2
1198	戊午	神宗 1	4	3
1199	己未	2	5	4
1200	庚申	3	6	5
1201	辛酉	4	嘉泰 1	泰和 1
1202	壬戌	5	2	2
1203	癸亥	6	3	3
1204	甲子	7	4	4
1205	乙丑	熙宗 1	開禧 1	5
1206	丙寅	2	2	蒙古 6
1207	丁卯	3	3	7
1208	戊辰	4	嘉定 1	8
1209	己巳	5	2	大安 1
1210	庚午	6	3	2
1211	辛未	7	4	3
1212	壬申	康宗 1	5	崇慶 1
1213	癸酉	2	6	至寧/貞祐 1
1214	甲戌	高宗 1	7	2
1215	乙亥	2	8	3
1216	丙子	3	9	4
1217	丁丑	4	10	興定 1
1218	戊寅	5	11	2
1219	己卯	6	12	3
1220	庚辰	7	13	4
1221	辛巳	8	14	5
1222	壬午	9	15	元光 1
1223	癸未	10	16	2
1224	甲申	11	17	正大 1
1225	乙酉	12	寶慶 1	2
1226	丙戌	13	2	3
1227	丁亥	14	3	4
1228	戊子	15	紹定 1	5
1229	己丑	16	2	6

서기	간지	왕명	중국 연호	
1230	庚寅	17	3	7
1231	辛卯	18	4	8
1232	壬辰	19	5	開興/天興 1
1233	癸巳	20	6	2
1234	甲午	21	端平 1	3
1235	乙未	22	2	蒙古 太宗 7
1236	丙申	23	3	8
1237	丁酉	24	嘉熙 1	9
1238	戊戌	25	2	10
1239	己亥	26	3	11
1240	庚子	27	4	12
1241	辛丑	28	淳祐 1	13
1242	壬寅	29	2	1
1243	癸卯	30	3	2
1244	甲辰	31	4	3
1245	乙巳	32	5	4
1246	丙午	33	6	定宗 1
1247	丁未	34	7	2
1248	戊申	35	8	3
1249	己酉	36	9	1
1250	庚戌	37	10	2
1251	辛亥	38	11	元 憲宗 1
1252	壬子	39	12	2
1253	癸丑	40	寶祐 1	3
1254	甲寅	41	2	4
1255	乙卯	42	3	5
1256	丙辰	43	4	6
1257	丁巳	44	5	7
1258	戊午	45	6	8
1259	己未	46	開慶 1	9
1260	庚申	元宗 1	景定 1	中統 1
1261	辛酉	2	2	2
1262	壬戌	3	3	3
1263	癸亥	4	4	4
1264	甲子	5	5	至元 1
1265	乙丑	6	咸淳 1	2
1266	丙寅	7	2	3
1267	丁卯	8	3	4
1268	戊辰	9	4	5

서기	간지	왕명	중국 연호	
1269	己巳	10	5	6
1270	庚午	11	6	7
1271	辛未	12	7	8
1272	壬申	13	8	9
1273	癸酉	14	9	10
1274	甲戌	15	10	11
1275	乙亥	忠烈王 1	德祐 1	12
1276	丙子	2	景炎 1	13
1277	丁丑	3	2	14
1278	戊寅	4	祥興 1	15
1279	己卯	5	2	16
1280	庚辰	6	至元 17	17
1281	辛巳	7	18	
1282	壬午	8	19	
1283	癸未	9	20	
1284	甲申	10	21	
1285	乙酉	11	22	
1286	丙戌	12	23	
1287	丁亥	13	24	
1288	戊子	14	25	
1289	己丑	15	26	
1290	庚寅	16	27	
1291	辛卯	17	28	
1292	壬辰	18	29	
1293	癸巳	19	30	
1294	甲午	20	31	
1295	乙未	21	元貞 1	
1296	丙申	22	2	
1297	丁酉	23	大德 1	
1298	戊戌	24	2	
1299	己亥	25	3	
1300	庚子	26	4	
1301	辛丑	27	5	
1302	壬寅	28	6	
1303	癸卯	29	7	
1304	甲辰	30	8	
1305	乙巳	31	9	
1306	丙午	32	10	
1307	丁未	33	11	

서기	간지	왕명	중국 연호
1308	戊申	34	至大 1
1309	己酉	忠宣王 1	2
1310	庚戌	2	3
1311	辛亥	3	4
1312	壬子	4	皇慶 1
1313	癸丑	5	2
1314	甲寅	忠肅王 1	延祐 1
1315	乙卯	2	2
1316	丙辰	3	3
1317	丁巳	4	4
1318	戊午	5	5
1319	己未	6	6
1320	庚申	7	7
1321	辛酉	8	至治 1
1322	壬戌	9	2
1323	癸亥	10	3
1324	甲子	11	泰定 1
1325	乙丑	12	2
1326	丙寅	13	3
1327	丁卯	14	4
1328	戊辰	15	致和/天曆 1
1329	己巳	16	2
1330	庚午	17	至順 1
1331	辛未	忠惠王 1	2
1332	壬申	忠肅王 復 1	3
1333	癸酉	復 2	元統 1
1334	甲戌	復 3	2
1335	乙亥	復 4	至元 1
1336	丙子	復 5	2
1337	丁丑	復 6	3
1338	戊寅	復 7	4
1339	己卯	復 8	5
1340	庚辰	忠惠王 復 1	6
1341	辛巳	復 2	至正 1
1342	壬午	復 3	2
1343	癸未	復 4	3
1344	甲申	復 5	4
1345	乙酉	忠穆王 1	5
1346	丙戌	2	6

서기	간지	왕명	중국 연호	
1347	丁亥	3	7	
1348	戊子	4	8	
1349	己丑	忠定王 1	9	
1350	庚寅	2	10	
1351	辛卯	3	11	
1352	壬辰	恭愍王 1	12	
1353	癸巳	2	13	
1354	甲午	3	14	
1355	乙未	4	15	
1356	丙申	5	16	
1357	丁酉	6	17	
1358	戊戌	7	18	
1359	己亥	8	19	
1360	庚子	9	20	
1361	辛丑	10	21	
1362	壬寅	11	22	
1363	癸卯	12	23	
1364	甲辰	13	24	
1365	乙巳	14	25	
1366	丙午	15	26	
1367	丁未	16	27	
1368	戊申	17	明 洪武 1	
1369	己酉	18	2	
1370	庚戌	19	3	
1371	辛亥	20	4	
1372	壬子	21	5	
1373	癸丑	22	6	
1374	甲寅	23	7	
1375	乙卯	禑王 1	8	
1376	丙辰	2	9	
1377	丁巳	3	10	
1378	戊午	4	11	
1379	己未	5	12	
1380	庚申	6	13	
1381	辛酉	7	14	
1382	壬戌	8	15	
1383	癸亥	9	16	
1384	甲子	10	17	
1385	乙丑	11	18	

서기	간지	왕명	중국 연호
1386	丙寅	12	19
1387	丁卯	13	20
1388	戊辰	昌王 1	21
1389	己巳	恭讓王 1	22
1390	庚午	2	23
1391	辛未	3	24
1392	壬申	朝鮮 太祖 1	25
1393	癸酉	2	26
1394	甲戌	3	27
1395	乙亥	4	28
1396	丙子	5	29
1397	丁丑	6	30
1398	戊寅	7	31
1399	己卯	定宗 1	建文 1
1400	庚辰	2	2
1401	辛巳	太宗 1	3
1402	壬午	2	4
1403	癸未	3	永樂 1
1404	甲申	4	2
1405	乙酉	5	3
1406	丙戌	6	4
1407	丁亥	7	5
1408	戊子	8	6
1409	己丑	9	7
1410	庚寅	10	8
1411	辛卯	11	9
1412	壬辰	12	10
1413	癸巳	13	11
1414	甲午	14	12
1415	乙未	15	13
1416	丙申	16	14
1417	丁酉	17	15
1418	戊戌	18	16
1419	己亥	世宗 1	17
1420	庚子	2	18
1421	辛丑	3	19
1422	壬寅	4	20
1423	癸卯	5	21
1424	甲辰	6	22

서기	간지	왕명	중국 연호
1425	乙巳	7	洪熙 1
1426	丙午	8	宣德 1
1427	丁未	9	2
1428	戊申	10	3
1429	己酉	11	4
1430	庚戌	12	5
1431	辛亥	13	6
1432	壬子	14	7
1433	癸丑	15	8
1434	甲寅	16	9
1435	乙卯	17	10
1436	丙辰	18	正統 1
1437	丁巳	19	2
1438	戊午	20	3
1439	己未	21	4
1440	庚申	22	5
1441	辛酉	23	6
1442	壬戌	24	7
1443	癸亥	25	8
1444	甲子	26	9
1445	乙丑	27	10
1446	丙寅	28	11
1447	丁卯	29	12
1448	戊辰	30	13
1449	己巳	31	14
1450	庚午	32	景泰 1
1451	辛未	文宗 1	2
1452	壬申	2	3
1453	癸酉	端宗 1	4
1454	甲戌	2	5
1455	乙亥	世祖 1	6
1456	丙子	2	7
1457	丁丑	3	天順 1
1458	戊寅	4	2
1459	己卯	5	3
1460	庚辰	6	4
1461	辛巳	7	5
1462	壬午	8	6
1463	癸未	9	7

서기	간지	왕명	중국 연호
1464	甲申	10	8
1465	乙酉	11	成化 1
1466	丙戌	12	2
1467	丁亥	13	3
1468	戊子	14	4
1469	己丑	睿宗 1	5
1470	庚寅	成宗 1	6
1471	辛卯	2	7
1472	壬辰	3	8
1473	癸巳	4	9
1474	甲午	5	10
1475	乙未	6	11
1476	丙申	7	12
1477	丁酉	8	13
1478	戊戌	9	14
1479	己亥	10	15
1480	庚子	11	16
1481	辛丑	12	17
1482	壬寅	13	18
1483	癸卯	14	19
1484	甲辰	15	20
1485	乙巳	16	21
1486	丙午	17	22
1487	丁未	18	23
1488	戊申	19	弘治 1
1489	己酉	20	2
1490	庚戌	21	3
1491	辛亥	22	4
1492	壬子	23	5
1493	癸丑	24	6
1494	甲寅	25	7
1495	乙卯	燕山君 1	8
1496	丙辰	2	9
1497	丁巳	3	10
1498	戊午	4	11
1499	己未	5	12
1500	庚申	6	13
1501	辛酉	7	14
1502	壬戌	8	15

서기	간지	왕명	중국 연호	
1503	癸亥	9	16	
1504	甲子	10	17	
1505	乙丑	11	18	
1506	丙寅	中宗 1	正德 1	
1507	丁卯	2	2	
1508	戊辰	3	3	
1509	己巳	4	4	
1510	庚午	5	5	
1511	辛未	6	6	
1512	壬申	7	7	
1513	癸酉	8	8	
1514	甲戌	9	9	
1515	乙亥	10	10	
1516	丙子	11	11	
1517	丁丑	12	12	
1518	戊寅	13	13	
1519	己卯	14	14	
1520	庚辰	15	15	
1521	辛巳	16	16	
1522	壬午	17	嘉靖 1	
1523	癸未	18	2	
1524	甲申	19	3	
1525	乙酉	20	4	
1526	丙戌	21	5	
1527	丁亥	22	6	
1528	戊子	23	7	
1529	己丑	24	8	
1530	庚寅	25	9	
1531	辛卯	26	10	
1532	壬辰	27	11	
1533	癸巳	28	12	
1534	甲午	29	13	
1535	乙未	30	14	
1536	丙申	31	15	
1537	丁酉	32	16	
1538	戊戌	33	17	
1539	己亥	34	18	
1540	庚子	35	19	
1541	辛丑	36	20	

서기	간지	왕명	중국 연호
1542	壬寅	37	21
1543	癸卯	38	22
1544	甲辰	39	23
1545	乙巳	仁宗 1	24
1546	丙午	明宗 1	25
1547	丁未	2	26
1548	戊申	3	27
1549	己酉	4	28
1550	庚戌	5	29
1551	辛亥	6	30
1552	壬子	7	31
1553	癸丑	8	32
1554	甲寅	9	33
1555	乙卯	10	34
1556	丙辰	11	35
1557	丁巳	12	36
1558	戊午	13	37
1559	己未	14	38
1560	庚申	15	39
1561	辛酉	16	40
1562	壬戌	17	41
1563	癸亥	18	42
1564	甲子	19	43
1565	乙丑	20	44
1566	丙寅	21	45
1567	丁卯	22	隆慶 1
1568	戊辰	宣祖 1	2
1569	己巳	2	3
1570	庚午	3	4
1571	辛未	4	5
1572	壬申	5	6
1573	癸酉	6	萬曆 1
1574	甲戌	7	2
1575	乙亥	8	3
1576	丙子	9	4
1577	丁丑	10	5
1578	戊寅	11	6
1579	己卯	12	7
1580	庚辰	13	8

서기	간지	왕명	중국 연호	
1581	辛巳	14	9	
1582	壬午	15	10	
1583	癸未	16	11	
1584	甲申	17	12	
1585	乙酉	18	13	
1586	丙戌	19	14	
1587	丁亥	20	15	
1588	戊子	21	16	
1589	己丑	22	17	
1590	庚寅	23	18	
1591	辛卯	24	19	
1592	壬辰	25	20	
1593	癸巳	26	21	
1594	甲午	27	22	
1595	乙未	28	23	
1596	丙申	29	24	
1597	丁酉	30	25	
1598	戊戌	31	26	
1599	己亥	32	27	
1600	庚子	33	28	
1601	辛丑	34	29	
1602	壬寅	35	30	
1603	癸卯	36	31	
1604	甲辰	37	32	
1605	乙巳	38	33	
1606	丙午	39	34	
1607	丁未	40	35	
1608	戊申	41	36	
1609	己酉	光海君 1	37	
1610	庚戌	2	38	
1611	辛亥	3	39	
1612	壬子	4	40	
1613	癸丑	5	41	
1614	甲寅	6	42	
1615	乙卯	7	43	
1616	丙辰	8	44	清 天命 1
1617	丁巳	9	45	2
1618	戊午	10	46	3
1619	己未	11	47	4

서기	간지	왕명	중국 연호	
1620	庚申	12	泰昌 1	5
1621	辛酉	13	天啓 1	6
1622	壬戌	14	2	7
1623	癸亥	仁祖 1	3	8
1624	甲子	2	4	9
1625	乙丑	3	5	10
1626	丙寅	4	6	11
1627	丁卯	5	7	天聰 1
1628	戊辰	6	崇禎 1	2
1629	己巳	7	2	3
1630	庚午	8	3	4
1631	辛未	9	4	5
1632	壬申	10	5	6
1633	癸酉	11	6	7
1634	甲戌	12	7	8
1635	乙亥	13	8	9
1636	丙子	14	9	崇德 1
1637	丁丑	15	10	2
1638	戊寅	16	11	3
1639	己卯	17	12	4
1640	庚辰	18	13	5
1641	辛巳	19	14	6
1642	壬午	20	15	7
1643	癸未	21	16	8
1644	甲申	22	17	順治 1
1645	乙酉	23	弘光/隆武 1	2
1646	丙戌	24	紹武 1	3
1647	丁亥	25	永曆 1	4
1648	戊子	26	2	5
1649	己丑	27	3	6
1650	庚寅	孝宗 1	4	7
1651	辛卯	2	5	8
1652	壬辰	3	6	9
1653	癸巳	4	7	10
1654	甲午	5	8	11
1655	乙未	6	9	12
1656	丙申	7	10	13
1657	丁酉	8	11	14
1658	戊戌	9	12	15

서기	간지	왕명	중국 연호	
1659	己亥	10	13	16
1660	庚子	顯宗 1	14	17
1661	辛丑	2	15	18
1662	壬寅	3	康熙 1	
1663	癸卯	4	2	
1664	甲辰	5	3	
1665	乙巳	6	4	
1666	丙午	7	5	
1667	丁未	8	6	
1668	戊申	9	7	
1669	己酉	10	8	
1670	庚戌	11	9	
1671	辛亥	12	10	
1672	壬子	13	11	
1673	癸丑	14	12	
1674	甲寅	15	13	
1675	乙卯	肅宗 1	14	
1676	丙辰	2	15	
1677	丁巳	3	16	
1678	戊午	4	17	
1679	己未	5	18	
1680	庚申	6	19	
1681	辛酉	7	20	
1682	壬戌	8	21	
1683	癸亥	9	22	
1684	甲子	10	23	
1685	乙丑	11	24	
1686	丙寅	12	25	
1687	丁卯	13	26	
1688	戊辰	14	27	
1689	己巳	15	28	
1690	庚午	16	29	
1691	辛未	17	30	
1692	壬申	18	31	
1693	癸酉	19	32	
1694	甲戌	20	33	
1695	乙亥	21	34	
1696	丙子	22	35	
1697	丁丑	23	36	

서기	간지	왕명	중국 연호
1698	戊寅	24	37
1699	己卯	25	38
1700	庚辰	26	39
1701	辛巳	27	40
1702	壬午	28	41
1703	癸未	29	42
1704	甲申	30	43
1705	乙酉	31	44
1706	丙戌	32	45
1707	丁亥	33	46
1708	戊子	34	47
1709	己丑	35	48
1710	庚寅	36	49
1711	辛卯	37	50
1712	壬辰	38	51
1713	癸巳	39	52
1714	甲午	40	53
1715	乙未	41	54
1716	丙申	42	55
1717	丁酉	43	56
1718	戊戌	44	57
1719	己亥	45	58
1720	庚子	46	59
1721	辛丑	景宗 1	60
1722	壬寅	2	61
1723	癸卯	3	雍正 1
1724	甲辰	4	2
1725	乙巳	英祖 1	3
1726	丙午	2	4
1727	丁未	3	5
1728	戊申	4	6
1729	己酉	5	7
1730	庚戌	6	8
1731	辛亥	7	9
1732	壬子	8	10
1733	癸丑	9	11
1734	甲寅	10	12
1735	乙卯	11	13
1736	丙辰	12	乾隆 1

서기	간지	왕명	중국 연호
1737	丁巳	13	2
1738	戊午	14	3
1739	己未	15	4
1740	庚申	16	5
1741	辛酉	17	6
1742	壬戌	18	7
1743	癸亥	19	8
1744	甲子	20	9
1745	乙丑	21	10
1746	丙寅	22	11
1747	丁卯	23	12
1748	戊辰	24	13
1749	己巳	25	14
1750	庚午	26	15
1751	辛未	27	16
1752	壬申	28	17
1753	癸酉	29	18
1754	甲戌	30	19
1755	乙亥	31	20
1756	丙子	32	21
1757	丁丑	33	22
1758	戊寅	34	23
1759	己卯	35	24
1760	庚辰	36	25
1761	辛巳	37	26
1762	壬午	38	27
1763	癸未	39	28
1764	甲申	40	29
1765	乙酉	41	30
1766	丙戌	42	31
1767	丁亥	43	32
1768	戊子	44	33
1769	己丑	45	34
1770	庚寅	46	35
1771	辛卯	47	36
1772	壬辰	48	37
1773	癸巳	49	38
1774	甲午	50	39
1775	乙未	51	40

서기	간지	왕명	중국 연호
1776	丙申	52	41
1777	丁酉	正祖 1	42
1778	戊戌	2	43
1779	己亥	3	44
1780	庚子	4	45
1781	辛丑	5	46
1782	壬寅	6	47
1783	癸卯	7	48
1784	甲辰	8	49
1785	乙巳	9	50
1786	丙午	10	51
1787	丁未	11	52
1788	戊申	12	53
1789	己酉	13	54
1790	庚戌	14	55
1791	辛亥	15	56
1792	壬子	16	57
1793	癸丑	17	58
1794	甲寅	18	59
1795	乙卯	19	60
1796	丙辰	20	嘉慶 1
1797	丁巳	21	2
1798	戊午	22	3
1799	己未	23	4
1800	庚申	24	5
1801	辛酉	純祖 1	6
1802	壬戌	2	7
1803	癸亥	3	8
1804	甲子	4	9
1805	乙丑	5	10
1806	丙寅	6	11
1807	丁卯	7	12
1808	戊辰	8	13
1809	己巳	9	14
1810	庚午	10	15
1811	辛未	11	16
1812	壬申	12	17
1813	癸酉	13	18
1814	甲戌	14	19

서기	간지	왕명	중국 연호	
1815	乙亥	15	20	
1816	丙子	16	21	
1817	丁丑	17	22	
1818	戊寅	18	23	
1819	己卯	19	24	
1820	庚辰	20	25	
1821	辛巳	21	道光 1	
1822	壬午	22	2	
1823	癸未	23	3	
1824	甲申	24	4	
1825	乙酉	25	5	
1826	丙戌	26	6	
1827	丁亥	27	7	
1828	戊子	28	8	
1829	己丑	29	9	
1830	庚寅	30	10	
1831	辛卯	31	11	
1832	壬辰	32	12	
1833	癸巳	33	13	
1834	甲午	34	14	
1835	乙未	憲宗 1	15	
1836	丙申	2	16	
1837	丁酉	3	17	
1838	戊戌	4	18	
1839	己亥	5	19	
1840	庚子	6	20	
1841	辛丑	7	21	
1842	壬寅	8	22	
1843	癸卯	9	23	
1844	甲辰	10	24	
1845	乙巳	11	25	
1846	丙午	12	26	
1847	丁未	13	27	
1848	戊申	14	28	
1849	己酉	15	29	
1850	庚戌	哲宗 1	30	
1851	辛亥	2	咸豊 1	
1852	壬子	3	2	
1853	癸丑	4	3	

서기	간지	왕명	중국 연호
1854	甲寅	5	4
1855	乙卯	6	5
1856	丙辰	7	6
1857	丁巳	8	7
1858	戊午	9	8
1859	己未	10	9
1860	庚申	11	10
1861	辛酉	12	11
1862	壬戌	13	同治 1
1863	癸亥	14	2
1864	甲子	高宗 1	3
1865	乙丑	2	4
1866	丙寅	3	5
1867	丁卯	4	6
1868	戊辰	5	7
1869	己巳	6	8
1870	庚午	7	9
1871	辛未	8	10
1872	壬申	9	11
1873	癸酉	10	12
1874	甲戌	11	13
1875	乙亥	12	光緖 1
1876	丙子	13	2
1877	丁丑	14	3
1878	戊寅	15	4
1879	己卯	16	5
1880	庚辰	17	6
1881	辛巳	18	7
1882	壬午	19	8
1883	癸未	20	9
1884	甲申	21	10
1885	乙酉	22	11
1886	丙戌	23	12
1887	丁亥	24	13
1888	戊子	25	14
1889	己丑	26	15
1890	庚寅	27	16
1891	辛卯	28	17
1892	壬辰	29	18

자료편

서기	간지	왕명	중국 연호	
1893	癸巳	30	19	
1894	甲午	31	20	
1895	乙未	32	21	
1896	丙申	33 建陽 1	22	
1897	丁酉	34 光武 1	23	
1898	戊戌	35 光武 2	24	
1899	己亥	36 光武 3	25	
1900	庚子	37 光武 4	26	
1901	辛丑	38 光武 5	27	
1902	壬寅	39 光武 6	28	
1903	癸卯	40 光武 7	29	
1904	甲辰	41 光武 8	30	
1905	乙巳	42 光武 9	31	
1906	丙午	43 光武 10	32	
1907	丁未	44 隆熙 1	33	
1908	戊申	純宗 1 隆熙 2	34	
1909	己酉	2 隆熙 3	宣統 1	
1910	庚戌	3 隆熙 4	2	
1911	辛亥		3	
1912	壬子		中華民國 1	
1913	癸丑		2	
1914	甲寅		3	
1915	乙卯		4	
1916	丙辰		5	
1917	丁巳		6	
1918	戊午		7	
1919	己未		8	
1920	庚申		9	
1921	辛酉		10	
1922	壬戌		11	
1923	癸亥		12	
1924	甲子		13	
1925	乙丑		14	
1926	丙寅		15	
1927	丁卯		16	
1928	戊辰		17	
1929	己巳		18	
1930	庚午		19	
1931	辛未		20	

서기	간지	왕명	중국 연호	
1932	壬申		21	滿州國 大同 1
1933	癸酉		22	2
1934	甲戌		23	康德 1
1935	乙亥		24	2
1936	丙子		25	3
1937	丁丑		26	4
1938	戊寅		27	5
1939	己卯		28	6
1940	庚辰		29	7
1941	辛巳		30	8
1942	壬午		31	9
1943	癸未		32	10
1944	甲申		33	11
1945	乙酉		34	12
1946	丙戌		35	
1947	丁亥		36	
1948	戊子		37	

4) 간지 찾기

甲子			乙丑		
964	光宗 15	乾德 2	965	光宗 16	乾德 3
1024	顯宗 15	天聖 2	1025	顯宗 16	天聖 3
1084	宣宗 1	元豊 7	1085	宣宗 2	元豊 8
1144	仁宗 22	紹興 14	1145	仁宗 23	紹興 15
1204	神宗 7	嘉泰 4	1205	熙宗 1	開禧 1
1264	元宗 5	景定 5	1265	元宗 6	咸淳 1
1324	忠肅王 11	泰定 1	1325	忠肅王 12	泰定 2
1384	禑王 10	洪武 17	1385	禑王 11	洪武 18
1444	世宗 26	正統 9	1445	世宗 27	正統 10
1504	燕山君 10	弘治 17	1505	燕山君 11	弘治 18
1564	明宗 19	嘉靖 43	1565	明宗 20	嘉靖 44
1624	仁祖 2	天啓 4	1625	仁祖 3	天啓 5
1684	肅宗 10	康熙 23	1685	肅宗 11	康熙 24
1744	英祖 20	乾隆 9	1745	英祖 21	乾隆 10
1804	純祖 4	嘉慶 9	1805	純祖 5	嘉慶 10
1864	高宗 1	同治 3	1865	高宗 2	同治 4

丙寅				丁卯			
966	光宗	17	乾德	4	967	光宗	18	乾德	5
1026	顯宗	17	天聖	4	1027	顯宗	18	天聖	5
1086	宣宗	3	元祐	1	1087	宣宗	4	元祐	2
1146	仁宗	24	紹興	16	1147	毅宗	1	紹興	17
1206	熙宗	2	開禧	2	1207	熙宗	3	開禧	3
1266	元宗	7	咸淳	2	1267	元宗	8	咸淳	3
1326	忠肅王	13	泰定	3	1327	忠肅王	14	泰定	4
1386	禑王	12	洪武	19	1387	禑王	13	洪武	20
1446	世宗	28	正統	11	1447	世宗	29	正統	12
1506	中宗	1	正德	1	1507	中宗	2	正德	2
1566	明宗	21	嘉靖	45	1567	明宗	22	隆慶	1
1626	仁祖	4	天啓	6	1627	仁祖	5	天啓	7
1686	肅宗	12	康熙	25	1687	肅宗	13	康熙	26
1746	英祖	22	乾隆	11	1747	英祖	23	乾隆	12
1806	純祖	6	嘉慶	11	1807	純祖	7	嘉慶	12
1866	高宗	3	同治	5	1867	高宗	4	同治	6

戊辰				己巳			
968	光宗	19	開寶	1	969	光宗	20	開寶	2
1028	顯宗	19	天聖	6	1029	顯宗	20	天聖	7
1088	宣宗	5	元祐	3	1089	宣宗	6	元祐	4
1148	毅宗	2	紹興	18	1149	毅宗	3	紹興	19
1208	熙宗	4	嘉定	1	1209	熙宗	5	嘉定	2
1268	元宗	9	咸淳	4	1269	元宗	10	咸淳	5
1328	忠肅王	15	致和/天曆	1	1329	忠肅王	16	致和/天曆	2
1388	昌王	1	洪武	21	1389	恭讓王	1	洪武	22
1448	世宗	30	正統	13	1449	世宗	31	正統	14
1508	中宗	3	正德	3	1509	中宗	4	正德	4
1568	宣祖	1	隆慶	2	1569	宣祖	2	隆慶	3
1628	仁祖	6	崇禎	1	1629	仁祖	7	崇禎	2
1688	肅宗	14	康熙	27	1689	肅宗	15	康熙	28
1748	英祖	24	乾隆	13	1749	英祖	25	乾隆	14
1808	純祖	8	嘉慶	13	1809	純祖	9	嘉慶	14
1868	高宗	5	同治	7	1869	高宗	6	同治	8

庚午				辛未			
970	光宗	21	開寶	3	971	光宗	22	開寶	4
1030	顯宗	21	天聖	8	1031	顯宗	22	天聖	9
1090	宣宗	7	元祐	5	1091	宣宗	8	元祐	6
1150	毅宗	4	紹興	20	1151	毅宗	5	紹興	21
1210	熙宗	6	嘉定	3	1211	熙宗	7	嘉定	4
1270	元宗	11	咸淳	6	1271	元宗	12	咸淳	7
1330	忠肅王	17	至順	1	1331	忠惠王	1	至順	2
1390	恭讓王	2	洪武	23	1391	恭讓王	3	洪武	24
1450	世宗	32	景泰	1	1451	文宗	1	景泰	2
1510	中宗	5	正德	5	1511	中宗	6	正德	6
1570	宣祖	3	隆慶	4	1571	宣祖	4	隆慶	5
1630	仁祖	8	崇禎	3	1631	仁祖	9	崇禎	4
1690	肅宗	16	康熙	29	1691	肅宗	17	康熙	30
1750	英祖	26	乾隆	15	1751	英祖	27	乾隆	16
1810	純祖	10	嘉慶	15	1811	純祖	11	嘉慶	16
1870	高宗	7	同治	9	1871	高宗	8	同治	10

壬申				癸酉			
972	光宗	23	開寶	5	973	光宗	24	開寶	6
1032	德宗	1	明道	1	1033	德宗	2	明道	2
1092	宣宗	9	元祐	7	1093	宣宗	10	元祐	8
1152	毅宗	6	紹興	22	1153	毅宗	7	紹興	23
1212	康宗	1	嘉定	5	1213	康宗	2	嘉定	6
1272	元宗	13	咸淳	8	1273	元宗	14	咸淳	9
1332	忠肅王 復	1	至順	3	1333	忠肅王 復	2	元統	1
1392	太祖	1	洪武	25	1393	太祖	2	洪武	26
1452	文宗	2	景泰	3	1453	端宗	1	景泰	4
1512	中宗	7	正德	7	1513	中宗	8	正德	8
1572	宣祖	5	隆慶	6	1573	宣祖	6	萬曆	1
1632	仁祖	10	崇禎	5	1633	仁祖	11	崇禎	6
1692	肅宗	18	康熙	31	1693	肅宗	19	康熙	32
1752	英祖	28	乾隆	17	1753	英祖	29	乾隆	18
1812	純祖	12	嘉慶	17	1813	純祖	13	嘉慶	18
1872	高宗	9	同治	11	1873	高宗	10	同治	12

甲戌				乙亥			
974	光宗	25	開寶	7	975	光宗	26	開寶	8
1034	德宗	3	景祐	1	1035	靖宗	1	景祐	2
1094	宣宗	11	紹聖	1	1095	獻宗	1	紹聖	2
1154	毅宗	8	紹興	24	1155	毅宗	9	紹興	25
1214	高宗	1	嘉定	7	1215	高宗	2	嘉定	8
1274	元宗	15	咸淳	10	1275	忠烈王	1	德祐	1
1334	忠肅王 復 3	元統	2	1335	忠肅王 復 4	至元	1
1394	太祖	3	洪武	27	1395	太祖	4	洪武	28
1454	端宗	2	景泰	5	1455	世祖	1	景泰	6
1514	中宗	9	正德	9	1515	中宗	10	正德	10
1574	宣祖	7	萬曆	2	1575	宣祖	8	萬曆	3
1634	仁祖	12	崇禎	7	1635	仁祖	13	崇禎	8
1694	肅宗	20	康熙	33	1695	肅宗	21	康熙	34
1754	英祖	30	乾隆	19	1755	英祖	31	乾隆	20
1814	純祖	14	嘉慶	19	1815	純祖	15	嘉慶	20
1874	高宗	11	同治	13	1875	高宗	12	光緒	1

丙子				丁丑			
976	景宗	1	太平興國	1	977	景宗	2	太平興國	2
1036	靖宗	2	景祐	3	1037	靖宗	3	景祐	4
1096	肅宗	1	紹聖	3	1097	肅宗	2	紹聖	4
1156	毅宗	10	紹興	26	1157	毅宗	11	紹興	27
1216	高宗	3	嘉定	9	1217	高宗	4	嘉定	10
1276	忠烈王	2	景炎	1	1277	忠烈王	3	景炎	2
1336	忠肅王 復 5	至元	2	1337	忠肅王 復 6	至元	3
1396	太祖	5	洪武	29	1397	太祖	6	洪武	30
1456	世祖	2	景泰	7	1457	世祖	3	天順	1
1516	中宗	11	正德	11	1517	中宗	12	正德	12
1576	宣祖	9	萬曆	4	1577	宣祖	10	萬曆	5
1636	仁祖	14	崇禎	9	1637	仁祖	15	崇禎	10
1696	肅宗	22	康熙	35	1697	肅宗	23	康熙	36
1756	英祖	32	乾隆	21	1757	英祖	33	乾隆	22
1816	純祖	16	嘉慶	21	1817	純祖	17	嘉慶	22
1876	高宗	13	光緒	2	1877	高宗	14	光緒	3

戊寅				己卯			
978	景宗	3	太平興國 3	979	景宗	4	太平興國 4
1038	靖宗	4	寶元 1	1039	靖宗	5	寶元 2
1098	肅宗	3	元符 1	1099	肅宗	4	元符 2
1158	毅宗	12	紹興 28	1159	毅宗	13	紹興 29
1218	高宗	5	嘉定 11	1219	高宗	6	嘉定 12
1278	忠烈王	4	祥興 1	1279	忠烈王	5	祥興 2
1338	忠肅王 復 7		至元 4	1339	忠肅王 復 8		至元 5
1398	太祖	7	洪武 31	1399	定宗	1	建文 1
1458	世祖	4	天順 2	1459	世祖	5	天順 3
1518	中宗	13	正德 13	1519	中宗	14	正德 14
1578	宣祖	11	萬曆 6	1579	宣祖	12	萬曆 7
1638	仁祖	16	崇禎 11	1639	仁祖	17	崇禎 12
1698	肅宗	24	康熙 37	1699	肅宗	25	康熙 38
1758	英祖	34	乾隆 23	1759	英祖	35	乾隆 24
1818	純祖	18	嘉慶 23	1819	純祖	19	嘉慶 24
1878	高宗	15	光緒 4	1879	高宗	16	光緒 5

庚辰				辛巳			
980	景宗	5	太平興國 5	981	景宗	6	太平興國 6
1040	靖宗	6	康定 1	1041	靖宗	7	慶歷 1
1100	肅宗	5	元符 3	1101	肅宗	6	建中靖國 1
1160	毅宗	14	紹興 30	1161	毅宗	15	紹興 31
1220	高宗	7	嘉定 13	1221	高宗	8	嘉定 14
1280	忠烈王	6	至元 17	1281	忠烈王	7	至元 18
1340	忠惠王 復 1		至元 6	1341	忠惠王 復 2		至正 1
1400	定宗	2	建文 2	1401	太宗	1	建文 3
1460	世祖	6	天順 4	1461	世祖	7	天順 5
1520	中宗	15	正德 15	1521	中宗	16	正德 16
1580	宣祖	13	萬曆 8	1581	宣祖	14	萬曆 9
1640	仁祖	18	崇禎 13	1641	仁祖	19	崇禎 14
1700	肅宗	26	康熙 39	1701	肅宗	27	康熙 40
1760	英祖	36	乾隆 25	1761	英祖	37	乾隆 26
1820	純祖	20	嘉慶 25	1821	純祖	21	道光 1
1880	高宗	17	光緒 6	1881	高宗	18	光緒 7

壬午				癸未			
982	成宗	1	太平興國	7	983	成宗	2	太平興國	8
1042	靖宗	8	慶歷	2	1043	靖宗	9	慶歷	3
1102	肅宗	7	崇寧	1	1103	肅宗	8	崇寧	2
1162	毅宗	16	紹興	32	1163	毅宗	17	隆興	1
1222	高宗	9	嘉定	15	1223	高宗	10	嘉定	16
1282	忠烈王	8	至元	19	1283	忠烈王	9	至元	20
1342	忠惠王 復	3	至正	2	1343	忠惠王 復	4	至正	3
1402	太宗	2	建文	4	1403	太宗	3	永樂	1
1462	世祖	8	天順	6	1463	世祖	9	天順	7
1522	中宗	17	嘉靖	1	1523	中宗	18	嘉靖	2
1582	宣祖	15	萬曆	10	1583	宣祖	16	萬曆	11
1642	仁祖	20	崇禎	15	1643	仁祖	21	崇禎	16
1702	肅宗	28	康熙	41	1703	肅宗	29	康熙	42
1762	英祖	38	乾隆	27	1763	英祖	39	乾隆	28
1822	純祖	22	道光	2	1823	純祖	23	道光	3
1882	高宗	19	光緒	8	1883	高宗	20	光緒	9
甲申				乙酉			
984	成宗	3	雍熙	1	985	成宗	4	雍熙	2
1044	靖宗	10	慶歷	4	1045	靖宗	11	慶歷	5
1104	肅宗	9	崇寧	3	1105	肅宗	10	崇寧	4
1164	毅宗	18	隆興	2	1165	毅宗	19	乾道	1
1224	高宗	11	嘉定	17	1225	高宗	12	寶慶	1
1284	忠烈王	10	至元	21	1285	忠烈王	11	至元	22
1344	忠惠王 復	5	至正	4	1345	忠穆王	1	至正	5
1404	太宗	4	永樂	2	1405	太宗	5	永樂	3
1464	世祖	10	天順	8	1465	世祖	11	成化	1
1524	中宗	19	嘉靖	3	1525	中宗	20	嘉靖	4
1584	宣祖	17	萬曆	12	1585	宣祖	18	萬曆	13
1644	仁祖	22	順治	1	1645	仁祖	23	順治	2
1704	肅宗	30	康熙	43	1705	肅宗	31	康熙	44
1764	英祖	40	乾隆	29	1765	英祖	41	乾隆	30
1824	純祖	24	道光	4	1825	純祖	25	道光	5
1884	高宗	21	光緒	10	1885	高宗	22	光緒	11

丙戌				丁亥			
986	成宗	5	雍熙 3	987	成宗	6	雍熙 4
1046	靖宗	12	慶曆 6	1047	文宗	1	慶曆 7
1106	睿宗	1	崇寧 5	1107	睿宗	2	大觀 1
1166	毅宗	20	乾道 2	1167	毅宗	21	乾道 3
1226	高宗	13	寶慶 2	1227	高宗	14	寶慶 3
1286	忠烈王	12	至元 23	1287	忠烈王	13	至元 24
1346	忠穆王	2	至正 6	1347	忠穆王	3	至正 7
1406	太宗	6	永樂 4	1407	太宗	7	永樂 5
1466	世祖	12	成化 2	1467	世祖	13	成化 3
1526	中宗	21	嘉靖 5	1527	中宗	22	嘉靖 6
1586	宣祖	19	萬曆 14	1587	宣祖	20	萬曆 15
1646	仁祖	24	順治 3	1647	仁祖	25	順治 4
1706	肅宗	32	康熙 45	1707	肅宗	33	康熙 46
1766	英祖	42	乾隆 31	1767	英祖	43	乾隆 32
1826	純祖	26	道光 6	1827	純祖	27	道光 7
1886	高宗	23	光緒 12	1887	高宗	24	光緒 13

戊子				己丑			
988	成宗	7	端拱 1	989	成宗	8	端拱 2
1048	文宗	2	慶曆 8	1049	文宗	3	皇祐 1
1108	睿宗	3	大觀 2	1109	睿宗	4	大觀 3
1168	毅宗	22	乾道 4	1169	毅宗	23	乾道 5
1228	高宗	15	紹定 1	1229	高宗	16	紹定 2
1288	忠烈王	14	至元 25	1289	忠烈王	15	至元 26
1348	忠穆王	4	至正 8	1349	忠定王	1	至正 9
1408	太宗	8	永樂 6	1409	太宗	9	永樂 7
1468	世祖	14	成化 4	1469	睿宗	1	成化 5
1528	中宗	23	嘉靖 7	1529	中宗	24	嘉靖 8
1588	宣祖	21	萬曆 16	1589	宣祖	22	萬曆 17
1648	仁祖	26	順治 5	1649	仁祖	27	順治 6
1708	肅宗	34	康熙 47	1709	肅宗	35	康熙 48
1768	英祖	44	乾隆 33	1769	英祖	45	乾隆 34
1828	純祖	28	道光 8	1829	純祖	29	道光 9
1888	高宗	25	光緒 14	1889	高宗	26	光緒 15

庚寅				辛卯			
990	成宗	9	淳化	1	991	成宗	10	淳化	2
1050	文宗	4	皇祐	2	1051	文宗	5	皇祐	3
1110	睿宗	5	大觀	4	1111	睿宗	6	政和	1
1170	毅宗	24	乾道	6	1171	明宗	1	乾道	7
1230	高宗	17	紹定	3	1231	高宗	18	紹定	4
1290	忠烈王	16	至元	27	1291	忠烈王	17	至元	28
1350	忠定王	2	至正	10	1351	忠定王	3	至正	11
1410	太宗	10	永樂	8	1411	太宗	11	永樂	9
1470	成宗	1	成化	6	1471	成宗	2	成化	7
1530	中宗	25	嘉靖	9	1531	中宗	26	嘉靖	10
1590	宣祖	23	萬曆	18	1591	宣祖	24	萬曆	19
1650	孝宗	1	順治	7	1651	孝宗	2	順治	8
1710	肅宗	36	康熙	49	1711	肅宗	37	康熙	50
1770	英祖	46	乾隆	35	1771	英祖	47	乾隆	36
1830	純祖	30	道光	10	1831	純祖	31	道光	11
1890	高宗	27	光緒	16	1891	高宗	28	光緒	17

壬辰				癸巳			
992	成宗	11	淳化	3	993	成宗	12	淳化	4
1052	文宗	6	皇祐	4	1053	文宗	7	皇祐	5
1112	睿宗	7	政和	2	1113	睿宗	8	政和	3
1172	明宗	2	乾道	8	1173	明宗	3	乾道	9
1232	高宗	19	紹定	5	1233	高宗	20	紹定	6
1292	忠烈王	18	至元	29	1293	忠烈王	19	至元	30
1352	恭愍王	1	至正	12	1353	恭愍王	2	至正	13
1412	太宗	12	永樂	10	1413	太宗	13	永樂	11
1472	成宗	3	成化	8	1473	成宗	4	成化	9
1532	中宗	27	嘉靖	11	1533	中宗	28	嘉靖	12
1592	宣祖	25	萬曆	20	1593	宣祖	26	萬曆	21
1652	孝宗	3	順治	9	1653	孝宗	4	順治	10
1712	肅宗	38	康熙	51	1713	肅宗	39	康熙	52
1772	英祖	48	乾隆	37	1773	英祖	49	乾隆	38
1832	純祖	32	道光	12	1833	純祖	33	道光	13
1892	高宗	29	光緒	18	1893	高宗	30	光緒	19

甲午				乙未			
994	成宗	13	淳化	5	995	成宗	14	至道	1
1054	文宗	8	至和	1	1055	文宗	9	至和	2
1114	睿宗	9	政和	4	1115	睿宗	10	政和	5
1174	明宗	4	淳熙	1	1175	明宗	5	淳熙	2
1234	高宗	21	端平	1	1235	高宗	22	端平	2
1294	忠烈王	20	至元	31	1295	忠烈王	21	元貞	1
1354	恭愍王	3	至正	14	1355	恭愍王	4	至正	15
1414	太宗	14	永樂	12	1415	太宗	15	永樂	13
1474	成宗	5	成化	10	1475	成宗	6	成化	11
1534	中宗	29	嘉靖	13	1535	中宗	30	嘉靖	14
1594	宣祖	27	萬曆	22	1595	宣祖	28	萬曆	23
1654	孝宗	5	順治	11	1655	孝宗	6	順治	12
1714	肅宗	40	康熙	53	1715	肅宗	41	康熙	54
1774	英祖	50	乾隆	39	1775	英祖	51	乾隆	40
1834	純祖	34	道光	14	1835	憲宗	1	道光	15
1894	高宗	31	光緒	20	1895	高宗	32	光緒	21
丙申				丁酉			
996	成宗	15	至道	2	997	成宗	16	至道	3
1056	文宗	10	嘉祐	1	1057	文宗	11	嘉祐	2
1116	睿宗	11	政和	6	1117	睿宗	12	政和	7
1176	明宗	6	淳熙	3	1177	明宗	7	淳熙	4
1236	高宗	23	端平	3	1237	高宗	24	嘉熙	1
1296	忠烈王	22	元貞	2	1297	忠烈王	23	大德	1
1356	恭愍王	5	至正	16	1357	恭愍王	6	至正	17
1416	太宗	16	永樂	14	1417	太宗	17	永樂	15
1476	成宗	7	成化	12	1477	成宗	8	成化	13
1536	中宗	31	嘉靖	15	1537	中宗	32	嘉靖	16
1596	宣祖	29	萬曆	24	1597	宣祖	30	萬曆	25
1656	孝宗	7	順治	13	1657	孝宗	8	順治	14
1716	肅宗	42	康熙	55	1717	肅宗	43	康熙	56
1776	英祖	52	乾隆	41	1777	正祖	1	乾隆	42
1836	憲宗	2	道光	16	1837	憲宗	3	道光	17
1896	建陽	1	光緒	22	1897	光武	1	光緒	23

戊戌				己亥			
998	穆宗	1	咸平	1	999	穆宗	2	咸平	2
1058	文宗	12	嘉祐	3	1059	文宗	13	嘉祐	4
1118	睿宗	13	重和	1	1119	睿宗	14	宣和	1
1178	明宗	8	淳熙	5	1179	明宗	9	淳熙	6
1238	高宗	25	嘉熙	2	1239	高宗	26	嘉熙	3
1298	忠烈王	24	大德	2	1299	忠烈王	25	大德	3
1358	恭愍王	7	至正	18	1359	恭愍王	8	至正	19
1418	太宗	18	永樂	16	1419	世宗	1	永樂	17
1478	成宗	9	成化	14	1479	成宗	10	成化	15
1538	中宗	33	嘉靖	17	1539	中宗	34	嘉靖	18
1598	宣祖	31	萬曆	26	1599	宣祖	32	萬曆	27
1658	孝宗	9	順治	15	1659	孝宗	10	順治	16
1718	肅宗	44	康熙	57	1719	肅宗	45	康熙	58
1778	正祖	2	乾隆	43	1779	正祖	3	乾隆	44
1838	憲宗	4	道光	18	1839	憲宗	5	道光	19
1898	光武	2	光緒	24	1899	光武	3	光緒	25

庚子				辛丑			
1000	穆宗	3	咸平	3	1001	穆宗	4	咸平	4
1060	文宗	14	嘉祐	5	1061	文宗	15	嘉祐	6
1120	睿宗	15	宣和	2	1121	睿宗	16	宣和	3
1180	明宗	10	淳熙	7	1181	明宗	11	淳熙	8
1240	高宗	27	嘉熙	4	1241	高宗	28	淳祐	1
1300	忠烈王	26	大德	4	1301	忠烈王	27	大德	5
1360	恭愍王	9	至正	20	1361	恭愍王	10	至正	21
1420	世宗	2	永樂	18	1421	世宗	3	永樂	19
1480	成宗	11	成化	16	1481	成宗	12	成化	17
1540	中宗	35	嘉靖	19	1541	中宗	36	嘉靖	20
1600	宣祖	33	萬曆	28	1601	宣祖	34	萬曆	29
1660	顯宗	1	順治	17	1661	顯宗	2	順治	18
1720	肅宗	46	康熙	59	1721	景宗	1	康熙	60
1780	正祖	4	乾隆	45	1781	正祖	5	乾隆	46
1840	憲宗	6	道光	20	1841	憲宗	7	道光	21
1900	光武	4	光緒	26	1901	光武	5	光緒	27

壬寅				癸卯			
1002	穆宗	5	咸平	5	1003	穆宗	6	咸平	6
1062	文宗	16	嘉祐	7	1063	文宗	17	嘉祐	8
1122	睿宗	17	宣和	4	1123	仁宗	1	宣和	5
1182	明宗	12	淳熙	9	1183	明宗	13	淳熙	10
1242	高宗	29	淳祐	2	1243	高宗	30	淳祐	3
1302	忠烈王	28	大德	6	1303	忠烈王	29	大德	7
1362	恭愍王	11	至正	22	1363	恭愍王	12	至正	23
1422	世宗	4	永樂	20	1423	世宗	5	永樂	21
1482	成宗	13	成化	18	1483	成宗	14	成化	19
1542	中宗	37	嘉靖	21	1543	中宗	38	嘉靖	22
1602	宣祖	35	萬曆	30	1603	宣祖	36	萬曆	31
1662	顯宗	3	康熙	1	1663	顯宗	4	康熙	2
1722	景宗	2	康熙	61	1723	景宗	3	雍正	1
1782	正祖	6	乾隆	47	1783	正祖	7	乾隆	48
1842	憲宗	8	道光	22	1843	憲宗	9	道光	23
1902	光武	6	光緒	28	1903	光武	7	光緒	29

甲辰				乙巳			
1004	穆宗	7	景德	1	1005	穆宗	8	景德	2
1064	文宗	18	治平	1	1065	文宗	19	治平	2
1124	仁宗	2	宣和	6	1125	仁宗	3	宣和	7
1184	明宗	14	淳熙	11	1185	明宗	15	淳熙	12
1244	高宗	31	淳祐	4	1245	高宗	32	淳祐	5
1304	忠烈王	30	大德	8	1305	忠烈王	31	大德	9
1364	恭愍王	13	至正	24	1365	恭愍王	14	至正	25
1424	世宗	6	永樂	22	1425	世宗	7	洪熙	1
1484	成宗	15	成化	20	1485	成宗	16	成化	21
1544	中宗	39	嘉靖	23	1545	仁宗	1	嘉靖	24
1604	宣祖	37	萬曆	32	1605	宣祖	38	萬曆	33
1664	顯宗	5	康熙	3	1665	顯宗	6	康熙	4
1724	景宗	4	雍正	2	1725	英祖	1	雍正	3
1784	正祖	8	乾隆	49	1785	正祖	9	乾隆	50
1844	憲宗	10	道光	24	1845	憲宗	11	道光	25
1904	光武	8	光緒	30	1905	光武	9	光緒	31

丙午			丁未		
1006	穆宗 9	景德 3	1007	穆宗 10	景德 4
1066	文宗 20	治平 3	1067	文宗 21	治平 4
1126	仁宗 4	靖康 1	1127	仁宗 5	建炎 1
1186	明宗 16	淳熙 13	1187	明宗 17	淳熙 14
1246	高宗 33	淳祐 6	1247	高宗 34	淳祐 7
1306	忠烈王 32	大德 10	1307	忠烈王 33	大德 11
1366	恭愍王 15	至正 26	1367	恭愍王 16	至正 27
1426	世宗 8	宣德 1	1427	世宗 9	宣德 2
1486	成宗 17	成化 22	1487	成宗 18	成化 23
1546	明宗 1	嘉靖 25	1547	明宗 2	嘉靖 26
1606	宣祖 39	萬曆 34	1607	宣祖 40	萬曆 35
1666	顯宗 7	康熙 5	1667	顯宗 8	康熙 6
1726	英祖 2	雍正 4	1727	英祖 3	雍正 5
1786	正祖 10	乾隆 51	1787	正祖 11	乾隆 52
1846	憲宗 12	道光 26	1847	憲宗 13	道光 27
1906	光武 10	光緒 32	1907	隆熙 1	光緒 33
戊申			己酉		
1008	穆宗 11	大中祥符 1	1009	穆宗 12	大中祥符 2
1068	文宗 22	熙寧 1	1069	文宗 23	熙寧 2
1128	仁宗 6	建炎 2	1129	仁宗 7	建炎 3
1188	明宗 18	淳熙 15	1189	明宗 19	淳熙 16
1248	高宗 35	淳祐 8	1249	高宗 36	淳祐 9
1308	忠烈王 34	至大 1	1309	忠宣王 1	至大 2
1368	恭愍王 17	洪武 1	1369	恭愍王 18	洪武 2
1428	世宗 10	宣德 3	1429	世宗 11	宣德 4
1488	成宗 19	弘治 1	1489	成宗 20	弘治 2
1548	明宗 3	嘉靖 27	1549	明宗 4	嘉靖 28
1608	宣祖 41	萬曆 36	1609	光海君 1	萬曆 37
1668	顯宗 9	康熙 7	1669	顯宗 10	康熙 8
1728	英祖 4	雍正 6	1729	英祖 5	雍正 7
1788	正祖 12	乾隆 53	1789	正祖 13	乾隆 54
1848	憲宗 14	道光 28	1849	憲宗 15	道光 29
1908	隆熙 2	光緒 34	1909	隆熙 3	宣統 1

庚戌				辛亥			
1010	顯宗	1	大中祥符 3	1011	顯宗	2	大中祥符 4
1070	文宗	24	熙寧 3	1071	文宗	25	熙寧 4
1130	仁宗	8	建炎 4	1131	仁宗	9	紹興 1
1190	明宗	20	紹熙 1	1191	明宗	21	紹熙 2
1250	高宗	37	淳祐 10	1251	高宗	38	淳祐 11
1310	忠宣王	2	至大 3	1311	忠宣王	3	至大 4
1370	恭愍王	19	洪武 3	1371	恭愍王	20	洪武 4
1430	世宗	12	宣德 5	1431	世宗	13	宣德 6
1490	成宗	21	弘治 3	1491	成宗	22	弘治 4
1550	明宗	5	嘉靖 29	1551	明宗	6	嘉靖 30
1610	光海君	2	萬曆 38	1611	光海君	3	萬曆 39
1670	顯宗	11	康熙 9	1671	顯宗	12	康熙 10
1730	英祖	6	雍正 8	1731	英祖	7	雍正 9
1790	正祖	14	乾隆 55	1791	正祖	15	乾隆 56
1850	哲宗	1	道光 30	1851	哲宗	2	咸豊 1
1910	隆熙	4	宣統 2	1911			宣統 3

壬子				癸丑			
1012	顯宗	3	大中祥符 5	1013	顯宗	4	大中祥符 6
1072	文宗	26	熙寧 5	1073	文宗	27	熙寧 6
1132	仁宗	10	紹興 2	1133	仁宗	11	紹興 3
1192	明宗	22	紹熙 3	1193	明宗	23	紹熙 4
1252	高宗	39	淳祐 12	1253	高宗	40	寶祐 1
1312	忠宣王	4	皇慶 1	1313	忠宣王	5	皇慶 2
1372	恭愍王	21	洪武 5	1373	恭愍王	22	洪武 6
1432	世宗	14	宣德 7	1433	世宗	15	宣德 8
1492	成宗	23	弘治 5	1493	成宗	24	弘治 6
1552	明宗	7	嘉靖 31	1553	明宗	8	嘉靖 32
1612	光海君	4	萬曆 40	1613	光海君	5	萬曆 41
1672	顯宗	13	康熙 11	1673	顯宗	14	康熙 12
1732	英祖	8	雍正 10	1733	英祖	9	雍正 11
1792	正祖	16	乾隆 57	1793	正祖	17	乾隆 58
1852	哲宗	3	咸豊 2	1853	哲宗	4	咸豊 3
1912			中華民國 1	1913			中華民國 2

甲寅				乙卯			
1014	顯宗	5	大中祥符 7	1015	顯宗	6	大中祥符 8
1074	文宗	28	熙寧 7	1075	文宗	29	熙寧 8
1134	仁宗	12	紹興 4	1135	仁宗	13	紹興 5
1194	明宗	24	紹熙 5	1195	明宗	25	慶元 1
1254	高宗	41	寶祐 2	1255	高宗	42	寶祐 3
1314	忠肅王	1	延祐 1	1315	忠肅王	2	延祐 2
1374	恭愍王	23	洪武 7	1375	禑王	1	洪武 8
1434	世宗	16	宣德 9	1435	世宗	17	宣德 10
1494	成宗	25	弘治 7	1495	燕山君	1	弘治 8
1554	明宗	9	嘉靖 33	1555	明宗	10	嘉靖 34
1614	光海君	6	萬曆 42	1615	光海君	7	萬曆 43
1674	顯宗	15	康熙 13	1675	肅宗	1	康熙 14
1734	英祖	10	雍正 12	1735	英祖	11	雍正 13
1794	正祖	18	乾隆 59	1795	正祖	19	乾隆 60
1854	哲宗	5	咸豐 4	1855	哲宗	6	咸豐 5
1914			中華民國 3	1915			中華民國 4

丙辰				丁巳			
1016	顯宗	7	大中祥符 9	1017	顯宗	8	天禧 1
1076	文宗	30	熙寧 9	1077	文宗	31	熙寧 10
1136	仁宗	14	紹興 6	1137	仁宗	15	紹興 7
1196	明宗	26	慶元 2	1197	明宗	27	慶元 3
1256	高宗	43	寶祐 4	1257	高宗	44	寶祐 5
1316	忠肅王	3	延祐 3	1317	忠肅王	4	延祐 4
1376	禑王	2	洪武 9	1377	禑王	3	洪武 10
1436	世宗	18	正統 1	1437	世宗	19	正統 2
1496	燕山君	2	弘治 9	1497	燕山君	3	弘治 10
1556	明宗	11	嘉靖 35	1557	明宗	12	嘉靖 36
1616	光海君	8	萬曆 44	1617	光海君	9	萬曆 45
1676	肅宗	2	康熙 15	1677	肅宗	3	康熙 16
1736	英祖	12	乾隆 1	1737	英祖	13	乾隆 2
1796	正祖	20	嘉慶 1	1797	正祖	21	嘉慶 2
1856	哲宗	7	咸豐 6	1857	哲宗	8	咸豐 7
1916			中華民國 5	1917			中華民國 6

戊午			己未		
1018	顯宗 9	天禧 2	1019	顯宗 10	天禧 3
1078	文宗 32	元豊 1	1079	文宗 33	元豊 2
1138	仁宗 16	紹興 8	1139	仁宗 17	紹興 9
1198	神宗 1	慶元 4	1199	神宗 2	慶元 5
1258	高宗 45	寶祐 6	1259	高宗 46	開慶 1
1318	忠肅王 5	延祐 5	1319	忠肅王 6	延祐 6
1378	禑王 4	洪武 11	1379	禑王 5	洪武 12
1438	世宗 20	正統 3	1439	世宗 21	正統 4
1498	燕山君 4	弘治 11	1499	燕山君 5	弘治 12
1558	明宗 13	嘉靖 37	1559	明宗 14	嘉靖 38
1618	光海君 10	萬曆 46	1619	光海君 11	萬曆 47
1678	肅宗 4	康熙 17	1679	肅宗 5	康熙 18
1738	英祖 14	乾隆 3	1739	英祖 15	乾隆 4
1798	正祖 22	嘉慶 3	1799	正祖 23	嘉慶 4
1858	哲宗 9	咸豊 8	1859	哲宗 10	咸豊 9
1918		中華民國 7	1919		中華民國 8

庚申			辛酉		
1020	顯宗 11	天禧 4	1021	顯宗 12	天禧 5
1080	文宗 34	元豊 3	1081	文宗 35	元豊 4
1140	仁宗 18	紹興 10	1141	仁宗 19	紹興 11
1200	神宗 3	慶元 6	1201	神宗 4	嘉泰 1
1260	元宗 1	景定 1	1261	元宗 2	景定 2
1320	忠肅王 7	延祐 7	1321	忠肅王 8	至治 1
1380	禑王 6	洪武 13	1381	禑王 7	洪武 14
1440	世宗 22	正統 5	1441	世宗 23	正統 6
1500	燕山君 6	弘治 13	1501	燕山君 7	弘治 14
1560	明宗 15	嘉靖 39	1561	明宗 16	嘉靖 40
1620	光海君 12	泰昌 1	1621	光海君 13	天啓 1
1680	肅宗 6	康熙 19	1681	肅宗 7	康熙 20
1740	英祖 16	乾隆 5	1741	英祖 17	乾隆 6
1800	正祖 24	嘉慶 5	1801	純祖 1	嘉慶 6
1860	哲宗 11	咸豊 10	1861	哲宗 12	咸豊 11
1920		中華民國 9	1921		中華民國 10

壬戌				癸亥			
1022	顯宗	13	乾興	1	1023	顯宗	14	天聖	1
1082	文宗	36	元豊	5	1083	順宗	1	元豊	6
1142	仁宗	20	紹興	12	1143	仁宗	21	紹興	13
1202	神宗	5	嘉泰	2	1203	神宗	6	嘉泰	3
1262	元宗	3	景定	3	1263	元宗	4	景定	4
1322	忠肅王	9	至治	2	1323	忠肅王	10	至治	3
1382	禑王	8	洪武	15	1383	禑王	9	洪武	16
1442	世宗	24	正統	7	1443	世宗	25	正統	8
1502	燕山君	8	弘治	15	1503	燕山君	9	弘治	16
1562	明宗	17	嘉靖	41	1563	明宗	18	嘉靖	42
1622	光海君	14	天啓	2	1623	仁祖	1	天啓	3
1682	肅宗	8	康熙	21	1683	肅宗	9	康熙	22
1742	英祖	18	乾隆	7	1743	英祖	19	乾隆	8
1802	純祖	2	嘉慶	7	1803	純祖	3	嘉慶	8
1862	哲宗	13	同治	1	1863	哲宗	14	同治	2
1922			中華民國	11	1923			中華民國	12

* 이 표는 오수창(한림대 사학과) 교수의 '조선시대 간지별 연도대조표'를 기초로 만들었다.

5) 한·중·일 연호(가나다 순)

① 한국

開國	(신라)	551~567	聖册	(마진)	905~910	峻豊	(고려)	960~963
開國	(조선)	1894~1897	水德萬歲	(태봉)	911~914	中興	(발해)	794
建國	(신라)	551~567	永德	(발해)	809~812	天開	(고려)	1135
建福	(신라)	584~633	永樂	(고구려)	391~413	天慶	(발해)	1029~1120
建陽	(조선)	1896~1897	隆基	(발해)	1115	天授	(고려)	918~933
建元	(신라)	536~550	隆熙	(대한제국)	1907~1910	天統	(발해)	699~718
建興	(발해)	818~829	應順	(발해)	1115	太始	(발해)	817~818
光德	(고려)	950~951	仁安	(발해)	719~736	太昌	(신라)	568~571
光武	(대한제국)	1897~1907	仁平	(신라)	634~646	太和	(신라)	647~650
大昌	(신라)	568~571	政開	(태봉)	914~918	咸和	(발해)	830~858
大興	(발해)	737~792	正曆	(발해)	795~809	鴻濟	(신라)	572~583
武泰	(마진)	904~905	朱雀	(발해)	813~817			

②중국

嘉慶	1796~1820	建元	B140~B135	大德	1297~1307
嘉祐	1056~1063	建中	780~783	大同	535~545
嘉定	1208~1224	建初	76~83	大曆	766~779
嘉靖	1522~1566	乾統	1101~1110	大明	457~464
嘉泰	1201~1204	建平	B6~B3	大寶	550~551
嘉平	249~254	建衡	269~271	大象	579~580
嘉禾	232~237	乾亨	979~982	大順	890~891
嘉熙	1237~1240	建和	147~149	大安	1085~1094
甘露	256~260	乾化	911~912	大安	1209~1211
甘露	B53~B50	建興	223~237	大業	605~617
康熙	1662~1722	建興	252~253	大定	1161~1189
開寶	968~976	建興	313~317	大中	847~859
開成	836~840	景德	1004~1007	大中祥符	1008~1016
開運	944~946	慶曆	1041~1048	大通	527~528
開元	713~741	景龍	707~710	大和	827~835
開泰	1012~1020	景明	500~503	德祐	1275~1276
開平	907~910	景福	892~893	道光	1821~1874
開皇	581~600	景炎	1276~1278	同光	386~395
開禧	1205~1207	景耀	258~263	同治	1862~1874
居攝	6~8	景祐	1034~1037	登國	386~395
建寧	168~171	景雲	710~712	萬曆	1573~1620
乾寧	894~897	景元	260~263	萬歲通天	696~697
建德	572~577	慶元	1195~1200	明道	1032~1033
乾德	963~967	景定	1260~1264	明昌	1190~1195
乾道	1165~1173	景初	237~239	武德	618~626
建隆	960~962	景泰	1450~1457	武成	559~560
乾隆	1736~1795	景平	423~424	武定	543~550
建武	25~55	光啓	885~887	武平	570~576
建武	494~497	光大	567~568	寶慶	1225~1227
建文	1399~1402	廣德	763~764	保寧	969~978
乾封	666~668	廣明	880~881	保大	1121~1125
乾符	874~879	光緒	1875~1908	寶曆	825~826
建昭	B38~B34	廣順	951~953	寶祐	1253~1258
建始	B32~B29	光和	178~183	寶元	1038~1039
建安	196~220	光化	898~900	寶應	762~763
建炎	1127~1130	端拱	988~989	寶鼎	266~268
建元	343~344	端平	1234~1236	保定	561~565
建元	479~482	大康	1075~1084	普通	520~526
乾元	758~760	大觀	1107~1110	本始	B73~B70

鳳曆	914~923	延祐	1314~1320	元嘉	424~453
鳳皇	272~274	延昌	512~515	元康	B65~B62
上元	674~676	延和	432~434	元光	1222~1223
上元	760~761	延興	471~475	元光	B134~B129
祥興	1278~1279	延熹	158~166	元年	557~558
宣德	1426~1435	延熙	238~257	元年	907~915
先天	712~713	永嘉	307~313	元鳳	B80~B75
宣統	1909~1911	寧康	373~375	元封	B110~B105
宣和	1119~1125	永建	126~131	元符	1098~1100
聖曆	698~700	永光	B43~B39	元朔	B128~B123
成化	1465~1487	永樂	1403~1424	元壽	B02~B09
紹聖	1094~1097	永隆	680~681	元狩	B122~B117
紹定	1228~1233	永明	483~493	元始	1~5
紹興	1131~1162	永壽	155~157	元延	B12~B09
紹熙	1190~1194	永淳	682~683	元祐	1086~1093
垂拱	685~688	永始	B16~B13	元貞	1295~1296
收國	1115~1116	永安	258~264	元鼎	B116~B111
壽隆	1095~1101	永安	528~530	元初	114~119
綏和	B8~B7	永元	89~104	元統	1333~1334
淳祐	1241~1252	永元	499~501	元	1078~1085
順治	1644~1661	永定	557~559	元和	84~86
淳化	990~994	永初	107~113	元和	806~820
淳熙	1174~1189	永初	420~422	元徽	473~477
崇寧	1102~1106	永泰	765~766	元興	105~106
崇德	1636~1643	永平	58~75	元興	402~404
崇禎	1628~1644	永平	291~299	元熙	419~420
昇明	477~479	永平	508~511	隆慶	1567~1572
承聖	552~554	永和	136~141	隆安	397~401
承安	1196~1200	永和	345~356	隆化	576~577
升平	357~361	永徽	650~656	隆興	1163~1164
始建國	009~0013	永興	153~154	應曆	951~969
始光	424~427	永興	304~305	義寧	617~618
始元	B86~B81	永興	409~413	儀鳳	676~679
神	428~431	永熙	532~534	義熙	405~418
神龜	518~519	五鳳	254~255	麟德	664~666
神端	414~415	五鳳	B57~B54	仁壽	601~604
神爵	B61~B58	雍正	1723~1735	長慶	821~824
神冊	916~921	雍熙	984~987	章武	221~223
陽嘉	132~135	龍德	921~923	長壽	692~694
陽朔	B24~B21	龍朔	661~663	長安	701~704
延光	122~125	元嘉	151~152	章和	87~88

長興	930~933	天慶	1111~1120	泰始	265~274
赤烏	238~250	天啓	1621~1627	泰始	465~471
端康	1126~1127	天春	1138~1140	太始	B96~B93
貞觀	627~649	天紀	277~281	太安	302~303
正光	520~524	天德	1149~1152	太安	455~459
正大	1224~1231	天曆	1328~1329	太延	435~439
正德	1506~1521	天祿	947~951	太元	251~252
正隆	1156~1161	天命	1616~1626	太元	376~396
禎明	587~589	天保	550~559	泰定	1324~1327
貞明	915~920	天寶	742~756	太清	547~549
正始	240~248	天輔	1117~1123	太初	B104~B101
正始	504~507	天復	901~903	太平	256~258
正元	254~255	天福	936~942	太平	556~557
貞元	785~805	天鳳	014~019	太平	1021~1031
貞元	1153~1155	天賜	404~409	太平眞君	440~450
正統	1436~1449	天成	926~929	太平興國	973~983
正平	451~452	天聖	1023~1031	太和	227~232
政和	1111~1117	天授	690~692	太和	366~371
征和	B92~B89	天順	1457~1464	太和	477~499
調露	679~680	天祐	905~907	泰和	1201~1208
中大通	529~534	天贊	922~925	太興	318~321
中統	1260~1263	天聰	1627~1636	統和	983~1011
中平	184~189	天統	565~569	河清	562~565
中和	881~884	天平	534~537	河平	B28~B25
中興	501~502	天漢	B100~B97	漢安	142~143
中興	531~532	天顯	926~937	咸康	335~342
重熙	1032~1055	天和	566~571	咸寧	275~279
至大	1308~1311	天興	398~403	咸淳	1265~1274
至德	583~586	天興	1232~1234	咸安	371~372
至德	756~758	天禧	1017~1021	咸雍	1065~1074
至道	995~997	淸寧	1055~1064	咸通	860~873
至順	1330~1332	靑龍	233~236	咸平	998~1003
至元	1264~1294	淸泰	934~936	咸豊	1851~1861
至元	1335~1340	初元	B48~B44	咸亨	670~674
地節	B69~B66	初平	190~193	咸和	326~334
至正	1341~1368	總章	668~670	咸熙	264~265
至治	1321~1323	治平	1064~1067	顯慶	656~661
至和	1054~1055	太康	280~289	顯德	955~959
地皇	20~23	太建	569~582	鴻嘉	B20~B17
天嘉	560~565	太寧	323~325	洪武	1368~1398
天監	502~519	泰常	416~423	弘治	1488~1505

和平	460~465	皇統	1141~1149	興平	194~195
皇建	560~561	皇興	467~471	興和	539~542
皇慶	1312~1313	會同	938~946	熙寧	1068~1077
黃龍	229~231	會昌	841~846	熹平	172~177
黃武	222~228	孝建	454~456	熙平	516~517
皇始	396~397	孝昌	525~527		
皇祐	1049~1053	後元	B88~B87		
黃初	220~226	興寧	363~365		

③ 일본

嘉慶	1387~1389	慶應	1865~1867	明治	1868~1911
嘉吉	1441~1443	慶長	1596~1614	明和	1764~1771
嘉曆	1326~1328	寬德	1044~1045	文龜	1501~1503
嘉祿	1225~1226	寬保	1741~1743	文久	1861~1863
嘉保	1094~1095	寬延	1748~1750	文祿	1592~1595
嘉祥	848~850	寬永	1624~1643	文明	1469~1486
嘉承	1106~1108	寬元	1243~1246	文保	1317~1318
嘉永	1848~1853	觀應	1350~1352	文安	1444~1448
嘉元	1303~1305	寬仁	1017~1020	文永	1264~1274
嘉應	1169~1170	寬正	1460~1465	文政	1818~1829
嘉禎	1235~1237	寬政	1789~1800	文中	1372~1374
康曆	1379~1381	寬治	1087~1093	文治	1185~1189
康保	964~967	寬平	889~897	文和	1352~1356
康安	1361~1362	寬弘	1004~1012	文化	1804~1817
康永	1342~1345	寬和	985~986	白雉	650~654
康應	1389~1390	寬喜	1229~1231	寶龜	770~780
康正	1455~1456	久壽	1154~1155	寶德	1449~1451
康治	1142~1143	久安	1145~1150	寶曆	1751~1763
康平	1058~1064	大同	806~809	保安	1120~1123
康和	1099~1103	大寶	701~703	保延	1135~1140
建久	1190~1198	大永	1521~1527	寶永	1704~1710
建德	1370~1371	大正	1912~1925	保元	1156~1158
建曆	1211~1212	大治	1126~1130	寶治	1247~1248
建武	1334~1335	六化	645~650	壽永	1182~1185
建保	1213~1218	德治	1306~1307	承久	1219~1221
建仁	1201~1203	萬壽	1024~1027	承德	1097~1098
建長	1249~1255	萬治	1658~1660	承曆	1077~1880
建治	1275~1277	明德	1390~1394	承保	1074~1076
慶安	1648~1651	明曆	1655~1657	承安	1171~1174
慶雲	704~707	明應	1492~1500	承元	1207~1210

承應	1652~1654	元享	1322~1323	貞和	1345~1350
承平	0931~937	元弘	1331~1333	至德	1384~1387
承和	834~847	元和	1615~1623	昌泰	898~900
神龜	724~728	應德	1084~1086	天慶	938~947
神護景雲	767~769	應保	1161~1162	天德	957~960
安永	1772~1780	應安	1368~1375	天曆	947~956
安元	1175~1176	應永	1394~1427	天祿	970~972
安貞	1227~1228	應仁	1467~1468	天明	1781~1788
安政	1854~1859	應和	961~963	天文	1532~1554
安和	968~969	仁德	851~853	天保	1830~1843
養老	717~723	仁安	1166~1168	天授	1375~1380
曆應	1338~1342	仁治	1240~1242	天安	857~858
延慶	1308~1310	仁平	1151~1153	天延	973~975
延久	1069~1073	仁和	885~888	天永	1110~1112
延德	1489~1491	長寬	1163~1164	天元	978~982
延曆	782~805	長久	1040~1043	天應	781~782
延文	1356~1361	長德	995~998	天仁	1108~1109
延寶	1673~1680	長曆	1037~1039	天長	824~833
延原	1336~1339	長祿	1457~1459	天正	1573~1591
延長	923~930	長保	999~1003	天治	1124~1125
延享	1744~1747	長承	1132~1134	天平	729~748
延喜	901~922	長元	1028~1036	天平感字	757~764
永觀	983~984	長治	1104~1105	天平勝寶	749~756
靈龜	715~716	長享	1487~1488	天平神護	765~766
永久	1113~1117	長和	1012~1016	天和	1681~1683
永德	1381~1384	齋衡	854~856	天喜	1053~1057
永祿	1558~1569	正嘉	1257~1258	治曆	1065~1068
永保	1081~1083	正慶	1332~1334	治承	1177~1180
永承	1046~1052	貞觀	859~876	治安	1021~1023
永延	987~988	正德	1711~1715	享德	1452~1454
永仁	1293~1298	正曆	990~994	享祿	1528~1531
永正	1504~1520	正保	1644~1647	享保	1716~1735
永享	1429~1440	正安	1299~1301	享和	1801~1804
永和	1375~1379	貞元	976~977	弘安	1278~1287
元久	1204~1205	貞應	1222~1223	弘仁	810~823
元龜	1570~1572	正應	1288~1292	弘長	1261~1263
元德	1329~1330	正中	1324~1325	弘治	1555~1557
元祿	1688~1703	正治	1199~1200	弘和	1381~1383
元文	1736~1740	貞治	1362~1368	弘化	1844~1847
元永	1118~1119	正平	1346~1369	和銅	708~714
元應	1319~1320	貞享	1684~1687	興國	1340~1345
元中	1384~1392	正和	1312~1316		

15. 시각 방위표

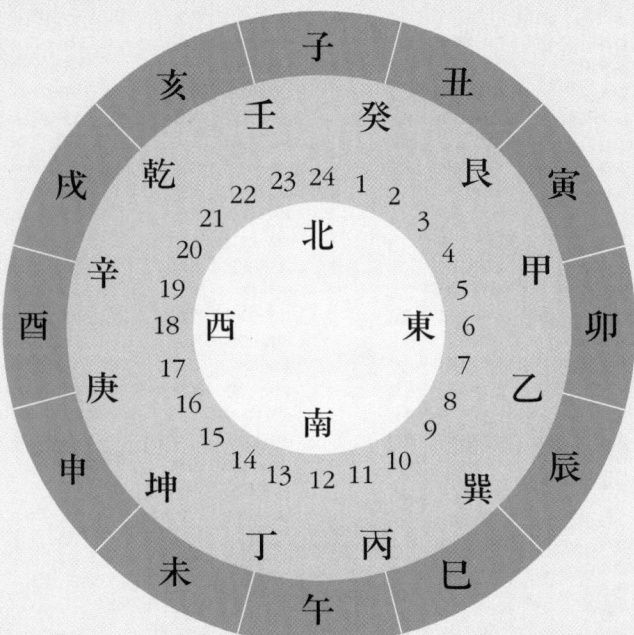

찾아 보기

2칸 겹집 307
3량가 78, 79, 80, 300, 314, 320, 322, 336
3성 6부 149
3칸 겹집 307, 308
4칸 겹집 307, 308
5경 33, 148
5량가 79, 80, 314, 322, 330, 331, 332, 335, 336, 337, 338
7량가 79, 80, 172

【ㄱ】

ㄱ자집 306
가구법 79
가대규제 318
가람 32, 410, 411, 412, 414, 416, 417, 419, 423, 433, 435, 439, 440, 444, 446, 451, 456
가람배치 412, 413, 414, 442, 445
가묘 38, 42, 298, 315, 316, 317, 331, 354, 356, 377, 378
가사규제 318, 319
가칠단청 102
각(閣) 511
각루 124, 281
간월사 32
감영 201, 202, 203, 204, 205, 206, 207, 220, 226
감은사 31, 414
감은사지 463, 464
갑창 90
강녕전 157, 162, 171
강당 30, 40, 362, 363, 365, 366, 388, 390, 393, 395, 398, 401, 404, 412, 413, 414, 415, 426, 427, 514
강루 124
강릉 선교장 337
강릉대도호부 칠사당 226
강릉향교 379, 381
강원감영 226
강원도 신리 너와집 345
강화유수부 동헌 214
개경 33, 34, 35, 151, 152, 154, 458, 466
개목사 원통전 424
개심사지 5층석탑 466, 467
개자리 109
객사 38, 43, 46, 101, 206, 214, 272, 274, 276, 277, 278, 279, 283, 285, 287, 359, 405, 503, 512
거제현 기성관 223
거제현 질청 223
거중기 63, 64, 281
건넌방 295, 296, 305, 306, 307, 312, 313, 318, 325, 331, 335, 336, 338
건조물 문화재 546
건청궁 44, 157, 158, 164, 165
걸쇠 92, 514
검단리 유적 26
겸암 류운룡 254
겹집 305, 306, 307
경국대전 190, 316, 318
경기감영 201, 202, 203, 205
경기감영도 203, 575

경모궁의궤 580
경복궁 38, 40, 44, 48, 69, 110, 115, 124, 125, 128, 129, 131, 138, 155, 156, 157, 158, 160, 161, 162, 163, 164, 165, 166, 167, 168, 171, 176, 182, 197, 198, 247, 353, 368, 371, 468, 469, 474, 513, 576
경상감영 205, 206, 220
경운궁 45, 156, 166, 172, 173, 183, 185, 186
경주 계림 517
경주 서출지 이요당 526
경주 포석정지 517
경주읍내전도 283
경주읍성 274, 282, 283
경직관아 190, 191, 192, 198, 200
경천사지 10층석탑 466, 469, 471
경춘전 176, 179
경회루 69, 133, 159, 163, 513
경효전 185
경희궁 40, 41, 129, 156, 181, 575, 576
계단 90, 132, 144, 160, 178, 302, 395, 416, 437, 443, 445, 462, 506, 522, 525
계성사 385
계자난간 89, 528, 529, 531
계조당 132, 163
계좌정향 131
고공기 127, 353
고구려 133, 134, 135, 138
고래 107, 108, 109, 131
고래둑 108, 109
고래바닥 108
고려도경 154, 155, 502

고려척 588, 589
고방채 294, 295, 303, 313
고성 왕곡마을 250, 251
고인돌 26, 545
고주 79, 80, 170, 177, 382
고직사 367, 398, 399
고창읍성 285
고팡 314
곡성 함허정 530
곡수구 520
곡척 589, 590
공산성 28, 139
공청마루 308
공포 27, 36, 37, 82, 83, 84, 85, 101, 117, 178, 225, 318, 324, 368, 381, 387, 390, 422, 425, 427, 469, 471, 523, 524, 577, 581
공해 187, 277
관(館) 132
관가정 256, 326, 327
관경변상도 488
관광 휴양촌 234
관룡사 약사전 39, 422
관부 140, 187, 359
관서 187, 298
관아 43, 46, 101, 116, 118, 128, 187, 190, 191, 197, 198, 200, 201, 237, 270, 274, 277, 285, 502, 503, 512, 521
관아건축 187, 213, 217, 225, 227
관음보살상 483
관음전 417, 423
관청 39, 127, 132, 150, 154, 187, 197, 213, 214, 219, 221, 580

관학 353, 356, 357
광통루 521
광화문 44, 115, 124, 156, 158, 159, 160, 161, 198
괘불 486
괴산 김기응 가옥 344
괴산 화양구곡 537
괴촌 233
교각 98
교대 98
교량 31, 428, 431
교태전 157, 162, 165, 171
교학건축 352, 353, 356, 361
구곡 245, 503, 503, 532
구들 27, 37, 106, 107, 108, 109, 314
구들장 68, 109
구례 운조루 340
구선원전 168, 172
구판 62
국가지정문화재 544, 546
국내성 28, 125, 128, 133, 134, 135
국화정 92
굴도리 81, 82
굴뚝 107, 108, 109, 110, 165, 180, 507
굽은고래 109
궁(宮) 124, 128
궁궐 27, 28, 31, 33, 34, 38, 41, 44, 78, 98, 100, 101, 105, 110, 111, 113, 114, 115, 124, 126, 127, 128, 129, 131, 132, 133, 138, 139, 142, 143, 145, 147, 151, 153, 154, 159, 165, 166, 167, 175, 177, 187, 191, 198, 333, 378, 576, 588
궁실 128, 131, 142, 580

궁전 33, 37, 39, 128, 129, 137, 138, 139, 146, 149, 150, 151, 184, 186, 270, 341
궁정 129, 150
궁창초 105
궐(闕) 124
궐내각사 156, 159, 168
궐내사 191, 200
궐패 277
귀솟음 36, 75, 76, 462
귀틀석 98, 100
귀틀식 구조 53
규장각 174, 191, 213, 378
규형쌓기 96
그렝이 35, 73, 74, 97, 524
극락전 417, 421, 422, 443, 444, 447, 488
근정전 131, 138, 159
근총안 96
금강령 493
금강문 117, 417, 429, 430, 437, 446
금강저 485, 492, 493
금고 491
금단청 103, 104
금문 103, 104
금산사 35, 42, 451
금산사 미륵전 41, 422
금산사 석종형 부도 474, 475
금성 125, 142, 501
금원 130, 348, 519
금천교 98, 167, 175
금환낙지 340
급조가지조 318

굿기단청 102
기념물 542, 543
기둥 52, 53, 59, 69, 70, 71, 73, 74, 75, 76
기와 잇기 72
김제군 동헌 224
김천 원터마을 265
까치구멍집 309, 346
깎낫 59
꽃담 114
끌 27, 53, 60, 61

【ㄴ】
나성 140, 152, 153, 154
나주 도래마을 262, 263, 343
나주 홍기응 가옥 343
나주목 내아 223
나주목 정수루 223
나주향교 381
나한·조사상 485
나한전 424
낙산사 7층석탑 470
낙서재 534
낙선재 44, 168, 173, 174
낙안읍성 286, 346
낙안읍성 양규철 가옥 346
남계원 7층석탑 466, 468
남부여 140
남부형 민가 306, 311
남원 광한루 43, 512, 521
남원 몽심재 344
남포현 동헌 207, 217
납도리 81, 82, 337

낭간 314
낭관청 200, 201
내삼문 204, 207, 217, 404, 405
내아 203, 204, 208, 214, 217, 223, 224, 278
내외담 325
내외법 315, 317
내외사상 316, 3331
내전 156, 167, 168, 170, 173, 177, 178, 179, 180
내진전 165
내칙 316
내탁식 276
네채집 306
노문 127
녹로 64, 281
녹원 165
누각 42, 43, 115, 178, 223, 364, 380, 398, 426, 503, 506, 510, 511, 512, 513, 522, 525
누관 124
누마루 44, 88, 207, 227, 296, 298, 299, 300, 301, 327, 335, 336, 337, 339, 341, 513, 522, 528, 530, 531, 535
누문 115, 203, 205, 207, 285, 364
누정 38, 216, 238, 240, 241, 503, 510, 511, 512, 513, 514, 521
눌외 86

【ㄷ】
다리 98, 99, 100, 431, 435, 450, 451, 501, 506
다포형식 37, 39, 42, 82, 83, 88, 387,

424
단(壇) 355
단군기원(단기) 599
단양 사인암 538
단연 93
단청 39, 100, 101, 102, 103, 105, 106, 106, 318
닫집 494
달고 64, 65
달성 조길방 가옥 346
담양 명옥헌 512, 536
담양 소쇄원 40, 532
당(堂) 511, 512
당간 495
당목 238, 243, 245
당상청 200, 201
당척 588, 589
대(臺) 511
대구 웃골마을 261, 262
대들보 64, 80, 330, 332, 422
대방 44
대사(臺榭) 511
대성산성 28, 125, 135, 136, 138
대웅보전 419, 420, 446, 447, 450
대웅전 42, 416, 417, 419, 420, 425, 434, 435, 437, 438, 439, 440, 441, 443, 444, 448, 449, 460, 514
대원군별장 535
대적광전 420, 442, 443, 451, 452
대전 상사마을 269
대조전 162, 168, 171, 576
대차 61
대패 58, 59

대한문 184, 186
덕수궁 157, 168, 183, 186
덤벙주초 70, 388
도갑사 해탈문 39, 430
도량형 587, 591, 592
도리 26, 27, 79, 81, 82, 83, 86, 131, 318, 388, 422
도면 정리 585
도산서당 395, 396
도산서원 40, 393, 394, 395, 396
도채 106
도채공 101
도화서 100
도화원 100
돈암서원 40, 402
돈화문 167, 168
돌각담(돌담) 111, 112, 113
돌란대 99
돌쩌귀 92
동·서재 362, 363, 364, 365, 366, 375, 377, 382, 383, 389, 393
동궁 125, 129, 132, 138, 141, 143, 145, 147, 154, 157, 159, 162, 163, 501, 518
동궐 129, 177, 574, 575
동궐도 167, 175, 177, 200, 574, 575, 576
동궐도형 175, 200, 576
동단국 150
동래도호부 221
동바리이음 75
동산바치 506
동성부락 236
동수 242

동조 129
동족취락 236
동차 62
동천석실 534
동춘선생 고택 345
동평 150
동헌 187, 203, 206, 207, 272, 274, 276, 278, 279, 283, 285, 286, 287, 289, 359
뒷마당 294, 304, 380
들기름칠 106
들보식 구조 52, 71
등록문화재 543, 544

【ㄹ】
루 430, 501

【ㅁ】
ㅁ자형 320, 321, 325, 326, 329, 330, 331, 332, 335, 339, 343, 344, 535
마곡사 36, 449, 450
마당 35, 124, 158, 182, 203, 277, 294, 297, 303, 304, 305, 320, 321, 327, 336, 364, 389, 400, 403, 415, 442, 443, 486, 495, 532, 579, 580
마루 29, 37, 40, 41, 71, 87, 88, 161, 178, 179, 205, 207, 220, 225, 251, 294, 301, 306, 308, 309, 312, 313, 328, 329, 330, 331, 333, 336, 345, 362, 364, 366, 385, 403, 405, 424, 527, 529, 531
마족연 94
만동묘지 537
만월대 34, 129, 152
만춘전 129, 131, 161

만화정 347
망궐례 276, 277
망해루 141
망해정 141
맞보 81
맞선고래 109
매장문화재 543, 544
매천야록 534
맥질 87
머리초 101, 102, 103, 104
먹기화 106
먹통 56, 57
멍엣돌 98, 100
메 65, 66
면접기 78
명륜당 362, 363, 364, 365, 366, 375, 377, 380, 381, 382, 383, 385, 386, 387, 388, 389, 390, 392, 401
명부전 417, 425, 450
명정전 176, 177, 178
모로단청 102, 103
모전석탑 456, 462, 463
모접기 78, 92
모정 238, 241, 513
목기연 94
목어 430, 491
목탁 491
묘(廟) 356, 377
묘동 박엽 가옥 347
묘문 127
무량수전 421, 445, 446
무사석 97, 99, 100
무성서원 400

무속신앙 243
무위사 극락전 39, 421
무이구곡 537, 538
무장현 동헌 225
무형문화재 542, 543
문경전 166
문둔테 92
문루 96, 151, 153, 161, 175, 205, 215, 216, 217, 226, 260, 276, 285, 364, 366, 401, 404, 434, 514
문묘 38, 272, 274, 275, 354, 356, 357, 362, 374, 375, 377, 380, 381, 382, 588
문소전도 580
문수보살상 483
문수사 문수전 426
문수원 정원 525
문수전 425
문울거미 92
문화유산 542
문화재 95, 133, 288, 439, 447, 450, 452, 535, 542, 543, 544, 545, 546, 547, 582
문화재단지 572
문화재보호법 282, 542, 543, 545, 546
문화재위원회 546
문화재자료 544, 546
문화재청 545, 546
미륵불상 482
미륵사 30, 414
미륵사지 107, 413, 457, 478, 494
미륵사지 석탑 461, 462, 466
미륵전 417, 422, 451, 452
미분화형 320, 321

미석 96
미황사 응진당 424
민가 69, 86, 87, 110, 187, 270, 285, 295, 299, 304, 305, 306, 309, 311, 312, 313, 314, 325, 345, 346
민속신앙 243
민속자료 542, 543
밀교불상 484
밀양 영남루 43, 512, 522, 524
밀양향교 389

【ㅂ】
바자울 112
반가 294, 295, 298, 300, 302, 305, 306, 314, 315, 316, 317, 319, 320, 321, 322, 325, 327, 328, 330, 333, 337, 340, 341, 344, 345, 347, 348
반월성 153
발어참성 151
발차 62
발해 31, 33, 34, 107, 138, 148, 149, 150, 151, 414, 415, 601
방앗간채 294, 302, 303
방장정 521
방주 77, 78, 335, 465
방환 92
배산임수 262, 273, 274, 294, 344, 504
범어사 438
범어사 일주문 117, 429
범종 430, 490, 491
법고 430, 491
법주사 42, 425, 446, 447
법주사 원통보전 424

법주사 팔상전 41, 425, 459
별당 40, 43, 294, 301, 340, 345, 347, 347, 530
별동형 319
별묘 240, 241, 331, 372, 373
별서 503, 532, 534
별화 103, 104
병산서원 40, 254, 396, 398
병영 182, 203, 284
보 27, 80, 81, 98
보각국사 정혜원륭탑 476
보길도 윤선도 유적 533
보살도 489
보성 열화정 43, 253, 531
보성 이용욱 가옥 344
보은 선병국 가옥 344
보은현 동헌 219
보현보살상 420, 483
보현원 525
봉당마루 308, 309
봉덕화로 313
봉정사 443, 444
봉정사 극락전 36, 421, 493
봉정사 화엄강당 427
봉화 닭실마을 264, 527
부넘기 108
부도 95, 472, 473, 474, 475, 476, 477
부리초 105
부석사 32, 41, 411, 444, 445
부석사 무량수전 36, 421, 494, 589
부석사 안양루 431, 514
부석사 조사당 427
부소산성 27, 28, 107, 139, 140, 589

부안 김상만 가옥 344
부엌 297, 304, 305, 306, 307, 308, 311, 312, 313, 314, 326, 327, 328, 329, 331, 333, 335, 336
부여 정림사지 5층석탑 461, 466, 467
부여현 동헌 217
부연 72, 94, 102, 103, 104, 105, 339, 388
부연평고대 94
부채고래 109
부평도호부 동헌 214
부형무사석 97
북궐 129
북궐도형 200, 576
북부형 민가 306, 311
북원 130, 519
분리형 320
분합 90, 299, 302, 514
분황사 석탑 463
불국사 31, 32, 42, 414, 431, 464, 465, 482, 506, 545, 589
불국사 3층석탑 463, 464
불국사 다보탑 464, 465
불국사 청운교 및 백운교 431
불단 419, 424, 493, 494
불로문 119
불멸기원(불기) 599
불목돌 109
불상 41, 410, 412, 419, 420, 424, 445, 478, 479, 493
불이문 429, 430, 438
불일사 35, 416
비각 238, 241, 242, 245

비단무늬 103, 104
비로자나불상 481
비로전 420
비원 130
비인 5층석탑 466, 467
빈전 129, 130, 132, 157, 158, 166, 179, 185
빗장 92
빗장둔테 92

【ㅅ】

사(榭) 511
사가 원림 503, 511, 525
사개맞춤 75
사경 506
사고석 담장 113
사관 191
사당 42, 117, 238, 241, 256, 266, 294, 302, 316, 325, 326, 327, 329, 330, 337, 340, 347, 365, 371, 374, 377, 378, 391, 400, 401, 404, 405, 589
사랑대청 294, 298, 299, 327, 329, 337
사랑마당 294, 298, 304, 320, 321, 329, 330, 332, 337, 342
사랑방 251, 298, 299, 307, 313, 327, 329, 331, 335, 336, 337, 345
사랑채 42, 108, 175, 294, 342, 343, 344, 347, 348, 535
사리기 493
사묘 101, 354, 356, 357, 359, 377, 379
사비시대 28, 139, 140
사원촌 233, 237
사적 557
사정전 129, 161
사주문 115, 117
사직단 38, 182, 272, 274, 275, 281, 353, 354, 368, 374, 590
사진 촬영 585
사창 92
사천주 78, 459
사학 190, 353, 356, 359
산신각 416, 417, 428
산촌(山村) 232
산촌(散村) 232, 233
산치 1호탑 453
살림집 37, 78, 79, 82, 88, 89, 90, 94, 117, 165, 175, 208, 224, 294, 301, 305, 323, 324, 326, 336, 343, 513, 534
살미 83, 84, 85, 424
삼군부 청헌당 191, 213
삼군부 총무당 191, 213
삼문형식 429, 430
삼법사 191
삼사 191
삼성각 428
삼척 죽서루 523
상경 용천부 33, 34, 107, 138, 148, 150, 411, 415, 416
상량식 71
상록하단 101
상림 519
상방 205, 296, 309, 310, 313, 314
상원 130
생과방 164
생울 112
서고 159, 174, 300, 442

서궐 129
서궐도안 182, 200, 575
서궐영건도감의궤 576
서력기원(서기) 599
서령관 216
서류부가제 317
서부형 민가 306, 312
서애 류성룡 254, 330, 397
서옥 317
서울 문묘 375, 377, 381
서울 북촌 247, 248
서울 석파정 534
서울형 민가 306, 312, 313
서원 40, 42, 48, 115, 116, 118, 187, 238, 240, 242, 353, 357, 359, 360, 361, 365, 366, 379, 391, 503, 505, 514, 530
서향각 174
석가모니불상 424, 481, 486
석가산 334, 340, 502, 533
석굴사원 32, 477
석굴암 32, 477, 478, 483, 484, 485, 545, 589
석등 150, 439, 443, 494
석복헌 173, 174
석어당 184, 185
석조전 45, 184, 186
석축 32, 95, 96, 97, 144, 149, 160, 161, 275, 287, 443, 478, 506, 527, 529
선경 506
선교장 43, 301, 337, 339
선단석 97, 99
선암사 425, 432, 433
선암사 승선교 98, 431

선원 502, 513, 526
선원전 165, 172, 173, 184, 185, 377, 378
선자연 94
선정전 41, 168, 170
선화당 203, 204, 205, 215, 226
설마(설매) 62, 63
설외 86
성동동 전랑지 31, 146
성문 34, 38, 39, 43, 69, 96, 115, 128, 132, 134, 137, 148, 149, 153, 154, 259, 274, 275, 276, 278, 281, 282, 283, 284, 285, 287, 288, 503, 513
성벽 38, 46, 95, 96, 97, 115, 124, 134, 135, 136, 137, 139, 148, 260, 270, 273, 274, 275, 276, 279, 282, 284, 286, 287, 288, 588, 590
성읍 고평오 가옥 346
성주 무흘구곡 538
성주 한개마을 257, 258
세계기록유산 545
세계무형유산 545
세계문화유산 157, 545
세답방 164
세시풍속 244, 246
세연정 534
세채집 305
세키노타다시 279
소경반자 89
소로 82, 83, 84, 85, 332, 519
소수서원 357, 391
소운암 534
소주방 133, 157, 164

솟을대문 115, 116, 300, 301, 329, 331, 337, 339, 342
송광사 41, 422, 425, 434, 435, 490
송광사 국사전 39, 427
송광사 약사전 422
송국리 유적 26
수강궁 176
수강재 173, 174
수덕사 447
수덕사 대웅전 36, 81, 83, 420
수방 164
수영 203
수인 479, 481, 482
수장 71, 295
수조 508
숙천제아도 200
숭문당 178
숭정전 182, 183
스케치 582, 583, 584, 585
스투파 410, 452, 454
시·도지정문화재 544, 546
신륵사 다층석탑 470
신목 243
신선원전 165, 168, 173
신앙촌 233
신중도 489
실상사 32, 414, 463, 473, 482, 490
실측 580, 581, 582, 583, 584, 585
심벽 86, 388
심원사 보광전 37
심주 78, 459, 460
쌍계사 대웅전 42, 83, 489
쌍계사 팔상전 425, 487

쌍봉사 대웅전 459, 460
쌍줄고래 107
쌍채집 305
씨족마을 187, 232, 235, 236, 241, 251, 255, 257, 262, 263, 265, 267, 268, 270, 301, 330

【ㅇ】
아궁이 107, 108, 109, 297, 314, 329
아미타불상 481
아미타불화 423, 488
아방 200, 201
아산 맹씨 행단 37, 323, 324
아산 외암마을 249
안대청 295, 296, 330
안동 마령동 기와까치구멍집 346
안동 신세동 7층전탑 471
안동 양진당 254, 328
안동 의성 김씨 종택 332
안동형 여칸집 309
안마당 294, 296, 298, 303, 304, 319, 320, 321, 327, 330, 333, 336, 337, 341, 343, 535
안방 251, 294, 295, 296, 297, 303, 309, 310, 311, 313, 318, 325, 327, 330, 331, 333, 334, 335, 336, 338, 341, 345
안산 463, 531
안쏠림 36, 75, 76
안압지 31, 143, 144, 145, 501, 518
안채 116, 175, 224, 294, 295, 296, 298, 300, 302, 315, 316, 317, 318, 319, 320, 322, 325, 326, 327, 328, 329, 330, 331, 332, 333, 334, 335, 336, 337, 338, 339,

340, 341, 343, 344, 347, 535
안학궁 28, 34, 128, 135, 138, 147, 501
안학궁성 125, 136
안허리곡 76, 77
알매흙 73
암사동 움집 유적 26, 234
암층구조 469
앙곡 76, 77, 388
약사불상 482
약사여래도 489
약사전 422, 436
양관 124
양동마을 39, 255, 268, 324, 327, 545
양진당 39, 332
양통집 305, 306, 307, 308, 309, 310, 311, 314
양화당 176, 180
어촌 232
언양읍성 287
엇걸이산지이음 75
여산군 동헌 225
여장 96, 115, 275, 276, 283, 284
여주 김영구 가옥 335
여칸 양통집 308
여칸집 309, 310
역원촌 233, 237
옆집 구조 53
연경당 44, 119, 175, 348, 520
연곡사 서부도 476
연귀맞춤 75, 92
연도 109, 110
연등천장 88, 179, 300, 329, 523
연함 94

연호제 600
열화당 337, 339
영남사 522
영녕전 373
영덕 충효당 347
영산전 417, 424, 440, 450
영산회상도 424, 486
영암 최성호 가옥 343
영일 덕동마을 267, 268
영조척 56, 588, 589, 590
영주각 521
영창 90, 92
영천 산수정 348
영천 정재영 가옥 348
영천향교 387
영춘헌 180, 181
영화당 174
예제건축 352, 353, 354, 368
예천 초간정 529
오간수문 98, 99
오위도총부 159, 190
옥산서원 40, 398, 399
온돌 29, 33, 37, 38, 40, 41, 87, 106, 107, 108, 149, 207, 208, 225, 294, 295, 309, 324, 522, 529
온양군 동헌 216
옹성 115, 135, 276, 282, 285, 288, 289
외문 207, 215, 392
외삼문 207, 217, 284, 399
외전 130, 161, 167
외줄고래 107
외직관아 190, 201, 207
외진전 166

외채집 305
요사 102, 417, 426, 443, 448, 450
우물 142, 239, 242, 251, 270, 282, 284, 287, 288, 297
우물마루 87, 98, 171, 179, 180, 299, 302, 303
우물천장 88, 179, 338
우암 송시열 269, 402, 504, 529, 530, 537
우주 79, 466
욱실 107
운관 430, 491
울릉 나리동 투막집 346
울산군 동헌 222
움집 26, 27, 53, 77, 95, 107, 234, 604
웅진성 140
웅진시대 28, 139
원각사지 10층석탑 470, 471
원림 500, 501, 502, 503, 504, 505, 506, 509, 536, 538
원산 92
원야 505
원주 77, 78, 202, 205, 327, 330
원총안 96
원통전 423, 434
월건 601
월대 161, 162, 170, 180, 184, 382, 384
월성 29, 125, 128, 129, 141, 142, 143, 145, 146, 147, 501, 517
월성 손동만 씨 가옥 256, 324
월정사 팔각9층석탑 466, 468
월지 144
월지궁 144, 146

위문 127
윗방 295, 298, 307, 310, 311, 334, 341
유교건축 352, 353, 367, 376, 377
유네스코 세계유산 371, 545
유형문화재 542, 543
육조 191, 198
육조거리 197, 198, 213
윤도판 55
윤증선생 고택 333
은해사 거조암 영산전 36, 424
읍성 43, 115, 203, 206, 235, 259, 270, 271, 272, 273, 274, 275, 276, 277, 278, 279, 280, 353, 359
읍치 128, 203, 206, 237, 272, 274, 275, 359, 362
응문 127
응진전 37, 416, 424, 450
의경 506
의정부 190, 191, 198
이불란사 410
이어 130, 185, 191
이음 52, 53, 74
이익공형식 83, 84
이자현 525, 526
이탑식 가람배치 31, 414, 415
익공형식 41, 42, 82, 84, 86, 834
인정전 168, 169, 170, 172
인천도호부 동헌 214
인터뷰 조사 585
일각문 115, 116, 117, 132, 339
일반형 320, 321, 460, 464, 466, 468, 469, 470
일주문 115, 117, 417, 428, 429, 430,

434, 437, 438, 439, 440, 442
일진 601
일탑 삼금당식 29
일탑식 가람배치 30, 412, 414, 416
임해전 144, 145
입사 기초 69
입주식 74
잉쉬앤목탑 469

【ㅈ】
자(尺) 55, 587
자경전 110, 159, 162, 165, 180, 513
자귀 27, 60
자선당 132, 157, 163
작두 58
작은구들 314
작은사랑방 294, 299, 318, 325, 335, 336
장갱 107
장기읍성 288
장대 281, 512, 525
장대석 기초 69
장독대 297, 304, 507
장마루 87
장부맞춤 75
장서각 167, 366
장수향교 385, 386
장시 246, 276, 278
장안성 28, 125, 128, 138, 154
장연 72, 93
장지 92
장판각 364, 366
장혀 82, 330, 332, 335

재(齋) 511
재사벽 87
적대 276, 281, 282
적심석 기초 69
전라감영 204
전묘후학 361, 375, 381, 383
전사청 364, 367, 401
전조후시 127
전조후침 127
전주향교 381, 383, 385
전탑 455, 456, 460, 462, 463, 471, 472
전패 277
전학후묘 361, 362, 380, 386, 387, 389, 398, 399
전흥법사 염거화상탑 473
정(亭) 510
정(錠) 66
정관헌 45, 184, 185
정낭 118
정려문 115, 118
정릉사지 29, 456
정병 483, 492
정온선생 생가 345
정원 165, 174, 180, 203, 204, 305, 325, 334, 337, 500, 501, 502, 503, 504, 507, 509, 513, 517, 526, 528, 532, 536
정읍 김동수 가옥 342
정의현 일관헌 227
정전 34, 129, 130, 132, 152, 155, 156, 167, 176, 182, 184, 372, 373, 378
정주간 308, 310, 311
정지 309, 310, 311, 314, 331
정초 69

정침 55, 294, 301, 316
정토사 홍법국사실상탑 475
정해진찬의궤 579
정혜사지 13층석탑 464, 466
제기고 364
제수합 159, 164
제주도형 민가 306, 313
제주목 관덕정 227
조사당 417, 427, 445, 446
조산 137, 267, 501
조선 각관청 가옥도본 580
종도리 71, 81, 93, 330, 332, 335, 337
종묘 37, 38, 127, 129, 131, 201, 270, 353, 354, 356, 368, 371, 372, 373, 374, 378, 545, 576, 588
종묘전도 580
종묘제례 369, 374, 545
종묘제례악 374, 545
종보 80, 330, 332
종친부 190, 191, 200, 201, 213
좌조우사 127, 353, 371
주두 36, 84, 101, 330, 332
주먹장이음 75
주심도리 81
주심포형식 36, 39, 82, 83, 88, 381, 421
주의초 104
주일재 254, 528, 529
주자가례 42, 302, 315, 316, 317, 378, 379
주척 56, 588, 589, 590
주초 나이메기기 70
주합루 174, 348, 513

준명당 184, 185
줄 66, 67
줄고래 109
중도리 81, 330, 459, 459
중문 114, 116, 117, 207, 277, 302, 304, 321, 325, 332, 333, 335, 336, 339, 341, 343, 375, 413, 414, 416, 430, 445
중보 80
중부형 민가 306, 313
중연 93
중요민속자료 253, 256, 261
중화전 184, 185, 186
즉조당 184, 185
지광국사현묘탑 35, 474
지당 180, 501, 508, 536, 537
지반자 89
지장보살상 484
지장전 425
지정문화재 543, 544
직계가족 317
직산현 동헌 217
직지사 대웅전 42, 487, 489
진전 129, 132, 158, 165, 377
진주 촉석루 43, 524
진찬의궤 577
진해현 동헌 222
집복헌 180, 181
집촌 232
징청각 203, 206, 207, 220

【ㅊ】
차경 506, 536
창경궁 38, 44, 124, 129, 132, 155, 156,

157, 173, 176, 177, 178, 179, 180, 181, 574, 576
창녕 하병수 가옥 347
창덕궁 38, 40, 41, 44, 119, 129, 132, 155, 156, 157, 162, 165, 167, 168, 171, 173, 175, 176, 177, 181, 184, 197, 247, 348, 378, 511, 512, 545, 574, 576
창덕궁 후원 165, 511, 519
창방 75, 81, 86, 102, 462, 476
창방뺄목 81
창호 90, 92, 164, 296, 322, 347, 405
채전 100
천두식 구조 52, 53
천복성 150
천왕문 429, 430, 435, 437, 438, 440, 446, 450, 451
천초 105
천추전 129, 131, 159, 161
첨차 36, 82, 83, 84, 85, 101, 332, 381, 519, 524
첩(堞) 96
청도 운강고택 347
청룡사 보각국사정혜원륭탑 475
청안현 동헌 207, 219
청암리 금강사지 29, 412
청정무사석 99, 100
청주목 동헌 218
청풍 금남루 218
청풍 금병헌 218
초내기 105
초문사 410
초익공형식 84
총안 96

추관지 200
축경 506, 508
춘향사 521
출초 105
충량 80, 523
충재 권벌 265, 527
충주목 제금당 218
충주목 청령헌 218
충청감영 215
충효당 39, 254, 330
치목 55, 56, 70, 71, 94, 314, 337
칠성 · 산신도 489
칠성각 416, 428
침류각 523
침방 164
침방(寢房) 298, 299, 329, 333, 337
침방(針房) 164
침전 41, 114, 127, 128, 129, 130, 132, 149, 154, 157, 159, 162, 171, 174, 182, 185, 501

【ㅋ】
큰구들 314

【ㅌ】
타(垜) 96
타구 96
타초 106
탁지지 200
태세 601, 602
태원전 157, 166
태인현 청령헌 225
태자궁 138, 141, 145, 146

토담 111, 113, 303
토벽 86, 87, 303
토석 담장 113
톱 53, 57
통과의례 39, 243
통도사 42, 425, 439, 440
통도사 금강계단 474
통도사 대웅전 420
통도사 명부전 425
통명전 176, 180
뒷간 40, 80, 171, 172, 177, 178, 179, 203, 205, 213, 219, 311, 312, 362, 363, 373, 388, 424
뒷보 80
특수마을 237

【ㅍ】
판문 92, 115, 116, 178, 373, 388, 391
판벽 86, 87, 364, 366
팔상도 424, 425, 487
팔상전 424, 446, 447, 459
편전 41, 129, 130, 149, 167, 170, 174, 176, 182, 185
편축성 95, 97
편축식 276
평고대 72, 75, 94
평난간 89, 537
평대문 115, 116, 338
평방 81
평석교 98, 100
평양감영 205
평양성 28, 138, 139
평연 94

평주 79, 80, 177, 330
평차 61
품계 190, 318
풍납리토성 28
풍판 94
필암서원 403

【ㅎ】
하엽 89, 99
하회마을 39, 253, 254, 258, 266, 328, 329, 330, 545
한국전통문화학교 설치령 546
한성시대 28, 139
한양 37, 38, 128, 130, 191, 198, 276, 353, 371, 377
함녕전 184, 185
함양 정병호 가옥 339
함인정 178, 179
합(閤) 511
합천 묘산 묵와고가 345
항토 기초 69
해남 윤씨 녹우단 343
해미읍성 284
해인사 41, 42, 425, 441
해인사 대적광전 420
해자 135, 137, 143, 147, 276, 282, 287
해탈문 117, 429, 430, 450
행랑마당 300, 304, 320, 321, 327
행랑방 116, 300, 301
행랑채 115, 116, 256, 294, 298, 300, 301, 304, 315, 320, 325, 327, 329, 330, 331, 332, 333, 337, 338, 339, 342
향·소·부곡 233

향교 36, 40, 43, 115, 116, 118, 356, 357, 359, 360, 361, 362, 364, 365, 366, 375, 377, 503, 505, 514
향단 256, 327
향로 492
향원정 133, 158, 159, 164, 165
헌(軒) 512
헤지라기원 599
현무 131
현사궁별묘도 580
협축성 95
협축식 276, 286, 287
혼전 129, 130, 166, 185
홍교 98, 99, 100, 431, 434
홍두께흙 73
홍산현 동헌 216
홍살문 118, 207
홍예교 98, 99, 431
홍예석 97, 99
홍예종석 99, 100
홍주목 동헌 207, 215
홍주읍성 279, 283
홍화문 124, 178
홑집 305, 306, 307
화국 100
화반 85, 86, 331, 424, 523
화성 43, 64, 69, 98, 114, 273, 276, 280, 281, 378, 545, 589
화성성역의궤 281, 577
화순 월곡마을 266
화승 101
화양구곡 504
화양서원지 537
화엄사 41, 436, 437, 493
화엄사 4사자3층석탑 464, 465, 485, 589
화엄사 각황전 42
환(鐶) 66, 67
환경전 176, 179
환구단 45, 354, 356, 369, 370
환어 130
활래정 43, 301, 337, 339
황궁우 45, 370
황룡사 30, 138, 143, 414, 458
황룡사 9층목탑지 147, 458
황성 148, 149, 150, 152, 153, 154
황종척 56, 588
황학정 182
회덕 동춘당 345
회상전 182, 576
후원 130, 154, 157, 158, 159, 165, 168, 174, 203, 504, 513, 519, 520
훑이기 59
흑창 90, 92
흥법사 진공대사탑 474
흥양현 동헌 224
흥왕사 35, 458
흥왕사탑 458
흥정당 41, 182
흥화문 182, 183
희정당 41, 168, 170

참고 문헌

단행본

강영환, 『한국의 건축문화재』(경남편), 기문당, 1999
강우방, 『한국 불교의 사리장엄』, 열화당, 1993
경상북도, 『양동마을 조사보고서』, 1979
경상북도, 『하회마을 조사보고서』, 1979
경주군, 『양동 민속마을 : 정비계획 조사보고서』, 1994
국립문화재연구소, 『미륵사지석탑 해체조사보고서』 I, 2003
권희경, 『불교미술의 기본』, 학연문화사, 1999
김경표, 『한국건축사』(발해시대), 기문당, 1995
김동욱, 『한국건축의 역사』, 기문당, 1997
김영돈, 『제주 성읍마을』, 대원사, 1990
김영재, 『불교미술을 보는 눈』, 사계절, 2001
김영주, 『한국 불교 미술사』, 솔출판사, 1996
김왕직, 『그림으로 보는 한국건축용어』, 발언, 2000
김용직, 『안동 하회마을』, 열화당, 1988
김철수, 『도시계획사』, 기문당, 1999
대한건축가협회, 『한국전통목조건축도집』, 일지사, 1983
대한건축학회 편, 『동양건축사도집』, 기문당, 1995
『동아세계대백과사전』, 동아출판사, 1984
리화선, 『조선건축사』, 도서출판 발언, 1993
문명대, 『한국불교미술의 형식』, 한국언론자료간행회, 1999
문화재관리국, 『극락전 수리보고서』, 1992
문화재관리국, 『양동 및 하회마을』, 1978
문화재청·김제시, 『금산사 미륵전 수리보고서』, 2000
박경립, 『한국의 건축문화재』(강원편), 기문당, 1999
박경자, 『한국전통조경 구조물』, 조경, 1997
박언곤, 『한국의 정자』, 대원사, 1989
박언곤, 『한국의 누』, 대원사, 1991
박언곤, 『한국건축사강론』, 문운당, 1998
박왕희, 『한국의 향교건축』, 문화재관리국, 1998
백종오 외 2인, 『한국성곽연구논저총람』, 서경문화사, 2004

새한건축문화연구소, 『외암리민속마을』, 아산군, 1983
서울특별시, 『북촌 가꾸기 기본계획』, 2001
서울특별시, 『서울도시계획 연혁』, 1977
손영식, 『한국성곽의 연구』, 문화재관리국, 1987
신영훈 편저, 『국보, 사원건축』, 예경산업사, 1986
신영훈, 『안동 하회마을』, 조선일보사, 1999
심정보, 『한국읍성의 연구—충남지방을 중심으로』, 학연문화사, 1995
안영배, 『한국건축의 외부공간』, 보진재, 1987
연세대학교 건축공학과, 『성주 한개마을: 한주종택, 북비고택, 교리택, 월곡택』, 연세대학교 출판부, 1991
이명식, 『경북 성주의 한개마을 문화』, 태학사, 1997
임재해, 『안동 하회마을』, 대원사, 1994
유병림 외 2인, 『조선조 정원의 원형』, 서울대학교 출판부, 1989
윤장섭, 『한국건축사』, 동명사, 1998
윤장섭, 『한국의 건축』, 서울대학교 출판부, 1996
이상해, 『서원』, 열화당, 1998
이왕기, 『한국의 건축문화재』(충남편), 기문당, 1999
익산시, 『익산 미륵사 복원 고증 연구 보고서』, 2001
장경호, 『한국의 전통건축』, 문예출판사, 1996
장기인, 『한국건축사전』, 보성문화사, 1993
장충식, 『신라석탑연구』, 일지사, 1991
전봉희, 『서울의 관아건축』, 서울학연구소 미간행원고, 1998
전봉희·이강민, 『3×3칸: 한국 건축의 유형학적 접근』, 서울대학교 출판부, 2006
정영호, 『부도』, 대원사, 2001
정영호, 『석탑』, 대원사, 1997
정영호, 『한국의 석조미술』, 서울대학교 출판부, 1998
정인국, 『한국건축양식론』, 일지사, 1988
정재훈, 『한국 전통의 원』, 도서출판 조경, 1996
주남철, 『한국건축사』, 고려대학교 출판부, 2002
주남철 외, 『한국전통건축』 제1집 관아건축, 대한건축사협회, 1992
진홍섭 편저, 『국보, 탑파』, 예경산업사, 1986
진홍섭, 『한국불교미술』, 문예출판사, 1998
천득염, 『전탑』, 대원사, 1998

천득염·전봉희, 『한국의 건축문화재』 (전남편), 기문당, 2002
한국건축역사학회, 『한국건축사연구』 1·2, 발언, 2003
한국불교연구원, 『한국의 사찰 1~18』, 일지사, 1991
한국정신문화연구원 편, 『민족문화대백과사전』, 1993
한국조경학회, 『동양조경사』, 문운당, 1996
한국향토사연구전국협의회, 『옻골: 거대도시 속의 씨족마을』, 대구광역시, 1996
한필원, 『한국의 전통마을을 가다 1, 2』, 북로드, 2004
허균, 『한국의 정원 선비가 거닐던 세계』, 다른세상, 2002
홍대형, 『한국의 건축문화재』 (서울편), 기문당, 2001
홍승재, 『한국의 건축문화재』 (전북편), 기문당, 2005
황수영, 『석굴암』, 열화당, 1999
CA, 『한국의 전통건축』, 현대건축사, 1992
矢守一彦, 『都市プランの硏究』, 大明堂, 1970
西川幸治, 『都市の思想(상)』, 일본방송출판협회, 1994
高句麗文化展實行委員會, 『高句麗文化展圖錄』, 東京, 1985

논문
강선중, 「한국농촌마을의 공간구성방법에 대한 연구」, 명지대 석사학위 논문, 1984
강선중, 「금계포란형 국면의 마을공간구성방법에 관한 연구」, 명지대 박사학위 논문, 1999
김경표, 「팔상전의 구조형식에 관한 연구」, 동국대 박사학위 논문, 1987
김덕문, 「조선시대 전통목조건축의 통주형 중층체계」, 충북대 박사학위 논문, 1997
김봉렬, 「조선시대 사찰건축의 전각구성과 배치형식 연구」, 서울대 박사학위 논문, 1989
김용미, 「한국 농촌마을의 건축적 질서에 관한 연구—6개 마을 현황분석을 중심으로」, 서울대 석사학위 논문, 1985
김홍수, 「강원도 산간지역의 민가건축에 관한 연구—강원도 신리마을을 중심으로」, 서울대 석사학위 논문, 1982
문병룡, 「마을의 정주공간구성에 관한 연구」, 전남대 석사학위 논문, 1989
민병기, 「전통취락의 구성요소를 통해서 본 경관구조의 해석에 관한 연구—닭실마을과 한개마을을 중심으로」, 한양대 석사학위 논문, 1993

박명덕, 「영남지방 동족마을의 분파형태와 건축특성에 관한 연구」, 홍익대 박사학위 논문, 1992
박성준, 「농촌주택의 공간구성 및 변화과정에 관한 연구―덕봉리 마을의 사례연구를 통하여」, 서울대 석사학위 논문, 1986
이규성, 「조선시대 영남지방 반촌의 형성과 공간구성에 관한 연구」, 영남대 박사학위 논문, 1995
이정근, 「한국자연부락의 공간구조」, 서울대 석사학위 논문, 1972
이상구, 「조선 중기 읍성에 관한 연구」, 서울대 석사학위 논문, 1984
이호열, 「조선 전기 주택사 연구」, 영남대 박사학위 논문, 1992
임봉진, 「동족부락의 공간구성에 관한 연구」, 전남대 석사학위 논문, 1982
전경배, 「한국농촌주택 및 농촌취락구성에 관한 건축 설계적 연구」, 한양대 박사학위 논문, 1974
전봉희, 「조선시대 씨족마을의 내재적 질서와 건축적 특성에 관한 연구」, 서울대 박사학위 논문, 1992
정시춘, 「조선시대 반가중심마을의 공간특성에 관한 연구」, 서울시립대 박사학위 논문, 1990
차용걸, 「고려 말 조선 전기 대왜 관방사 연구」, 충남대 박사학위 논문, 1988
최영철, 「조선시대 감영의 직제와 건축적 구성의 상관성에 관한 연구」, 홍익대 박사학위 논문, 1994
한삼건, 「韓國における邑城空間の變容に關する硏究」, 京都대학 박사학위 논문, 1994
한필원, 「농촌동족마을 공간구조의 특성과 변화 연구」, 서울대 박사학위 논문, 1991
홍성구, 「조선시대 한양의 육조거리에 관한 연구」, 연세대 석사학위 논문, 1988
홍순인, 「전통마을의 형성과 민가형성에 관한 연구―안동 장수골, 먹골마을을 중심으로」, 홍익대 석사학위 논문, 1980

홈페이지
문화재청 홈페이지 http://www.ocp.go.kr
금산사 홈페이지 http://www.gumsansa.org
선암사 홈페이지 http://www.sunamsa.or.kr
용주사 홈페이지 http://www.yonjusa.net
두산세계백과 Encyber http://www.encyber.com

사진 및 그림 자료

[제 2 장] 구조와 시공

강성원 52, 57, 60 위, 69, 73 아래, 75 아래, 76 위, 76 가운데, 77, 78 위, 79, 80 아래, 81~82, 84, 86~87, 88 아래, 89, 91 위, 93 아래, 94, 107, 108, 109쪽 아래
김형남 118쪽 아래

[제 3 장] 궁궐과 관아

강성원 149, 153 위, 158 아래, 169 위, 176 아래, 181 아래, 183 아래, 186 위, 215 위, 216 아래, 217 가운데, 219 아래, 220, 221 위, 222, 223 위, 223 가운데, 226쪽
경복궁 관리소 157쪽
고창군청(조재길) 225쪽 아래
고흥군청 224쪽 위
김왕직 160, 177 아래, 185 아래 오른쪽, 186쪽 아래
동래구청 221 가운데, 221쪽 아래
보령시청 217쪽 아래
서울대 건축사연구실 163 아래, 166 위, 176 위, 178 위, 185 위, 213, 214, 215 아래, 216 위, 216 가운데, 217 위, 218, 219 위, 219 가운데, 223 아래, 224 아래, 225 위, 227쪽 아래
디자인 컨셉 215쪽 가운데
전봉희 199쪽
정읍시청 225쪽 가운데
제주시청 227쪽 위
조재모 183쪽 위
창덕궁 관리소 167, 171 위, 174쪽 위

국립고궁박물관 소장 184 아래 왼쪽, 186쪽 가운데
국립문화재연구소 소장 163 가운데, 164 아래, 165 아래, 166쪽 아래
국립전주박물관 소장 204쪽 아래
국립중앙박물관 소장 156쪽
도쿄대 소장 151쪽 왼쪽

동아대학교 박물관 소장 168, 172 아래, 177쪽 위
삼성 리움미술관 소장 204쪽 위
서울대학교 규장각 소장 200쪽

『경복궁 침전지역 발굴조사보고서』, 문화재관리국, 1995 158쪽
『경복궁 복원정비 기본계획 보고서』, 문화재관리국, 1994 159, 165쪽 위
지린성문물고고연구소·지안시박물관 편저, 『국내성』, 2004 133, 134, 135쪽
김순일, 『덕수궁』, 대원사 184쪽 오른쪽 아래
주영헌, 『발해문화』, 사회과학출판사, 1971 150, 151쪽 오른쪽
『북한 문화재 해설집III』, 국립문화재연구소, 2002 136, 137, 152, 153쪽
『신라 와전』, 국립경주박물관, 2000 143, 144쪽
『신라 왕경 발굴조사 보고서 1』, 국립경주문화재연구소, 2002 141, 142쪽
『안압지 발굴조사보고서』, 문화재 관리국, 1978 145쪽
『전랑지·남고루 발굴조사보고서』, 국립경주문화재연구소, 1995 146, 147쪽
『조선고적도보』 165 가운데, 182쪽 아래
『조선 유적유물도감』, 조선 유적유물도감 편찬위원회, 2000 154, 155쪽
『조선 유적유물도감 3』, 조선 유적유물도감 편찬위원회, 1993 138, 139쪽

[제 4장] 마을과 읍성

강성원 246, 248, 280쪽
고성군청 250쪽
경주시청 255쪽
봉화군청 264쪽 위
서울대 건축사연구실 240, 247, 249 위, 252 위, 253, 258, 260 위, 261 위, 262, 265, 266 아래, 269쪽 위
성주군청 257쪽 위
포항시청 268쪽 위

도쿄대박물관 세키노 컬렉션 283쪽 위
서울대학교 규장각 소장 271쪽
정신문화연구원 소장 282쪽 위

강선중·김홍식, 「마을 공간 구성방법에 대한 한국전통사상 연구」, 대한건축학회 학술발표대회논문집 6권 1호, 1986 264쪽 아래
강원대학교 산업기술연구소, 『고성왕곡마을 보존방안 학술조사연구보고서』, 1989 251쪽
경상북도, 『하회마을 조사보고서』, 1979 254쪽
무애건축연구실, 『남부지방 농어촌주거 실측조사보고서』, 1986 259쪽
아산군, 『아산 외암마을 보존방안 학술조사연구보고서』, 1990 249쪽
연세대학교 출판부, 『성주 한 개마을』, 1991 257쪽 아래
이왕기·박명덕, 「동족부락 옻골마을과 백불고택에 관한 연구」, 대한건축학회 논문집 5권 3호, 1989 261쪽 아래
전봉희, 『조선시대 씨족마을의 내재적 질서와 건축적 특성에 관한 연구』, 서울대 박사학위 논문, 1992 256, 267, 268 아래, 269쪽 아래
전봉희, 「보성 강골마을의 정주형태에 대한 조사 연구」, 대한건축학회논문집 14권 4호, 1998 252쪽 아래
제주도, 『성읍민속마을 보존 및 육성기본계획』, 1980 260쪽 아래
『한국병합기념첩』 279쪽
한필원, 『농촌 동족마을 공간구조의 특성과 변화 연구』, 서울대 박사학위 논문, 1991 263, 266쪽 위

[제 5 장] 살림집

강성원 299~303, 305~306, 309~314, 319, 321, 323, 324 위, 325, 326, 328, 329, 331 위, 332~334, 336, 338, 340, 341 위, 342쪽 위
김왕직 296, 315, 341쪽 아래
서울대 건축사연구실 297, 324 아래, 331 아래, 339, 342쪽 아래

[제 6 장] 유교건축

강성원 361, 365, 367, 368 아래, 369, 372, 376 위, 379, 380 위, 381 위, 382 위, 384 위, 386 위, 387, 388 위, 390, 392, 393 아래, 394, 396 아래, 397, 398, 399 위, 401 위, 402, 403 위, 404쪽
김왕직 368 위, 373, 377 아래, 391, 393 위, 393쪽 가운데
밀양시청 389쪽

서울대 건축사연구실 375, 376 아래, 377 위, 381 아래, 388 아래, 395, 403 아래, 405쪽
장수군청(장문청) 385쪽 아래
정읍시청 400쪽 아래

[제 7 장] 불교건축

강성원 413 위, 413 가운데, 414, 415 아래, 416, 427 위, 429, 432, 433, 434 아래, 435, 437 위, 439 위, 440 아래, 442 위, 444 위, 445 아래, 447 위, 448 아래, 450 위, 452 위, 460 아래, 461, 472 아래, 478 위, 495쪽
경주시청 478쪽 아래
금정구청 438쪽
김동현 458쪽 오른쪽
김왕직 421 아래, 423 위, 423 아래, 431 위, 431 아래 오른쪽, 437 아래, 459, 462 아래, 463~466, 494쪽 아래
김제시청 451쪽
마곡사 449쪽 아래
보은군청 446쪽 아래
봉정사 443쪽
서울대 건축사연구실 419 아래, 423 가운데, 424, 425 아래, 426, 427 아래, 430, 431 아래 왼쪽, 434 위, 435 위, 439 아래, 441 위, 442 아래, 444 아래, 446 위, 447 아래, 448 위, 449 위, 450 아래, 452 아래, 460 위, 468~470, 471 왼쪽, 472 위, 475 아래, 491 위, 493 아래, 494쪽 위
양산시청 440쪽 위
영주시청 445쪽 위
전봉희 471쪽 오른쪽
조재모 420, 476쪽 아래
화엄사 436쪽 아래

국립중앙박물관 소장 482 아래, 492 위, 492 가운데, 493쪽 위
국립청주박물관 소장 491쪽 아래

『고구려문화전도록』 457쪽 위

『북한문화재 해설』 4권 484쪽 위
월간 『해인』 441쪽 아래
『익산 미륵사 복원 고증 연구보고서』 457쪽 아래
윤장섭, 『한국의 건축』, 서울대학교 출판부 413 아래, 415쪽 위

[제8장] 원림과 누정

강성원 516, 517 아래 오른쪽, 518, 520~521, 522 아래, 523, 524 위, 525 위, 526 위, 527, 528 아래, 530 위, 530 아래, 531 아래, 532 아래, 533 아래, 535 위, 536쪽
경주시청 517 위, 517쪽 아래 왼쪽, 526 아래
김왕직 519쪽 위
남원시청 522쪽 위
단양군청 538쪽 아래
삼척시청 524쪽 아래
서울대 건축사연구실 525 아래, 526 가운데, 528 위, 529, 530 가운데, 531 위, 532 위, 533 위, 534, 535 가운데, 535 아래, 537쪽
성주군청 538쪽 위
창덕궁 관리소 519쪽

[제9장] 자료편

고려대학교 박물관 소장 542쪽
국립민속박물관 소장 556, 558쪽
국립중앙박물관 소장 547쪽
서울대학교 규장각 소장 543, 544, 545, 546, 548, 549, 555쪽

* 필자 제공 사진 및 그림 자료는 따로 명기하지 않았습니다.
* 이 책에 사용된 모든 사진과 그림 자료는 모두 각 저작권자의 허가를 받고 사용하려 했으나 일부는 사용허가를 미쳐 받지 못했습니다. 도서출판 동녘은 저작권자의 권리를 존중해, 출간 후에도 사용허가를 받기 위한 노력을 계속할 것임을 밝힙니다.

(사)한국건축역사학회

(사)한국건축역사학회는 건축의 역사와 이론을 전공하는 각 대학의 교수, 한국 건축의 지역 전통에 특별한 관심을 가진 건축가, 문화재의 보존정책과 활동에 관계된 전문가들이 모여 만든 전문 학술단체로 1991년 창립되어 현재 850여명의 회원이 활동하고 있다.

창립 이후 매년 정기 학술행사로서 봄·가을의 학술대회와 월례 학술발표회를 가져왔고, 2002년부터는 중국과 일본의 건축사학회와 공동으로 국제학술대회를 격년으로 순회하며 개최하고 있다.

또, 학자와 현업의 전문가들이 함께 참여하여 각종 역사문화환경의 보존과 관련된 연구 및 설계용역을 수행한 바 있으며, 논문집 『건축역사연구』를 격월간으로 발간하는 외에 단행본으로 20세기 한국건축사 연구의 성과를 총정리한 『한국건축사연구 1, 2』를 편찬한 바 있다.

이번 작업은 그간 학회가 쌓아온 학술적 성과를 일반 대중과 공유하고, 지식을 확산함으로써 한국건축 발전의 새로운 전기를 마련하려는 시도의 일환이다.

편집위원

위원장 김동욱(경기대 교수)
간사 전봉희(서울대 교수)
위원 김경표(충북대 교수), 김왕직(명지대 교수), 양윤식(한얼문화유산연구원), 우동선(한국예술종합학교 교수), 윤인석(성균관대 교수), 여상진(선문대 교수), 이강근(경주대 교수), 이상구(경기대 교수), 이호열(부산대 교수), 정재국(관동대 교수), 조재모(경북대 교수), 한동수(한양대 교수), 한삼건(울산대 교수), 홍승재(원광대 교수)

S